CATIA V5 工程应用精解丛书

CATIA V5-6 R2016 产品设计实例精解

北京兆迪科技有限公司 编著

机 械 工 业 出 版 社

本书是进一步学习 CATIA V5-6 R2016 产品设计的实例图书，选用的 29 个实例涉及各个行业和领域，都是生产一线实际应用中的各种产品，经典而实用。

本书在内容安排上，针对每一个实例先进行概述，说明该实例的特点，使读者对它有一个整体概念的认识，学习也更有针对性，接下来的操作步骤翔实、透彻，图文并茂，引领读者一步一步地完成设计。这种讲解方法能使读者更快、更深入地理解 CATIA 产品设计中的一些抽象的概念、重要的设计技巧和复杂的命令及功能，还能使读者较快地进入产品设计实战状态。在写作方式上，本书紧贴 CATIA V5-6 R2016 软件的实际操作界面，使初学者能够直观、准确地操作软件进行学习，从而尽快地上手，提高学习效率。

本书附带 1 张多媒体 DVD 学习光盘，制作了大量 CATIA 产品设计方法、技巧和具有针对性的实例教学视频并进行了详细的语音讲解；光盘中还包含本书所有的范例文件以及练习素材文件。

本书内容全面，条理清晰，实例丰富，讲解详细，图文并茂，可作为广大工程技术人员和设计工程师学习 CATIA 产品设计的自学教程和参考书，也可作为大中专院校学生和各类培训学校学员的 CAD/CAM 课程上课及上机练习教材。

图书在版编目（CIP）数据

CATIA V5–6R2016 产品设计实例精解 / 北京兆迪科技有限公司编著. —5 版. —北京：机械工业出版社，2017.10（2022.8 重印）
（CATIA V5 工程应用精解丛书）
ISBN 978–7–111–57814–7

Ⅰ. ①C··· Ⅱ. ①北··· Ⅲ. ①工业产品—计算机辅助设计—应用软件—教材 Ⅳ. ①TB472–39

中国版本图书馆 CIP 数据核字（2017）第 207024 号

机械工业出版社（北京市百万庄大街 22 号 邮政编码：100037）
策划编辑：丁 锋 责任编辑：丁 锋
责任校对：樊钟英 封面设计：张 静
责任印制：常天培
固安县铭成印刷有限公司印刷
2022 年 8 月第 5 版第 2 次印刷
184mm×260 mm ·22.75 印张 ·414 千字
标准书号：ISBN 978-7-111-57814-7
ISBN 978-7-88709-967-9（光盘）
定价：69.90元（含多媒体 DVD 光盘 1 张）

凡购本书，如有缺页、倒页、脱页，由本社发行部调换
电话服务
服务咨询热线：010-88361066
读者购书热线：010-68326294
010-88379203
网络服务
机工官网：www.cmpbook.com
机工官博：weibo.com/cmp1952
金 书 网：www.golden-book.com
教育服务网：www.cmpedu.com

前　言

CATIA 是法国达索（Dassault）系统公司的大型高端 CAD/CAE/CAM 一体化应用软件，在世界 CAD/CAE/CAM 领域中处于优势地位。2012 年，Dassault Systemes 推出了全新的 CATIA V6 平台。但作为经典的 CATIA 版本——CATIA V5 在国内外仍然拥有较多的用户，并且已经过渡到 V6 版本的用户仍然需要在内部或外部继续使用 V5 版本进行团队协同工作。为了使 CATIA 各版本之间具有高度兼容性，Dassault Systemes 随后推出了 CATIA V5-6 版本，对现有 CATIA V5 的功能系统进行加强与更新，同时用户还能够继续与使用 CATIA V6 的内部各部门、客户和供应商展开无缝协作。

本书特色如下。

- 实例丰富：与其他的同类书籍相比，包括更多的零件建模方法。
- 讲解详细：条理清晰，图文并茂，保证自学的读者能独立学习。
- 写法独特：采用 CATIA V5-6 R2016 软件中真实的对话框、操控板和按钮等进行讲解，使初学者能够直观、准确地操作软件，从而大大提高学习效率。
- 附加值高：本书附带 1 张多媒体 DVD 学习光盘，制作了大量产品设计技巧和具有针对性的实例教学视频并进行了详细的语音讲解，可以帮助读者轻松、高效地学习。

本书由北京兆迪科技有限公司编著，参加编写的人员有詹友刚、王焕田、刘静、雷保珍、刘海起、魏俊岭、任慧华、詹路、冯元超、刘江波、周涛、段进敏、赵枫、邵为龙、侯俊飞、龙宇、施志杰、詹棋、高政、孙润、李倩倩、黄红霞、尹泉、李行、詹超、尹佩文、赵磊、王晓萍、陈淑童、周攀、吴伟、王海波、高策、冯华超、周思思、黄光辉、党辉、冯峰、詹聪、平迪、管璇、王平、李友荣。本书难免存在疏漏之处，恳请广大读者予以指正。

电子邮箱：zhanygjames@163.com。　咨询电话：010-82176248，010-82176249。

编　者

读者购书回馈活动

活动一：本书“随书光盘”中含有本书“读者意见反馈卡”的电子文档，请认真填写本反馈卡，并 E-mail 给我们。E-mail: 兆迪科技 zhanygjames@163.com，丁锋 fengfener@qq.com。

活动二：扫一扫右侧二维码，关注兆迪科技官方公众微信（或搜索公众号 zhaodikeji），参与互动，也可进行答疑。

凡参加以上活动，即可获得兆迪科技免费奉送的价值 48 元的在线课程一门，同时有机会获得价值 780 元的精品在线课程。在线课程网址见本书“随书光盘”中的“读者意见反馈卡”的电子文档。

本书导读

为了能更好地学习本书的知识，请您仔细阅读下面的内容。

读者对象

本书是学习 CATIA V5-6 R2016 产品设计的实例图书，可作为工程技术人员进一步学习 CATIA 的自学教程和参考书，也可作为大中专院校学生和各类培训学校学员的 CATIA 课程上课或上机练习教材。

写作环境

本书使用的操作系统为 64 位的 Windows 7，系统主题采用 Windows 经典主题。本书采用的写作蓝本是 CATIA V5-6 R2016。

光盘使用

为方便读者练习，特将本书所有素材文件、已完成的实例文件、配置文件和视频语音讲解文件等放入随书附带的光盘中，读者在学习过程中可以打开相应素材文件进行操作和练习。

本书附赠多媒体 DVD 光盘 1 张，建议读者在学习本书前，先将光盘中的所有文件复制到计算机硬盘的 D 盘中。在 D 盘上 cat2016.5 目录下共有 2 个子目录。

（1）work 子目录：包含本书全部已完成的实例文件。

（2）video 子目录：包含本书讲解中的视频文件（含语音讲解）。读者学习时，可在该子目录中按顺序查找所需的视频文件。

光盘中带有“ok”扩展名的文件或文件夹表示已完成的范例。

相比于老版本的软件，CATIA V5-6R2016 在功能、界面和操作上变化极小，经过简单的设置后，几乎与老版本完全一样（书中已介绍设置方法）。因此，对于软件新老版本操作完全相同的内容部分，光盘中仍然使用老版本的视频讲解，对于绝大部分读者而言，并不影响软件的学习。

本书约定

- 本书中有关鼠标操作的简略表述说明如下。
  - ☑ 单击：将鼠标指针移至某位置处，然后按一下鼠标的左键。
  - ☑ 双击：将鼠标指针移至某位置处，然后连续快速地按两次鼠标的左键。
  - ☑ 右击：将鼠标指针移至某位置处，然后按一下鼠标的右键。
  - ☑ 单击中键：将鼠标指针移至某位置处，然后按一下鼠标的中键。
  - ☑ 滚动中键：只是滚动鼠标的中键，而不能按中键。

☑ 选择（选取）某对象：将鼠标指针移至某对象上，单击以选取该对象。

☑ 拖移某对象：将鼠标指针移至某对象上，然后按下鼠标的左键不放，同时移动鼠标，将该对象移动到指定的位置后再松开鼠标的左键。

- 本书中的操作步骤分为 Task、Stage 和 Step 三个级别，说明如下。

  ☑ 对于一般的软件操作，每个操作步骤以 Step 字符开始。例如，下面是在草绘环境中绘制样条曲线操作步骤的表述：

  Step1．选择命令。选择下拉菜单 插入 → 轮廓 ▸ → 样条线 ▸ → 样条线 命令。

  Step2．定义样条曲线的控制点。单击一系列点，可观察到一条“橡皮筋”样条附着在鼠标指针上。

  Step3．按两次 Esc 键结束样条线的绘制。

  ☑ 每个 Step 操作视其复杂程度，其下面可含有多级子操作。例如 Step1 下可能包含（1）、（2）、（3）等子操作，（1）子操作下可能包含①、②、③等子操作，①子操作下可能包含 a）、b）、c）等子操作。

  ☑ 如果操作较复杂，需要几个大的操作步骤才能完成，则每个大的操作冠以 Stage1、Stage2、Stage3 等，Stage 级别的操作下再分 Step1、Step2、Step3 等操作。

  ☑ 对于多个任务的操作，则每个任务冠以 Task1、Task2、Task3 等，每个 Task 操作下则可包含 Stage 和 Step 级别的操作。

- 由于已建议读者将随书光盘中的所有文件复制到计算机硬盘的 D 盘中，所以书中在要求设置工作目录或打开光盘文件时，所述的路径均以“D:”开始。

技术支持

本书主要编写人员均来自北京兆迪科技有限公司。该公司专门从事 CAD/CAM/CAE 技术的研究、开发、咨询及产品设计与制造服务，并提供 CATIA、Ansys、Adams 等软件的专业培训及技术咨询。读者在学习本书的过程中如果遇到问题，可通过访问该公司的网站 http://www.zalldy.com 来获得技术支持。

咨询电话：010-82176248，010-82176249。

目　录

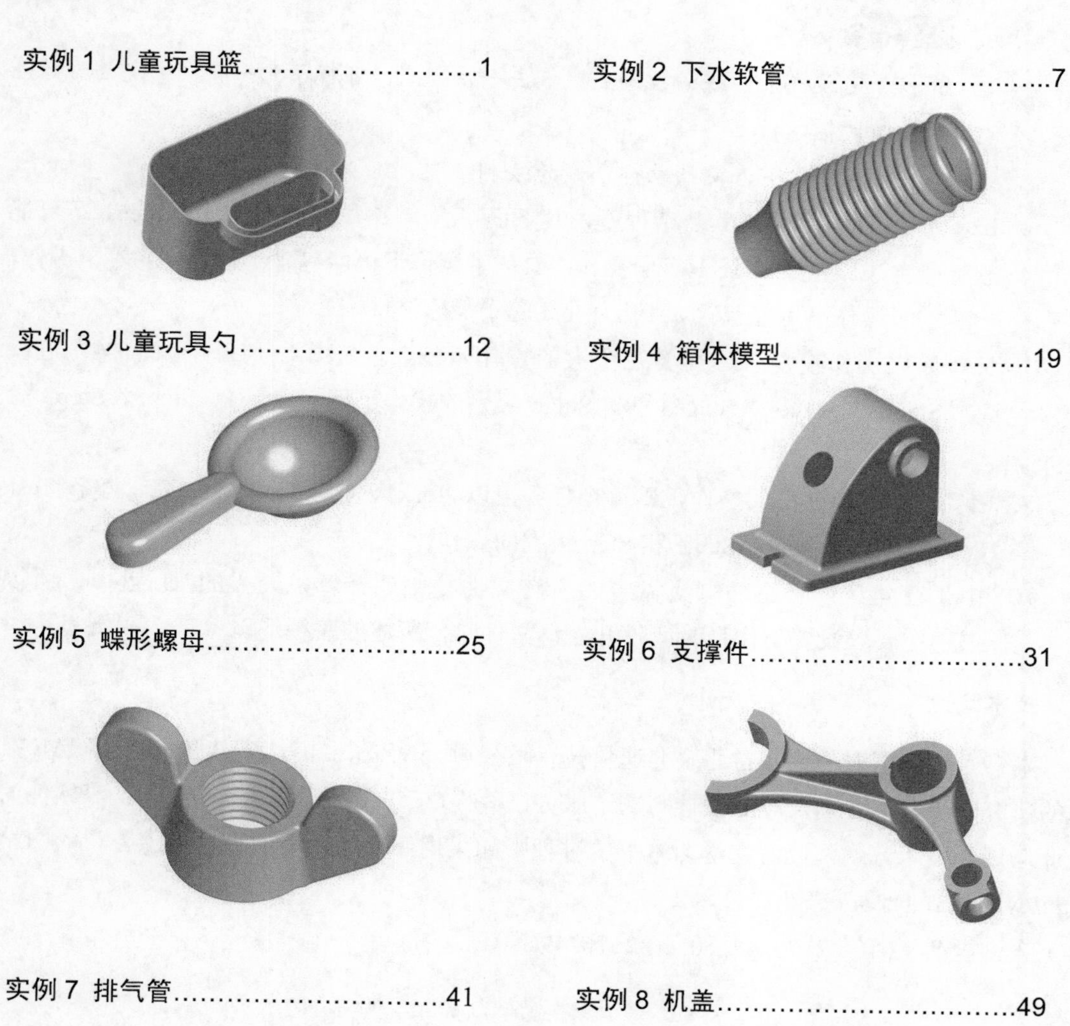

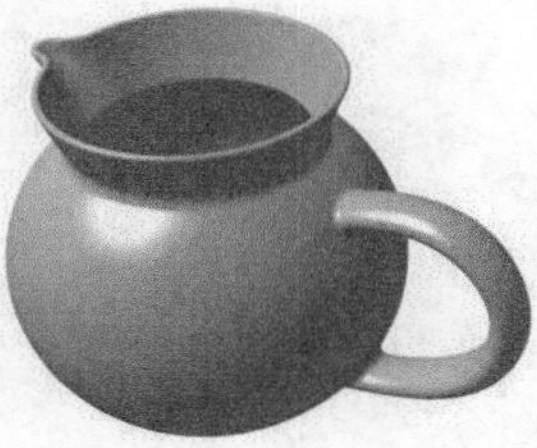

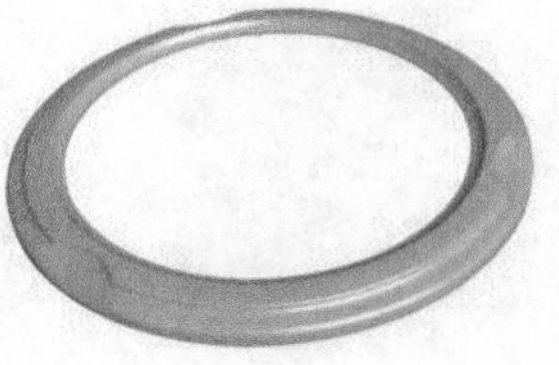

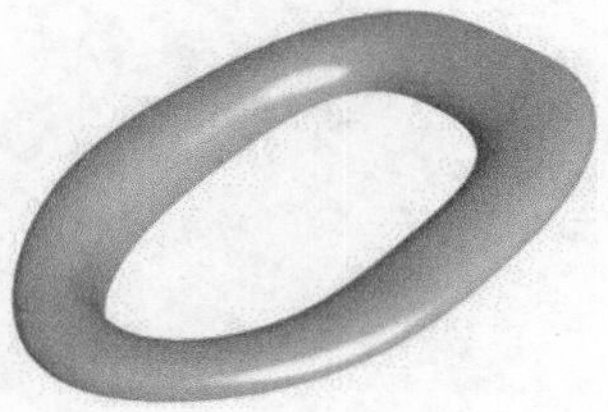

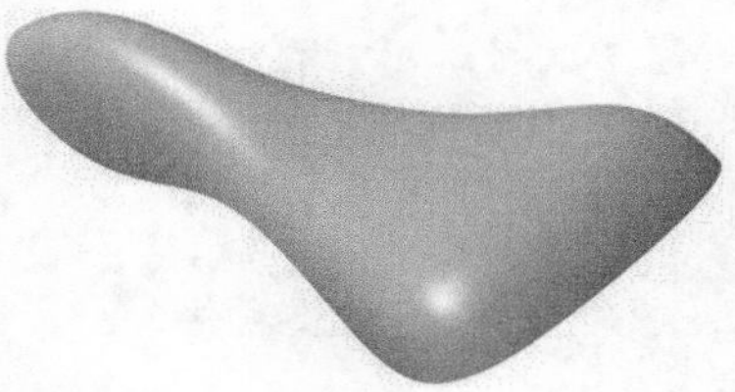

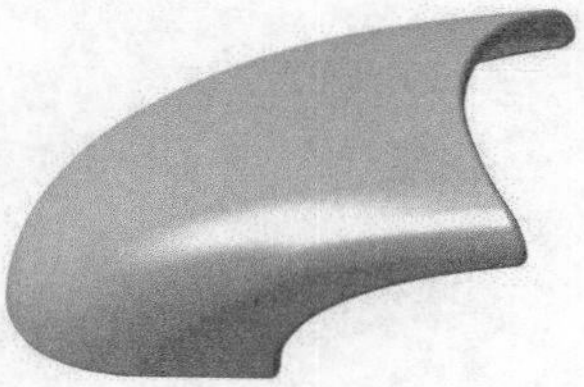

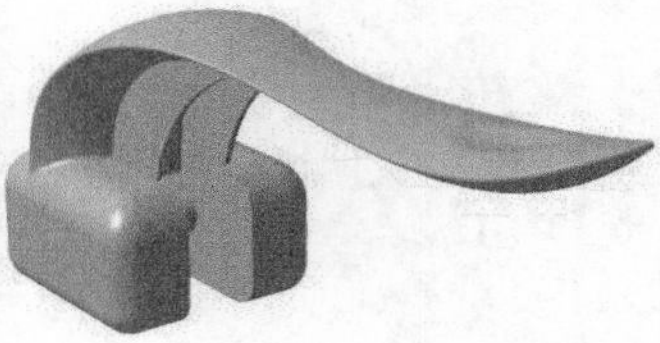

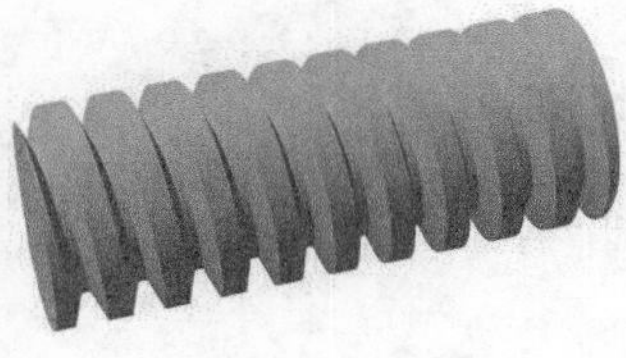

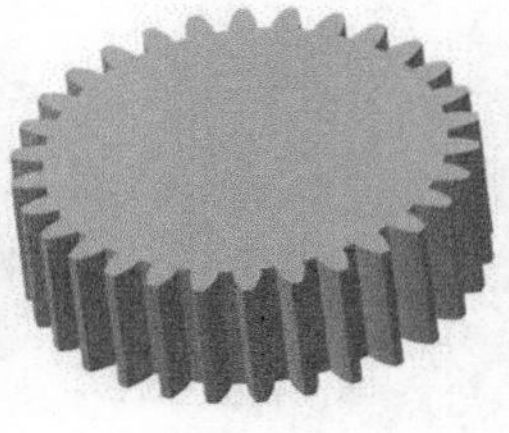

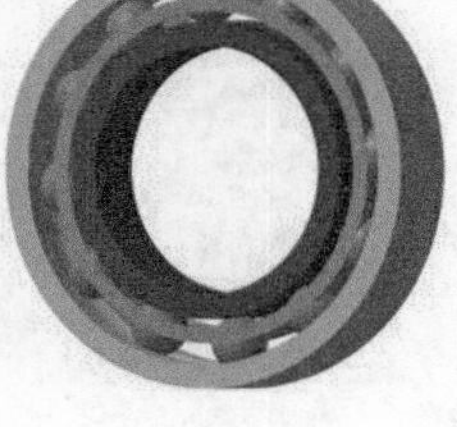

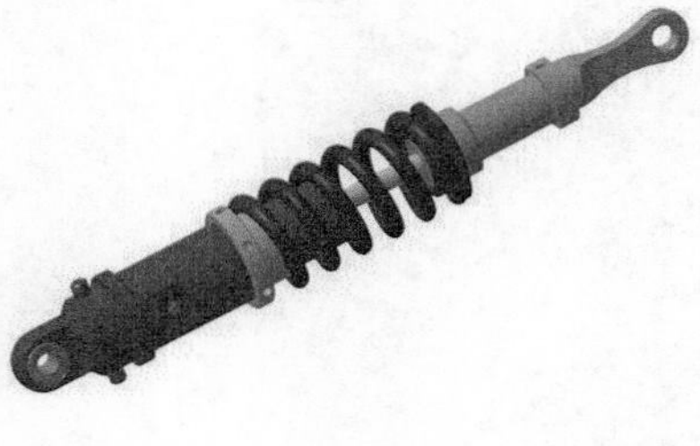

实例 1 儿童玩具篮

实例概述：

本实例介绍了一个普通的儿童玩具篮的设计过程，主要运用了实体建模的一些常用命令，包括凸台、凹槽、抽壳和倒圆角等，其中抽壳命令运用得很巧妙，需要注意的是三切线内圆角的创建方法。零件模型及相应的特征树如图 1.1 所示。

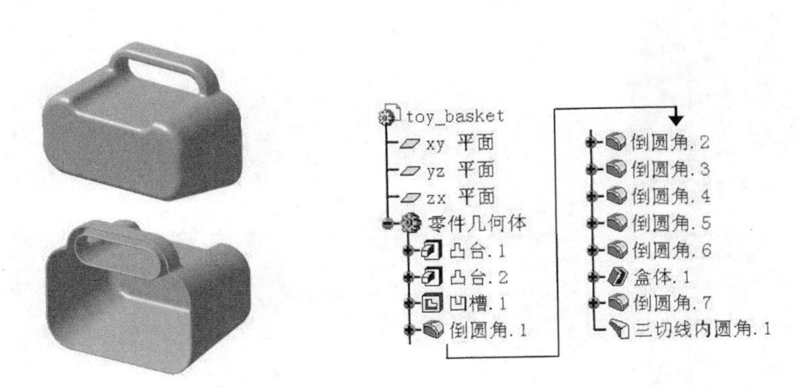

图 1.1 零件模型和特征树

Step1. 新建模型文件。

（1）选择下拉菜单 文件 ➡ 新建... 命令，系统弹出图 1.2 所示的“新建”对话框。

（2）在类型列表中选择 Part 选项，单击 确定 按钮，系统弹出图 1.3 所示的“新建零件”对话框。

（3）在“输入零件名称”文本框中输入名称 toy_basket，选中 启用混合设计 复选框，单击 确定 按钮，进入“零件设计”工作台。

图 1.2 “新建”对话框

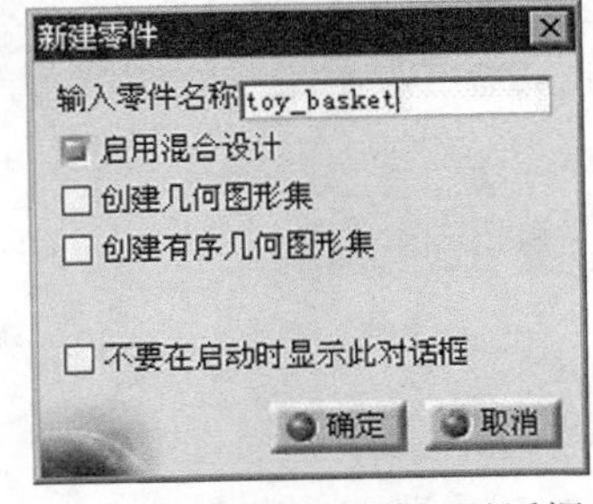

图 1.3 “新建零件”对话框

Step2. 创建图 1.4 所示的零件基础特征——凸台 1。

（1）选择命令。选择下拉菜单 插入 → 基于草图的特征 → 凸台... 命令（或单击按钮），系统弹出图 1.5 所示的“定义凸台”对话框。

（2）创建截面草图。

① 定义草图平面。在“定义凸台”对话框中单击按钮，选取“yz 平面”为草图平面。

② 绘制截面草图。在草绘工作台中绘制图 1.6 所示的截面草图。

③ 单击“工作台”工具栏中的按钮，退出草绘工作台。

图 1.4　凸台 1

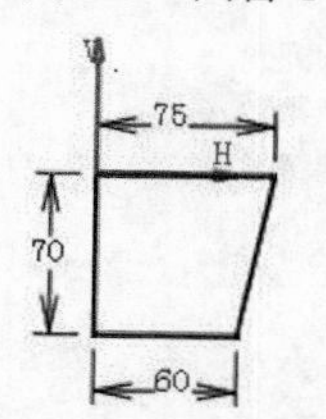

图 1.6　截面草图

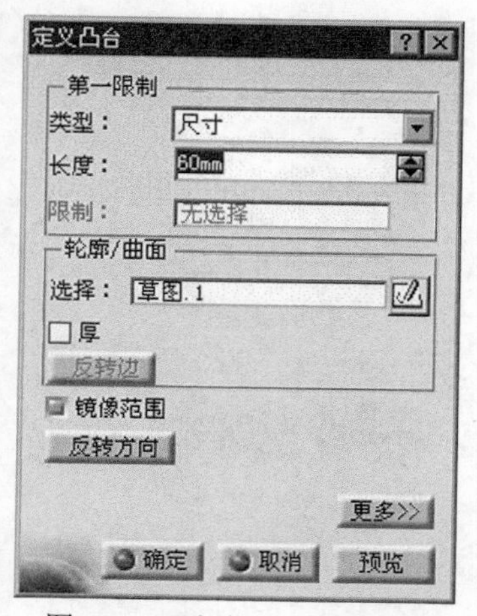

图 1.5　“定义凸台”对话框

（3）定义拉伸深度属性（图 1.5）。

① 定义深度方向。采用系统默认的深度方向。

② 定义深度类型。在“定义凸台”对话框中选中 镜像范围 复选框；在 第一限制 区域的 类型： 下拉列表中选择 尺寸 选项。

③ 定义深度值。在 第一限制 区域的 长度： 文本框中输入数值 60。

（4）完成特征的创建。单击 确定 按钮，完成凸台 1 的创建。

Step3. 创建图 1.7 所示的零件基础特征——凸台 2。

（1）选择命令。选择下拉菜单 插入 → 基于草图的特征 → 凸台... 命令（或单击按钮），系统弹出“定义凸台”对话框。

（2）创建截面草图。

① 定义草图平面。在“定义凸台”对话框中单击按钮，选取“xy 平面”为草图平面。

② 绘制截面草图。在草绘工作台中绘制图 1.8 所示的截面草图。

③ 单击“工作台”工具栏中的按钮，退出草绘工作台。

（3）定义拉伸深度属性。单击 反转方向 按钮，反转拉伸方向，在 第一限制 区域的 类型：

下拉列表中选择尺寸选项，在长度：文本框中输入数值 15。单击确定按钮，完成凸台 2 的创建。

图 1.7 凸台 2

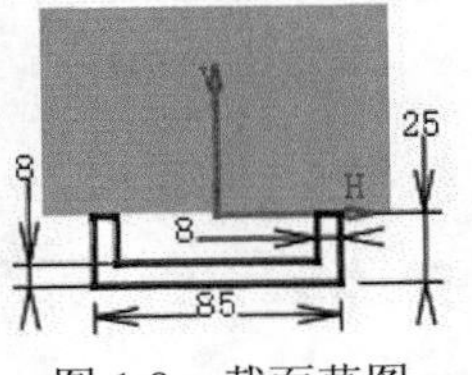

图 1.8 截面草图

Step4. 创建图 1.9 所示的零件特征——凹槽 1。

（1）选择命令。选择下拉菜单 插入 → 基于草图的特征 → 凹槽... 命令（或单击按钮），系统弹出图 1.10 所示的“定义凹槽”对话框。

（2）创建图 1.11 所示的截面草图。

① 定义草图平面。在“定义凹槽”对话框中单击按钮，选取“zx 平面”为草图平面。

② 绘制截面草图。在草绘工作台中绘制图 1.11 所示的截面草图。

③ 单击“工作台”工具栏中的按钮，退出草绘工作台。

（3）定义深度属性。

① 定义深度方向。单击 反转方向 按钮，反转拉伸方向。

② 定义深度类型。在该对话框的 第一限制 区域的 类型：下拉列表中选择尺寸选项，在深度：文本框中输入数值 8。单击确定按钮，完成凹槽 1 的创建。

图 1.9 凹槽 1

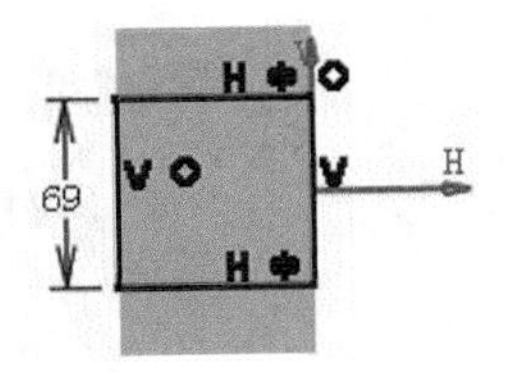

图 1.11 截面草图

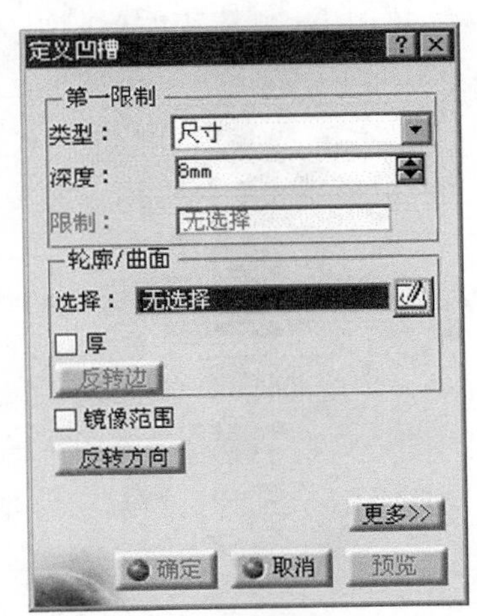

图 1.10 “定义凹槽”对话框

Step5. 创建图 1.12b 所示的倒圆角 1。

（1）选择命令。选择下拉菜单 插入 → 修饰特征 → 倒圆角... 命令，系统弹出图 1.13 所示的“倒圆角定义”对话框。

（2）定义要倒圆角的对象。在“倒圆角定义”对话框的传播：下拉列表中选择相切选项，选取图 1.12a 所示的六条边线为倒圆角对象。

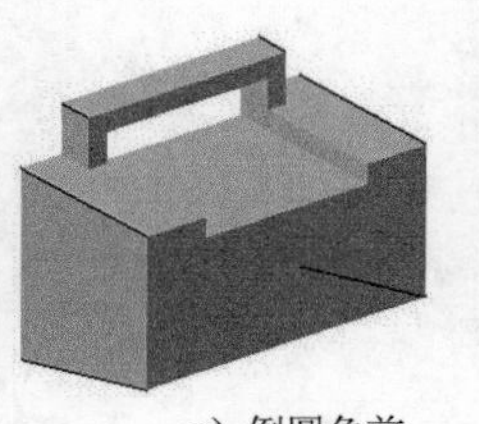

a）倒圆角前

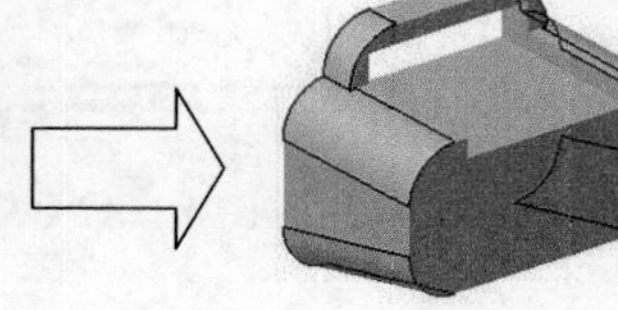

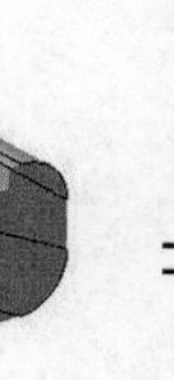

b）倒圆角后

图 1.12　倒圆角 1

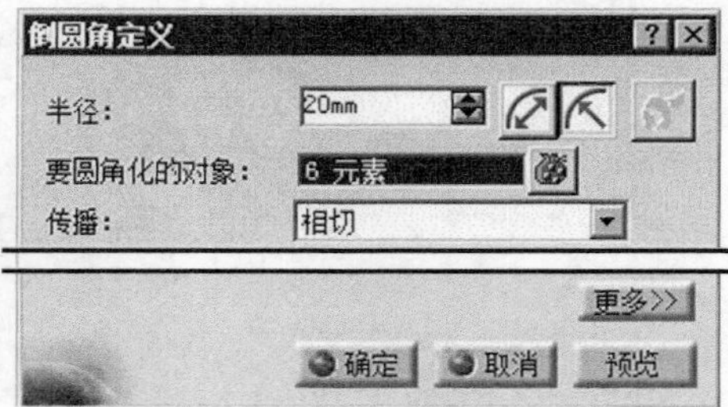

图 1.13　“倒圆角定义”对话框

（3）定义倒圆角半径。在“倒圆角定义”对话框的半径：文本框中输入数值 20。

（4）单击确定按钮，完成倒圆角 1 的创建。

Step6. 创建图 1.14b 所示的倒圆角 2。参见 Step5 的操作，选取图 1.14a 所示的四条边线为倒圆角对象，倒圆角半径值为 10。

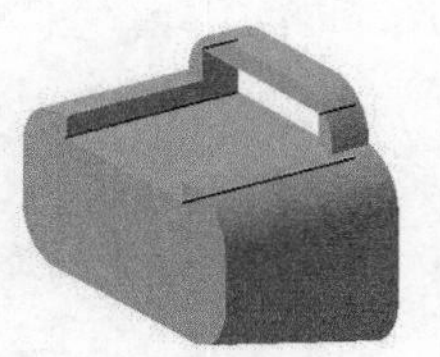

a）倒圆角前

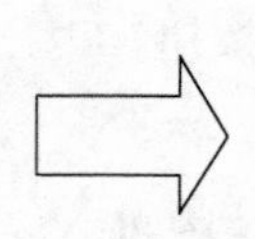

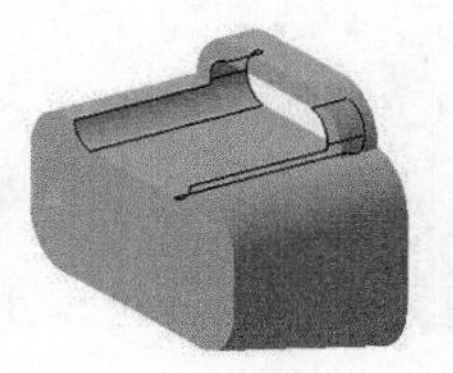

b）倒圆角后

图 1.14　倒圆角 2

Step7. 创建图 1.15b 所示的倒圆角 3。选取图 1.15a 所示的边线为倒圆角对象，倒圆角半径值为 6。

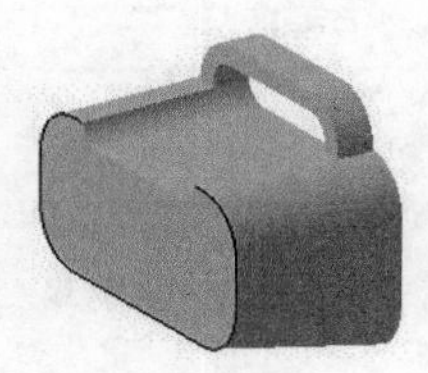

a）倒圆角前

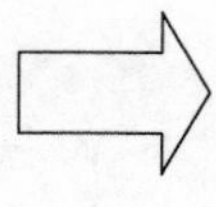

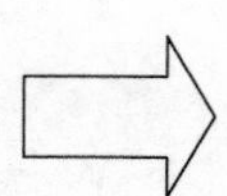

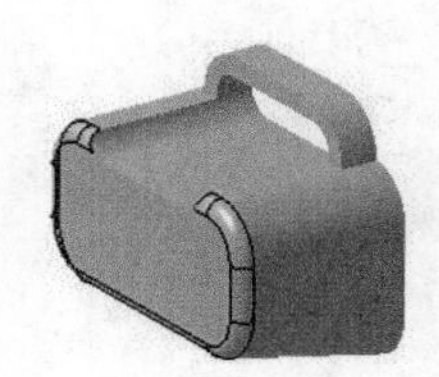

b）倒圆角后

图 1.15　倒圆角 3

Step8. 创建图 1.16b 所示的倒圆角 4。选取图 1.16a 所示的边线为倒圆角对象，倒圆角半径值为 4。

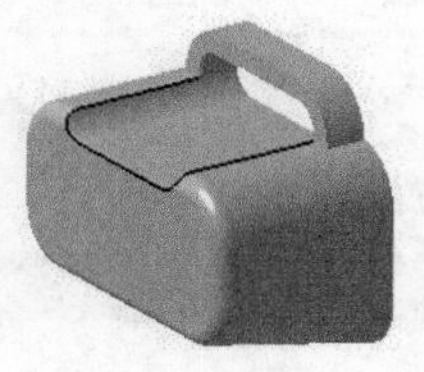

a）倒圆角前

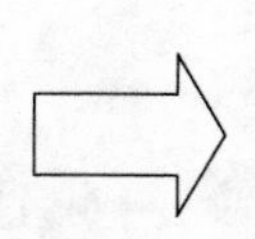

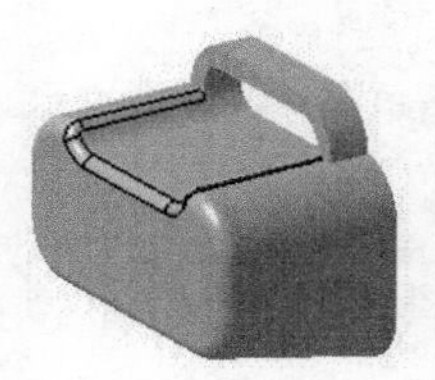

b）倒圆角后

图 1.16　倒圆角 4

Step9. 创建图 1.17b 所示的倒圆角 5。选取图 1.17a 所示的边线为倒圆角对象，倒圆角半径值为 3。

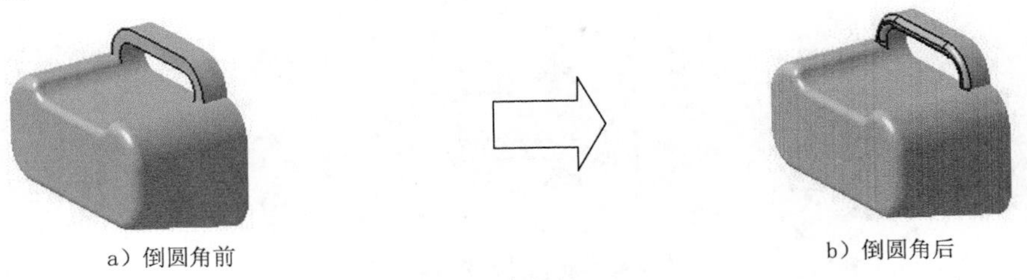

a）倒圆角前　　b）倒圆角后

图 1.17　倒圆角 5

Step10. 创建图 1.18b 所示的倒圆角 6。选取图 1.18a 所示的边线为倒圆角对象，倒圆角半径值为 3。

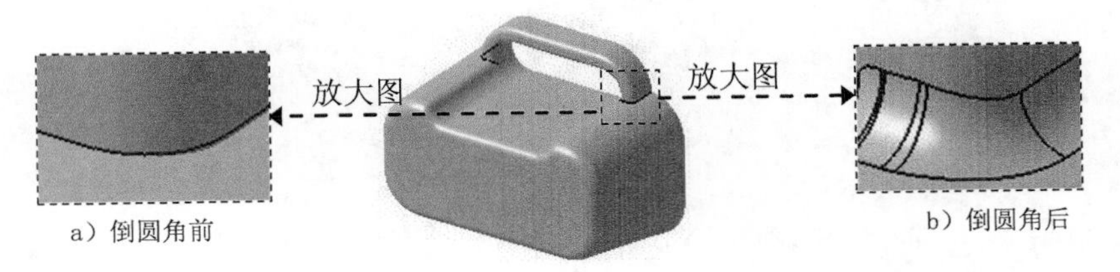

a）倒圆角前　　b）倒圆角后

图 1.18　倒圆角 6

Step11. 创建图 1.19b 所示的抽壳 1。

（1）选择命令。选择下拉菜单 插入 → 修饰特征 ▸ → 抽壳... 命令，系统弹出图 1.20 所示的“定义盒体”对话框。

（2）定义要移除的面。选取图 1.19a 所示的面为要移除的面。

（3）定义抽壳厚度。在“定义盒体”对话框的 默认内侧厚度: 文本框中输入数值 1.5。

（4）单击“定义盒体”对话框中的 确定 按钮，完成抽壳 1 的创建。

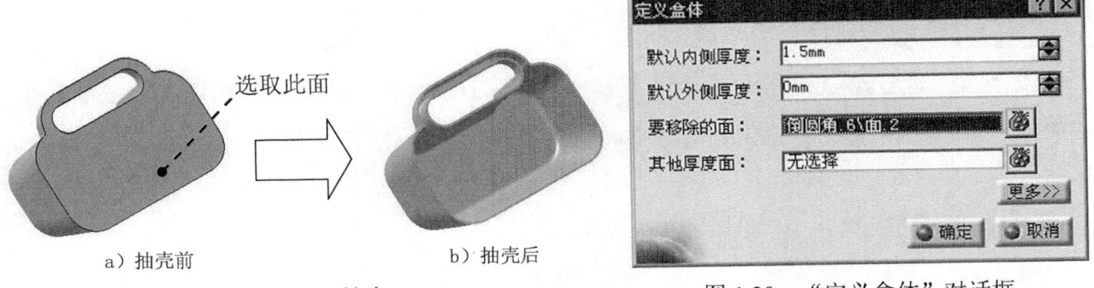

a）抽壳前　　b）抽壳后

图 1.19　抽壳 1　　图 1.20　“定义盒体”对话框

Step12. 创建图 1.21b 所示的倒圆角 7，倒圆角的对象为图 1.21a 所示的边链，倒圆角半径值为 0.3。

Step13. 创建图 1.22b 所示的三切线内圆角 1。

（1）选择命令。选择下拉菜单 插入 → 修饰特征 ▸ → 三切线内圆角... 命令，系统弹出图 1.23 所示的“定义三切线内圆角”对话框。

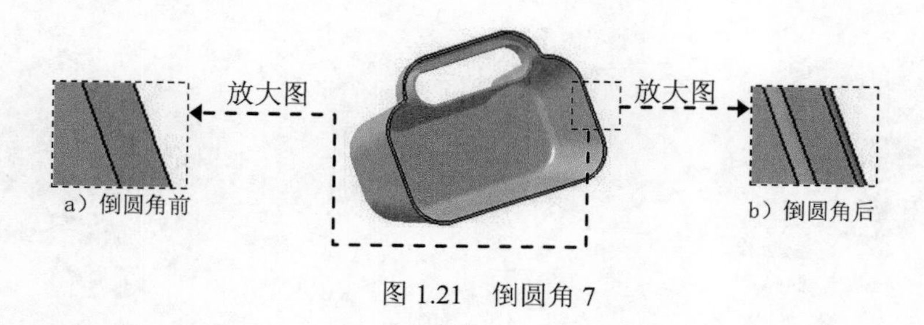

图 1.21　倒圆角 7

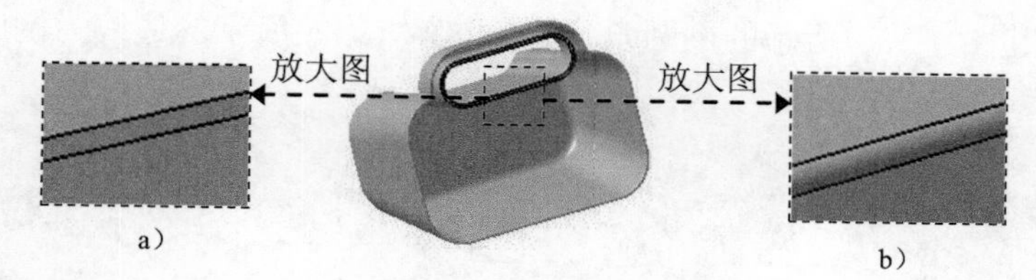

图 1.22　三切线内圆角 1

（2）定义圆角化的面。选取图 1.24 所示的面 1 和处在面 1 对面的平面为要圆角化的面。

（3）定义要移除的面。选取图 1.24 所示的面 2 为要移除的面。

（4）单击“定义三切线内圆角”对话框中的 确定 按钮，完成三切线内圆角 1 的创建。

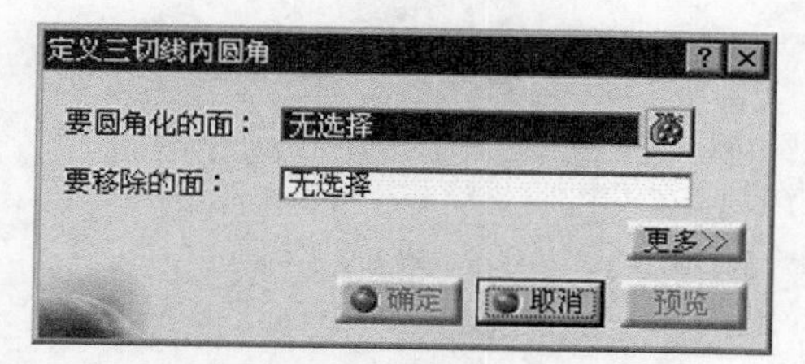

图 1.23　“定义三切线内圆角”对话框

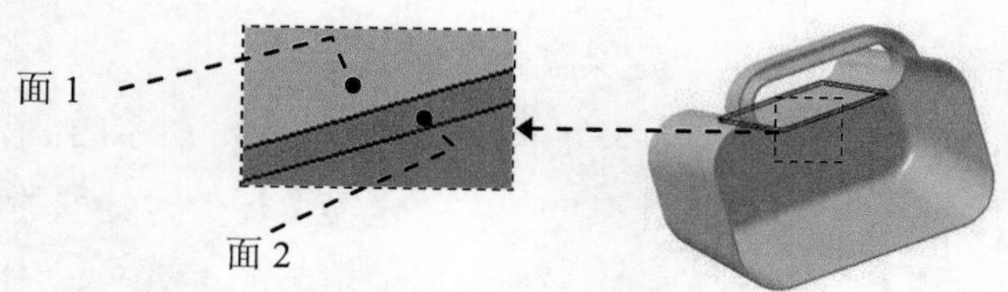

图 1.24　要移除的面与要圆角化的面

Step14. 保存文件。

说明：CATIA V5-6 是一个基于服务器的软件系统，所有设计文件只能保存在服务器上，不能保存在设计人员的本地工作计算机中。本书中所有的保存操作均指在服务器上保存文件模型。

实例2 下水软管

实例概述：

本实例介绍了下水软管的设计过程，其中运用了一些实体建模的命令，包括旋转体、矩形阵列及抽壳等，需要注意的是旋转轴的选择及矩形阵列的创建方法。零件模型及相应的特征树如图 2.1 所示。

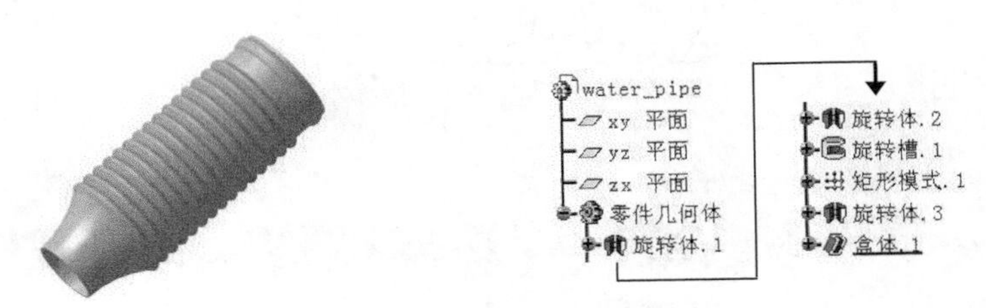

图 2.1 零件模型和特征树

Step1. 新建模型文件。选择下拉菜单 文件 → 新建... 命令（或在“标准”工具栏中单击按钮），在系统弹出的“新建”对话框的 类型列表: 中选择文件类型为 Part，单击 确定 按钮。系统弹出“新建零件”对话框，在对话框中输入零件名称 water_pipe，并选中 启用混合设计 复选框，单击 确定 按钮，进入“零件设计”工作台。

Step2. 创建图 2.2 所示的零件特征——旋转体 1。

（1）选择命令。选择下拉菜单 插入 → 基于草图的特征 → 旋转体... 命令（或单击按钮），系统弹出图 2.3 所示的“定义旋转体”对话框。

（2）创建图 2.4 所示的截面草图。

① 定义草图平面。在“定义旋转体”对话框中单击按钮，选取“xy 平面”作为草图平面。

② 绘制截面草图。在草绘工作台中绘制图 2.4 所示的截面草图。

说明：为了使草图清晰，图 2.4 中隐藏了所有几何约束。

③ 单击“工作台”工具栏中的按钮，退出草绘工作台。

（3）定义旋转轴线。在“定义旋转体”对话框的 轴线 区域中右击 选择: 文本框，在系统弹出的快捷菜单中选择 Y 轴 作为旋转轴线。

（4）定义旋转角度。在“定义旋转体”对话框的 限制 区域的 第一角度: 文本框中输入数值 360。

（5）单击 确定 按钮，完成旋转体 1 的创建。

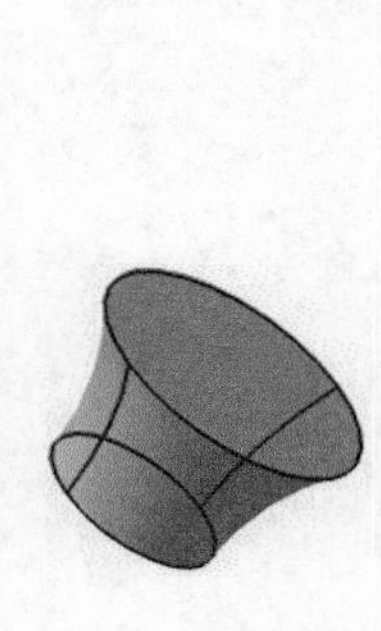

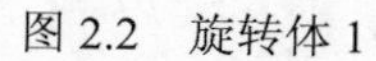

图 2.2 旋转体 1

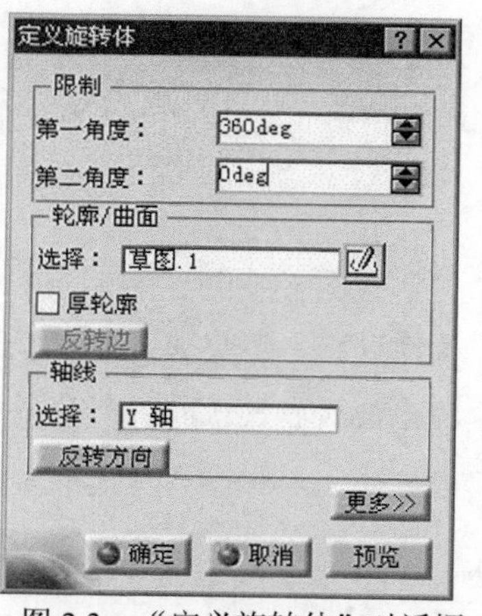

图 2.3 “定义旋转体”对话框

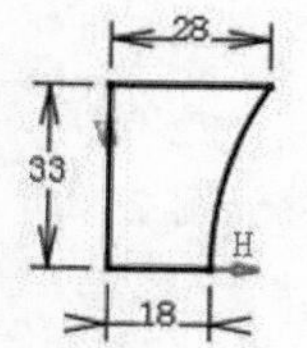

图 2.4 截面草图

Step3. 创建图 2.5 所示的零件特征——旋转体 2。

（1）选择命令。选择下拉菜单 插入 ➡ 基于草图的特征 ➡ 旋转体... 命令（或单击按钮），系统弹出“定义旋转体”对话框。

（2）创建图 2.6 所示的截面草图。

① 定义草图平面。在“定义旋转体”对话框中单击按钮，选取“xy 平面”作为草图平面。

② 绘制截面草图。在草绘工作台中绘制图 2.6 所示的截面草图。

③ 单击“工作台”工具栏中的按钮，退出草绘工作台。

（3）定义旋转轴线。在“定义旋转体”对话框的 轴线 区域中右击 选择： 文本框，在系统弹出的快捷菜单中选择 Y 轴 作为旋转轴线。

（4）定义旋转角度。在“定义旋转体”对话框的 限制 区域的 第一角度： 文本框中输入数值 360。

（5）单击 确定 按钮，完成旋转体 2 的创建。

Step4. 创建图 2.7 所示的零件特征——旋转槽 1。

图 2.5 旋转体 2

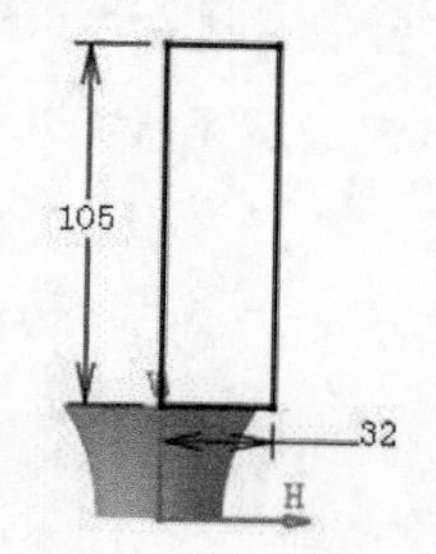

图 2.6 截面草图

图 2.7 旋转槽 1

（1）选择命令。选择下拉菜单 插入 ➡ 基于草图的特征 ➡ 旋转槽... 命令（或单击按钮），系统弹出图 2.8 所示的“定义旋转槽”对话框。

（2）创建截面草图。

① 定义草图平面。在 “定义旋转槽”对话框中单击按钮，选取“yz 平面”为草图平面。

② 绘制截面草图。在草绘工作台中绘制图 2.9 所示的截面草图。

③ 单击“工作台”工具栏中的按钮，退出草绘工作台。

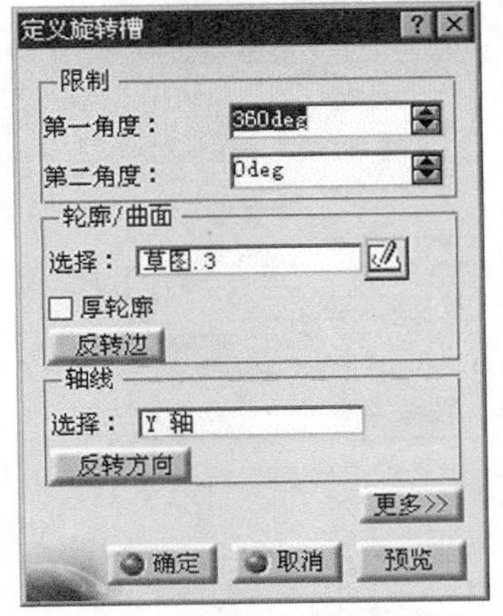

图 2.8 “定义旋转槽”对话框

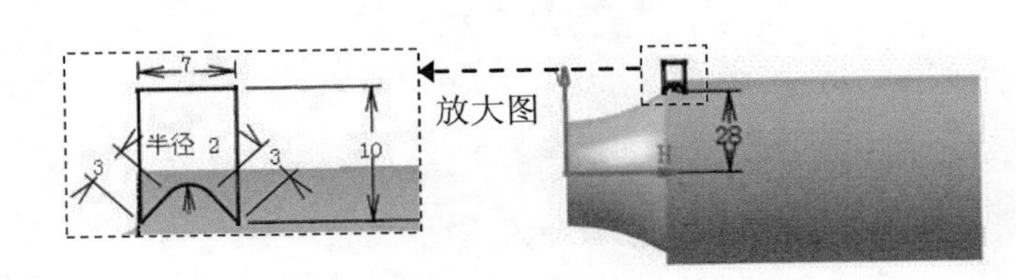

图 2.9 截面草图

（3）定义旋转轴线。在“定义旋转槽”对话框的 轴线 区域中右击 选择： 文本框，在系统弹出的快捷菜单中选择Y 轴作为旋转轴线。

（4）定义旋转角度。在“定义旋转槽”对话框的 限制 区域的 第一角度： 文本框中输入数值 360。

（5）单击确定按钮，完成旋转槽 1 的创建。

Step5. 创建图 2.10 所示的矩形阵列 1。

（1）选择命令。选择下拉菜单插入 → 变换特征 → 矩形阵列...命令，系统弹出图 2.11 所示的“定义矩形阵列”对话框。

（2）定义阵列对象。单击以激活该对话框的第一方向选项卡中的对象：文本框，在特征树中选取旋转槽.1作为阵列对象。

（3）定义参考方向。右击第一方向选项卡中的参考元素：文本框，在系统弹出的快捷菜单中选择Y 轴作为参考方向。

（4）定义阵列参数。

① 定义参数类型。在“定义矩形阵列”对话框的第一方向选项卡的参数：下拉列表中选择实例和间距选项。

② 定义参数值。在“定义矩形阵列”对话框的第一方向选项卡的实例：文本框中输入数值 15，在间距：文本框中输入数值 7。

（5）单击“定义矩形阵列”对话框中的 确定 按钮，完成矩形阵列 1 的创建。

图 2.10 矩形阵列 1

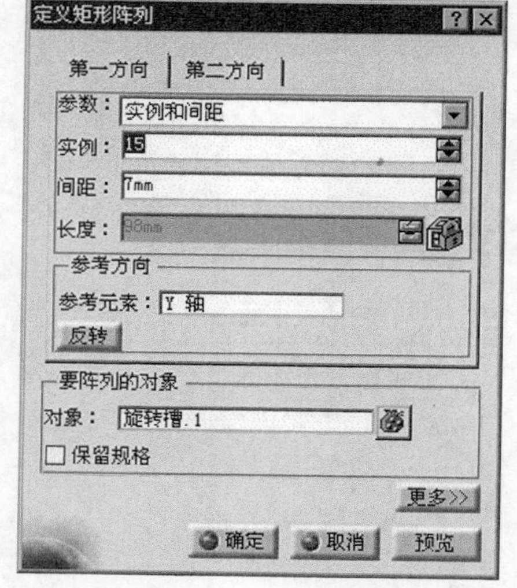

图 2.11 “定义矩形阵列”对话框

Step6. 创建图 2.12 所示的零件特征——旋转体 3。

（1）选择命令。选择下拉菜单 插入 → 基于草图的特征 ▸ → 旋转体... 命令（或单击按钮），系统弹出“定义旋转体”对话框。

（2）创建图 2.13 所示的截面草图。

① 定义草图平面。在“定义旋转体”对话框中单击按钮，选取“xy 平面”为草图平面。

② 绘制截面草图。在草绘工作台中绘制图 2.13 所示的截面草图。

③ 单击“工作台”工具栏中的按钮，退出草绘工作台。

（3）定义旋转轴线。在“定义旋转槽”对话框的 轴线 区域中右击 选择： 文本框，在系统弹出的快捷菜单中选择 Y 轴 作为旋转轴线。

（4）定义旋转角度。在“定义旋转体”对话框的 第一角度： 文本框中输入数值 360。

（5）单击 确定 按钮，完成旋转体 3 的创建。

图 2.12 旋转体 3

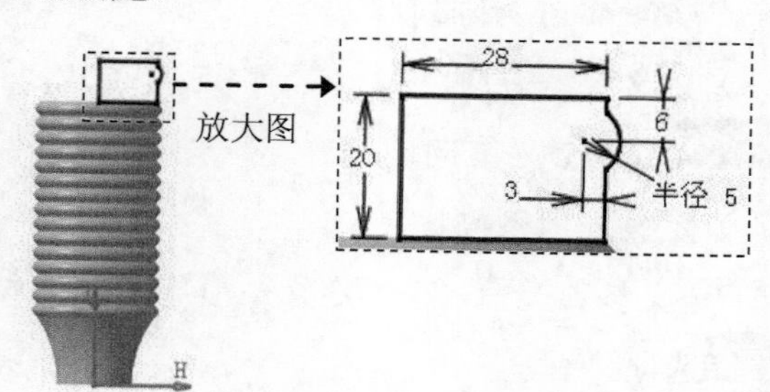

图 2.13 截面草图

Step7. 创建图 2.14 所示的特征——抽壳 1。

（1）选取命令。选择下拉菜单插入 → 修饰特征 → 抽壳...命令，系统弹出图2.15所示的“定义盒体”对话框。

（2）定义要移除的面。选取图2.16所示的面为要移除的面。

（3）定义抽壳厚度。在该对话框的默认内侧厚度:文本框中输入数值1.2。

（4）单击“定义盒体”对话框中的确定按钮，完成抽壳1的创建。

图2.14 抽壳1

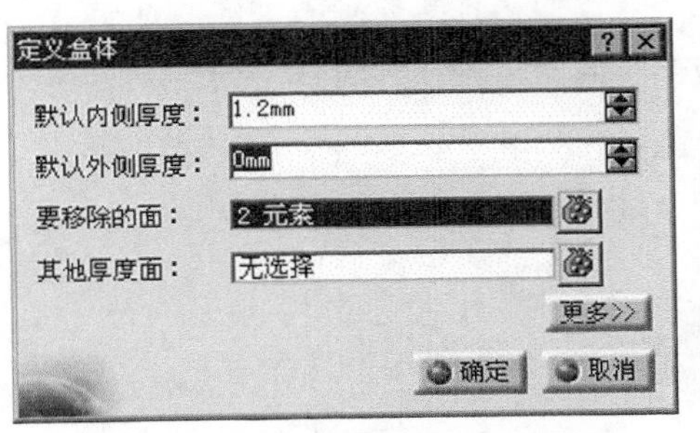

图2.15 “定义盒体”对话框

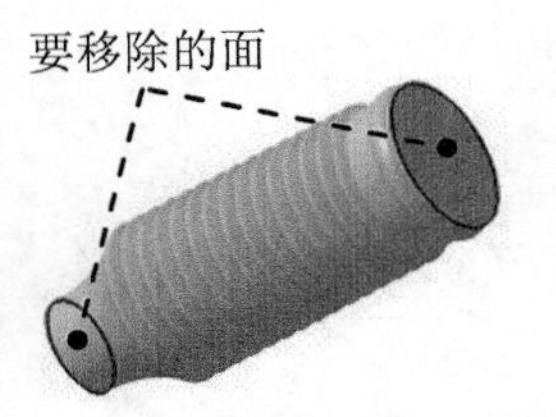

图2.16 选择要移除的面

Step8. 保存零件模型。

实例 3　儿童玩具勺

实例概述：

本实例介绍了一个儿童玩具勺的设计过程，其中运用了实体建模的一些常用命令，包括凸台、凹槽、旋转体、抽壳和倒圆角等，需要注意的是旋转体 1 的创建方法。零件模型及相应的特征树如图 3.1 所示。

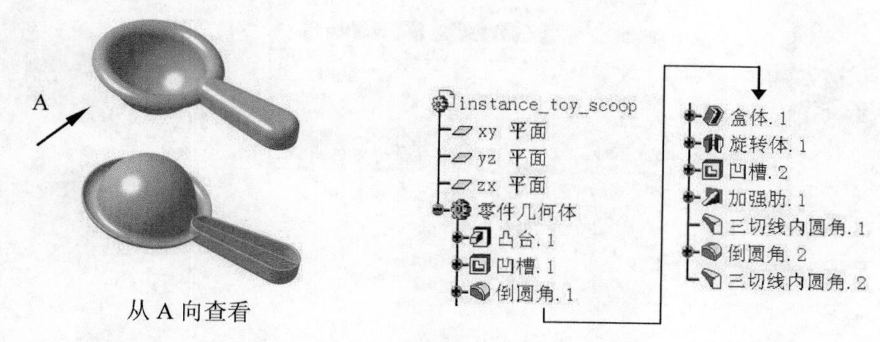

图 3.1　零件模型和特征树

Step1. 新建模型文件。选择下拉菜单 文件 → 新建... 命令（或在“标准”工具栏中单击按钮），在系统弹出的“新建”对话框的 类型列表: 中选择文件类型为 Part，单击 确定 按钮，系统弹出“新建零件”对话框，在对话框中输入零件名称 instance_toy_scoop，并选中 启用混合设计 复选框，单击 确定 按钮，进入“零件设计”工作台。

Step2. 创建图 3.2 所示的零件基础特征——凸台 1。

（1）选择命令。选择下拉菜单 插入 → 基于草图的特征 → 凸台... 命令（或单击按钮），系统弹出图 3.3 所示的“定义凸台”对话框。

（2）创建截面草图。

① 定义草图平面。在“定义凸台”对话框中单击按钮，选取“xy 平面”作为草图平面。

② 绘制截面草图。在草绘工作台中绘制图 3.4 所示的截面草图。

③ 单击“工作台”工具栏中的按钮，退出草绘工作台。

（3）定义深度属性。

① 定义深度方向。采用系统默认的方向。

② 定义深度类型。单击“定义凸台”对话框中的 更多>> 按钮，展开对话框的隐藏部分，在该对话框 第一限制 区域和 第二限制 区域的 类型: 下拉列表中均选择 尺寸 选项。

③ 定义深度值。在“定义凸台”对话框的 第一限制 区域的 长度: 文本框中输入数值 70，

在 第二限制 区域的 长度: 文本框中输入数值 5。

（4）单击“定义凸台”对话框中的 确定 按钮，完成凸台 1 的创建。

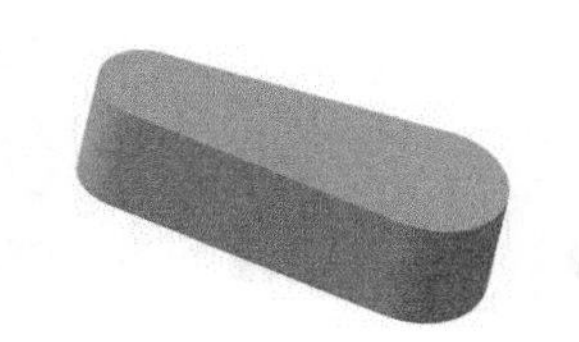

图 3.2　凸台 1

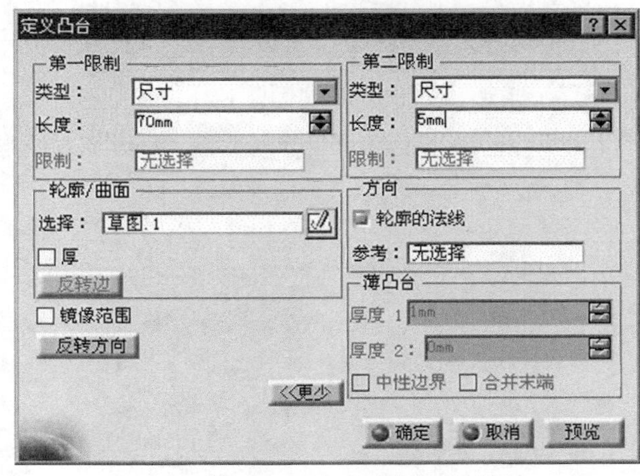

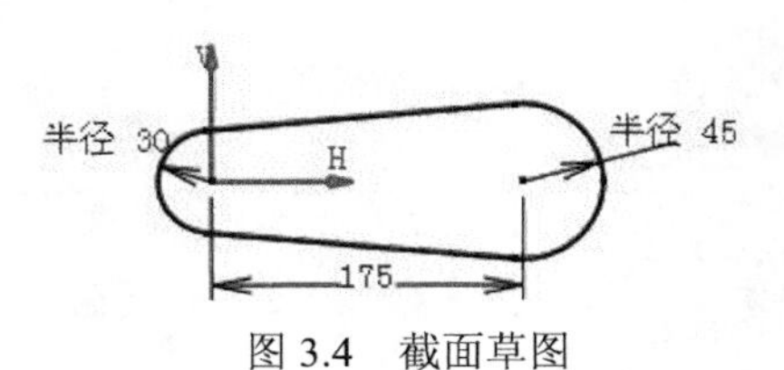

图 3.4　截面草图

图 3.3　“定义凸台”对话框

Step3. 创建图 3.5 所示的零件特征——凹槽 1。

（1）选择命令。选择下拉菜单 插入 → 基于草图的特征 → 凹槽... 命令（或单击按钮），系统弹出图 3.6 所示的“定义凹槽”对话框。

（2）创建图 3.7 所示的截面草图。

① 定义草图平面。在“定义凹槽”对话框中单击按钮，选取“zx 平面”为草图平面。

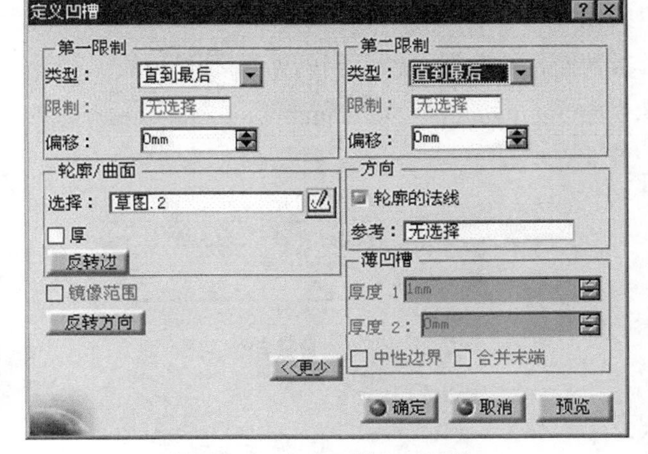

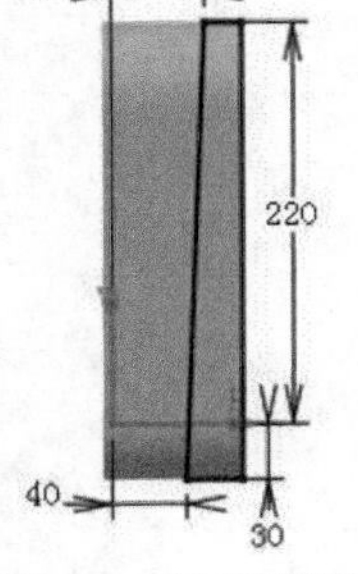

图 3.5　凹槽 1

图 3.6　“定义凹槽”对话框

图 3.7　截面草图

② 绘制截面草图。在草绘工作台中绘制图 3.7 所示的截面草图。

③ 单击“工作台”工具栏中的按钮，退出草绘工作台。

（3）定义深度属性。

① 定义深度方向。采用系统默认的深度方向。

② 定义深度类型。单击“定义凹槽”对话框中的 更多>> 按钮，展开对话框的隐藏部分，在该对话框的 第一限制 区域与 第二限制 区域的 类型: 下拉列表中均选择 直到最后 选项。

（4）单击 确定 按钮，完成凹槽 1 的创建。

Step4. 创建图 3.8b 所示的倒圆角 1。

（1）选择命令。选择下拉菜单 插入 → 修饰特征 → 倒圆角... 命令，系统弹出图 3.9 所示的“倒圆角定义”对话框。

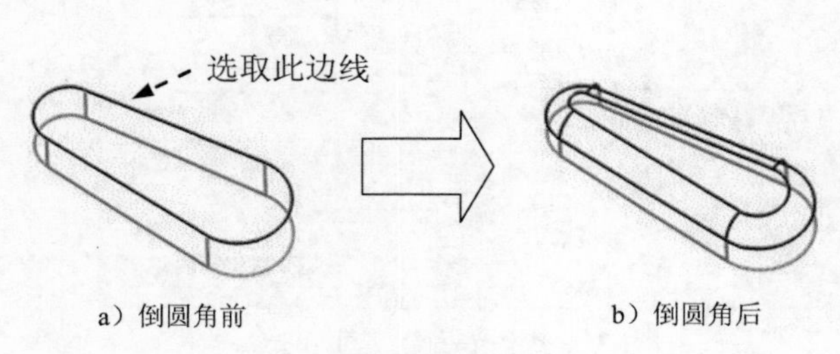

a）倒圆角前　　b）倒圆角后

图 3.8　倒圆角 1

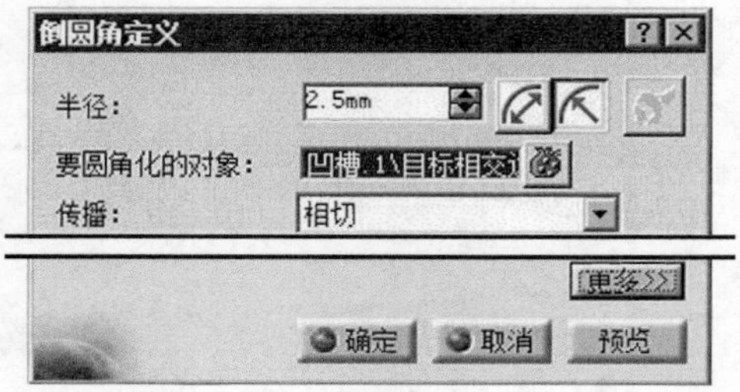

图 3.9　“倒圆角定义”对话框

（2）定义要倒圆角的对象。在“倒圆角定义”对话框的 传播: 下拉列表中选择 相切 选项，选取图 3.8a 所示的边线（斜面所在侧）为要倒圆角的对象。

（3）定义倒圆角半径。在该对话框的 半径: 文本框中输入数值 20。

（4）单击“倒圆角定义”对话框中的 确定 按钮，完成倒圆角 1 的创建。

Step5. 创建图 3.10 所示的特征——抽壳 1。

（1）选取命令。选择下拉菜单 插入 → 修饰特征 → 抽壳... 命令，系统弹出图 3.11 的所示的“定义盒体”对话框。

（2）定义要移除的面。选取图 3.12 所示的面为要移除的面。

（3）定义盒体厚度。在该对话框的 默认内侧厚度: 文本框中输入数值 5。

（4）单击“定义盒体”对话框中的 确定 按钮，完成抽壳 1 的创建。

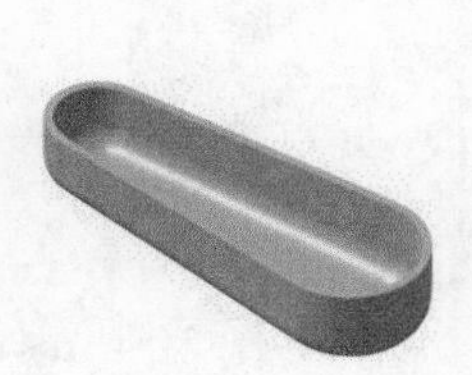
图 3.10　抽壳 1

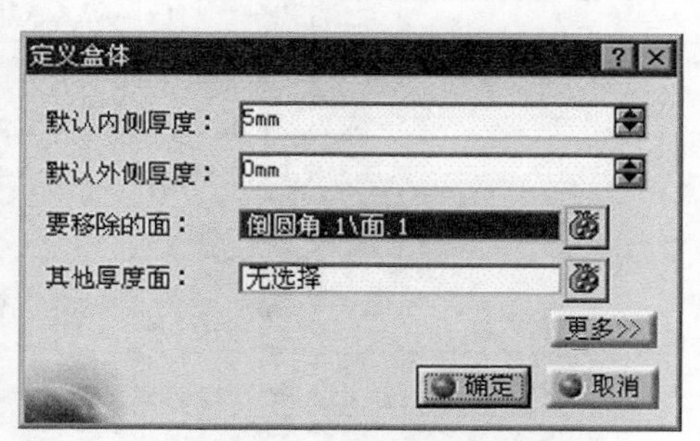

图 3.11　“定义盒体”对话框

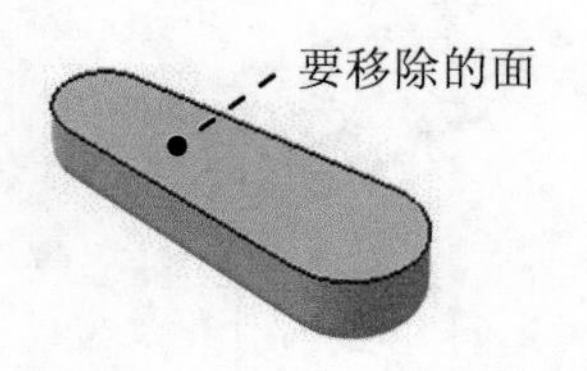

图 3.12　选取要移除的面

Step6. 创建图 3.13 所示的零件特征——旋转体 1。

（1）选择命令。选择下拉菜单 插入 → 基于草图的特征 → 旋转体... 命令（或单

击 按钮），系统弹出图 3.14 所示的“定义旋转体”对话框。

（2）创建图 3.15 所示的截面草图。

① 定义草图平面。在“定义旋转体”对话框中单击 按钮，选取“zx 平面”作为草图平面。

② 绘制截面草图。在草绘工作台中绘制图 3.15 所示的截面草图。

注意：在绘制该草图时，需先画一条水平中心线，该中心线将作为旋转体的轴线，之后再添加相切约束和相合约束等。

③ 单击“工作台”工具栏中的 按钮，退出草绘工作台。

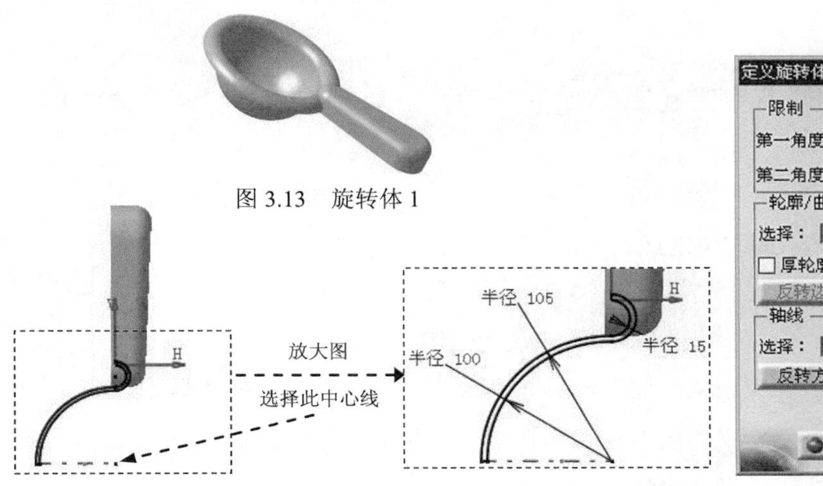

图 3.13　旋转体 1

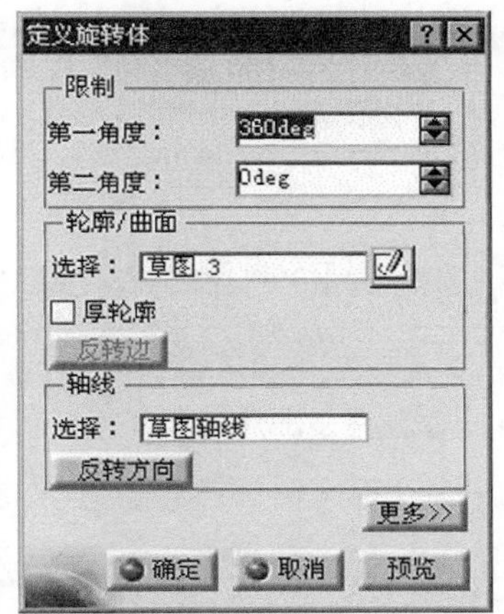

图 3.15　截面草图

图 3.14　“定义旋转体”对话框

（3）定义旋转轴线。在“定义旋转体”对话框的 轴线 区域中激活 选择： 文本框，选取图 3.15 所示的中心线作为旋转轴线。

（4）定义旋转角度。在“定义旋转体”对话框的 限制 区域的 第一角度： 文本框中输入数值 360。

（5）单击 确定 按钮，完成旋转体 1 的创建。

Step7. 创建图 3.16 所示的零件特征——凹槽 2。

（1）选择命令。选择下拉菜单 插入 → 基于草图的特征 → 凹槽... 命令（或单击 按钮），系统弹出图 3.17 所示的“定义凹槽”对话框。

（2）创建图 3.18 所示的截面草图。

① 定义草图平面。在“定义凹槽”对话框中单击 按钮，选取“xy 平面”为草图平面。

② 绘制截面草图。在草绘工作台中绘制图 3.18 所示的截面草图。

注意： 在绘制该草图时，先按住 Ctrl 键，依次选取图 3.18 所示的三条内边线，然后选择 插入 → 操作 → 3D 几何图形 → 投影 3D 元素 命令，将选中的三条内边线投影到草图平面上，再使用直线命令将其封闭起来即可。

图 3.16 凹槽 2

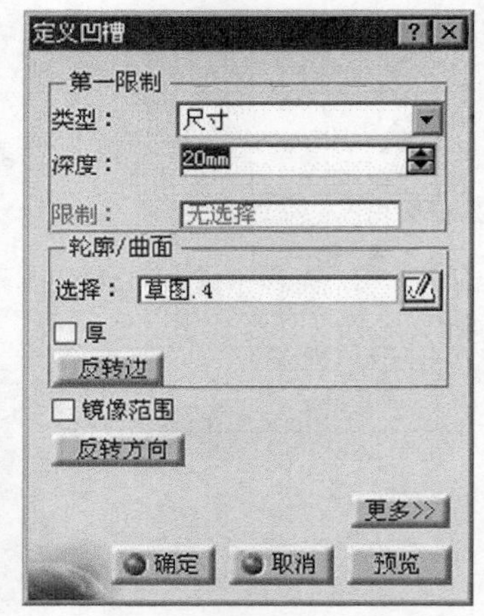

图 3.17 “定义凹槽”对话框

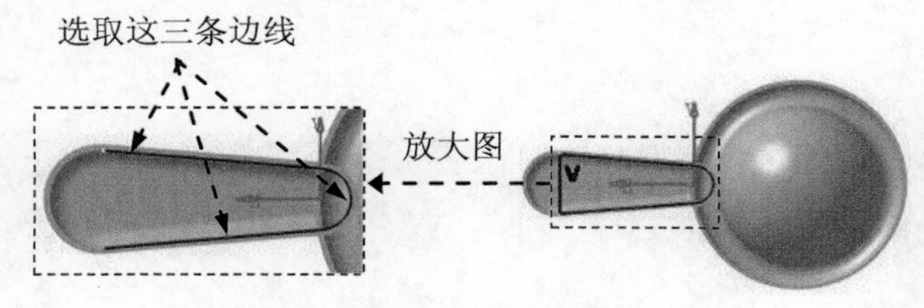

图 3.18 截面草图

③ 单击“工作台”工具栏中的按钮，退出草绘工作台。

（3）定义深度属性。

① 定义深度方向。单击 反转方向 按钮，使凹槽的方向相反。

② 定义深度类型。在“定义凹槽”对话框的 类型： 下拉列表中选择 尺寸 选项。

③ 定义深度值。在“定义凹槽”对话框的 深度： 文本框中输入数值 20。

（4）单击 确定 按钮，完成凹槽 2 的创建。

Step8. 创建图 3.19 所示的零件特征——加强肋 1。

（1）选择命令。选择下拉菜单 插入 → 基于草图的特征 → 加强肋... 命令，系统弹出图 3.20 所示的“定义加强肋”对话框。

（2）创建图 3.21 所示的截面草图。

① 定义草图平面。在“定义加强肋”对话框中单击按钮，选取“zx 平面”作为草图平面。

② 绘制截面草图。在草绘工作台中绘制图 3.21 所示的截面草图。

说明： 图 3.21 所示的草图中的直线是通过选择下拉菜单 插入 → 操作 → 3D 几何图形 → 投影 3D 元素 命令，投影实体边线得到的。

③ 单击“工作台”工具栏中的按钮，退出草绘工作台。

（3）定义加强肋属性。

① 定义加强肋模式。在“定义加强肋”对话框中选中 从侧面 单选项。

② 定义加强肋的方向。采用默认的加强肋方向。

③ 定义加强肋的厚度。在“定义加强肋”对话框的厚度 1:文本框中输入数值 3。

（4）单击 确定 按钮，完成加强肋 1 的创建。

图 3.19 加强肋 1

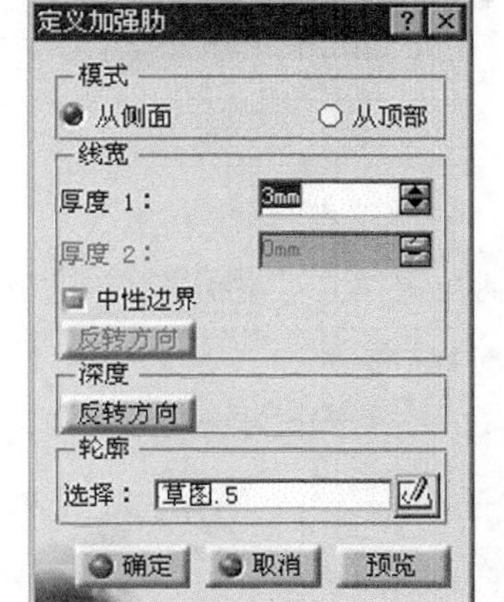

图 3.20 “定义加强肋”对话框

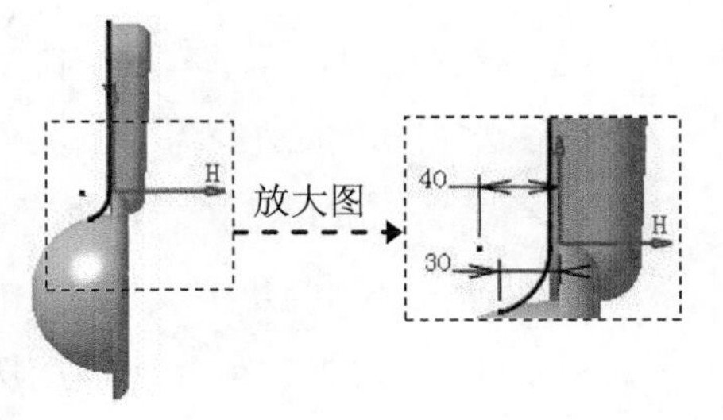

图 3.21 截面草图

Step9. 创建图 3.22 所示的三切线内圆角 1。

（1）选择命令。选择下拉菜单 插入 → 修饰特征 → 三切线内圆角... 命令，系统弹出图 3.23 所示的“定义三切线内圆角”对话框。

图 3.22 三切线内圆角 1

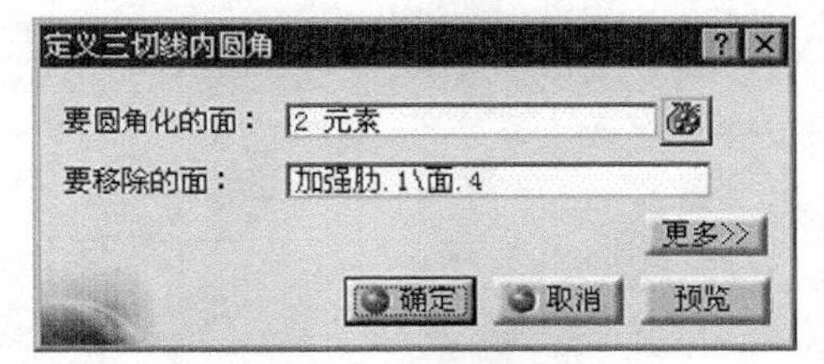

图 3.23 “定义三切线内圆角”对话框

（2）定义圆角化的面。选取图 3.24 所示的面 1、面 2 为要圆角化的面。

（3）定义要移除的面。选取图 3.24 所示的面 3 为要移除的面。

（4）单击“定义三切线内圆角”对话框中的 确定 按钮，完成三切线内圆角 1 的创建。

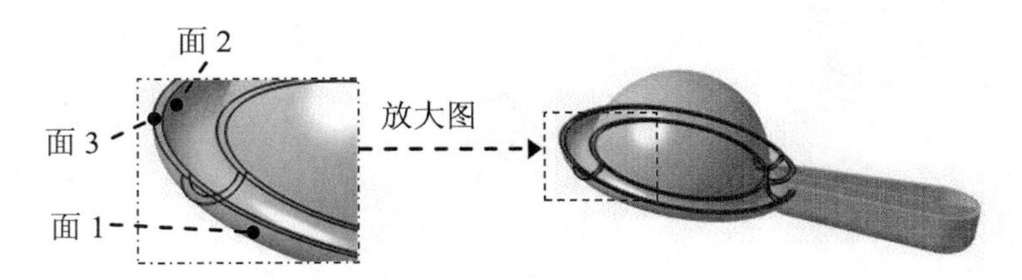

图 3.24 选取要移除的面与圆角化的面

Step10. 创建图 3.25b 所示的倒圆角 2。

（1）选择命令。选择下拉菜单 插入 → 修饰特征 → 倒圆角... 命令，系统弹出“倒圆角定义”对话框。

a）倒圆角前　　b）倒圆角后

图 3.25　倒圆角 2

（2）定义要倒圆角的对象。在“倒圆角定义”对话框的 传播: 下拉列表中选择 相切 选项，选取图 3.25a 所示的边线为要倒圆角的对象。

（3）定义倒圆角半径。在该对话框的 半径: 文本框中输入数值 2.5。

（4）单击“倒圆角定义”对话框中的 确定 按钮，完成倒圆角 2 的创建。

Step11. 创建图 3.26 所示的三切线内圆角 2。

（1）选取命令。选择下拉菜单 插入 → 修饰特征 ▸ → 三切线内圆角... 命令，系统弹出“定义三切线内圆角”对话框。

（2）定义圆角化的面。选取图 3.27 所示的面 1 及面 1 相对的面为要圆角化的面。

（3）定义要移除的面。选取图 3.27 所示的面 2 为要移除的面。

（4）单击“定义三切线内圆角”对话框中的 确定 按钮，完成三切线内圆角 2 的创建。

Step12. 保存零件模型。

图 3.26　三切线内圆角 2

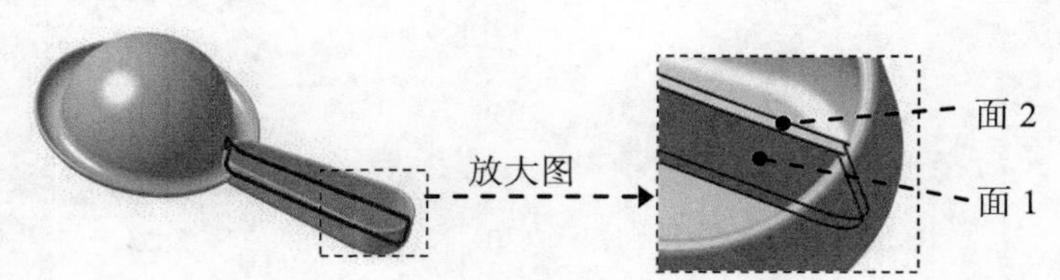

图 3.27　选择要移除的面与圆角化的面

实例 4 箱体模型

实例概述：

本实例是箱体的设计，主要运用了凸台、凹槽、孔、抽壳和倒圆角等特征创建命令。需要注意在选取草图平面、凹槽的切削方向及倒圆角顺序等过程中用到的技巧和注意事项。零件模型及相应的特征树如图 4.1 所示。

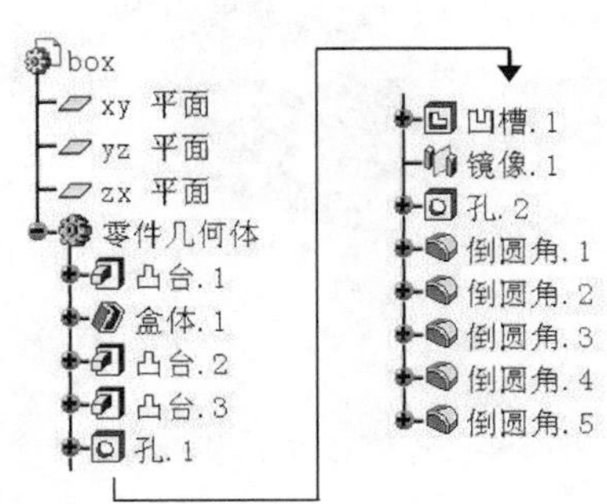

图 4.1 零件模型和特征树

Step1. 新建模型文件。选择下拉菜单 文件 → 新建... 命令，系统弹出“新建”对话框，在“类型列表”中选择 Part 选项，单击 确定 按钮。在系统弹出的“新建”对话框中输入零件名称 box，并选中 启用混合设计 复选框，单击 确定 按钮，进入“零件设计”工作台。

Step2. 创建图 4.2 所示的零件基础特征——凸台 1。

（1）选择命令。选择下拉菜单 插入 → 基于草图的特征 → 凸台... 命令（或单击按钮），系统弹出“定义凸台”对话框。

（2）创建截面草图。

① 定义草图平面。在“定义凸台”对话框中单击按钮，选取“yz 平面”为草图平面。

② 绘制截面草图。在草绘工作台中绘制图 4.3 所示的截面草图。

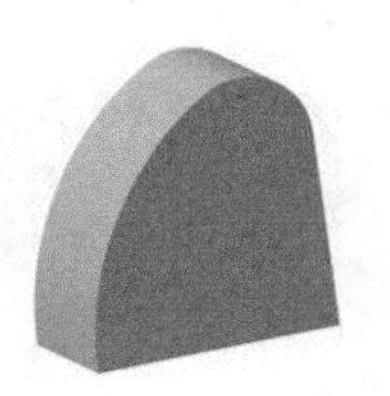

图 4.2 凸台 1

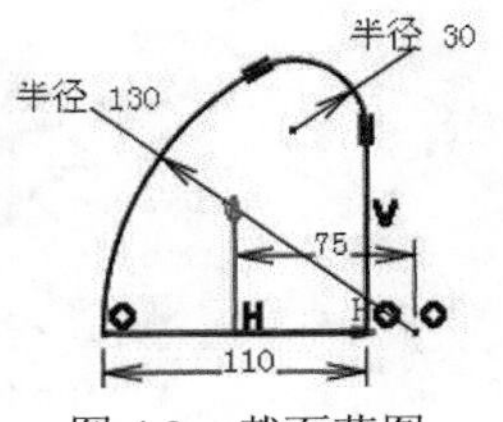

图 4.3 截面草图

③ 单击“工作台”工具栏中的按钮，退出草绘工作台。

（3）定义拉伸深度属性。

① 定义深度方向。采用系统默认的深度方向。

② 定义深度类型。在“定义凸台”对话框中单击 更多>> 按钮，然后在 第一限制 与 第二限制 区域的 类型: 下拉列表中均选择 尺寸 选项。

③ 定义深度值。在 第一限制 与 第二限制 区域的 长度: 文本框中均输入数值 40。

（4）单击 确定 按钮，完成凸台 1 的创建。

Step3. 创建图 4.4b 所示的抽壳 1。

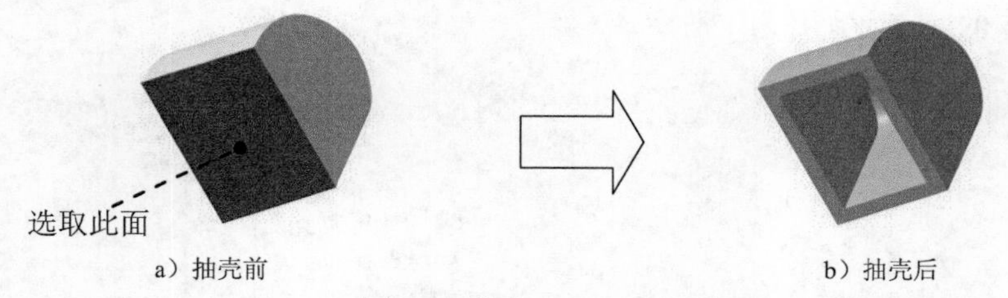

a）抽壳前　　b）抽壳后

图 4.4　抽壳 1

（1）选择命令。选择下拉菜单 插入 → 修饰特征 ▸ → 抽壳... 命令，系统弹出“定义盒体”对话框。

（2）定义要移除的面。选取图 4.4a 所示的面为要移除的面。

（3）定义抽壳厚度。在该对话框的 默认内侧厚度: 文本框中输入数值 10。

（4）单击“定义盒体”对话框中的 确定 按钮，完成抽壳 1 的创建。

Step4. 创建图 4.5 所示的零件特征——凸台 2。

（1）选择命令。选择下拉菜单 插入 → 基于草图的特征 ▸ → 凸台... 命令（或单击 按钮），系统弹出“定义凸台”对话框。

（2）创建截面草图。

① 定义草图平面。在“定义凸台”对话框中单击 按钮，选取图 4.6 所示的模型表面为草图平面。

② 绘制截面草图。在草绘工作台中绘制图 4.7 所示的截面草图。

说明： 在绘制的草图中，为了将草图表达得更清晰，所有的约束符号均被隐藏。

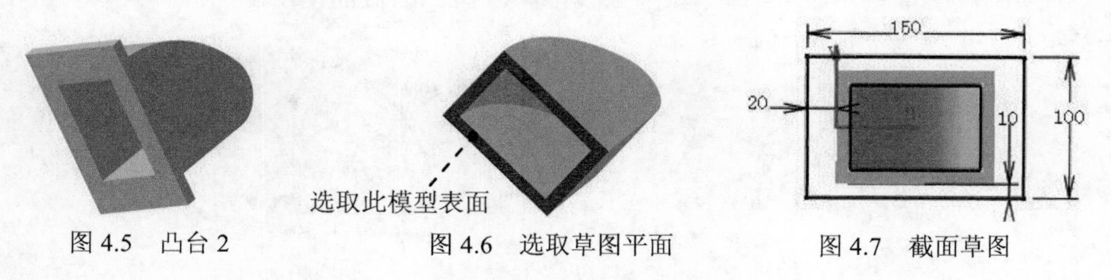

图 4.5　凸台 2　　图 4.6　选取草图平面　　图 4.7　截面草图

③ 单击“工作台”工具栏中的 按钮，退出草绘工作台。

（3）定义深度属性。单击 反转方向 按钮，反转深度方向，在 类型： 下拉列表中选择 尺寸 选项，在 长度： 文本框中输入数值 10。

（4）单击 确定 按钮，完成凸台 2 的创建。

Step5. 创建图 4.8 所示的零件特征——凸台 3。

（1）选择命令。选择下拉菜单 插入 → 基于草图的特征 → 凸台... 命令（或单击按钮），系统弹出“定义凸台”对话框。

（2）创建截面草图。

① 定义草图平面。在“定义凸台”对话框中单击按钮，选取图 4.9 所示的模型表面为草图平面。

② 绘制截面草图。在草绘工作台中绘制图 4.10 所示的截面草图。

说明：绘制的圆与截面轮廓圆同心。

图 4.8 凸台 3

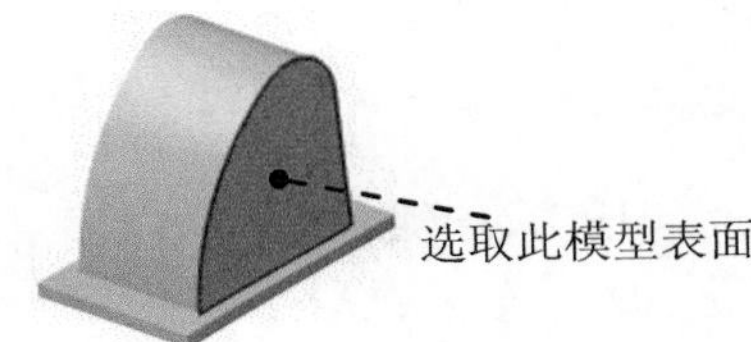

图 4.9 选取草图平面

图 4.10 截面草图

③ 单击“工作台”工具栏中的按钮，退出草绘工作台。

（3）定义深度属性。采用默认的深度方向，在 类型： 下拉列表中选择 尺寸 选项，在 长度： 文本框中输入数值 8。

（4）单击 确定 按钮，完成凸台 3 的创建。

Step6. 创建图 4.11b 所示的零件特征——孔 1。

（1）选择命令。选择下拉菜单 插入 → 基于草图的特征 → 孔... 命令（或单击按钮）。

（2）定义孔的放置面。选取图 4.11a 所示的模型表面为孔的放置面，系统弹出“定义孔”对话框。

（3）定义孔的位置。

① 进入草绘工作台。单击“定义孔”对话框的 扩展 选项卡中的按钮，系统进入草绘工作台。

② 在草绘工作台中约束孔的中心线与圆同心，如图 4.12 所示。

③ 单击“工作台”工具栏中的按钮，退出草绘工作台。

（4）定义孔的扩展参数。

① 定义孔的深度类型。在“定义孔”对话框的 扩展 选项卡的下拉列表中选择 直到下一个

选项。

② 定义孔的直径。在“定义孔”对话框的扩展选项卡的直径：文本框中输入数值 25。

（5）单击确定按钮，完成孔 1 的创建。

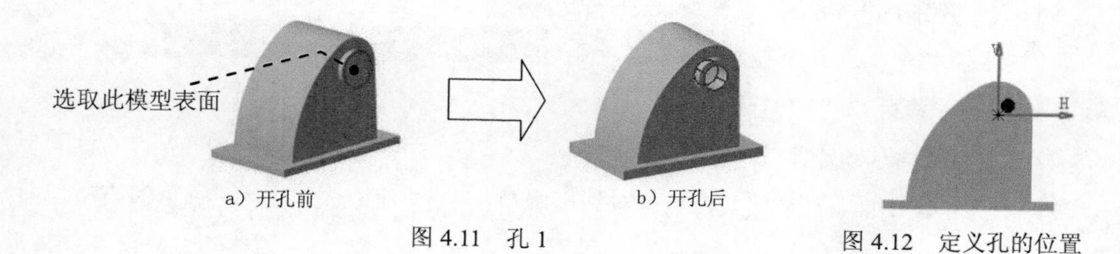

图 4.11　孔 1

图 4.12　定义孔的位置

Step7. 创建图 4.13b 所示的零件特征——凹槽 1。

（1）选择命令。选择下拉菜单插入 → 基于草图的特征 → 凹槽...命令（或单击按钮），系统弹出“定义凹槽”对话框。

（2）创建图 4.14 所示的截面草图。

① 定义草图平面。在“定义凹槽”对话框中单击按钮，选取图 4.13a 所示的平面为草图平面。

② 绘制截面草图。在草绘工作台中绘制图 4.14 所示的截面草图。

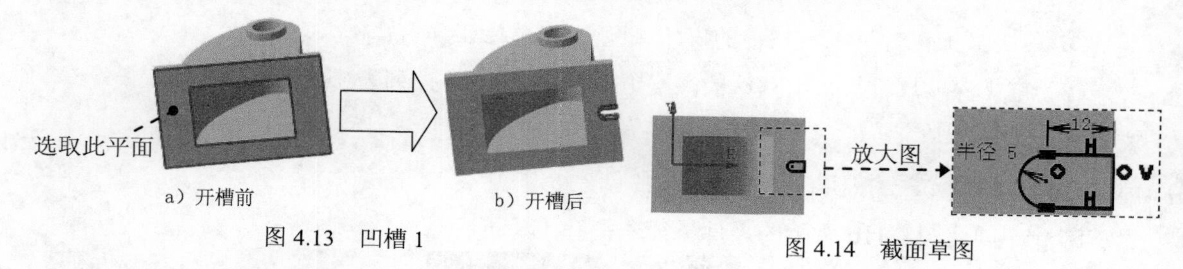

图 4.13　凹槽 1

图 4.14　截面草图

③ 单击“工作台”工具栏中的按钮，退出草绘工作台。

（3）定义深度属性。

① 定义深度方向。采用系统默认的深度方向。

② 定义深度类型。在“定义凹槽”对话框的第一限制区域的类型：下拉列表中选择直到下一个选项。

（4）单击确定按钮，完成凹槽 1 的创建。

Step8. 创建图 4.15 所示的零件特征——镜像 1。

（1）选取镜像对象。在特征树上选取“凹槽 1”作为镜像对象。

（2）选择命令。选择下拉菜单插入 → 变换特征 → 镜像...命令，系统弹出“定义镜像”对话框。

（3）定义镜像平面。选取“zx 平面”作为镜像平面，如图 4.15a 所示。

（4）单击“定义镜像”对话框中的确定按钮，完成镜像 1 的创建。

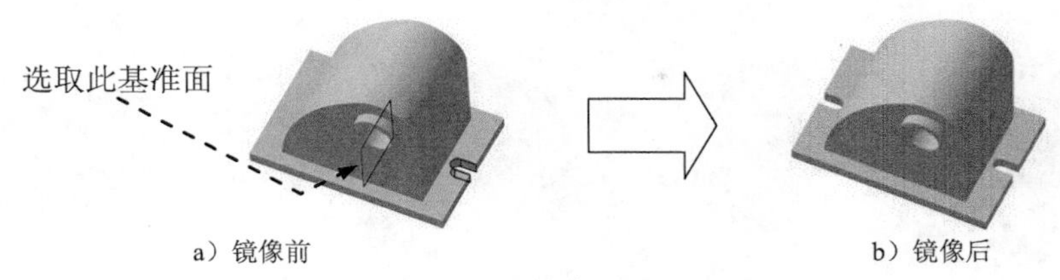

a）镜像前　　b）镜像后

图 4.15　镜像 1

Step9. 创建图 4.16b 所示的零件特征——孔 2。

（1）选择下拉菜单 插入 → 基于草图的特征 → 孔... 命令（或单击按钮）。

（2）选取图 4.16a 所示的模型表面为孔的放置面，系统弹出“定义孔”对话框。在该对话框中单击按钮；在草绘工作台中，约束孔的中心线与“yz 平面”相合，如图 4.17 所示。单击“工作台”工具栏中的按钮，退出草绘工作台。

（3）在“定义孔”对话框的 扩展 选项卡中选择 直到下一个 选项，在 直径: 文本框中输入数值 30。单击确定按钮，完成孔 2 的创建。

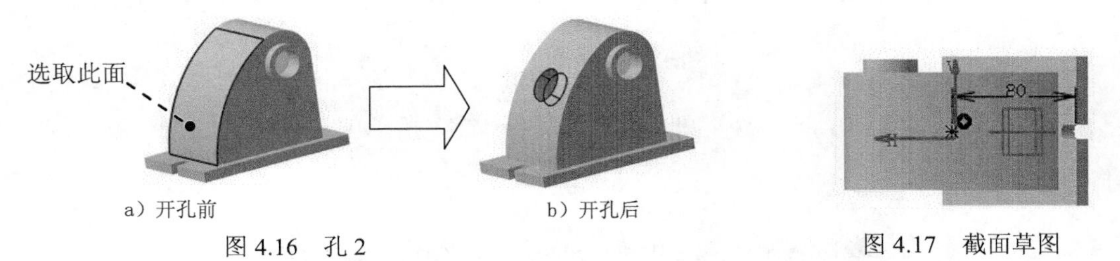

a）开孔前　　b）开孔后

图 4.16　孔 2　　图 4.17　截面草图

Step10. 创建图 4.18b 所示的倒圆角 1。

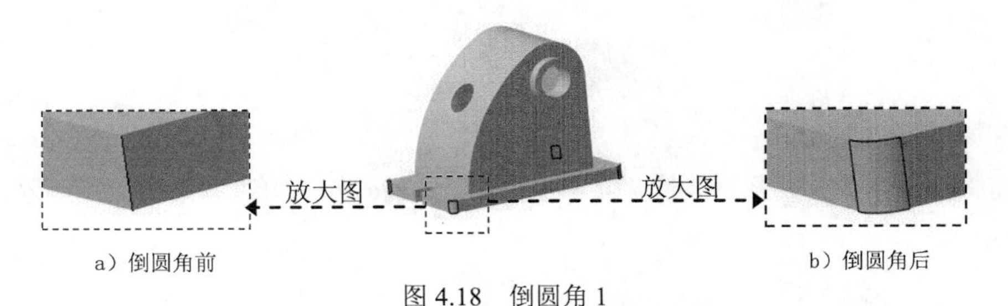

a）倒圆角前　　b）倒圆角后

图 4.18　倒圆角 1

（1）选择命令。选择下拉菜单 插入 → 修饰特征 → 倒圆角... 命令，系统弹出“倒圆角定义”对话框。

（2）定义要倒圆角的对象。在“倒圆角定义”对话框的 传播: 下拉列表中选择 相切 选项，选取图 4.18a 所示的四条边线为倒圆角对象。

（3）定义倒圆角半径。在该对话框的 半径: 文本框中输入数值 5。

（4）单击确定按钮，完成倒圆角 1 的创建。

Step11. 创建图 4.19b 所示的倒圆角 2。操作步骤参见 Step10。选取图 4.19a 所示的边线为倒圆角对象，倒圆角半径值为 2。

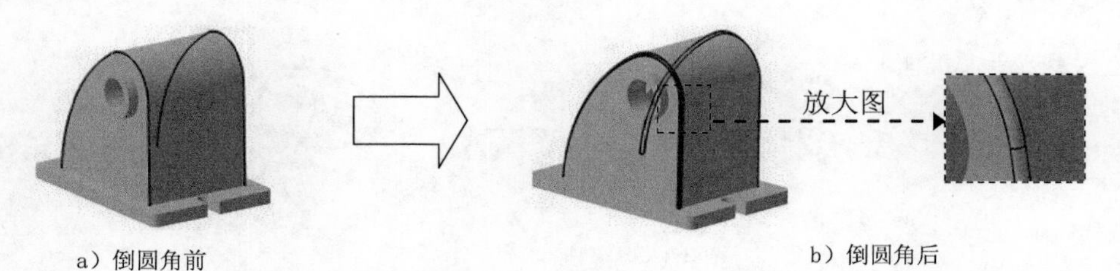

图 4.19 倒圆角 2

Step12. 创建图 4.20b 所示的倒圆角 3。选取图 4.20a 所示的边线为倒圆角对象，倒圆角半径值为 5。

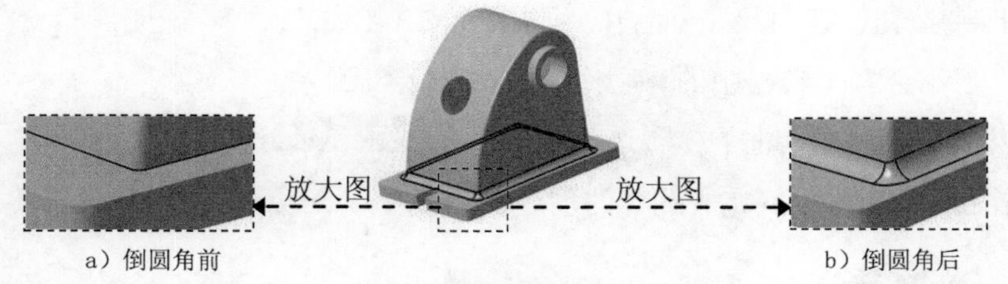

图 4.20 倒圆角 3

Step13. 创建图 4.21b 所示的倒圆角 4。选取图 4.21a 所示的边线为倒圆角对象，倒圆角半径值为 2。

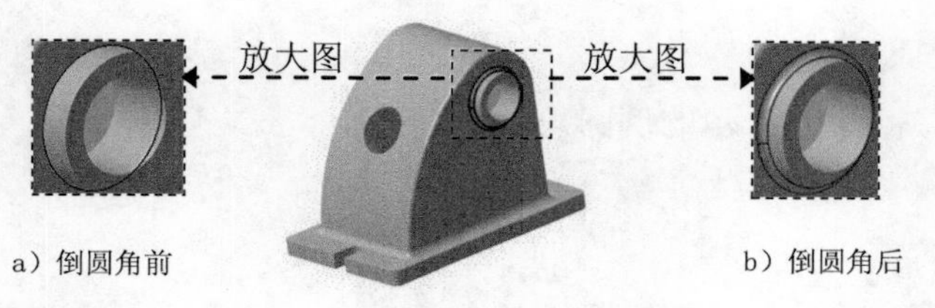

图 4.21 倒圆角 4

Step14. 创建图 4.22b 所示的倒圆角 5。选取图 4.22a 所示的边线为倒圆角对象，倒圆角半径值为 2。

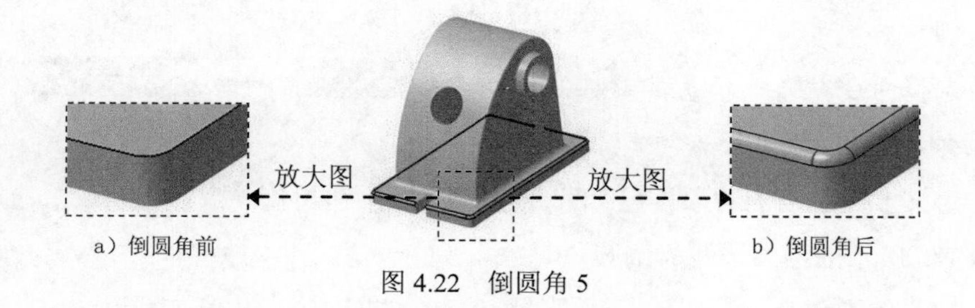

图 4.22 倒圆角 5

Step15. 保存文件。

实例5 蝶形螺母

实例概述：

本实例讲解了一个蝶形螺母的设计过程，主要运用了旋转体、倒圆角、螺旋线和开槽等命令。需要注意在选取草图平面及倒圆角等过程中用到的技巧和注意事项。零件模型及相应的特征树如图 5.1 所示。

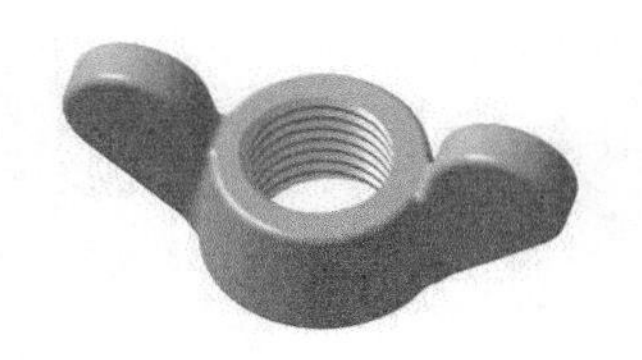

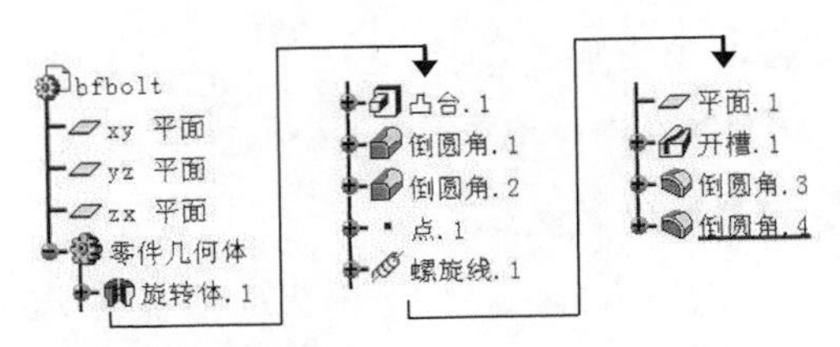

图 5.1 零件模型和特征树

Step1. 新建模型文件。选择下拉菜单 开始 → 机械设计 → 零件设计 命令，在系统弹出的“新建零件”对话框中输入名称 bfbolt，选中 启用混合设计 复选框，单击 确定 按钮，进入“零件设计”工作台。

Step2. 创建图 5.2 所示的零件特征——旋转体 1。

（1）选择命令。选择下拉菜单 插入 → 基于草图的特征 → 旋转体... 命令（或单击按钮），系统弹出“定义旋转体”对话框。

（2）创建图 5.3 所示的截面草图（草图 1）。

① 定义草图平面。在“定义旋转体”对话框中单击按钮，选取“xy 平面”作为草图平面。

② 绘制截面草图。在草绘工作台中绘制图 5.3 所示的截面草图（草图 1）。

③ 单击“工作台”工具栏中的按钮，退出草绘工作台。

（3）定义旋转轴线。在“定义旋转体”对话框的 轴线 区域中激活 选择： 文本框，选择 Y 轴 作为旋转轴线。

（4）定义旋转角度。在“定义旋转体”对话框的 限制 区域的 第一角度： 文本框中输入数值 360。

图 5.2 旋转体 1

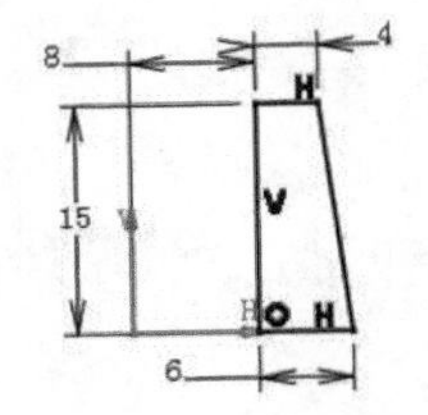

图 5.3 截面草图 （草图 1）

（5）单击确定按钮，完成旋转体 1 的创建。

Step3. 创建图 5.4 所示的零件特征——凸台 1。

（1）选择命令。选择下拉菜单 插入 → 基于草图的特征 → 凸台... 命令（或单击按钮），系统弹出“定义凸台”对话框。

（2）定义截面草图。

① 定义草图平面。在“定义凸台”对话框中单击按钮，选取“xy 平面”作为草图平面。

② 绘制截面草图。在草绘工作台中绘制图 5.5 所示的截面草图（草图 2）。

说明：为了使草图清晰，图 5.5 隐藏了所有的几何约束。

③ 单击“工作台”工具栏中的按钮，退出草绘工作台。

（3）定义深度属性。

① 定义深度方向。拉伸方向采用系统默认的方向。

② 定义深度类型。在“定义凸台”对话框的 类型： 下拉列表中选择 尺寸 选项，选中 镜像范围 复选框。

图 5.4　凸台 1

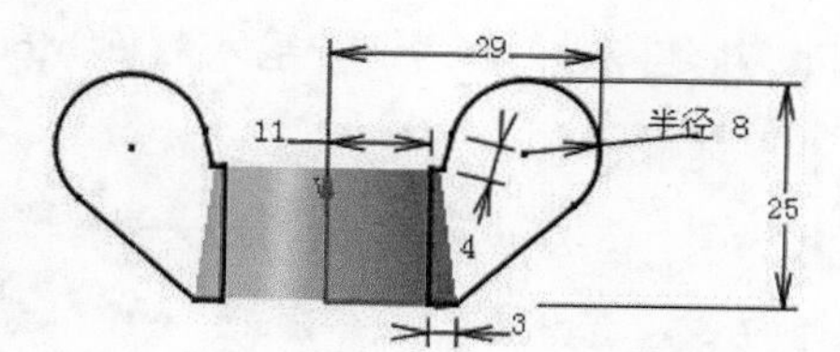

图 5.5　截面草图（草图 2）

③ 定义深度值。在 长度： 文本框中输入数值 3。

（4）单击“定义凸台”对话框中的确定按钮，完成凸台 1 的创建。

Step4. 创建图 5.6b 所示的倒圆角 1。

（1）选择命令。选择下拉菜单 插入 → 修饰特征 → 倒圆角... 命令，系统弹出图 5.7 所示的“倒圆角定义”对话框，然后在 变化 区域中选择 变量 类型。

（2）选取要倒圆角的对象。在“倒圆角定义”对话框的 传播： 下拉列表中选择 相切 选项，然后在系统 选择元素以编辑边线圆角。 的提示下，选取图 5.6a 所示的边线为要倒可变半径圆角的对象。

（3）定义倒圆角半径。在所选边线的两个顶点将出现半径的尺寸线，单击上端的尺寸线，在“倒圆角定义”对话框的 半径： 文本框中输入数值 1，单击下端的尺寸线，在 半径： 文本框中输入数值 3。

（4）单击该对话框中的确定按钮，完成倒圆角 1 的创建。

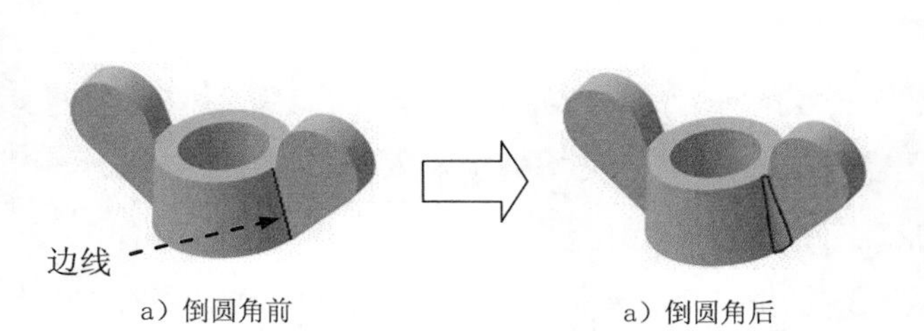

a）倒圆角前　　a）倒圆角后

图 5.6 倒圆角 1

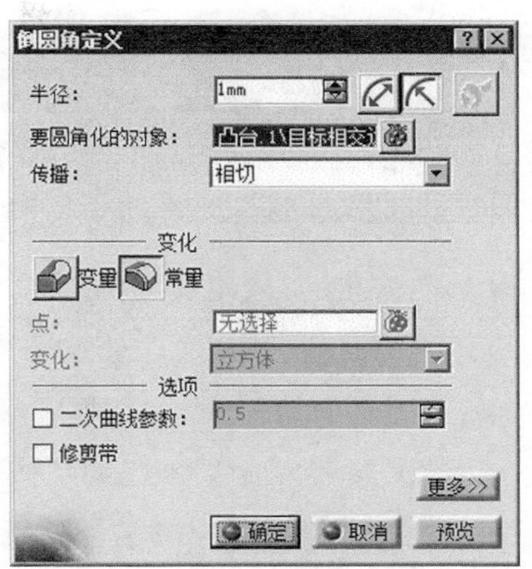

图 5.7 “倒圆角定义”对话框

Step5. 创建图 5.8b 所示的倒圆角 2。操作步骤参见 Step4，要圆角化的对象为图 5.8a 所示的三条边线。

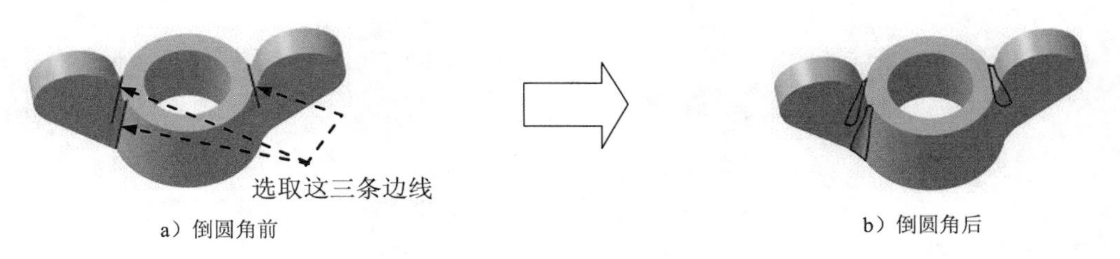

a）倒圆角前　　b）倒圆角后

图 5.8 倒圆角 2

Step6. 创建图 5.9 所示的点 1。

（1）选择命令。单击“参考元素（扩展）”工具栏中的按钮，系统弹出图 5.10 所示的“点定义”对话框。

（2）定义点的创建类型。在该对话框的点类型：下拉列表中选择坐标选项。

（3）定义点的位置。在对话框的 X =、Y =、Z = 文本框中分别输入数值 8、−5、0。

（4）单击确定按钮，完成点 1 的创建。

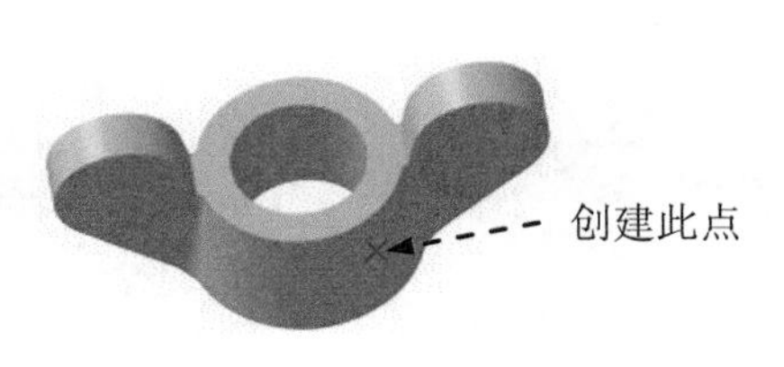

图 5.9 点 1

图 5.10 “点定义”对话框

Step7. 创建图 5.11 所示的螺旋线 1。

（1）选择下拉菜单 开始 → 形状 ▸ → 创成式外形设计 命令，进入“创成式外形设计”工作台。

（2）选择命令。选择下拉菜单 插入 → 线框 ▸ → 螺旋线... 命令，系统弹出图 5.12 所示的“螺旋曲线定义”对话框。

（3）在“螺旋曲线定义”对话框 类型 区域的 螺旋类型: 下拉列表中选择 高度和螺距 选项。

（4）在对话框的 螺距： 文本框中输入数值 2，在 高度： 文本框中输入数值 25。

（5）定义起点。选取图 5.11 所示的点 1 为螺旋线的起点。

（6）定义旋转轴。在“螺旋曲线定义”对话框的 轴： 文本框中右击，从系统弹出的快捷菜单中选择 Y 轴 作为螺旋线的旋转轴，如图 5.12 所示。

（7）单击 确定 按钮，完成图 5.11 所示的螺旋线 1 的创建。

图 5.11　螺旋线 1

螺旋曲线定义
类型
螺旋类型:　高度和螺距
常量螺距　可变螺距　法则曲线...
螺距:　2mm
高度:　25mm
起点:　点.1
轴:　Y 轴
方向:　逆时针
起始角度:　0deg
半径变化
拔模角度:　0deg
方式:　尖锥形
轮廓:　无选择
反转方向　确定　取消　预览

图 5.12　“螺旋曲线定义”对话框

Step8. 创建图 5.13 所示的平面 1。

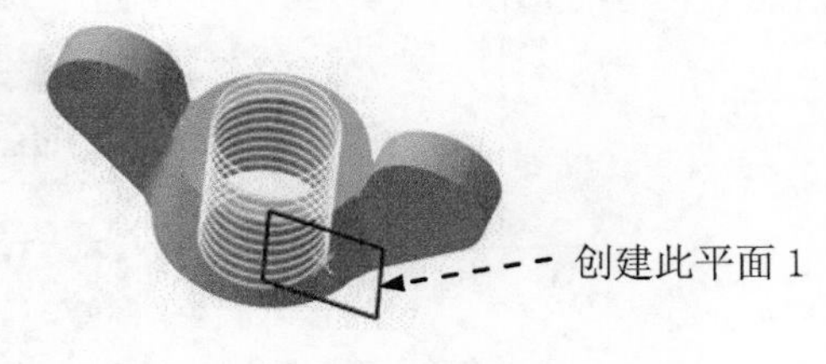

图 5.13　平面 1

（1）选择下拉菜单 开始 → 机械设计 ▸ → 零件设计 命令，进入“零件设计”工作台。

（2）选择命令。单击“参考元素（扩展）”工具栏中的按钮，系统弹出“平面定义”对话框。

（3）定义平面的创建类型。在“平面定义”对话框的平面类型：下拉列表中选择曲线的法线选项。

（4）定义平面参数。

① 单击以激活曲线：文本框，选取螺旋线 1 为平面参考曲线。

② 单击以激活点：文本框，选取点 1 为平面的通过点。

（5）单击“平面定义”对话框中的确定按钮，完成平面 1 的创建。

Step9. 创建图 5.14 所示的草图 3。

（1）选择命令。选择下拉菜单插入 → 草图编辑器 → 草图命令（或单击工具栏中的“草图”按钮）。

（2）定义草图平面。选择平面 1 为草图平面，系统自动进入草绘工作台。

（3）绘制草图。绘制图 5.14 所示的草图 3。

说明：在草图 3 中，等边三角形的重心是点 1。

（4）单击“退出工作台”按钮，完成草图 3 的创建。

Step10. 创建图 5.15 所示的开槽 1。

（1）选择命令。选择下拉菜单插入 → 基于草图的特征 → 开槽...命令（或单击“基于草图的特征”工具栏中的按钮），系统弹出图 5.16 所示的“定义开槽”对话框。

（2）定义开槽特征的轮廓。在系统定义轮廓。的提示下，选取草图 3 作为开槽特征的轮廓。

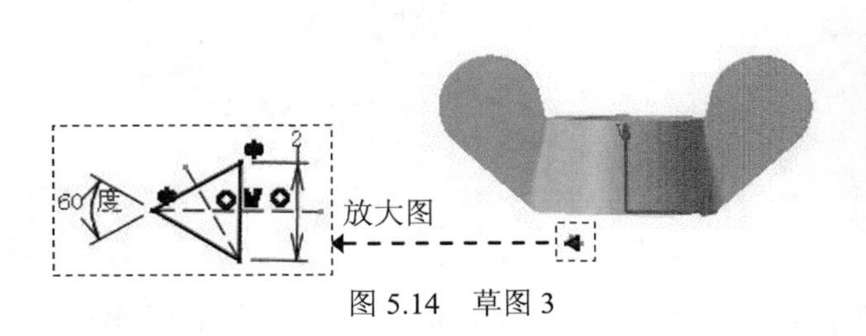

图 5.14 草图 3

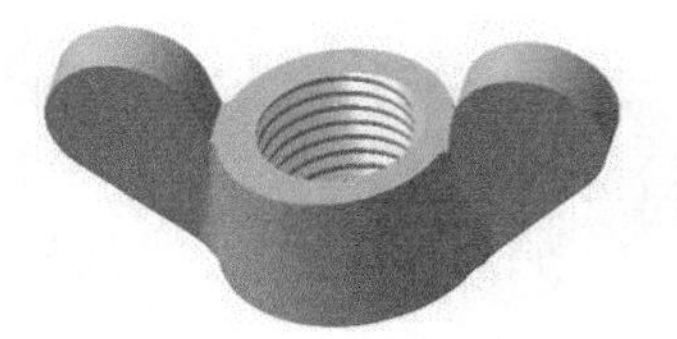

图 5.15 开槽 1

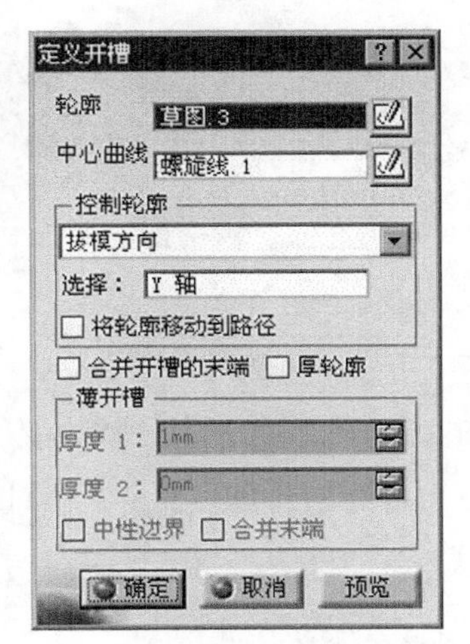

图 5.16 “定义开槽”对话框

（3）定义开槽特征的中心曲线。在系统定义中心曲线。的提示下，选取螺旋线 1 作为中心曲线。

（4）定义轮廓控制方式。在控制轮廓下拉列表中选择拔模方向选项，右击选择：文本框，在系统弹出的快捷菜单中选择Y轴选项。

（5）单击“定义开槽”对话框中的确定按钮，完成开槽1的创建。

Step11. 创建图5.17b所示的倒圆角3。

（1）选择命令。选择下拉菜单插入 → 修饰特征 → 倒圆角...命令，系统弹出“倒圆角定义”对话框。

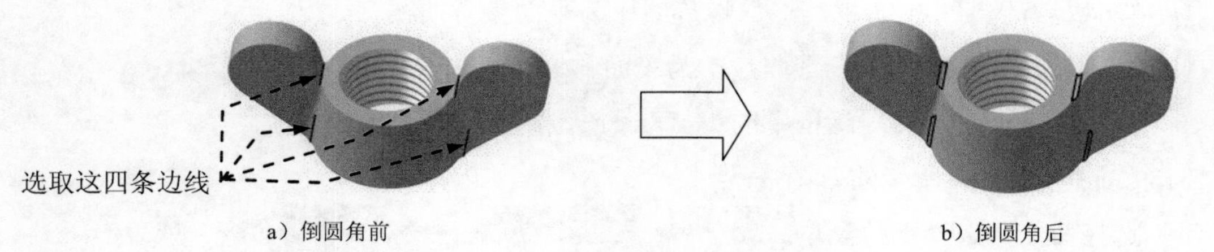

a）倒圆角前　　b）倒圆角后

图5.17　倒圆角3

（2）定义要倒圆角的对象。在“倒圆角定义”对话框的传播:下拉列表中选择相切选项，选取图5.17a所示的四条边线为要倒圆角的对象。

（3）定义倒圆角半径。在该对话框的半径:文本框中输入数值1。

（4）单击“倒圆角定义”对话框中的确定按钮，完成倒圆角3的创建。

Step12. 创建图5.18b所示的倒圆角4。

（1）选择命令。选择下拉菜单插入 → 修饰特征 → 倒圆角...命令，系统弹出“倒圆角定义”对话框。

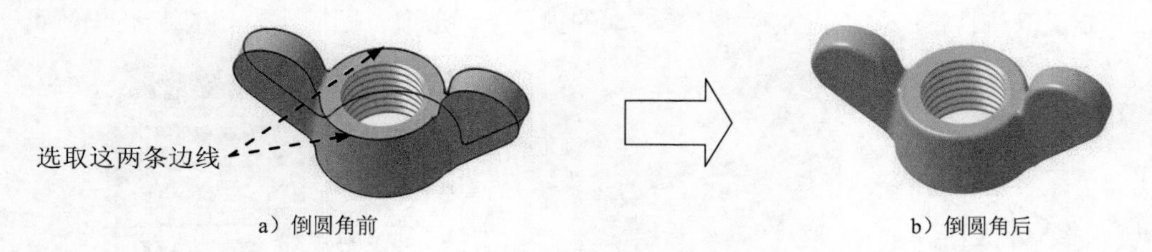

a）倒圆角前　　b）倒圆角后

图5.18　倒圆角4

（2）定义要倒圆角的对象。在“倒圆角定义”对话框的传播:下拉列表中选择相切选项，选取图5.18a所示的两条边线为要倒圆角的对象。

（3）定义倒圆角半径。在该对话框的半径:文本框中输入数值1。

（4）单击“倒圆角定义”对话框中的确定按钮，完成倒圆角4的创建。

Step13. 保存零件模型。

实例6 支 撑 件

实例概述：

本实例详细讲解了一个支撑件的设计过程，主要运用了凸台、凹槽、孔、加强肋及倒圆角等命令。整个设计过程稍微复杂一些，需要注意加强肋的设计过程、平面的创建方法及建立平面的作用。零件模型及相应的特征树如图 6.1 所示。

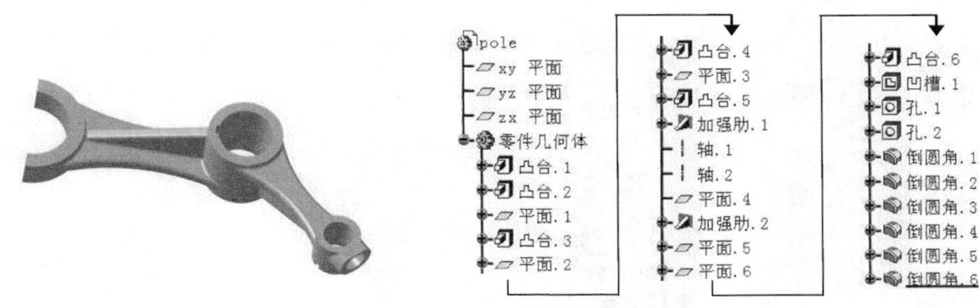

图 6.1　零件模型和特征树

Step1. 新建模型文件。选择下拉菜单 文件 → 新建... 命令，系统弹出“新建”对话框，在“类型列表”中选择 Part 选项，单击 确定 按钮。在系统弹出的“新建零件”对话框中输入零件名称 pole，并选中 启用混合设计 复选框，单击 确定 按钮，进入“零件设计”工作台。

Step2. 创建图 6.2 所示的零件基础特征——凸台 1。

（1）选择命令。选择下拉菜单 插入 → 基于草图的特征 → 凸台... 命令（或单击按钮），系统弹出“定义凸台”对话框。

（2）创建截面草图。

① 定义草图平面。在“定义凸台”对话框中单击按钮，选取“xy 平面”为草图平面。

② 绘制截面草图。在草绘工作台中绘制图 6.3 所示的截面草图。

图 6.2　凸台 1

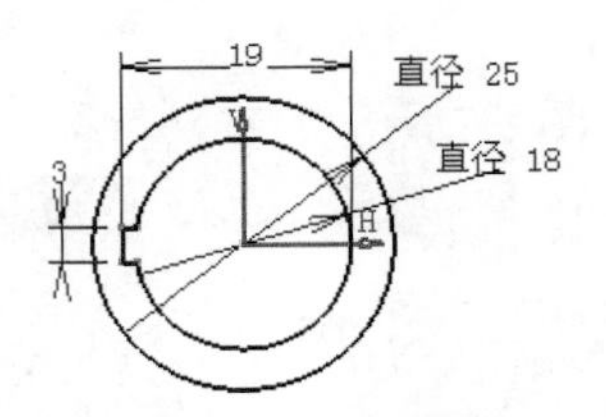

图 6.3　截面草图

③ 单击“工作台”工具栏中的按钮，退出草绘工作台。

（3）定义拉伸深度属性。在 第一限制 区域的 类型： 下拉列表中选择 尺寸 选项，在 第一限制 区域的 长度： 文本框中输入数值 25。

（4）完成特征的创建。单击 确定 按钮，完成凸台 1 的创建。

Step3. 创建图 6.4 所示的零件特征——凸台 2。

（1）选择下拉菜单 插入 ➡ 基于草图的特征 ▸ ➡ 凸台... 命令（或单击 按钮），系统弹出“定义凸台”对话框。

（2）创建截面草图。在“定义凸台”对话框中单击 按钮，选取“xy 平面”为草图平面。在草绘工作台中绘制图 6.5 所示的截面草图。单击“工作台”工具栏中的 按钮，退出草绘工作台。

（3）定义深度属性。在 类型： 下拉列表中选择 尺寸 选项，在 长度： 文本框中输入数值 10.8。

（4）单击 确定 按钮，完成凸台 2 的创建。

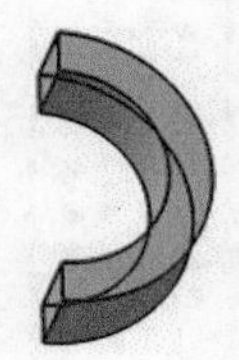

图 6.4　凸台 2

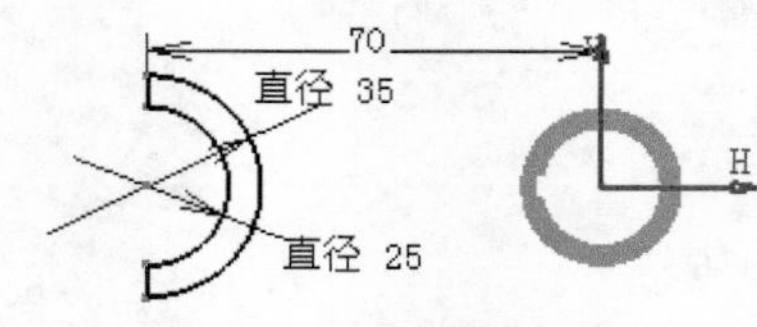

图 6.5　截面草图

Step4. 创建图 6.6 所示的平面 1。

（1）单击“参考元素（扩展）”工具栏中的“平面”按钮 ，系统弹出“平面定义”对话框。

（2）在“平面定义”对话框的 平面类型 下拉列表中选择 偏移平面 选项，选取“xy 平面”为参考平面，在 偏移： 文本框中输入数值 3。

（3）单击 确定 按钮，完成平面 1 的创建。

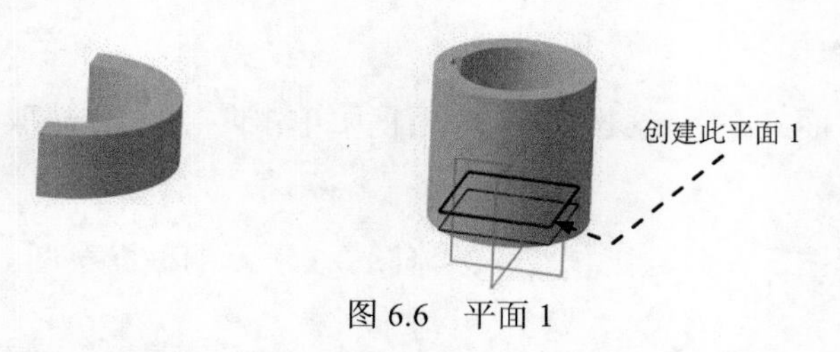

图 6.6　平面 1

Step5. 创建图 6.7 所示的零件特征——凸台 3。

（1）选择下拉菜单 插入 ➡ 基于草图的特征 ▸ ➡ 凸台... 命令（或单击 按钮），系统弹出“定义凸台”对话框。

（2）在“定义凸台”对话框中单击 按钮，选取平面 1 为草图平面，并在其上绘制出图 6.8 所示的截面草图；单击 按钮，退出草绘工作台；在 类型： 下拉列表中选择 尺寸 选项，

在长度：文本框中输入数值 5。

（3）单击确定按钮，完成凸台 3 的创建。

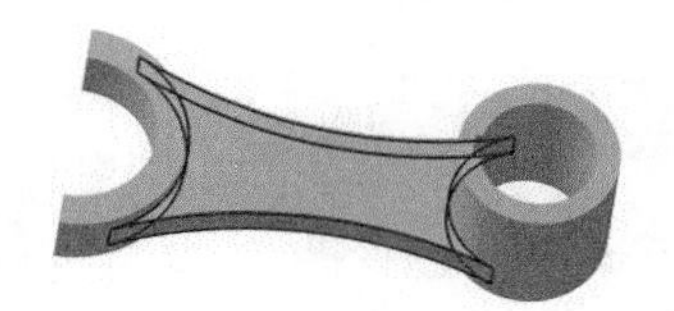

图 6.7 凸台 3

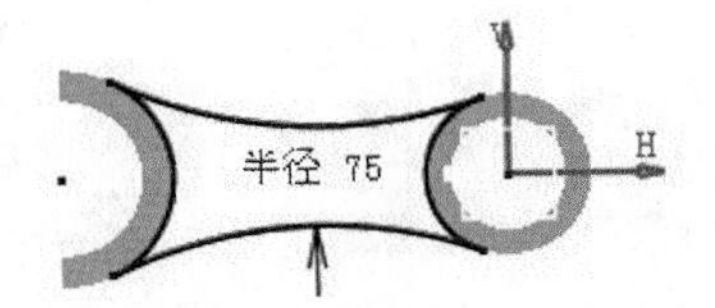

图 6.8 截面草图

Step6. 创建图 6.9 所示的平面 2。

（1）单击“参考元素（扩展）”工具栏中的“平面”按钮，系统弹出“平面定义”对话框。

（2）在“平面定义”对话框的平面类型下拉列表中选择偏移平面选项，选取图 6.9 所示的平面为参考平面，在偏移：文本框中输入数值 2。

（3）单击确定按钮，完成平面 2 的创建。

Step7. 创建图 6.10 所示的零件特征——凸台 4。

（1）选择下拉菜单插入 → 基于草图的特征 → 凸台...命令（或单击按钮），系统弹出“定义凸台”对话框。

（2）在“定义凸台”对话框中单击按钮，选取平面 2 为草图平面。在平面 2 上绘制出图 6.11 所示的截面草图，单击按钮，退出草绘工作台；在类型：下拉列表中选择尺寸选项，在长度：文本框中输入数值 15。

（3）单击确定按钮，完成凸台 4 的创建。

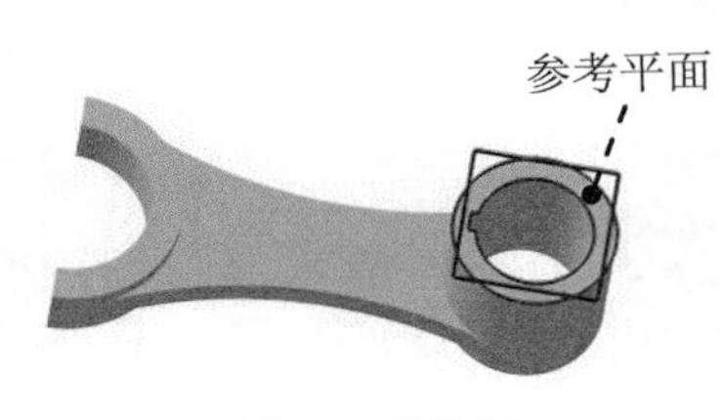

图 6.9 平面 2

图 6.10 凸台 4

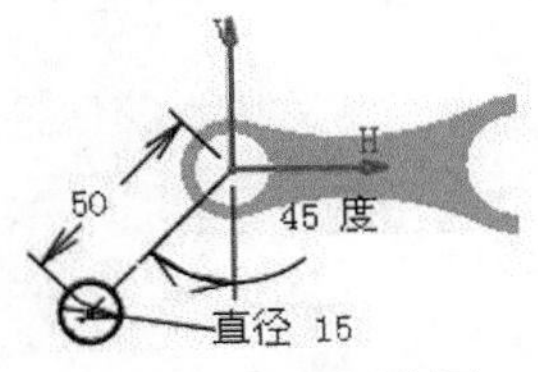

图 6.11 截面草图

Step8. 创建图 6.12 所示的平面 3。

（1）单击“参考元素（扩展）”工具栏中的“平面”按钮，系统弹出“平面定义”对话框。

（2）在“平面定义”对话框的平面类型下拉列表中选择偏移平面选项，选取图 6.12 所示的平面为参考平面，在偏移：文本框中输入数值 2，并单击反转方向按钮。

（3）单击确定按钮，完成平面 3 的创建。

说明：在创建平面 2 和平面 3 时，参考平面均为图 6.12 所示的平面，不同的是，两者的偏移方向相反。

Step9. 创建图 6.13 所示的零件特征——凸台 5。

（1）选择下拉菜单 插入 → 基于草图的特征 → 凸台... 命令（或单击按钮），系统弹出“定义凸台”对话框。

（2）在“定义凸台”对话框中单击按钮，选取平面 3 为草图平面。在平面 3 上绘制出图 6.14 所示的截面草图，单击按钮，退出草绘工作台；在 类型： 下拉列表中选择 尺寸 选项，在 长度： 文本框中输入数值 5。

（3）单击 确定 按钮，完成凸台 5 的创建。

图 6.12　平面 3　　图 6.13　凸台 5　　图 6.14　截面草图

Step10. 创建图 6.15 所示的零件特征——加强肋 1。

（1）选择命令。选择下拉菜单 插入 → 基于草图的特征 → 加强肋... 命令，系统弹出“定义加强肋”对话框。

（2）创建图 6.16 所示的截面草图。

① 定义草图平面。在“定义加强肋”对话框中单击按钮，选取“zx 平面”作为草图平面。

② 绘制截面草图。在草绘工作台中绘制图 6.16 所示的截面草图。

③ 单击“工作台”工具栏中的按钮，退出草绘工作台。

（3）定义加强肋属性。

① 定义加强肋模式。在“定义加强肋”对话框中选中 从侧面 单选项。

② 定义加强肋的方向。使用系统默认的加强肋方向。

③ 定义加强肋的厚度。在“定义加强肋”对话框的 厚度 1： 文本框中输入数值 4。

（4）单击 确定 按钮，完成加强肋 1 的创建。

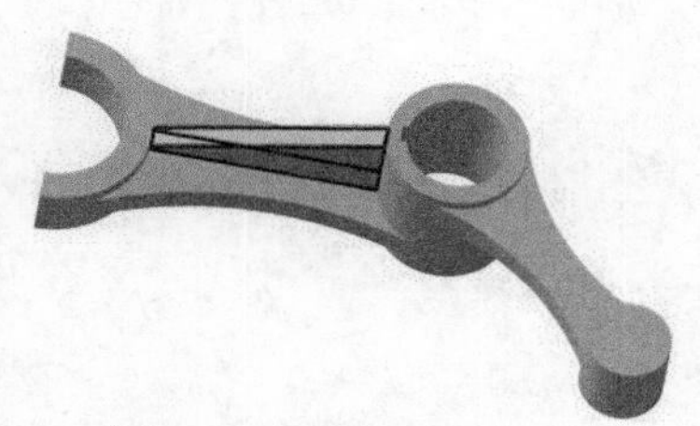

图 6.15　加强肋 1

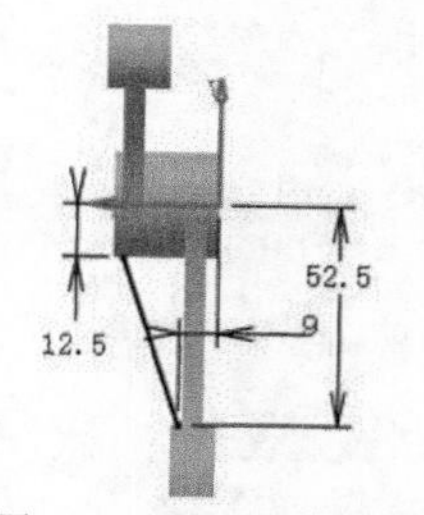

图 6.16　截面草图

Step11. 创建图 6.17 所示的轴 1。

（1）切换工作台。选择下拉菜单 开始 → 形状 ▸ → 创成式外形设计 命令，进入“创成式外形设计”工作台。

（2）选择命令。选择下拉菜单 插入 → 线框 ▸ → 轴线... 命令，系统弹出“轴线定义”对话框。

（3）定义轴线元素。选取凸台 4 创建的圆柱面为轴线元素。

（4）单击 确定 按钮，完成轴 1 的创建。

Step12. 创建图 6.18 所示的轴 2。

（1）选择命令。选择下拉菜单 插入 → 线框 ▸ → 轴线... 命令，系统弹出“轴线定义”对话框。

（2）定义轴线元素。在特征树上选取凸台 1 创建的圆柱面为轴线元素。

（3）单击 确定 按钮，完成轴 2 的创建。

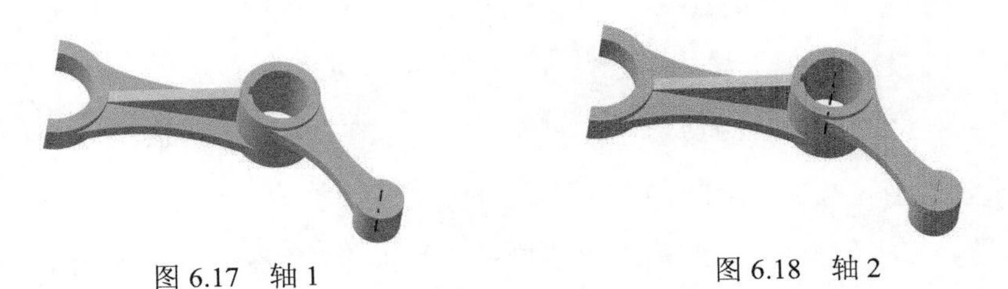

图 6.17 轴 1　　图 6.18 轴 2

Step13. 创建图 6.19 所示的平面 4。

（1）选择下拉菜单 插入 → 线框 ▸ → 平面... 命令（或单击“线框”工具栏中的“平面”按钮），系统弹出“平面定义”对话框。

（2）在“平面定义”对话框的 平面类型 下拉列表中选择 通过两条直线 选项，然后选取轴 1 和轴 2。

（3）单击 确定 按钮，完成平面 4 的创建。

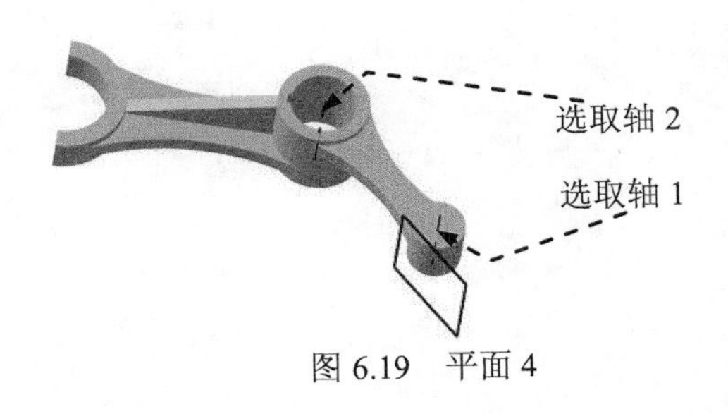

图 6.19 平面 4

Step14. 创建图 6.20 所示的加强肋 2。

（1）转换工作台。选择下拉菜单 开始 → 机械设计 ▸ → 零件设计 命令，进入“零件设计”工作台。

（2）选择命令。选择下拉菜单 插入 → 基于草图的特征 → 加强肋... 命令，系统弹出“定义加强肋”对话框。

（3）在“定义加强肋”对话框中单击按钮，选取平面 4 作为草图平面；在草绘工作台中绘制图 6.21 所示的截面草图；单击“工作台”工具栏中的按钮，退出草绘工作台。

（4）定义加强肋属性。在“定义加强肋”对话框中选中 从侧面 单选项。加强肋的方向如图 6.20 所示。在 厚度 1: 文本框中输入数值 4。

（5）单击 确定 按钮，完成加强肋 2 的创建。

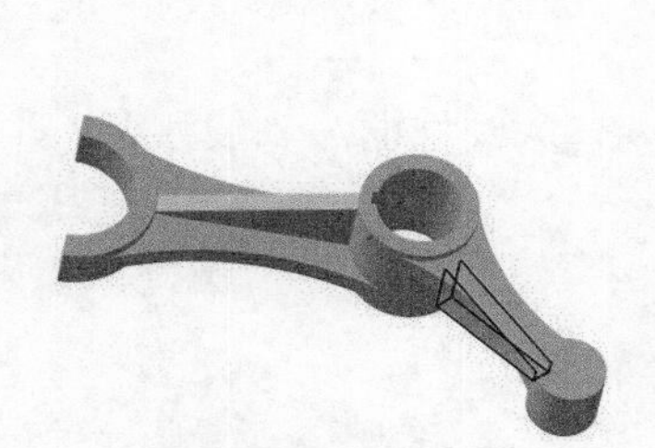

图 6.20　加强肋 2

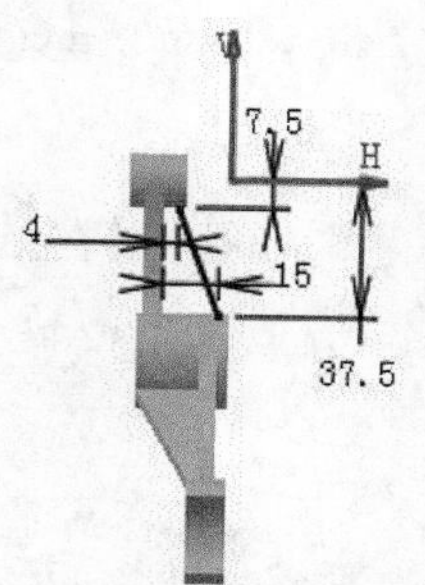

图 6.21　截面草图

Step15. 创建图 6.22 所示的平面 5。

（1）单击“参考元素（扩展）”工具栏中的“平面”按钮，系统弹出“平面定义”对话框。

（2）在“平面定义”对话框的 平面类型 下拉列表中选择 与平面成一定角度或垂直 选项。

（3）定义平面参数。选取图 6.22 所示的轴为旋转轴，选取图 6.22 所示的平面为参考平面。在 角度: 文本框中输入数值 90。

（4）单击 确定 按钮，完成平面 5 的创建。

Step16. 创建图 6.23 所示的平面 6。

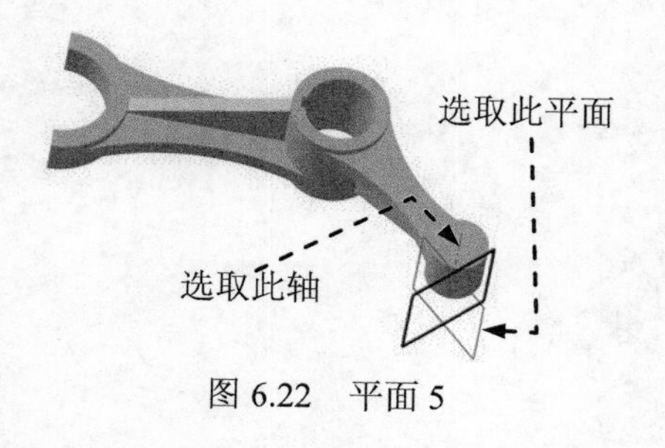

图 6.22　平面 5

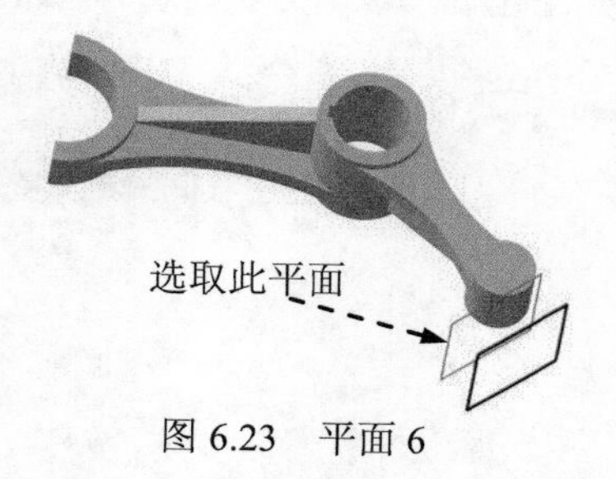

图 6.23　平面 6

（1）单击“参考元素（扩展）”工具栏中的“平面”按钮，系统弹出“平面定义”对话框。

（2）在“平面定义”对话框的 平面类型 下拉列表中选择 偏移平面 选项。选取图 6.23 所示的平面 5 为参考平面；在 偏移: 文本框中输入数值 10，单击对话框中的 反转方向 按钮。

（3）单击 确定 按钮，完成平面 6 的创建。

Step17. 创建图 6.24 所示的零件特征——凸台 6。

（1）选择下拉菜单 插入 → 基于草图的特征 → 凸台... 命令（或单击 按钮），系统弹出“定义凸台”对话框。

（2）在“定义凸台”对话框中单击 按钮，选取平面 6 为草图平面，并在其上绘制出图 6.25 所示的截面草图。绘制完成后，单击“工作台”工具栏中的 按钮，退出草绘工作台。

（3）在 类型： 下拉列表中选择 直到曲面 选项，在 选择第一限制。 的提示下选取图 6.24 所示的圆柱面。

（4）单击 确定 按钮，完成凸台 6 的创建。

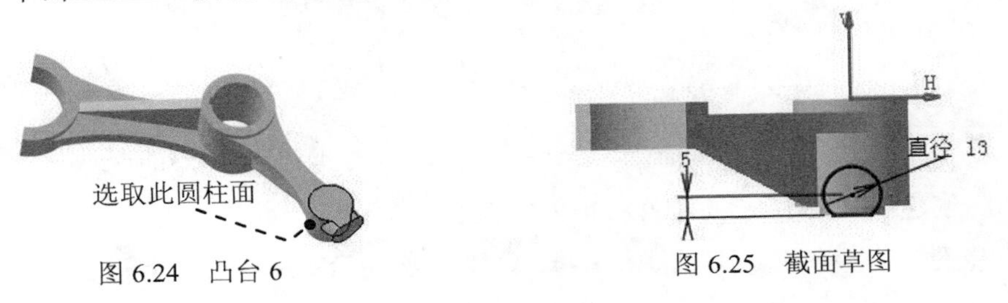

图 6.24 凸台 6

图 6.25 截面草图

Step18. 创建图 6.26 所示的零件特征——凹槽 1。

（1）选择命令。选择下拉菜单 插入 → 基于草图的特征 → 凹槽... 命令（或单击 按钮），系统弹出“定义凹槽”对话框。

（2）创建截面草图。在“定义凹槽”对话框中单击 按钮，选取平面 4 作为草图平面；在草绘工作台中绘制图 6.27 所示的截面草图；单击 按钮，退出草绘工作台。

（3）定义凹槽类型。在“定义凹槽”对话框中单击 更多>> 按钮，然后在 第一限制 与 第二限制 区域的 类型： 下拉列表中均选择 直到最后 选项。

（4）单击 确定 按钮，完成凹槽 1 的创建。

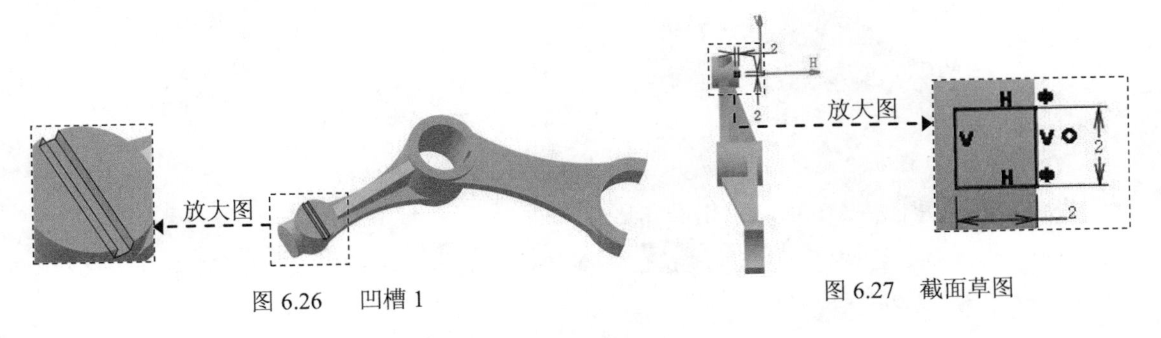

图 6.26 凹槽 1

图 6.27 截面草图

Step19. 创建图 6.28 所示的零件特征——孔 1。

（1）选择命令。选择下拉菜单 插入 → 基于草图的特征 → 孔... 命令（或单击

按钮）。

（2）定义孔的放置面。选取图 6.28 所示的模型表面为孔的放置面。

（3）定义孔的位置。在“定义孔”对话框中单击按钮，进入草绘工作台；在草绘工作台中约束孔的中心线与边线（图 6.29）同心；单击“工作台”工具栏中的按钮，退出草绘工作台。

（4）定义孔的扩展参数。在“定义孔”对话框的扩展选项卡中选择直到最后选项，在直径：文本框中输入数值 10。

（5）单击确定按钮，完成孔 1 的创建。

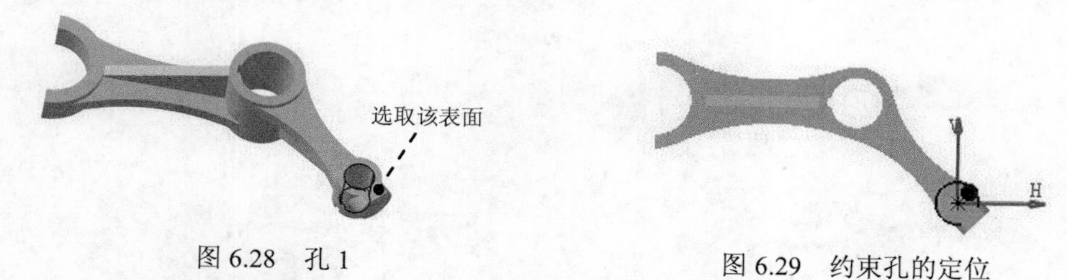

图 6.28 孔 1　　图 6.29 约束孔的定位

Step20. 创建图 6.30 所示的零件特征——孔 2。

（1）选择命令。选择下拉菜单插入 → 基于草图的特征 → 孔...命令（或单击按钮）。

（2）定义孔的放置面。选取图 6.30 所示的模型表面为孔的放置面。

（3）在“定义孔”对话框中单击按钮，进入草绘工作台；在草绘工作台中约束孔的中心线与边线（图 6.31）同心；单击“工作台”工具栏中的按钮，退出草绘工作台。

（4）在“定义孔”对话框的扩展选项卡中选择直到下一个选项，在直径：文本框中输入数值 8。

（5）单击确定按钮，完成孔 2 的创建。

图 6.30 孔 2　　图 6.31 约束孔的定位

Step21. 创建图 6.32b 所示的倒圆角 1。

（1）选择命令。选择下拉菜单插入 → 修饰特征 → 倒圆角...命令，系统弹出“倒圆角定义”对话框。

（2）定义倒圆角对象。在“倒圆角定义”对话框的传播：下拉列表中选择相切选项，选取图 6.32a 所示的边线作为倒圆角的对象。

（3）定义倒圆角半径。在“倒圆角定义”对话框的半径：文本框中输入数值 1.5。

（4）单击“倒圆角定义”对话框中的 确定 按钮，完成倒圆角 1 的创建。

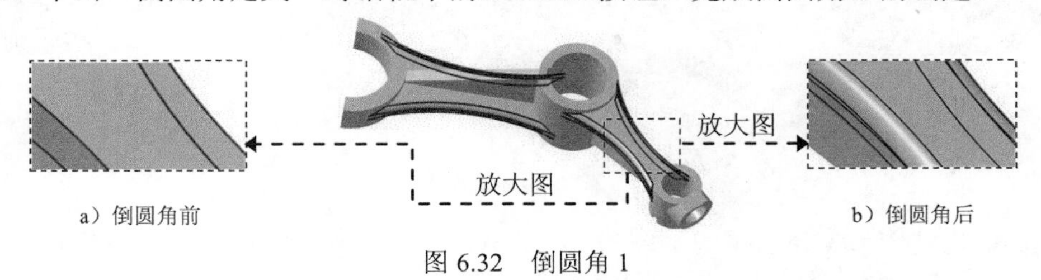

图 6.32 倒圆角 1

Step22. 创建图 6.33b 所示的倒圆角 2。操作步骤参见 Step21。选取图 6.33a 所示的边线为倒圆角对象，倒圆角半径值为 1。

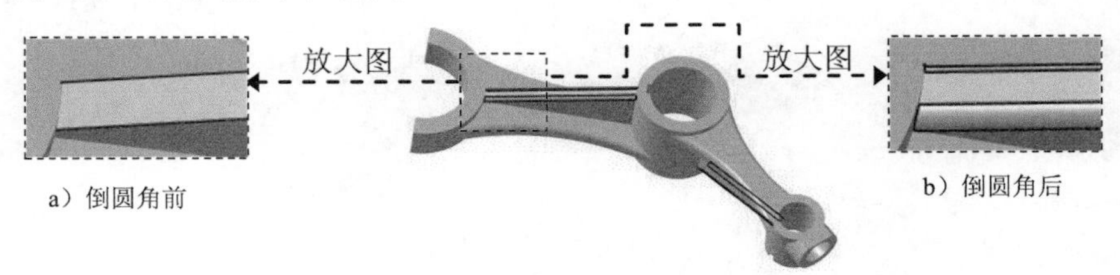

图 6.33 倒圆角 2

Step23. 创建图 6.34b 所示的倒圆角 3。选取图 6.34a 所示的边线为倒圆角对象，倒圆角半径值为 1。

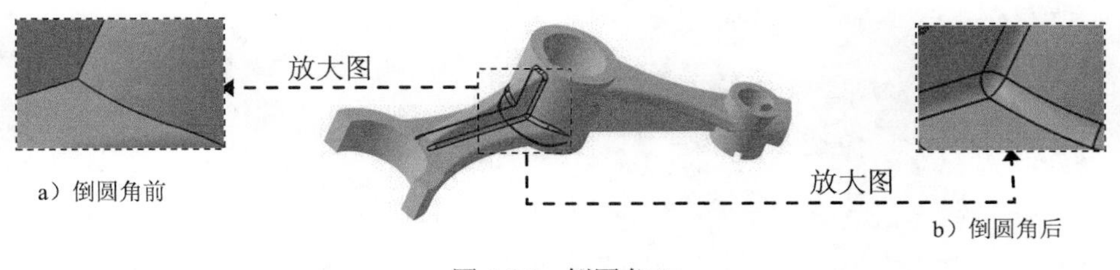

图 6.34 倒圆角 3

Step24. 创建图 6.35b 所示的倒圆角 4。选取图 6.35a 所示的边线为倒圆角对象，倒圆角半径值为 1。

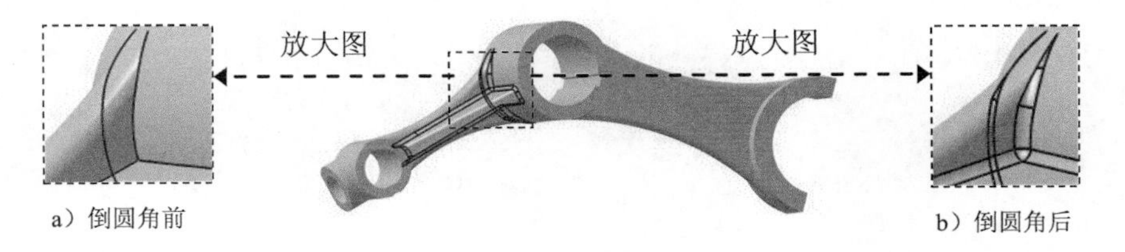

图 6.35 倒圆角 4

Step25. 创建图 6.36b 所示的倒圆角 5。选取图 6.36a 所示的边线为倒圆角对象，倒圆角半径值为 1。

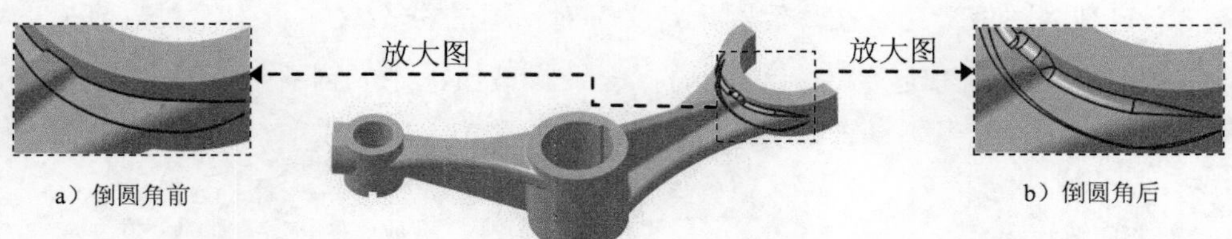

图 6.36　倒圆角 5

Step26. 创建图 6.37b 所示的倒圆角 6。选取图 6.37a 所示的边线为倒圆角对象，倒圆角半径值为 1。

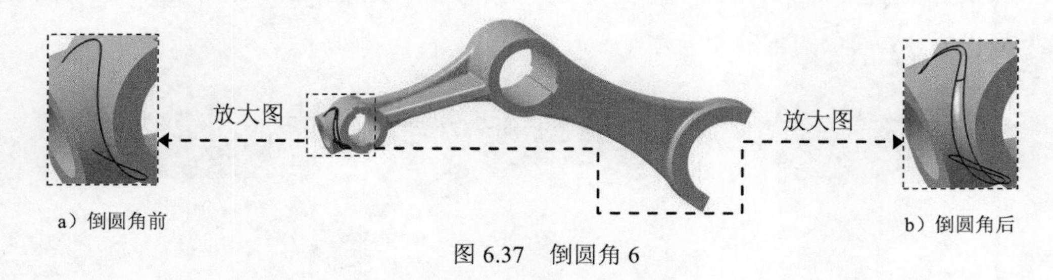

图 6.37　倒圆角 6

Step27. 保存文件。

实例 7 排 气 管

实例概述：

本实例是设计排气管，在设计过程中主要运用了凸台、凹槽、孔、多截面实体、抽壳、倒圆角和矩形阵列等命令。需要注意在选取草图平面、凹槽的切削方向等过程中用到的技巧和注意事项。零件模型及相应的特征树如图 7.1 所示。

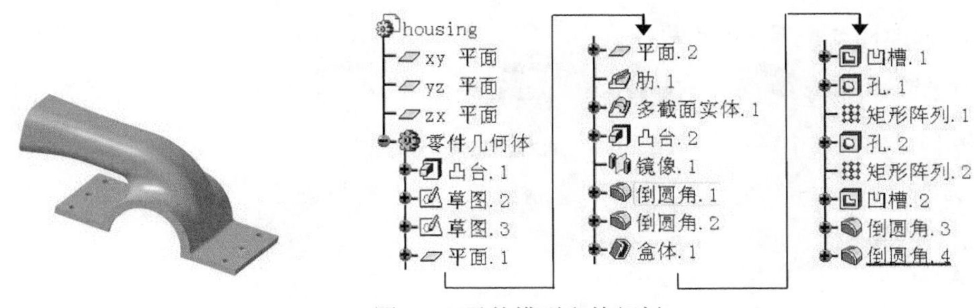

图 7.1 零件模型和特征树

Step1. 新建模型文件。选择下拉菜单 文件 → 新建... 命令，系统弹出“新建”对话框，在“类型列表”中选择 Part 选项，单击 确定 按钮。在系统弹出的“新建零件”对话框中输入零件名称 housing，并选中 启用混合设计 复选框，单击 确定 按钮，进入“零件设计”工作台。

Step2. 创建图 7.2 所示的凸台 1。

（1）选择下拉菜单 插入 → 基于草图的特征 → 凸台... 命令（或单击按钮），系统弹出“定义凸台”对话框。

（2）在“定义凸台”对话框中单击按钮，选取“yz 平面”为草图平面；绘制图 7.3 所示的截面草图（草图 1）；单击按钮，退出草绘工作台。

（3）在 第一限制 和 第二限制 区域的 类型： 下拉列表中均选择 尺寸 选项，在 长度： 文本框中均输入数值 110。

（4）单击 确定 按钮，完成凸台 1 的创建。

图 7.2 凸台 1

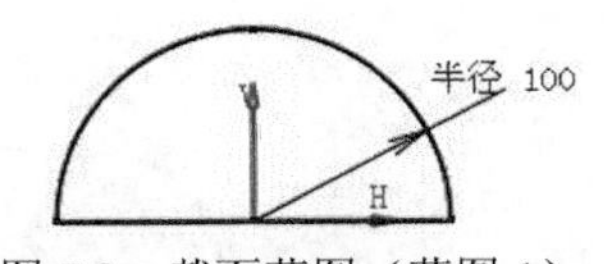

图 7.3 截面草图（草图 1）

Step3. 创建图 7.4 所示的草图 2。

（1）选择下拉菜单插入 → 草图编辑器 → 草图命令（或单击工具栏中的“草图”按钮）。

（2）选取“xy 平面”为草图平面，绘制图 7.5 所示的草图 2。

（3）单击按钮，完成草图 2 的创建。

图 7.4　草图 2（建模环境）

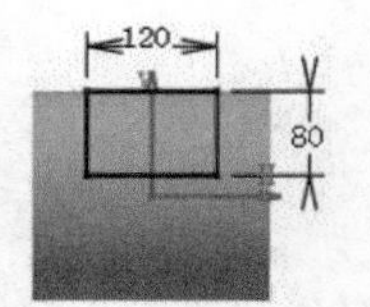

图 7.5　草图 2（草绘环境）

Step4. 创建图 7.6 所示的草图 3。

（1）选择下拉菜单插入 → 草图编辑器 → 草图命令（或单击工具栏中的“草图”按钮）。

（2）选取“yz 平面”为草图平面，绘制图 7.7 所示的草图 3。

（3）单击按钮，完成草图 3 的创建。

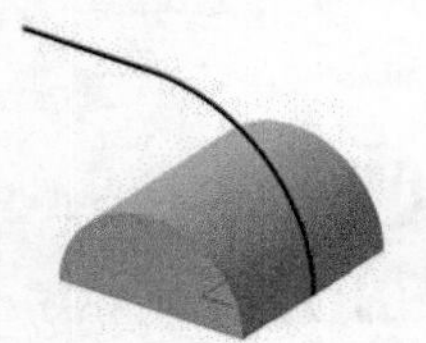
图 7.6　草图 3（建模环境）

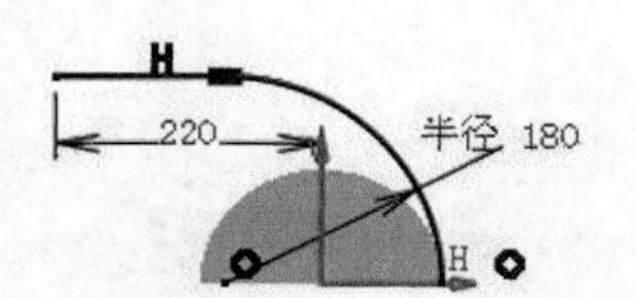

图 7.7　草图 3（草绘环境）

Step5. 创建图 7.8 所示的平面 1。

（1）单击“参考元素（扩展）”工具栏中的“平面”按钮，系统弹出“平面定义”对话框。

（2）在“平面定义”对话框的平面类型下拉列表中选择偏移平面选项，选取“zx 平面”为参考平面，在偏移：文本框中输入数值 220，并单击反转方向按钮。

（3）单击确定按钮，完成平面 1 的创建。

Step6. 创建图 7.9 所示的平面 2。

（1）单击“参考元素（扩展）”工具栏中的“平面”按钮，系统弹出“平面定义”对话框。

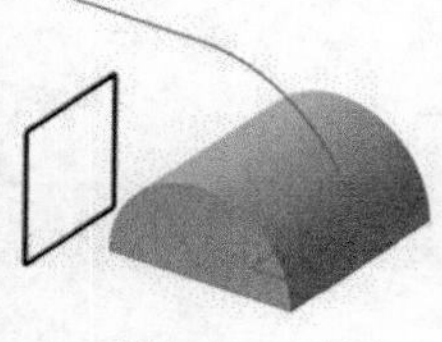
图 7.8　平面 1

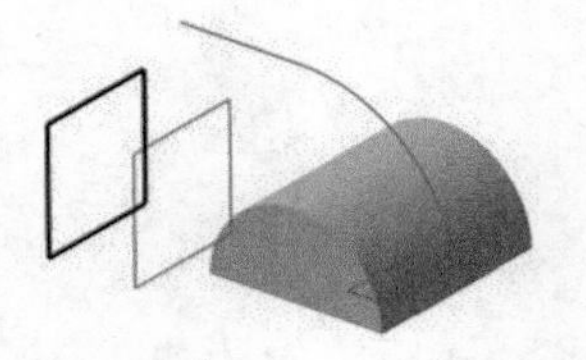
图 7.9　平面 2

（2）在“平面定义”对话框的平面类型下拉列表中选择偏移平面选项，选取 Step5 创建的平面 1 为参考平面，在偏移：文本框中输入数值 110，并单击反转方向按钮。

（3）单击确定按钮，完成平面 2 的创建。

Step7. 创建图 7.10 所示的肋 1。

（1）选择下拉菜单插入 → 基于草图的特征 → 肋...命令，系统弹出“定义肋”对话框。

（2）选取草图 2 为肋点轮廓，选取草图 3 为中心曲线。

（3）单击确定按钮，完成肋 1 的创建。

Step8. 创建图 7.11 所示的草图 4。

（1）选择下拉菜单插入 → 草图编辑器 → 草图命令（或单击工具栏中的“草图”按钮）。

（2）绘制图 7.12 所示的草图 4。

① 选取平面 1 为草图平面。

② 选取图 7.11 所示的图形为投影元素，选择下拉菜单插入 → 操作 → 3D 几何图形 → 投影 3D 元素命令。

（3）单击按钮，完成草图 4 的创建。

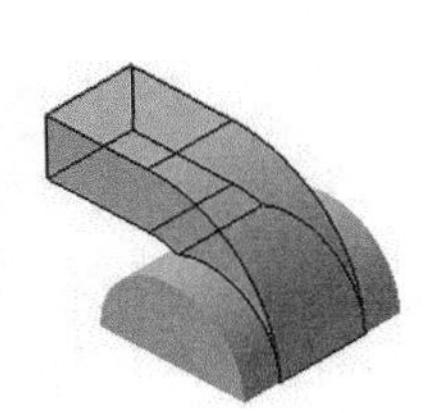

图 7.10 肋 1

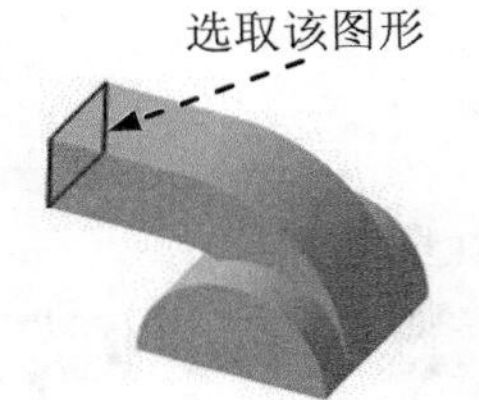

图 7.11 草图 4（建模环境）

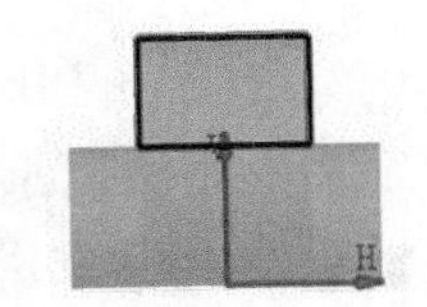

图 7.12 草图 4（草绘环境）

Step9. 创建图 7.13 所示的草图 5。

（1）选择下拉菜单插入 → 草图编辑器 → 草图命令（或单击工具栏中的“草图”按钮）。

（2）选取平面 2 为草图平面，绘制图 7.14 所示的草图 5。

（3）单击按钮，完成草图 5 的创建。

Step10. 创建图 7.15 所示的多截面实体 1。

（1）选择下拉菜单插入 → 基于草图的特征 → 多截面实体...命令（或单击“基于草图的特征”工具栏中的按钮），系统弹出“多截面实体定义”对话框。

（2）在系统选择曲线提示下，分别选取草图 4 和草图 5 作为多截面实体特征的截面轮廓。

（3）单击对话框中的确定按钮，完成多截面实体 1 的创建。

注意： 在选择截面轮廓时必须保证其闭合点与方向统一。

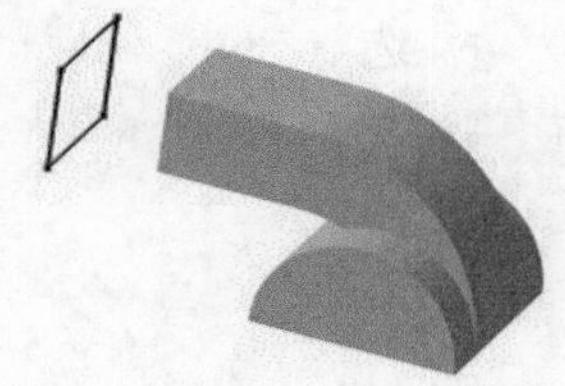

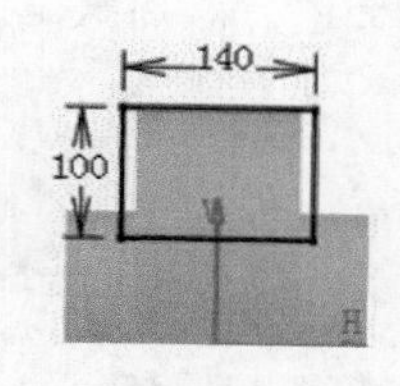

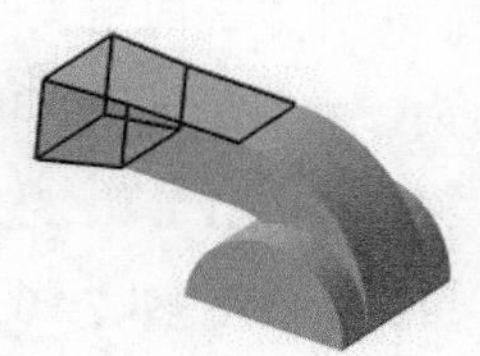

图 7.13　草图 5（建模环境）　　图 7.14　草图 5（草绘环境）　　图 7.15　多截面实体 1

Step11. 创建图 7.16 所示的凸台 2。

（1）选择下拉菜单 插入 → 基于草图的特征 ▸ → 凸台... 命令（或单击按钮），系统弹出“定义凸台”对话框。

（2）在“定义凸台”对话框中单击按钮，选取“xy 平面”为草图平面并在其上绘制出图 7.17 所示的截面草图（草图 6）。单击按钮，退出草绘工作台。在 第一限制 区域的 类型： 下拉列表中选择 尺寸 选项，在 长度： 文本框中输入数值 15。

（3）单击 确定 按钮，完成凸台 2 的创建。

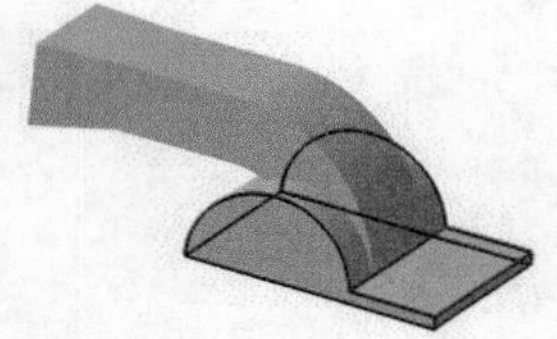

图 7.16　凸台 2

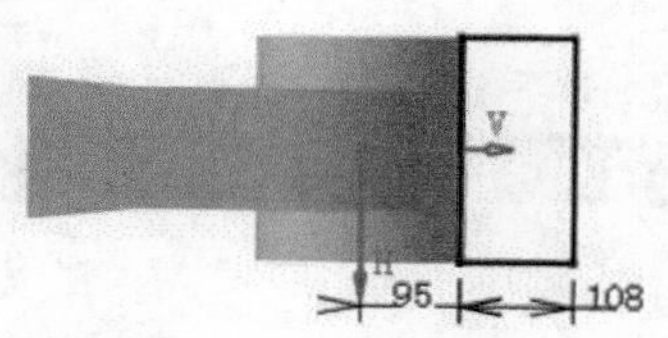

图 7.17　截面草图（草图 6）

Step12. 创建图 7.18 所示的镜像 1。

（1）选取 Step11 创建的凸台 2 为要镜像的对象。

（2）选择下拉菜单 插入 → 变换特征 ▸ → 镜像... 命令，系统弹出“定义镜像”对话框。

（3）选取“zx 平面”为镜像元素。

（4）单击 确定 按钮，完成镜像 1 的创建。

Step13. 创建图 7.19b 所示的倒圆角 1。

（1）选择下拉菜单 插入 → 修饰特征 ▸ → 倒圆角... 命令，系统弹出“倒圆角定义”对话框。

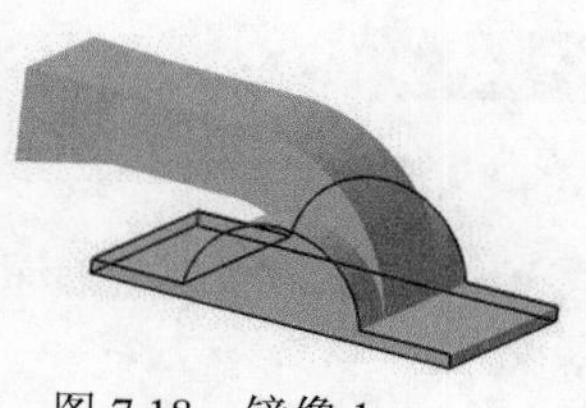

图 7.18　镜像 1

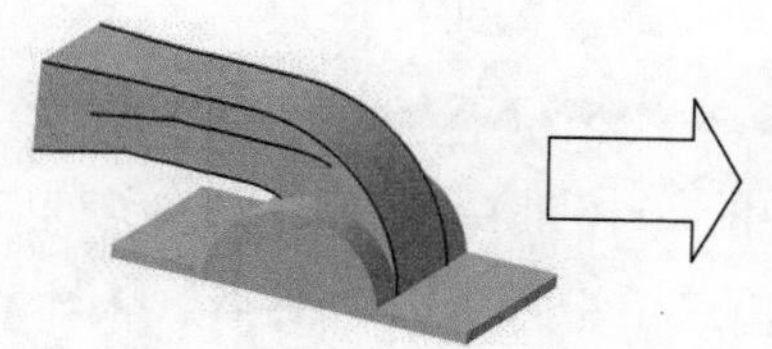

a）倒圆角前

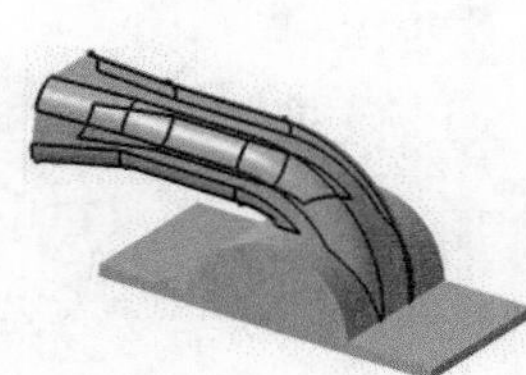

b）倒圆角后

图 7.19　倒圆角 1

（2）在该对话框的 传播： 下拉列表中选择 相切 选项，选取图 7.19a 所示的边线作为倒圆角的对象；在“倒圆角定义”对话框的 半径： 文本框中输入数值 30。

（3）单击 确定 按钮，完成倒圆角 1 的创建。

说明：若此时系统弹出“警告”对话框，可单击对话框中的 闭合 按钮将其关闭。

Step14. 创建倒圆角 2。选取图 7.20 所示的边线为要倒圆角的边线，圆角半径值为 30。

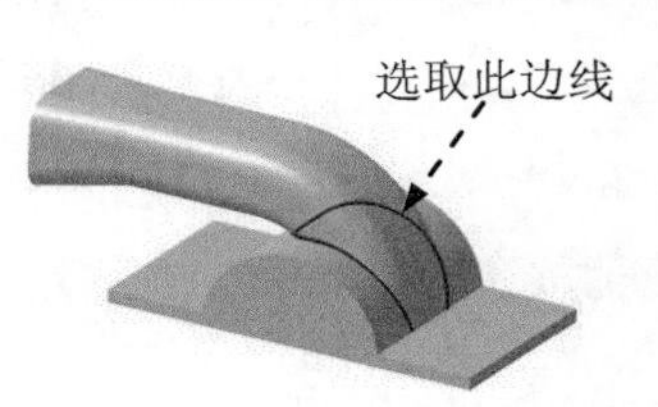

图 7.20　倒圆角 2

Step15. 创建图 7.21b 所示的抽壳 1。

（1）选择下拉菜单 插入 → 修饰特征 ▸ → 抽壳... 命令，系统弹出“定义盒体”对话框。

（2）选取图 7.21a 所示的面为要移除的面。在该对话框的 默认内侧厚度： 文本框中输入数值 8。

（3）单击 确定 按钮，完成抽壳 1 的创建。

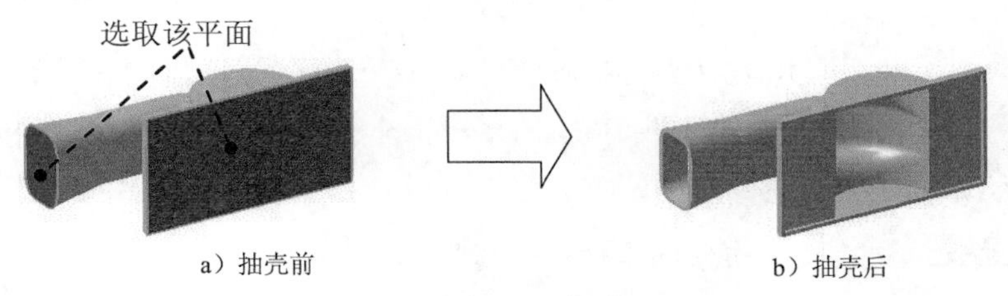

图 7.21　抽壳 1

Step16. 创建图 7.22b 所示的凹槽 1。

（1）选择下拉菜单 插入 → 基于草图的特征 ▸ → 凹槽... 命令（或单击 按钮），系统弹出“定义凹槽”对话框。

（2）在“定义凹槽”对话框中单击 按钮，选取图 7.22a 所示的模型表面作为草图平面，并在其上绘制出图 7.23 所示的截面草图（草图 7）；单击 按钮，退出草绘工作台。在该对话框的 类型： 下拉列表中选择 直到下一个 选项。

（3）单击 确定 按钮，完成凹槽 1 的创建。

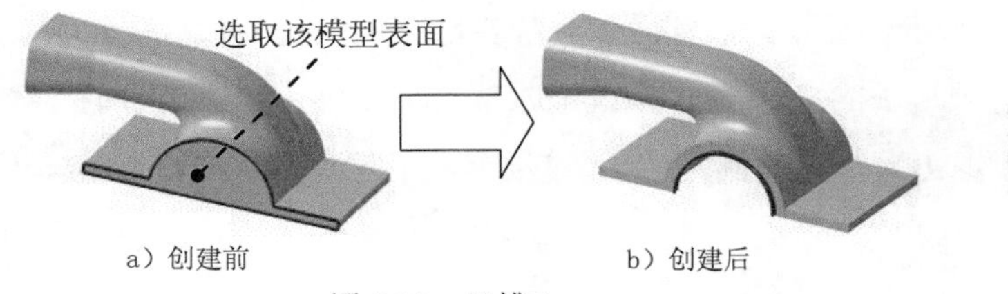

图 7.22　凹槽 1

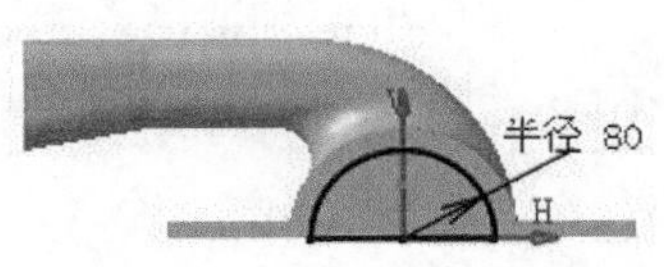

图 7.23　截面草图（草图 7）

Step17. 创建图 7.24 所示的孔 1。

（1）选择下拉菜单 插入 → 基于草图的特征 → 孔... 命令（或单击“基于草图的特征”工具栏中的按钮）。

（2）选取图 7.24 所示的模型表面为孔的放置面，系统弹出“定义孔”对话框。

（3）单击该对话框 扩展 选项卡中的按钮，系统进入草绘工作台；定位孔的中心线，如图 7.25 所示；单击按钮，退出草绘工作台；在 扩展 选项卡的下拉列表中选择 直到下一个 选项，在 直径: 文本框中输入数值 20。

（4）单击对话框中的 确定 按钮，完成孔 1 的创建。

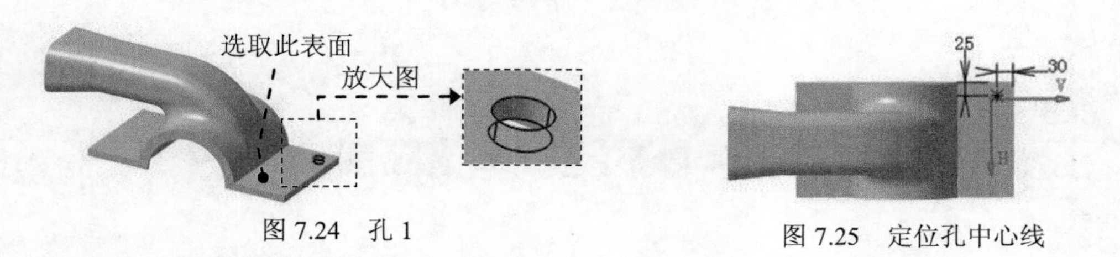

图 7.24　孔 1

图 7.25　定位孔中心线

Step18. 创建图 7.26 所示的矩形阵列 1。

（1）选择下拉菜单 插入 → 变换特征 → 矩形阵列... 命令，系统弹出“定义矩形阵列”对话框。

（2）选取 Step17 创建的孔 1 为要阵列的对象。在 第一方向 选项卡的 参数 下拉列表中选择 实例和间距 选项；在 实例: 文本框中输入数值 3，在 间距: 文本框中输入数值 85；选取“xy 平面”的法线方向为参考方向。

（3）单击 确定 按钮，完成矩形阵列 1 的创建。

Step19. 创建图 7.27 所示的孔 2。

（1）选择下拉菜单 插入 → 基于草图的特征 → 孔... 命令（或单击“基于草图的特征”工具栏中的按钮）。

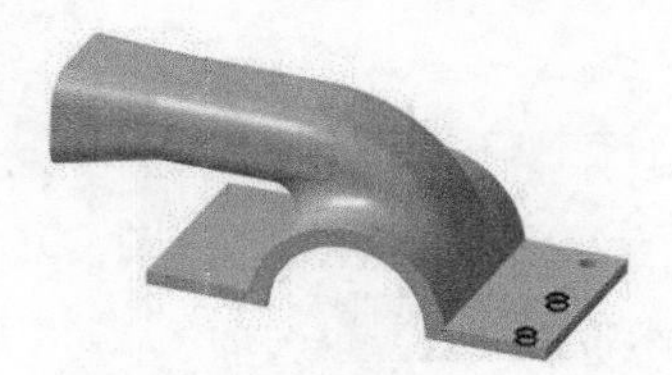

图 7.26　矩形阵列 1

（2）选取图 7.27 所示的模型表面为孔的放置面，系统弹出“定义孔”对话框。

（3）单击该对话框 扩展 选项卡中的按钮，系统进入草绘工作台；定位孔的中心线，如图 7.28 所示；单击按钮，退出草绘工作台；在 扩展 选项卡的下拉列表中选择 直到下一个 选项，在 直径: 文本框中输入数值 20。

（4）单击该对话框中的 确定 按钮，完成孔 2 的创建。

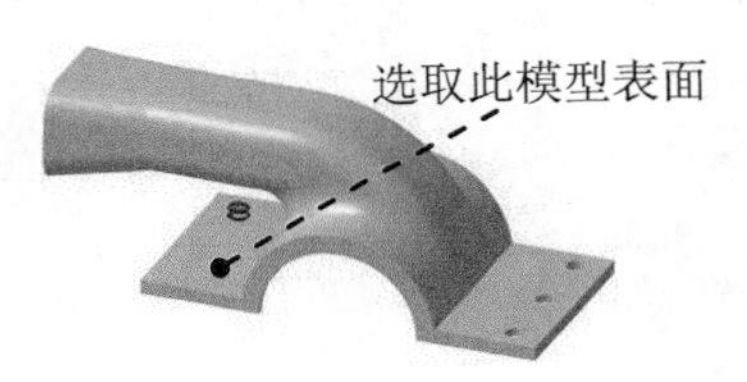

图 7.27 孔 2

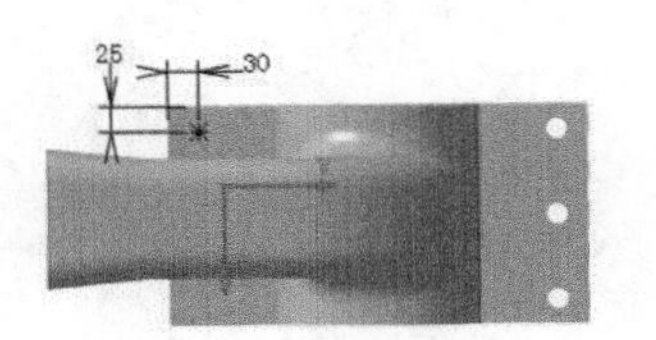

图 7.28 定位孔中心线

Step20. 创建图 7.29 所示的矩形阵列 2。

（1）选择下拉菜单 插入 → 变换特征 ▸ → 矩形阵列... 命令，系统弹出“定义矩形阵列”对话框。

（2）选取 Step19 创建的孔 2 为要阵列的对象。在 第一方向 选项卡的 参数 下拉列表中选择 实例和间距 选项；在 实例: 文本框中输入数值 3，在 间距: 文本框中输入数值 85；选取“xy 平面”的法线方向为参考方向。

（3）单击 确定 按钮，完成矩形阵列 2 的创建。

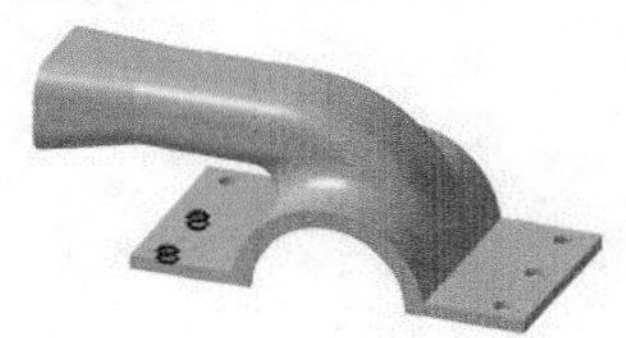
图 7.29 矩形阵列 2

Step21. 创建图 7.30 所示的凹槽 2。

（1）选择下拉菜单 插入 → 基于草图的特征 ▸ → 凹槽... 命令（或单击 按钮），系统弹出“定义凹槽”对话框。

（2）在“定义凹槽”对话框中单击 按钮，选取图 7.30 所示的模型表面作为草图平面，并在其上绘制出图 7.31 所示的截面草图；单击 按钮，退出草绘工作台。在该对话框的 类型: 下拉列表中选择 直到下一个 选项。

（3）单击 确定 按钮，完成凹槽 2 的创建。

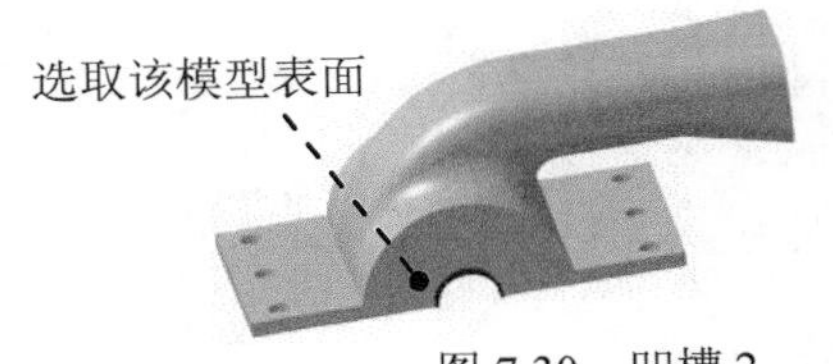

图 7.30 凹槽 2

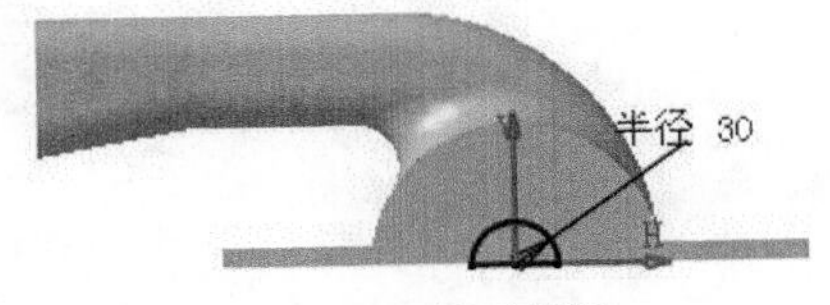

图 7.31 截面草图

Step22. 创建倒圆角 3。选取图 7.32 所示的边线为要圆角的边线，圆角半径值为 400。

Step23. 创建倒圆角 4。选取图 7.33 所示的边线为要圆角的边线，圆角半径值为 10。

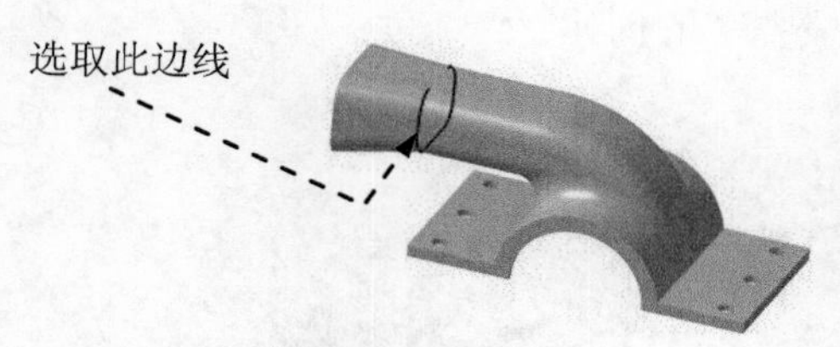

图 7.32　倒圆角 3

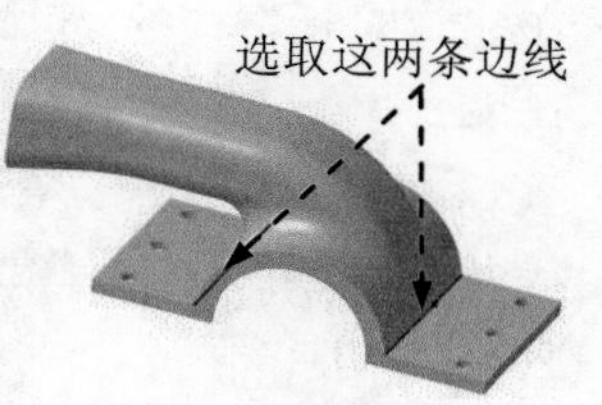

图 7.33　倒圆角 4

Step24. 保存文件。

实例8 机 盖

实例概述：

本实例主要运用了如下命令：凸台、倒圆角、盒体、相交和多截面实体等。需要注意创建多截面实体及绘制草图等过程中用到的技巧及注意事项。零件模型及相应的特征树如图 8.1 所示。

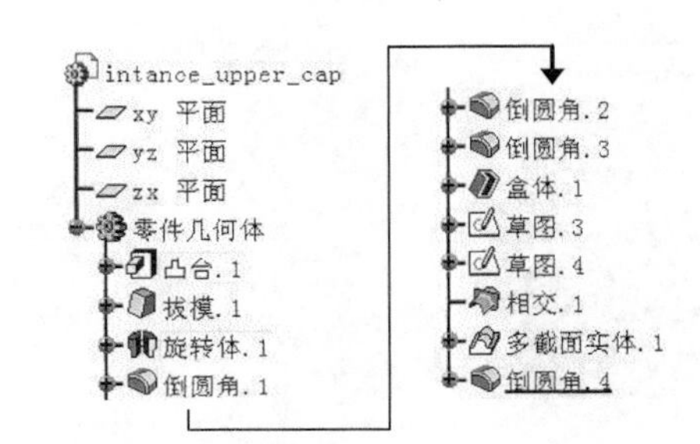

图 8.1 零件模型和特征树

Step1. 新建模型文件。选择下拉菜单 文件 → 新建... 命令（或在“标准”工具栏中单击按钮），在系统弹出的“新建”对话框的 类型列表: 中选择文件类型为 Part，单击对话框中的 确定 按钮。在“新建零件”对话框中输入零件名称 intance_upper_cap，并选取 启用混合设计 复选框，单击 确定 按钮，进入“零件设计”工作台。

Step2. 创建图 8.2 所示的零件基础特征——凸台 1。

（1）选择下拉菜单 插入 → 基于草图的特征 → 凸台... 命令（或单击按钮），系统弹出“定义凸台”对话框。

（2）创建截面草图。

① 在“定义凸台”对话框中单击按钮，选取“yz 平面”作为草图平面。

② 在草绘工作台中绘制图 8.3 所示的截面草图（草图 1）。

③ 单击“工作台”工具栏中的按钮，退出草绘工作台。

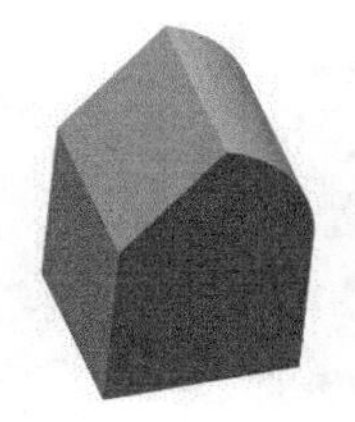

图 8.2 凸台 1

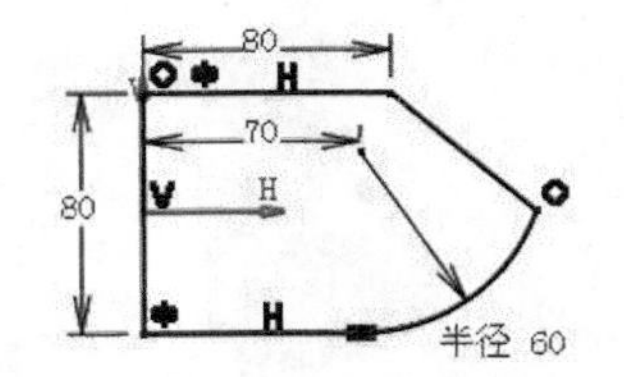

图 8.3 截面草图（草图 1）

（3）定义深度属性。

① 采用系统默认的方向。

② 在该对话框 第一限制 和 第二限制 区域的 类型： 下拉列表中均选择 尺寸 选项。

③ 在“定义凸台”对话框的 第一限制 和 第二限制 区域的 长度： 文本框中均输入数值 37.5。

（4）单击“定义凸台”对话框中的 确定 按钮，完成凸台 1 的创建。

Step3. 创建图 8.4 所示的零件特征——拔模 1。

（1）选择下拉菜单 插入 → 修饰特征 → 拔模... 命令（或单击“修饰特征”工具栏中的按钮），系统弹出“定义拔模”对话框。

（2）在系统 选择要拔模的面 的提示下，选取图 8.5 所示的面为要拔模的面。

（3）单击以激活 中性元素 区域的 选择： 文本框，选取模型底部的平面为中性元素。

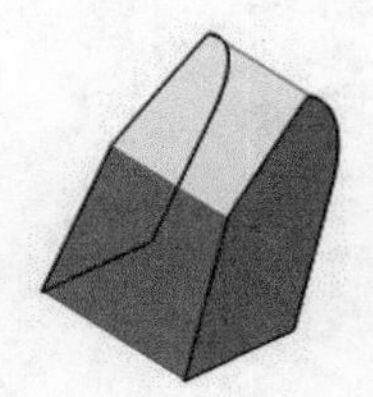

图 8.4　拔模 1

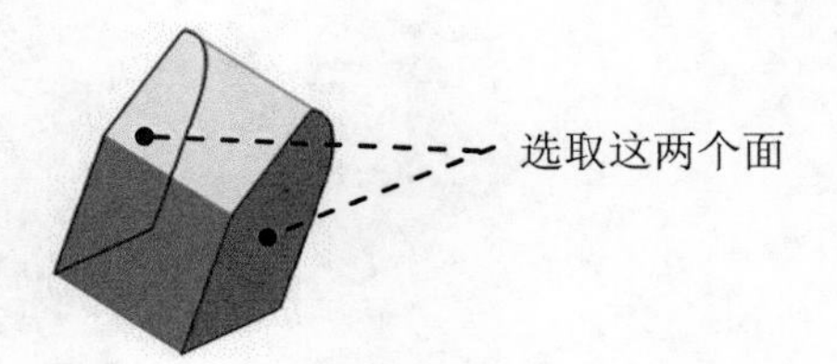

图 8.5　选择拔模面

（4）定义拔模属性。

① 采用系统默认的方向。

② 在该对话框的 角度： 文本框中输入角度值-5。

（5）单击该对话框中的 确定 按钮，完成拔模 1 的创建。

Step4. 创建图 8.6 所示的零件特征——旋转体 1。

（1）选择下拉菜单 插入 → 基于草图的特征 → 旋转体... 命令（或单击按钮），系统弹出“定义旋转体”对话框。

（2）创建图 8.7 所示的截面草图。

① 在“定义旋转体”对话框中单击按钮，选取“yz 平面”作为草图平面。

② 在草绘工作台中绘制图 8.7 所示的截面草图（草图 2）。

③ 单击“工作台”工具栏中的按钮，退出草绘工作台。

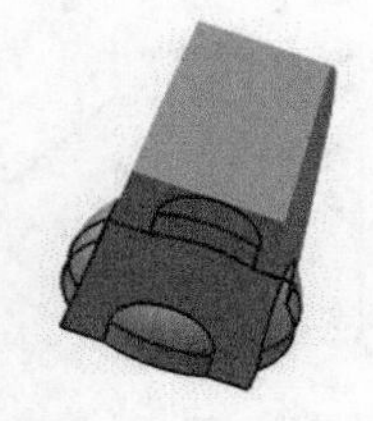

图 8.6　旋转体 1

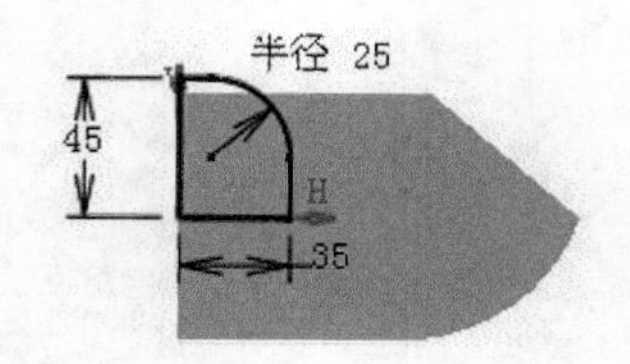

图 8.7　截面草图（草图 2）

（3）在“定义旋转体”对话框的 轴线 区域中右击 选择： 文本框，在系统弹出的快捷菜单中选择 Y轴 作为旋转轴线。

（4）在“定义旋转体”对话框的 限制 区域的 第一角度： 文本框中输入数值 360。

（5）单击 确定 按钮，完成旋转体 1 的创建。

Step5. 创建图 8. 8b 所示的倒圆角 1。

（1）选择下拉菜单 插入 → 修饰特征 → 倒圆角... 命令，系统弹出“倒圆角定义”对话框。

（2）在“倒圆角定义”对话框的 传播： 下拉列表中选择 相切 选项，选取图 8.8a 所示的边线为要倒圆角的对象。

（3）在“倒圆角定义”对话框的 半径： 文本框中输入数值 10。

（4）单击“倒圆角定义”对话框中的 确定 按钮，完成倒圆角 1 的创建。

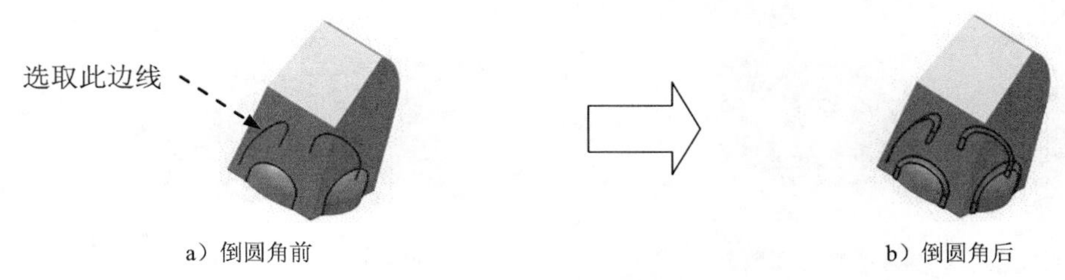

a）倒圆角前　　b）倒圆角后

图 8.8　倒圆角 1

Step6. 创建倒圆角 2。要倒圆角的边线如图 8.9 所示，倒圆角半径值为 20。

Step7. 创建倒圆角 3。要倒圆角的边线如图 8.10 所示，倒圆角半径值为 8。

图 8.9　选取边线　　图 8.10　选取边线

Step8. 创建图 8.11 所示的抽壳 1。

（1）选择命令。选择下拉菜单 插入 → 修饰特征 → 抽壳... 命令（或单击“修饰特征”工具栏中的 按钮），系统弹出“定义盒体”对话框。

（2）选取要移除的面。在系统 选择要移除的面。 的提示下，选取图 8.12 所示的模型表面为要移除的面。

（3）定义抽壳厚度。在对话框的 默认内侧厚度： 文本框中输入数值 5.0。

（4）单击该对话框中的 确定 按钮，完成抽壳 1 的创建。

图 8.11　抽壳 1

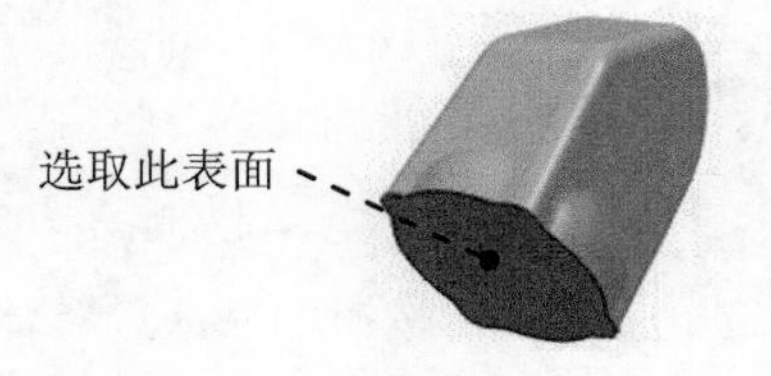

图 8.12　选择要移除的面

Step9. 创建图 8.13 所示的草图 3。

（1）选择下拉菜单 插入 → 草图编辑器 → 草图 命令（或单击工具栏中的“草图”按钮）。

（2）选取“yz 平面”为草图平面，系统自动进入草绘工作台。

（3）利用“投影 3D 元素”命令绘制图 8.14 所示的草图 3。

（4）单击“退出工作台”按钮，完成草图 3 的创建。

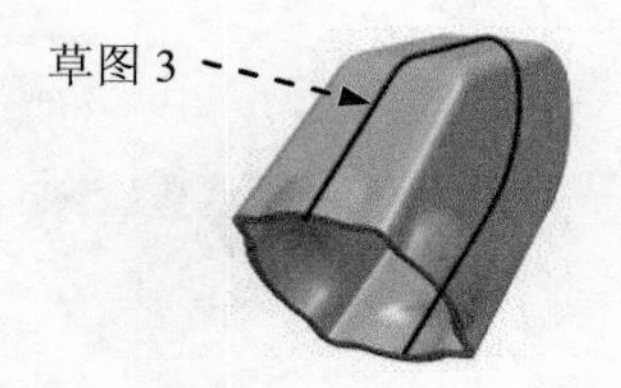

图 8.13　草图 3（建模环境）

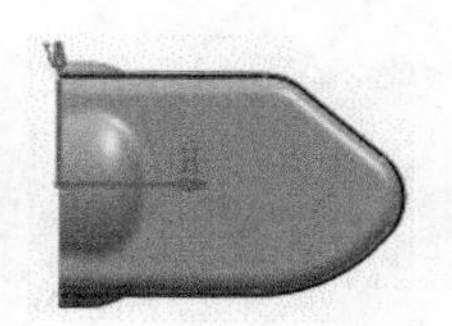

图 8.14　草图 3（草绘环境）

Step10. 创建图 8.15 所示的草图 4。

（1）选择下拉菜单 插入 → 草图编辑器 → 草图 命令（或单击工具栏中的“草图”按钮）。

（2）选取“zx 平面”为草图平面，系统自动进入草绘工作台。

（3）绘制图 8.16 所示的草图 4。

（4）单击“退出工作台”按钮，完成草图 4 的创建。

注意：草图 4 中的圆弧为半圆，并且圆弧的圆心与草图 3 的端点相合。

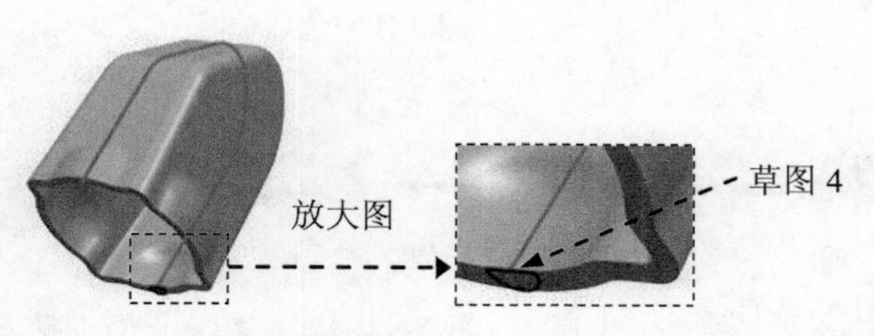

图 8.15　草图 4（建模环境）

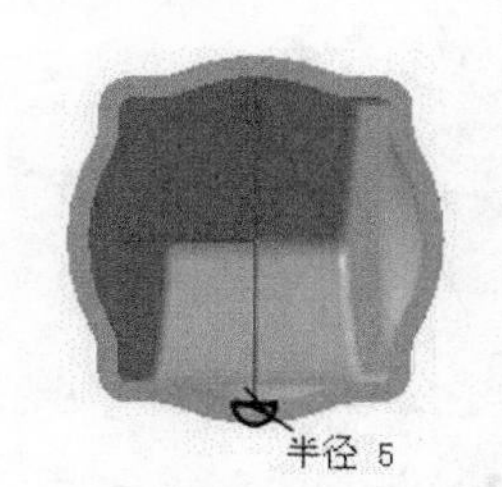

图 8.16　草图 4（草绘环境）

Step11. 创建图 8.17 所示的相交 1。

（1）选择下拉菜单 开始 → 机械设计 → 线框和曲面设计 命令，切换到“线框和曲面设计”工作台。

（2）选择下拉菜单 插入 → 线框 → 相交... 命令，系统弹出“相交定义”对话框。

（3）选取“xy 平面”为第一元素，选取草图 3 为第二元素。

（4）在该对话框中单击 确定 按钮，完成相交 1 的创建（相交结果为一个点）。

Step12. 创建图 8.18 所示的草图 5。

（1）选择下拉菜单 插入 → 草图编辑器 → 草图 命令（或单击工具栏中的“草图”按钮）。

（2）选取“xy 平面”为草图平面，系统自动进入草绘工作台。

（3）绘制图 8.19 所示的草图 5。

（4）单击“工作台”工具栏中的按钮，完成草图 5 的创建。

注意：草图 5 中水平直线中点及圆弧的圆心与相交 1 相合。

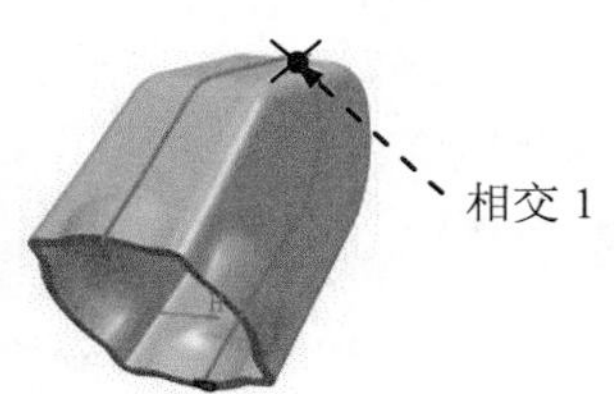

图 8.17 相交 1

图 8.18 草图 5（建模环境）

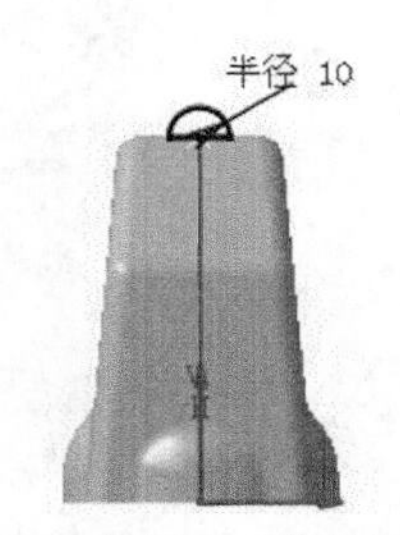

图 8.19 草图 5（草绘环境）

Step13. 创建图 8.20 所示的草图 6。

（1）选择下拉菜单 插入 → 草图编辑器 → 草图 命令（或单击工具栏中的“草图”按钮）。

（2）选取“zx 平面”为草图平面，系统自动进入草绘工作台。

（3）绘制图 8.21 所示的草图 6。

（4）单击“工作台”工具栏中的按钮，完成草图 6 的创建。

注意：草图 6 中的圆弧为半圆，并且圆弧的圆心与草图 3 的端点相合。

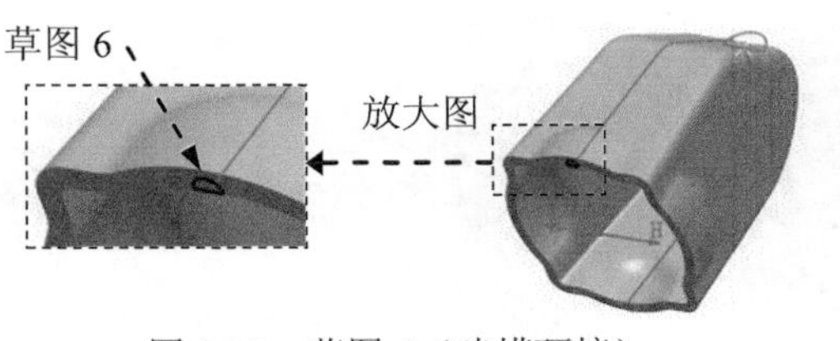

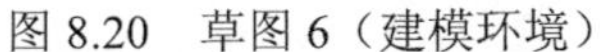

图 8.20 草图 6（建模环境）

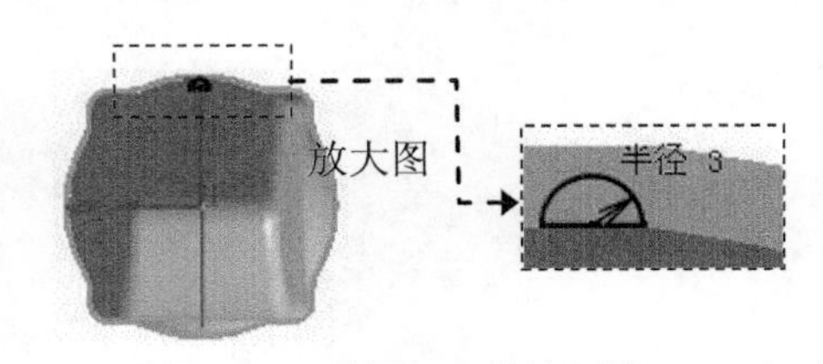

图 8.21 草图 6（草绘环境）

Step14. 创建图 8.22 所示的多截面实体 1。

（1）切换工作台。选择下拉菜单 开始 → 机械设计 → 零件设计 命令，进入“零件设计”工作台。

（2）选择下拉菜单 插入 → 基于草图的特征 ▸ → 多截面实体... 命令（或单击“基于草图的特征”工具栏中的按钮），系统弹出“多截面实体定义”对话框。

（3）在系统 选择曲线 的提示下，分别选取草图 4、草图 5 和草图 6 作为多截面实体特征的截面轮廓，选取草图 3 的顶点和相交 1 作为闭合点。

（4）选取草图 3 作为引导线。

（5）在该对话框中单击 耦合 选项卡，在 截面耦合： 下拉列表中选择 相切然后曲率 选项。

（6）单击“多截面实体定义”对话框中的 确定 按钮，完成多截面实体 1 的创建。

Step15. 创建倒圆角 4。要倒圆角的边线如图 8.23 所示，倒圆角半径值为 8。

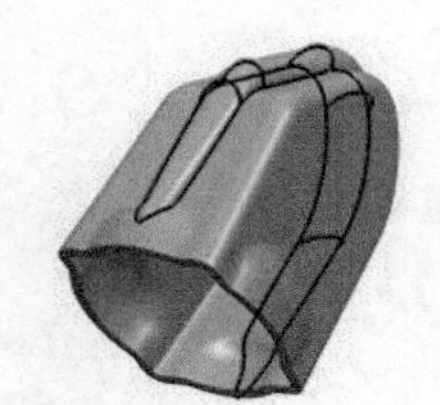

图 8.22　多截面实体 1

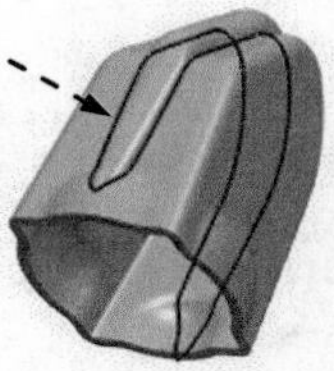

选取此边线

图 8.23　倒圆角 4

Step16. 保存零件模型。

实例 9 吹风机喷嘴

实例概述：

本实例介绍了吹风机喷嘴的设计过程，主要运用了旋转体、凹槽、倒圆角、盒体以及多截面实体等命令。需要注意草图的草图平面、创建多截面实体等过程中用到的技巧和注意事项。零件模型及相应的特征树如图 9.1 所示。

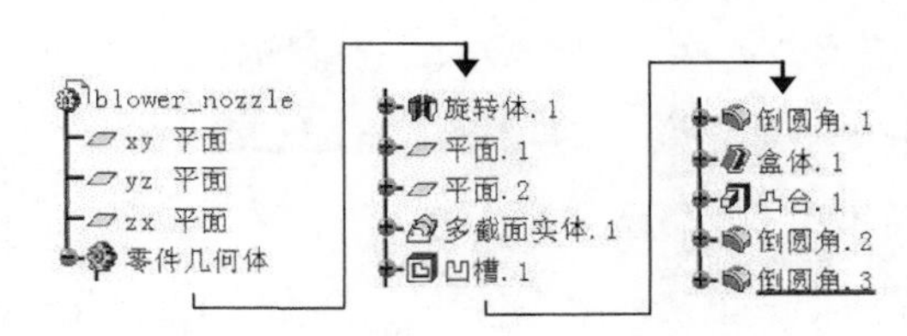

图 9.1 零件模型和特征树

Step1. 新建模型文件。选择下拉菜单 文件 → 新建... 命令（或在“标准”工具栏中单击按钮），在系统弹出的“新建”对话框的 类型列表: 中选择文件类型为 Part，单击对话框中的 确定 按钮。在“新建零件”对话框中输入零件名称 blower_nozzle，并选中 启用混合设计 复选框，单击 确定 按钮，进入“零件设计”工作台。

Step2. 创建图 9.2 所示的零件特征——旋转体 1。

（1）选择命令。选择下拉菜单 插入 → 基于草图的特征 → 旋转体... 命令（或单击按钮），系统弹出“定义旋转体”对话框。

（2）创建图 9.3 所示的截面草图。

① 定义草图平面。在“定义旋转体”对话框中单击按钮，选取“yz 平面”作为草图平面。

② 绘制截面草图。在草绘工作台中绘制图 9.3 所示的截面草图（草图 1）。

③ 单击“工作台”工具栏中的按钮，退出草绘工作台。

（3）定义旋转轴线。选取图 9.3 所示的直线作为旋转轴。

图 9.2 旋转体 1

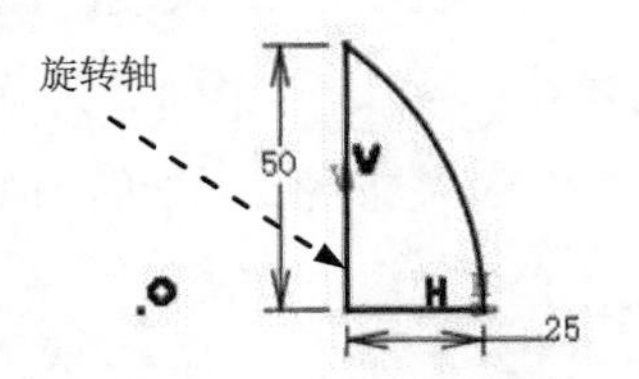

图 9.3 截面草图（草图 1）

（4）定义旋转角度。在“定义旋转体”对话框的 限制 区域的 第一角度: 文本框中输入数值 360。

（5）单击 确定 按钮，完成旋转体 1 的创建。

Step3. 创建图 9.4 所示的平面 1。

（1）选择命令。单击“参考元素”工具栏中的按钮，系统弹出“平面定义”对话框。

（2）定义平面的创建类型。在对话框的 平面类型： 下拉列表中选择 偏移平面 选项。

（3）定义平面参数。

① 定义偏移参考平面。选取“xy 平面”作为偏移参考平面。

② 定义偏移方向。接受系统默认的偏移方向。

③ 输入偏移值。在“平面定义”对话框的 偏移： 文本框中输入数值 5。

（4）单击“平面定义”对话框中的 确定 按钮，完成平面 1 的创建。

Step4. 创建图 9.5 所示的平面 2。

（1）选择命令。单击“参考元素”工具栏中的按钮，系统弹出“平面定义”对话框。

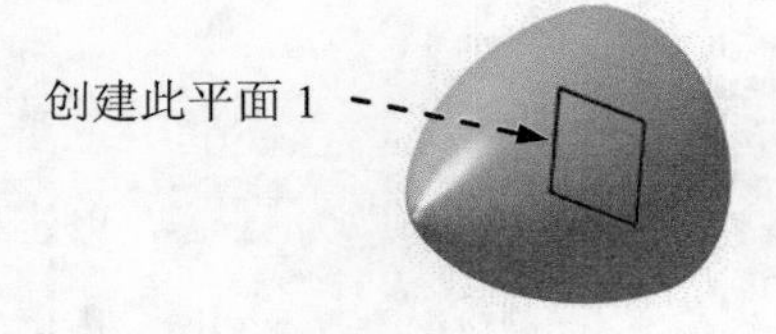

图 9.4　平面 1

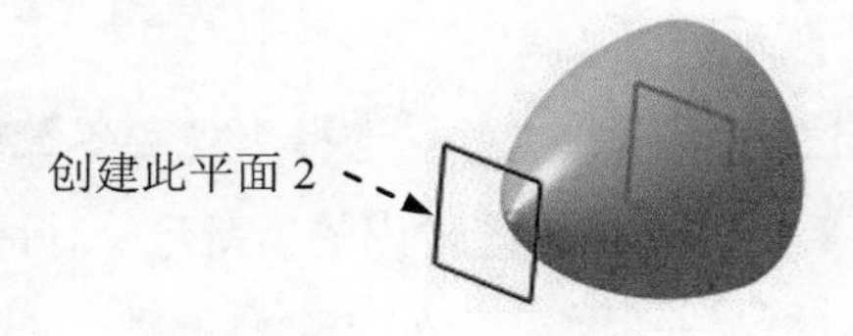

图 9.5　平面 2

（2）定义平面的创建类型。在该对话框的 平面类型： 下拉列表中选择 偏移平面 选项。

（3）定义平面参数。

① 定义偏移参考平面。选取平面 1 为偏移参考平面。

② 定义偏移方向。接受系统默认的偏移方向。

③ 输入偏移值。在对话框的 偏移： 文本框中输入数值 50。

（4）单击该对话框中的 确定 按钮，完成平面 2 的创建。

Step5. 创建草图 2。选取“xy 平面”为草图平面。在草绘工作台中绘制图 9.6 所示的草图 2。单击“工作台”工具栏中的按钮，退出草绘工作台。

Step6. 创建草图 3。选取平面 1 为草图平面。在草绘工作台中绘制图 9.7 所示的草图 3。单击“工作台”工具栏中的按钮，退出草绘工作台。

Step7. 创建草图 4。选取平面 2 为草图平面。在草绘工作台中绘制图 9.8 所示的草图 4。单击“工作台”工具栏中的按钮，退出草绘工作台。

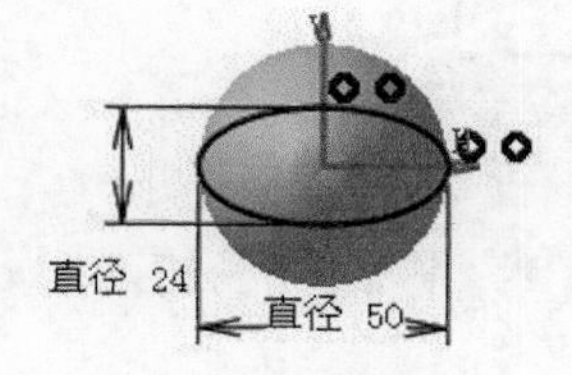

图 9.6　草图 2

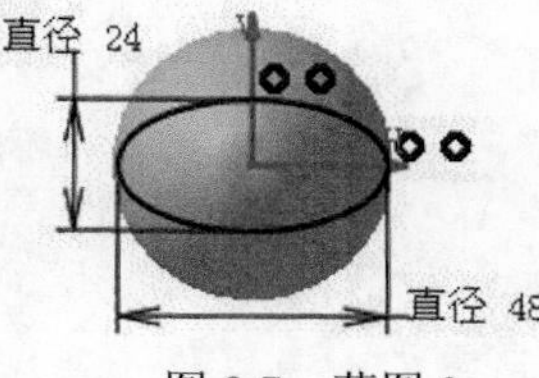

图 9.7　草图 3

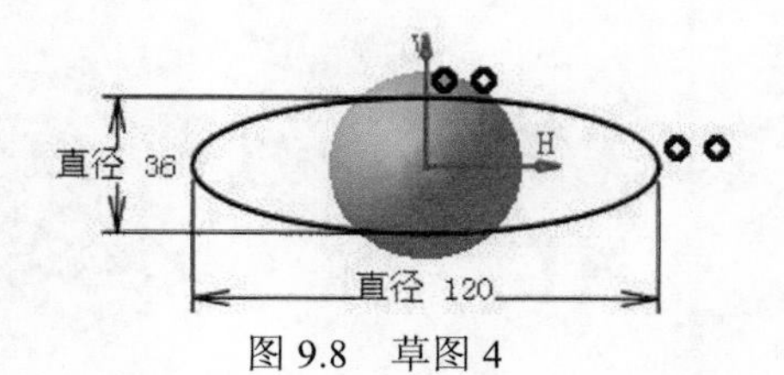

图 9.8　草图 4

Step8. 创建图 9.9 所示的多截面实体 1。

（1）选取命令。选择下拉菜单 插入 → 基于草图的特征 → 多截面实体... 命令（或单击“基于草图的特征”工具栏中的按钮），系统弹出“多截面实体定义”对话框。

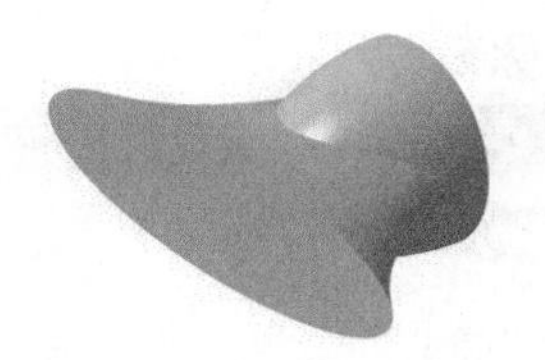

图 9.9 多截面实体 1

（2）选取截面轮廓。在系统 选择曲线 的提示下，分别选取草图 2、草图 3 和草图 4 作为多截面实体特征的截面轮廓（采用系统默认的闭合点）。

注意：多截面实体实际上是利用截面轮廓以渐变的方式生成的，所以在选择的时候要注意截面轮廓的先后顺序，否则无法正确生成实体。

（3）选择引导线。本例中使用系统默认的引导线。

（4） 选择连接方式。在该对话框中单击 耦合 选项卡，在 截面耦合： 下拉列表中选择 相切然后曲率 选项。

（5）单击“多截面实体定义”对话框中的 确定 按钮，完成多截面实体 1 的创建。

Step9. 创建图 9.10 所示的零件特征——凹槽 1。

（1）选择命令。选择下拉菜单 插入 → 基于草图的特征 → 凹槽... 命令（或单击按钮），系统弹出“定义凹槽”对话框。

（2）创建图 9.11 所示的截面草图。

① 定义草图平面。在“定义凹槽”对话框中单击按钮，选取“zx 平面”为草图平面。

② 绘制截面草图。在草绘工作台中绘制图 9.11 所示的截面草图（草图 5）。

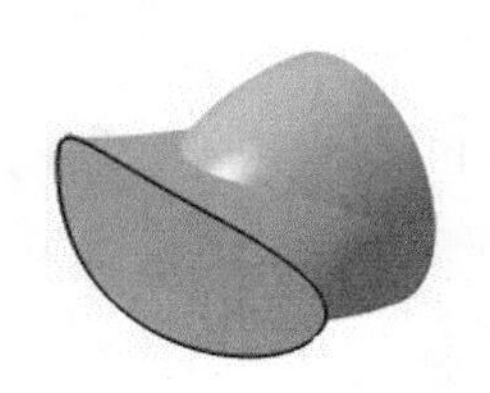

图 9.10 凹槽 1

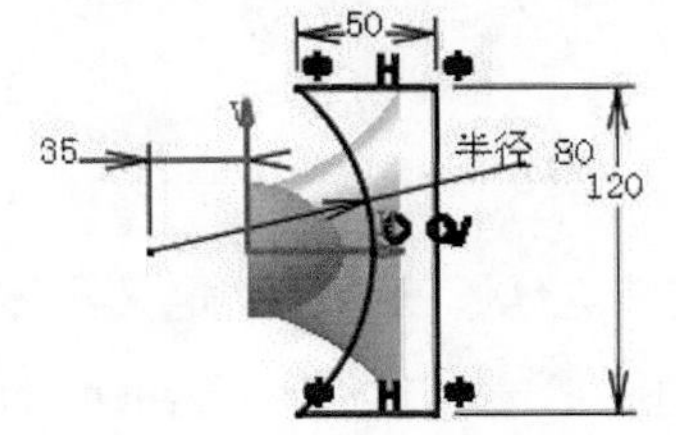

图 9.11 截面草图（草图 5）

③ 单击“工作台”工具栏中的按钮，退出草绘工作台。

（3）定义深度属性。

① 定义深度方向。采用系统默认的深度方向。

② 定义深度类型。单击“定义凹槽”对话框中的 更多>> 按钮，展开对话框的隐藏部

分，在该对话框的第一限制区域与第二限制区域的类型：下拉列表均选择尺寸选项。

③ 定义深度值。在第一限制与第二限制区域的深度：文本框中均输入数值 20。

（4）单击确定按钮，完成凹槽 1 的创建。

Step10. 创建图 9.12b 所示的倒圆角 1。

（1）选择命令。选择下拉菜单插入 → 修饰特征 → 倒圆角...命令，系统弹出“倒圆角定义”对话框。

（2）定义要倒圆角的对象。在“倒圆角定义”对话框的传播：下拉列表中选择相切选项，选取图 9.12a 所示的边线为倒圆角的对象。

（3）定义倒圆角半径。在“倒圆角定义”对话框的半径：文本框中输入数值 2。

（4）单击“倒圆角定义”对话框中的确定按钮，完成倒圆角 1 的创建。

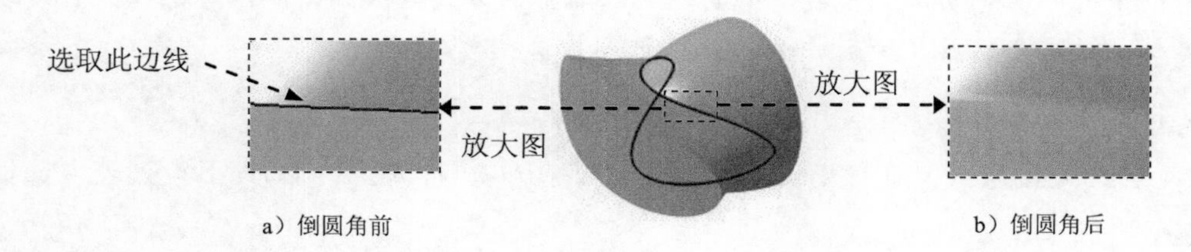

a）倒圆角前　　b）倒圆角后

图 9.12　倒圆角 1

Step11. 创建图 9.13 所示的特征——抽壳 1。

（1）选择命令。选择下拉菜单插入 → 修饰特征 → 抽壳...命令，系统弹出“定义盒体”对话框。

（2）定义要移除的面。选取图 9.14 所示的面为要移除的面。

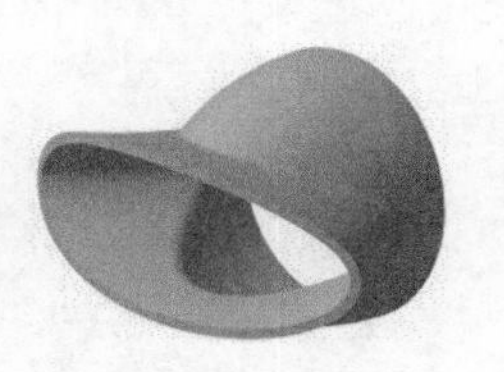

图 9.13　抽壳 1

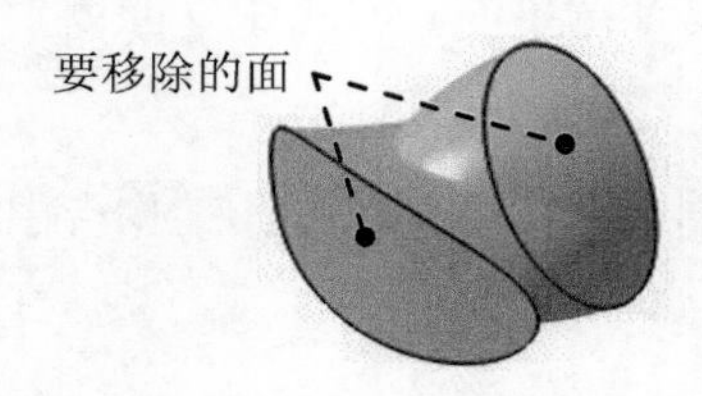

图 9.14　选择要移除的面

（3）定义盒体厚度。在“定义盒体”对话框的默认内侧厚度：文本框中输入数值 2。

（4）单击“定义盒体”对话框中的确定按钮，完成抽壳 1 的创建。

Step12. 创建图 9.15 所示的零件基础特征——凸台 1。

（1）选择命令。选择下拉菜单插入 → 基于草图的特征 → 凸台...命令（或单击按钮），系统弹出“定义凸台”对话框。

（2）创建截面草图。

① 定义草图平面。在“定义凸台”对话框中单击按钮，选取“xy 平面”作为草图

平面。

② 绘制截面草图。在草绘工作台中绘制图 9.16 所示的截面草图（草图 6，其中两个同心圆）。

③ 单击“工作台”工具栏中的按钮，退出草绘工作台。

（3）定义深度属性。

① 定义深度方向。单击“定义凸台”对话框中的反转方向按钮，使拉伸方向反转。

② 定义深度类型。在“定义凸台”对话框第一限制区域的类型：下拉列表中选择尺寸选项。

③ 定义深度值。在“定义凸台”对话框的第一限制区域的长度：文本框中输入数值 4。

（4）单击“定义凸台”对话框中的确定按钮，完成凸台 1 的创建。

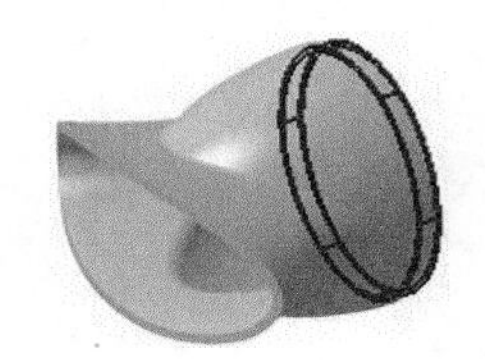

图 9.15 凸台 1

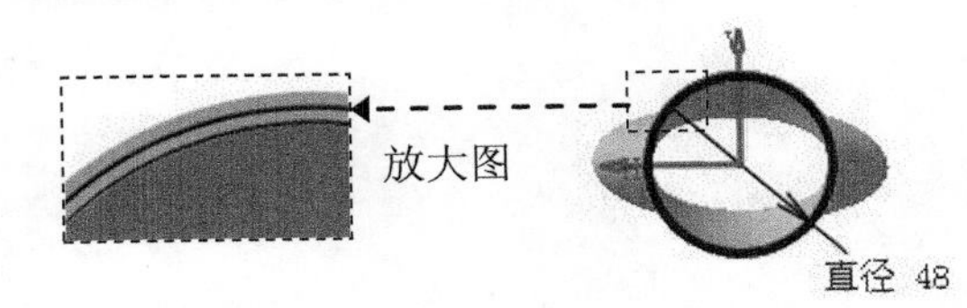

图 9.16 截面草图（草图 6）

Step13. 创建图 9.17b 所示的倒圆角 2。

（1）选择命令。选择下拉菜单插入 → 修饰特征 → 倒圆角...命令，系统弹出“倒圆角定义”对话框。

（2）定义要倒圆角的对象。在“倒圆角定义”对话框的传播：下拉列表中选择相切选项，选取图 9.17a 所示的边线为倒圆角的对象。

（3）定义倒圆角半径。在“倒圆角定义”对话框的半径：文本框中输入数值 1。

（4）单击“倒圆角定义”对话框中的确定按钮，完成倒圆角 2 的创建。

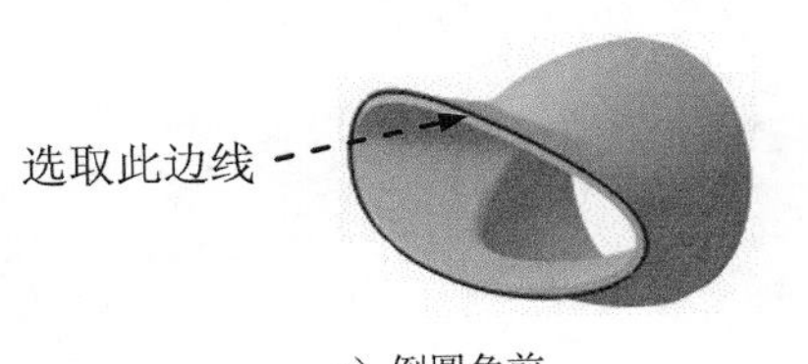

a）倒圆角前

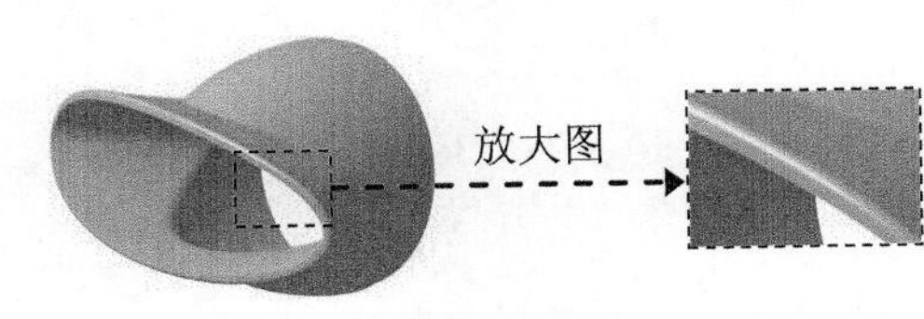

b）倒圆角后

图 9.17 倒圆角 2

Step14. 创建图 9.18b 所示的倒圆角 3。

（1）选择命令。选择下拉菜单插入 → 修饰特征 → 倒圆角...命令，系统弹出“倒圆角定义”对话框。

（2）定义要倒圆角的对象。在“倒圆角定义”对话框的传播：下拉列表中选择相切选项，选取图 9.18a 所示的边线为倒圆角的对象。

（3）定义倒圆角半径。在“倒圆角定义”对话框的半径：文本框中输入数值 0.5。

（4）单击“倒圆角定义”对话框中的 确定 按钮，完成倒圆角 3 的创建。

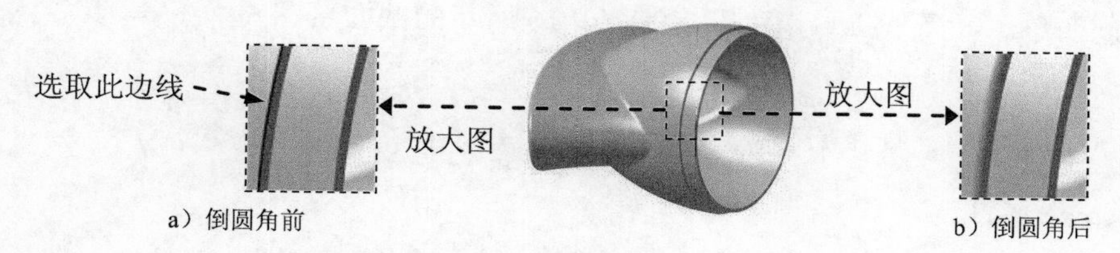

图 9.18　倒圆角 3

Step15. 保存零件模型。

实例 10 支 架

实例概述：

本实例介绍了支架的设计过程，主要运用了凸台、凹槽、孔、加强肋以及倒圆角等命令。需要注意在选取孔平面、绘制加强肋草图等过程中用到的技巧和注意事项。零件模型及相应的特征树如图 10.1 所示。

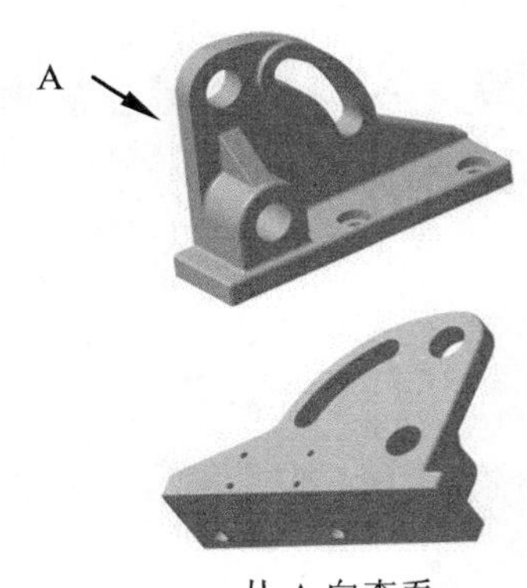

从 A 向查看

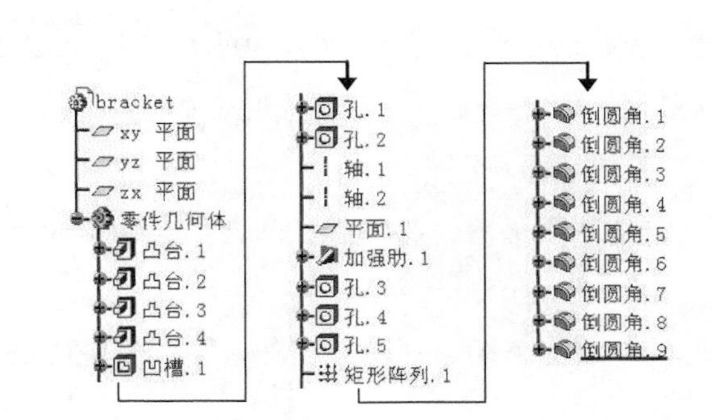

图 10.1 零件模型和特征树

Step1. 新建模型文件。选择下拉菜单 文件 → 新建... 命令（或在“标准”工具栏中单击 按钮），在系统弹出的“新建”对话框的 类型列表：中选择文件类型为 Part，单击对话框中的 确定 按钮。在“新建零件”对话框中输入零件名称 bracket，并选中 启用混合设计 复选框，单击 确定 按钮，进入“零件设计”工作台。

Step2. 创建图 10.2 所示的零件基础特征——凸台 1。

（1）选择命令。选择下拉菜单 插入 → 基于草图的特征 → 凸台... 命令（或单击 按钮），系统弹出“定义凸台”对话框。

（2）创建截面草图。

① 定义草图平面。在“定义凸台”对话框中单击 按钮，选取“xy 平面”作为草图平面。

② 绘制截面草图。在草绘工作台中绘制图 10.3 所示的截面草图。

③ 单击“工作台”工具栏中的 按钮，退出草绘工作台。

（3）定义深度属性。

① 定义深度方向。采用系统默认的方向。

② 定义深度类型。在“定义凸台”对话框的 第一限制 区域的 类型：下拉列表中选择 尺寸

选项。

③ 定义深度值。在“定义凸台”对话框的 第一限制 区域的 长度: 文本框中输入数值 12。

（4）单击“定义凸台”对话框中的 确定 按钮，完成凸台 1 的创建。

图 10.2　凸台 1

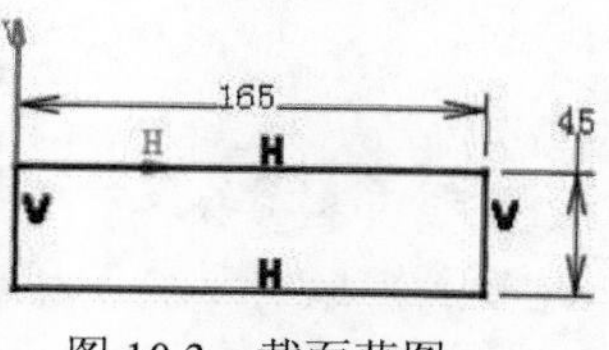

图 10.3　截面草图

Step3. 创建图 10.4 所示的零件基础特征——凸台 2。

（1）选择命令。选择下拉菜单 插入 → 基于草图的特征 → 凸台... 命令（或单击 按钮），系统弹出“定义凸台”对话框。

（2）创建截面草图。

① 定义草图平面。在“定义凸台”对话框中单击 按钮，选取“zx 平面”作为草图平面。

② 绘制截面草图。在草绘工作台中绘制图 10.5 所示的截面草图。

图 10.4　凸台 2

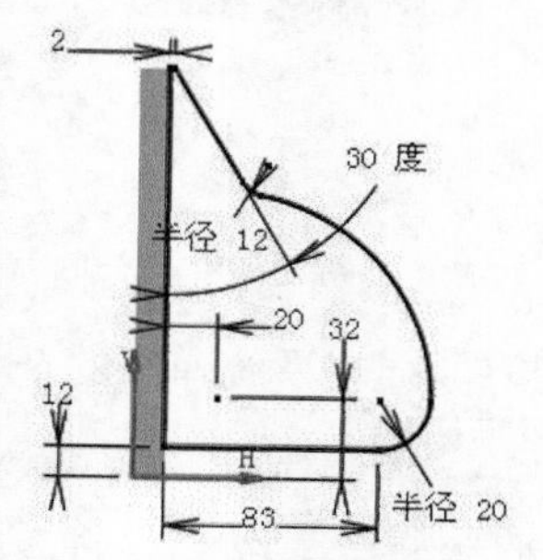

图 10.5　截面草图

③ 单击“工作台”工具栏中的 按钮，退出草绘工作台。

（3）定义深度属性。

① 定义深度方向。单击 反转方向 按钮，反转拉伸方向。

② 定义深度类型。在“定义凸台”对话框的 第一限制 区域的 类型: 下拉列表中选择 尺寸 选项。

③ 定义深度值。在“定义凸台”对话框的 第一限制 区域的 长度: 文本框中输入数值 12。

（4）单击“定义凸台”对话框中的 确定 按钮，完成凸台 2 的创建。

Step4. 创建图 10.6 所示的零件基础特征——凸台 3。

（1）选择命令。选择下拉菜单 插入 → 基于草图的特征 → 凸台... 命令（或单击 按钮），系统弹出“定义凸台”对话框。

（2）创建截面草图。

① 定义草图平面。在“定义凸台”对话框中单击按钮，选取“zx 平面”作为草图平面。

② 绘制截面草图。在草绘工作台中绘制图 10.7 所示的截面草图。

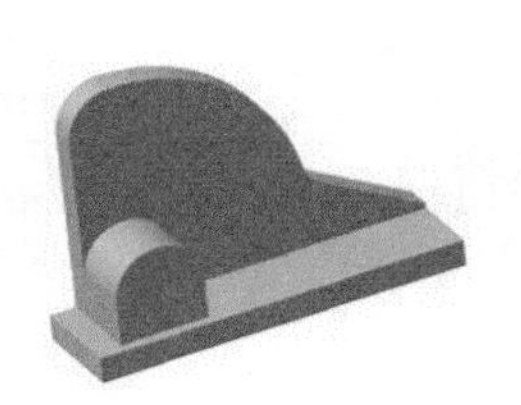

图 10.6 凸台 3

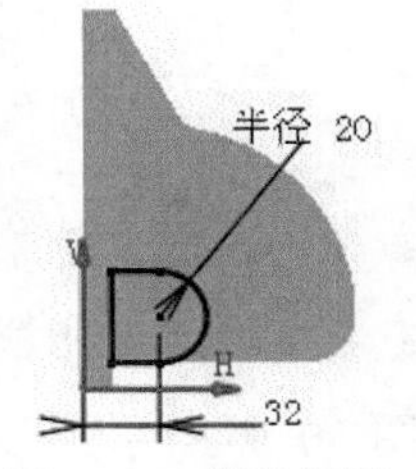

图 10.7 截面草图

③ 单击“工作台”工具栏中的按钮，退出草绘工作台。

（3）定义深度属性。

① 定义深度方向。单击反转方向按钮，反转拉伸方向。

② 定义深度类型。在“定义凸台”对话框的第一限制区域的类型：下拉列表中选择尺寸选项。

③ 定义深度值。在“定义凸台”对话框的第一限制区域的长度：文本框中输入数值 40。

（4）单击“定义凸台”对话框中的确定按钮，完成凸台 3 的创建。

Step5. 创建图 10.8 所示的零件基础特征——凸台 4。

（1）选择命令。选择下拉菜单插入 → 基于草图的特征 → 凸台...命令（或单击按钮），系统弹出“定义凸台”对话框。

（2）创建截面草图。

① 定义草图平面。在“定义凸台”对话框中单击按钮，选取“zx 平面”作为草图平面。

② 绘制截面草图。在草绘工作台中绘制图 10.9 所示的截面草图。

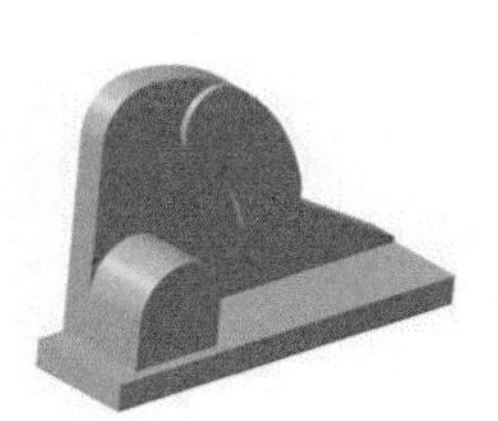

图 10.8 凸台 4

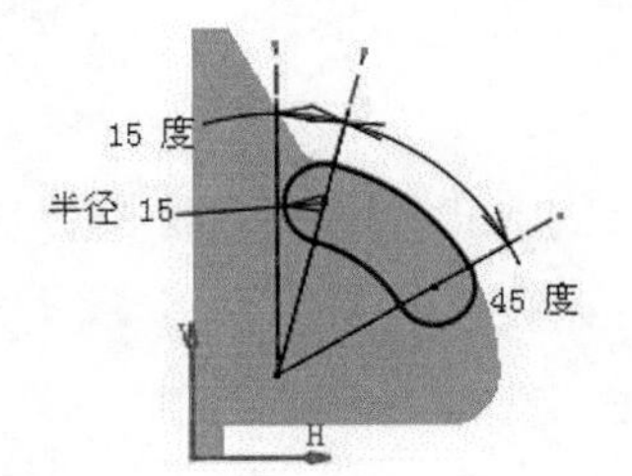

图 10.9 截面草图

③ 单击“工作台”工具栏中的按钮，退出草绘工作台。

（3）定义深度属性。

① 定义深度方向。单击 反转方向 按钮，反转拉伸方向。

② 定义深度类型。在“定义凸台”对话框的 第一限制 区域的 类型： 下拉列表中选择 尺寸 选项。

③ 定义深度值。在“定义凸台”对话框的 第一限制 区域的 长度： 文本框中输入数值 15。

（4）单击“定义凸台”对话框中的 确定 按钮，完成凸台 4 的创建。

Step6. 创建图 10.10 所示的零件特征——凹槽 1。

（1）选择命令。选择下拉菜单 插入 → 基于草图的特征 → 凹槽... 命令（或单击按钮），系统弹出“定义凹槽”对话框。

（2）创建图 10.11 所示的截面草图。

① 定义草图平面。在“定义凹槽”对话框中单击按钮，选取“zx 平面”为草图平面。

② 绘制截面草图。在草绘工作台中绘制图 10.11 所示的截面草图。

③ 单击“工作台”工具栏中的按钮，退出草绘工作台。

图 10.10 凹槽 1

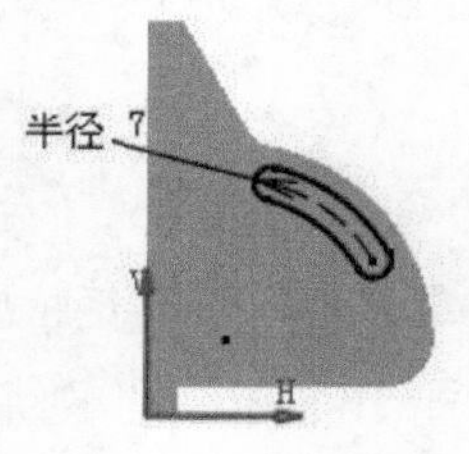

图 10.11 截面草图

（3）定义深度属性。

① 定义深度方向。采用系统默认的深度方向。

② 定义深度类型。在该对话框的 第一限制 区域的 类型： 下拉列表中选择 直到下一个 选项。

（4）单击 确定 按钮，完成凹槽 1 的创建。

Step7. 创建图 10.12 所示的零件特征——孔 1。

（1）选择命令。选择下拉菜单 插入 → 基于草图的特征 → 孔... 命令（或单击按钮）。

（2）定义孔的放置面。选取图 10.13 所示的模型表面为孔的放置面，此时系统弹出“定义孔”对话框。

（3）定义孔的位置。

① 进入定位草图。单击“定义孔”对话框的 扩展 选项卡中的按钮，系统进入草绘工作台。

② 定义几何约束。如图 10.14 所示，在草绘工作台中约束孔的中心线与圆同心。

③ 完成几何约束后，单击按钮，退出草绘工作台。

（4） 定义孔的扩展参数。

① 定义孔的深度。在“定义孔”对话框的 盲孔 下拉列表中选择 直到下一个 选项。

② 定义孔的直径。在该对话框的 扩展 选项卡的 直径： 文本框中输入数值 20。

（5）单击对话框中的 确定 按钮，完成孔 1 的创建。

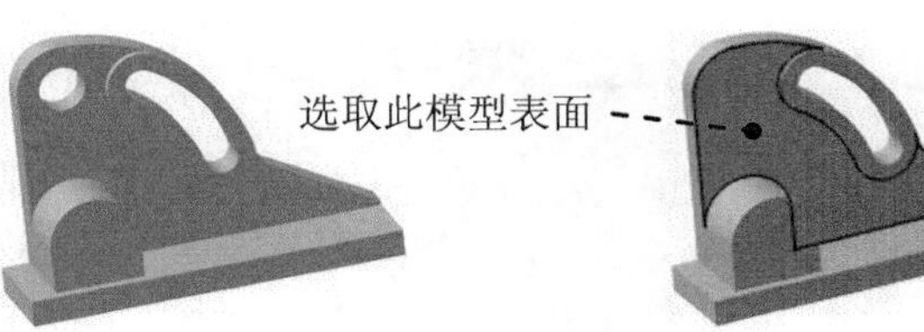

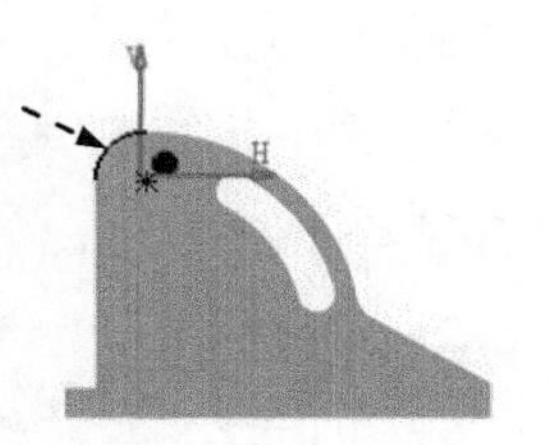

图 10.12　孔 1　　　图 10.13　选取孔平面　　　图 10.14　约束孔的定位

Step8. 创建图 10.15 所示的零件特征——孔 2。

（1）选择命令。选择下拉菜单 插入 → 基于草图的特征 → 孔... 命令（或单击“基于草图的特征”工具栏中的按钮）。

（2）定义孔的放置面。选取图 10.16 所示的模型表面为孔的放置面，此时系统弹出“定义孔”对话框。

（3）定义孔的位置。

① 进入定位草图。单击“定义孔”对话框的 扩展 选项卡中的按钮，系统进入草绘工作台。

② 定义几何约束。在草绘工作台中约束孔的中心线与圆同心（图 10.17）。

③ 完成几何约束后，单击按钮，退出草绘工作台。

（4）定义孔的扩展参数。

① 定义孔的深度。在“定义孔”对话框的 盲孔 下拉列表中选择 直到下一个 选项。

② 定义孔的直径。在“定义孔”对话框的 扩展 选项卡的 直径： 文本框中输入数值 20。

（5）单击对话框中的 确定 按钮，完成孔 2 的创建。

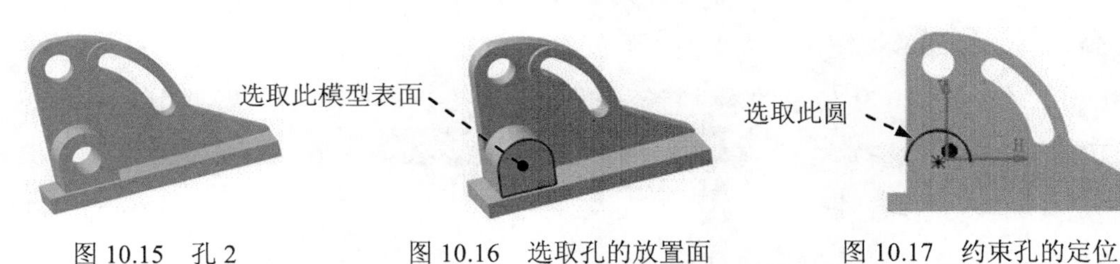

图 10.15　孔 2　　　图 10.16　选取孔的放置面　　　图 10.17　约束孔的定位

Step9. 创建图 10.18 所示的轴 1。

（1）切换工作台。选择下拉菜单 开始 → 机械设计 → 线框和曲面设计 命令，此时切换到“线框和曲面设计”工作台。

（2）选择命令。选择下拉菜单 插入 → 线框 ▸ → 轴线... 命令，系统弹出“轴线定义”对话框。

（3）定义轴线元素。选取孔 1 的表面为轴线元素。

（4）单击 确定 按钮，完成轴 1 的创建。

Step10. 创建图 10.19 所示的轴 2。

（1）选择命令。选择下拉菜单 插入 → 线框 ▸ → 轴线... 命令，系统弹出“轴线定义”对话框。

（2）定义轴线元素。选取孔 2 的表面为轴线元素。

（3）单击 确定 按钮，完成轴 2 的创建。

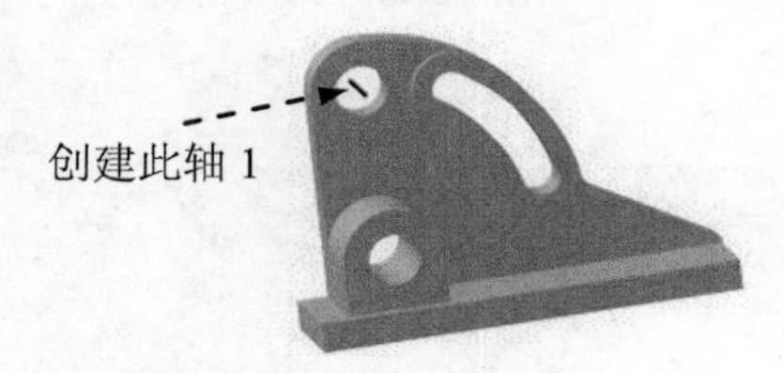

图 10.18　轴 1

图 10.19　轴 2

Step11. 创建图 10.20 所示的平面 1。

（1）切换工作台。选择下拉菜单 开始 → 机械设计 ▸ → 零件设计 命令，此时切换到“零件设计”工作台。

（2）选择命令。单击“参考元素（扩展）”工具栏中的 按钮，系统弹出“平面定义”对话框。

（3）定义平面的创建类型。在“平面定义”对话框的 平面类型： 下拉列表中选择 通过两条直线 选项。

（4）定义平面参数。

① 在 直线 1： 文本框中，选取轴 1 作为参考元素。

② 在 直线 2： 文本框中，选取轴 2 作为参考元素。

（5）单击 确定 按钮，完成平面 1 的创建。

Step12. 创建图 10.21 所示的零件特征——加强肋 1。

（1）选择命令。选择下拉菜单 插入 → 基于草图的特征 ▸ → 加强肋... 命令，系统弹出“定义加强肋”对话框。

（2）创建图 10.22 所示的截面草图。

① 定义草图平面。在“定义加强肋”对话框中单击 按钮，选取平面 1 作为草图平面。

② 绘制截面草图。在草绘工作台中绘制图 10.22 所示的截面草图。

③ 单击“工作台”工具栏中的按钮，退出草绘工作台。

（3）定义加强肋属性。

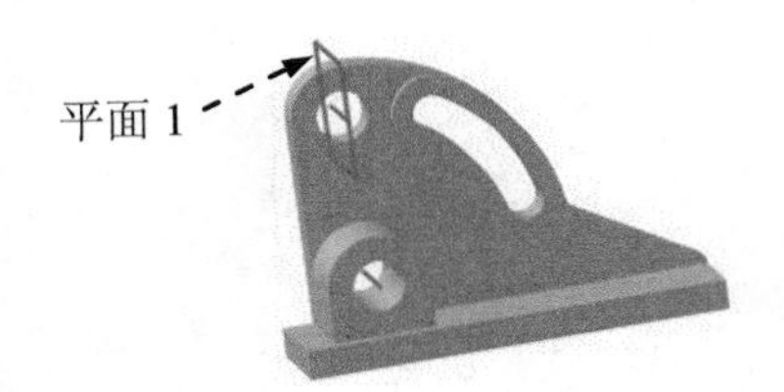

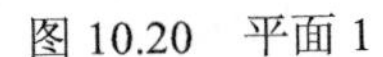
图 10.20 平面 1

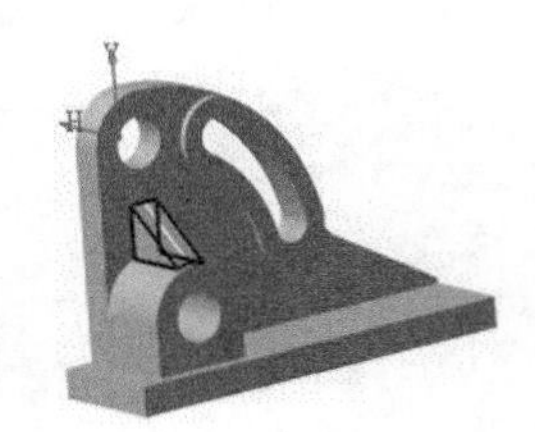
图 10.21 加强肋 1

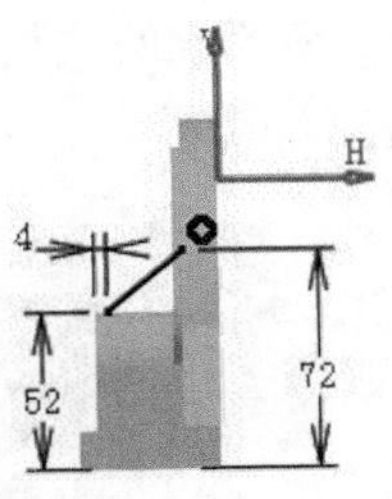

图 10.22 截面草图

① 定义加强肋模式。在“定义加强肋”对话框中选中从侧面单选项。

② 定义加强肋的方向。采用系统默认的加强肋方向。

③ 定义加强肋的厚度。在“定义加强肋”对话框的厚度 1:文本框中输入数值 12。

（4）单击确定按钮，完成加强肋 1 的创建。

Step13. 创建图 10.23 所示的零件特征——孔 3。

（1）选择命令。选择下拉菜单插入 ➡ 基于草图的特征 ➡ 孔...命令。

（2）定义孔的放置面。选取图 10.24 所示的模型表面为孔的放置面，系统弹出“定义孔”对话框。

（3）定义孔的位置。

① 在“定义孔”对话框中单击按钮。

② 在草绘工作台中约束孔的定位，如图 10.25 所示。

③ 单击按钮，退出草绘工作台。

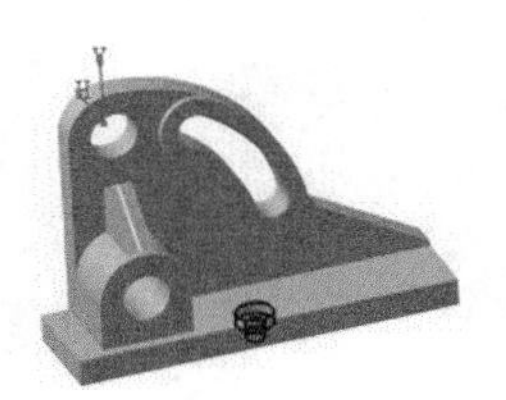
图 10.23 孔 3

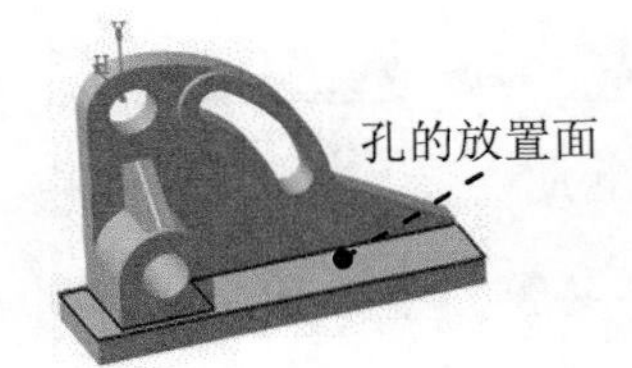

图 10.24 选取孔的放置面

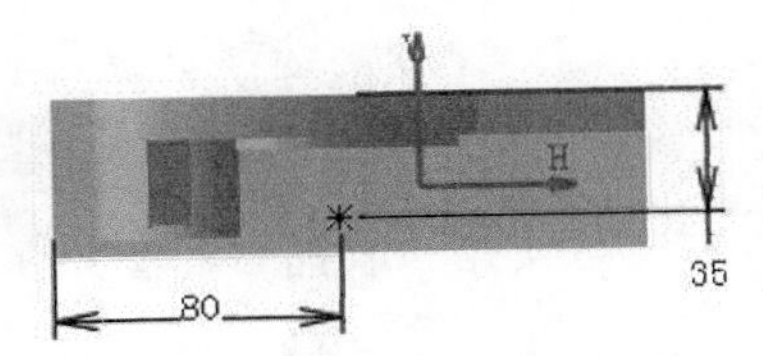

图 10.25 约束孔的定位

（4）定义孔的扩展参数。

① 定义孔的扩展深度。在“定义孔”对话框的扩展选项卡中选择直到下一个选项。

② 定义孔的直径。在扩展选项卡的直径:文本框中输入数值 8。

（5）定义孔的类型及参数。

① 在“定义孔”对话框的类型选项卡中选择沉头孔选项。

② 在直径:文本框中输入数值 16，在深度:文本框中输入数值 5。

（6）单击“定义孔”对话框中的确定按钮，完成孔 3 的创建。

Step14. 创建图 10.26 所示的零件特征——孔 4。

（1）选择命令。选择下拉菜单 插入 ➡ 基于草图的特征 ➡ 孔... 命令。

（2）定义孔的放置面。选取图 10.24 所示的模型表面为孔的放置面，系统弹出“定义孔”对话框。

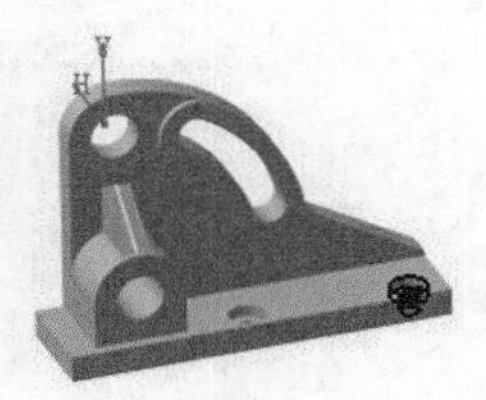

图 10.26 孔 4

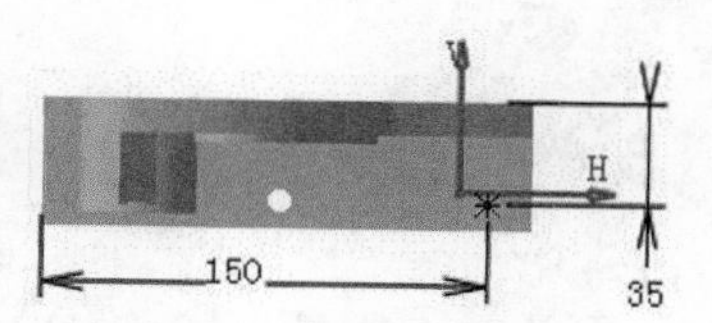

图 10.27 约束孔的定位

（3）定义孔的位置。

① 在“定义孔”对话框中单击按钮。

② 在草绘工作台中约束孔的定位，如图 10.27 所示。

③ 单击按钮，退出草绘工作台。

（4）定义孔的扩展参数。

① 定义孔的扩展深度。在“定义孔”对话框的 扩展 选项卡中选择 直到下一个 选项。

② 定义孔的直径。在 扩展 选项卡的 直径: 文本框中输入数值 8。

（5）定义孔的类型及参数。

① 在“定义孔”对话框的 类型 选项卡中选择 沉头孔 选项。

② 在 直径: 文本框中输入数值 16，在 深度: 文本框中输入数值 5。

（6）单击“定义孔”对话框中的 确定 按钮，完成孔 4 的创建。

Step15. 创建图 10.28 所示的零件特征——孔 5。

（1）选择命令。选择下拉菜单 插入 ➡ 基于草图的特征 ➡ 孔... 命令（或单击“基于草图的特征”工具栏中的按钮）。

（2）定义孔的放置面。选取图 10.29 所示的模型表面为孔的放置面，此时系统弹出“定义孔”对话框。

（3）定义孔的位置。

① 进入定位草图。单击“定义孔”对话框的 扩展 选项卡中的按钮，系统进入草绘工作台。

② 定义几何约束。在草绘工作台中约束孔的定位，如图 10.30 所示。

③ 完成几何约束后，单击按钮，退出草绘工作台。

（4）定义孔的扩展参数。

① 在“定义孔”对话框的 扩展 选项卡中选择 盲孔 选项，在“定义孔”对话框的 类型 选

项卡中选择简单选项。

② 定义孔的直径。在“定义孔”对话框的扩展选项卡的直径：文本框中输入数值4。

③ 定义孔的深度。在“定义孔”对话框的扩展选项卡的深度：文本框中输入数值10。

（5）单击对话框中的确定按钮，完成孔5的创建。

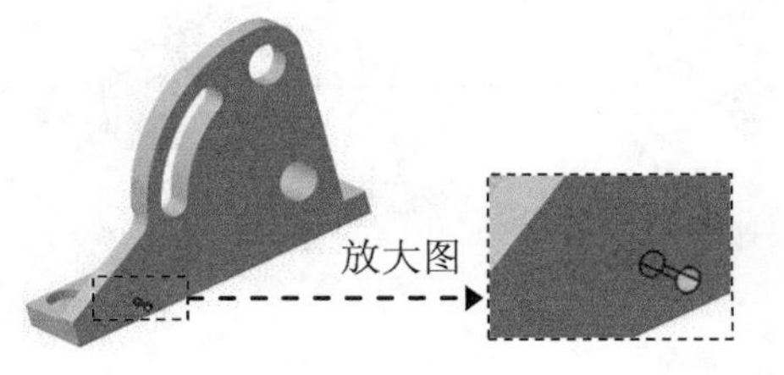

图 10.28 孔 5

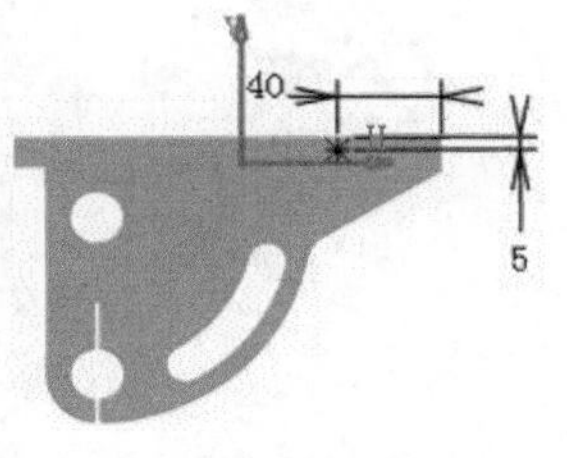

图 10.29 选取孔的放置面

图 10.30 约束孔的定位

Step16. 创建图10.31所示的矩形阵列1。

（1）选择命令。选择下拉菜单插入 → 变换特征 → 矩形阵列...命令，系统弹出“定义矩形阵列”对话框。

（2）定义阵列对象。单击以激活“定义矩形阵列”对话框的第一方向选项卡中的对象：文本框，选取特征树上的孔5作为阵列对象。

（3）定义参考元素。单击以激活第一方向选项卡中的参考元素：文本框，选取图10.32所示的平面作为参考元素。

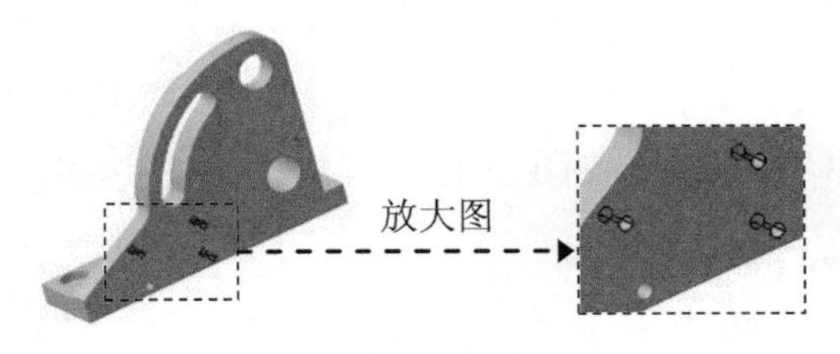

图 10.31 矩形阵列 1

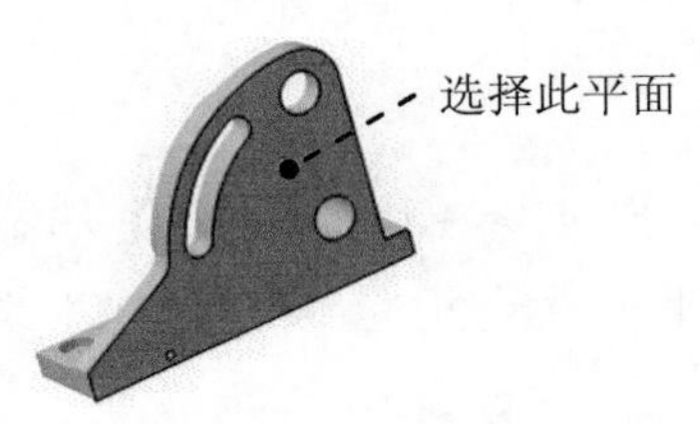

图 10.32 选取参考元素

（4）定义阵列参数。

① 定义参数类型。在“定义矩形阵列”对话框的第一方向及第二方向选项卡的参数：下拉列表中均选择实例和间距选项。

② 定义参数值。在“定义矩形阵列”对话框的第一方向选项卡的实例：文本框中输入数值2，在间距：文本框中输入数值 40，单击反转按钮；在第二方向选项卡的实例：文本框中输入数值2，在间距：文本框中输入数值20，单击反转按钮。

（5）单击“定义矩形阵列”对话框中的确定按钮，完成矩形阵列1的创建。

Step17. 创建图10.33b所示的倒圆角1。

（1）选择命令。选择下拉菜单插入 → 修饰特征 → 倒圆角...命令，系统弹出“倒圆角定义”对话框。

（2）定义要倒圆角的对象。在“倒圆角定义”对话框的传播：下拉列表中选择相切选项，选取图 10.33a 所示的边线为要倒圆角的对象。

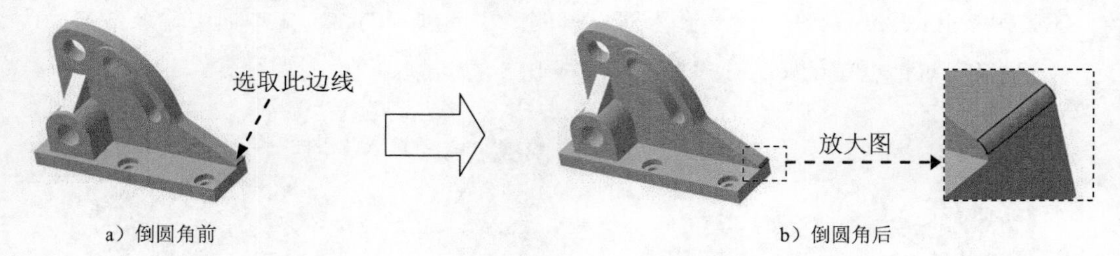

图 10.33　倒圆角 1

（3）定义倒圆角半径。在“倒圆角定义”对话框的半径：文本框中输入数值 2。

（4）单击“倒圆角定义”对话框中的确定按钮，完成倒圆角 1 的创建。

Step18. 创建图 10.34b 所示的倒圆角 2。倒圆角的对象为图 10.34a 所示的边线，倒圆角半径值为 2。

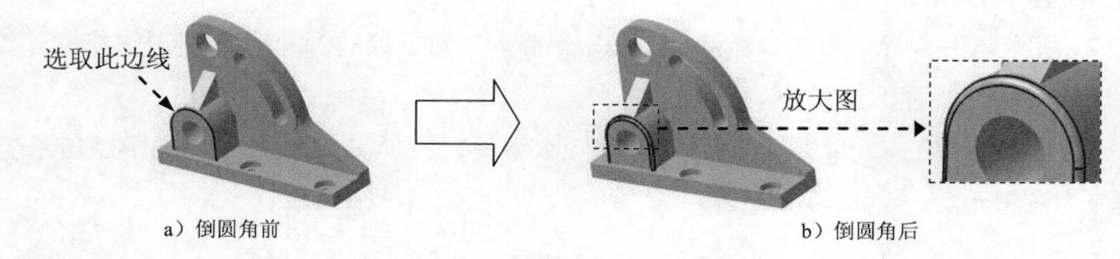

图 10.34　倒圆角 2

Step19. 创建图 10.35b 所示的倒圆角 3。倒圆角的对象为图 10.35a 所示的边线，倒圆角半径值为 2。

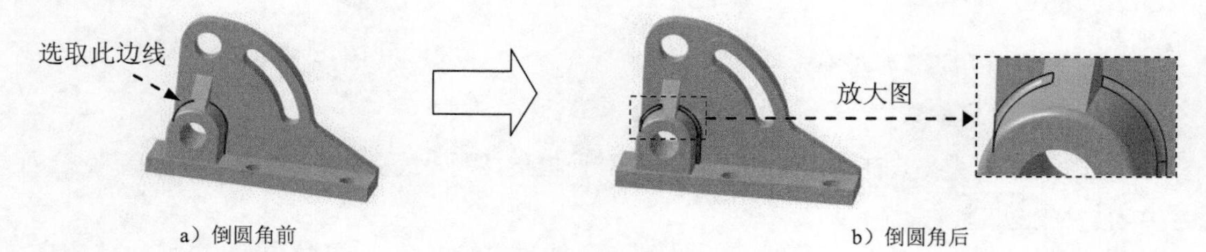

图 10.35　倒圆角 3

Step20. 创建图 10.36b 所示的倒圆角 4。倒圆角的对象为图 10.36a 所示的边线，倒圆角半径值为 2。

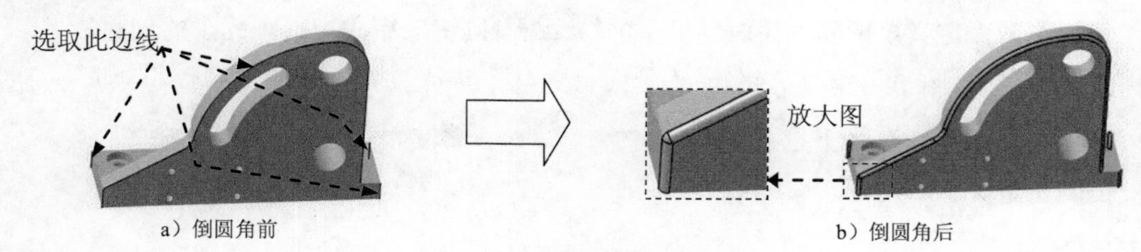

图 10.36　倒圆角 4

Step21. 创建图 10.37b 所示的倒圆角 5。倒圆角的对象为图 10.37a 所示的边线，倒圆角半径值为 1.5。

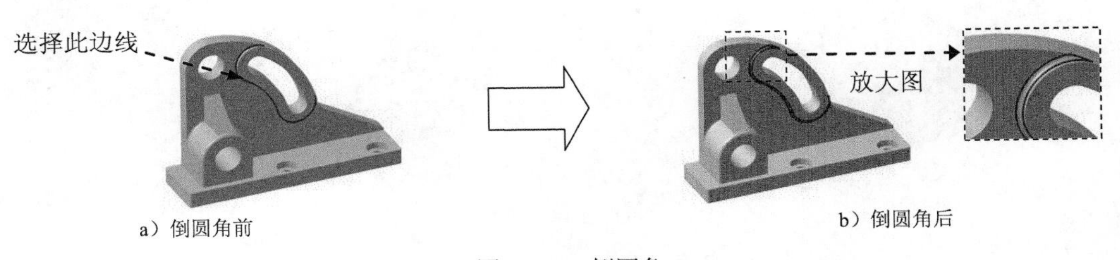

图 10.37 倒圆角 5

Step22. 创建图 10.38b 所示的倒圆角 6。倒圆角的对象为图 10.38a 所示的边线，倒圆角半径值为 2。

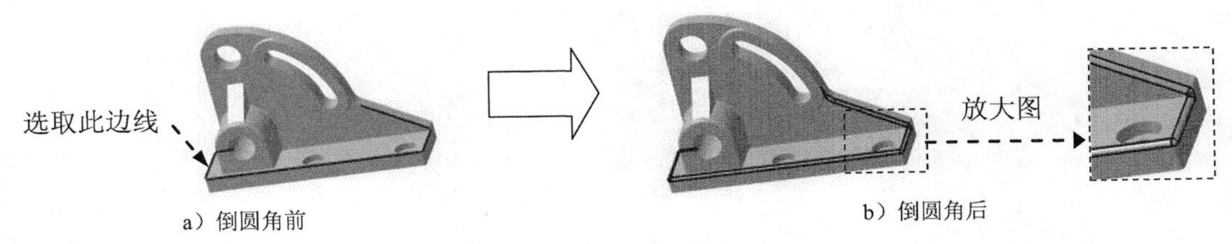

图 10.38 倒圆角 6

Step23. 创建图 10.39b 所示的倒圆角 7。倒圆角的对象为图 10.39a 所示的边线，倒圆角半径值为 2。

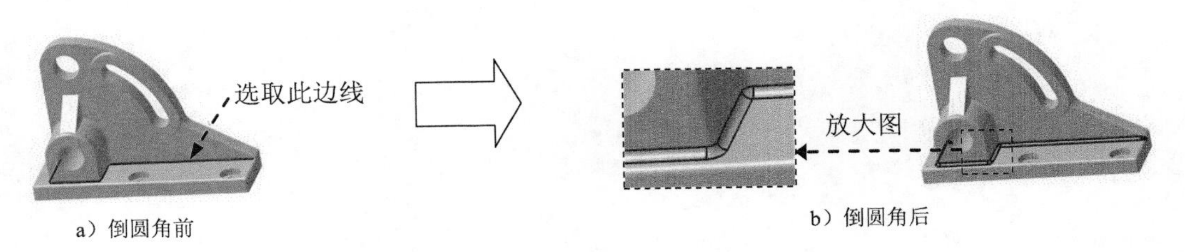

图 10.39 倒圆角 7

Step24. 创建图 10.40b 所示的倒圆角 8。倒圆角的对象为图 10.40a 所示的边线，倒圆角半径值为 1。

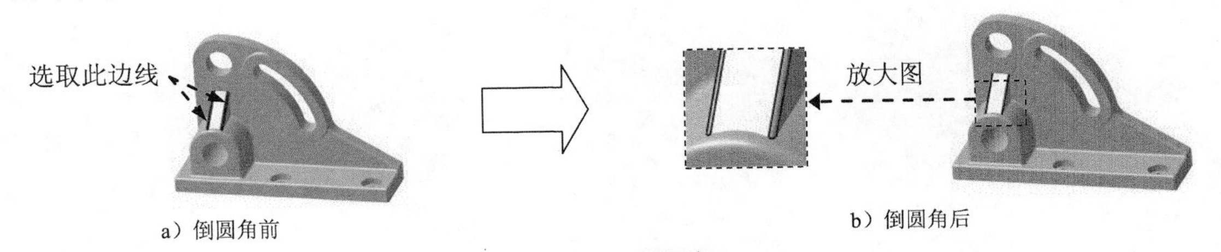

图 10.40 倒圆角 8

Step25. 创建图 10.41b 所示的倒圆角 9。倒圆角的对象为图 10.41a 所示的边线，倒圆角半径值为 1.5。

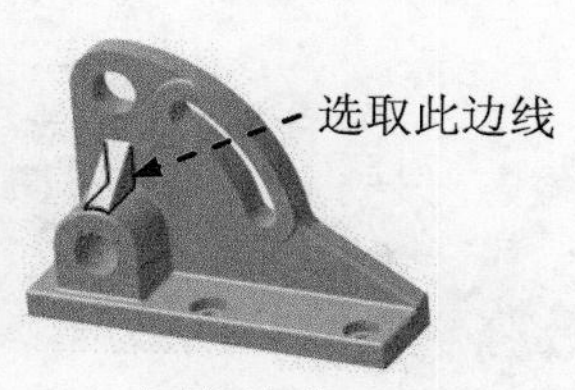

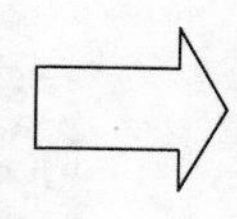

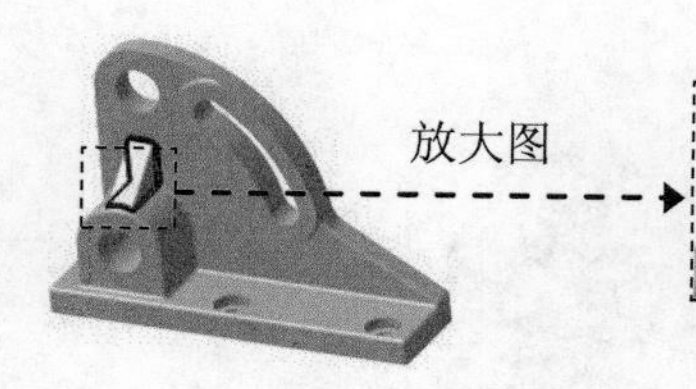

a）倒圆角前

b）倒圆角后

图 10.41　倒圆角 9

Step26. 保存零件模型。

实例 11 齿轮泵体

实例概述：

本实例介绍了齿轮泵体的设计过程，其设计过程较为复杂，特征较多，但都用到了凸台、凹槽、孔以及倒圆角等特征命令。需要注意在选取草图平面、定义凹槽的切削方向、安排倒圆角顺序等过程中用到的技巧及注意事项。齿轮泵体模型及相应的特征树如图 11.1 所示。

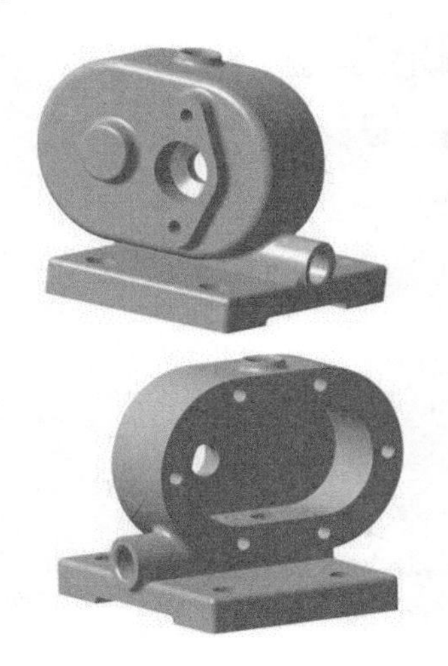

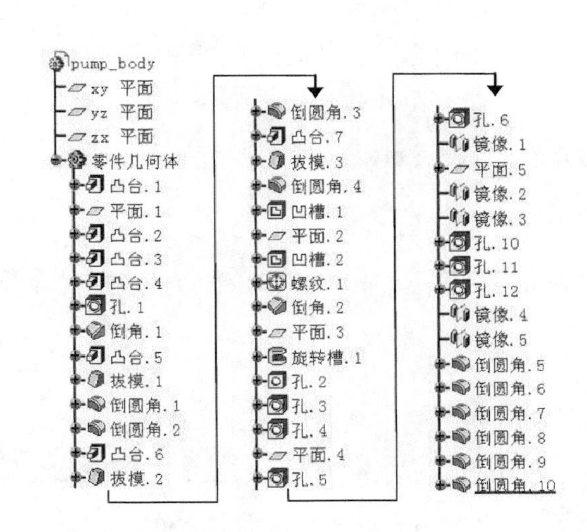

图 11.1 齿轮泵体模型和特征树

Step1. 新建模型文件。选择下拉菜单 文件 → 新建... 命令，系统弹出“新建”对话框，在类型列表中选择 Part 选项，单击 确定 按钮。在系统弹出的“新建零件”对话框中输入零件名称 pump_body，并选中 启用混合设计 复选框，单击 确定 按钮，进入零件设计工作台。

Step2. 创建图 11.2 所示的零件基础特征——凸台 1。

（1）选择命令。选择下拉菜单 插入 → 基于草图的特征 → 凸台... 命令（或单击按钮），系统弹出“定义凸台”对话框。

（2）创建截面草图。

① 定义草图平面。在“定义凸台”对话框中单击按钮，选取“yz 平面”为草图平面。

② 绘制截面草图。在草绘工作台中绘制图 11.3 所示的截面草图（草图 1）。

③ 单击“工作台”工具栏中的按钮，退出草绘工作台。

（3）定义拉伸深度属性。在第一限制区域的类型：下拉列表中选择尺寸选项，在长度：文本框中输入数值 105。

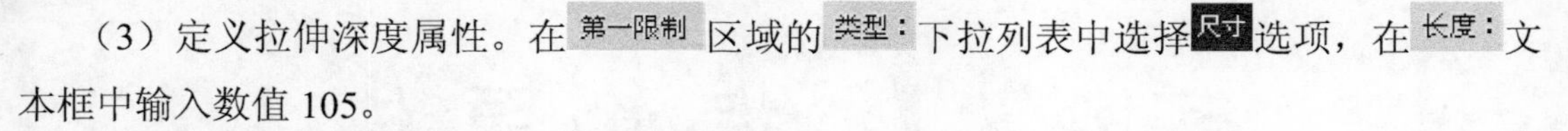

（4）完成特征的创建。单击 确定 按钮，完成凸台 1 的创建。

图 11.2　凸台 1

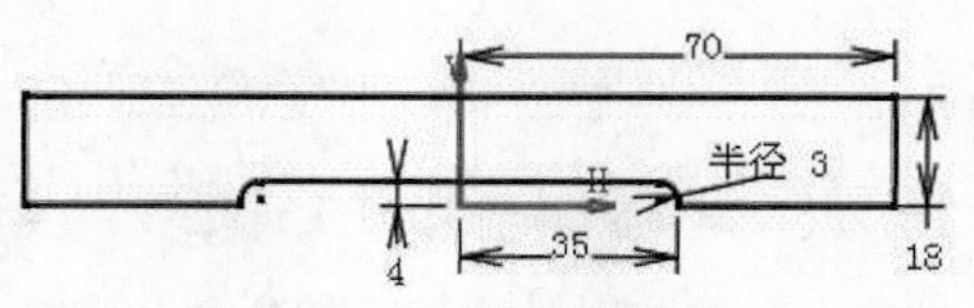

图 11.3　截面草图（草图 1）

Step3. 创建图 11.4 所示的平面 1。

（1）单击“参考元素”工具栏的“平面”按钮，系统弹出“平面定义”对话框。

（2）在“平面定义”对话框的平面类型下拉列表中选择偏移平面选项，选取图 11.4 所示的平面为参考平面，在偏移：文本框中输入数值 55，单击反转方向按钮。

（3）单击 确定 按钮，完成平面 1 的创建。

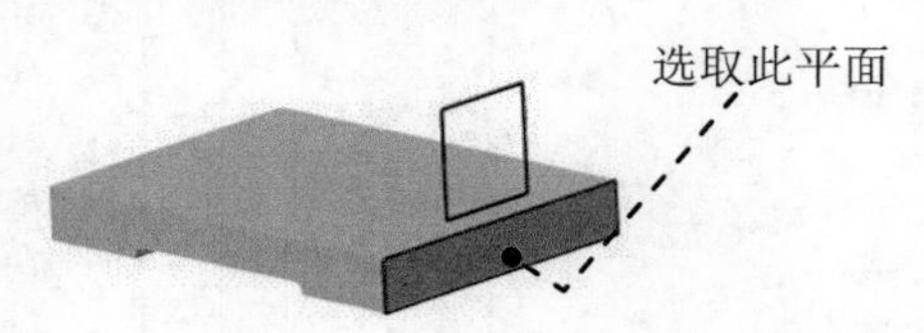

图 11.4　平面 1

Step4. 创建图 11.5 所示的零件基础特征——凸台 2。

（1）选择命令。选择下拉菜单插入 → 基于草图的特征 → 凸台... 命令（或单击按钮），系统弹出“定义凸台”对话框。

（2）创建截面草图。在“定义凸台”对话框中单击按钮，选取平面 1 为草图平面；在草绘工作台中绘制图 11.6 所示的截面草图（草图 2）；单击“工作台”工具栏中的按钮，退出草绘工作台。

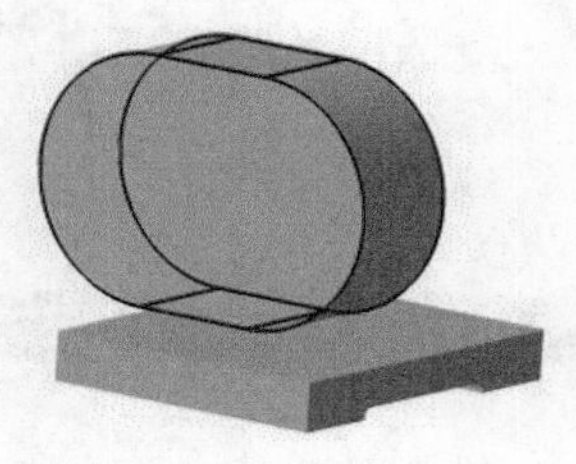

图 11.5　凸台 2

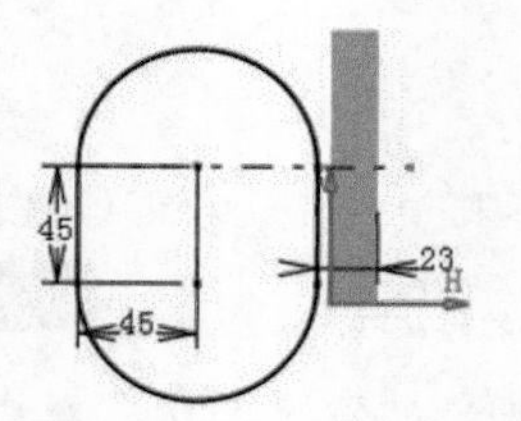

图 11.6　截面草图（草图 2）

（3）定义拉伸深度属性。在第一限制区域的类型：下拉列表中选择尺寸选项，在长度：文本框中输入数值 48。

（4）单击 确定 按钮，完成凸台 2 的创建。

Step5. 创建图 11.7 所示的零件基础特征——凸台 3。

（1）选择命令。选择下拉菜单 插入 → 基于草图的特征 → 凸台... 命令（或单击按钮），系统弹出“定义凸台”对话框。

（2）创建截面草图。在“定义凸台”对话框中单击按钮，选取“yz 平面”为草图平面；在草绘工作台中绘制图 11.8 所示的截面草图（草图 3）；单击“工作台”工具栏中的按钮，退出草绘工作台。

（3）定义拉伸深度属性。在 第一限制 区域的 类型： 下拉列表中选择 直到平面 选项。选取图 11.7 所示的平面为限制平面。

（4）单击 确定 按钮，完成凸台 3 的创建。

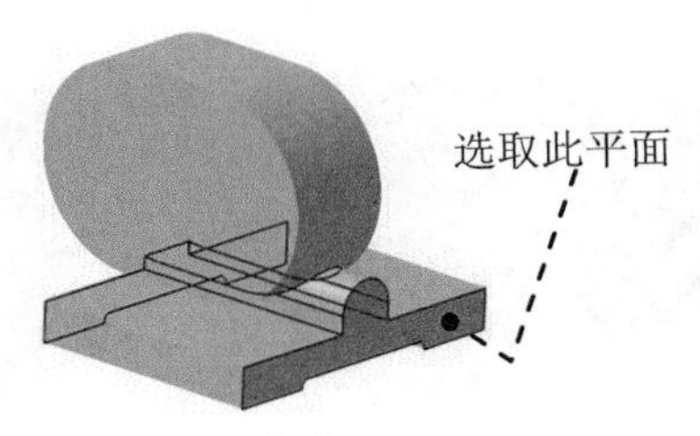

图 11.7 凸台 3

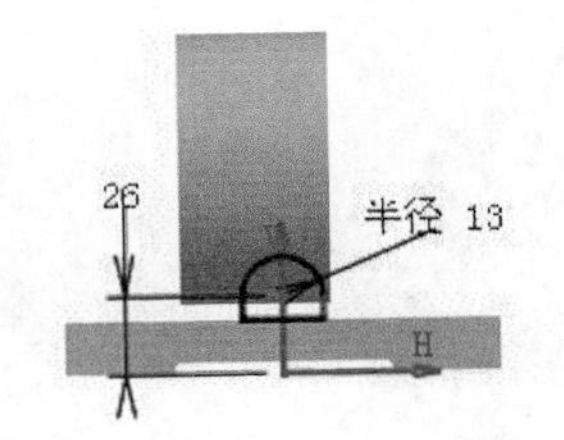

图 11.8 截面草图（草图 3）

Step6. 创建图 11.9 所示的零件基础特征——凸台 4。

（1）选择下拉菜单 插入 → 基于草图的特征 → 凸台... 命令（或单击按钮），系统弹出“定义凸台”对话框。

（2）单击按钮，选取图 11.7 所示的平面为草图平面；在草绘工作台中绘制图 11.10 所示的截面草图（草图 4）；单击“工作台”工具栏中的按钮，退出草绘工作台。

（3）定义拉伸深度属性。在 第一限制 区域的 类型： 下拉列表中选择 尺寸 选项；在 长度： 文本框中输入数值 5；单击 确定 按钮，完成凸台 4 的创建。

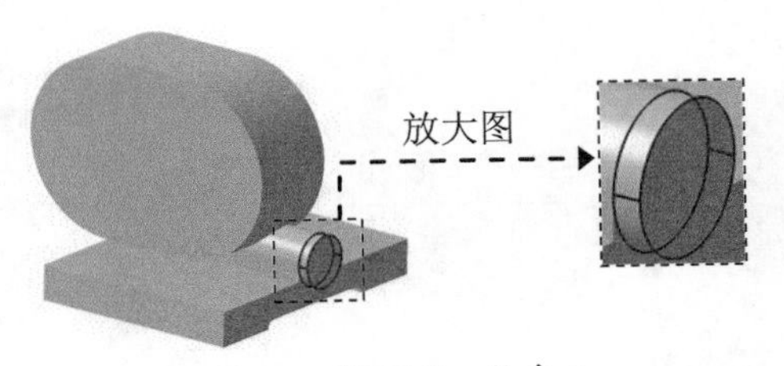

图 11.9 凸台 4

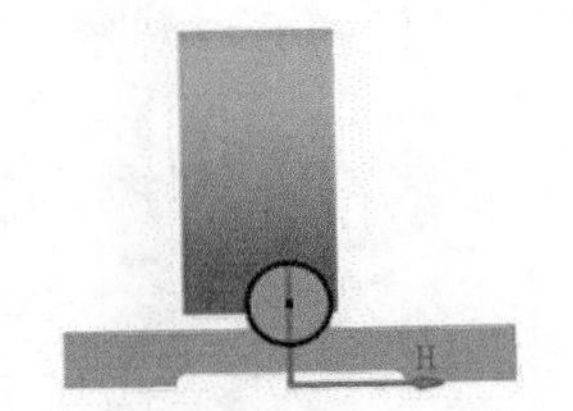

图 11.10 截面草图（草图 4）

Step7. 创建图 11.11 所示的零件特征——孔 1。

（1）选择命令。选择下拉菜单 插入 → 基于草图的特征 → 孔... 命令（或单击按钮）。

（2）定义孔的放置面。选取图 11.11 所示的模型表面为孔的放置面，系统弹出“定义孔”对话框。

（3）单击“定义孔”对话框的 扩展 选项卡中的按钮，系统进入草绘工作台。在草绘

工作台中，约束孔的中心与边线同心，如图 11.12 所示。单击“工作台”工具栏中的按钮，退出草绘工作台。

（4）定义孔的扩展参数。在“定义孔”对话框的扩展选项卡的下拉列表中选择盲孔选项，在“深度”文本框中输入数值 20。

（5）定义孔的螺纹。单击该对话框中的定义螺纹选项卡，选中螺纹孔复选框，激活定义螺纹区域；在定义螺纹区域的类型：下拉列表中选择公制细牙螺纹选项；在螺纹描述：下拉列表中选择M18x1.5选项；在螺纹深度：和孔深度：文本框中分别输入数值 10 和 20。

（6）单击确定按钮，完成孔 1 的创建。

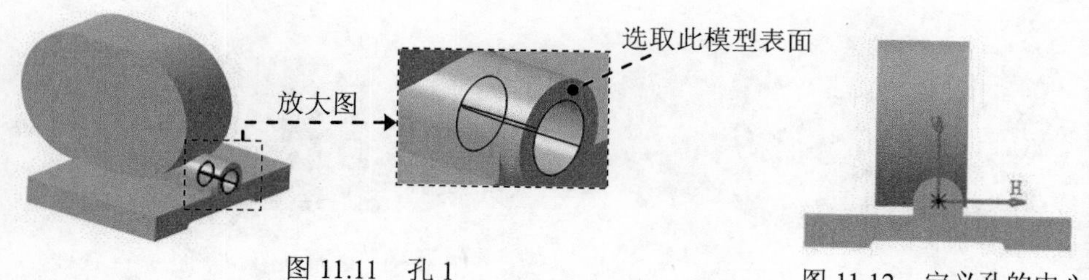

图 11.11 孔 1

图 11.12 定义孔的中心

Step8. 创建图 11.13b 所示的倒角 1。

（1）选择下拉菜单插入 → 修饰特征 → 倒角... 命令（或单击“修饰特征”工具栏中的按钮），系统弹出“定义倒角”对话框。

（2）在“定义倒角”对话框的拓展：下拉列表中选择相切选项，选取图 11.13a 所示的边线 1 为要倒角的对象。

（3）定义倒角参数。在对话框的模式：下拉菜单中选择长度 1/长度 2选项，在长度 1：和长度 2：文本框中均输入数值 1。

（4）单击对话框中的确定按钮，完成倒角 1 的创建。

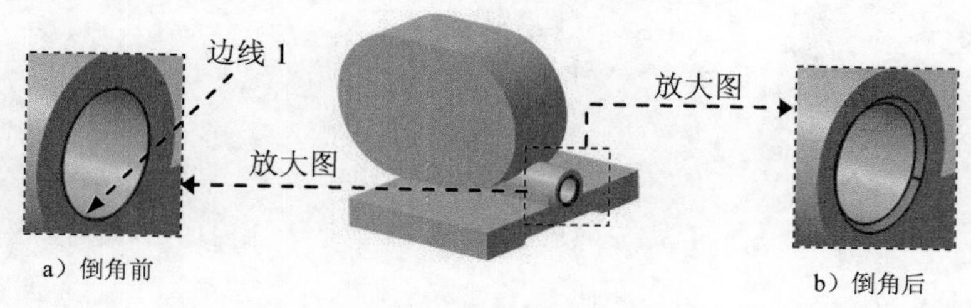

a）倒角前　　b）倒角后

图 11.13 倒角 1

Step9. 创建图 11.14 所示的凸台 5。

（1）选择下拉菜单插入 → 基于草图的特征 → 凸台... 命令（或单击按钮），系统弹出“定义凸台”对话框。

（2）在“定义凸台”对话框中单击按钮，选取图 11.14 所示的平面为草图平面；在草绘工作台中绘制图 11.15 所示的截面草图（草图 5）；单击按钮，退出草绘工作台。

说明： 所绘制的圆与外轮廓圆同心，为了将图形表达得更清楚，所有约束符号均被隐藏。

（3）在 第一限制 区域的 类型： 下拉列表中选择 尺寸 选项；在 长度： 文本框中输入数值 9；单击 确定 按钮，完成凸台 5 的创建。

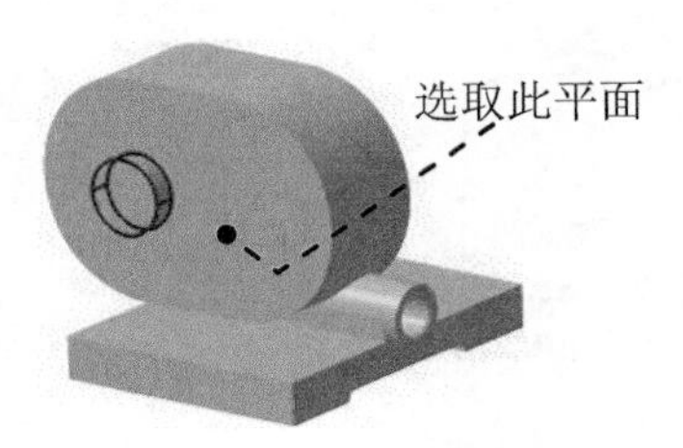

图 11.14 凸台 5

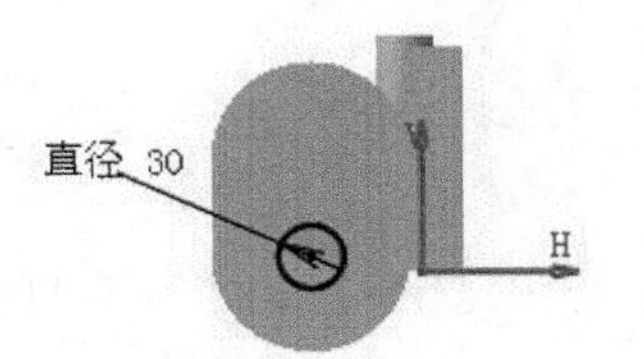

图 11.15 截面草图（草图 5）

Step10. 创建图 11.16 所示的拔模 1。

（1）选择命令。选择下拉菜单 插入 → 修饰特征 → 拔模... 命令（或单击按钮），系统弹出“定义拔模”对话框。

（2）定义要拔模的面。选取图 11.16 所示的曲面 1 为要拔模的面。

（3）定义中性元素。单击以激活“定义拔模”对话框的 中性元素 区域中的 选择： 文本框，选取图 11.16 所示的平面 2 作为中性元素。

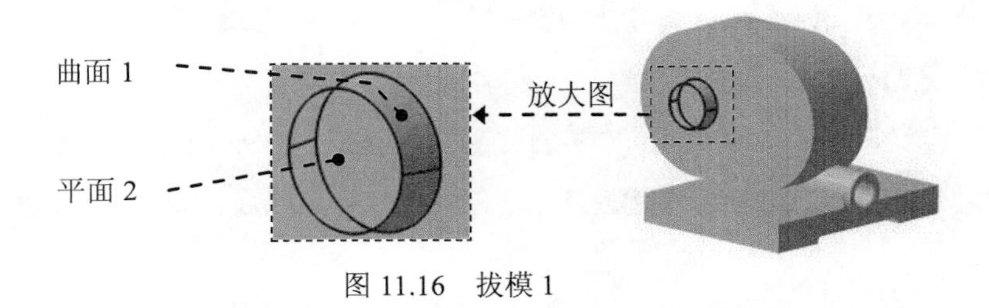

图 11.16 拔模 1

（4）定义拔模属性。

① 定义拔模方向。采用系统默认的方向。

说明： 在系统弹出“定义拔模”对话框的同时，模型表面将出现一个指示箭头，箭头所指的是拔模方向（即所选拔模方向面的法向）。

② 输入角度值。在该对话框的 角度： 文本框中输入数值 8。

（5）单击 确定 按钮，完成拔模 1 的创建。

Step11. 创建图 11.17b 所示的倒圆角 1。

（1）选择命令。选择下拉菜单 插入 → 修饰特征 → 倒圆角... 命令，系统弹出“倒圆角定义”对话框。

（2）在 传播： 下拉列表中选择 相切 选项，选取图 11.17a 所示的边线为倒圆角对象；在对话框的半径：文本框中输入数值 2。

（3）单击 确定 按钮，完成倒圆角 1 的创建。

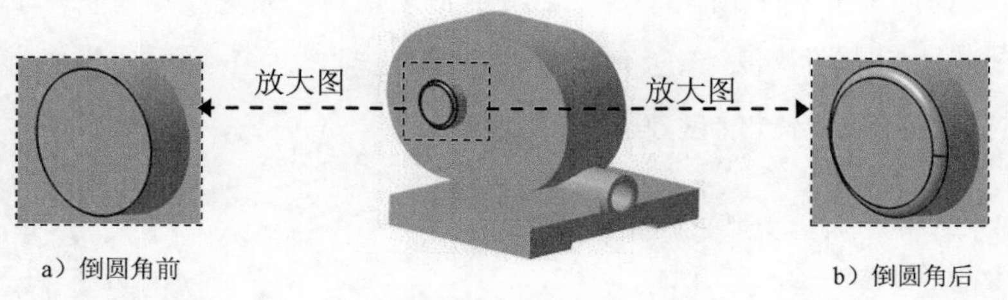

图 11.17　倒圆角 1

Step12. 创建图 11.18b 所示的倒圆角 2，操作步骤参见 Step11。选取图 11.18a 所示的边线为倒圆角对象，倒圆角半径值为 3。

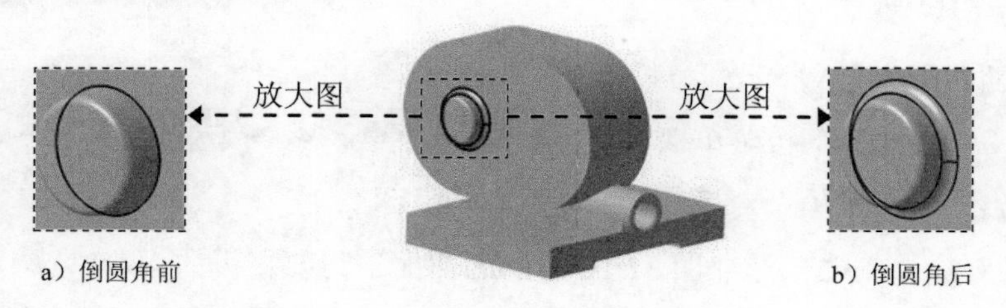

图 11.18　倒圆角 2

Step13. 创建图 11.19b 所示的凸台 6。

（1）选择下拉菜单 插入 → 基于草图的特征 → 凸台... 命令（或单击按钮），系统弹出“定义凸台”对话框。

（2）在“定义凸台”对话框中单击按钮，选取图 11.19a 所示的平面为草图平面；在草图平面上绘制出图 11.20 所示的截面草图（草图 6）；完成后，单击按钮，退出草绘工作台。

（3）在第一限制区域的类型：下拉列表中选择尺寸选项，在长度：文本框中输入数值 9；单击 确定 按钮，完成凸台 6 的创建。

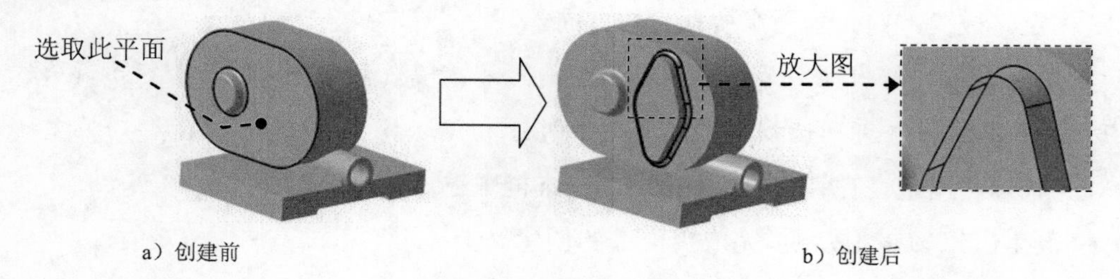

图 11.19　凸台 6

Step14. 创建图 11.21 所示的拔模 2。

（1）选择命令。选择下拉菜单 插入 → 修饰特征 → 拔模... 命令（或单击按钮），系统弹出“定义拔模”对话框。

（2）选取图 11.21 所示的曲面 1 作为要拔模的面，选取平面 2 作为中性元素；采用系统默认的拔模方向；在该对话框的 角度： 文本框中输入数值 8。

（3）单击 确定 按钮，完成拔模 2 的创建。

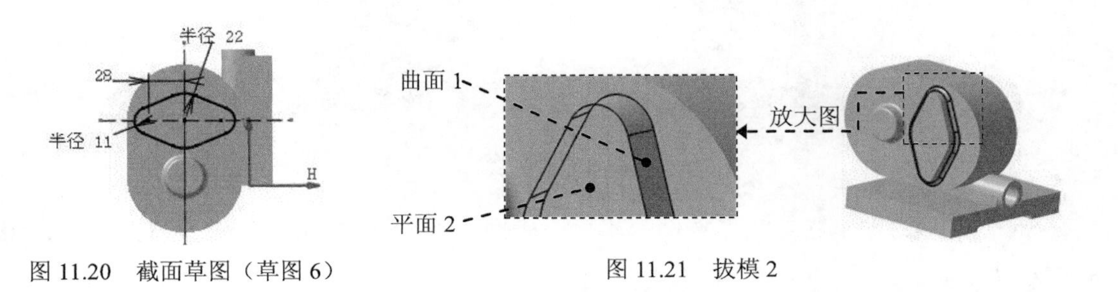

图 11.20 截面草图（草图 6）

图 11.21 拔模 2

Step15. 创建图 11.22b 所示的倒圆角 3，选取图 11.22a 所示的边线为倒圆角对象，倒圆角半径值为 3。

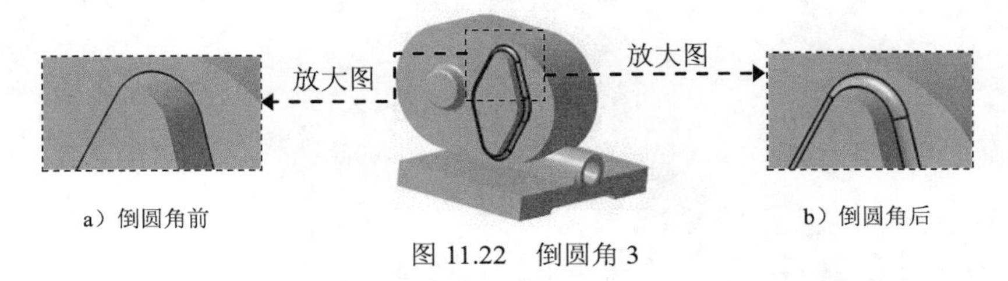

a）倒圆角前

b）倒圆角后

图 11.22 倒圆角 3

Step16. 创建图 11.23 所示的凸台 7。

（1）选择下拉菜单 插入 → 基于草图的特征 → 凸台... 命令（或单击 按钮），系统弹出“定义凸台”对话框。

（2）在“定义凸台”对话框中单击 按钮，选取图 11.23 所示的平面为草图平面；在草图平面上绘制出图 11.24 所示的截面草图（草图 7）；完成后，单击 按钮，退出草绘工作台。

（3）在 第一限制 区域的 类型： 下拉列表中选择 尺寸 选项，将长度值设定为 9。

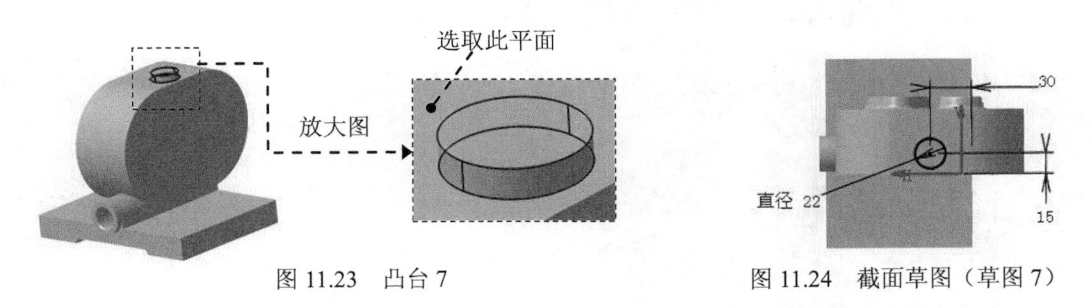

图 11.23 凸台 7

图 11.24 截面草图（草图 7）

Step17. 创建图 11.25 所示的拔模 3。选取图 11.25 所示的曲面 1 作为要拔模的面；选取平面 2 作为中性元素；在 拔模方向 区域的 选择： 文本框中右击，在系统弹出的快捷菜单中选择 Z 轴 为拔模方向；将拔模角度值设定为 8。

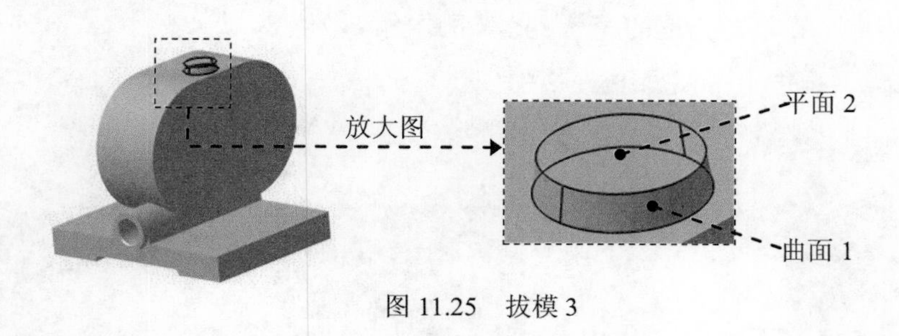

图 11.25　拔模 3

Step18. 创建图 11.26b 所示倒圆角 4。选取图 11.26a 所示的边线为倒圆角对象，倒圆角半径值为 2.5。

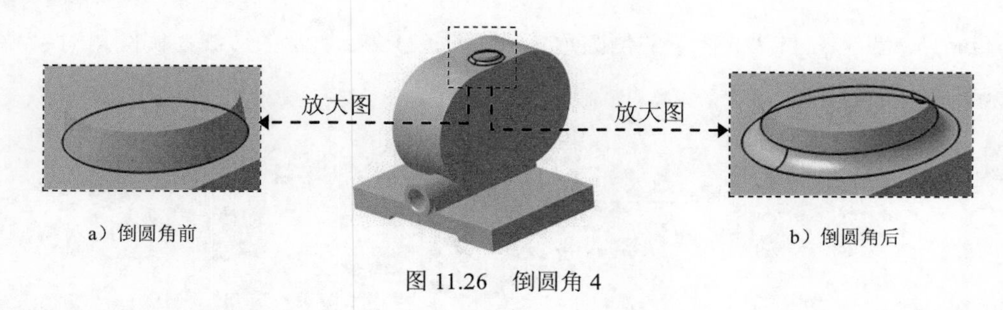

a）倒圆角前　　b）倒圆角后

图 11.26　倒圆角 4

Step19. 创建图 11.27b 所示的零件特征——凹槽 1。

（1）选择下拉菜单 插入 → 基于草图的特征 → 凹槽... 命令（或单击 按钮），系统弹出“定义凹槽”对话框。

（2）在“定义凹槽”对话框中单击 按钮，选取图 11.27a 所示的模型表面作为草图平面。在草绘工作台中绘制图 11.28 所示的截面草图（草图 8）。单击“工作台”工具栏中的 按钮，退出草绘工作台。

（3）采用系统默认的深度方向；在“定义凹槽”对话框的 类型： 下拉列表中选择 尺寸 选项，在 深度： 文本框中输入数值 33。

（4）单击 确定 按钮，完成凹槽 1 的创建。

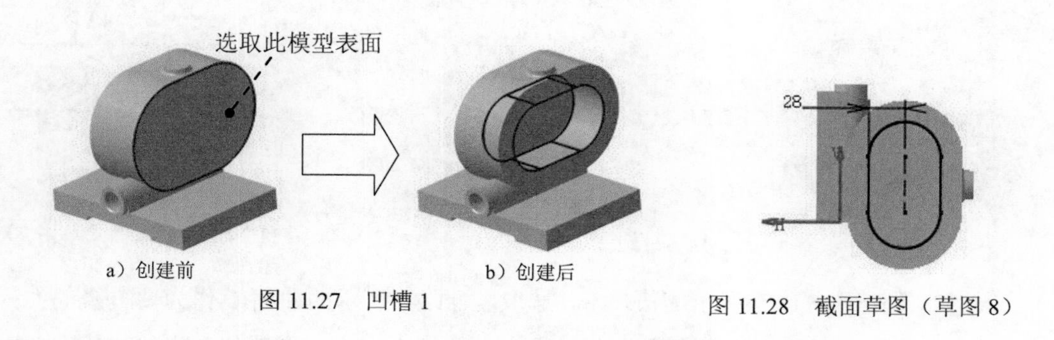

a）创建前　　b）创建后

图 11.27　凹槽 1

图 11.28　截面草图（草图 8）

Step20. 创建图 11.29 所示的平面 2。该平面以图 11.29 所示的平面为参考平面，反向偏移，偏移距离值为 26。

Step21. 创建图 11.30 所示的凹槽 2。

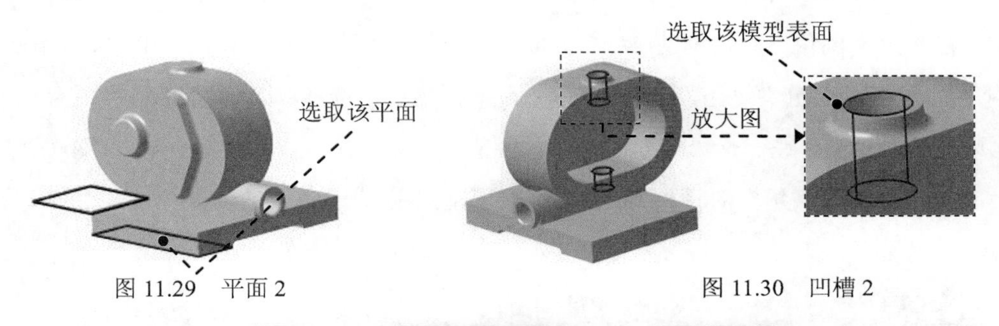

图 11.29 平面 2　　图 11.30 凹槽 2

（1）选择下拉菜单 插入 → 基于草图的特征 ▸ → 凹槽... 命令（或单击按钮），系统弹出“定义凹槽”对话框。

（2）选取图 11.30 所示的模型表面为草图平面，绘制图 11.31 所示的截面草图（草图 9），采用系统默认的深度方向；在“定义凹槽”对话框的 类型： 下拉列表中选择 直到平面 选项；选取平面 2 为第一限制面。

（3）单击 确定 按钮，完成凹槽 2 的创建。

Step22. 创建图 11.32 所示的螺纹 1。

（1）选择下拉菜单 插入 → 修饰特征 ▸ → 内螺纹/外螺纹... 命令，系统弹出“定义外螺纹/内螺纹”对话框。

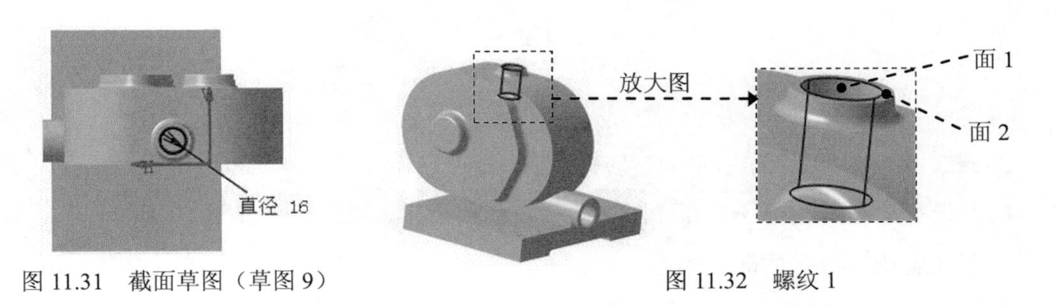

图 11.31 截面草图（草图 9）　　图 11.32 螺纹 1

（2）定义侧面和限制面。选取图 11.32 所示的面 1 为侧面，选取图 11.32 所示的面 2 为限制面。

（3）定义螺纹参数。在 几何图形定义 区域中选中 内螺纹 单选项；在 底部类型 区域的 类型： 下拉列表中选择 尺寸 选项；在 数值定义 区域的 类型： 下拉列表中选择 非标准螺纹 选项，在 外螺纹直径： 文本框中输入数值 17.6，在 外螺纹深度： 文本框中输入数值 23，在 螺距： 文本框中输入数值 1。

注意： 螺纹侧面必须是圆柱面，而限制面必须是平面。

（4）单击 确定 按钮，完成螺纹 1 的创建。

Step23. 创建图 11.33b 所示的倒角 2。

（1）选择下拉菜单 插入 → 修饰特征 → 倒角... 命令（或单击“修饰特征”工具栏中的按钮），系统弹出“定义倒角”对话框。

（2）在“定义倒角”对话框的 拓展： 下拉列表中选择 相切 选项，选取图 11.33a 所示的边线为倒角的对象。在“定义倒角”对话框的 模式： 下拉菜单中选择 长度 1/长度 2 选项，在 长度 1： 文本框中输入数值 1，在 长度 2： 文本框中输入数值 1。

（3）单击“定义倒角”对话框中的 确定 按钮，完成倒角 2 的创建。

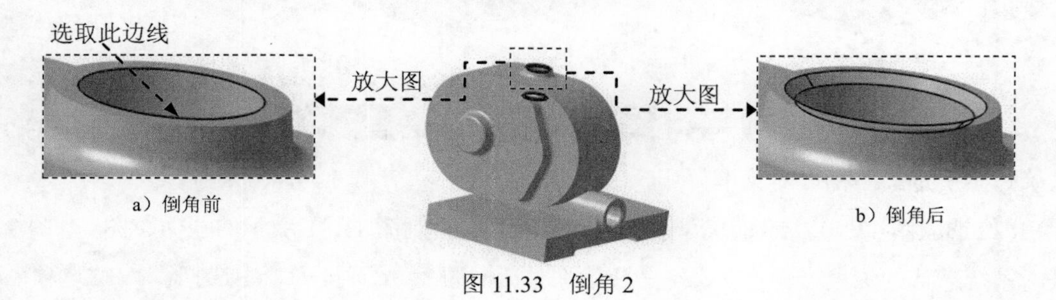

图 11.33　倒角 2

Step24. 创建图 11.34 所示的平面 3。该平面以图 11.34 所示的“yz 平面”为参考平面，偏移距离值为 52.5。

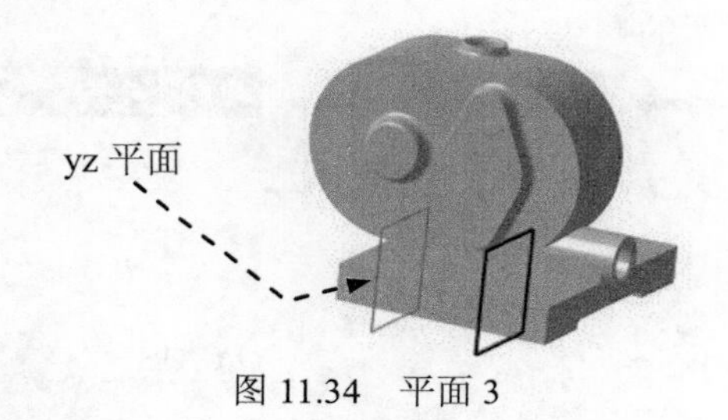

图 11.34　平面 3

Step25. 创建图 11.35b 所示的旋转槽 1。

（1）选择命令。选择下拉菜单 插入 → 基于草图的特征 → 旋转槽... 命令，系统弹出“定义旋转槽”对话框。

（2）创建图 11.36 所示的截面草图。

① 定义草图平面。在“定义旋转槽”对话框中单击按钮，选取平面 3 作为草图平面。

② 绘制截面草图。在草绘工作台中绘制图 11.36 所示的截面草图（草图 10）。

③ 单击“工作台”工具栏中的按钮，退出草绘工作台。

注意：绘制该草图时，要先绘制一条中心线，它将作为旋转凹槽特征的轴线。

（3）定义旋转角度。在“定义旋转槽”对话框的 第一角度： 文本框中输入数值 360。

（4）单击 确定 按钮，完成旋转槽 1 的创建。

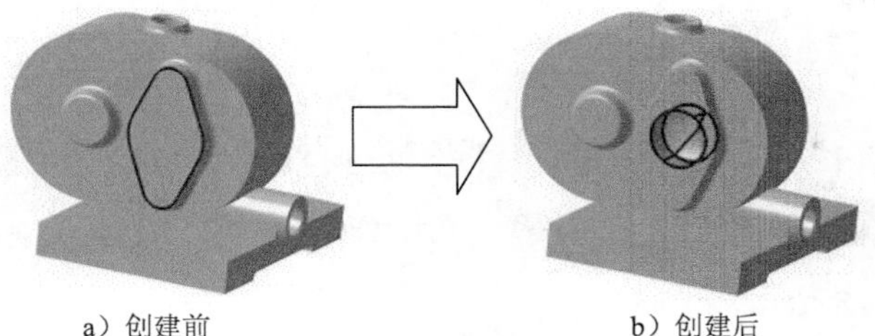

a）创建前　　b）创建后

图 11.35　旋转槽 1

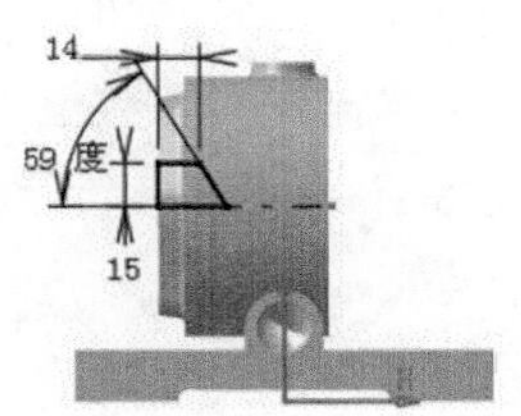

图 11.36　截面草图（草图 10）

Step26. 创建图 11.37b 所示的零件特征——孔 2。

（1）选择下拉菜单 插入 → 基于草图的特征 → 孔... 命令（或单击按钮）。

（2）选取图 11.37a 所示的模型表面为孔的放置面，系统弹出“定义孔”对话框。单击按钮，在草绘工作台中约束孔的中心线与边线同心，如图 11.38 所示。单击按钮，退出草绘工作台。

（3）在 扩展 选项卡的下拉列表中选择 直到下一个 选项，在 定义螺纹 选项卡中取消选中 □螺纹孔 复选框；在 直径： 文本框中输入数值 16。

（4）单击 确定 按钮，完成孔 2 的创建。

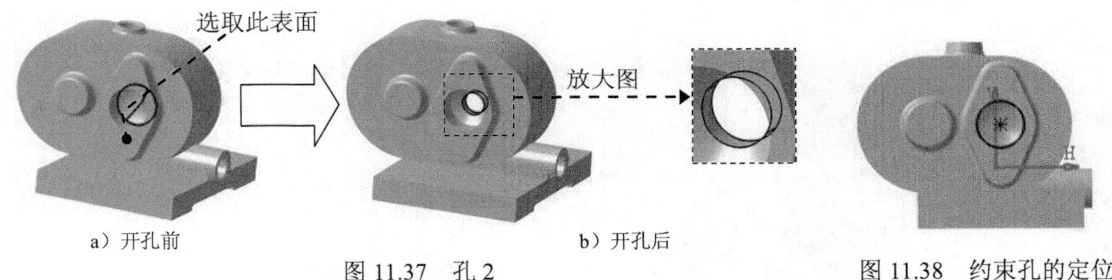

a）开孔前　　b）开孔后

图 11.37　孔 2　　图 11.38　约束孔的定位

Step27. 创建图 11.39b 所示的孔 3。

（1）选择命令。选择下拉菜单 插入 → 基于草图的特征 → 孔... 命令（或单击按钮）。

（2）选取图 11.39a 所示的模型表面为孔的放置面，系统弹出“定义孔”对话框。

（3）单击 扩展 选项卡中的按钮，系统进入草绘工作台。在草绘工作台中，约束孔的中心线与边线同心，如图 11.40 所示。单击“工作台”工具栏中的按钮，退出草绘工作台。

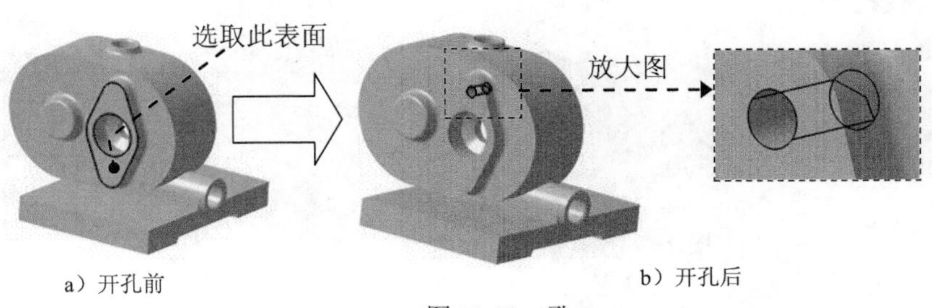

a）开孔前　　b）开孔后

图 11.39　孔 3

（4）在扩展选项卡的下拉列表中选择盲孔选项。在“定义孔”对话框的扩展选项卡的“深度”文本框中输入数值 15。

（5）单击对话框中的定义螺纹选项卡，选中螺纹孔复选框，激活定义螺纹区域；在定义螺纹区域的类型：下拉列表中选择公制细牙螺纹选项；在螺纹描述：下拉列表中选择M8x1选项；在螺纹深度：和孔深度：文本框中分别输入数值 10 和 15。

（6）单击确定按钮，完成孔 3 的创建。

Step28. 创建图 11.41 所示的孔 4。选取图 11.39 所示的平面为孔的放置面，在草绘工作台中约束孔的中心线与边线同心，如图 11.42 所示。孔 4 的其他参数设置与孔 3 的设置相同。

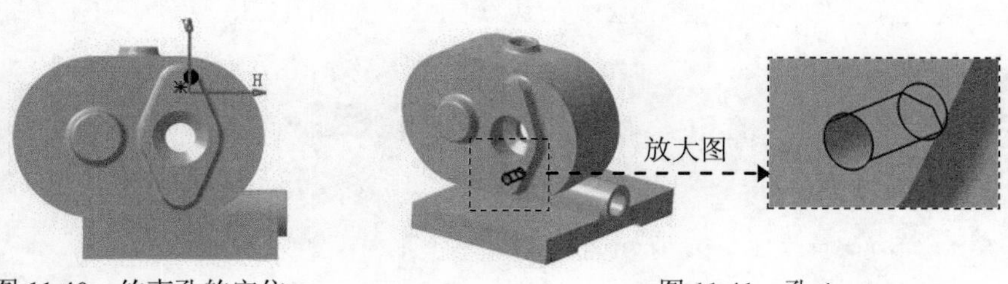

图 11.40　约束孔的定位　　图 11.41　孔 4

Step29. 创建图 11.43 所示的平面 4。选取图 11.43 所示的平面为参考平面，反向偏移，偏移距离值为 68。

图 11.42　约束孔的定位

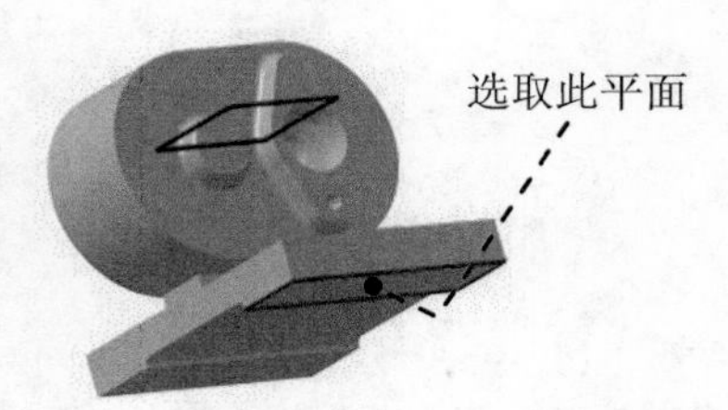

图 11.43　平面 4

Step30. 创建图 11.44b 所示的孔 5。选取图 11.44a 所示的平面为孔的放置面，在草绘工作台中定位孔的中心线，如图 11.45 所示（孔的中心线与平面 4 相合）。孔 5 的其他参数设置与孔 3 的设置相同。

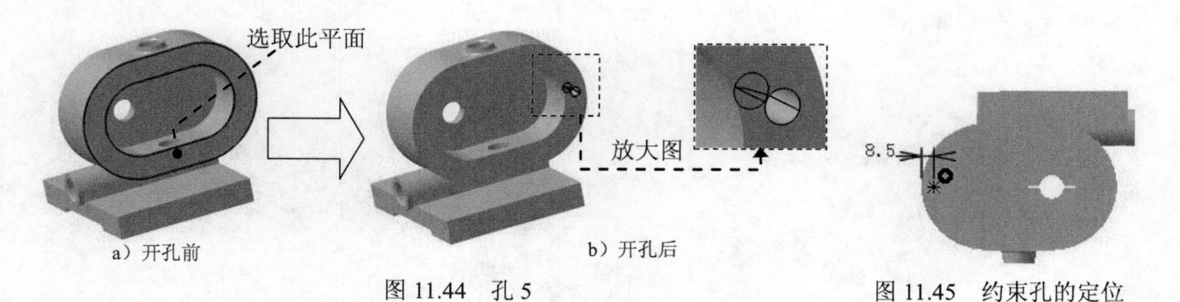

a）开孔前　　b）开孔后

图 11.44　孔 5　　图 11.45　约束孔的定位

Step31. 创建图 11.46 所示的孔 6。选取图 11.44 所示的平面为孔的放置面，在草绘工作台中定位孔的中心线，如图 11.47 所示。孔 6 的其他参数设置与孔 3 的设置相同。

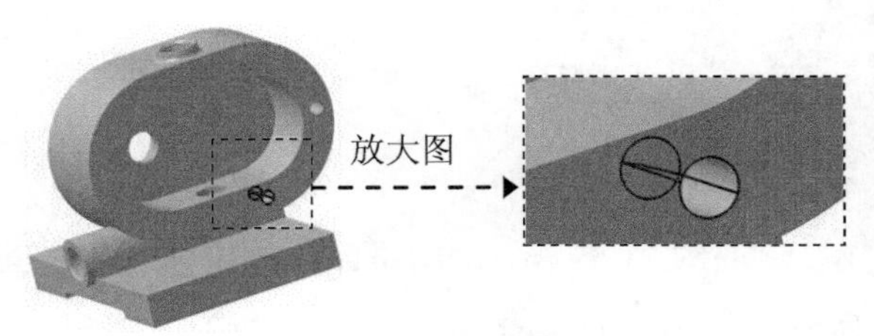

图 11.46　孔 6

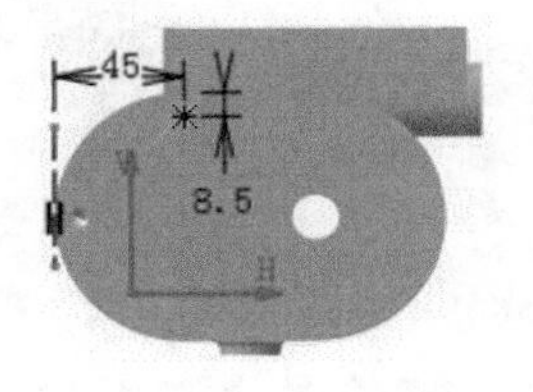

图 11.47　约束孔的定位

Step32. 创建图 11.48 所示的零件特征——镜像 1。

（1）选取镜像对象。在特征树上选取孔 6 作为镜像对象。

（2）选择命令。选择下拉菜单 插入 → 变换特征 → 镜像... 命令，系统弹出“定义镜像”对话框。

（3）定义镜像平面。选取平面 4 作为镜像平面。

（4）单击 确定 按钮，完成镜像 1 的创建。

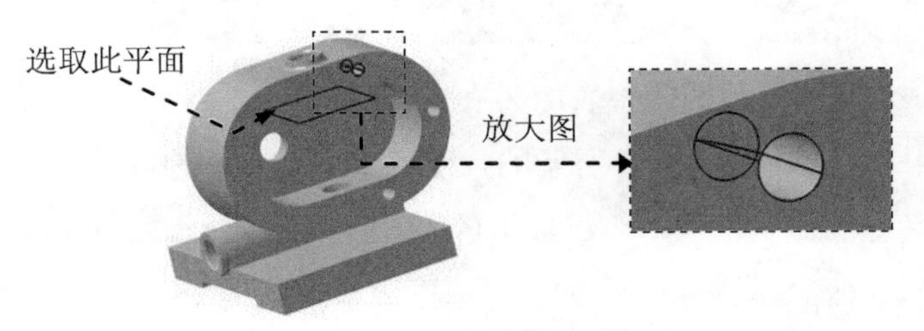

图 11.48　镜像 1（孔 7）

Step33. 创建图 11.49 所示的平面 5。选取图 11.49 所示的平面为参考平面，反向偏移，偏移距离值为 30。

Step34. 创建图 11.50 所示的零件特征——镜像 2。选取孔 5 作为镜像对象，选取平面 5 作为镜像平面。

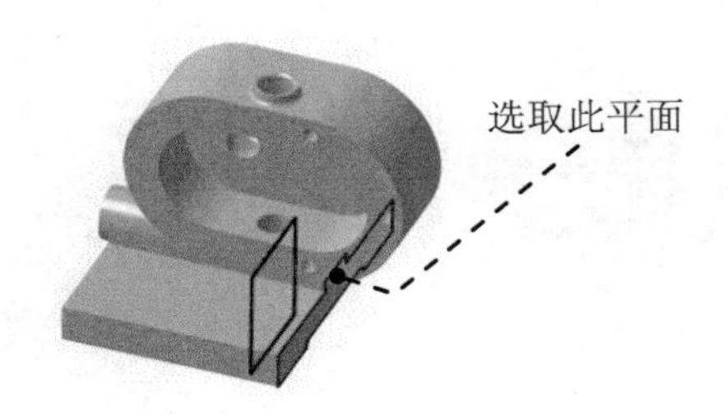

图 11.49　平面 5

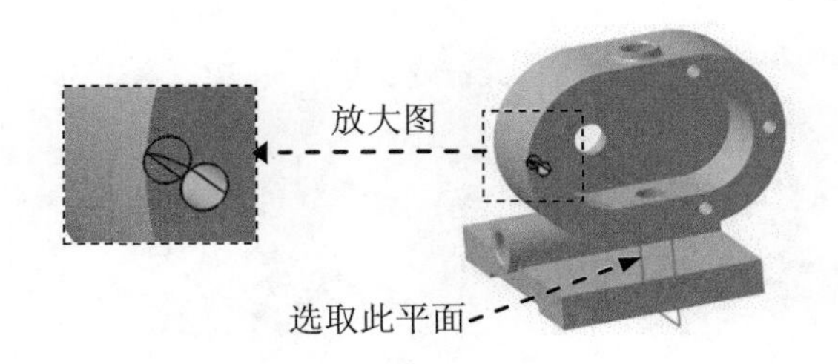

图 11.50　镜像 2（孔 8）

Step35. 创建图 11.51 所示的零件特征——镜像 3。选取孔 6 作为镜像对象，选取平面 5 作为镜像平面。

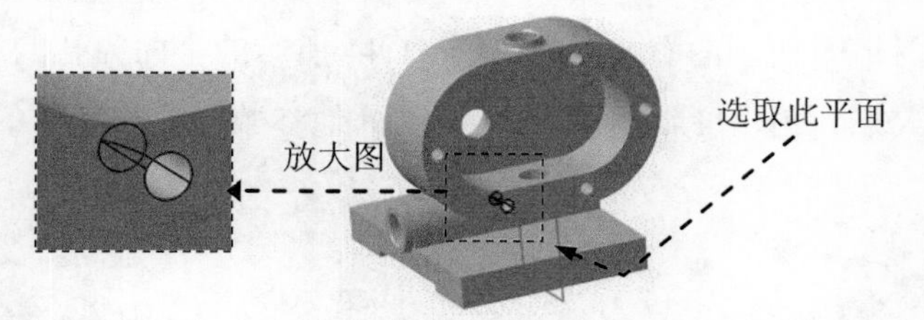

图 11.51　镜像 3（孔 9）

Step36. 创建图 11.52 所示的孔 10。选取图 11.52 所示的平面为孔的放置面，在草绘工作台中定位孔的中心线，如图 11.53 所示。孔 10 的其他参数设置与孔 3 的设置相同。

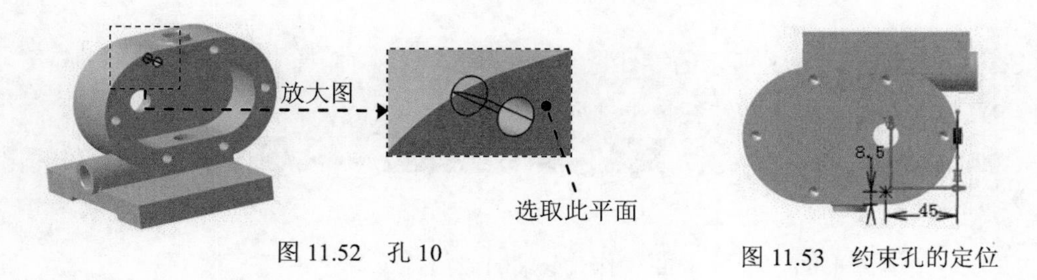

图 11.52　孔 10

图 11.53　约束孔的定位

Step37. 创建图 11.54b 所示的孔 11。

（1）　选择下拉菜单 插入 → 基于草图的特征 → 孔... 命令（或单击 按钮）。

（2）　选取图 11.54a 所示的模型表面为孔的放置面，系统弹出“定义孔”对话框。单击 按钮，为孔中心线添加图 11.55 所示的尺寸约束。单击 按钮，退出草绘工作台。

（3）　在“定义孔”对话框的 扩展 选项卡的下拉列表中选择 直到下一个 选项。在 类型： 选项卡的下拉列表中选择 沉头孔 选项，在 直径： 文本框中输入数值 15，在 深度： 文本框中输入数值 5。

（4）　单击“定义孔”对话框中的 定义螺纹 选项卡，选中 螺纹孔 复选框，激活 定义螺纹 区域。在 定义螺纹 区域的 类型： 下拉列表中选择 公制细牙螺纹 选项，在 螺纹描述： 下拉列表中选择 M10x1.25 选项，在 螺纹深度： 文本框中输入数值 10。

（5）单击 确定 按钮，完成孔 11 的创建。

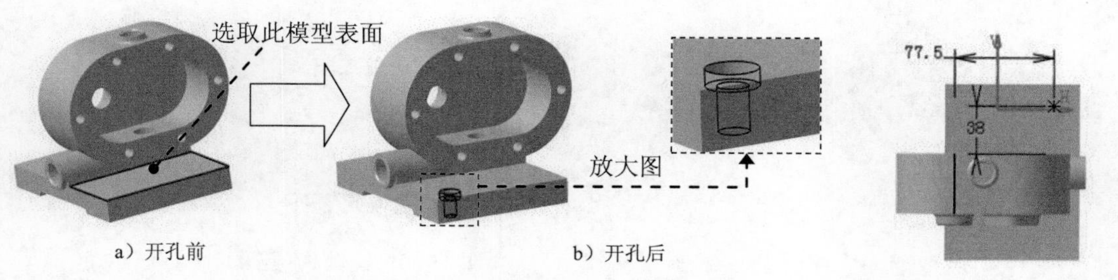

图 11.54　孔 11

图 11.55　约束孔的定位

Step38. 创建图 11.56 所示的孔 12。选取图 11.56 所示的平面为孔的放置面，在草绘工作台中定位孔的中心线，如图 11.57 所示。孔 12 的其他参数设置与孔 11 的设置相同。

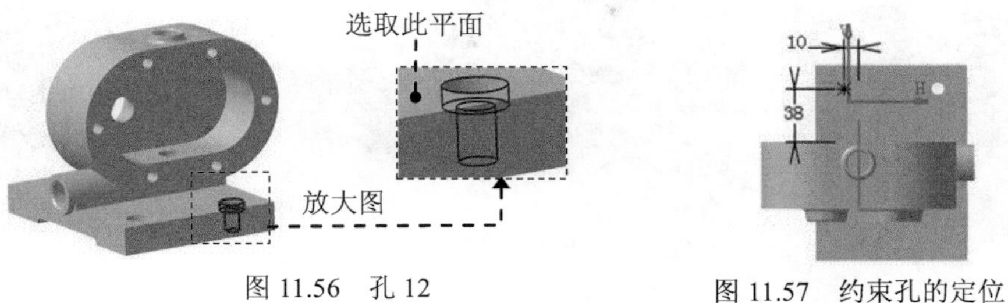

图 11.56 孔 12　　图 11.57 约束孔的定位

Step39. 创建图 11.58 所示的零件特征——镜像 4。选取孔 12 作为镜像对象。选取“zx 平面”作为镜像平面。

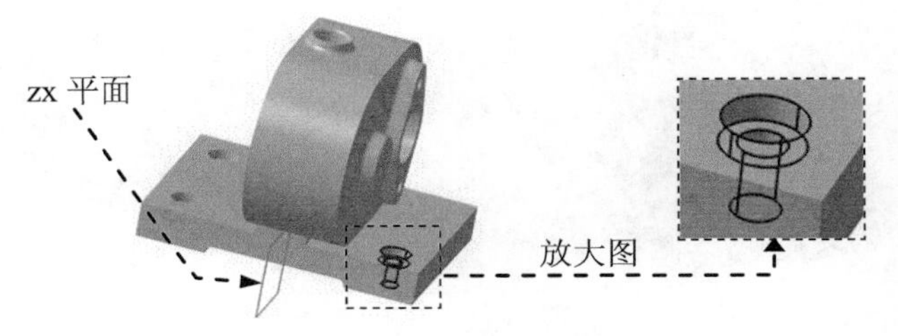

图 11.58 镜像 4

Step40. 创建图 11.59 所示的零件特征——镜像 5。选取孔 11 作为镜像对象。选取“yz 平面”作为镜像平面。

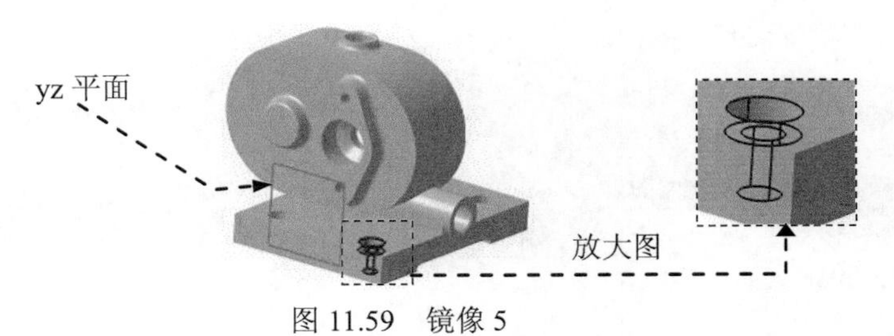

图 11.59 镜像 5

Step41. 创建图 11.60b 所示的倒圆角 5。选取图 11.60a 所示的边线为倒圆角对象，倒圆角半径值为 5。

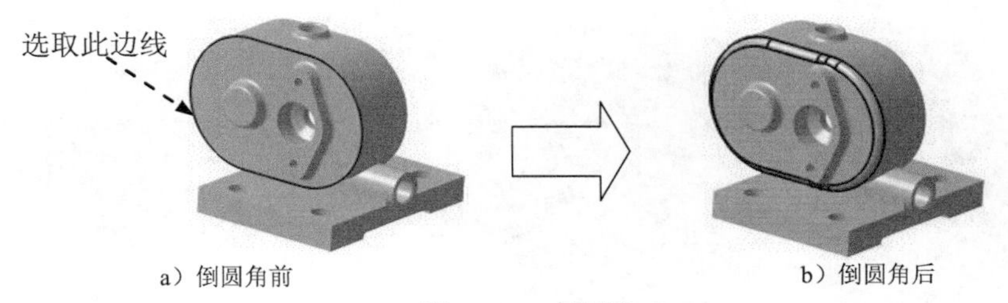

a）倒圆角前　　b）倒圆角后

图 11.60 倒圆角 5

Step42. 创建图 11.61b 所示的倒圆角 6。选取图 11.61a 所示的边线为倒圆角对象，倒圆角半径值为 2。

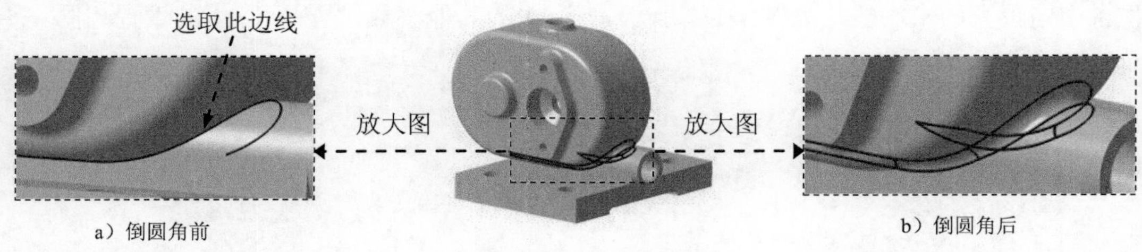

a）倒圆角前
b）倒圆角后

图 11.61 倒圆角 6

Step43. 创建图 11.62 所示的倒圆角 7。选取图 11.62 所示的边线为倒圆角对象，倒圆角半径值为 1.5。

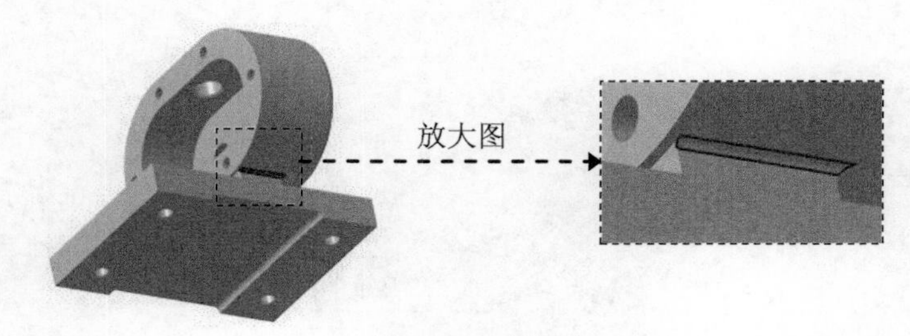

图 11.62 倒圆角 7

Step44. 创建图 11.63b 所示的倒圆角 8。选取图 11.63a 所示的边线为倒圆角对象，倒圆角半径值为 3。

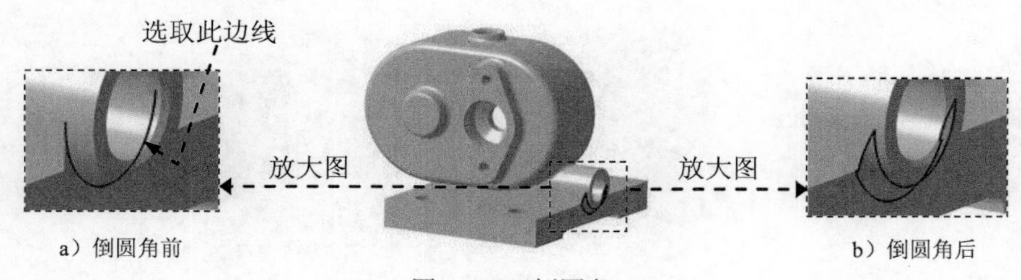

a）倒圆角前
b）倒圆角后

图 11.63 倒圆角 8

Step45. 创建图 11.64b 所示的倒圆角 9。选取图 11.64a 所示的边线为倒圆角对象，倒圆角半径值为 3。

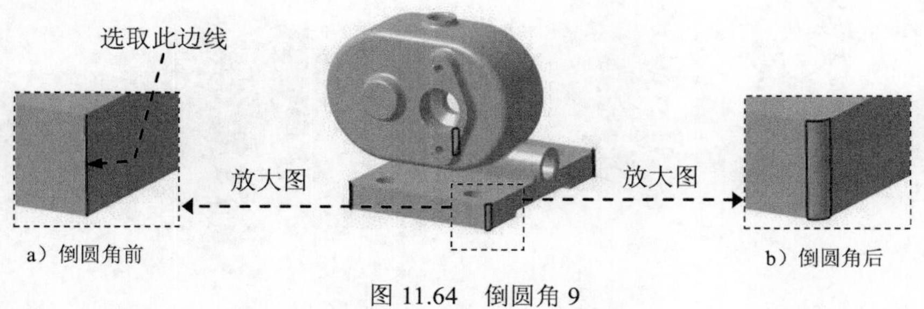

a）倒圆角前
b）倒圆角后

图 11.64 倒圆角 9

Step46. 创建图 11.65b 所示的倒圆角 10。选取图 11.65a 所示的边线为倒圆角对象，倒圆角半径值为 3。

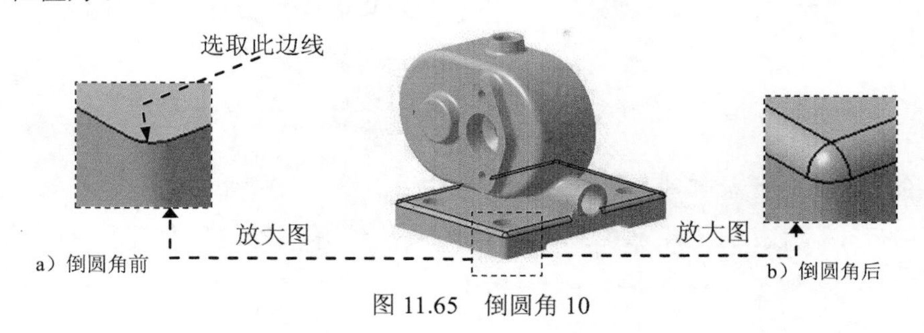

图 11.65 倒圆角 10

Step47. 保存文件。

实例 12 机械螺旋部件

实例概述：

本实例介绍了机械螺旋部件的设计方法，主要运用了如下命令：平面、多截面实体、旋转体以及圆形阵列等。需要注意在选取草图平面、绘制草图等过程中用到的技巧和注意事项。机械螺旋部件模型及相应的特征树如图 12.1 所示。

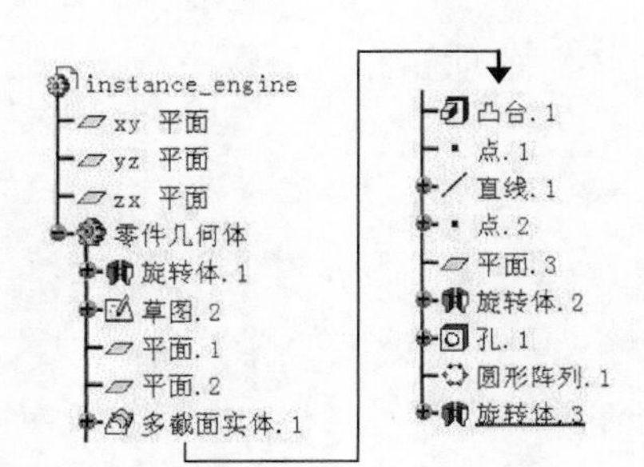

图 12.1 机械螺旋部件模型和特征树

Step1. 新建模型文件。选择下拉菜单 文件 → 新建... 命令（或在“标准”工具栏中单击按钮），在系统弹出的“新建”对话框的 类型列表： 中选择文件类型为 Part，单击对话框中的 确定 按钮。在“新建零件”对话框中输入零件名称 instance_engine，并选中 启用混合设计 复选框，单击 确定 按钮，进入“零件设计”工作台。

Step2. 创建图 12.2 所示的零件特征——旋转体 1。

（1）选择命令。选择下拉菜单 插入 → 基于草图的特征 → 旋转体... 命令（或单击按钮），系统弹出“定义旋转体”对话框。

（2）创建图 12.3 所示的截面草图。

① 定义草图平面。在“定义旋转体”对话框中单击按钮，选取“xy 平面”作为草图平面。

② 绘制截面草图。在草绘工作台中绘制图 12.3 所示的截面草图（草图 1）。

注意： 为了使草图清晰，该草图隐藏了所有的几何约束。

③ 单击“工作台”工具栏中的按钮，退出草绘工作台。

图 12.2 旋转体 1

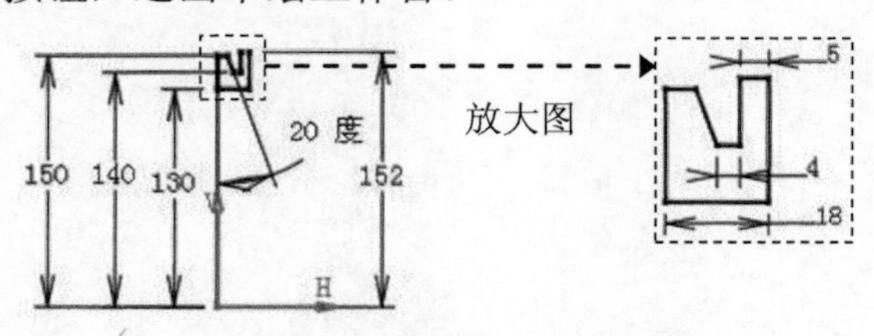

图 12.3 截面草图（草图 1）

（3）定义旋转轴。在“定义旋转体”对话框的 轴线 区域中右击 选择： 文本框，在系统弹出的快捷菜单中选择 Z轴 作为旋转轴线。

（4）定义旋转角度。在“定义旋转体”对话框的 限制 区域的 第一角度： 文本框中输入数值360。

（5）单击 确定 按钮，完成旋转体1的创建。

Step3. 创建图12.4所示的草图2。

（1）选择命令。选择下拉菜单 插入 → 草图编辑器 → 草图 命令（或单击工具栏的“草图”按钮）。

（2）定义草图平面。选取“yz平面”为草图平面，系统自动进入草绘工作台。

（3）绘制草图。绘制图12.5所示的草图2。

（4）单击“工作台”工具栏中的按钮，完成草图2的创建。

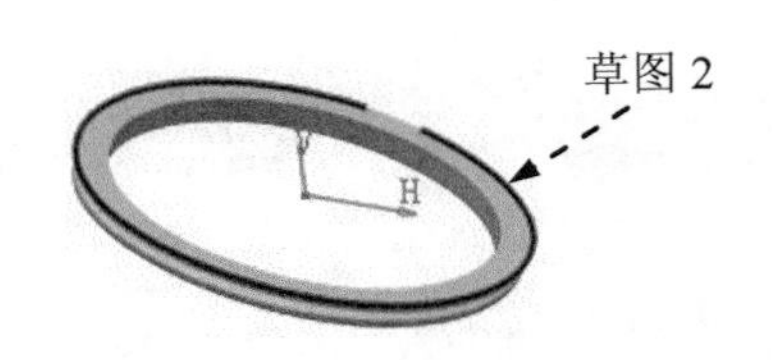

图12.4 草图2（建模环境）

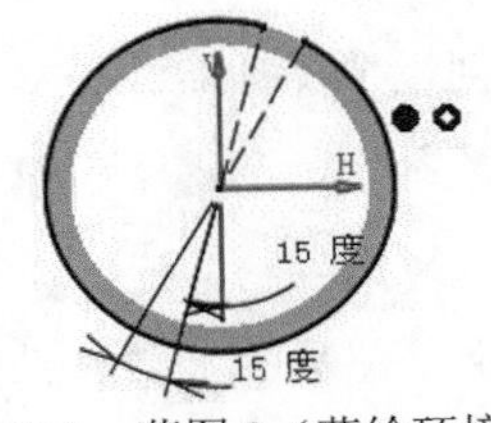

图12.5 草图2（草绘环境）

Step4. 创建图12.6所示的平面1。

（1）选择命令。单击“参考元素（扩展）”工具栏的“平面”按钮，系统弹出“平面定义”对话框。

（2）定义平面类型。在“平面定义”对话框的 平面类型 下拉列表中选择 曲线的法线 选项。

（3）定义平面参数。

① 选取草图2作为平面通过的曲线。

② 选取图12.7所示的点为平面通过的点。

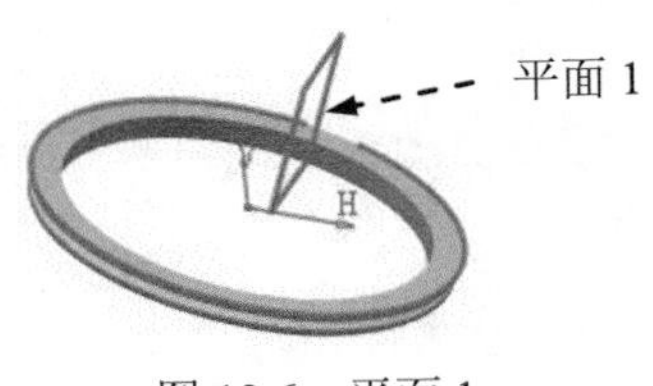

图12.6 平面1

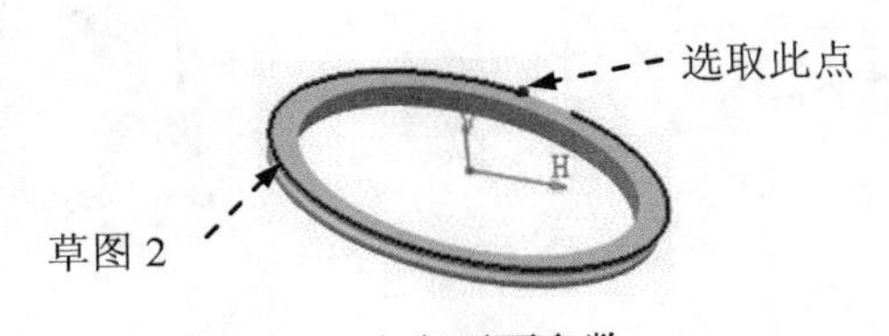

图12.7 定义平面参数

（4）单击 确定 按钮，完成平面1的创建。

Step5. 创建图12.8所示的平面2。

（1）选择命令。单击“参考元素（扩展）”工具栏的“平面”按钮，系统弹出“平

面定义”对话框。

（2）定义平面类型。在“平面定义”对话框的 平面类型 下拉列表中选择 曲线的法线 选项。

（3）定义平面参数。

① 选取草图 2 为平面通过的曲线。

② 选取图 12.9 所示的点为平面通过的点。

（4）单击 确定 按钮，完成平面 2 的创建。

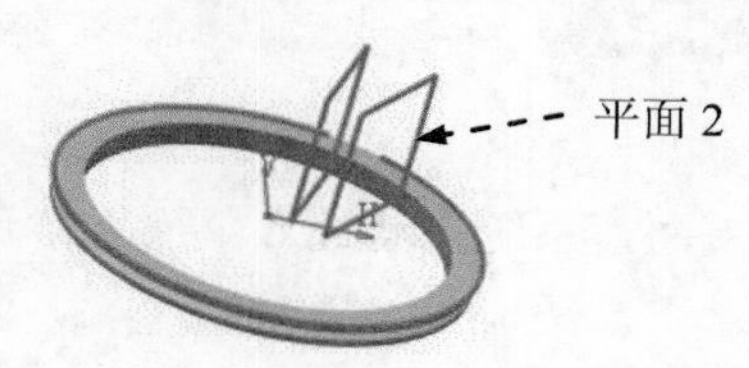

图 12.8　平面 2

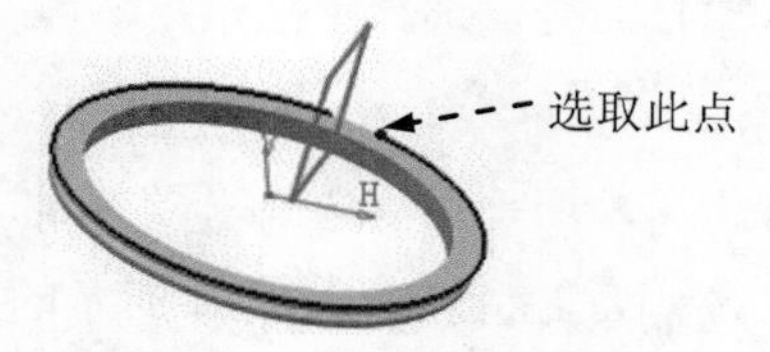

图 12.9　定义平面参数

Step6. 创建草图 3。

（1）选择命令。选择下拉菜单 插入 → 草图编辑器 → 草图 命令（或单击工具栏的“草图”按钮）。

（2）定义草图平面。选取平面 1 为草图平面，系统自动进入草绘工作台。

（3）绘制草图。绘制图 12.10 所示的草图 3。

（4）单击“工作台”工具栏中的按钮，完成草图 3 的创建。

Step7. 创建草图 4。

（1）选择命令。选择下拉菜单 插入 → 草图编辑器 → 草图 命令（或单击工具栏的“草图”按钮）。

（2）定义草图平面。选取平面 2 为草图平面，系统自动进入草绘工作台。

（3）绘制草图。绘制图 12.11 所示的草图 4。

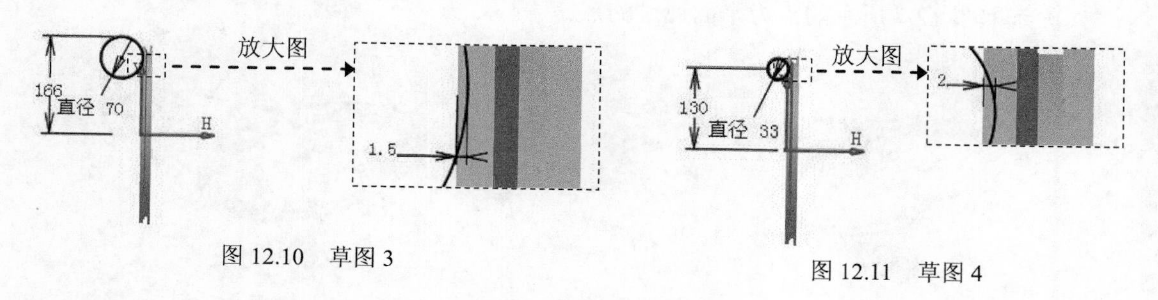

图 12.10　草图 3

图 12.11　草图 4

（4）单击“工作台”工具栏中的按钮，完成草图 4 的创建。

Step8. 创建图 12.12 所示的多截面实体 1。

（1）选择命令。选择下拉菜单 插入 → 基于草图的特征 → 多截面实体... 命令（或

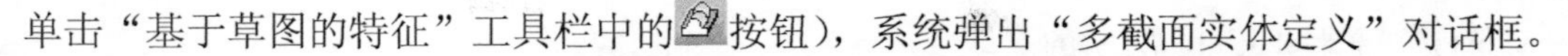

单击“基于草图的特征”工具栏中的按钮），系统弹出“多截面实体定义”对话框。

（2）选取截面轮廓。在系统选择曲线的提示下，分别选取草图3和草图4作为多截面实体特征的截面轮廓。

注意：多截面实体实际上是利用截面轮廓以渐变的方式生成的，所以在选择的时候要注意截面轮廓的先后顺序，否则多截面无法正确地生成实体。

（3）选择脊线。在该对话框中单击脊线选项卡，选取草图2作为脊线。

（4）单击“多截面实体定义”对话框中的确定按钮，完成多截面实体1的创建。

Step9. 创建图12.13所示的零件基础特征——凸台1。

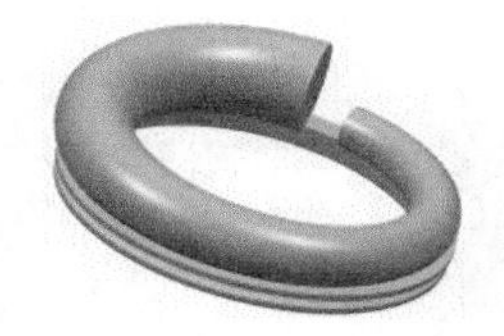

图12.12 多截面实体1

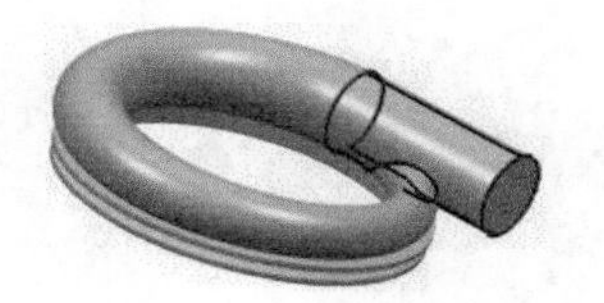

图12.13 凸台1

（1）选择命令。选择下拉菜单插入 → 基于草图的特征 → 凸台...命令（或单击按钮），系统弹出“定义凸台”对话框。

（2）选取Step6创建的草图3为截面草图。

（3）定义深度属性。

① 定义深度方向。如果方向反向，可以单击反转方向按钮，反转深度方向。

② 定义深度类型。在“定义凸台”对话框的第一限制区域的类型：下拉列表中选择尺寸选项。

③ 定义深度值。在“定义凸台”对话框的第一限制区域的长度：文本框中输入数值154。

（4）单击“定义凸台”对话框中的确定按钮，完成凸台1的创建。

Step10. 创建图12.14所示的点1。

（1）选择命令。单击“参考元素（扩展）”工具栏中的按钮，系统弹出“点定义”对话框。

（2）定义点的创建类型。在该对话框的点类型：下拉列表中选择圆/球面/椭圆中心选项。

（3）选取图12.15所示的边线为点1的参照边。

（4）单击确定按钮，完成点1的创建。

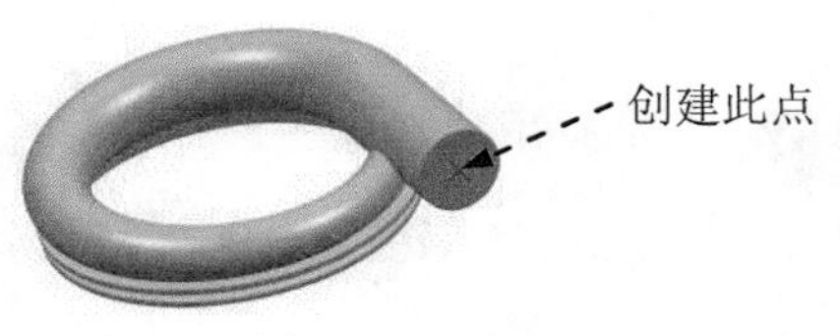

图12.14 点1

图12.15 选取边线

Step11. 创建图 12.16 所示的直线 1。

（1）选择命令。单击“参考元素（扩展）”工具栏中的按钮，系统弹出“直线定义”对话框。

（2）定义直线的创建类型。在该对话框的线型：下拉列表中选择曲面的法线选项。

（3）选取图 12.17 所示的平面为直线通过的平面，选取点 1 为直线通过的点。

（4）定义起始值和结束值。在“直线定义”对话框的起点：文本框和终点：文本框中分别输入数值 0 和-20。

（5）单击对话框中的确定按钮，完成直线的创建。

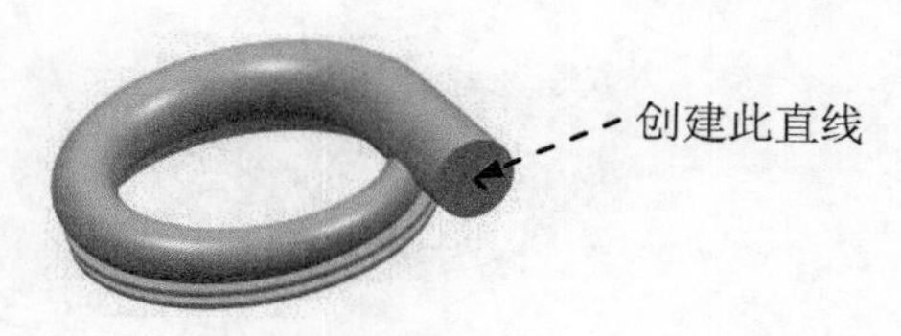

图 12.16　直线 1

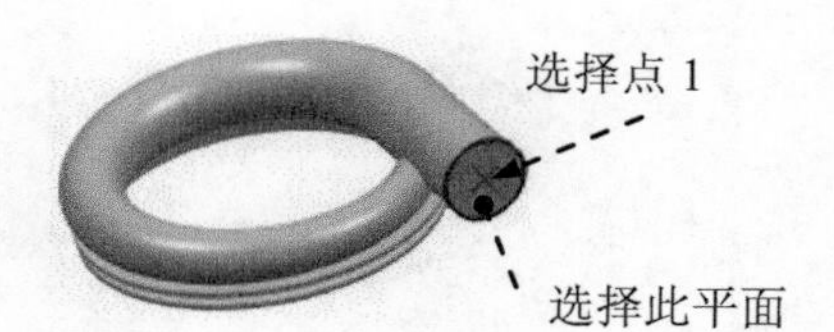

图 12.17　选取平面和点

Step12. 创建图 12.18 所示的点 2。

（1）选择命令。单击“参考元素（扩展）”工具栏中的按钮，系统弹出“点定义”对话框。

（2）定义点的创建类型。在“点定义”对话框的点类型：下拉列表中选择曲线上选项。

（3）定义点的参数。

① 选取曲线。在系统选择曲线的提示下，选取图 12.19 所示的边线。

② 定义所创建点与参考点的距离。在“点定义”对话框的与参考点的距离区域中选中曲线上的距离单选项，在长度：文本框中输入数值 0。

（4）单击确定按钮，完成点 2 的创建。

Step13. 创建图 12.20 所示的平面 3。

（1）选择命令。单击“参考元素（扩展）”工具栏中的按钮，系统弹出“平面定义”对话框。

（2）定义平面类型。在“平面定义”对话框的平面类型下拉列表中选择通过点和直线选项。

（3）在特征树中选取点 2 为平面通过的点，选取直线 1 为平面通过的直线。

（4）单击确定按钮，完成平面 3 的创建。

图 12.18　点 2

图 12.19　选取曲线

图 12.20　平面 3

Step14. 创建图 12.21 所示的零件特征——旋转体 2。

（1）选择命令。选择下拉菜单 插入 → 基于草图的特征 → 旋转体... 命令（或单击 按钮），系统弹出“定义旋转体”对话框。

（2）创建图 12.22 所示的截面草图。

① 定义草图平面。在“定义旋转体”对话框中单击 按钮，选取平面 3 作为草图平面。

② 绘制截面草图。在草绘工作台中绘制图 12.22 所示的截面草图（草图 5）。

注意：为了使草图清晰，该草图隐藏了所有的几何约束。

③ 单击“工作台”工具栏中的 按钮，退出草绘工作台。

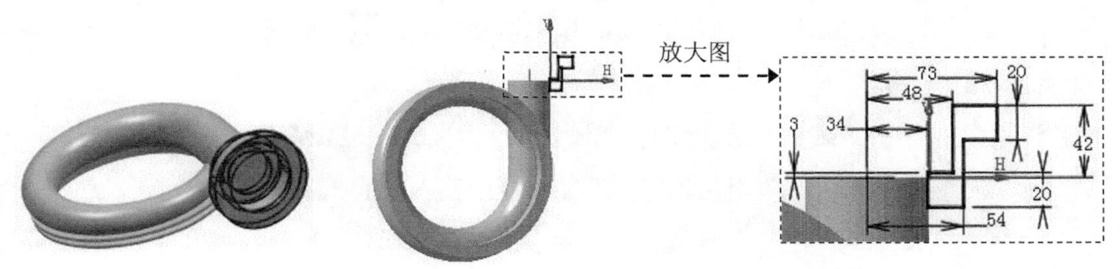

图 12.21 旋转体 2　　　　图 12.22 截面草图（草图 5）

（3）定义旋转轴。在“定义旋转体”对话框的 轴线 区域激活 选择： 文本框，在特征树中选取直线 1 作为旋转轴线。

（4）定义旋转角度。在“定义旋转体”对话框的 限制 区域的 第一角度： 文本框中输入数值 360。

（5）单击 确定 按钮，完成旋转体 2 的创建。

Step15. 创建图 12.23 所示的孔 1。

（1）选择命令。选择下拉菜单 插入 → 基于草图的特征 → 孔... 命令（或单击“基于草图的特征”工具栏中的 按钮）。

（2）定义孔的放置面。选取图 12.24 所示的模型表面为孔的放置面，此时系统弹出“定义孔”对话框。

（3）定义孔的位置。

① 单击“定义孔”对话框的 扩展 选项卡中的 按钮，系统进入草绘工作台。

② 在草绘工作台中约束孔的定位，如图 12.25 所示。

③ 单击 按钮，退出草绘工作台。

（4）定义孔的扩展参数。

① 在“定义孔”对话框的 扩展 选项卡中选择 盲孔 选项。

② 定义孔的直径与深度。在“定义孔”对话框的 扩展 选项卡的 直径： 文本框中输入数

值 15，在深度：文本框中输入数值 10。

（5）单击“定义孔”对话框中的 确定 按钮，完成孔 1 的创建。

图 12.23　孔 1

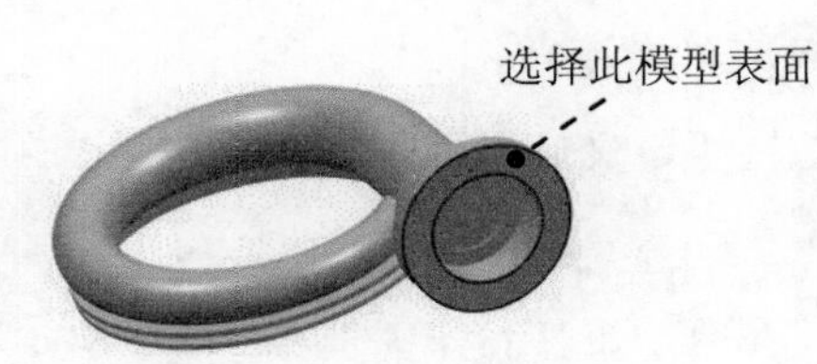

图 12.24　孔的放置面

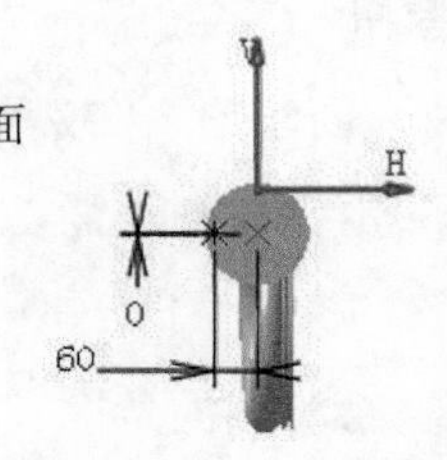

图 12.25　约束孔的定位

Step16. 创建图 12.26 所示的圆形阵列 1。

（1）选择命令。选择下拉菜单 插入 → 变换特征 → 圆弧阵列... 命令，系统弹出“定义圆形阵列”对话框。

（2）在“定义圆形阵列”对话框的 参数 文本框中选择 完整径向 选项。

（3）在“定义圆形阵列”对话框的实例：文本框中输入数值 3。

（4）激活“定义圆形阵列”对话框中的对象：文本框，在特征树中选取孔 1 为圆形阵列的对象。

（5）定义参考方向。激活“定义圆形阵列”对话框中的参考元素：文本框，在特征树中选取直线 1 作为参考元素。

（6）单击 确定 按钮，完成圆形阵列 1 的创建。

Step17. 创建图 12.27 所示的零件特征——旋转体 3。

（1）选择命令。选择下拉菜单 插入 → 基于草图的特征 → 旋转体... 命令（或单击按钮），系统弹出“定义旋转体”对话框。

（2）创建图 12.28 所示的截面草图。

① 定义草图平面。在“定义旋转体”对话框中单击按钮，选取“xy 平面”作为草图平面。

② 绘制截面草图。在草绘工作台中绘制图 12.28 所示的截面草图（草图 6）。

图 12.26　圆形阵列 1

图 12.27　旋转体 3

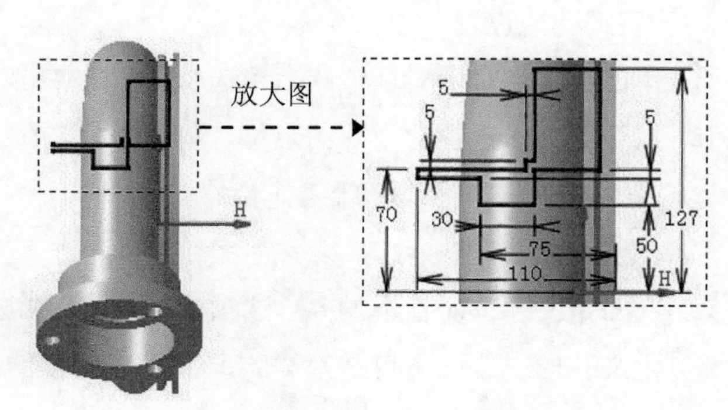

图 12.28　截面草图（草图 6）

注意：为了使草图清晰，该草图隐藏了所有的几何约束。

③ 单击“工作台”工具栏中的按钮，退出草绘工作台。

（3）定义旋转轴。在“定义旋转体”对话框的 轴线 区域激活 选择：文本框，在系统弹出的快捷菜单中选择 X 轴 作为旋转轴线。

（4）定义旋转角度。在“定义旋转体”对话框的 限制 区域的 第一角度：文本框中输入数值 360。

（5）单击 确定 按钮，完成旋转体 3 的创建。

Step18. 保存零件模型。

实例 13 插 头

实例概述：

本实例介绍了插头的设计过程，该设计的关键点是多截面实体 1 的创建，先绘制一系列的草图曲线，然后使用多截面实体命令将曲线生成实例模型，接下来使用凹槽、凸台等命令创建出其他特征。插头模型及相应的特征树如图 13.1 所示。

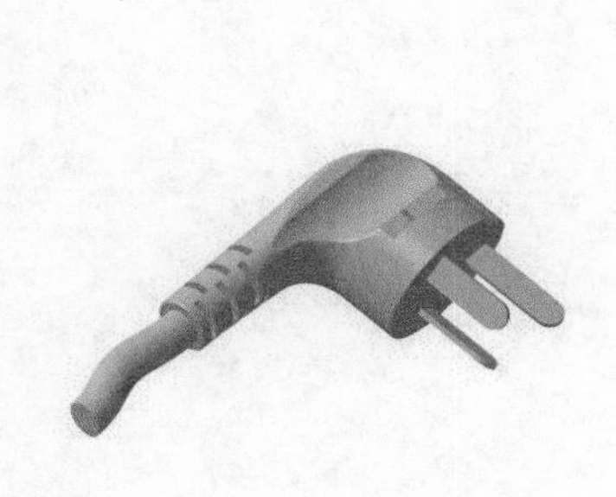

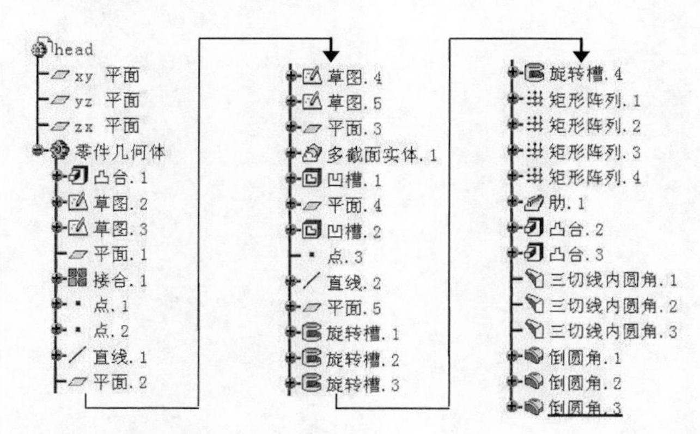

图 13.1 插头模型和特征树

Step1. 新建模型文件。选择下拉菜单 文件 → 新建... 命令，系统弹出“新建”对话框，在类型列表中选择 Part 选项，单击 确定 按钮。在弹出的“新建零件”对话框中输入零件名称 head，并选中 启用混合设计 复选框，单击 确定 按钮，进入“零件设计”工作台。

Step2. 创建图 13.2 所示的零件基础特征——凸台 1。

（1）选择命令。选择下拉菜单 插入 → 基于草图的特征 → 凸台... 命令（或单击按钮），系统弹出“定义凸台”对话框。

（2）创建截面草图。在“定义凸台”对话框中单击按钮，选取“xy 平面”为草绘平面；在草绘工作台中绘制图 13.3 所示的截面草图（草图 1）；单击按钮，退出草绘工作台。

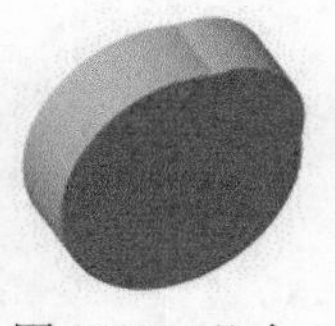

图 13.2 凸台 1

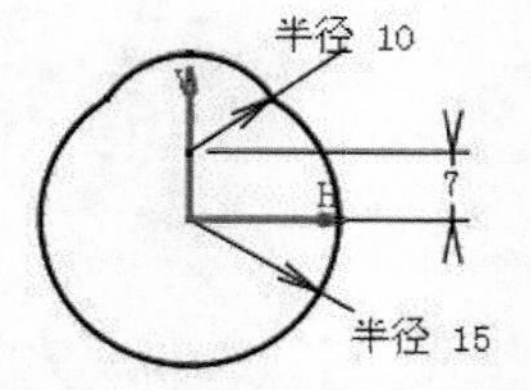

图 13.3 截面草图（草图 1）

（3）定义拉伸深度属性。在第一限制区域的类型：下拉列表中选择尺寸选项，在第一限制区域的长度：文本框中输入数值 10。

（4）完成特征的创建。单击确定按钮，完成凸台 1 的创建。

Step3. 选择下拉菜单开始 → 形状 → 创成式外形设计命令，进入“创成式外形设计”工作台。

Step4. 创建图 13.4 所示的草图 2。

（1）选择命令。选择下拉菜单插入 → 草图编辑器 → 草图命令（或单击工具栏中的“草图”按钮）。

（2）定义草绘平面。选取“yz 平面”为草绘平面，系统自动进入草绘工作台。

（3）绘制草图。绘制图 13.5 所示的草图 2。

（4）单击按钮，完成草图 2 的创建。

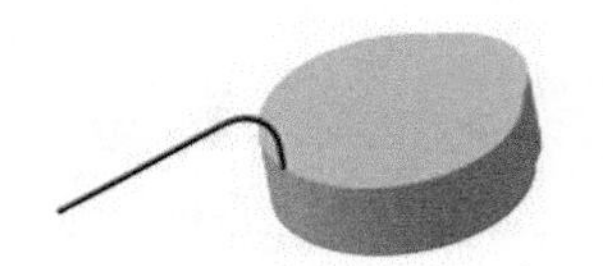

图 13.4 草图 2（建模环境）

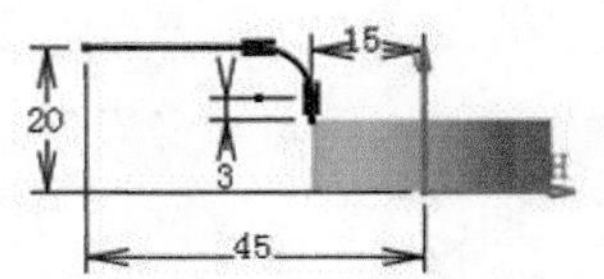

图 13.5 草图 2（草绘环境）

Step5. 创建图 13.6 所示的草图 3。

（1）选择下拉菜单插入 → 草图编辑器 → 草图命令（或单击工具栏中的“草图”按钮）。

（2）选取“yz 平面”为草绘平面，系统自动进入草绘工作台；绘制图 13.7 所示的草图 3；单击按钮，完成草图 3 的创建。

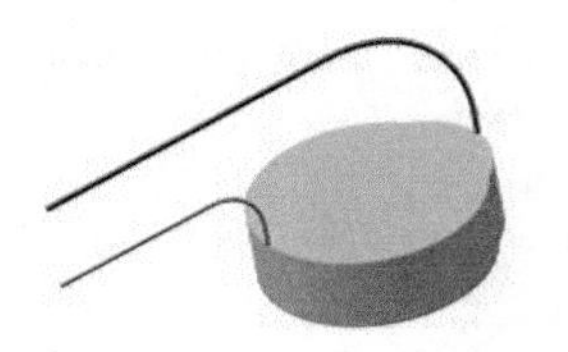

图 13.6 草图 3（建模环境）

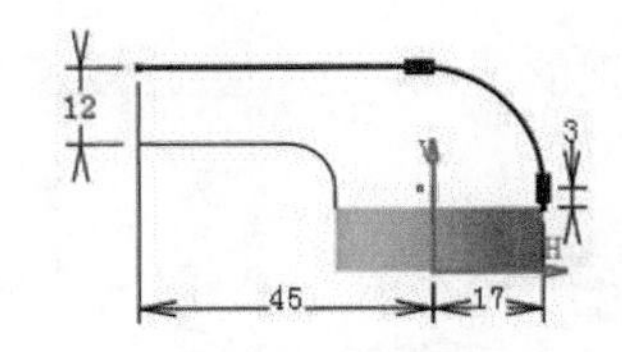

图 13.7 草图 3（草绘环境）

Step6. 创建图 13.8 所示的平面 1。

（1）单击“线框”工具栏中的“平面”按钮，系统弹出“平面定义”对话框。

（2）在“平面定义”对话框的平面类型下拉列表中选择平行通过点选项；选取“zx 平面”为参考平面；选取图 13.8 所示的点为平面通过的点。

（3）单击确定按钮，完成平面 1 的创建。

Step7. 创建图 13.9 所示的接合 1。

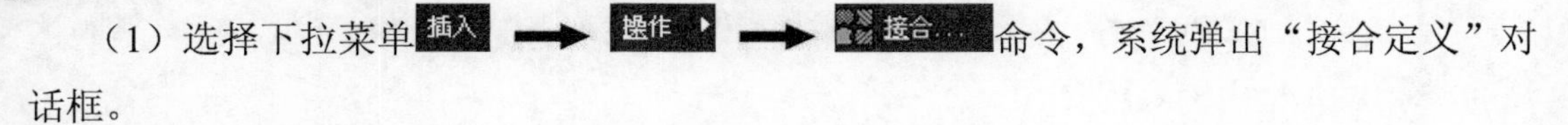

（1）选择下拉菜单 插入 → 操作 → 接合... 命令，系统弹出“接合定义”对话框。

（2）定义接合元素。选取图 13.9 所示的曲线 1 和曲线 2 为要接合的元素。

（3）单击 确定 按钮，完成曲线的接合。

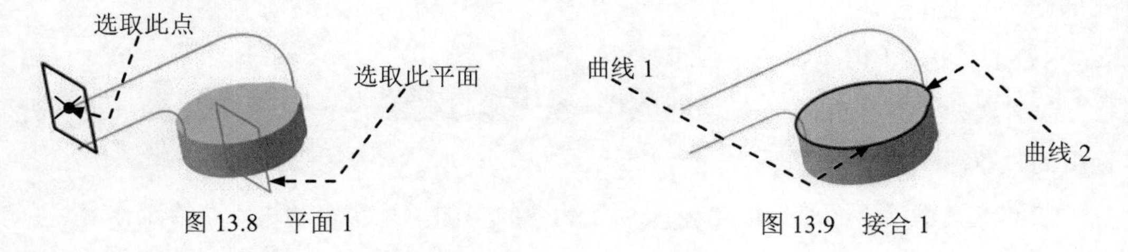

图 13.8　平面 1　　　　图 13.9　接合 1

Step8. 创建图 13.10 所示的点 1。

（1）选择命令。选择下拉菜单 插入 → 线框 → 点... 命令（或单击工具栏中的“点”按钮），系统弹出“点定义”对话框。

（2）定义点类型。在“点定义”对话框的 点类型 下拉列表中选择 曲线上 选项。

（3）定义放置曲线。在绘图区选取图 13.10 所示的曲线为点放置的曲线。

（4）定义与参考点的距离。选中“点定义”对话框的 曲线长度比率 单选项，在 比率 文本框中输入数值 0.2。

（5）单击 确定 按钮，完成点 1 的创建。

Step9. 创建图 13.11 所示的点 2。

（1）选择下拉菜单 插入 → 线框 → 点... 命令（或单击工具栏中的“点”按钮），系统弹出“点定义”对话框。

（2）在“点定义”对话框的 点类型 下拉列表中选择 曲线上 选项。在绘图区选取图 13.11 所示的曲线为点放置的曲线。选中“点定义”对话框的 曲线长度比率 单选项，在 比率 文本框中输入数值 0.25。

（3）单击 确定 按钮，完成点 2 的创建。

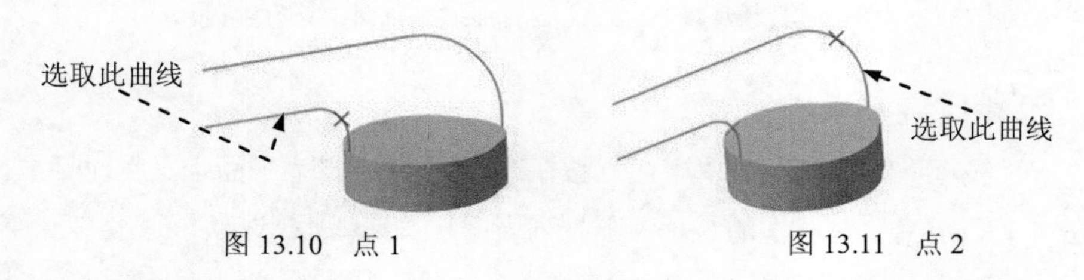

图 13.10　点 1　　　　图 13.11　点 2

Step10. 创建图 13.12 所示的直线 1。

（1）选择下拉菜单 插入 → 线框 → 直线... 命令，系统弹出“直线定义”对话框。

（2）定义直线类型和通过点。在“直线定义”对话框的线型下拉列表中选择点-方向选项，选取点 1 为直线的通过点。

（3）定义直线的方向。选取“yz 平面”，系统会以“yz 平面”的法线方向作为直线的方向。

（4）定义直线的长度。在终点：文本框中输入数值 20。

（5）单击确定按钮，完成直线 1 的创建。

Step11. 创建图 13.13 所示的平面 2。

（1）单击“线框”工具栏中的“平面”按钮，系统弹出“平面定义”对话框。

（2）在“平面定义”对话框的平面类型下拉列表中选择通过点和直线选项，选取图 13.13 所示的直线为平面通过的直线，选取图 13.13 所示的点为平面通过的点。

（3）单击确定按钮，完成平面 2 的创建。

图 13.12　直线 1　　　　图 13.13　平面 2

Step12. 创建图 13.14 所示的草图 4。

（1）选择下拉菜单插入 → 草图编辑器 → 草图命令（或单击工具栏中的“草图”按钮）。

（2）选取平面 2 为草绘平面，系统自动进入草绘工作台；绘制图 13.15 所示的平面草图；单击按钮，完成草图 4 的创建。

图 13.14　草图 4（建模环境）

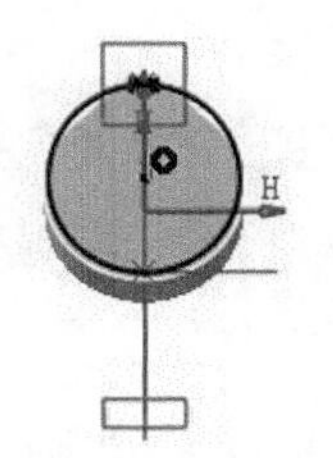

图 13.15　草图 4（草绘环境）

Step13. 创建图 13.16 所示的草图 5。

（1）选择下拉菜单插入 → 草图编辑器 → 草图命令（或单击工具栏中的“草图”按钮）。

（2）选取平面 1 为草绘平面，系统自动进入草绘工作台；绘制图 13.17 所示的草图 5；单击按钮，完成草图 5 的创建。

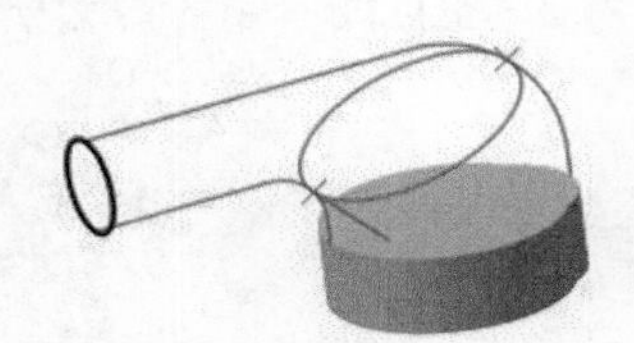

图 13.16　草图 5（建模环境）

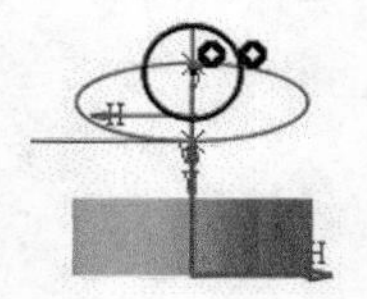

图 13.17　草图 5（草绘环境）

Step14. 创建图 13.18 所示的平面 3。

（1）单击“线框”工具栏中的“平面”按钮，系统弹出“平面定义”对话框。

（2）在“平面定义”对话框的平面类型下拉列表中选择偏移平面选项，选取图 13.18 所示的平面为参考平面，在偏移：文本框中输入数值 3。

（3）单击确定按钮，完成平面 3 的创建。

Step15. 切换工作台。选择下拉菜单开始 → 机械设计 → 零件设计命令，进入“零件设计”工作台。

Step16. 创建图 13.19 所示的多截面实体 1。

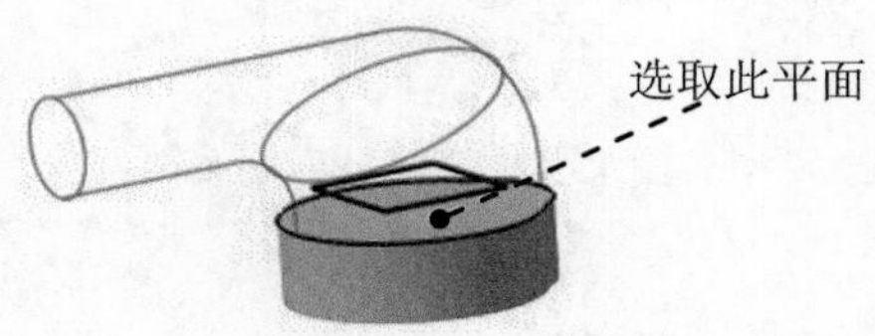

图 13.18　平面 3

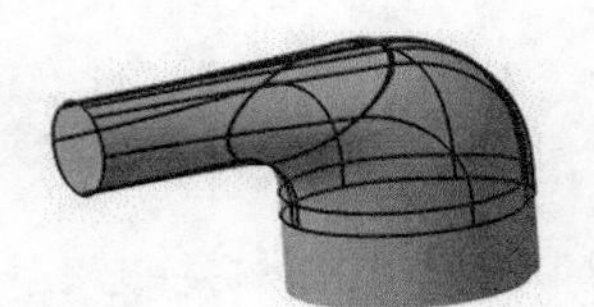

图 13.19　多截面实体 1

（1）创建图 13.20 所示的草图 6。

① 单击工具栏中的“草图”按钮，选取平面 3 为草图平面。

② 选择下拉菜单插入 → 操作 → 3D 几何图形 → 投影三维元素命令，选取接合 1 为投影元素。

③ 单击“退出工作台”按钮，完成草图 6 的创建。

（2）选择命令。选择下拉菜单插入 → 基于草图的特征 → 多截面实体...命令，系统弹出“多截面实体定义”对话框。

（3）定义截面线。分别选取图 13.20 所示的曲线 1、曲线 2、曲线 3 和曲线 4 作为截面线。

（4）定义引导线。单击“多截面曲面定义”对话框中的引导线列表框，分别选取图 13.20 所示的曲线 5 和曲线 6 为引导线。

（5）单击耦合选项卡，在截面耦合：下拉列表中选择比率选项。

（6）单击确定按钮，完成多截面实体 1（图 13.19）的创建。

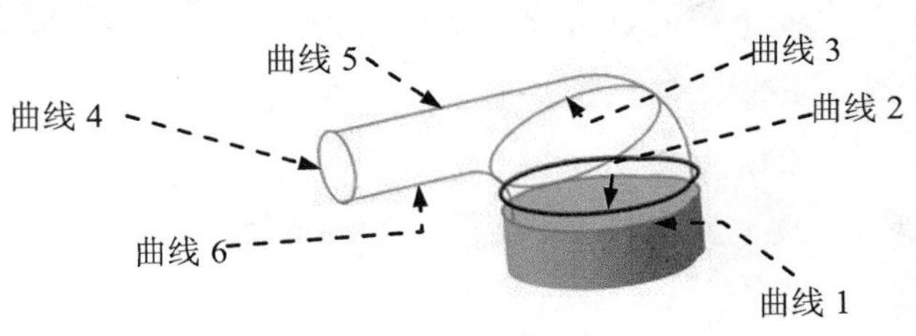

图 13.20 草图 6

Step17. 创建图 13.21 所示的凹槽 1。

（1）选择下拉菜单 插入 → 基于草图的特征 → 凹槽... 命令（或单击按钮），系统弹出“定义凹槽”对话框。

（2）在该对话框中单击按钮，选取“zx 平面”为草绘平面；在草绘工作台中绘制图 13.22 所示的截面草图（草图 7）；单击按钮，退出草绘工作台。在 第一限制 与 第二限制 区域的 类型： 下拉列表中均选择 直到最后 选项。

（3）单击 确定 按钮，完成凹槽 1 的创建。

Step18. 创建图 13.23 所示的平面 4。

（1）单击“线框”工具栏中的“平面”按钮，系统弹出“平面定义”对话框。

（2）在“平面定义”对话框的 平面类型 下拉列表中选择 偏移平面 选项，选取“xy 平面”为参考平面，在 偏移： 文本框中输入数值 8。

（3）单击 确定 按钮，完成平面 4 的创建。

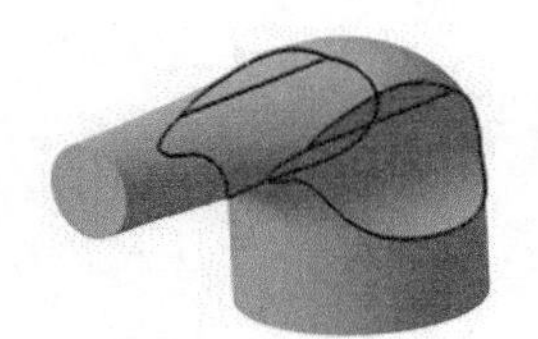

图 13.21 凹槽 1

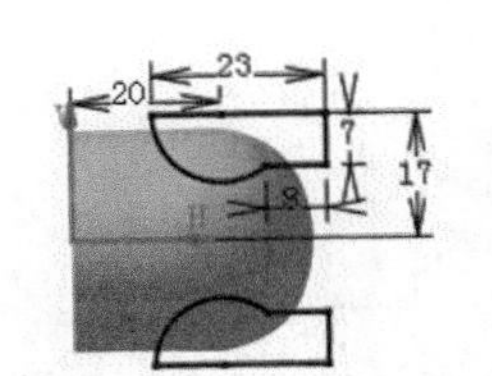

图 13.22 截面草图（草图 7）

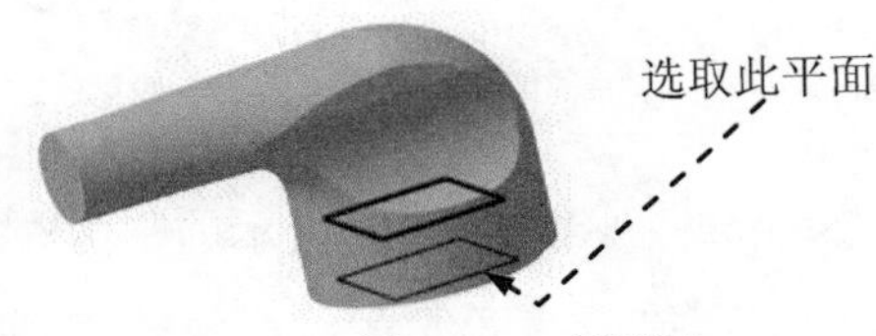

图 13.23 平面 4

Step19. 创建图 13.24 所示的凹槽 2。

（1）选择下拉菜单 插入 → 基于草图的特征 → 凹槽... 命令（或单击按钮），系统弹出“定义凹槽”对话框。

（2）在该对话框中单击按钮，选取平面 4 作为草绘平面；在草绘工作台中绘制图 13.25 所示的截面草图（草图 8）；单击按钮，退出草绘工作台。

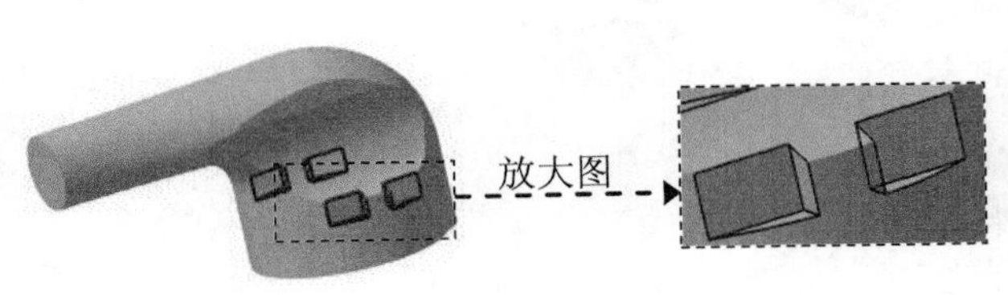

图 13.24 凹槽 2

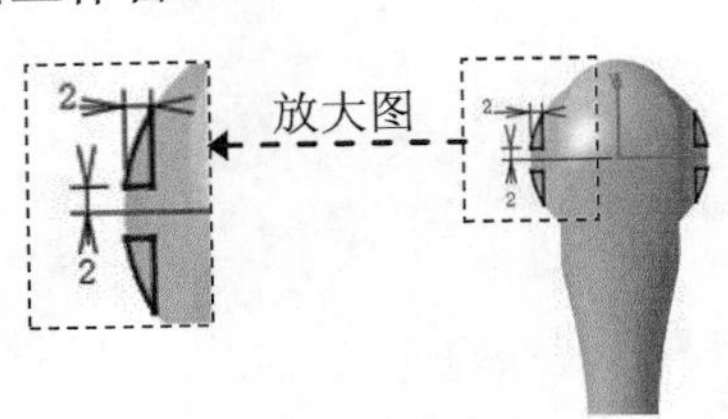

图 13.25 截面草图（草图 8）

（3）在第一限制区域的类型：下拉列表中选择直到最后选项，单击反转方向按钮。

（4）单击确定按钮，完成凹槽 2 的创建。

Step20. 创建图 13.26 所示的点 3。

（1）单击“参考元素（扩展）”工具栏中的“点”按钮，系统弹出“点定义”对话框。

（2）在“点定义”对话框的点类型下拉列表中选择圆/球面/椭圆中心选项。选取图 13.26 所示的边线为创建点的参考。

（3）单击确定按钮，完成点 3 的创建。

Step21. 创建图 13.27 所示的直线 2。

（1）单击“参考元素（扩展）”工具栏中的“直线”按钮，系统弹出“直线定义”对话框。

（2）在“直线定义”对话框的线型下拉列表中选择点-方向选项，选取图 13.27 所示的点 3 为直线通过的点，在方向：对话框中右击，在系统弹出的快捷菜单中选择X 部件为直线的方向，在终点：文本框中输入数值 20。

（3）单击确定按钮，完成直线 2 的创建。

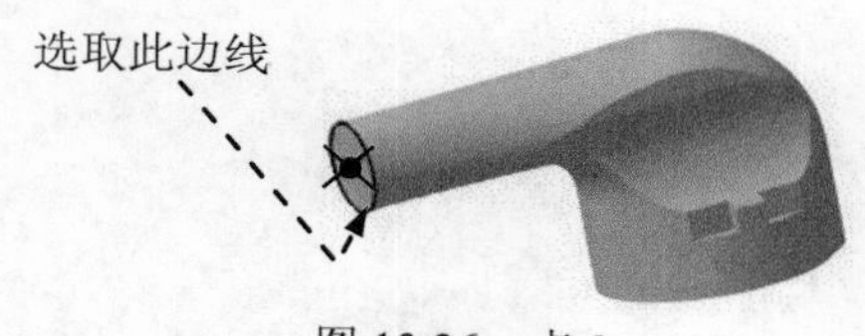

图 13.26 点 3

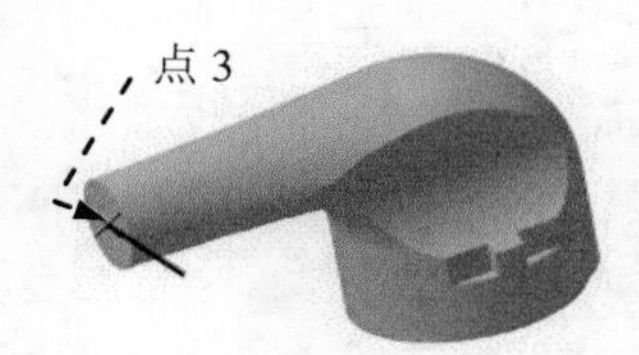

图 13.27 直线 2

Step22. 创建图 13.28 所示的平面 5。

（1）单击“参考元素（扩展）”工具栏中的“平面”按钮，系统弹出“平面定义”对话框。

（2）在“平面定义”对话框的平面类型下拉列表中选择与平面成一定角度或垂直选项，选取图 13.28 所示的直线为旋转轴，选取图 13.28 所示的平面为参考，单击平面法线按钮。

（3）单击确定按钮，完成平面 5 的创建。

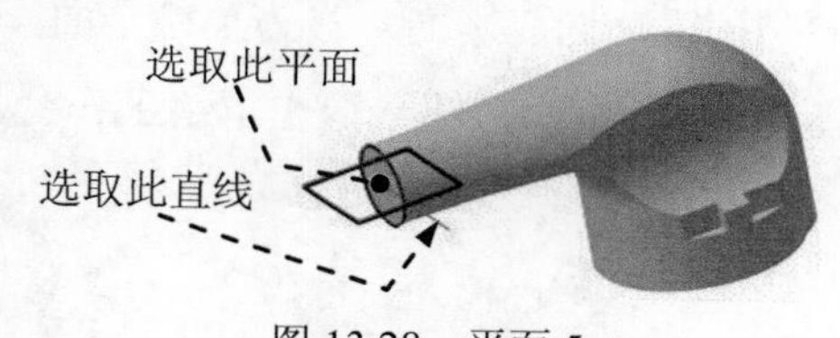

图 13.28 平面 5

Step23. 创建图 13.29 所示的零件特征——旋转槽 1。

（1）选择下拉菜单插入 → 基于草图的特征 → 旋转槽...命令，系统弹出“定义旋转槽”对话框。

（2）在“定义旋转槽”对话框中单击按钮，选取平面5为草绘平面；在草绘工作台中绘制图13.30所示的截面草图（草图9）并单击按钮，退出草绘工作台；在“定义旋转槽”对话框的第一角度：文本框中输入数值90；选取V轴为旋转轴，单击反转方向按钮。

（3）单击确定按钮，完成旋转槽1的创建。

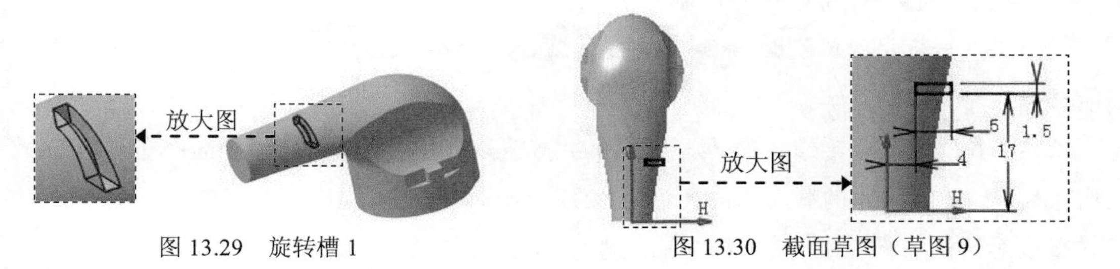

图13.29 旋转槽1　　图13.30 截面草图（草图9）

Step24. 创建图13.31所示的旋转槽2。

（1）选择下拉菜单插入 → 基于草图的特征 → 旋转槽...命令，系统弹出“定义旋转槽”对话框。

（2）在“定义旋转槽”对话框中单击按钮，选取平面5为草绘平面；在草绘工作台中绘制图13.32所示的截面草图（草图10）；单击按钮，退出草绘工作台；在“定义旋转槽”对话框的第一角度：文本框中输入数值90；选取V轴为旋转轴，单击反转方向按钮。

（3）单击确定按钮，完成旋转槽2的创建。

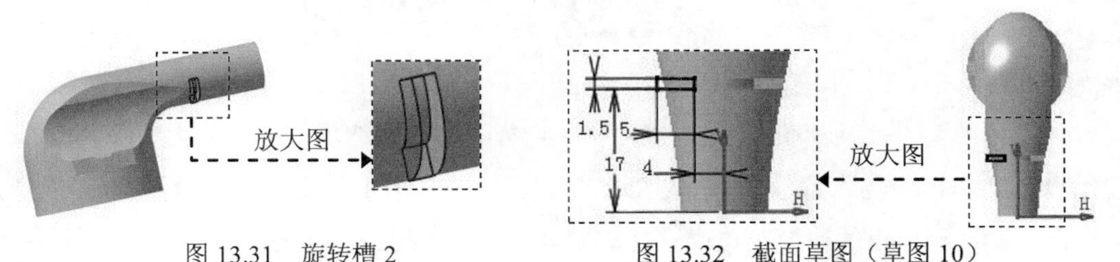

图13.31 旋转槽2　　图13.32 截面草图（草图10）

Step25. 创建图13.33所示的旋转槽3。

（1）选择下拉菜单插入 → 基于草图的特征 → 旋转槽...命令，系统弹出“定义旋转槽”对话框。

（2）在“定义旋转槽”对话框中单击按钮，选取平面5为草绘平面；在草绘工作台中绘制图13.34所示的截面草图（草图11）；单击按钮，退出草绘工作台；在“定义旋转槽”对话框的第一角度：文本框中输入数值90；选取V轴为旋转轴。

（3）单击确定按钮，完成旋转槽3的创建。

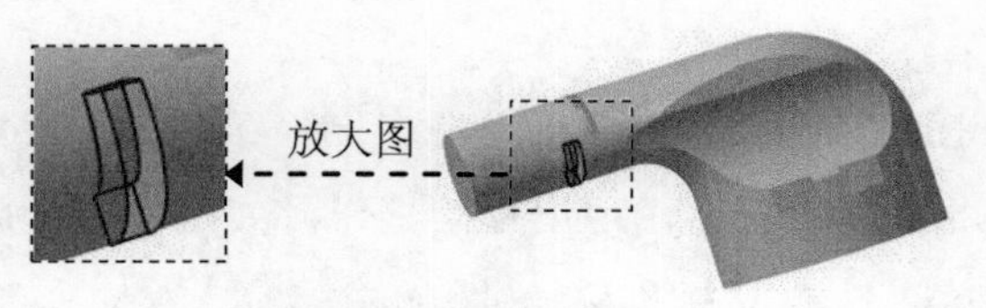

图 13.33　旋转槽 3

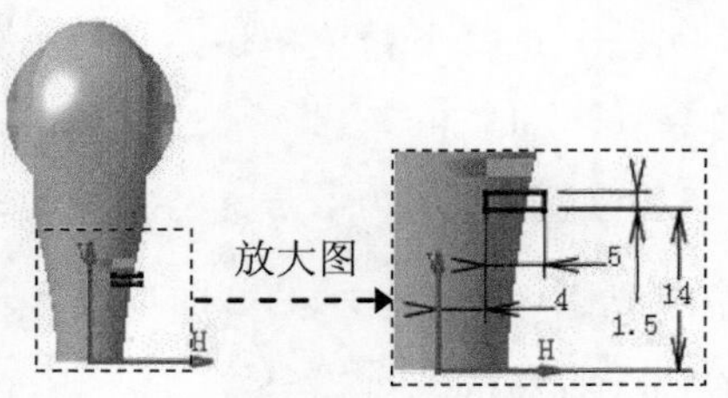

图 13.34　截面草图（草图 11）

Step26. 创建图 13.35 所示的旋转槽 4。

（1）选择下拉菜单 插入 → 基于草图的特征 → 旋转槽... 命令，系统弹出“定义旋转槽”对话框。

（2）在“定义旋转槽”对话框中单击按钮，选取平面 5 为草绘平面；在草绘工作台中绘制图 13.36 所示的截面草图（草图 12），单击按钮，退出草绘工作台；在“定义旋转槽”对话框的 第一角度： 文本框中输入数值 90；选取 V 轴为旋转轴。

（3）单击 确定 按钮，完成旋转槽 4 的创建。

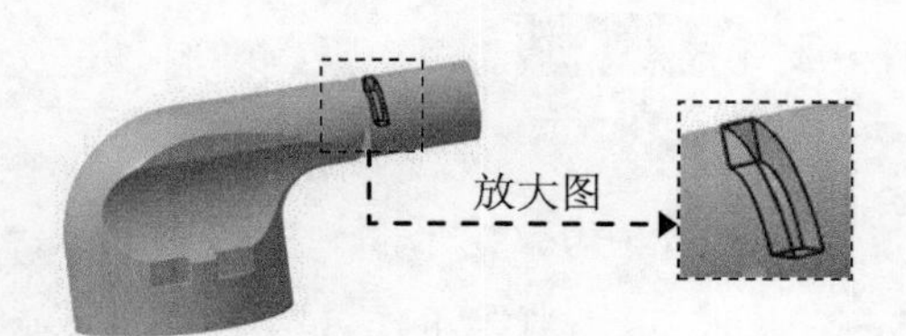

图 13.35　旋转槽 4

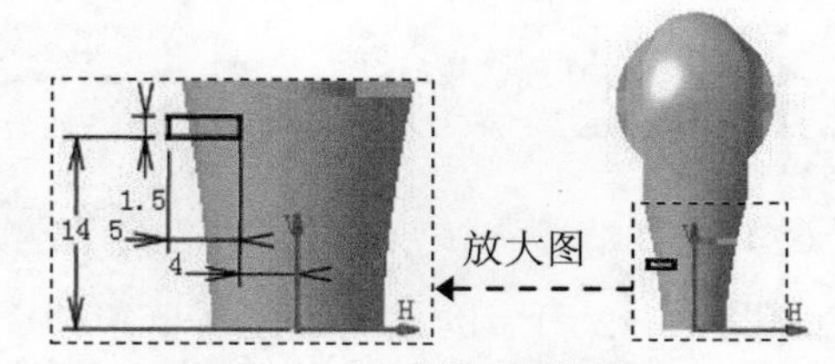

图 13.36　截面草图（草图 12）

Step27. 创建图 13.37 所示的矩形阵列 1。

（1）选择下拉菜单 插入 → 变换特征 → 矩形阵列... 命令，系统弹出“定义矩形阵列”对话框。

（2）在 第一方向 选项卡的 参数 下拉列表中选择 实例和间距 选项，在 实例： 文本框中输入数值 3，在 间距： 文本框中输入数值 6。选取 Step23 创建的旋转槽 1 为要阵列的对象，右击 参考元素： 文本框，在系统弹出的快捷菜单中选择 Y 轴 为矩形阵列 1 的参考方向，单击 反转 按钮。

（3）单击 确定 按钮，完成矩形阵列 1 的创建。

Step28. 创建图 13.38 所示的矩形阵列 2。

（1）选择下拉菜单 插入 → 变换特征 → 矩形阵列... 命令，系统弹出“定义矩形阵列”对话框。

（2）在 第一方向 选项卡的 参数 下拉列表中选择 实例和间距 选项；在 实例： 文本框中输入数值 3，在 间距： 文本框中输入数值 6；选取 Step26 创建的旋转槽 4 为要阵列的对象，参考方向为 Y 轴的反方向。

（3）单击 确定 按钮，完成矩形阵列 2 的创建。

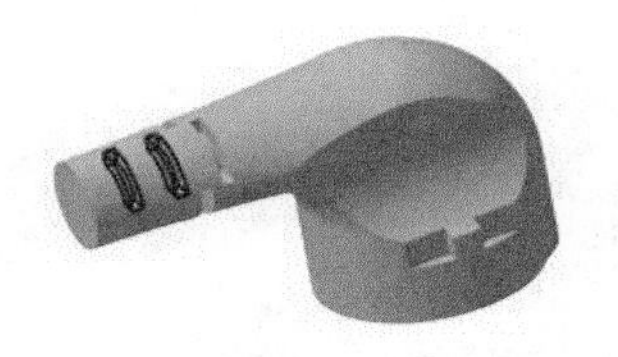

图 13.37 矩形阵列 1

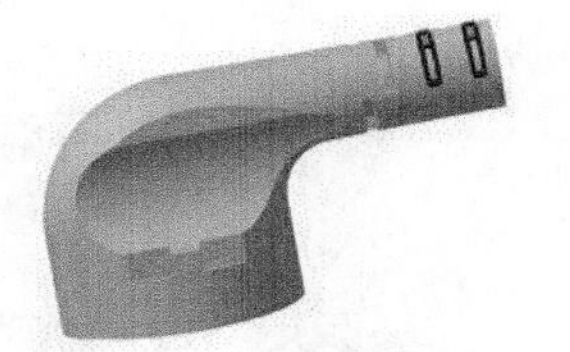

图 13.38 矩形阵列 2

Step29. 创建图 13.39 所示的矩形阵列 3。

（1）选择下拉菜单插入 → 变换特征 → 矩形阵列...命令，系统弹出“定义矩形阵列”对话框。

（2）在第一方向选项卡的参数下拉列表中选择实例和间距选项；在实例：文本框中输入数值 3，在间距：文本框中输入数值 6；选取 Step25 创建的旋转槽 3 为要阵列的对象，参考方向为 Y 轴的反方向。

（3）单击确定按钮，完成矩形阵列 3 的创建。

Step30. 创建图 13.40 所示的矩形阵列 4。

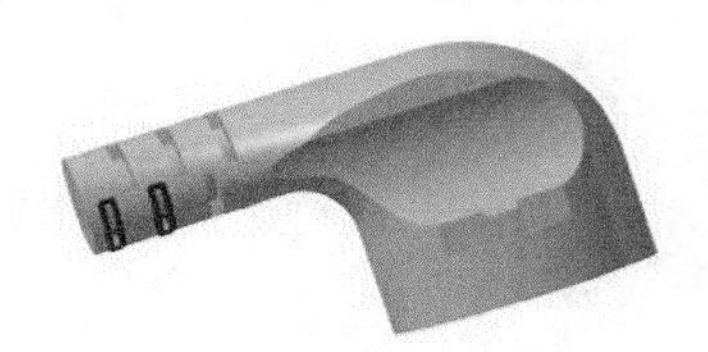

图 13.39 矩形阵列 3

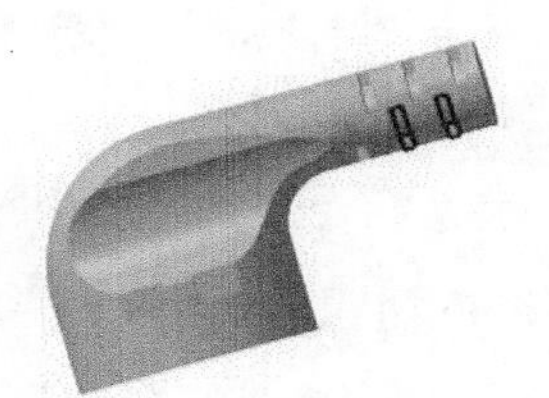

图 13.40 矩形阵列 4

（1）选择下拉菜单插入 → 变换特征 → 矩形阵列...命令，系统弹出“定义矩形阵列”对话框。

（2）在第一方向选项卡的参数下拉列表中选择实例和间距选项；在实例：文本框中输入数值 3，在间距：文本框中输入数值 6；选取 Step24 创建的旋转槽 2 为要阵列的对象，参考方向为 Y 轴的反方向。

（3）单击确定按钮，完成矩形阵列 4 的创建。

Step31. 创建图 13.41 所示的肋 1。

（1）选择下拉菜单插入 → 基于草图的特征 → 肋...命令，系统弹出“肋定义”对话框。

（2）定义轮廓和中心曲线。

① 在该对话框中单击轮廓右侧的按钮，选取图 13.42 所示的平面为草绘平面；在草绘工作台中绘制图 13.43 所示的截面草图（草图 13）；单击按钮，退出草绘工作台。

② 单击中心曲线右侧的按钮，选取“yz 平面”为草绘平面；在草绘工作台中绘制图 13.44 所示的草图 14；单击按钮，退出草绘工作台。在轮廓控制区域的下拉列表中选择保持角度

选项。

（3）单击 确定 按钮，完成肋 1 的创建。

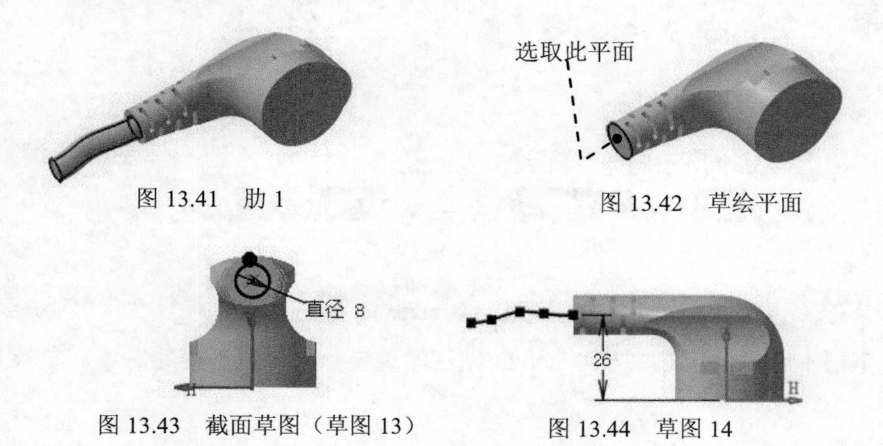

图 13.41 肋 1　　图 13.42 草绘平面

图 13.43 截面草图（草图 13）　　图 13.44 草图 14

Step32. 创建图 13.45 所示的凸台 2。

（1）选择下拉菜单 插入 → 基于草图的特征 → 凸台... 命令（或单击按钮），系统弹出“定义凸台”对话框。

（2）在“定义凸台”对话框中单击按钮，选取“xy 平面”为草绘平面；在草绘工作台中绘制图 13.46 所示的截面草图（草图 15）；单击按钮，退出草绘工作台；在 第一限制 区域的 类型: 下拉列表中选择 尺寸 选项，在 第一限制 区域的 长度: 文本框中输入数值 22，单击 反转方向 按钮。

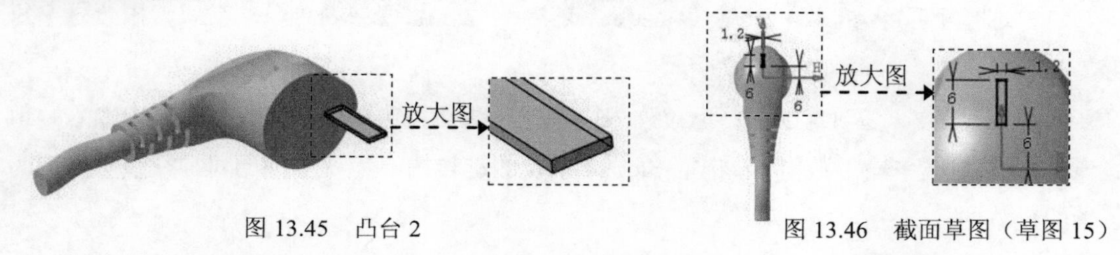

图 13.45 凸台 2　　图 13.46 截面草图（草图 15）

（3）单击 确定 按钮，完成凸台 2 的创建。

Step33. 创建图 13.47 所示的凸台 3。

（1）选择下拉菜单 插入 → 基于草图的特征 → 凸台... 命令（或单击按钮），系统弹出“定义凸台”对话框。

（2）在“定义凸台”对话框中单击按钮，选取“xy 平面”为草绘平面；在草绘工作台中绘制图 13.48 所示的截面草图（草图 16）；单击按钮，退出草绘工作台。在 第一限制 区域的 类型: 下拉列表中选择 尺寸 选项，在 第一限制 区域的 长度: 文本框中输入数值 18，单击 反转方向 按钮。

（3）单击 确定 按钮，完成凸台 3 的创建。

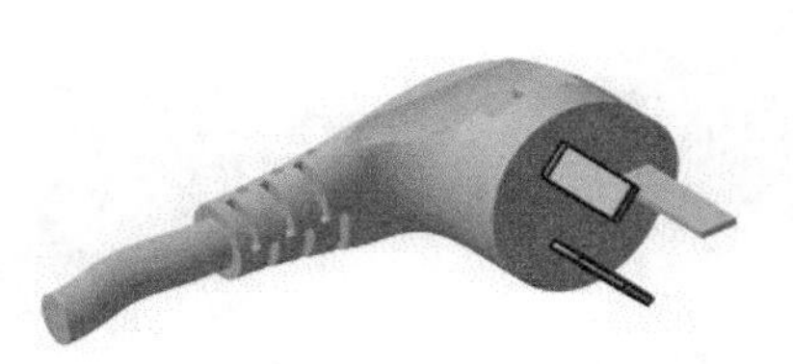

图 13.47 凸台 3

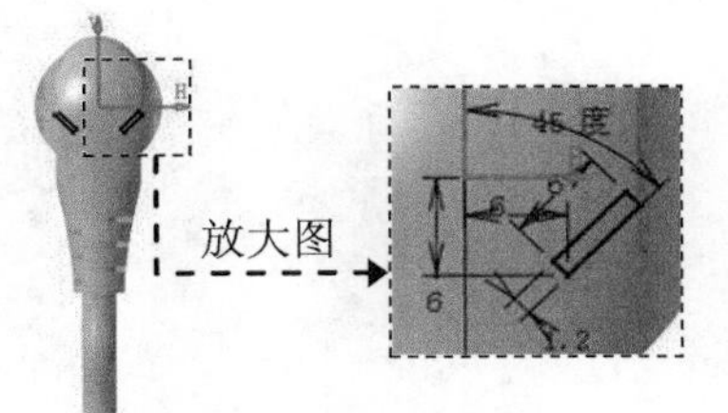

图 13.48 截面草图（草图 16）

Step34. 创建图 13.49b 所示的三切线内圆角 1。

（1）选取命令。选择下拉菜单 插入 → 修饰特征 ▸ → 三切线内圆角... 命令，系统弹出“定义三切线内圆角”对话框。

（2）定义圆角化的面。选取图 13.49a 所示的面 1 和面 2 为要圆角化的面。

（3）定义要移除的面。选取图 13.49a 所示的面 3 为要移除的面。

（4）单击“定义三切线内圆角”对话框中的 确定 按钮，完成三切线内圆角 1 的创建。

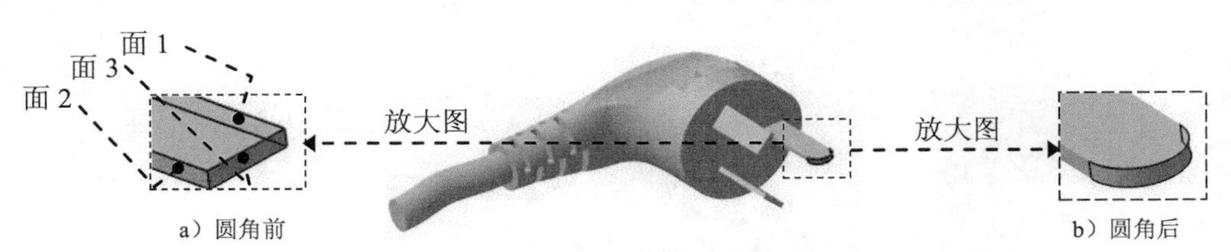

图 13.49 三切线内圆角 1

Step35. 创建图 13.50b 所示的三切线内圆角 2。

（1）选择下拉菜单 插入 → 修饰特征 ▸ → 三切线内圆角... 命令，系统弹出“定义三切线内圆角”对话框。

（2）选取图 13.50a 所示的面 1 和面 2 为要圆角化的面，选取面 3 为要移除的面。

（3）单击 确定 按钮，完成三切线内圆角 2 的创建。

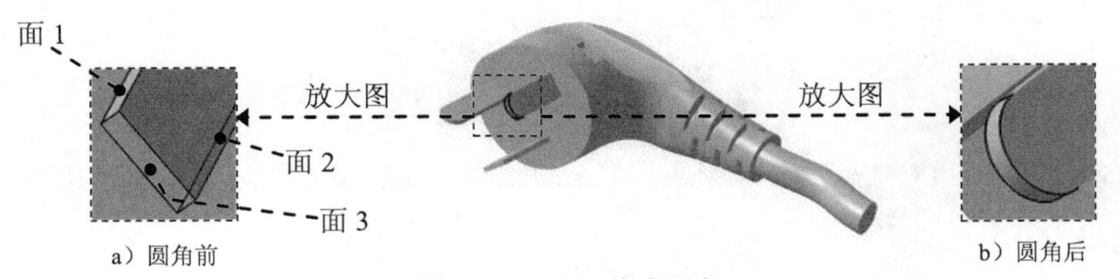

图 13.50 三切线内圆角 2

Step36. 创建图 13.51b 所示的三切线内圆角 3。

（1）选择下拉菜单 插入 → 修饰特征 ▸ → 三切线内圆角... 命令，系统弹出“定义三切线内圆角”对话框。

（2）选取图 13.51a 所示的面 1 和面 2 为要圆角化的面，选取面 3 为要移除的面。

（3）单击 确定 按钮，完成三切线内圆角 3 的创建。

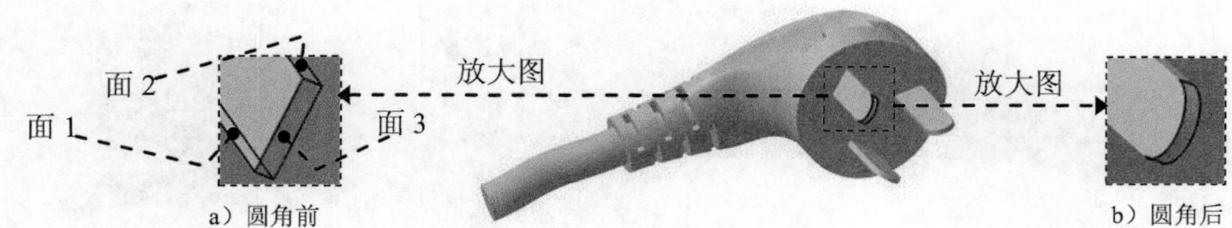

图 13.51　三切线内圆角 3

Step37. 创建图 13.52b 所示的倒圆角 1。

（1）选择下拉菜单 插入 → 修饰特征 → 倒圆角... 命令，系统弹出“倒圆角定义”对话框。

（2）在“倒圆角定义”对话框的 传播: 下拉列表中选择 相切 选项，选取图 13.52a 所示的边线为倒圆角对象，在对话框的 半径: 文本框中输入数值 1。

（3）单击 确定 按钮，完成倒圆角 1 的创建。

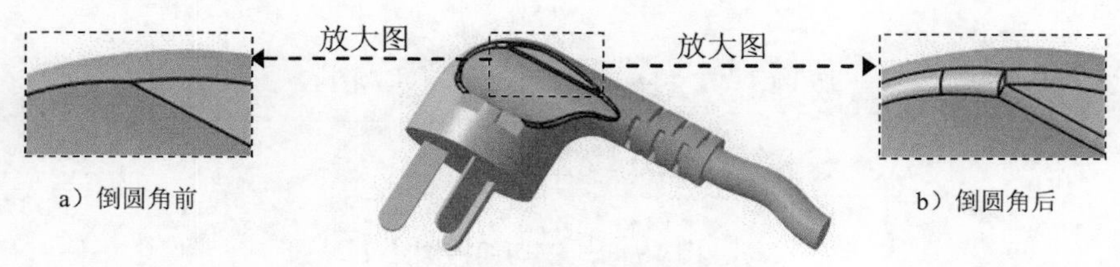

图 13.52　倒圆角 1

Step38. 创建图 13.53b 所示的倒圆角 2。选取图 13.53a 所示的边线为倒圆角对象，倒圆角半径值为 1。

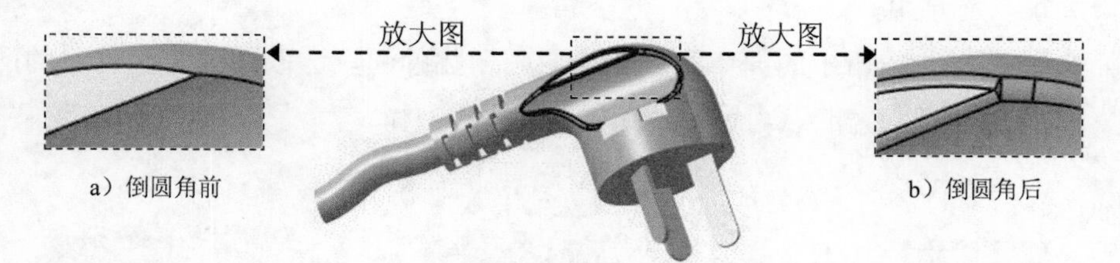

图 13.53　倒圆角 2

Step39. 创建图 13.54b 所示的倒圆角 3。选取图 13.54a 所示的边线为倒圆角对象，倒圆角半径值为 0.5。

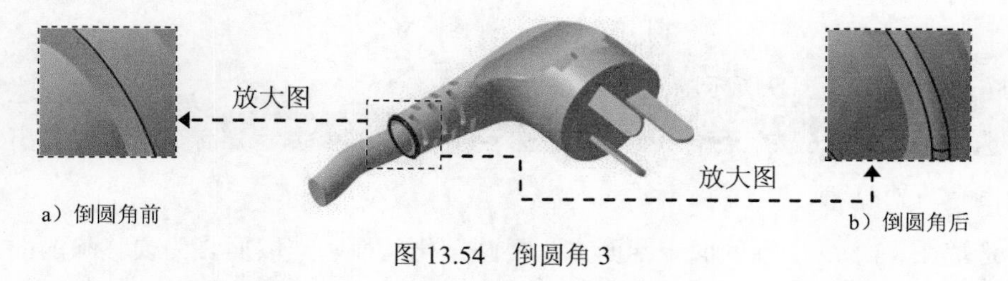

图 13.54　倒圆角 3

Step40. 保存文件。

实例 14 调温旋钮

实例概述：

本实例详细讲解了调温旋钮的设计过程。其设计过程是先使用“创成式外形设计”工作台中的旋转、多截面曲面、修剪等命令完成曲面创建，然后使用加厚命令将曲面加厚生成实体，这种设计方法在后面的设计中将会有更深入的讲解。零件模型及相应的特征树如图 14.1 所示。

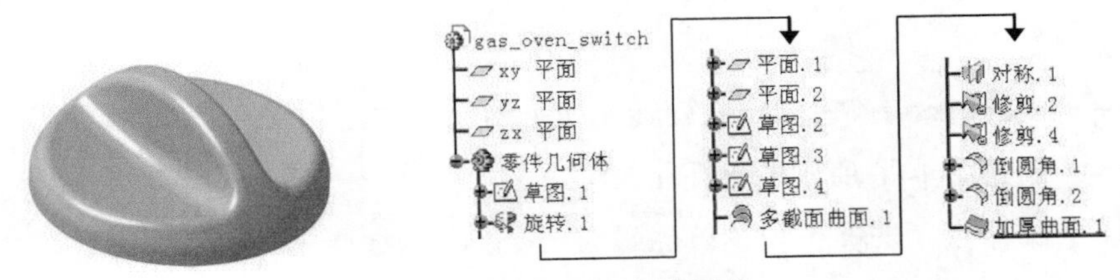

图 14.1 零件模型和特征树

Step1. 新建一个零件的三维模型，将其命名为 gas_oven_switch。选择下拉菜单 开始 → 形状 → 创成式外形设计 命令，进入“创成式外形设计”工作台。

Step2. 创建图 14.2 所示的草图 1。

（1）选择下拉菜单 插入 → 草图编辑器 → 草图 命令（或单击工具栏中的“草图”按钮）。

（2）定义草绘平面。选取“yz 平面”为草图平面，系统进入草绘工作台。

（3）绘制草图。绘制图 14.3 所示的草图 1。

（4）单击“工作台”工具栏中的按钮，完成草图 1 的创建。

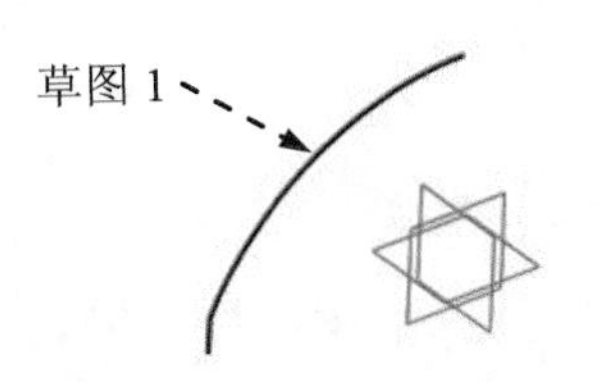

图 14.2 草图 1（建模环境）

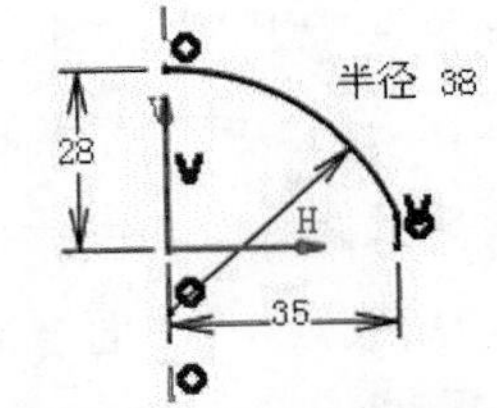

图 14.3 草图 1（草绘环境）

Step3. 创建图 14.4 所示的旋转曲面 1。

（1）选择命令。选择下拉菜单 插入 → 曲面 → 旋转... 命令，系统弹出图 14.5 所示的“旋转曲面定义”对话框。

（2）选取旋转轮廓。选取 Step2 创建的草图 1 为旋转轮廓。

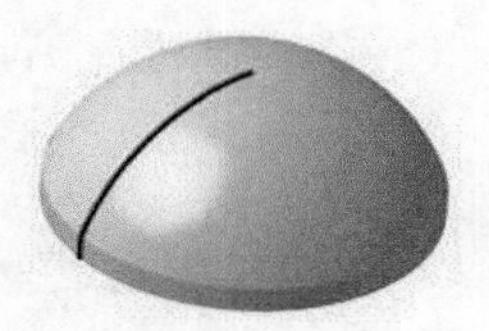

图 14.4 旋转曲面 1

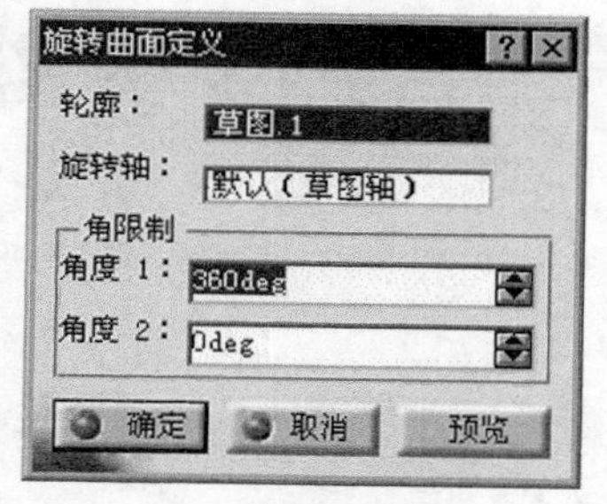

图 14.5 “旋转曲面定义”对话框

（3）定义旋转轴。采用系统默认的草图轴作为旋转轴。

（4）定义旋转角度。在“旋转曲面定义”对话框的角限制区域的角度 1：文本框中输入数值 360。

（5）单击确定按钮，完成旋转曲面 1 的创建。

Step4. 创建图 14.6 所示的平面 1。

（1）选择命令。选择下拉菜单插入 → 线框 → 平面...命令（或单击工具栏中的“平面”按钮），系统弹出图 14.7 所示的“平面定义”对话框。

（2）定义平面类型。在“平面定义”对话框的平面类型下拉列表中选择偏移平面选项（图 14.7）。

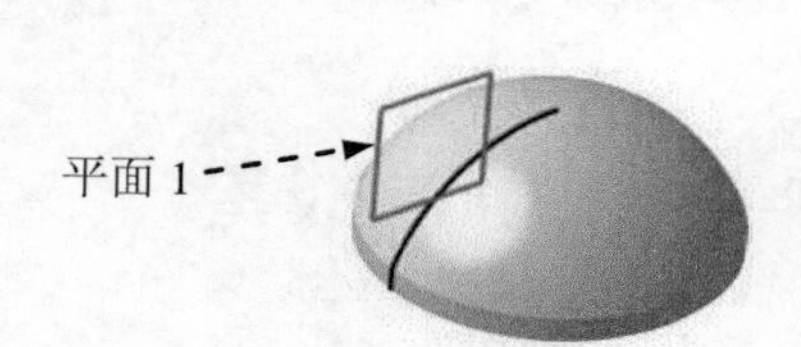

图 14.6 平面 1

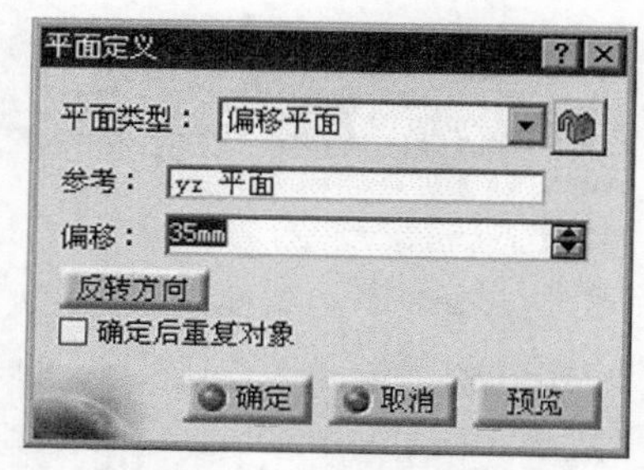

图 14.7 “平面定义”对话框

（3）定义偏移参考平面。选取“yz 平面”为参考平面。

（4）定义偏移方向。接受系统默认的偏移方向。

说明： 如需更改方向，单击“平面定义”对话框中的反转方向按钮即可。

（5）输入偏移值。在“平面定义”对话框的偏移：文本框中输入数值 35。

（6）单击确定按钮，完成平面 1 的创建。

Step5. 创建图 14.8 所示的平面 2。

（1）选择命令。选择下拉菜单插入 → 线框 → 平面...命令（或单击工具栏中的“平面”按钮），弹出“平面定义”对话框。

（2）定义平面类型。在“平面定义”对话框的平面类型下拉列表中选择偏移平面选项。

（3）定义偏移参考平面。选取“yz 平面”为参考平面。

（4）定义偏移方向。单击反转方向按钮，反转偏移方向。

（5）输入偏移值。在“平面定义”对话框的偏移：文本框中输入数值 35。

（6）单击确定按钮，完成平面 2 的创建。

Step6. 创建图 14.9 所示的草图 2。

（1）选择命令。选择下拉菜单插入 → 草图编辑器 → 草图命令（或单击工具栏中的“草图”按钮）。

（2）定义草绘平面。选取“yz 平面”为草图平面，系统进入草绘工作台。

（3）绘制草图。绘制图 14.10 所示的草图 2。

（4）单击按钮，完成草图 2 的创建。

说明：在图 14.10 所示的草图 2 中，半径为 250 的圆弧的圆心与 V 轴相重合。

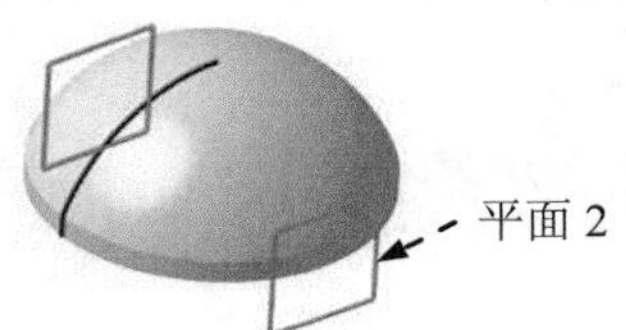

图 14.8　平面 2

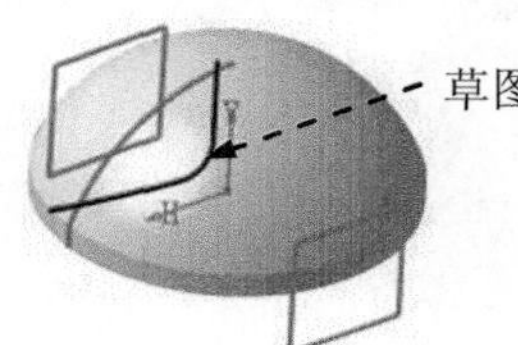

图 14.9　草图 2（建模环境）

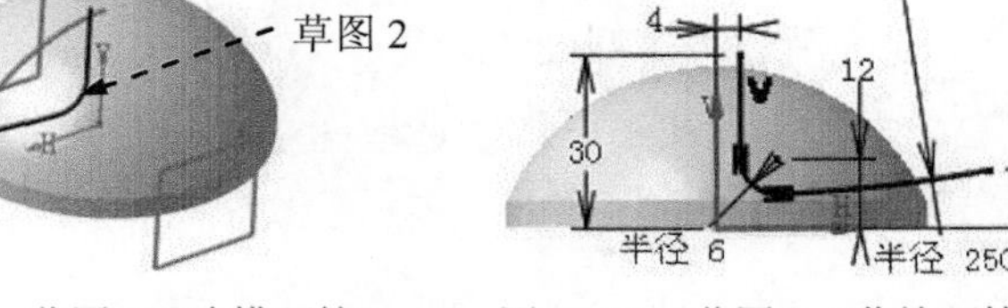

图 14.10　草图 2（草绘环境）

Step7. 创建图 14.11 所示的草图 3。

（1）选择命令。选择下拉菜单插入 → 草图编辑器 → 草图命令（或单击工具栏中的“草图”按钮）。

（2）定义草绘平面。选取平面 1 为草图平面，系统进入草绘工作台。

（3）绘制草图。绘制图 14.12 所示的草图 3。

（4）单击按钮，完成草图 3 的创建。

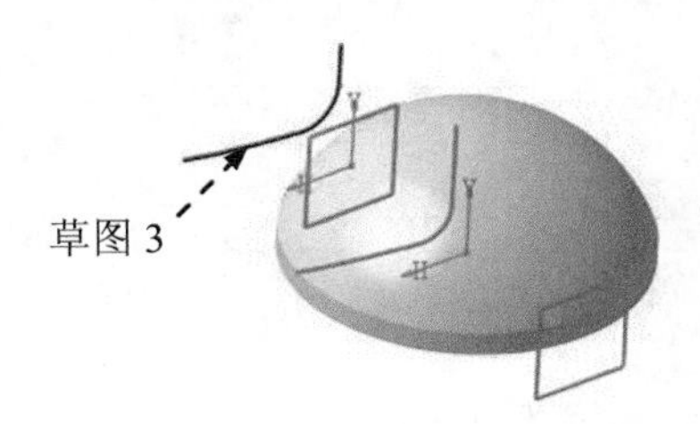

图 14.11　草图 3（建模环境）

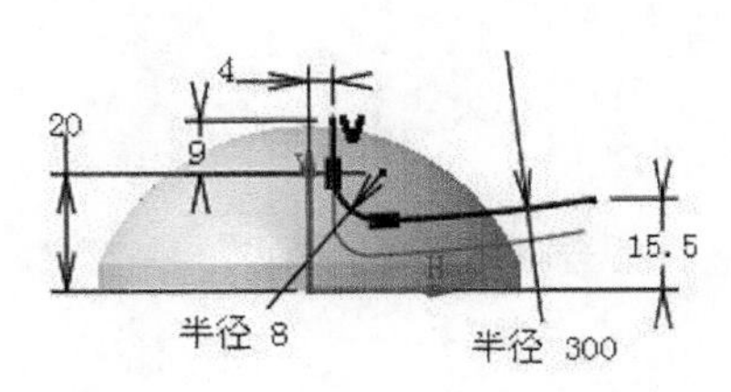

图 14.12　草图 3（草绘环境）

Step8. 创建图 14.13 所示的草图 4。

（1）选择命令。选择下拉菜单插入 → 草图编辑器 → 草图命令（或单击工具栏中的“草图”按钮）。

（2）定义草绘平面。选取平面 2 为草图平面，系统进入草绘工作台。

（3）绘制草图。绘制图 14.14 所示的草图 4。

注意：在绘制该草图时，先选取草图 3，然后选择下拉菜单 插入 → 操作 → 3D 几何图形 → 投影 3D 元素 命令即可。

（4）单击按钮，完成草图 4 的创建。

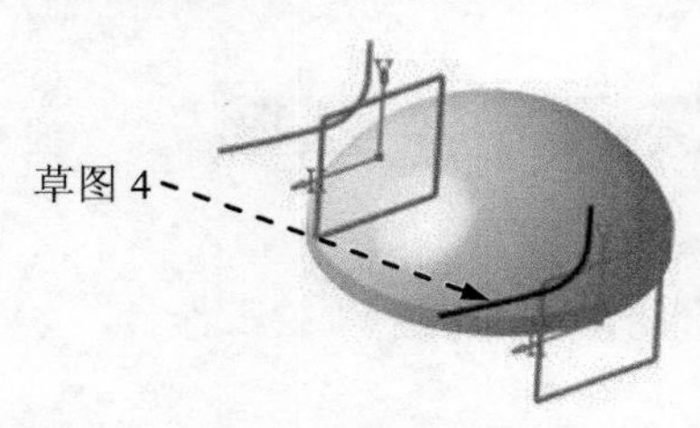

图 14.13　草图 4（建模环境）

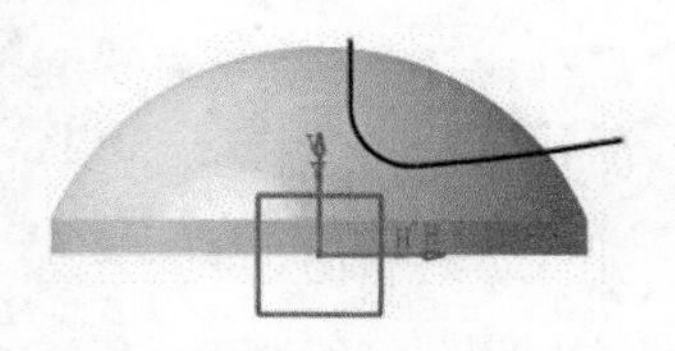
图 14.14　草图 4（草绘环境）

Step9. 创建图 14.15 所示的多截面曲面 1。

（1）选择命令。选择下拉菜单 插入 → 曲面 → 多截面曲面... 命令，此时系统弹出图 14.16 所示的“多截面曲面定义”对话框。

（2）定义截面曲线。依次选取图 14.17 所示的草图 3、草图 2 和草图 4 作为截面曲线。

（3）单击 确定 按钮，完成多截面曲面 1 的创建。

图 14.15　多截面曲面 1

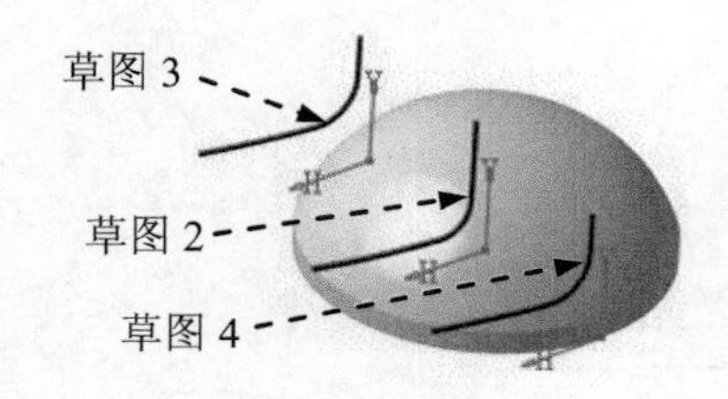

图 14.17　定义截面曲线

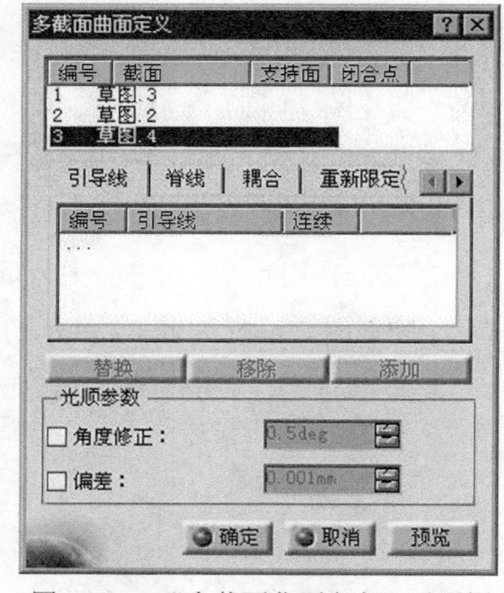

图 14.16　“多截面曲面定义”对话框

Step10. 创建图 14.18 所示的对称 1。

（1）选取命令。选择下拉菜单 插入 → 操作 → 对称... 命令，系统弹出图 14.19 所示的“对称定义”对话框。

图 14.18　对称 1

图 14.19　“对称定义”对话框

（2）定义对称元素。选取 Step9 创建的多截面曲面 1 作为对称元素。

（3）定义对称参考平面。选取“zx 平面”为对称参考平面。

（4）单击“对称定义”对话框中的 确定 按钮，完成对称 1 的创建。

Step11. 创建图 14.20 所示的修剪 1。

（1）选择命令。选择下拉菜单 插入 → 操作 → 修剪... 命令（或单击工具栏中的“修剪”按钮），此时系统弹出图 14.21 所示的“修剪定义”对话框。

（2）定义修剪类型。在“修剪定义”对话框的 模式 下拉列表中选择 标准 选项。

（3）定义修剪元素。选取旋转曲面 1 和多截面曲面 1 为修剪元素，如图 14.22 所示。

（4）定义修剪方向。单击“修剪定义”对话框中的 另一侧/下一元素 按钮和 另一侧/上一元素 按钮，以改变修剪方向。

（5）单击 确定 按钮，完成修剪 1 的创建。

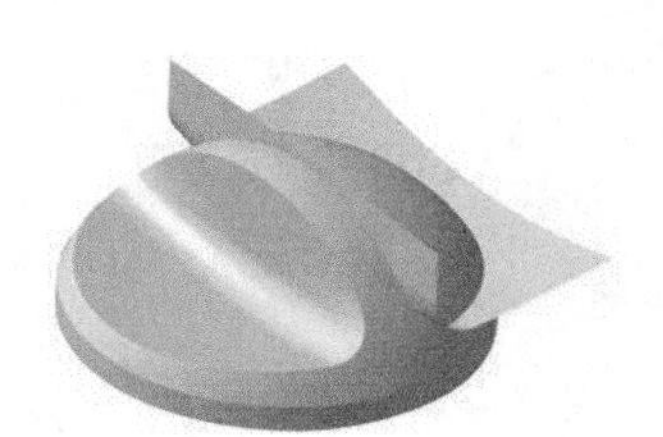

图 14.20　修剪 1

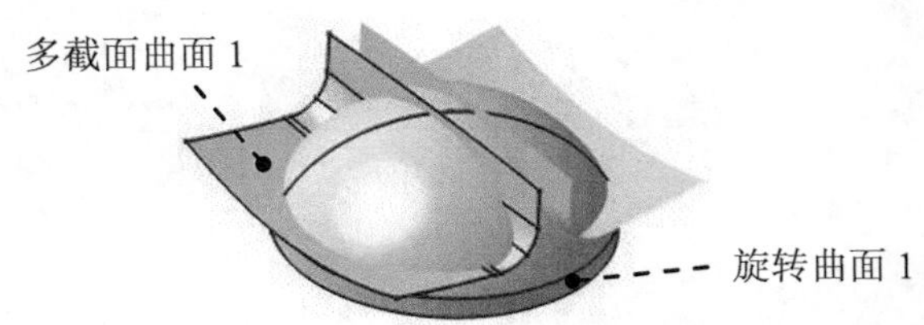

图 14.22　定义修剪元素

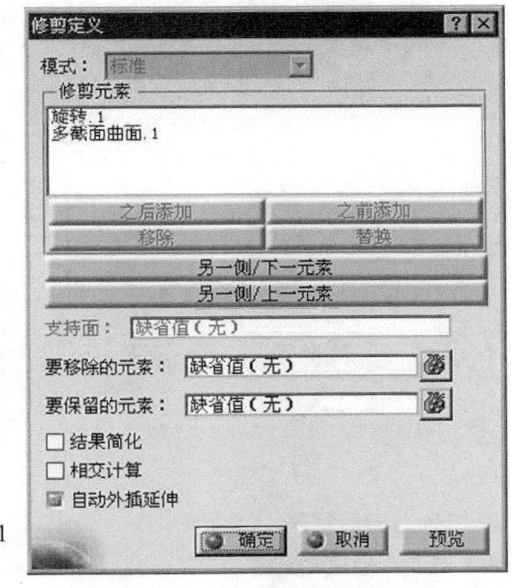

图 14.21　“修剪定义”对话框

说明：在创建修剪特征时，可根据实际情况单击“修剪定义”对话框中的 另一侧/下一元素 按钮和 另一侧/上一元素 按钮来改变修剪方向，以确定曲面修剪后要保留的一侧。

Step12. 创建图 14.23 所示的修剪 2。

（1）选择命令。选择下拉菜单 插入 → 操作 → 修剪... 命令（或单击工具栏中的“修剪”按钮），此时系统弹出“修剪定义”对话框。

（2）定义修剪类型。在“修剪定义”对话框的 模式 下拉列表中选择 标准 选项。

（3）定义修剪元素。选取修剪 1 和对称 1 为修剪元素。

（4）定义修剪方向。单击“修剪定义”对话框中的 另一侧/下一元素 按钮和 另一侧/上一元素 按钮，以改变修剪方向。

（5）单击 确定 按钮，完成修剪 2 的创建。

Step13. 创建图 14.24b 所示的倒圆角 1。

（1）选择命令。选择下拉菜单 插入 → 操作 → 倒圆角... 命令，此时系统弹出图 14.25 所示的“倒圆角定义”对话框。

（2）定义圆角化的对象。选取图 14.24a 所示的两条边线为要圆角化的对象。

（3）确定圆角半径。在“倒圆角定义”对话框的 半径 文本框中输入数值 2。

（4）单击 确定 按钮，完成倒圆角 1 的创建。

图 14.23 修剪 2

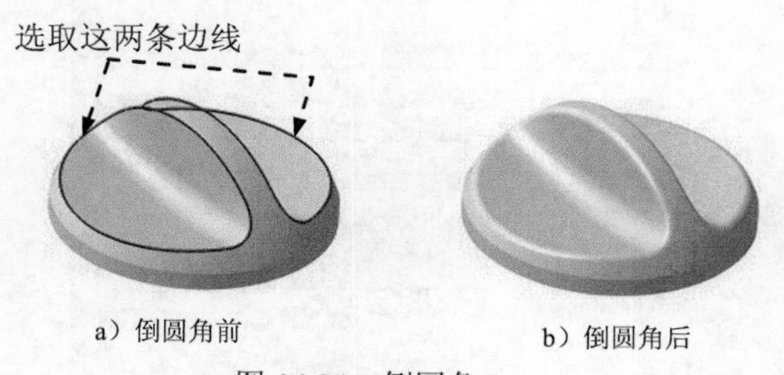

图 14.24 倒圆角 1

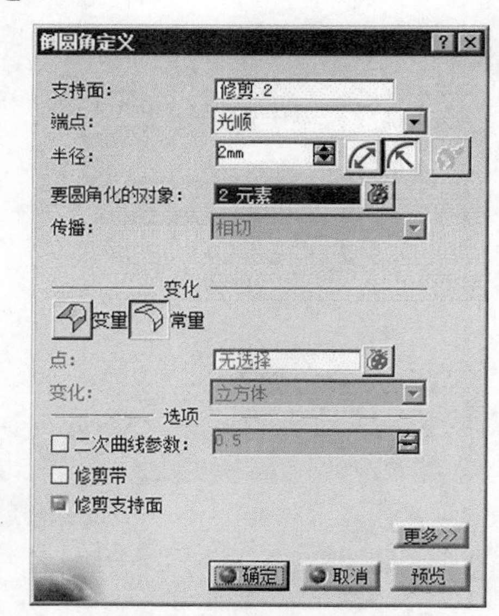

图 14.25 “倒圆角定义”对话框

Step14. 创建图 14.26b 所示的倒圆角 2。

（1）选择命令。选择下拉菜单 插入 → 操作 → 倒圆角... 命令，此时系统弹出“倒圆角定义”对话框。

（2）定义圆角化的对象。在“倒圆角定义”对话框的 传播: 下拉列表中选择 相切 选项，选取图 14.26a 所示的边线为要圆角化的对象。

（3）确定圆角半径。在“倒圆角定义”对话框的 半径 文本框中输入数值 5。

（4）单击 确定 按钮，完成倒圆角 2 的创建。

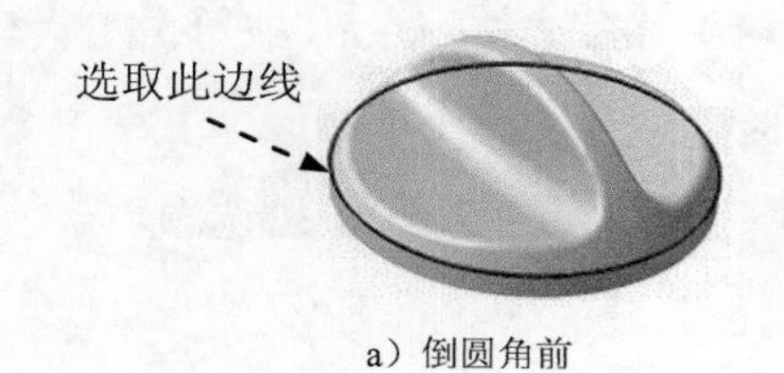

a）倒圆角前

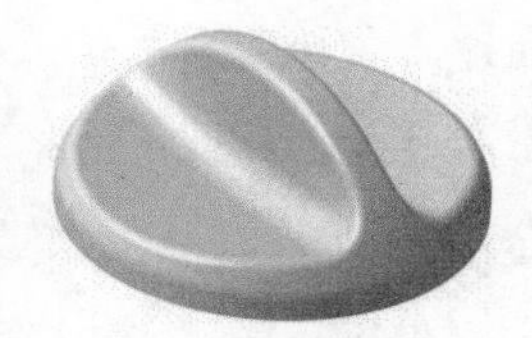

b）倒圆角后

图 14.26 倒圆角 2

Step15. 创建图 14.27 所示的加厚曲面 1。

（1）切换工作台。选择下拉菜单 开始 → 机械设计 → 零件设计 命令，此时切换到“零件设计”工作台中。

（2）选择命令。选择下拉菜单 插入 → 基于曲面的特征 → 厚曲面... 命令，系统弹出图 14.28 所示的“定义厚曲面”对话框。

（3）定义加厚对象。在特征树上选取倒圆角 2 为要加厚的对象。

（4）定义加厚值。在“定义厚曲面”对话框的 第一偏移 文本框中输入数值 1，如图 14.28 所示。

（5）定义厚曲面方向。采用系统默认的加厚方向。

（6）单击 确定 按钮，完成加厚曲面 1 的创建。

图 14.27 加厚曲面 1

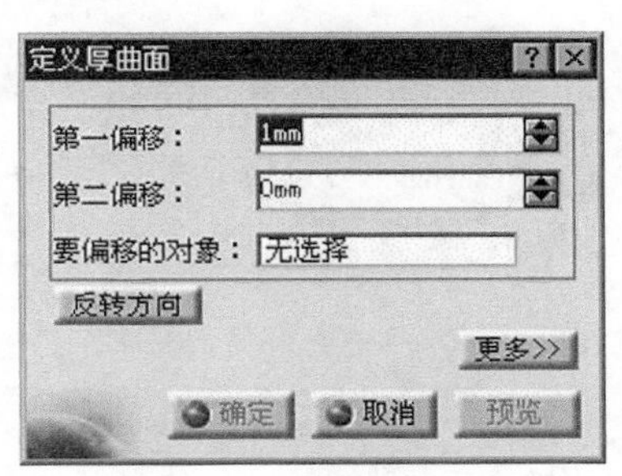

图 14.28 “定义厚曲面”对话框

Step16. 保存零件模型。

实例 15 电风扇机座

实例概述：

本实例是电风扇机座的设计，主要运用了如下命令：凸台、凹槽、倒圆角、可变圆角以及镜像等。需要注意的是可变圆角的创建方法及工作台间的切换。零件模型及相应的特征树如图 15.1 所示。

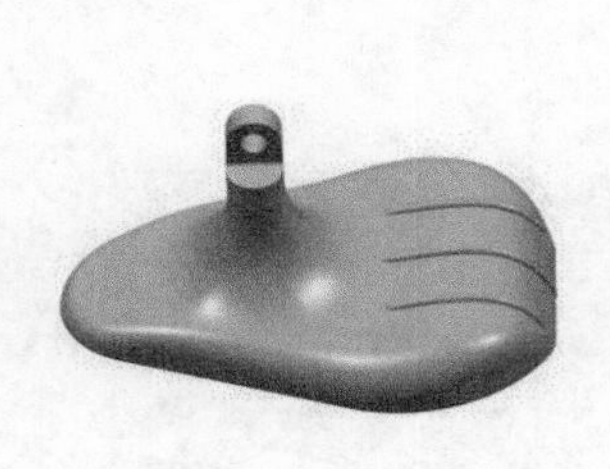

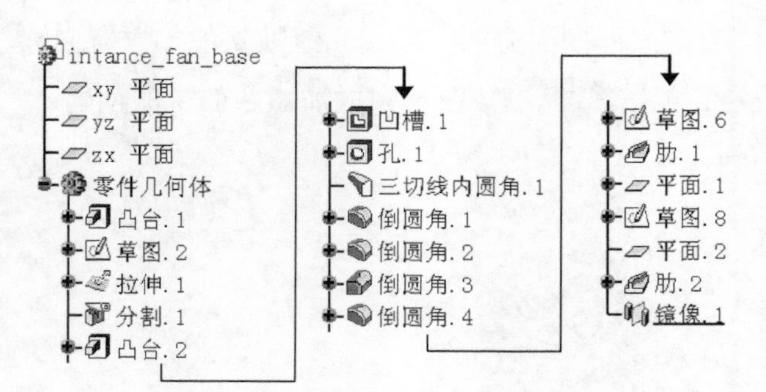

图 15.1 零件模型和特征树

Step1. 新建模型文件。选择下拉菜单 文件 → 新建... 命令（或在“标准”工具栏中单击 按钮），在系统弹出的“新建”对话框的 类型列表： 中选择文件类型为 Part，单击对话框中的 确定 按钮。在“新建零件”对话框中输入零件名称 intance_fan_base，并选中 启用混合设计 复选框，单击 确定 按钮，进入“零件设计”工作台。

Step2. 创建图 15. 2 所示的零件基础特征——凸台 1。

（1）选择下拉菜单 插入 → 基于草图的特征 → 凸台... 命令（或单击 按钮），系统弹出“定义凸台”对话框。

（2）创建截面草图。

① 在“定义凸台”对话框中单击 按钮，选取“xy 平面”作为草图平面。

② 在草绘工作台中绘制图 15.3 所示的截面草图（草图 1）。

③ 单击“工作台”工具栏中的 按钮，退出草绘工作台。

图 15.2 凸台 1

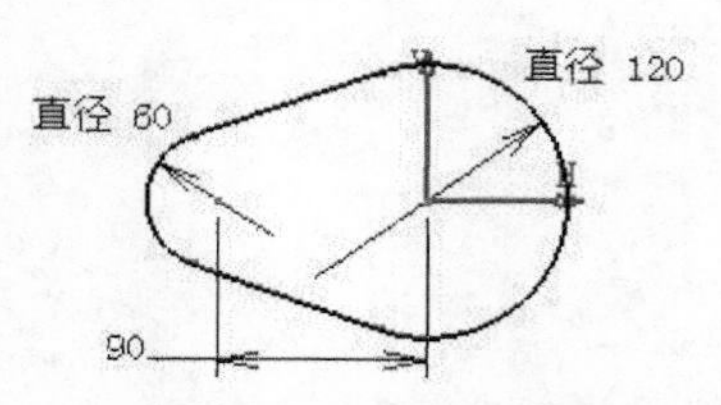

图 15.3 截面草图（草图 1）

（3）定义深度属性。

① 采用系统默认的方向。

② 在“定义凸台”对话框 第一限制 区域的 类型: 下拉列表中选择 尺寸 选项。

③ 在“定义凸台”对话框 第一限制 区域的 长度: 文本框中输入数值 50。

（4）单击“定义凸台”对话框中的 确定 按钮，完成凸台 1 的创建。

Step3. 创建图 15.4 所示的草图 2。

（1）选择下拉菜单 插入 → 草图编辑器 → 草图 命令（或单击工具栏中的“草图”按钮）。

（2）选取“zx 平面”为草图平面，系统自动进入草绘工作台。

（3）绘制图 15.5 所示的草图 2。

（4）单击“工作台”工具栏中的按钮，完成草图 2 的创建。

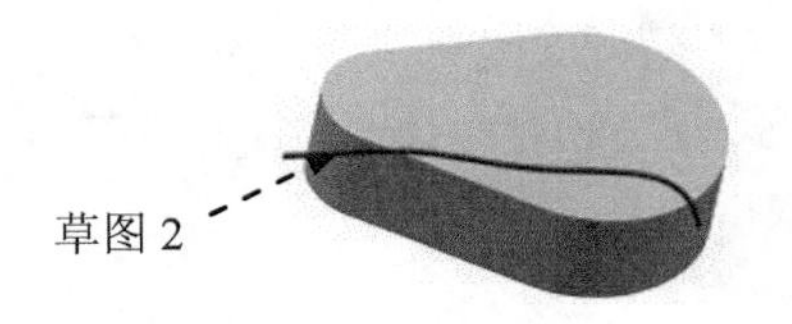

图 15.4 草图 2（建模环境）

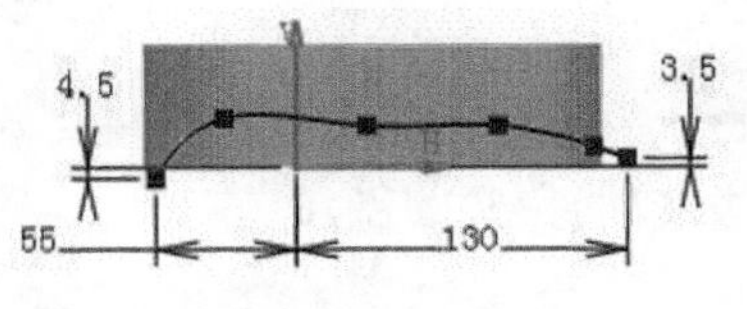

图 15.5 草图 2（草绘环境）

Step4. 创建图 15.6 所示的拉伸 1。

（1）选择下拉菜单 开始 → 形状 → 创成式外形设计 命令，切换到“创成式外形设计”工作台。

（2）选择下拉菜单 插入 → 曲面 → 拉伸... 命令，系统弹出“拉伸曲面定义”对话框。

（3）选取 Step3 创建的草图 2 作为拉伸轮廓。

（4）选取“zx 平面”，系统以“zx 平面”的法线作为拉伸方向。

（5）在“拉伸曲面定义”对话框的 限制 1 和 限制 2 区域的 类型: 下拉列表中均选择 尺寸 选项。

（6）在“拉伸曲面定义”对话框的 限制 1 和 限制 2 区域的 尺寸: 文本框中均输入数值 80。

（7）单击 确定 按钮，完成曲面的拉伸。

Step5. 创建图 15.7 所示的分割 1。

（1）选择下拉菜单 开始 → 机械设计 → 零件设计 命令，切换到“零件设计”工作台。

（2）选择下拉菜单 插入 → 基于曲面的特征 → 分割... 命令，系统弹出“定义分割”对话框。

（3）定义分割元素及方向。在特征树中选取拉伸 1 作为分割元素，然后单击图 15.8 所示的箭头。

（4）单击 确定 按钮，完成分割 1 的操作。

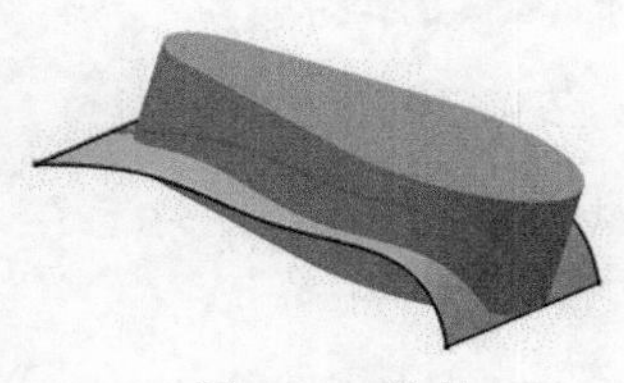
图 15.6　拉伸 1

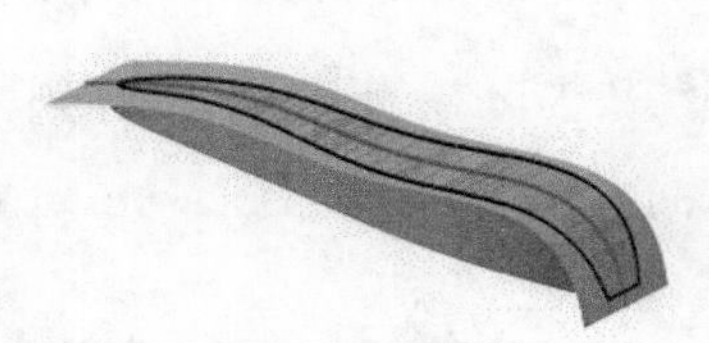
图 15.7　分割 1

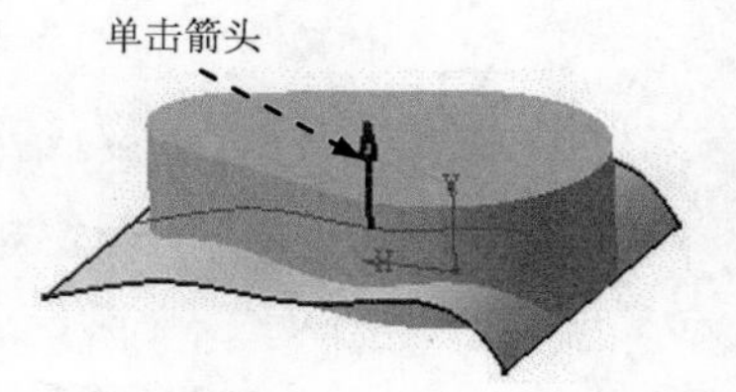

图 15.8　定义方向

说明：完成此步后可将草图 2 和拉伸 1 隐藏。

Step6. 创建图 15.9 所示的零件基础特征——凸台 2。选择下拉菜单 插入 → 基于草图的特征 → 凸台... 命令（或单击按钮）；在系统弹出的“定义凸台”对话框中单击按钮，选取“zx 平面”作为草图平面，在草绘工作台中绘制图 15.10 所示的截面草图（草图 3 右视图）；在该对话框的 第一限制 和 第二限制 区域的 类型： 下拉列表中均选择 尺寸 选项，并在 长度： 文本框中输入数值 12.5。单击“定义凸台”对话框中的 确定 按钮，完成凸台 2 的创建。

图 15.9　凸台 2

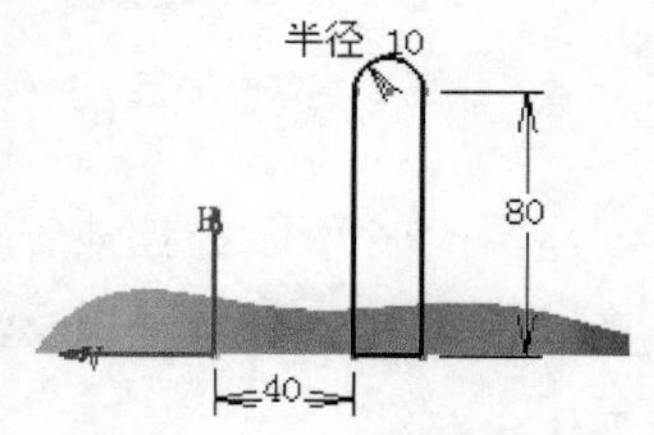

图 15.10　截面草图（草图 3）

Step7. 创建图 15.11 所示的零件特征——凹槽 1。

（1）选择下拉菜单 插入 → 基于草图的特征 → 凹槽... 命令（或单击按钮），系统弹出“定义凹槽”对话框。

（2）创建图 15.12 所示的截面草图。

① 在“定义凹槽”对话框中单击按钮，选取“zx 平面”为草图平面。

② 在草绘工作台中绘制图 15.12 所示的截面草图（草图 4）。

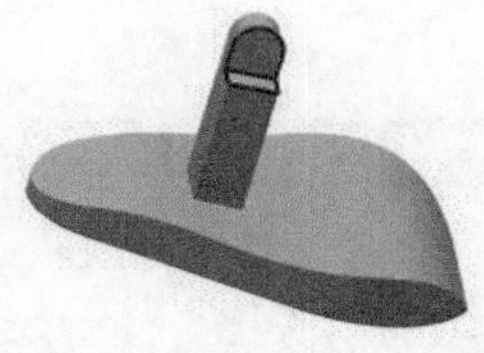
图 15.11　凹槽 1

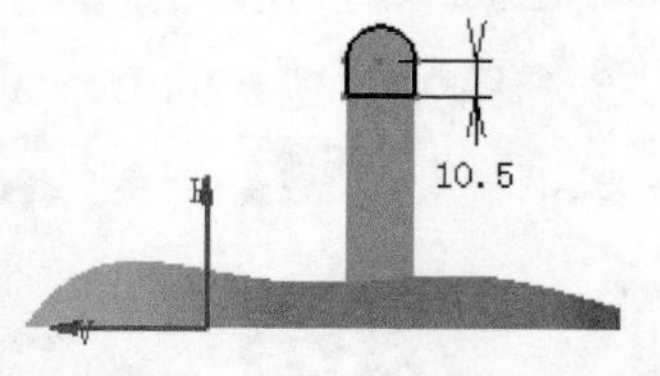

图 15.12　截面草图（草图 4）

③ 单击“工作台”工具栏中的按钮，退出草绘工作台。

（3）定义深度属性。

① 采用系统默认的深度方向。

② 在“定义凹槽”对话框的 第一限制 区域的 类型： 下拉列表中选择 尺寸 选项。

③ 在 深度： 文本框中输入数值 12.5。

（4）单击 确定 按钮，完成凹槽 1 的创建。

Step8. 创建图 15.13 所示的零件特征——孔 1。

（1）选择下拉菜单 插入 → 基于草图的特征 → 孔... 命令（或单击“基于草图的特征”工具栏中的按钮）。

（2）选取图 15.14 所示的模型表面为孔的放置面，此时系统弹出“定义孔”对话框。

（3）定义孔的位置。

① 单击“定义孔”对话框的 扩展 选项卡中的按钮，系统进入草绘工作台。

② 如图 15.15 所示，在草绘工作台中约束孔的中心线与圆同心。

③ 完成几何约束后，单击按钮，退出草绘工作台。

图 15.13 孔 1

图 15.14 选取开孔平面

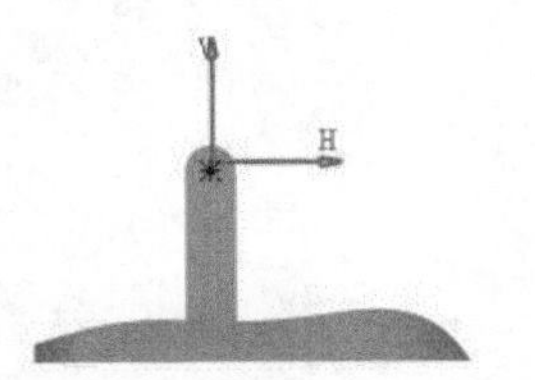

图 15.15 约束孔的定位

（4）定义孔的延伸参数。

① 在“定义孔”对话框的 盲孔 下拉列表中选择 直到最后 选项。

② 在“定义孔”对话框的 扩展 选项卡的 直径： 文本框中输入数值 9。

（5）单击“定义孔”对话框中的 确定 按钮，完成孔 1 的创建。

Step9. 创建图 15.16 所示的三切线内圆角 1。

（1）选择下拉菜单 插入 → 修饰特征 → 三切线内圆角... 命令，系统弹出“定义三切线内圆角”对话框。

（2）选取图 15.17 所示的面 1 和面 2 为要圆角化的面。

（3）选取图 15.17 所示的面 3 为要移除的面。

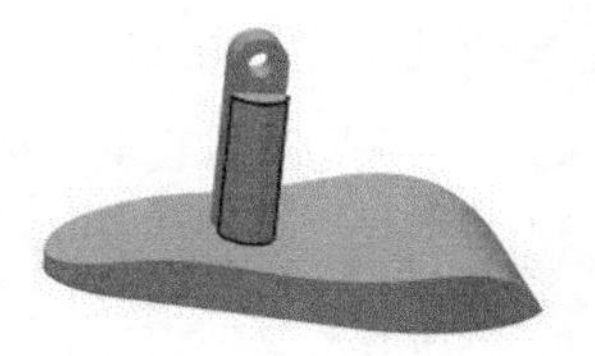

图 15.16 三切线内圆角 1

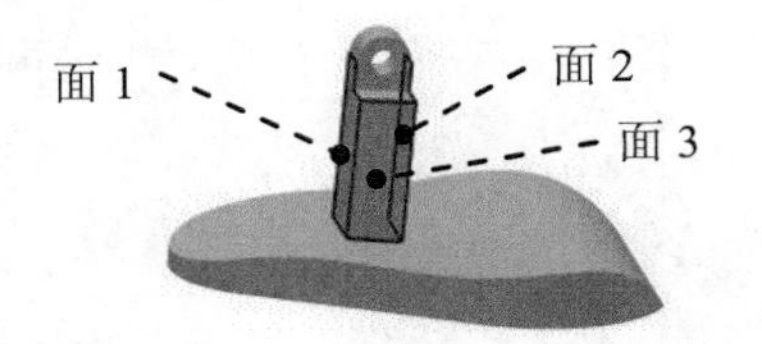

图 15.17 选取要移除的面与要圆角化的面

（4）单击“定义三切线内圆角”对话框中的 确定 按钮，完成三切线内圆角 1 的创

建。

Step10. 创建图 15. 18b 所示的倒圆角 1。

（1）选择下拉菜单 插入 ➡ 修饰特征 ▸ ➡ 倒圆角... 命令，系统弹出“倒圆角定义”对话框。

（2）在“倒圆角定义”对话框的 传播: 下拉列表中选择 相切 选项，选取图 15.18a 所示的边线为要倒圆角的对象。

（3）在“倒圆角定义”对话框的 半径: 文本框中输入数值 5。

（4）单击“倒圆角定义”对话框中的 确定 按钮，完成倒圆角 1 的创建。

Step11. 创建倒圆角 2。要倒圆角的边线如图 15.19 所示，倒圆角半径值为 1.5。

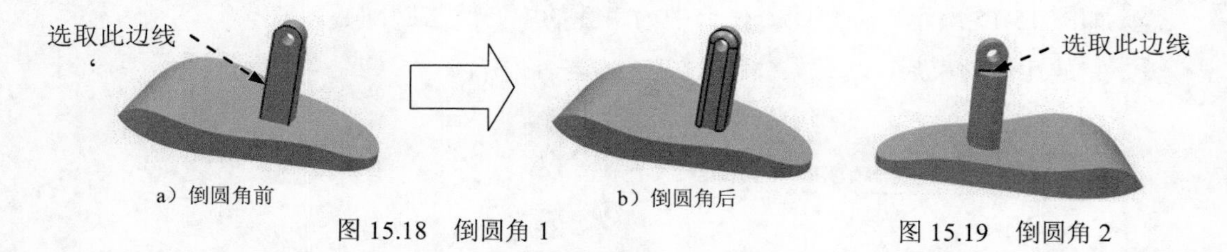

a）倒圆角前　b）倒圆角后

图 15.18　倒圆角 1

图 15.19　倒圆角 2

Step12. 创建图 15.20 所示的可变半径圆角 1。

（1）选择下拉菜单 插入 ➡ 修饰特征 ▸ ➡ 倒圆角... 命令，系统弹出“倒圆角定义”对话框，然后在 变化 区域中选择 变量 类型。

（2）在“倒圆角定义”对话框的 传播: 下拉列表中选择 相切 选项，然后在系统 选择边线。 的提示下，选取图 15.20a 所示的边线为要倒可变半径圆角的对象。

（3）定义倒圆角半径。

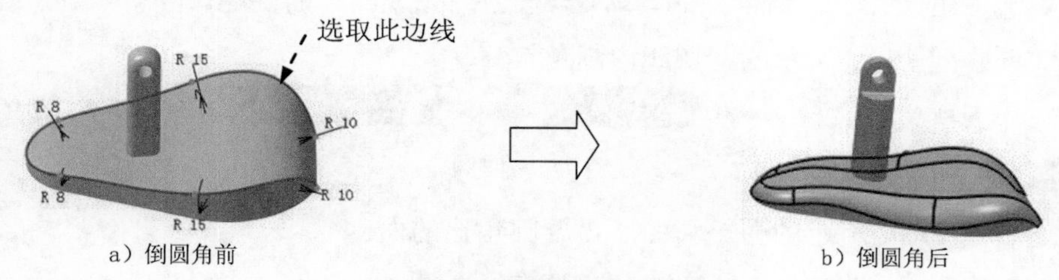

a）倒圆角前　b）倒圆角后

图 15.20　可变半径圆角 1

① 单击以激活 点: 文本框（此时可以开始设置边线不同位置的圆角半径），在模型指定边线的两端双击预览的尺寸线，在系统弹出的“参数定义”对话框中更改半径值，各点的半径值如图 15.20a 所示。

② 完成上一步操作后，在所选边线需要指定半径值的位置单击（直到出现尺寸线，表明该点已加入 点: 文本框中），然后在“可变半径圆角定义”对话框的 半径: 文本框中输入数值 10。

③ 在变化：下拉列表中选择立方体选项。

（4）单击“可变半径圆角定义”对话框中的确定按钮，完成可变半径圆角 1 的创建。

Step13. 创建倒圆角 3。要倒圆角的边线如图 15.21 所示，倒圆角半径值为 35。

Step14. 创建图 15.22 所示的草图 5。

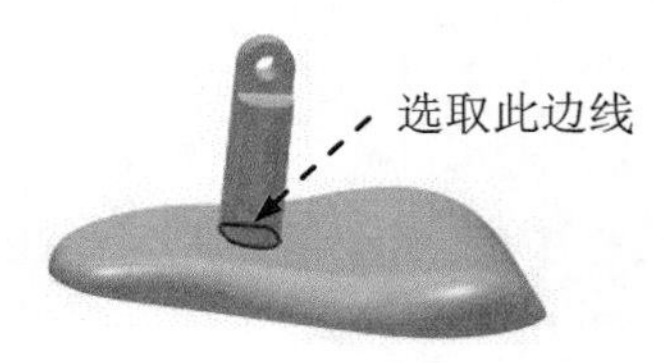

图 15.21 倒圆角 3

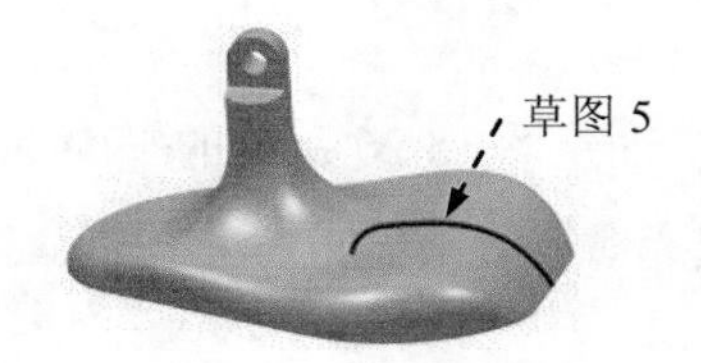

图 15.22 草图 5（建模环境）

（1）选择下拉菜单插入 → 草图编辑器 → 草图命令（或单击工具栏中的“草图”按钮）。

（2）选取“zx 平面”为草图平面，系统自动进入草绘工作台。

（3）绘制图 15.23 所示的草图 5。

（4）单击“工作台”工具栏中的按钮，完成草图 5 的创建。

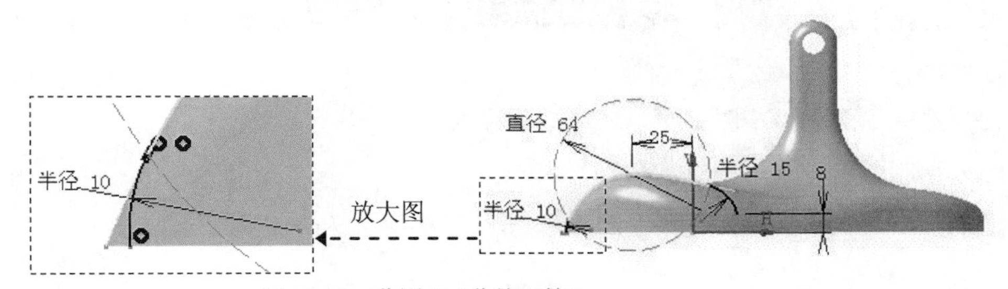

图 15.23 草图 5（草绘环境）

Step15. 创建图 15.24 所示的肋 1。

（1）选择下拉菜单插入 → 基于草图的特征 → 肋...命令（或单击“基于草图的特征”工具栏中的按钮），系统弹出“定义肋”对话框。

（2）定义肋特征的轮廓。

① 单击“定义肋”对话框的轮廓文本框右侧的按钮，选取“xy 平面”为草绘基准面，系统进入草绘工作台。

② 绘制图 15.25 所示的轮廓截面草图（草图 6）。

③ 单击“工作台”工具栏中的按钮，完成截面轮廓的绘制。

（3）选取草图 5 作为肋的中心曲线。

（4）在“定义肋”对话框的轮廓控制区域的下拉列表中选择保持角度选项。

（5）单击对话框中的 确定 按钮，完成肋 1 的创建。

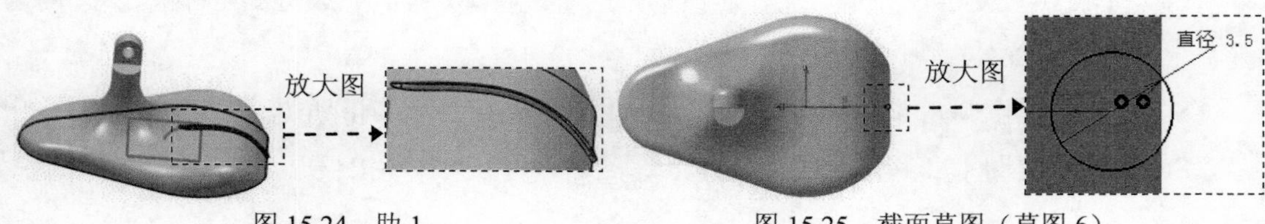

图 15.24 肋 1　　图 15.25 截面草图（草图 6）

Step16. 创建图 15.26 所示的平面 1。

（1）选择命令。单击“参考元素（扩展）”工具栏中的按钮，系统弹出“平面定义”对话框。

（2）在“平面定义”对话框的 平面类型 下拉列表中选择 偏移平面 选项。

（3）定义平面参数。

① 选取“zx 平面”为参考平面。

② 在“平面定义”对话框的 偏移: 文本框中输入数值 25，然后单击 反转方向 按钮。

（4）单击 确定 按钮，完成平面 1 的创建。

Step17. 创建图 15.27 所示的草图 7。

（1）选择下拉菜单 插入 → 草图编辑器 → 草图 命令（或单击工具栏中的“草图”按钮）。

（2）选取平面 1 为草图平面，系统自动进入草图工作台。

（3）绘制图 15.28 所示的草图 7。

（4）单击“工作台”工具栏中的按钮，完成草图 7 的创建。

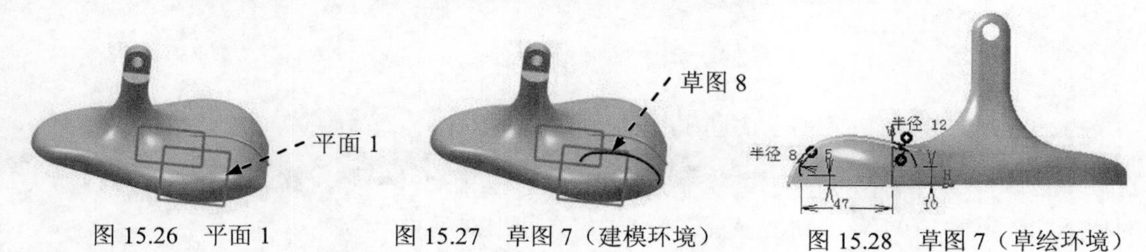

图 15.26 平面 1　　图 15.27 草图 7（建模环境）　　图 15.28 草图 7（草绘环境）

Step18. 创建图 15.29 所示的平面 2。

（1）选择命令。单击“参考元素（扩展）”工具栏中的按钮，系统弹出“平面定义”对话框。

（2）定义平面类型和参考平面。在系统弹出的对话框的 平面类型: 下拉列表中选择 平行通过点 选项；激活 参考: 文本框并右击，在系统弹出的快捷菜单中选取 XY 平面 为参考平面。

（3）选择平面通过的点。选取图 15.30 所示的点为平面通过的点。

（4）单击“平面定义”对话框中的 确定 按钮，完成平面 2 的创建。

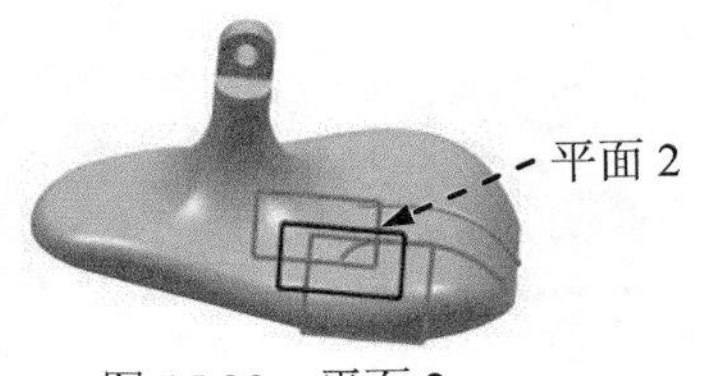

图 15.29 平面 2

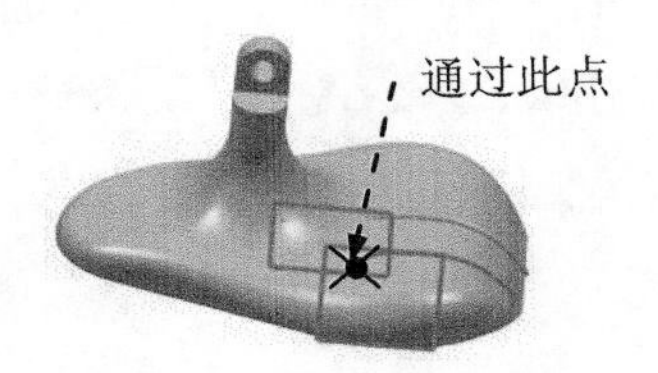

图 15.30 选择通过点

Step19. 创建图 15.31 所示的肋 2。

（1）选择下拉菜单 插入 → 基于草图的特征 → 肋... 命令（或单击“基于草图的特征”工具栏中的按钮），系统弹出“定义肋”对话框。

（2）定义肋特征的轮廓。

① 单击“定义肋”对话框的 轮廓 文本框右侧的按钮，选取平面 2 为草绘基准面，系统进入草绘工作台。

② 绘制图 15.32 所示的轮廓截面草图（草图 8）。

③ 单击“工作台”工具栏中的按钮，完成截面轮廓的绘制。

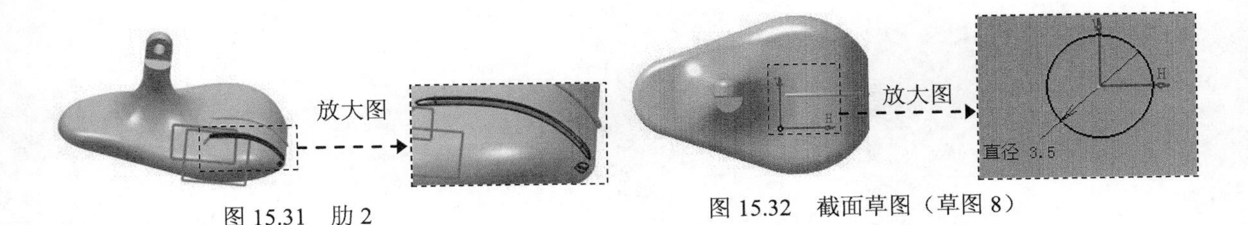

图 15.31 肋 2

图 15.32 截面草图（草图 8）

（3）选取草图 7 作为肋 2 的中心曲线。

（4）在“定义肋”对话框的 轮廓控制 区域的下拉列表中选择 保持角度 选项。

（5）单击“定义肋”对话框中的 确定 按钮，完成肋 2 的创建。

Step20. 创建图 15.33 所示的镜像 1。

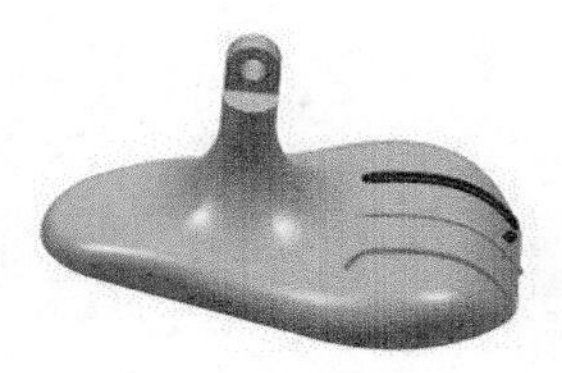

图 15.33 镜像 1

（1）在特征树上选取“肋 2”为镜像对象。

（2）选择下拉菜单 插入 → 变换特征 → 镜像... 命令，系统弹出“定义镜像”对话框。

（3）选取“zx 平面”为镜像平面。

（4）单击 确定 按钮，完成镜像 1 的创建。

Step21. 保存零件模型。

实例 16 叶 轮

实例概述：

本实例介绍了叶轮模型的设计过程。设计过程中的关键点是建立叶片，首先建立一个圆柱面，然后将草绘图形投影在曲面上，再根据曲面上的曲线生成填充曲面，最后通过加厚、阵列等方式完成整个模型。零件模型及特征树如图 16.1 所示。

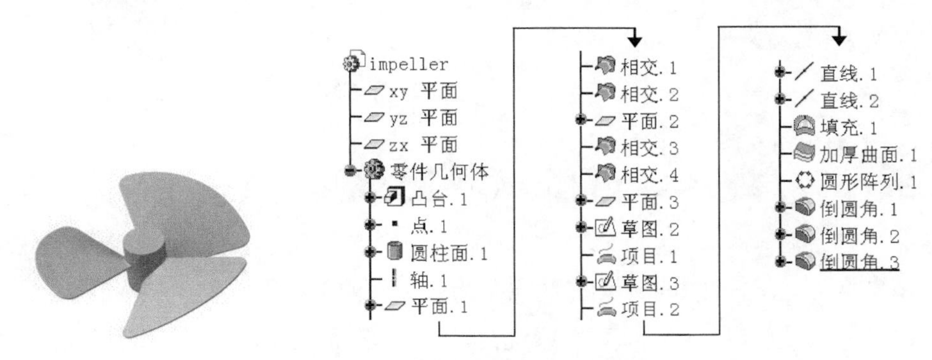

图 16.1 零件模型和特征树

Step1. 新建模型文件。选择下拉菜单 文件 → 新建... 命令，系统弹出“新建”对话框，在 类型列表： 中选择 Part 选项，单击 确定 按钮。在系统弹出的“新建零件”对话框中输入零件名称 impeller，并选中 启用混合设计 复选框，单击 确定 按钮，进入“零件设计”工作台。

Step2. 创建图 16.2 所示的零件基础特征——凸台 1。

（1）选择下拉菜单 插入 → 基于草图的特征 → 凸台... 命令（或单击 按钮），系统弹出“定义凸台”对话框。

（2）创建截面草图。在“定义凸台”对话框中单击 按钮，选取“xy 平面”为草图平面。绘制图 16.3 所示的截面草图（草图 1）。单击“工作台”工具栏中的 按钮，退出草绘工作台。

（3）定义拉伸深度属性。采用系统默认的深度方向，在 第一限制 区域的 类型： 下拉列表中选择 尺寸 选项，在 第一限制 区域的 长度： 文本框中输入数值 65。

（4）单击 确定 按钮，完成凸台 1 的创建。

Step3. 创建图 16.4 所示的点 1。

（1）切换工作台。选择下拉菜单 开始 → 机械设计 → 线框和曲面设计 命令，进入“线框和曲面设计”工作台。

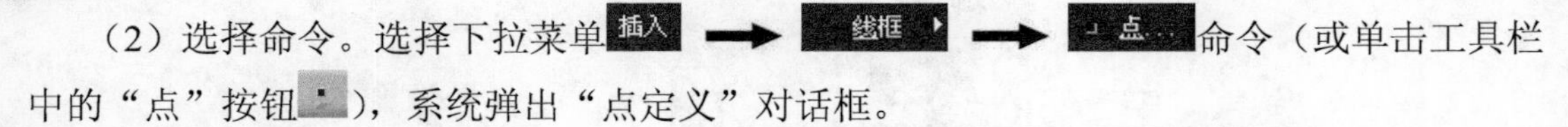

（2）选择命令。选择下拉菜单 插入 → 线框 → 点... 命令（或单击工具栏中的“点”按钮），系统弹出“点定义”对话框。

（3）定义点类型。在“点定义”对话框的 点类型 下拉列表中选择 坐标 选项，其他参数采用系统默认的设置值。

（4）单击 确定 按钮，完成点 1 的创建。

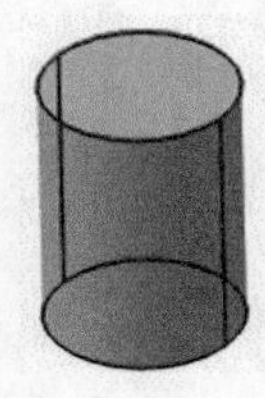

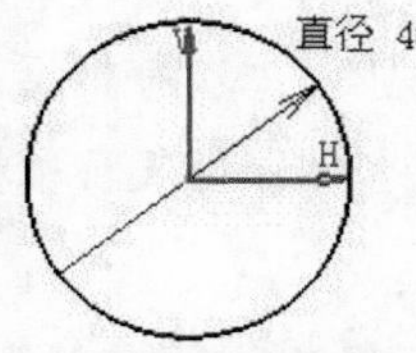

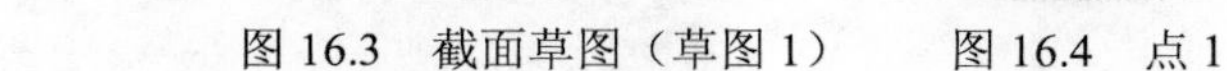

图 16.2　凸台 1　　图 16.3　截面草图（草图 1）　　图 16.4　点 1

Step4. 创建图 16.5 所示的圆柱面 1。

（1）选择下拉菜单 插入 → 曲面 → 圆柱面... 命令，系统弹出图 16.6 所示的“圆柱曲面定义”对话框。

（2）定义中心点。选取 Step3 创建的点 1 为圆柱面的中心点。

（3）定义方向。选取“xy 平面”，系统会以“xy 平面”的法线方向作为生成圆柱面的方向。

（4）确定圆柱面的半径和长度。在“圆柱曲面定义”对话框的 参数： 区域的 半径： 文本框中输入数值 126，在 长度 1： 文本框中输入数值 65，在 长度 2： 文本框中输入数值 0。

说明： 在“圆柱曲面定义”对话框的 参数： 区域的 长度 2： 文本框中输入相应的值，可沿 长度 1： 相反的方向生成圆柱面。

（5）单击 确定 按钮，完成圆柱面 1 的创建。

图 16.5　圆柱面 1

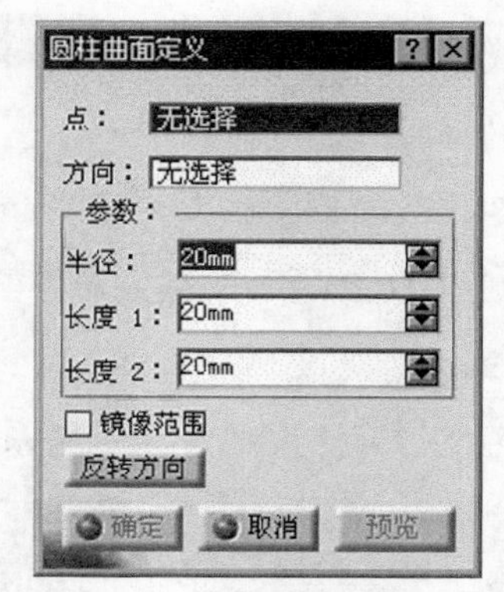

图 16.6　“圆柱曲面定义”对话框

Step5. 创建图 16.7 所示的轴 1。

（1）选择命令。选择下拉菜单 插入 → 线框 → 轴线... 命令，系统弹出“轴线定义”对话框。

（2）定义轴线元素。选择图 16.7 所示的圆柱面为轴线元素。

（3）单击 确定 按钮，完成轴 1 的创建。

Step6. 创建图 16.8 所示的平面 1。

（1）选择命令。选择下拉菜单 插入 → 线框 → 平面... 命令（或单击“线框”工具栏中的“平面”按钮），系统弹出“平面定义”对话框。

（2）定义平面类型。在“平面定义”对话框的 平面类型 下拉列表中选择 与平面成一定角度或垂直 选项。选取图 16.8 所示的轴为旋转轴。

（3）定义参考平面。选取“yz 平面”为参考平面。

（4）定义旋转角度。在“角度”文本框中输入数值 45。

（5）单击 确定 按钮，完成平面 1 的创建。

图 16.7 轴 1　　图 16.8 平面 1

Step7. 创建图 16.9 所示的相交 1。

（1）选择命令。选择下拉菜单 插入 → 线框 → 相交... 命令，系统弹出图 16.10 所示的“相交定义”对话框。

（2）定义相交曲面。选取图 16.11 所示的平面 1 为第一元素，在特征树中选取凸台 1 为第二元素。

（3）单击 确定 按钮，完成相交 1 的创建。

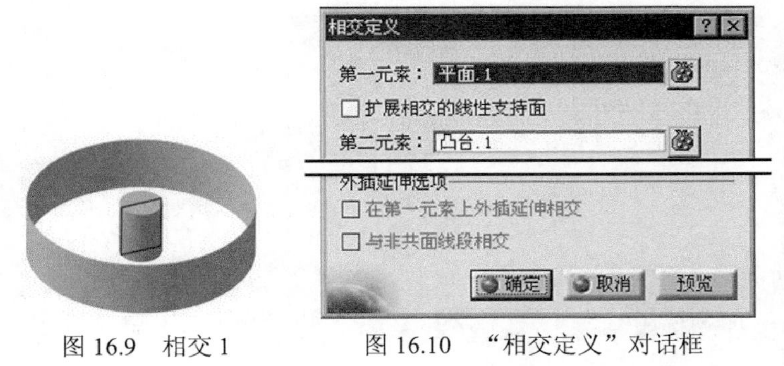

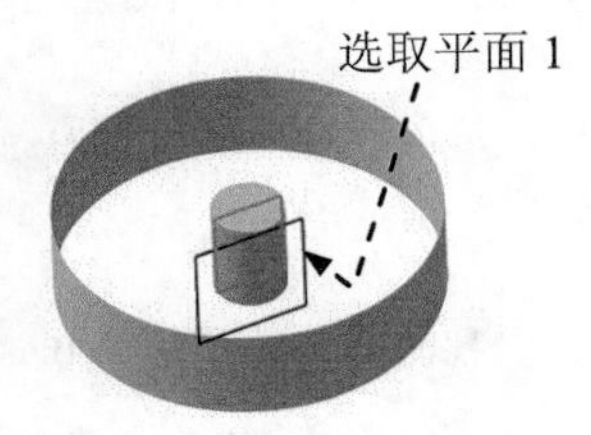

图 16.9 相交 1　　图 16.10 “相交定义”对话框　　图 16.11 定义相交曲面

Step8. 创建图 16.12 所示的相交 2。

（1）选择命令。选择下拉菜单 插入 → 线框 → 相交... 命令，系统弹出“相交定义”对话框。

（2）选取图 16.13 所示的平面 1 为第一元素，再选取圆柱面 1 为第二元素。

（3）单击 确定 按钮，在系统弹出的“多重结果管理”对话框中选中 保留所有子元素。单选项，单击 确定 按钮，完成相交 2 的创建。

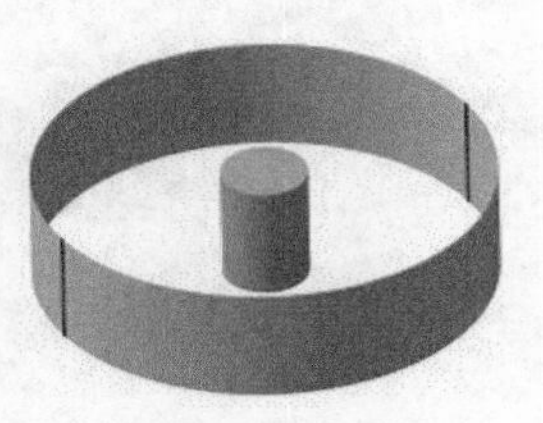

图 16.12　相交 2

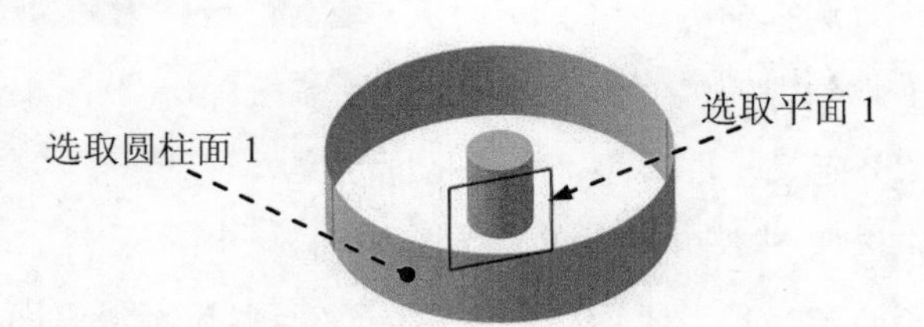

图 16.13　定义相交曲面

Step9. 创建图 16.14 所示的平面 2。

（1）选择命令。选择下拉菜单 插入 → 线框 → 平面... 命令（或单击“线框”工具栏中的“平面”按钮），系统弹出“平面定义”对话框。

（2）在“平面定义”对话框的 平面类型 下拉列表中选择 与平面成一定角度或垂直 选项，选取轴 1 为旋转轴，选取“yz 平面”为参考平面，在 角度： 文本框中输入数值-45。

（3）单击 确定 按钮，完成平面 2 的创建。

Step10. 创建图 16.15 所示的相交 3。

（1）选择命令。选择下拉菜单 插入 → 线框 → 相交... 命令，系统弹出“相交定义”对话框。

（2）定义相交曲面。选取图 16.15 所示的平面 2 为第一元素，在特征树中选取凸台 1 为第二元素。

（3）单击 确定 按钮，完成相交 3 的创建。

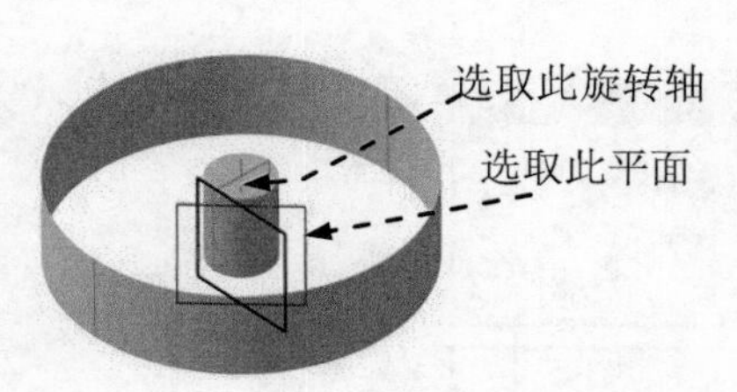

图 16.14　平面 2

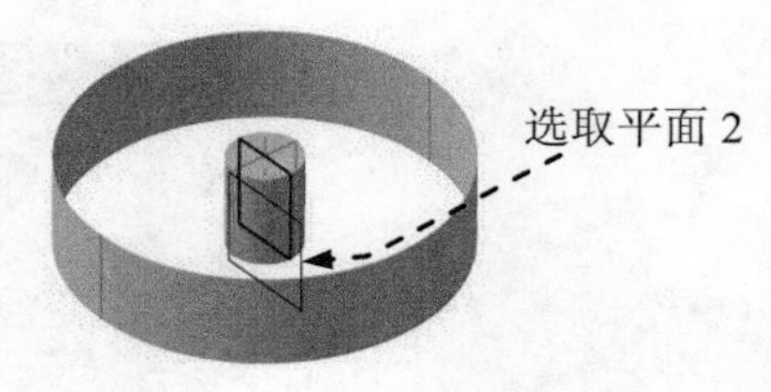

图 16.15　相交 3

Step11. 创建图 16.16 所示的相交 4。

（1）选择命令。选择下拉菜单 插入 → 线框 → 相交... 命令，系统弹出“相交定义”对话框。

（2）选取图 16.16 所示的平面 2 为第一元素，再选取圆柱面 1 为第二元素。

（3）单击 确定 按钮，在系统弹出的“多重结果管理”对话框中选中 保留所有子元素。单选项，单击 确定 按钮，完成相交 4 的创建。

Step12. 创建图 16.17 所示的平面 3。

（1）选择下拉菜单插入 → 线框 → 平面...命令（或单击“线框”工具栏中的“平面”按钮），系统弹出“平面定义”对话框。

（2）在“平面定义”对话框的平面类型下拉列表中选择偏移平面选项，选取“yz 平面”为参考平面，在偏移：文本框中输入数值 150。

（3）单击确定按钮，完成平面 3 的创建。

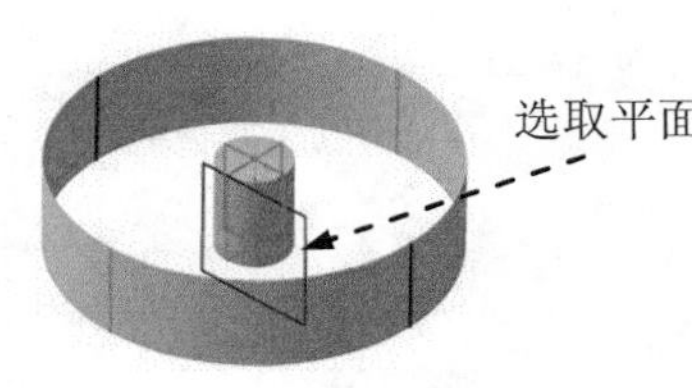

图 16.16 相交 4

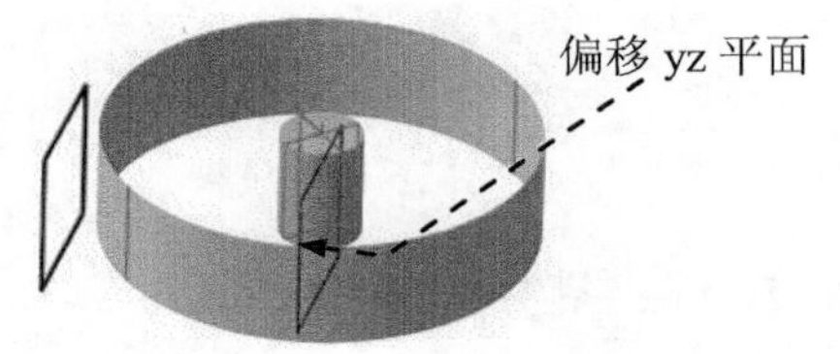

图 16.17 平面 3

Step13. 创建图 16.18 所示的草图 2。

（1）选择命令。选择下拉菜单插入 → 草图编辑器 → 草图命令（或单击工具栏中的“草图”按钮）。

（2）定义草图平面。选取平面 3 为草图平面，系统自动进入草绘工作台。

（3）绘制草图。绘制图 16.18 所示的草图 2。

（4）单击“工作台”工具栏中的按钮，完成草图 2 的创建。

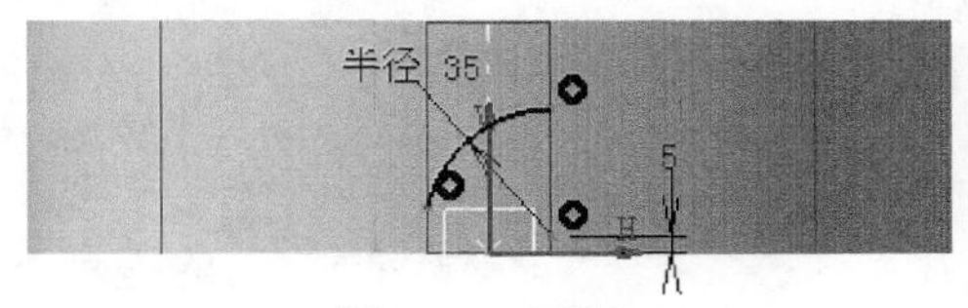

图 16.18 草图 2

Step14. 创建图 16.19 所示的投影 1。

（1）选择命令。选择下拉菜单插入 → 线框 → 投影...命令，系统弹出“投影定义”对话框。

（2）确定投影类型。在“投影定义”对话框的投影类型：下拉列表中选择沿某一方向选项。

（3）定义投影曲线。选取图 16.19 所示的曲线为投影曲线。

（4）确定支持面。选取图 16.19 所示的曲面为投影支持面。

（5）定义投影方向。选取平面 3，系统会自动选取平面 3 的法线方向作为投影方向。

（6）单击确定按钮，完成曲线的投影。

Step15. 创建图 16.20 所示的草图 3。

（1）选择命令。选择下拉菜单插入 → 草图编辑器 → 草图命令（或单击工具栏中的“草图”按钮）。

（2）选取平面 3 为草图平面，系统自动进入草绘工作台；绘制图 16.20 所示的草图 3；单击“工作台”工具栏中的按钮，完成草图 3 的创建。

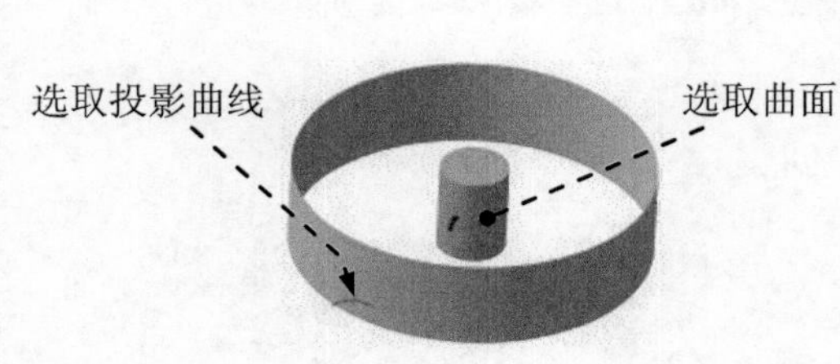

图 16.19　投影 1

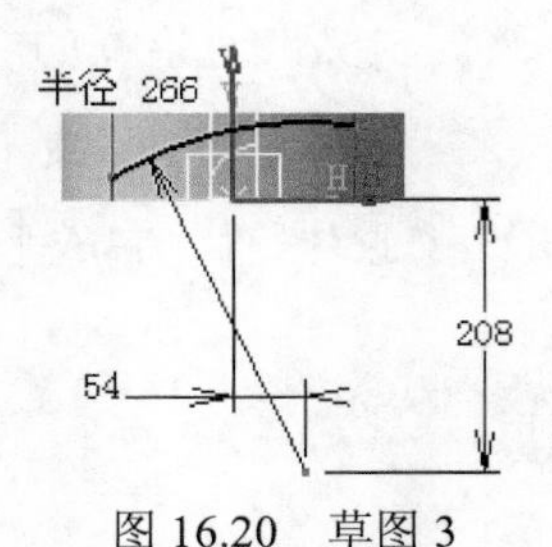

图 16.20　草图 3

Step16. 创建图 16.21 所示的投影 2。

（1）选择命令。选择下拉菜单 插入 → 线框 → 投影... 命令，系统弹出“投影定义”对话框。

（2）在“投影定义”对话框的 投影类型： 下拉列表中选择 沿某一方向 选项。选取图 16.21 所示的曲线为投影曲线；选取图 16.21 所示的圆柱面为投影支持面；选取平面 3，系统会自动选取平面 3 的法线方向作为投影方向。

（3）单击 确定 按钮，完成曲线的投影。

Step17. 创建图 16.22 所示的直线 1。

（1）选择命令。选择下拉菜单 插入 → 线框 → 直线... 命令（或单击工具栏中的按钮），系统弹出“直线定义”对话框。

（2）定义直线的创建类型。在“直线定义”对话框的 线型： 下拉列表中选择 点-点 选项。

（3）定义直线参数。在系统 选择第一元素（点、曲线甚至曲面） 的提示下，选取图 16.22 所示的点 1 为第一元素；在系统 选择第二个点或方向 的提示下，选取点 2 为第二元素。

（4）单击 确定 按钮，完成直线 1 的创建。

Step18. 创建图 16.22 所示的直线 2。

（1）选择命令。选择下拉菜单 插入 → 线框 → 直线... 命令（或单击工具栏中的按钮），系统弹出“直线定义”对话框。

（2）在“直线定义”对话框的 线型： 下拉列表中选择 点-点 选项。分别选取图 16.22 所示的点 3、点 4 为第一元素和第二元素。

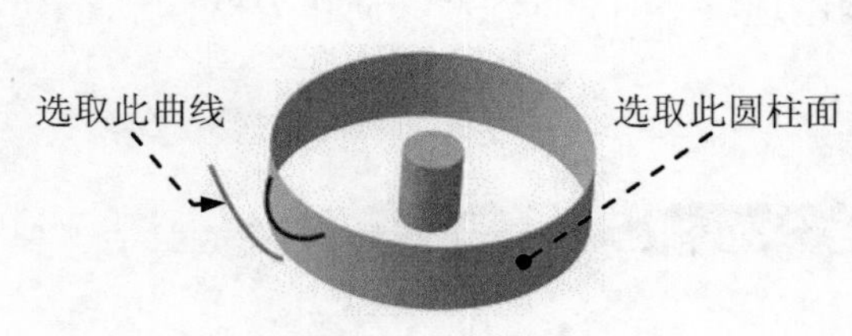

图 16.21　投影 2

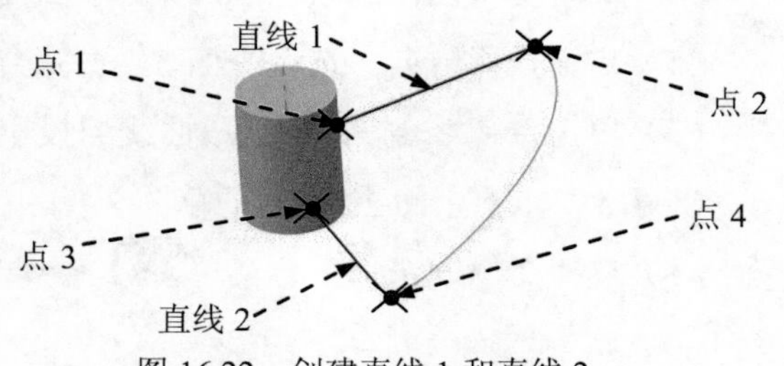

图 16.22　创建直线 1 和直线 2

（3）单击 确定 按钮，完成直线 2 的创建。

Step19. 创建图 16.23 所示的填充 1。

（1）选择命令。选择下拉菜单 插入 → 曲面 ▸ → 填充... 命令，此时系统弹出图 16.24 所示的“填充曲面定义”对话框。

（2）定义填充边界。选取图 16.23 所示的曲线 1、曲线 2、曲线 3 和曲线 4 为填充边界。

说明：在选取填充边界曲线时，曲线 1、曲线 2、曲线 3 和曲线 4 是分开来选的，选取时要按顺序选取。

（3）单击 确定 按钮，完成填充 1 的创建。

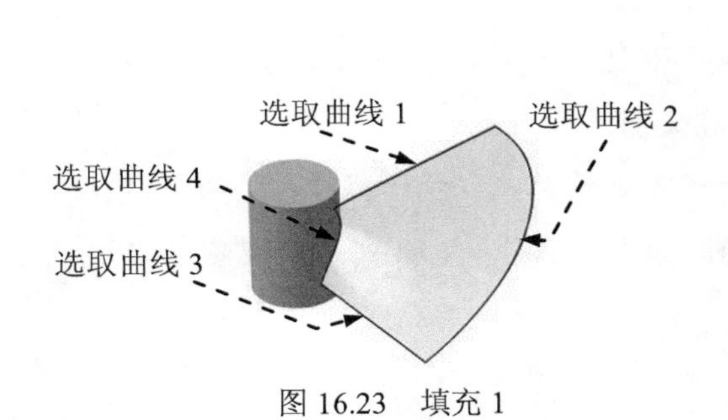

图 16.23　填充 1

填充曲面定义
边界：
编号	曲线	支持面
1	直线.1	
2	项目.2	
3	直线.2	
4	项目.1	

之后添加　替换　移除
之前添加　替换支持面　移除支持面
连续：点
穿越点：无选择
仅限平面边界
偏差：0.001mm
确定　取消　预览

图 16.24　“填充曲面定义”对话框

Step20. 创建加厚曲面 1，如图 16.25b 所示。

（1）切换工作台。选择下拉菜单 开始 → 机械设计 ▸ → 零件设计 命令，进入“零件设计”工作台。

（2）选择命令。选择下拉菜单 插入 → 基于曲面的特征 ▸ → 厚曲面... 命令，系统弹出“定义厚曲面”对话框。

（3）定义加厚对象。选取图 16.25 所示的曲面为加厚对象。

（4）定义加厚值。在对话框的 第一偏移： 和 第二偏移： 文本框中均输入数值 1.5。

（5）单击 确定 按钮，完成加厚操作。

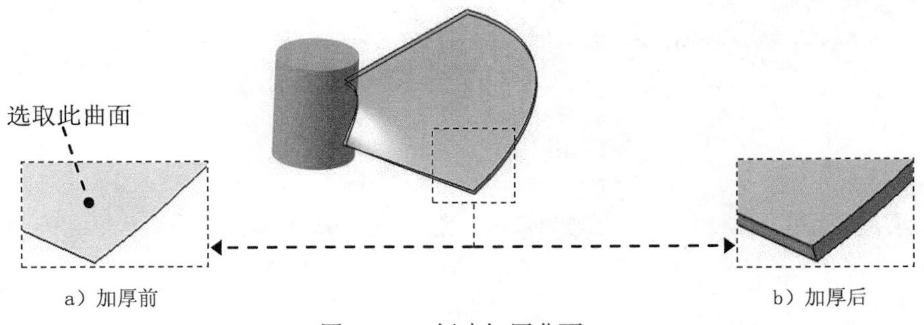

图 16.25　创建加厚曲面 1

Step21. 创建图 16.26 所示的圆形阵列 1。

（1）选择下拉菜单 插入 → 变换特征 ▸ → 圆形阵列... 命令，系统弹出“定义圆形阵列”对话框。

（2）定义图样参数。在“定义圆形阵列”对话框的 参数: 下拉列表中选择 实例和角度间距 选项；在 实例: 文本框中输入数值 3，在 角度间距: 文本框中输入数值 120；选取图 16.26 所示的轴 1 为参考元素，选取加厚曲面 1 为要阵列的对象。

（3）单击 确定 按钮，完成阵列操作。

Step22. 创建图 16.27b 所示的倒圆角 1。

（1）选择命令。选择下拉菜单 插入 → 修饰特征 ▸ → 倒圆角... 命令，系统弹出“倒圆角定义”对话框。

（2）定义倒圆角的对象。在“倒圆角定义”对话框的 传播: 下拉列表中选择 相切 选项，选取图 16.27a 所示的边线为倒圆角的对象。

（3）输入倒圆角半径。在“倒圆角定义”对话框的 半径: 文本框中输入数值 15。

（4）单击 确定 按钮，完成倒圆角 1 的创建。

说明：在创建倒圆角之前读者可以将曲面及曲线隐藏以便于操作。

Step23. 创建图 16.28b 所示的倒圆角 2，操作步骤参见 Step22。选取图 16.28a 所示的边线为倒圆角对象，倒圆角半径值为 1。

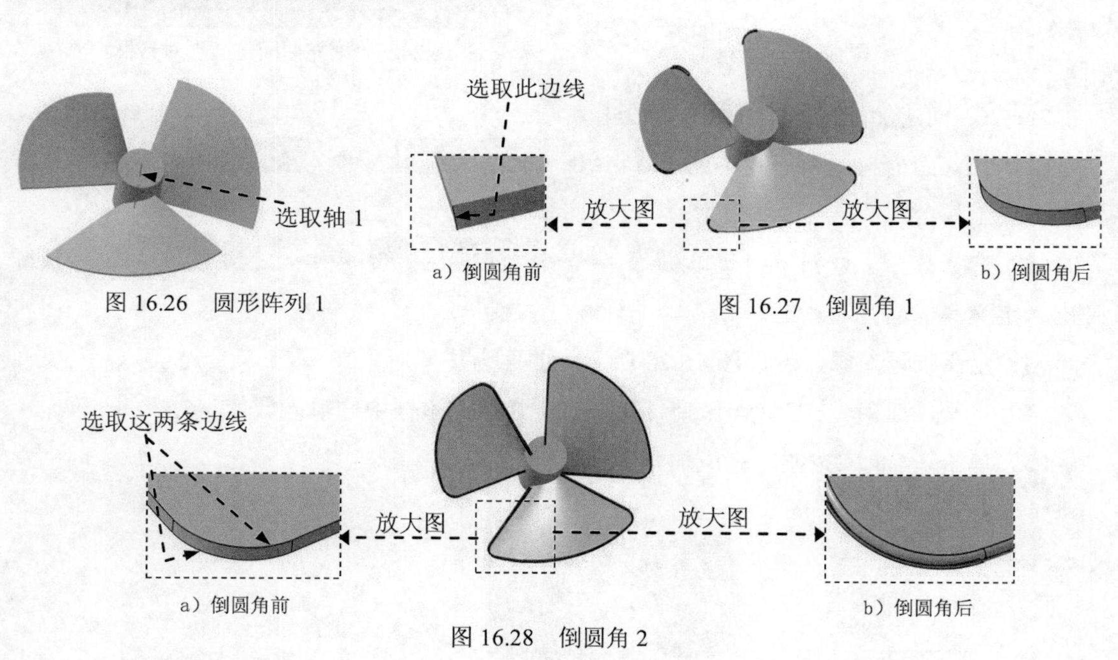

图 16.26　圆形阵列 1

图 16.27　倒圆角 1

图 16.28　倒圆角 2

Step24. 创建图 16.29b 所示的倒圆角 3。选取图 16.29a 所示的边线为倒圆角对象，倒圆角半径值为 2。

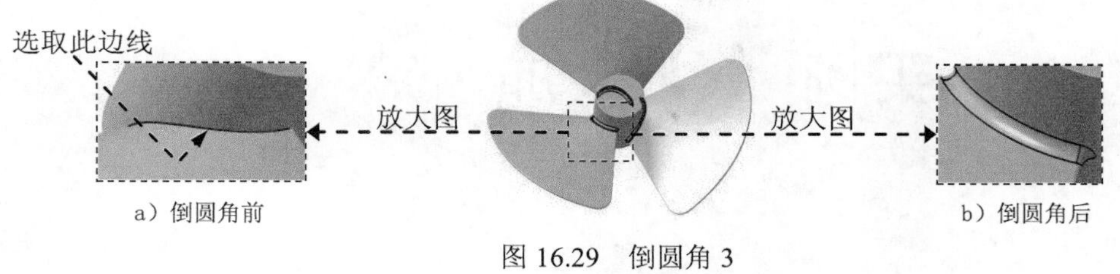

图 16.29　倒圆角 3

Step25. 保存文件。

实例17 加 热 丝

实例概述：

本实例介绍了加热丝的设计过程。其设计过程的关键点是曲线的构建，曲线的主体部分是一条螺旋线，通过样条线及连接命令将螺旋线与两条直线光滑连接，最后使用扫掠命令完成模型的创建。零件模型及相应的特征树如图 17.1 所示。

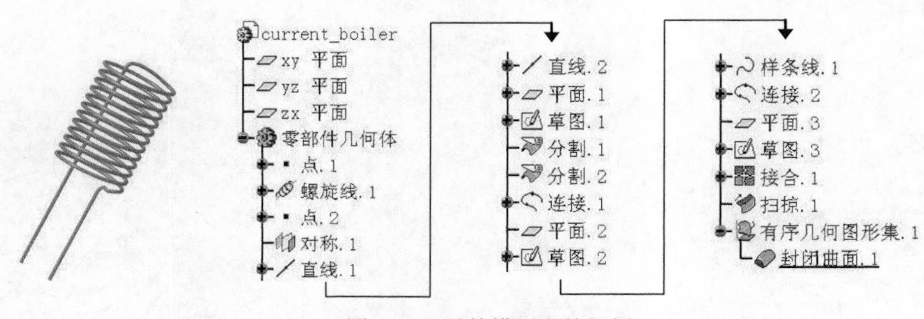

图 17.1 零件模型和特征树

Step1. 新建模型文件。选择下拉菜单 文件 → 新建... 命令，系统弹出“新建”对话框，在 类型列表： 中选择 Part 选项，单击 确定 按钮。在系统弹出的“新建”对话框中输入零件名称 current_boiler，并选中 启用混合设计 复选框，单击 确定 按钮，进入“零件设计”工作台。

Step2. 选择下拉菜单 开始 → 形状 → 创成式外形设计 命令，进入“创成式外形设计”工作台。

Step3. 创建图 17.2 所示的点 1。

（1）选择命令。选择下拉菜单 插入 → 线框 → 点... 命令，系统弹出 “点定义”对话框。

（2）定义点类型。在“点定义”对话框的 点类型： 下拉列表中选择 坐标 选项。

（3）定义位置。在 X = 文本框中输入数值 20。

（4）单击 确定 按钮，完成点 1 的创建。

Step4. 创建图 17.2 所示的螺旋线 1。

（1）选择命令。选择下拉菜单 插入 → 线框 → 螺旋线... 命令，系统弹出“螺旋曲线定义”对话框。

（2）在“螺旋曲线定义”对话框 类型 区域的 螺旋类型： 下拉列表中选择 高度和螺距 选项。

（3）在对话框的 螺距: 文本框中输入数值 5，在 高度: 文本框中输入数值 60。

（4）定义起点。选取图 17.2 所示的点 1 为螺旋线的起点。

（5） 定义旋转轴。在“螺旋曲线定义”对话框的 轴: 文本框中右击，从系统弹出的快捷菜单中选择 Z 轴 作为螺旋线的旋转轴。

（6）单击 确定 按钮，完成螺旋线 1 的创建。

Step5. 创建图 17.3 所示的点 2。

（1）选择命令。选择下拉菜单 插入 → 线框 → 点... 命令，系统弹出“点定义”对话框。

（2）定义点类型。在“点定义”对话框的 点类型: 下拉列表中选择 坐标 选项。

（3）定义位置。在 X = 文本框中输入数值 10。

（4）单击 确定 按钮，完成点 2 的创建。

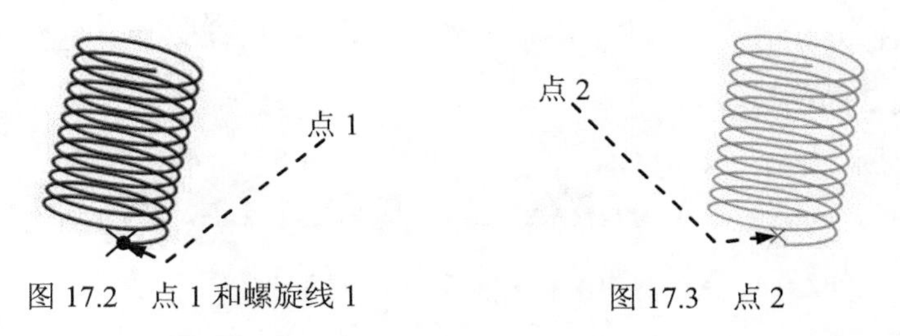

图 17.2 点 1 和螺旋线 1　　　　图 17.3 点 2

Step6. 创建图 17.4 所示的对称 1。

（1）选择命令。选择下拉菜单 插入 → 操作 → 对称... 命令（或单击工具栏中的“对称”按钮），系统弹出“对称定义”对话框。

（2）选取对称元素。选取图 17.4 所示的点 2 为对称元素。

（3）选取参考平面。选取图 17.4 所示的“yz 平面”（可在特征树中选择）为参考平面。

（4）单击 确定 按钮，完成对称 1 的创建。

Step7. 创建图 17.5 所示的直线 1。

（1）选择命令。选择下拉菜单 插入 → 线框 → 直线... 命令，系统弹出“直线定义”对话框。

（2）定义创建类型。在“直线定义”对话框的 线型: 下拉列表中选择 点-方向 选项。

（3）定义参考曲线及通过点。选取对称 1 为直线的通过点，在 方向: 的文本框中右击，在系统弹出的快捷菜单中选择 Z 部件 为直线的方向。

（4）定义长度。在 起点: 文本框中输入数值 0，在 终点: 文本框中输入数值 60；在 长度类型 选项区域中选择 镜像范围 复选框。

（5）单击 确定 按钮，完成直线 1 的创建。

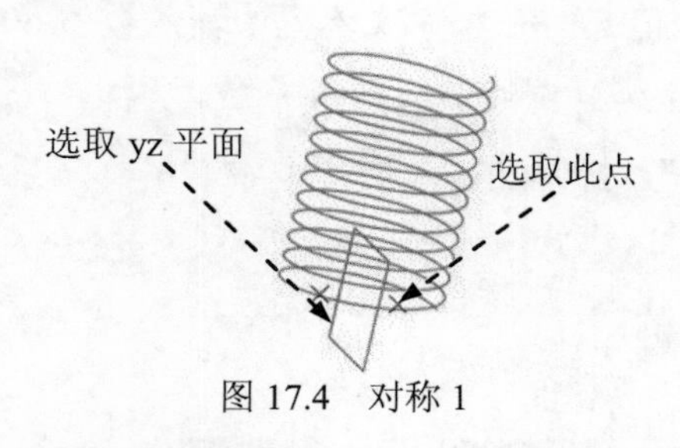

图 17.4　对称 1

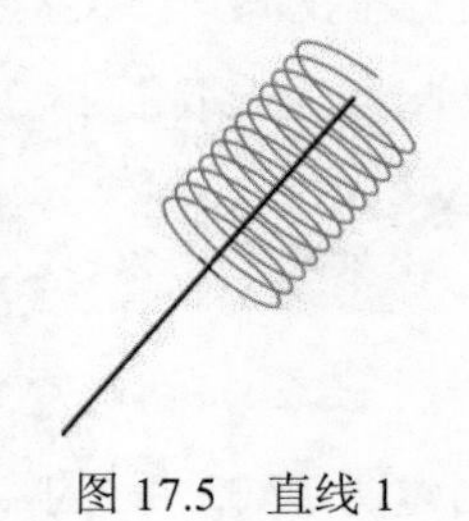
图 17.5　直线 1

Step8. 创建图 17.6 所示的直线 2。

（1）选择下拉菜单 插入 → 线框 ▸ → 直线... 命令，系统弹出“直线定义”对话框。

（2）在“直线定义”对话框的 线型： 下拉列表中选择 点-方向 选项。选取点 2 为直线的通过点；在 方向： 的文本框中右击，在系统弹出的快捷菜单中选择 Z 部件 为直线的方向。在 起点： 文本框中输入数值 0，在 终点： 文本框中输入数值 60；单击 反转方向 按钮，然后单击 确定 按钮，完成直线 2 的创建。

Step9. 创建图 17.7 所示的平面 1。

（1）选择命令。选择下拉菜单 插入 → 线框 ▸ → 平面... 命令（或单击工具栏中的“平面”按钮），系统弹出“平面定义”对话框。

（2）定义平面类型。在“平面定义”对话框的 平面类型 下拉列表中选择 与平面成一定角度或垂直 选项。

（3）定义平面参数。选取图 17.7 所示的直线 2 为旋转轴，选取“zx 平面”参考平面；在“平面定义”对话框的 角度： 文本框中输入数值-30。

（4）单击 确定 按钮，完成平面 1 的创建。

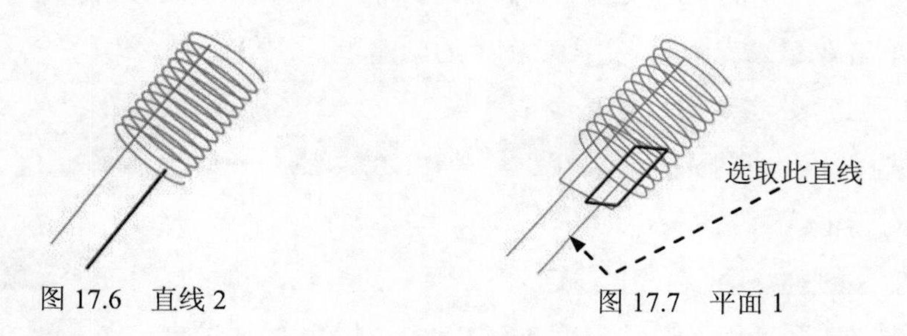

图 17.6　直线 2　　　图 17.7　平面 1

Step10. 创建图 17.8 所示的草图 1。

（1）选择命令。选择下拉菜单 插入 → 草图编辑器 ▸ → 草图 命令（或单击工具栏中的“草图”按钮）。

（2）定义草绘平面。选取平面 1 为草绘平面，系统自动进入草绘工作台。

（3）绘制草图。绘制图 17.9 所示的草图 1。

说明： 草图 1 轮廓为一圆弧，圆弧的上端点与圆心在一条竖直线上，下端点只要位于大于四分之一圆弧的位置即可。

（4）选择“退出工作台”按钮，完成草图 1 的创建。

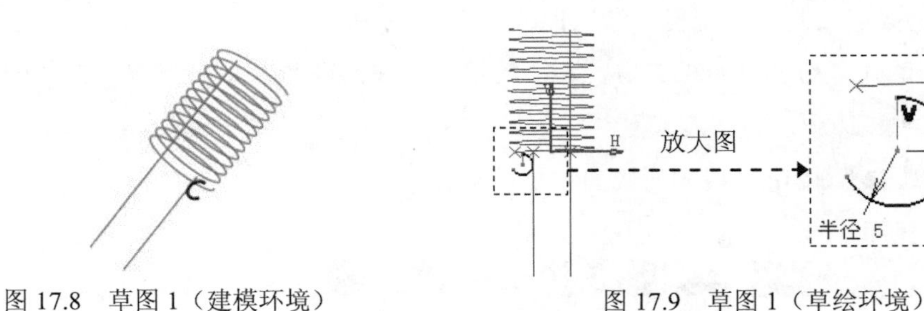

图 17.8　草图 1（建模环境）　　图 17.9　草图 1（草绘环境）

Step11. 创建图 17.10 所示的分割 1。

（1）选择命令。选择下拉菜单 插入 → 操作 → 分割... 命令，系统弹出“分割定义”对话框。

（2）定义切除元素。选取草图 1 为要切除的元素，选取直线 2 为切除元素。

说明： 在草图 1 上单击的区域即为保留的区域。

（3）单击 确定 按钮，完成直线的分割。

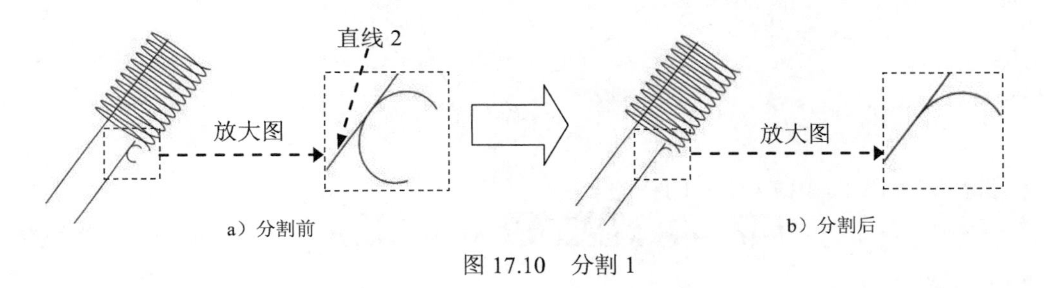

图 17.10　分割 1

Step12. 创建图 17.11 所示的分割 2。

（1）选择命令。选择下拉菜单 插入 → 操作 → 分割... 命令，系统弹出“分割定义”对话框。

（2）定义切除元素。选取直线 2 为要切除的元素，选取分割 1 为切除元素。

（3）单击 确定 按钮，完成直线的分割。

Step13. 创建图 17.12 所示的连接曲线 1。

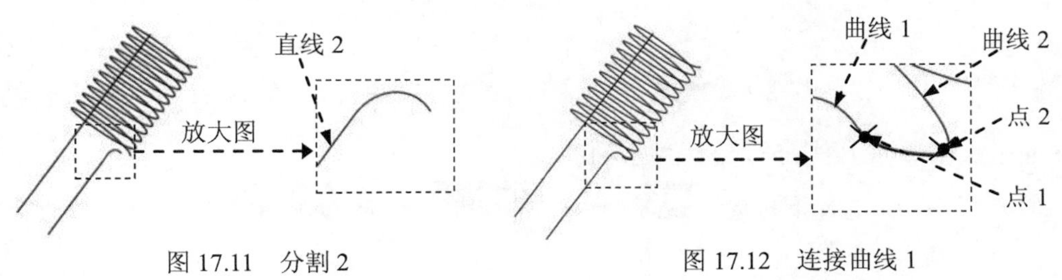

图 17.11　分割 2　　图 17.12　连接曲线 1

（1）选择命令。选择下拉菜单插入 → 线框 → 连接曲线...命令，系统弹出“连接曲线定义”对话框。

（2）定义连接曲线。在连接类型:下拉列表中选择法线选项；选取图 17.12 所示的点 1 为第一条曲线的连接点，此时系统自动选取曲线 1 为要连接的第一曲线；选取点 2 为第二条曲线的连接点，系统自动选取曲线 2 为要连接的第二曲线；在“连接曲线定义”对话框的连续:下拉列表中选择相切选项；将张度设置为 1。

（3）单击确定按钮，完成连接曲线 1 的创建。

Step14. 创建图 17.13 所示的平面 2。

（1）选择下拉菜单插入 → 线框 → 平面...命令（或单击工具栏中的“平面”按钮），系统弹出“平面定义”对话框。

（2）在“平面定义”对话框的平面类型下拉列表中选择平行通过点选项。

（3）选取“xy 平面”为参考平面，选取图 17.13 所示的点 1 为通过点。

（4）单击确定按钮，完成平面 2 的创建。

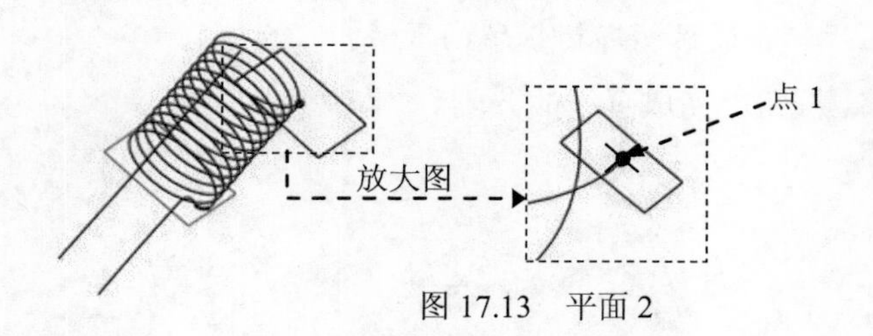

图 17.13 平面 2

Step15. 创建图 17.14 所示的草图 2。

（1）选择下拉菜单插入 → 草图编辑器 → 草图命令（或单击工具栏中的“草图”按钮）。

（2）选取平面 2 为草绘平面，并在其上绘制出图 17.15 所示的草图 2。

（3）单击按钮，完成草图 2 的创建。

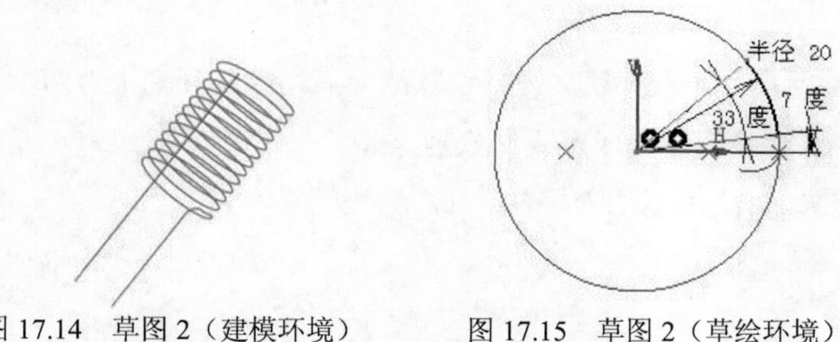

图 17.14 草图 2（建模环境） 图 17.15 草图 2（草绘环境）

Step16. 创建图 17.16 所示的样条线 1。

（1）选择命令。选择下拉菜单插入 → 线框 → 样条线...命令，系统弹出“样

条线定义”对话框。

（2）定义样条线。

① 依次选取图 17.16 所示的点 1 和点 2 为空间样条线的定义点。

② 在“样条线定义”对话框中单击 1 草图.2\顶点 选项，选取草图 2 为切线方向并单击 反转切线 按钮。

③ 在“样条线定义”对话框中单击 1 草图.2\顶点 选项，选取螺旋线 1 为切线方向并单击 反转切线 按钮。

④ 确认“样条线定义”对话框中的 之后添加点 单选项被选中。

（3）单击 确定 按钮，完成样条线 1 的创建。

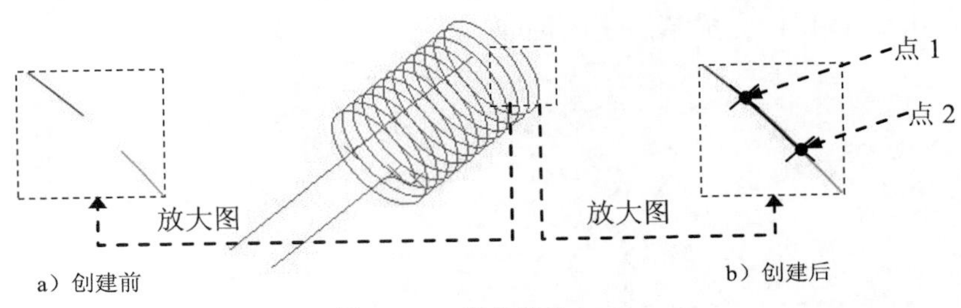

图 17.16 样条线 1

Step17. 创建图 17.17 所示的连接曲线 2。

（1）选择下拉菜单 插入 → 线框 → 连接曲线... 命令，系统弹出“连接曲线定义”对话框。

（2）在 连接类型: 下拉列表中选择 法线 选项；选取图 17.17 所示的点 1 为第一条曲线的连接点，系统自动选取曲线 1 为要连接的第一曲线；选取点 2 为第二条曲线的连接点，系统自动选取曲线 2 为要连接的第二曲线；在“连接曲线定义”对话框的 连续: 下拉列表中选择 相切 选项；将张度设置为 1；然后在 第二曲线: 区域中单击 反转方向 按钮。

（3）单击 确定 按钮，完成连接曲线 2 的创建。

Step18. 创建图 17.18 所示的平面 3。

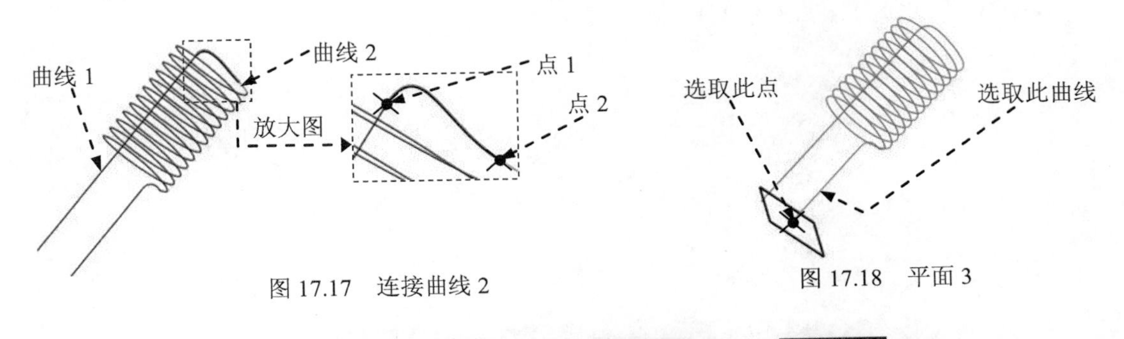

图 17.17 连接曲线 2

图 17.18 平面 3

（1）选择命令。选择下拉菜单 插入 → 线框 → 平面... 命令（或单击工具

栏中的“平面”按钮），系统弹出“平面定义”对话框。

（2）定义平面类型。在“平面定义”对话框的 平面类型 下拉列表中选择 曲线的法线 选项。

（3）定义平面参数。选取图 17.18 所示的曲线作为参照，选取图 17.18 所示的点 1 为通过点。

（4）单击 确定 按钮，完成平面 3 的创建。

Step19. 创建图 17.19 所示的草图 3。

（1）选择下拉菜单 插入 → 草图编辑器 → 草图 命令（或单击工具栏中的“草图”按钮）。

（2）选取平面 3 为草绘平面，并在其上绘制出图 17.20 所示的草图 3。

（3）单击按钮，完成草图 3 的创建。

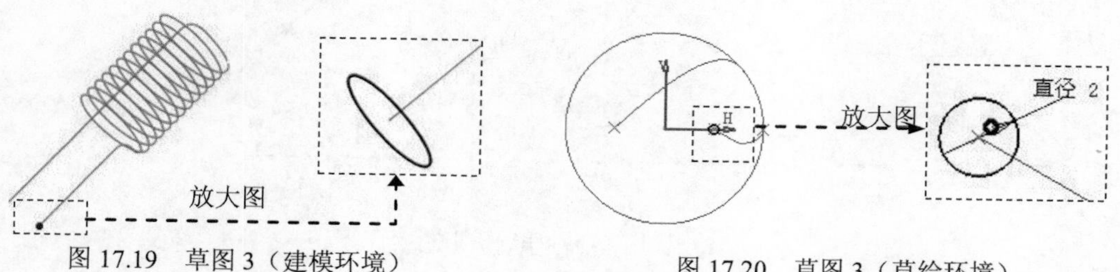

图 17.19　草图 3（建模环境）

图 17.20　草图 3（草绘环境）

Step20. 创建图 17.21 所示的接合 1。

（1）选择命令。选择下拉菜单 插入 → 操作 → 接合... 命令，系统弹出“接合定义”对话框。

（2）定义接合元素。在特征树中选取直线 1、连接 2、草图 2、螺旋线 1、样条线 1、连接 1、分割 1 和分割 2 为要接合的元素。在 合并距离 文本框中输入数值 0.01。

说明：在“接合定义”对话框的 参数 选项卡中，选中 ☑检查相切 复选框可以方便地检查相互接合的曲线是否相切。

（3）单击 确定 按钮，完成曲线的接合。

Step21. 创建图 17.22 所示的扫掠 1。

图 17.21　接合 1

图 17.22　扫掠 1

（1）选择命令。选择下拉菜单 插入 → 曲面 → 扫掠... 命令，此时系统弹出“扫掠曲面定义”对话框。

（2）定义扫掠类型。在“扫掠曲面定义”对话框的轮廓类型：区域中单击按钮，在子类型：下拉列表中选择使用参考曲面选项。

（3）定义扫掠轮廓和引导曲线。选取 Step19 创建的草图 3 为扫掠轮廓，选取 Step20 创建的接合 1 为引导曲线。

（4）单击确定按钮，完成扫掠 1 的创建。

Step22. 创建图 17.23 所示的封闭曲面 1。

（1）选择命令。选择下拉菜单插入 → 包络体 → 封闭曲面...命令，此时系统弹出“定义封闭曲面”对话框。

（2）定义封闭曲面。在特征树中选取扫掠 1 为要封闭的对象。

（3）单击确定按钮，完成封闭曲面的创建。

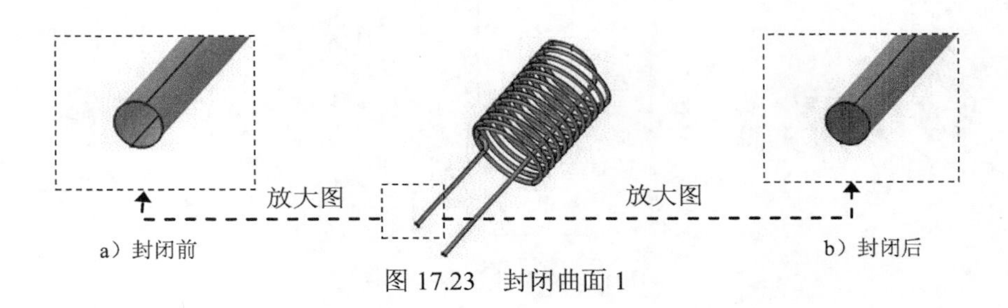

图 17.23　封闭曲面 1

Step23. 保存文件。

实例 18 椅 子

实例概述：

本实例是曲面零件设计的一个综合实例，运用了“创成式外形设计”工作台中线框的圆角、曲面的拉伸及分割等命令。设计过程是先绘制草绘曲线，再通过曲线生成曲面，然后对曲面进行修剪，最后加厚生成实体。零件模型及特征树如图 18.1 所示。

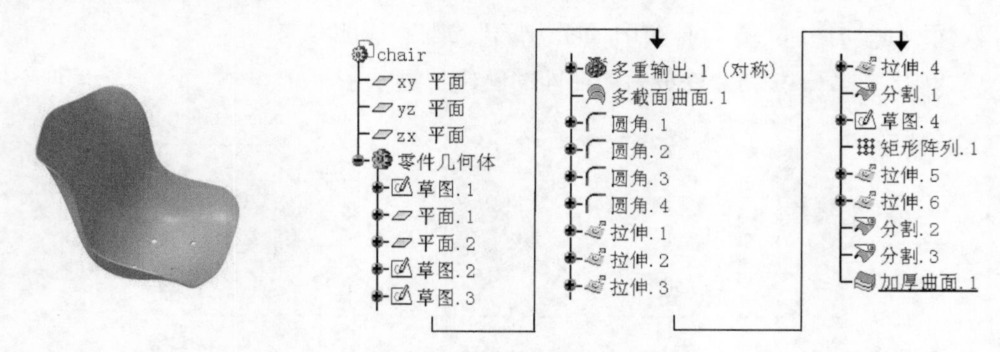

图 18.1 零件模型和特征树

Step1. 新建模型文件。选择下拉菜单 文件 → 新建... 命令，系统弹出“新建”对话框，在 类型列表： 中选择 Part 选项，单击 确定 按钮。在系统弹出的“新建零件”对话框中输入零件名称 chair，并选中 启用混合设计 复选框，单击 确定 按钮，进入“零件设计”工作台。

Step2. 选择下拉菜单 开始 → 形状 → 创成式外形设计 命令，进入“创成式外形件设计”工作台。

Step3. 创建图 18.2 所示的草图 1。

（1）选择命令。选择下拉菜单 插入 → 草图编辑器 → 草图 命令（或单击工具栏中的“草图”按钮）。

（2）定义草绘平面。选取“xy 平面”为草图平面，系统自动进入草绘工作台。

（3）绘制草图。绘制图 18.3 所示的草图 1。

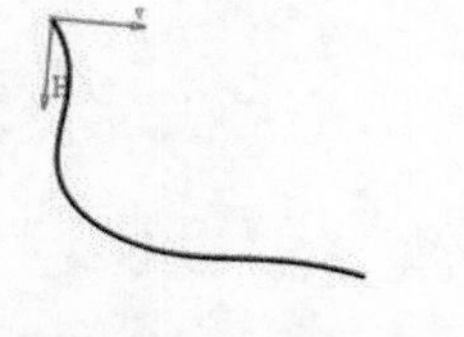

图 18.2 草图 1（建模环境）

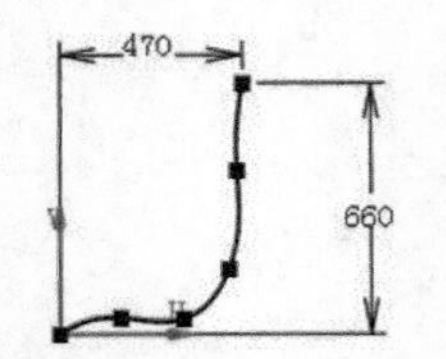

图 18.3 草图 1（草绘环境）

（4）单击“工作台”工具栏中的按钮，完成草图1的创建。

Step4. 创建图18.4所示的平面1。

（1）选择命令。选择下拉菜单 插入 → 线框 → 平面... 命令（或单击工具栏中的“平面”按钮），系统弹出“平面定义”对话框。

（2）定义平面类型。在“平面定义”对话框的 平面类型 下拉列表中选择 偏移平面 选项，选取“xy平面”为参考平面，在 偏移: 文本框中输入数值160。

（3）单击 确定 按钮，完成平面1的创建。

Step5. 创建图18.5所示的平面2。

（1）选择下拉菜单 插入 → 线框 → 平面... 命令（或单击工具栏中的“平面”按钮），系统弹出“平面定义”对话框。

（2）在 平面类型 下拉列表中选择 偏移平面 选项，选取“xy平面”为参考平面，在 偏移: 文本框中输入数值270，单击 确定 按钮，完成平面2的创建。

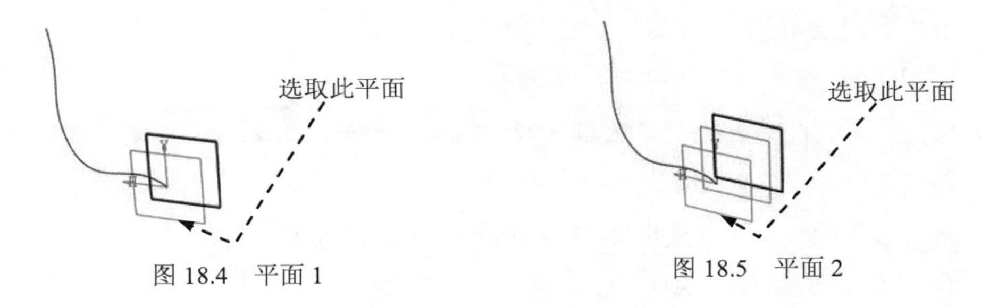

图18.4 平面1　　图18.5 平面2

Step6. 创建图18.6所示的草图2。

（1）选择下拉菜单 插入 → 草图编辑器 → 草图 命令（或单击工具栏中的“草图”按钮）。

（2）选取平面1为草图平面，并绘制出图18.7所示的草图2，单击“工作台”工具栏中的按钮，完成草图2的创建。

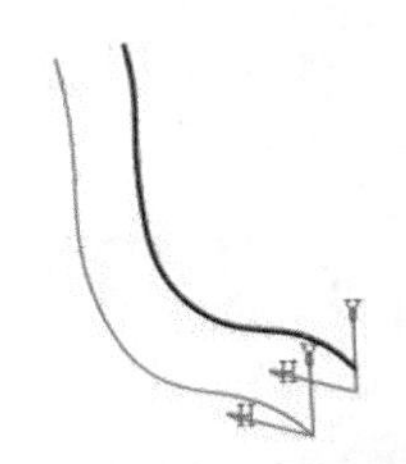

图18.6 草图2（建模环境）

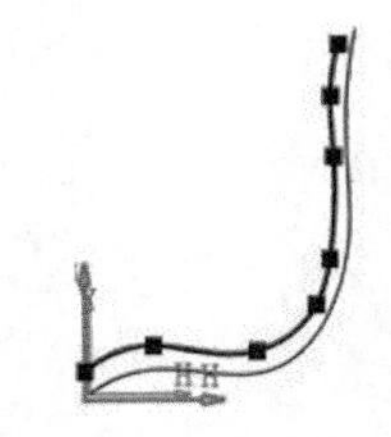

图18.7 草图2（草绘环境）

Step7. 创建图18.8所示的草图3。

（1）选择下拉菜单 插入 → 草图编辑器 → 草图 命令（或单击工具栏中的“草图”按钮）。

（2）选取平面 2 为草图平面，并在其上绘制出图 18.9 所示的截面草图，单击“工作台”工具栏中的按钮，完成草图 3 的创建。

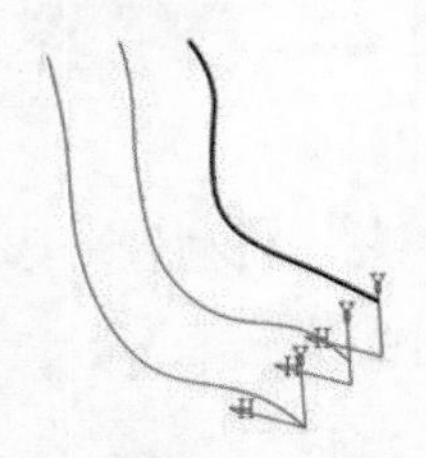
图 18.8　草图 3（建模环境）

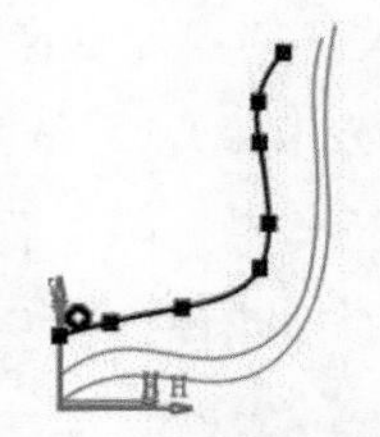
图 18.9　草图 3（草绘环境）

Step8. 创建图 18.10 所示的对称 1。

（1）选择命令。选择下拉菜单 插入 ➡ 操作 ➡ 对称... 命令（或单击工具栏中的“对称”按钮），系统弹出“对称定义”对话框。

（2）选取对称元素。选取图 18.10 所示的两条曲线为对称元素。

（3）选取参考平面。选取图 18.10 所示的“xy 平面”（可在特征树中选择）为参考平面。

（4）单击 确定 按钮，完成对称 1 的创建。

Step9. 创建图 18.11 所示的多截面曲面 1。

（1）选择命令。选择下拉菜单 插入 ➡ 曲面 ➡ 多截面曲面... 命令，此时系统弹出“多截面曲面定义”对话框。

（2）定义截面曲线。依次选取图 18.10 所示的五条曲线为截面曲线。

（3）单击 确定 按钮，完成多截面曲面 1 的创建。

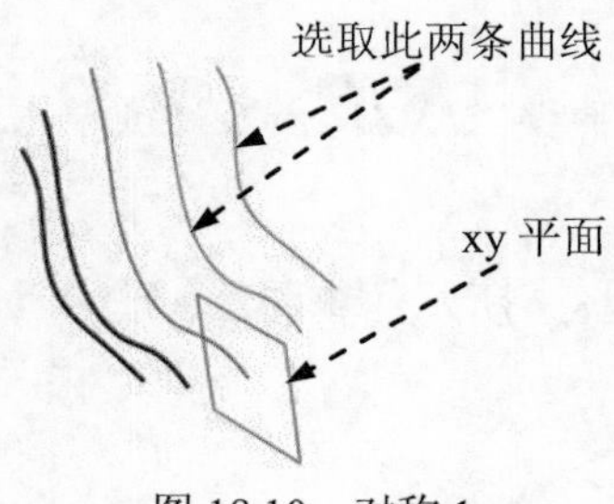

图 18.10　对称 1

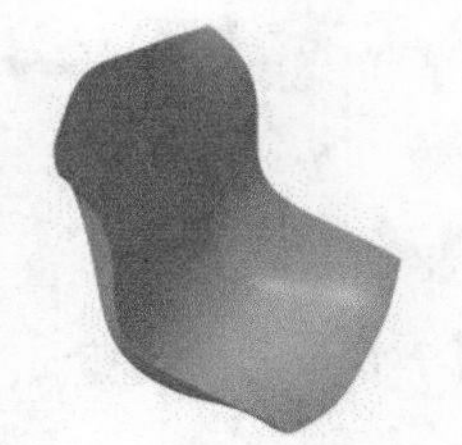
图 18.11　多截面曲面 1

Step10. 创建图 18.12 所示的圆角 1。

（1）选择命令。选择下拉菜单 插入 ➡ 线框 ➡ 圆角... 命令，系统弹出“圆角定义”对话框。

（2）定义圆角类型。在“圆角定义”对话框的 圆角类型： 下拉列表中选择 3D 圆角 选项。

（3）定义圆角边线。选取图 18.12 所示的曲线 1 和曲线 2 为圆角边线。

（4）定义圆角半径。在“圆角定义”对话框的 半径： 文本框中输入数值 100。

（5）单击 确定 按钮，完成圆角 1 的创建。

Step11. 创建图 18.13 所示的圆角 2。圆角 2 的类型为3D 圆角，选取图 18.13 所示的曲线 1 和曲线 2 为圆角边线，圆角半径值为 100。

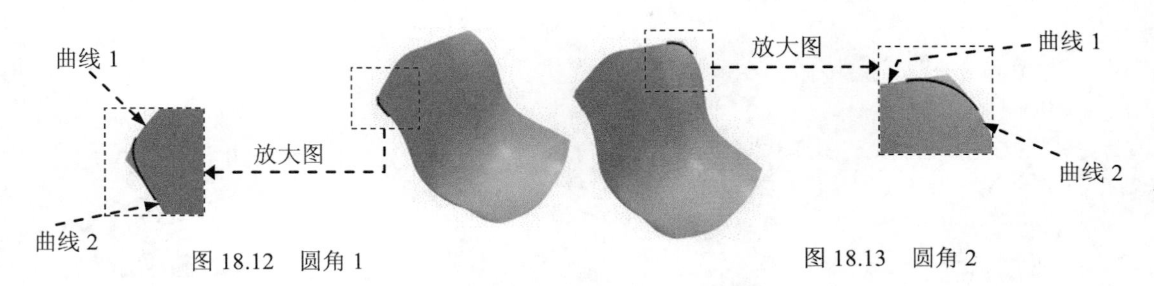

图 18.12 圆角 1

图 18.13 圆角 2

Step12. 创建图 18.14 所示的圆角 3。圆角 3 的类型为3D 圆角，选取图 18.14 所示的曲线 1 和曲线 2 为圆角边线，圆角半径值为 100。

Step13. 创建图 18.15 所示的圆角 4。圆角 4 的类型为3D 圆角，圆角半径值为 100。

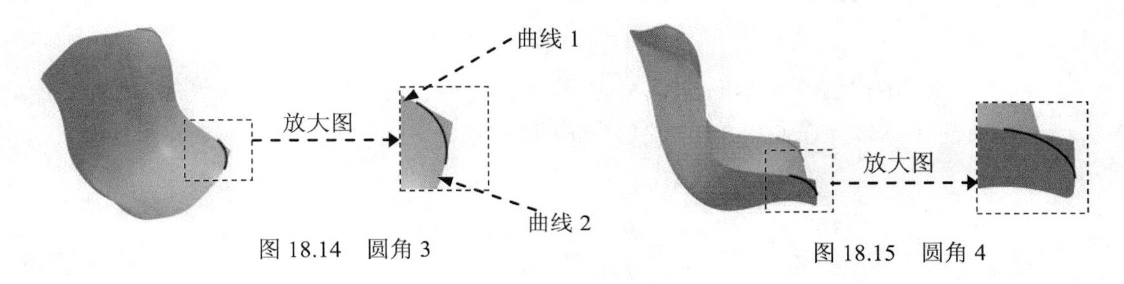

图 18.14 圆角 3

图 18.15 圆角 4

Step14. 创建图 18.16 所示的拉伸 1。

（1）选择命令。选择下拉菜单插入 → 曲面 ▸ → 拉伸...命令，系统弹出“拉伸曲面定义”对话框。

（2）选择拉伸轮廓。选取圆角 1 为拉伸轮廓。

（3）定义拉伸方向。在方向：文本框中右击，在系统弹出的快捷菜单中选择X 部件作为拉伸方向。

（4）定义拉伸类型。在“拉伸曲面定义”对话框的限制 1和限制 2区域的类型：下拉列表中均选择尺寸选项。

（5）确定拉伸高度。在“拉伸曲面定义”对话框的限制 1和限制 2区域的尺寸：文本框中均输入数值 50。

说明：“拉伸曲面定义”对话框中的限制 2区域用来设置与限制 1方向相对的拉伸参数。

（6）单击确定按钮，完成拉伸 1 的创建。

Step15. 创建图 18.17 所示的拉伸 2。

（1）选择下拉菜单插入 → 曲面 ▸ → 拉伸...命令，系统弹出“拉伸曲面定义”对话框。

（2）选取圆角 2 为拉伸轮廓；以 X 部件 的方向作为拉伸方向；在“拉伸曲面定义”对话框的 限制 1 和 限制 2 区域的 类型: 下拉列表中选择 尺寸 选项，在 尺寸: 文本框中均输入数值 50。

（3）单击 确定 按钮，完成拉伸 2 的创建。

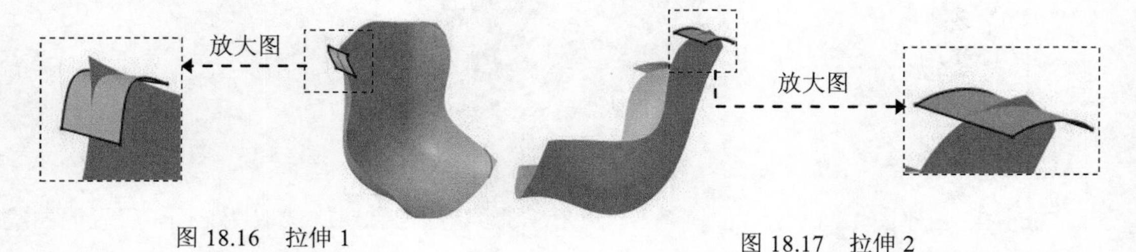

图 18.16　拉伸 1

图 18.17　拉伸 2

Step16. 创建图 18.18 所示的拉伸 3。拉伸 3 以圆角 3 为拉伸轮廓，以 Z 部件 的方向作为拉伸方向，在“拉伸曲面定义”对话框的 限制 1 和 限制 2 区域的 尺寸: 文本框中均输入数值 50。

Step17. 创建图 18.19 所示的拉伸 4。拉伸 4 以圆角 4 为拉伸轮廓，以 Z 部件 的方向作为拉伸方向，在“拉伸曲面定义”对话框的 限制 1 和 限制 2 区域的 尺寸: 文本框中均输入数值 50。

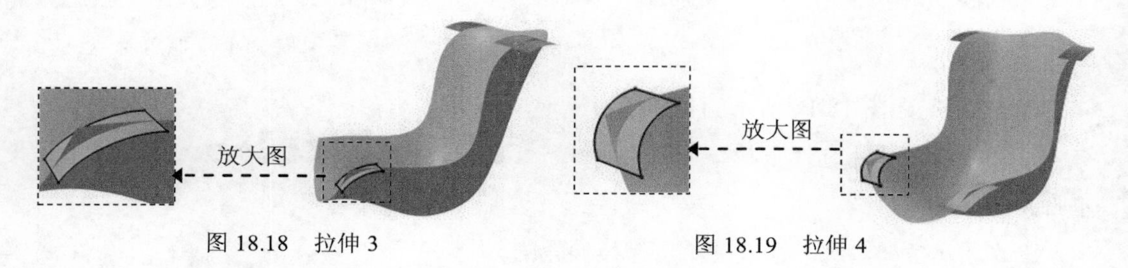

图 18.18　拉伸 3

图 18.19　拉伸 4

Step18. 创建图 18.20b 所示的分割 1。

（1）选择命令。选择下拉菜单 插入 → 操作 → 分割... 命令，系统弹出图 18.21 所示的“分割定义”对话框。

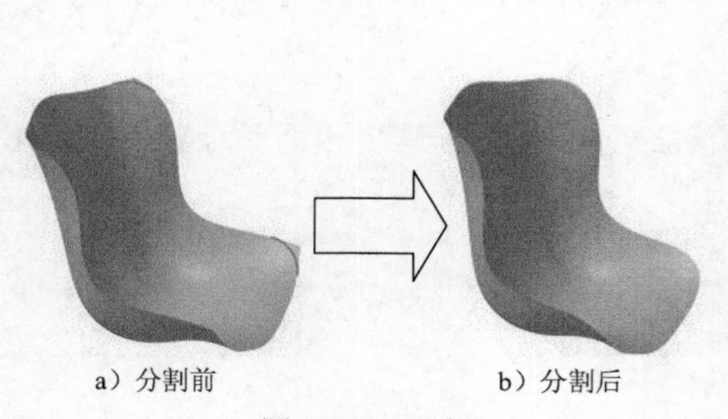

图 18.20　分割 1

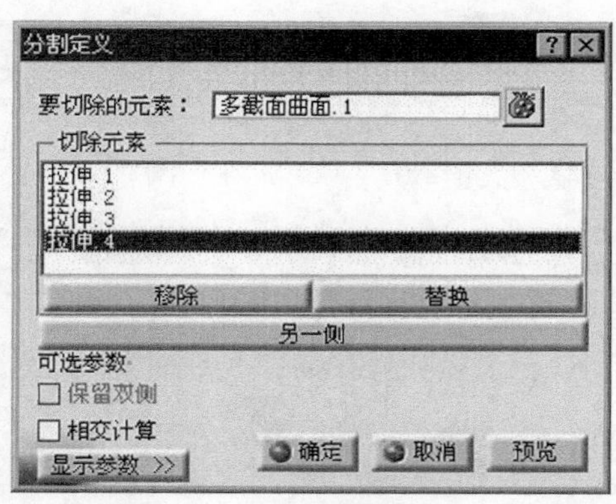

图 18.21　“分割定义”对话框

（2）定义切除元素。选取多截面曲面 1 为要切除的元素，选取拉伸 1、拉伸 2、拉伸 3 和拉伸 4 为切除元素。

（3）单击 确定 按钮，完成曲面的分割。

Step19. 创建图 18.22 所示的草图 4。

（1）选择下拉菜单 插入 → 草图编辑器 → 草图 命令（或单击工具栏中的“草图”按钮）。

（2）选取“zx 平面”为草绘平面，并在其上绘制出图 18.22 所示的草图 4，单击“工作台”工具栏中的按钮，完成草图 4 的创建。

Step20. 创建图 18.23 所示的矩形阵列 1。

（1）选择命令。选择下拉菜单 插入 → 高级复制工具 → 矩形阵列... 命令。

（2）选取草图 4 为阵列对象，系统弹出“定义矩形阵列”对话框。

（3）定义阵列参数。

① 在 第一方向 选项卡的 参数 下拉列表中选择 实例和间距 选项；在 实例： 文本框中输入数值 2，在 间距： 文本框中输入数值 160。选取 H 轴为参考方向。

② 在 第二方向 选项卡的 参数 下拉列表中选择 实例和间距 选项；在 实例： 文本框中输入数值 2，在 间距： 文本框中输入数值 160。选取 V 轴为参考方向，然后单击 反转 按钮。

（4）单击 确定 按钮，完成矩形阵列 1 的创建。

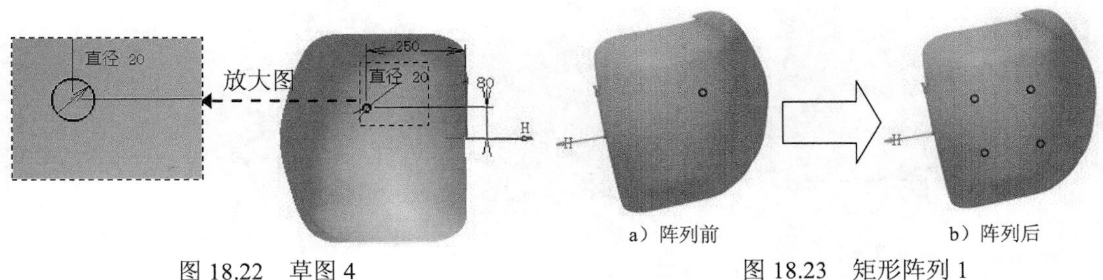

图 18.22 草图 4

图 18.23 矩形阵列 1

Step21. 创建图 18.24 所示的拉伸 5。拉伸 5 以 Step19 绘制的圆为拉伸轮廓，以“zx 平面”的法向方向作为拉伸方向，在“拉伸曲面定义”对话框的 限制 1 和 限制 2 区域的 尺寸： 文本框中分别输入数值 100 和 50。

Step22. 创建图 18.25 所示的拉伸 6。拉伸 6 以 Step20 通过阵列得到的三个圆为拉伸轮廓，以“zx 平面”的法向方向作为拉伸方向，在“拉伸曲面定义”对话框的 限制 1 和 限制 2 区域的 尺寸： 文本框中分别输入数值 100 和 50。

说明：在创建拉伸 6 过程中系统会弹出“多重结果管理”对话框，读者可在该对话框中选中 保留所有子元素。单选项。

Step23. 创建图 18.26 所示的分割 2。

（1）选择命令。选择下拉菜单 插入 → 操作 → 分割... 命令，系统弹出“分割定义”对话框。

（2）定义要切除的元素。选取多截面曲面 1 为要切除的元素。

（3）定义切除元素。选取拉伸 5 为切除元素。

（4）单击 确定 按钮，完成曲面的分割。

图 18.24　拉伸 5　　　图 18.25　拉伸 6

Step24. 创建图 18.27 所示的分割 3。

（1）选择命令。选择下拉菜单 插入 → 操作 → 分割... 命令，系统弹出“分割定义”对话框。

（2）定义要切除的元素。选取分割 2 为要切除的元素。

（3）定义切除元素。选取拉伸 6 为切除元素。

（4）单击 确定 按钮，完成曲面的分割。

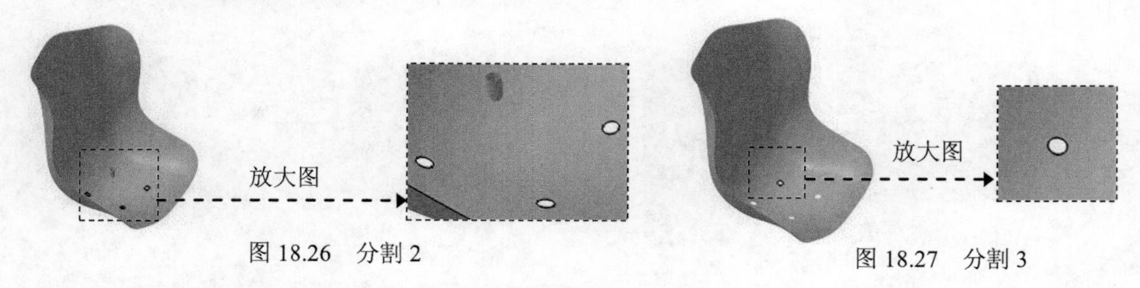

图 18.26　分割 2　　　图 18.27　分割 3

Step25. 创建图 18.28b 所示的加厚曲面 1。

（1）切换工作台。选择下拉菜单 开始 → 机械设计 → 零件设计 命令，此时系统自动切换到“零件设计”工作台中。

（2）选择命令。选择下拉菜单 插入 → 基于曲面的特征 → 厚曲面... 命令，系统弹出“定义厚曲面”对话框。

（3）定义偏移对象。选取图 18.28a 所示的分割 3 为要偏移的对象。

（4）确定偏移距离。在该对话框的 第一偏移 文本框中输入数值 5。

（5）确定厚曲面方向。采取系统默认的加厚方向。

（6）单击 确定 按钮，完成加厚曲面 1 的创建。

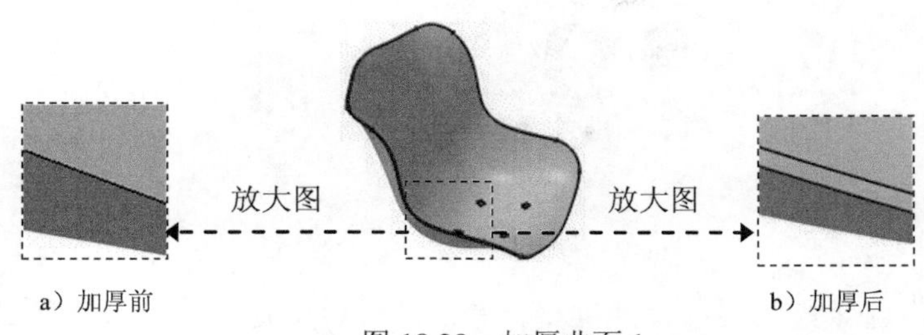

图 18.28 加厚曲面 1

Step26. 保存文件。

实例 19 咖 啡 壶

实例概述：

本实例介绍了咖啡壶模型的设计过程。其设计过程是先创建一系列草图，然后利用所创建的草图构建几个独立的曲面，再利用接合等工具将独立的曲面变成一个整体曲面，最后将整体曲面变成实体模型。咖啡壶模型及相应的特征树如图 19.1 所示。

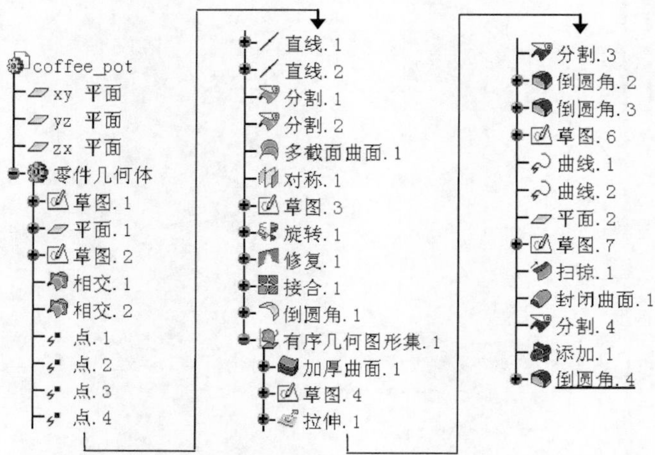

图 19.1 咖啡壶模型和特征树

Step1. 新建模型文件。选择下拉菜单 文件 → 新建... 命令，系统弹出“新建”对话框，在 类型列表: 中选择 Part 选项，单击 确定 按钮。在系统弹出的“新建零件”对话框中输入零件名称 coffee_pot，并选中 启用混合设计 复选框，单击 确定 按钮，进入“零件设计”工作台。

Step2. 选择下拉菜单 开始 → 形状 → 创成式外形设计 命令，进入“创成式外形设计”工作台。

Step3. 创建图 19.2 所示的草图 1。

（1）选择命令。选择下拉菜单 插入 → 草图编辑器 → 草图 命令（或单击工具栏中的“草图”按钮）。

（2）定义草绘平面。选取“xy 平面”为草绘平面，系统自动进入草绘工作台。

（3）绘制草图。绘制图 19.3 所示的草图 1 并标注尺寸。

（4）单击按钮，完成草图 1 的创建。

Step4. 创建图 19.4 所示的平面 1。

（1）选择命令。选择下拉菜单 插入 → 线框 → 平面... 命令（或单击工具栏中的“平面”按钮），系统弹出“平面定义”对话框。

（2）定义平面的创建类型。在“平面定义”对话框的 平面类型： 下拉列表中选择 偏移平面 选项。

（3）定义偏移属性。

① 定义参考平面。选取“xy 平面”为参考平面。

② 定义偏移距离。在“平面定义”对话框的 偏移： 文本框中输入数值 45。

（4）单击 确定 按钮，完成平面 1 的创建。

Step5. 创建图 19.5 所示的草图 2。

（1）选择命令。选择下拉菜单 插入 → 草图编辑器 → 草图 命令（或单击工具栏中的“草图”按钮）。

（2）定义草绘平面。选取平面 1 为草绘平面，系统自动进入草绘工作台。

（3）绘制草图。绘制图 19.6 所示的草图 2。

（4）单击按钮，完成草图 2 的创建。

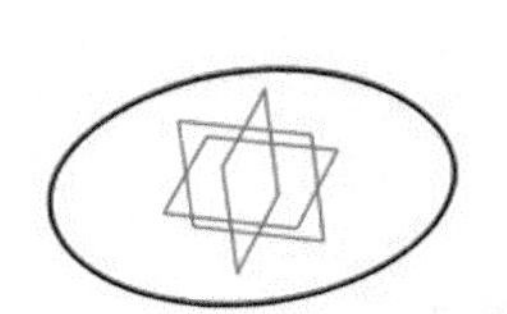

图 19.2 草图 1（建模环境）

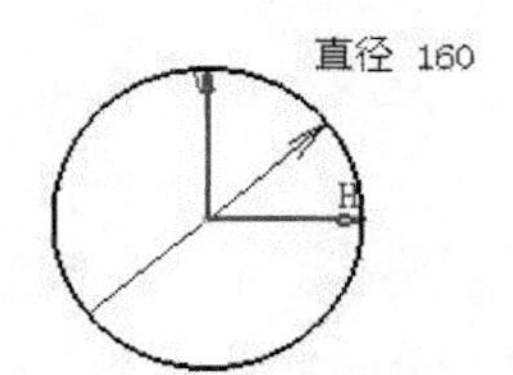

图 19.3 草图 1（草绘环境）

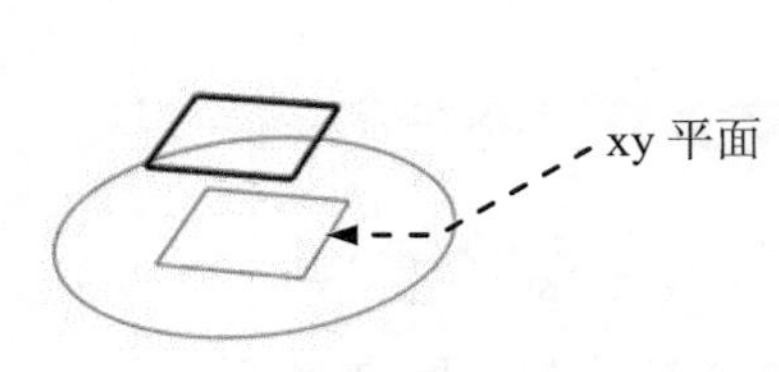

图 19.4 平面 1

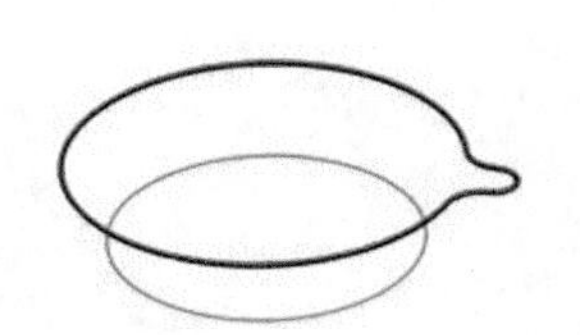

图 19.5 草图 2（建模环境）

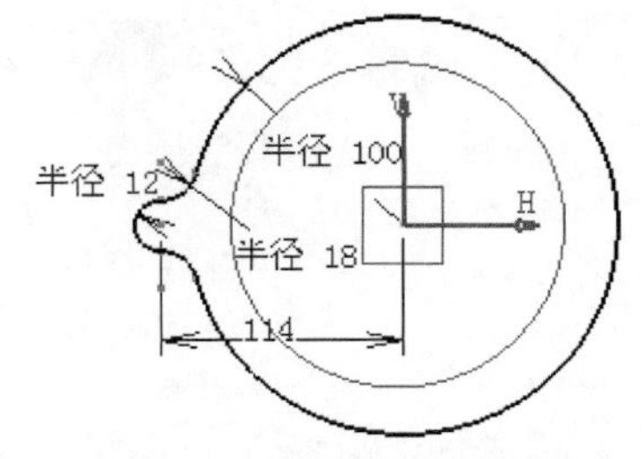

图 19.6 草图 2（草绘环境）

Step6. 创建图 19.7 所示的相交 1。

（1）选择命令。选择下拉菜单 插入 → 线框 → 相交... 命令，系统弹出“相交定义”对话框。

（2）定义相交的第一元素。选取“zx 平面”为相交的第一元素。

（3）定义相交的第二元素。选取草图 2 为相交的第二元素。

（4）单击 确定 按钮，在系统弹出的“多重结果管理”对话框中选中 保留所有子元素。单选项，完成相交 1 的创建，结果得到两点。

Step7. 创建图 19.8 所示的相交 2。

（1）选择命令。选择下拉菜单 插入 → 线框 → 相交... 命令，系统弹出“相交定义”对话框。

（2）定义相交的第一元素。选取“zx 平面”为相交的第一元素。

（3）定义相交的第二元素。选取草图 1 为相交的第二元素。

（4）单击 确定 按钮，完成相交 2 的创建。

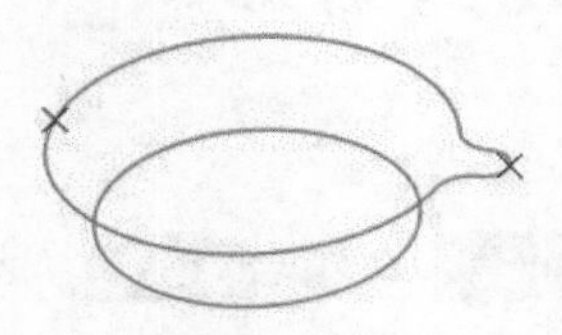

图 19.7　相交 1

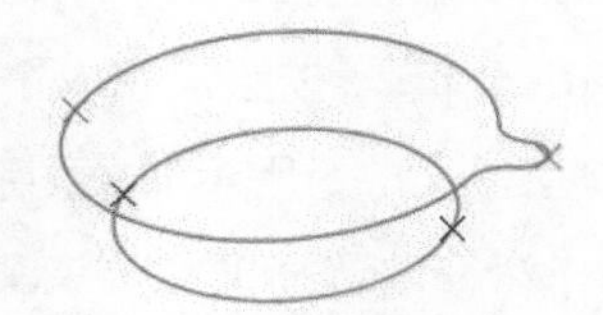

图 19.8　相交 2

Step8. 创建图 19.9 所示的对相交 1 的拆解。

（1）选择命令。选择下拉菜单 插入 → 操作 → 拆解... 命令，此时系统弹出图 19.10 所示的“拆解”对话框。

（2）定义拆解对象。选取 Step6 创建的相交 1 为拆解对象，并在“拆解”对话框中单击“仅限域：2”。

（3）单击 确定 按钮，完成相交 1 的拆解。

说明：完成相交 1 的拆解后，系统将在特征树中建立点 1、点 2 两个节点。

Step9. 创建图 19.9 所示的对相交 2 的拆解。

（1）选择下拉菜单 插入 → 操作 → 拆解... 命令，此时系统弹出图 19.10 所示的“拆解”对话框。

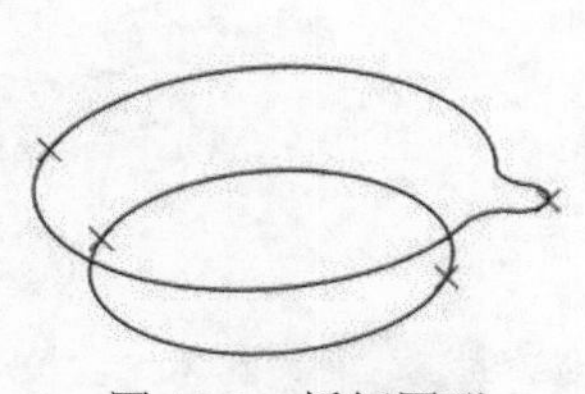

图 19.9　拆解图形

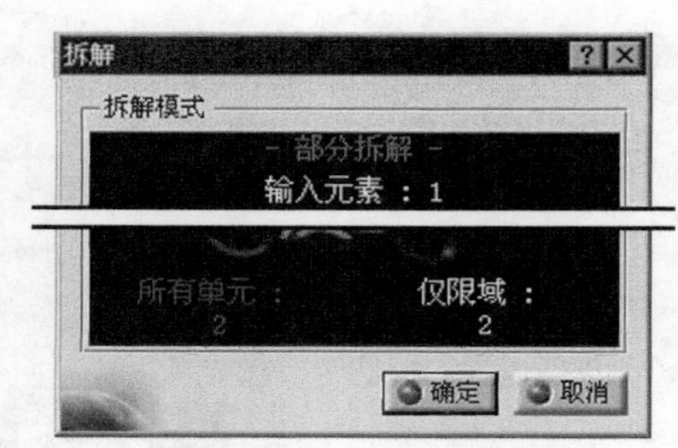

图 19.10　“拆解”对话框

（2）选择 Step7 创建的相交 2 为拆解对象，并在“拆解”对话框中单击“仅限域：2”。

（3）单击 确定 按钮，完成相交 2 的拆解。

Step10. 创建图 19.11 所示的直线 1。

（1）选择命令。选择下拉菜单 插入 → 线框 → 直线... 命令，系统弹出“直线定义”对话框。

（2）定义直线类型。在“直线定义”对话框的线型下拉列表中选择点-点选项。分别选取图 19.11 所示的点 2 和点 3 为直线的两个端点。

（3）单击确定按钮，完成直线 1 的创建。

Step11. 创建图 19.12 所示的直线 2。

（1）选择命令。选择下拉菜单插入 → 线框 → 直线...命令，系统弹出“直线定义”对话框。

（2）定义直线类型。在“直线定义”对话框的线型下拉列表中选择点-点选项。分别选取图 19.12 所示的点 1 和点 4 为直线的两个端点。

（3）单击确定按钮，完成直线 2 的创建。

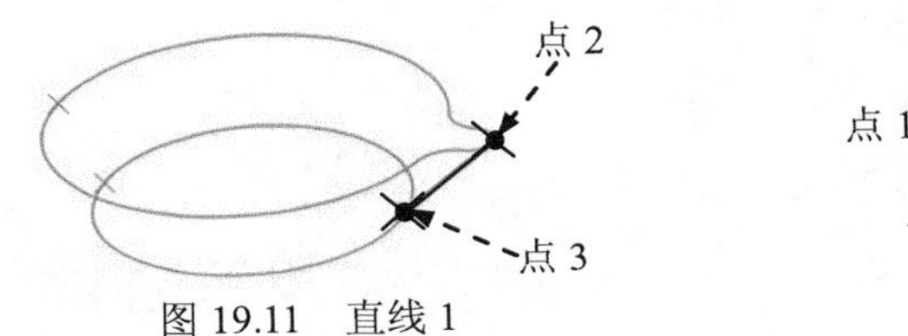

图 19.11 直线 1

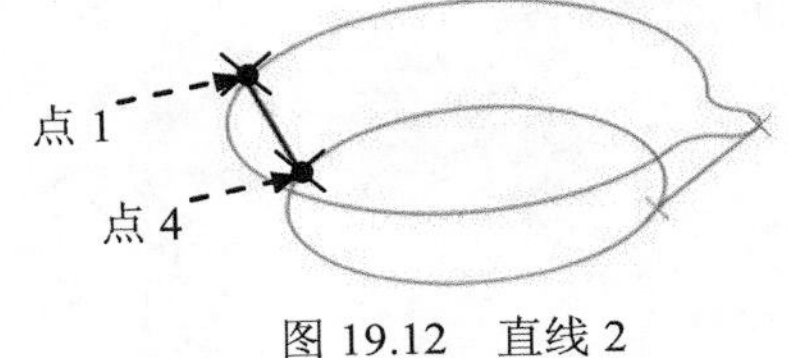

图 19.12 直线 2

Step12. 创建图 19.13 所示的分割 1。

（1）选择命令。选择下拉菜单插入 → 操作 → 分割...命令，系统弹出“分割定义”对话框。

（2）定义分割元素。选取草图 2 为要切除的元素，选取直线 1 和直线 2 为切除元素。

（3）单击确定按钮，完成分割 1 的创建。

Step13. 创建图 19.14 所示的分割 2。

（1）选择下拉菜单插入 → 操作 → 分割...命令，系统弹出“分割定义”对话框。

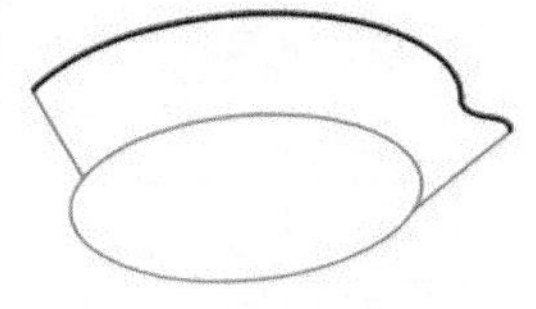
图 19.13 分割 1

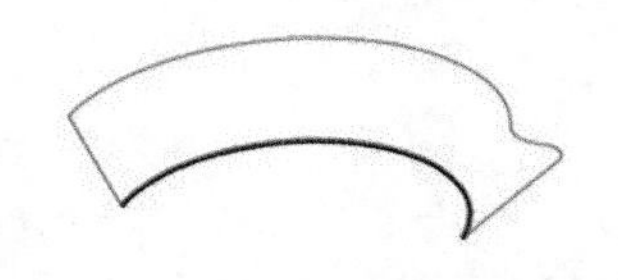
图 19.14 分割 2

（2）选取草图 1 为要切除的元素，选取直线 1 和直线 2 为切除元素。

（3）单击确定按钮，完成分割 2 的创建。

Step14. 创建图 19.15 所示的多截面曲面 1。

（1）选择命令。选择下拉菜单插入 → 曲面 → 多截面曲面...命令，此时系统弹出“多截面曲面定义”对话框。

（2）定义截面曲线。分别选取图 19.15 所示的曲线 1 和曲线 2 作为截面曲线。

（3）定义引导曲线。单击“多截面曲面定义”对话框的引导线下拉列表，分别选取图 19.15 所示的曲线 3 和曲线 4 为引导线。

（4）单击确定按钮，完成多截面曲面 1 的创建。

Step15. 创建图 19.16 所示的对称 1。

（1）选择命令。选择下拉菜单插入 → 操作 → 对称...命令（或单击工具栏中的“对称”按钮），系统弹出“对称定义”对话框。

（2）选取对称元素。选取多截面曲面 1 为对称元素。

（3）选取参考平面。选取“zx 平面”为参考平面。

（4）单击确定按钮，完成对称 1 的创建。

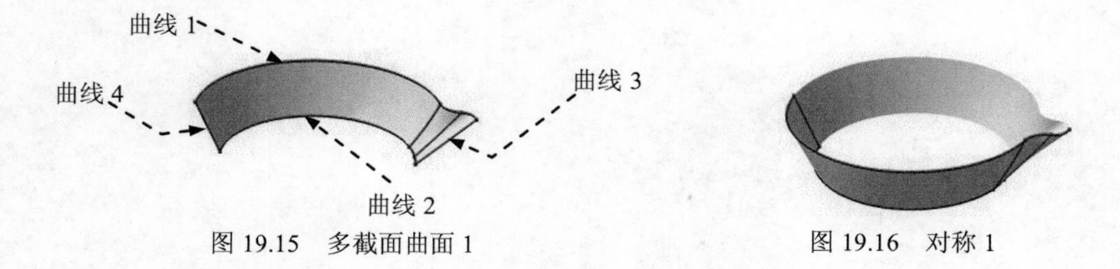

图 19.15 多截面曲面 1　　图 19.16 对称 1

Step16. 创建图 19.17 所示的草图 3。

（1）选择命令。选择下拉菜单插入 → 草图编辑器 → 草图命令（或单击工具栏中的“草图”按钮）。

（2）定义草绘平面。选取“zx 平面”为草绘平面，系统自动进入草绘工作台。

（3）绘制草图。绘制图 19.18 所示的草图 3。

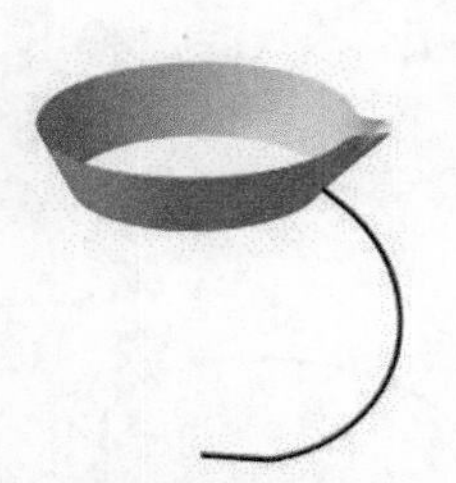

图 19.17 草图 3（建模环境）

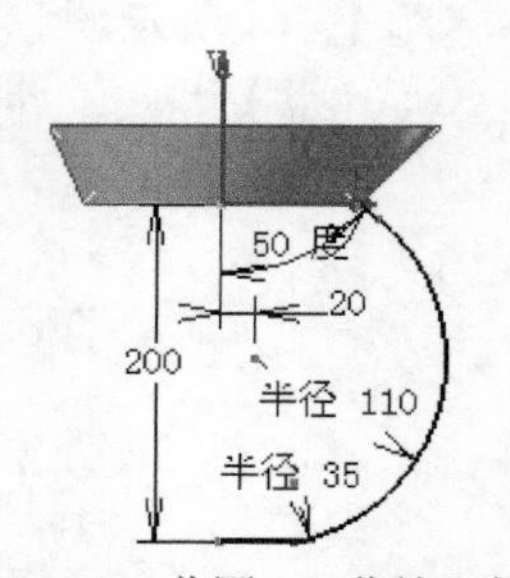

图 19.18 草图 3（草绘环境）

（4）单击按钮，完成草图 3 的创建。

Step17. 创建图 19.19 所示的旋转 1。

（1）选择命令。选择下拉菜单插入 → 曲面 → 旋转...命令，系统弹出“旋转曲面定义”对话框。

（2）选取旋转轮廓。选取 Step16 创建的草图 3 为旋转轮廓。

（3）定义旋转轴。在“旋转曲面定义”对话框的旋转轴:文本框中右击，在系统弹出的快捷菜单中选择Z轴作为旋转轴。

（4）定义旋转角度。在“旋转曲面定义”对话框的角限制区域的角度1:文本框中输入数值360。

（5）单击确定按钮，完成旋转1的创建。

Step18. 创建图19.20所示的修复1。

（1）选择命令。选择下拉菜单插入 → 操作 → 修复...命令，系统弹出“修复定义”对话框。

（2）选取要修复的元素。选取多截面曲面1和对称1为要修复的元素。

（3）定义修复参数。在连续:下拉列表中选取切线，将合并距离值设置为0.001，将距离目标值设置为0.001。

（4）单击确定按钮，完成曲面的修复操作。

Step19. 创建图19.21所示的接合1。

（1）选择命令。选择下拉菜单插入 → 操作 → 接合...命令，系统弹出“接合定义”对话框。

图19.19 旋转1

图19.20 修复1

图19.21 接合1

（2）定义接合元素。选取修复1和旋转1为要接合的元素。

（3）单击确定按钮，完成曲面的接合。

Step20. 创建图19.22b所示的倒圆角1。

（1）选择下拉菜单插入 → 操作 → 倒圆角命令，系统弹出“倒圆角定义”对话框。

（2）选取图19.22a所示的曲面边线为圆角边线；在“倒圆角定义”对话框的传播:下拉列表中选择相切选项，在半径文本框中输入数值10。

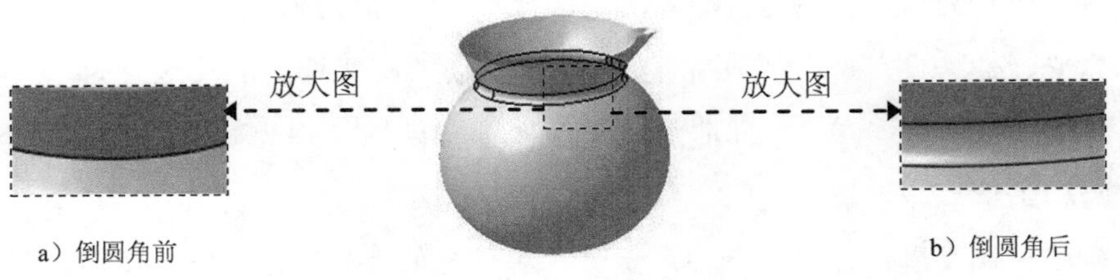

图19.22 倒圆角1

（3）单击 确定 按钮，完成倒圆角 1 的创建。

Step21. 创建图 19.23b 所示的加厚曲面 1。

（1）选择命令。选择下拉菜单 插入 → 包络体 ▸ → 厚曲面... 命令，系统弹出“定义厚曲面”对话框。

（2）定义加厚对象。选取图 19.23a 所示的面组为加厚对象。

（3）定义加厚值。在“定义厚曲面”对话框的 第一偏移: 文本框中输入数值 5。

（4）单击 确定 按钮，完成加厚操作。

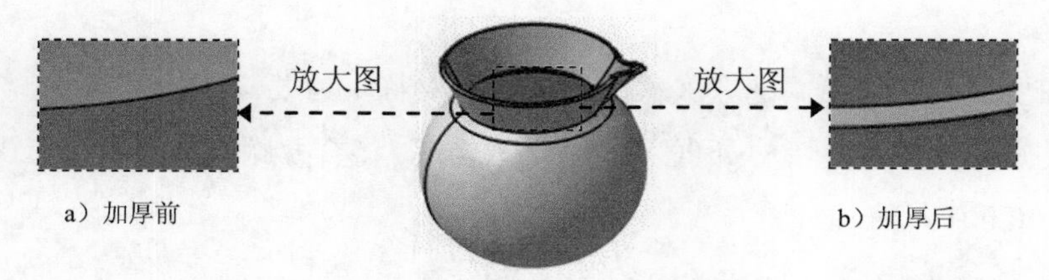

图 19.23　加厚曲面 1

Step22. 创建图 19.24 所示的草图 4。

（1）选择命令。选择下拉菜单 插入 → 草图编辑器 ▸ → 草图 命令（或单击工具栏中的“草图”按钮）。

（2）定义草绘平面。选取“zx 平面”为草绘平面，系统自动进入草绘工作台。

（3）绘制草图。绘制图 19.25 所示的草图 4。

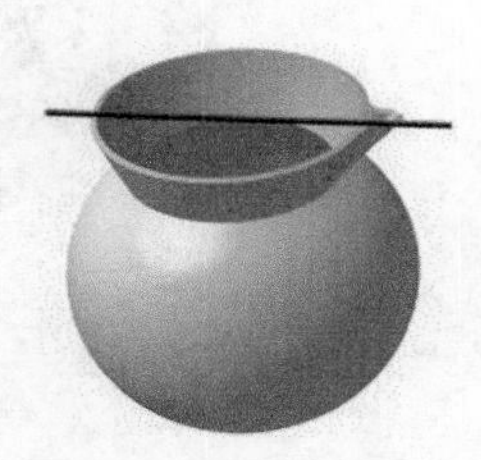

图 19.24　草图 4（建模环境）

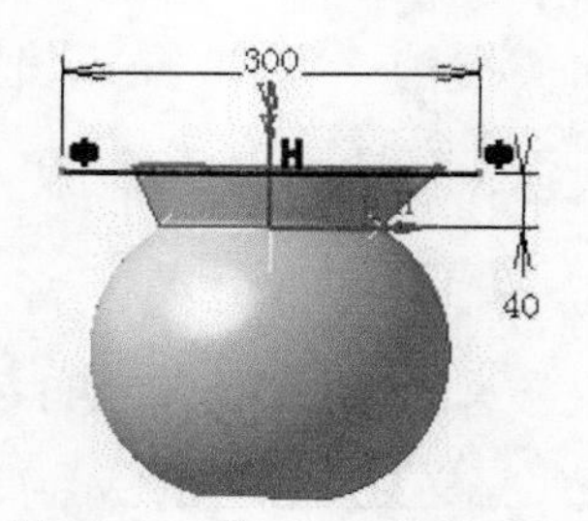

图 19.25　草图 4（草绘环境）

（4）单击 确定 按钮，完成草图 4 的创建。

Step23. 创建图 19.26 所示的拉伸 1。

（1）选择命令。选择下拉菜单 插入 → 曲面 ▸ → 拉伸... 命令，系统弹出“拉伸曲面定义”对话框。

（2）选择拉伸轮廓。选取图 19.26 所示的曲线为拉伸轮廓。

（3）定义拉伸方向。选取“zx 平面”，系统会以“zx 平面”的法线方向作为拉伸方向。

（4）定义拉伸类型。在“拉伸曲面定义”对话框的 限制 1 和 限制 2 区域的 类型: 下拉列表中均选择 尺寸 选项。

（5）确定拉伸高度。在“拉伸曲面定义”对话框的 限制 1 和 限制 2 区域的 尺寸: 文本框中均输入数值 100。

（6）单击确定按钮，完成曲面的拉伸。

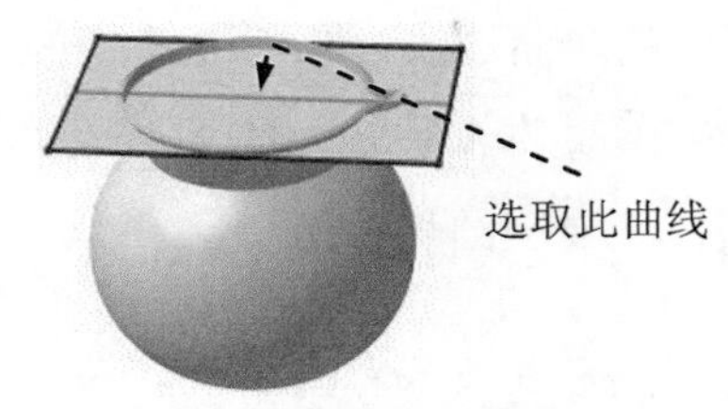

图 19.26 拉伸 1

Step24. 创建图 19.27b 所示的分割 3。

（1）选择下拉菜单插入 → 操作 → 分割...命令，系统弹出“分割定义”对话框。

（2）选取分割元素。选取加厚曲面 1 为要切除的元素，选取拉伸 1 为切除元素。

（3）单击确定按钮，完成分割 3 的创建。

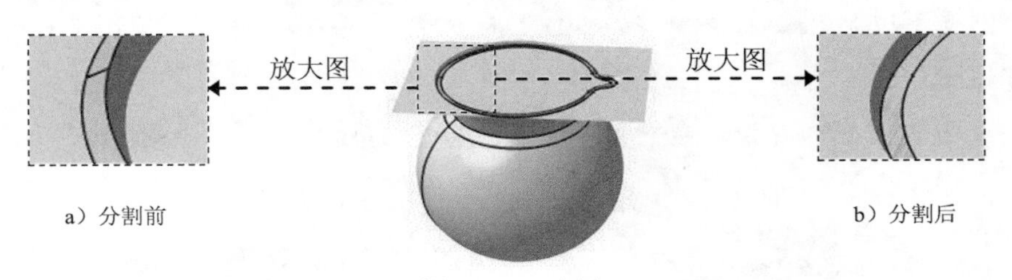

图 19.27 分割 3

Step25. 创建图 19.28b 所示的倒圆角 2。

（1）选择命令。选择下拉菜单插入 → 操作 → 倒圆角命令，系统弹出“倒圆角定义”对话框。

（2）定义圆角边线。选择图 19.28a 所示的曲面边线为圆角边线。

（3）定义拓展类型。在“倒圆角定义”对话框的传播：下拉列表中选择相切选项。

（4）定义圆角半径。在半径文本框中输入数值 1.5。

（5）单击确定按钮，完成倒圆角 2 的创建。

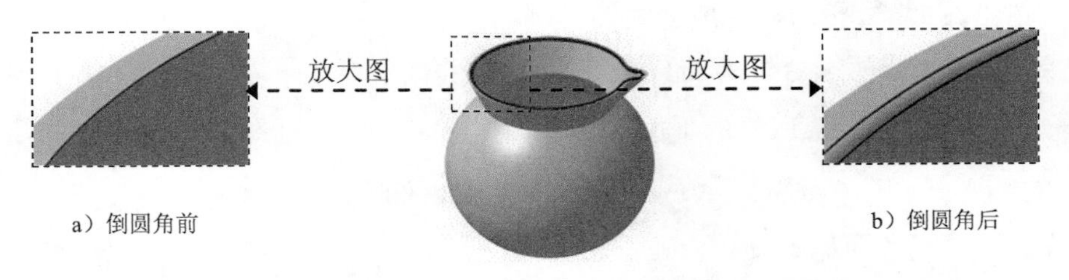

图 19.28 倒圆角 2

Step26. 创建图 19.29b 所示的倒圆角 3。

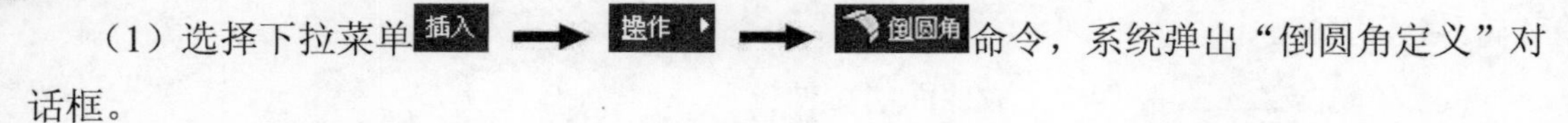

（1）选择下拉菜单插入 → 操作 → 倒圆角命令，系统弹出“倒圆角定义”对话框。

（2）选取图 19.29a 所示的曲面边线为圆角边线；在“倒圆角定义”对话框的传播：下拉列表中选择相切选项，在半径文本框中输入数值 2。

（3）单击确定按钮，完成倒圆角 3 的创建。

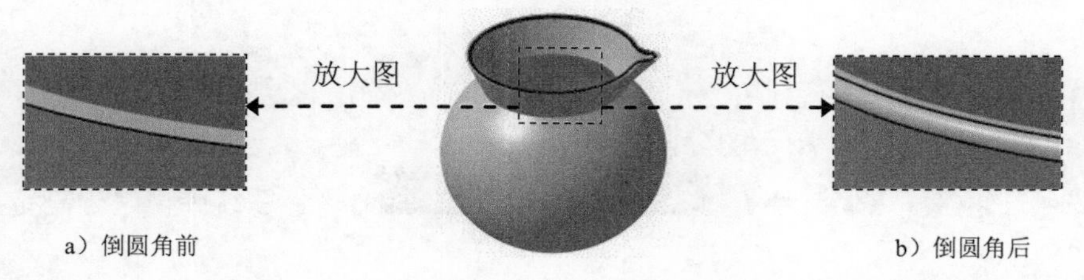

图 19.29　倒圆角 3

Step27. 创建图 19.30 所示的草图 5。

（1）选择下拉菜单插入 → 草图编辑器 → 草图命令（或单击工具栏中的“草图”按钮）。

（2）选取“zx 平面”为草绘平面，系统自动进入草绘工作台；绘制图 19.31 所示的草图 5。

图 19.30　草图 5（建模环境）

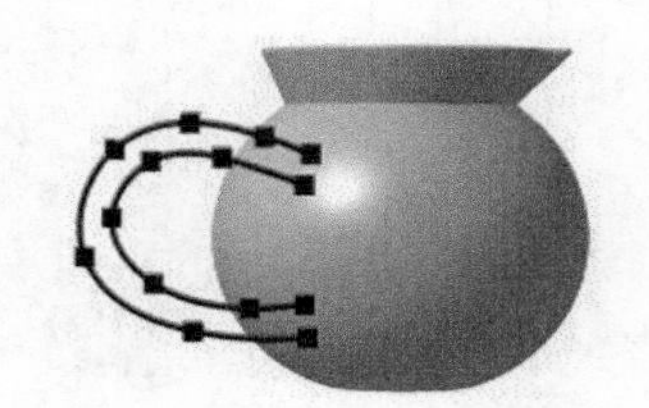

图 19.31　草图 5（草绘环境）

（3）单击确定按钮，完成草图 5 的创建。

Step28. 创建图 19.32 所示的草图 5 的拆解特征。

（1）选择下拉菜单插入 → 操作 → 拆解...命令，系统弹出“拆解”对话框。

（2）定义拆接对象。选取 Step27 创建的草图 5 为拆解对象。

（3）单击确定按钮，完成曲线的拆解。

注意：此时草图 5 被分解为曲线 1 和曲线 2。

Step29. 创建图 19.33 所示的平面 2。

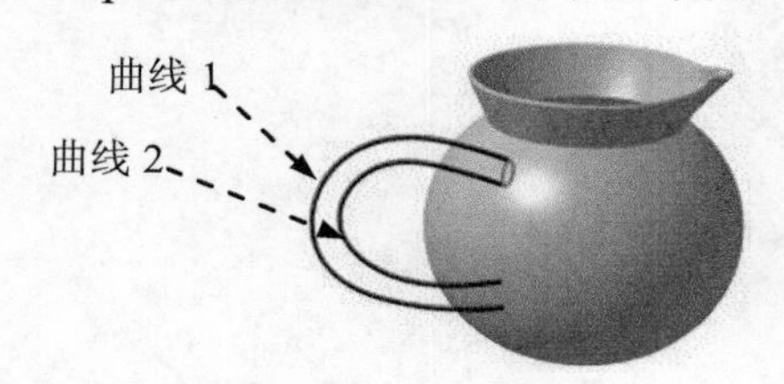

图 19.32　拆解特征

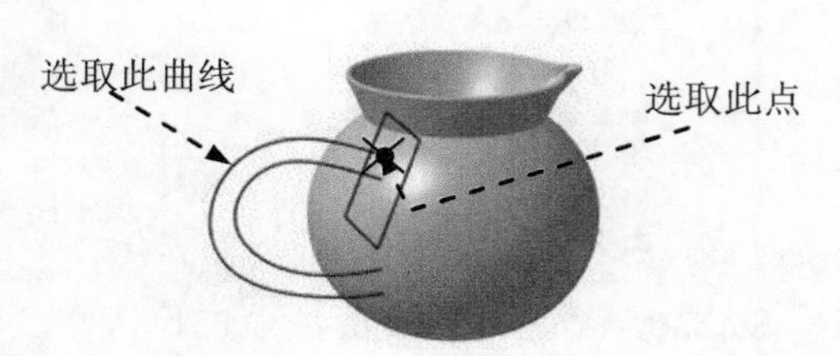

图 19.33　平面 2

（1）选择命令。选择下拉菜单 插入 → 线框 ▸ → 平面... 命令（或单击“线框”工具栏中的“平面”按钮），系统弹出“平面定义”对话框。

（2）确定平面类型。在“平面定义”对话框的 平面类型: 下拉列表中选择 曲线的法线 选项。

（3）确定平面的通过曲线。选取图 19.33 所示的曲线为平面的通过曲线。

（4）确定平面的通过点。选取图 19.33 所示的点为平面的通过点。

（5）单击 确定 按钮，完成平面 2 的创建。

Step30. 创建图 19.34 所示的草图 6。

（1）选择下拉菜单 插入 → 草图编辑器 ▸ → 草图 命令（或单击工具栏中的“草图”按钮）。

（2）选取平面 2 为草绘平面，系统自动进入草绘工作台；绘制图 19.34 所示的草图。

（3）单击 确定 按钮，完成草图 6 的创建。

Step31. 创建图 19.35 所示的扫掠 1。

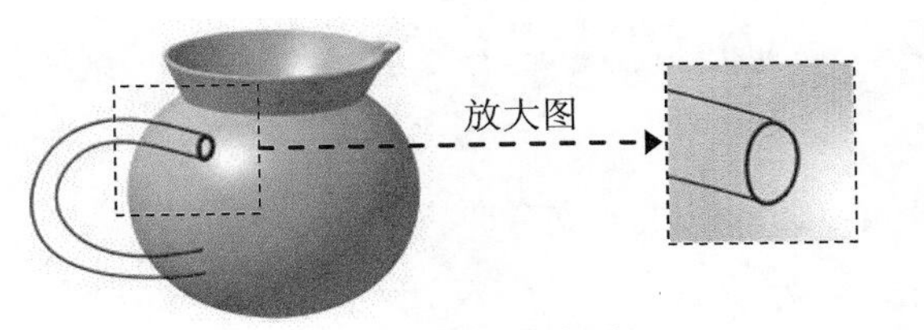

图 19.34　草图 6

图 19.35　扫掠 1

（1）选择命令。选择下拉菜单 插入 → 曲面 ▸ → 扫掠... 命令，此时系统弹出“扫掠曲面定义”对话框。

（2）定义扫掠类型。在“扫掠曲面定义”对话框的 轮廓类型: 中单击按钮，在 子类型: 下拉列表中选择 使用两条引导曲线 选项。

（3）定义扫掠轮廓。选取草图 6 为扫掠的轮廓。

（4）定义扫掠引导曲线。选取曲线 1 为第一条引导曲线，选取曲线 2 为第二条引导曲线；在 定位类型: 下拉列表中选取 两个点 选项；选取曲线 1 的上端点为第一引导定位点，选取曲线 2 的上端点为第二引导定位点。

（5）单击 确定 按钮，完成扫掠 1 的创建。

Step32. 创建图 19.36 所示的封闭曲面 1。

（1）选择命令。选择下拉菜单 插入 → 包络体 ▸ → 封闭曲面... 命令，此时系统弹出“定义封闭曲面”对话框。

（2）定义封闭曲面。选取“扫掠 1”为要封闭的对象。

（3）单击 确定 按钮，完成封闭曲面 1 的创建。

Step33. 创建图 19.37 所示的分割 4。

（1）选择命令。选择下拉菜单 插入 → 操作 → 分割... 命令，系统弹出“分割定义”对话框。

（2）定义分割元素。选取封闭曲面 1 为要切除的元素，选取倒圆角 3 为切除元素。然后在“分割定义”对话框中单击 另一侧 按钮。

（3）单击 确定 按钮，完成分割 4 的操作。

图 19.36　封闭曲面 1

图 19.37　分割 4

Step34. 创建图 19.38 所示的添加 1。

（1）选择命令。选择下拉菜单 插入 → 包络体 → 添加... 命令，系统弹出图 19.39 所示的“添加”对话框。

（2）定义添加的基对象。选取倒圆角 3 为添加的基对象。

（3）定义添加后的操作数。选取分割 4 为添加后的操作数。

（4）单击 确定 按钮，完成添加 1 的创建。

图 19.38　添加 1

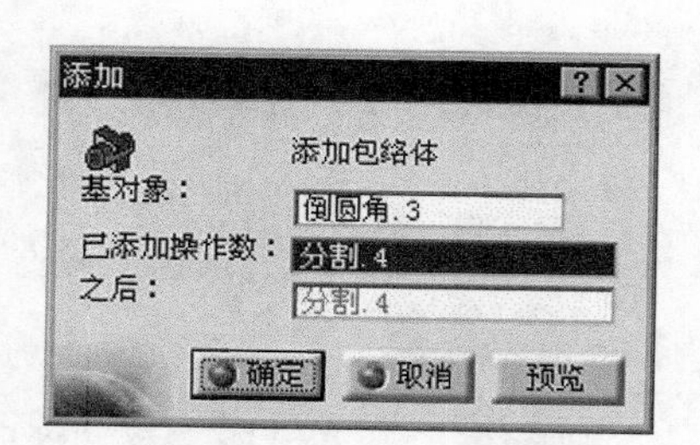

图 19.39　“添加”对话框

Step35. 创建图 19.40b 所示的倒圆角 4。

（1）选择下拉菜单 插入 → 操作 → 倒圆角 命令，系统弹出“倒圆角定义”对话框。

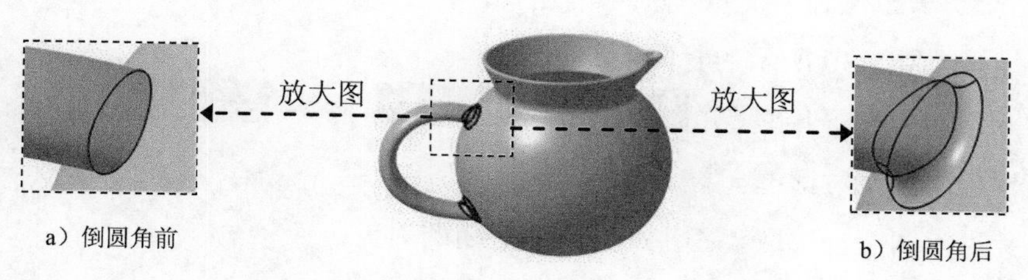

a）倒圆角前　　b）倒圆角后

图 19.40　倒圆角 4

（2）选取图 19.40a 所示的曲面边线为圆角边线；在“倒圆角定义”对话框的传播：下拉列表中选择相切选项，在半径文本框中输入数值 5。

（3）单击确定按钮，完成倒圆角 4 的创建。

Step36. 保存文件。

实例 20 时钟表面

实例概述：

本实例主要运用了如下命令：旋转体、倒圆角、分割及提取等。需要注意在选取草绘平面、分割、提取等过程中用到的技巧和注意事项。零件模型及相应的特征树如图 20.1 所示。

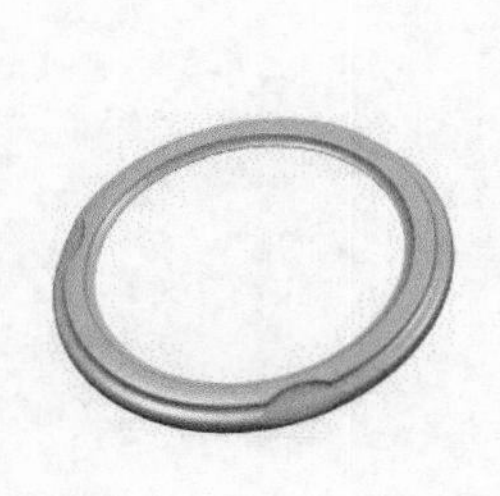

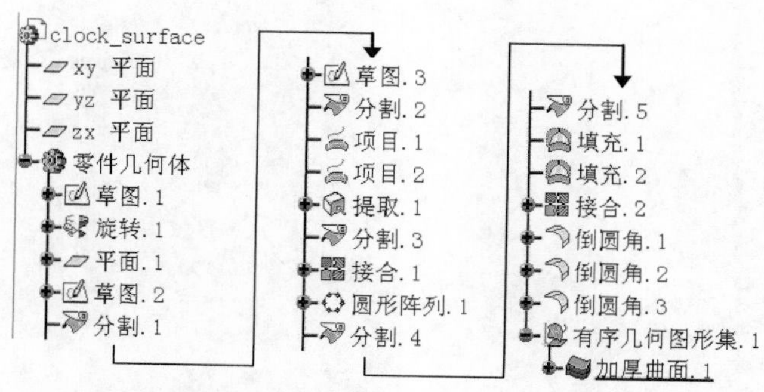

图 20.1 零件模型和特征树

Step1. 新建一个零件的三维模型，将其命名为 clock_surface。选择下拉菜单 开始 → 形状 → 创成式外形设计 命令，进入“创成式外形设计”工作台。

Step2. 创建图 20.2 所示的草图 1。

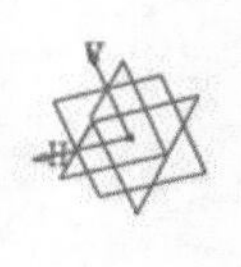

图 20.2 草图 1（建模环境）

（1）选择命令。选择下拉菜单 插入 → 草图编辑器 → 草图 命令（或单击工具栏中的“草图”按钮）。

（2）定义草绘平面。选取“xy 平面”为草图平面，系统自动进入草绘工作台。

（3）绘制草图。绘制图 20.3 所示的草图 1。

（4）单击“退出工作台”按钮，完成草图 1 的创建。

Step3. 创建图 20.4 所示的旋转 1。

（1）选择命令。选择下拉菜单 插入 → 曲面 → 旋转... 命令，系统弹出“旋转曲面定义”对话框。

（2）选取旋转轮廓。选取 Step2 创建的草图 1 为旋转轮廓。

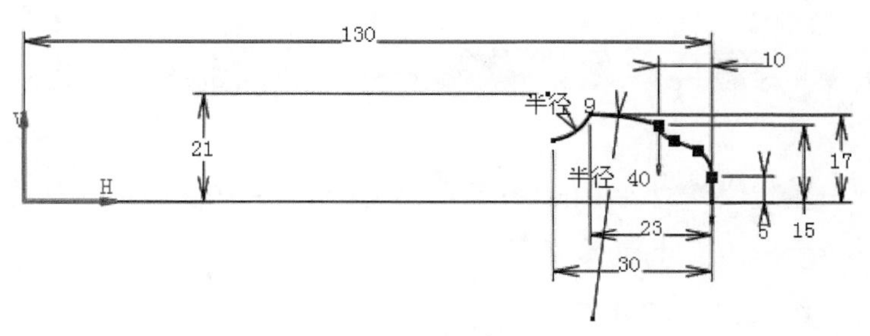

图 20.3　草图 1（草绘环境）

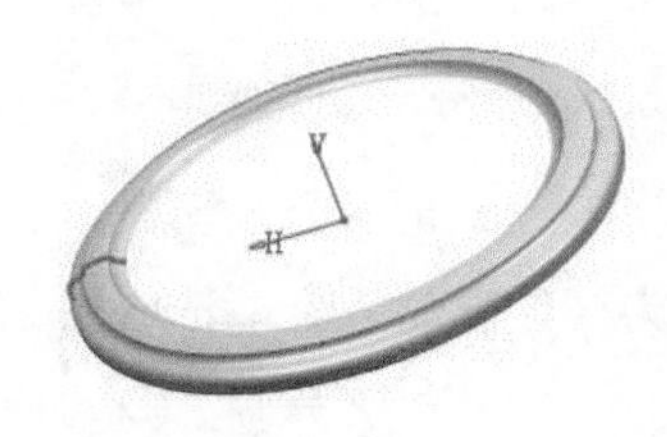

图 20.4　旋转 1

（3）定义旋转轴。在“旋转曲面定义”对话框的旋转轴：文本框中右击，从系统弹出的快捷菜单中选择Y 轴作为旋转轴。

（4）定义旋转角度。在“旋转曲面定义”对话框的角限制 区域的角度 1：文本框中输入数值 360。

（5）单击确定按钮，完成旋转 1 的创建。

Step4. 创建图 20.5 所示的平面 1。

（1）选择命令。选择下拉菜单插入 → 线框 ▸ → 平面...命令（或单击工具栏中的“平面”按钮），系统弹出“平面定义”对话框。

（2）定义平面类型。在“平面定义”对话框的平面类型下拉列表中选择偏移平面选项。

（3）定义平面参数。

① 定义参考平面。在“平面定义”对话框的参考：中选取“zx 平面”为参考平面。

② 定义偏移距离。在“平面定义”对话框的偏移：文本框中输入数值 5。

（4）单击确定按钮，完成平面 1 的创建。

Step5. 创建图 20.6 所示的草图 2。

（1）选择命令。选择下拉菜单插入 → 草图编辑器 ▸ → 草图命令（或单击工具栏中的“草图”按钮）。

（2）定义草绘平面。选取平面 1 为草图平面，系统自动进入草绘工作台。

（3）绘制草图。绘制图 20.7 所示的草图 2。

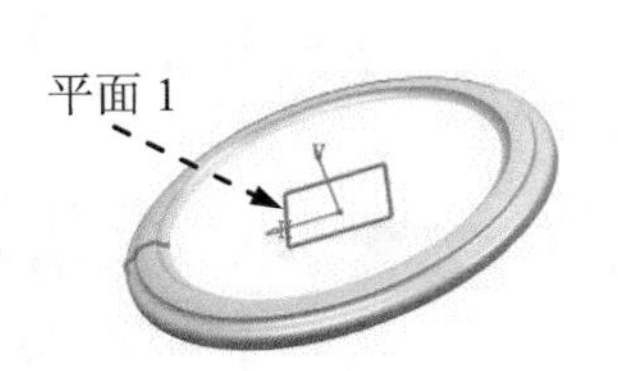

图 20.5　平面 1

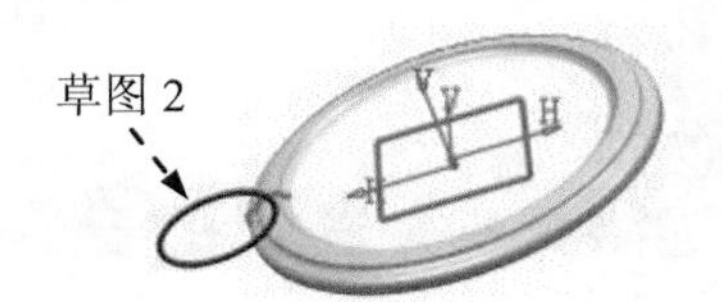

图 20.6　草图 2（建模环境）

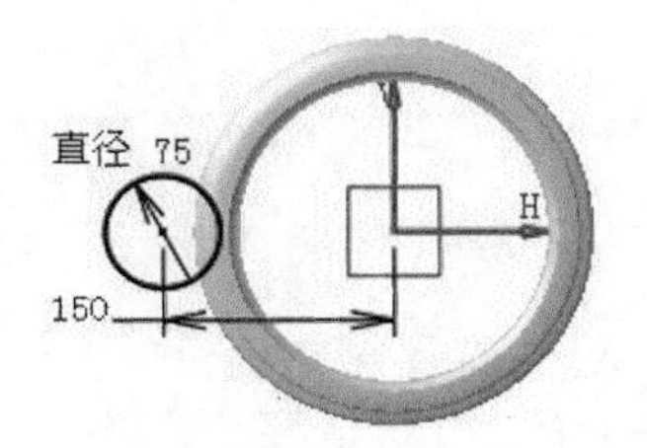

图 20.7　草图 2（草绘环境）

（4）单击“退出工作台”按钮，完成草图 2 的创建。

Step6. 创建图 20.8 所示的分割 1。

（1）选择命令。选择下拉菜单 插入 → 操作 → 分割... 命令，系统弹出“分割定义”对话框。

（2）定义分割元素。在“分割定义”对话框的 要切除的元素： 中选取图 20.9 所示的草图 2 为要切除的元素；选取图 20.9 所示的边线为切除元素。

（3）定义分割方向。使分割结果如图 20.8 所示。

说明：若结果相反，单击 另一侧 按钮。

（4）单击 确定 按钮，完成分割 1 的操作。

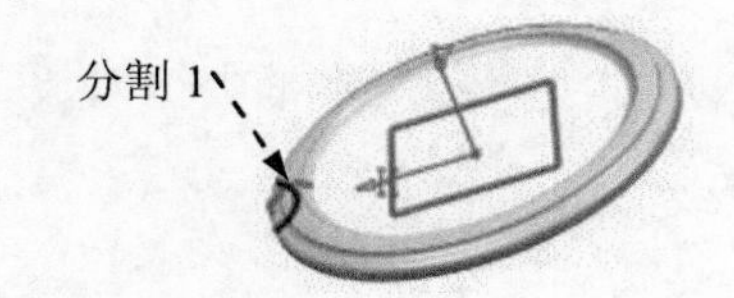

图 20.8　分割 1

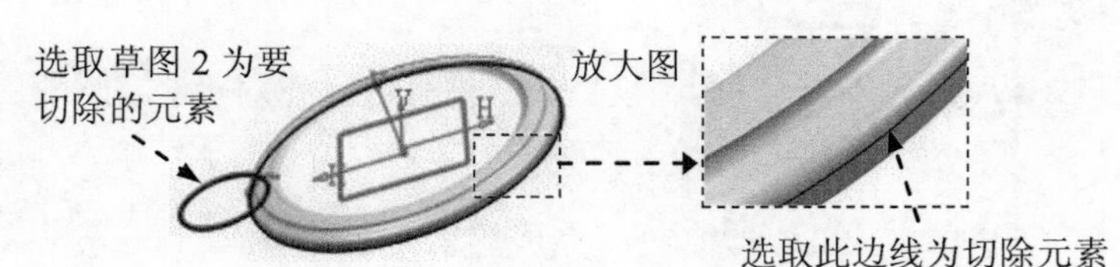

图 20.9　定义分割元素

Step7. 创建图 20.10 所示的草图 3。

（1）选择命令。选择下拉菜单 插入 → 草图编辑器 → 草图 命令（或单击工具栏中的“草图”按钮）。

（2）定义草绘平面。选取“yz 平面”为草图平面，系统自动进入草绘工作台。

（3）绘制草图。绘制图 20.11 所示的草图 3。

注意：在绘制该草图时，约束此圆与分割 1 的一个端点相合。

（4）单击“退出工作台”按钮，完成草图 3 的创建。

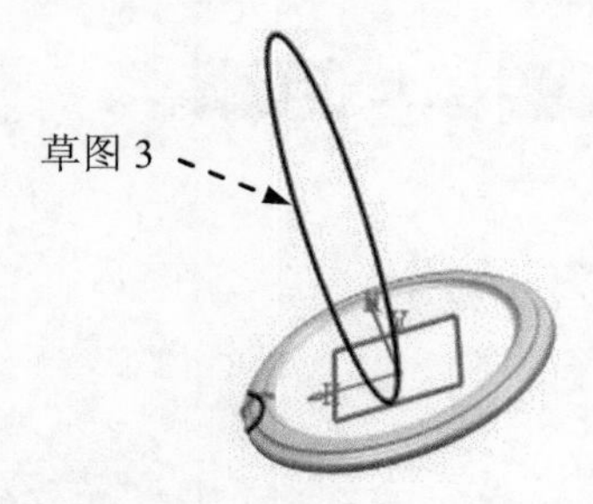

图 20.10　草图 3（建模环境）

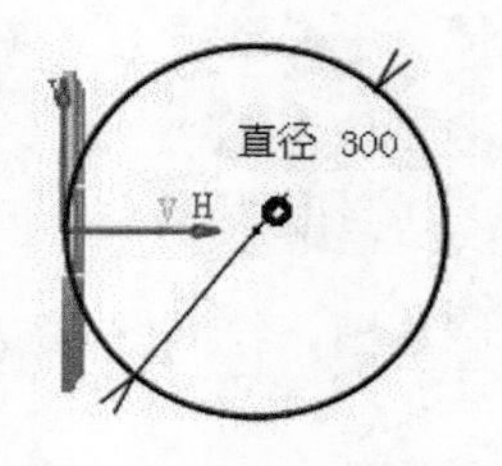

图 20.11　草图 3（草绘环境）

Step8. 创建图 20.12 所示的分割 2。

（1）选择命令。选择下拉菜单 插入 → 操作 → 分割... 命令，系统弹出“分割定义”对话框。

（2）定义分割元素。在“分割定义”对话框的 要切除的元素： 中选取图 20.13 所示的草图 3

为要切除的元素，选取图 20.13 所示的分割 1 的两端点为切除元素。

（3）单击 确定 按钮，完成分割 2 的操作。

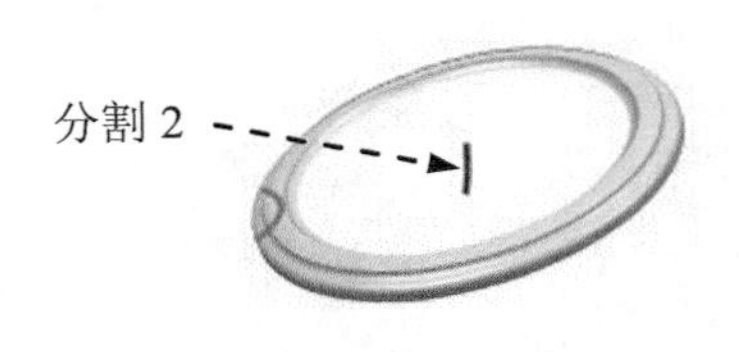

图 20.12 分割 2

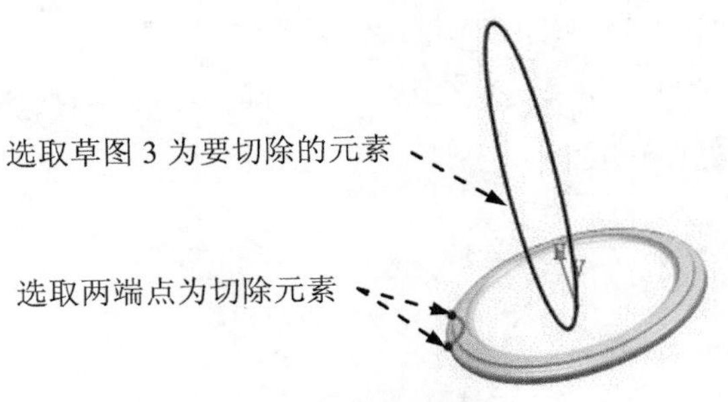

图 20.13 定义分割元素

Step9. 创建图 20.14 所示的项目 1（投影曲线 1）。

（1）选择命令。选择下拉菜单 插入 → 线框 → 投影... 命令，系统弹出图 20.15 所示的“投影定义”对话框。

（2）确定投影类型。在“投影定义”对话框的 投影类型: 下拉列表中选择 沿某一方向 选项。

（3）定义投影曲线。选取图 20.16 所示的分割 1 为投影曲线。

（4）确定支持面。选取图 20.16 所示的旋转 1 为投影支持面。

（5）定义投影方向。选取图 20.16 所示的平面 1，系统会沿平面 1 的法线方向作为投影方向。

（6）取消选中“投影定义”对话框中的 □ 近接解法 复选框。

（7）单击 确定 按钮，完成项目 1 的投影。

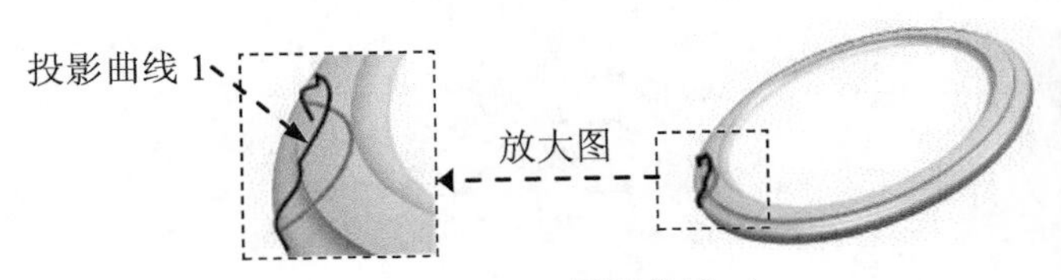

图 20.14 项目 1（投影曲线 1）

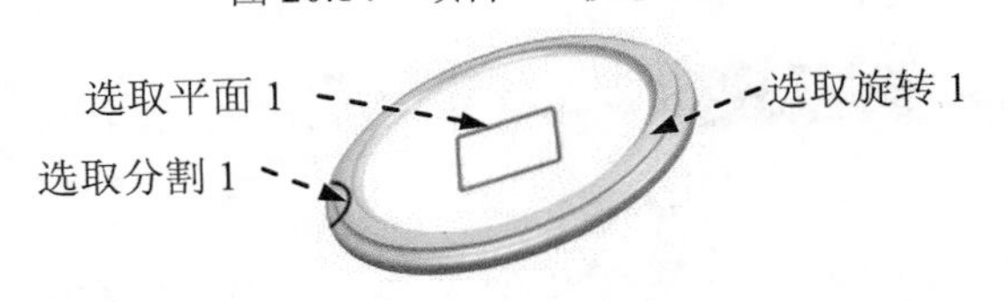

图 20.16 定义投影曲线

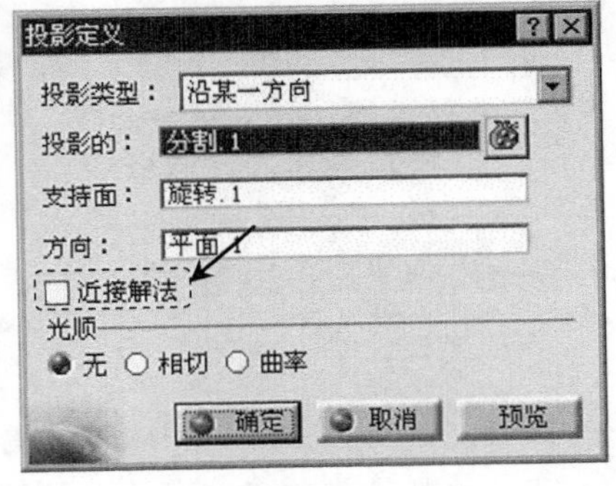

图 20.15 “投影定义”对话框

Step10. 创建图 20.17 所示的项目 2（投影曲线 2）。

（1）选择命令。选择下拉菜单 插入 → 线框 → 投影... 命令，系统弹出“投影定义”对话框。

（2）确定投影类型。在“投影定义”对话框的 投影类型: 下拉列表中选择 沿某一方向 选项。

（3）定义投影曲线。选取图 20.18 所示的分割 2 为投影曲线。

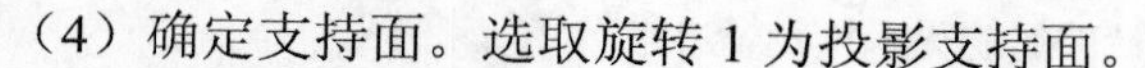

（4）确定支持面。选取旋转 1 为投影支持面。

（5）定义投影方向。选取“yz 平面”，系统会沿“yz 平面”的法线方向作为投影方向。

（6）取消选中“投影定义”对话框中的 近接解法 复选框。

（7）单击 确定 按钮，完成曲线 2 的投影，系统弹出“多重结果管理”对话框，单击 确定 按钮。

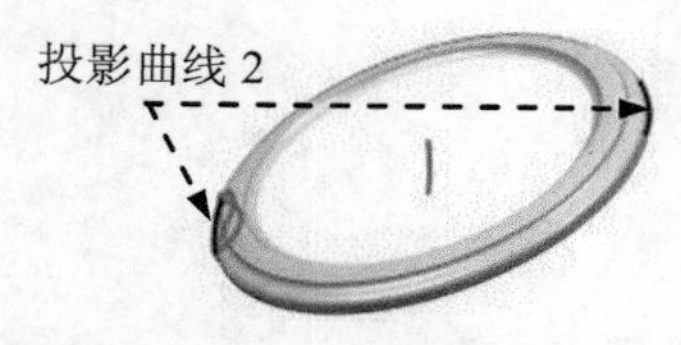

图 20.17　项目 2（投影曲线 2）

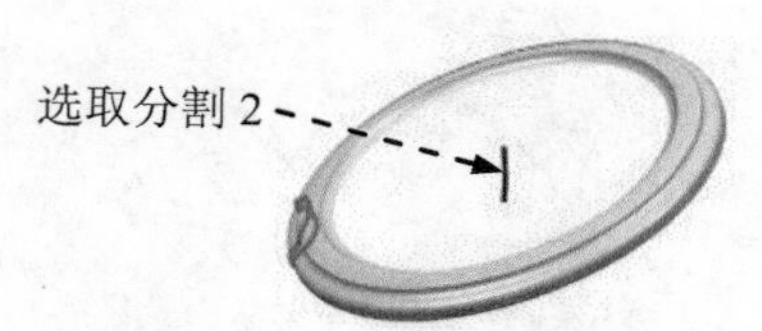

图 20.18　定义投影曲线

Step11. 创建图 20.19 所示的提取 1。

（1）在“多重结果管理”对话框中选中 使用提取以仅保留一个子元素、 单选项，单击 确定 按钮，系统弹出图 20.20 所示的“提取定义”对话框。

（2）定义提取类型。在“提取定义”对话框的 拓展类型： 下拉列表中选择 点连续 选项。

（3）定义要提取的元素。在图形区选取图 20.19 所示的曲线作为要提取的元素。

（4）单击 确定 按钮，完成提取 1 的创建。

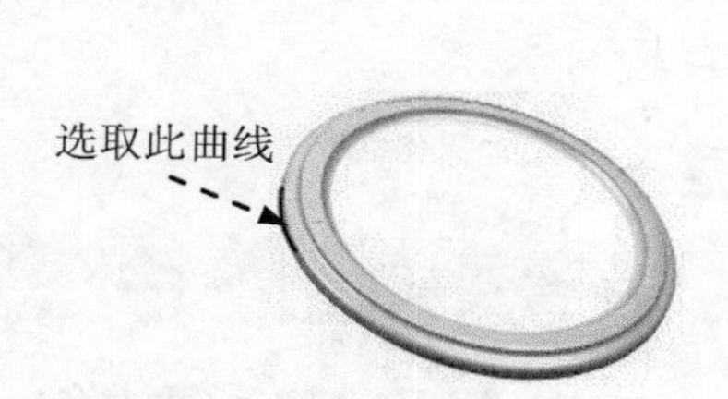

图 20.19　提取 1

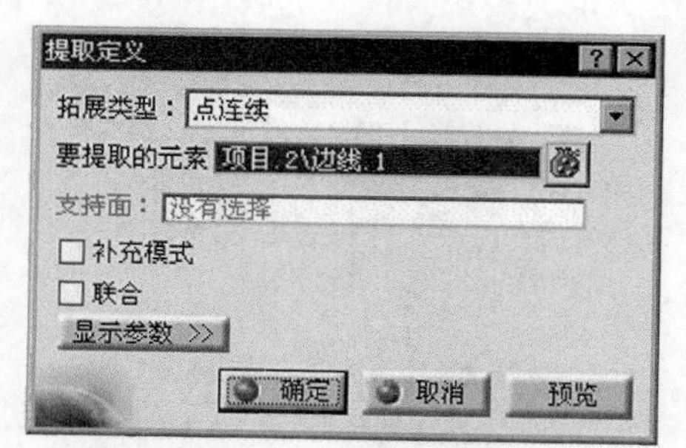

图 20.20　“提取定义”对话框

Step12. 创建图 20.21 所示的分割 3。

（1）选择命令。选择下拉菜单 插入 → 操作 ▸ → 分割... 命令，系统弹出“分割定义”对话框。

（2）定义分割元素。在“分割定义”对话框的 要切除的元素： 中选取项目 1 为要切除的元素；选取图 20.22 所示的提取 1 为切除元素，然后单击 另一侧 按钮。

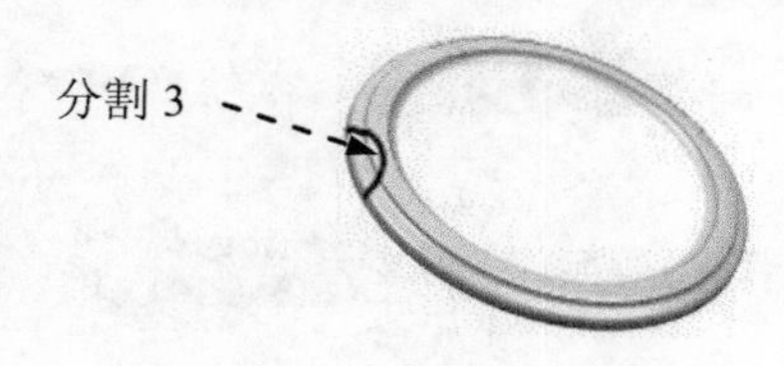

图 20.21　分割 3

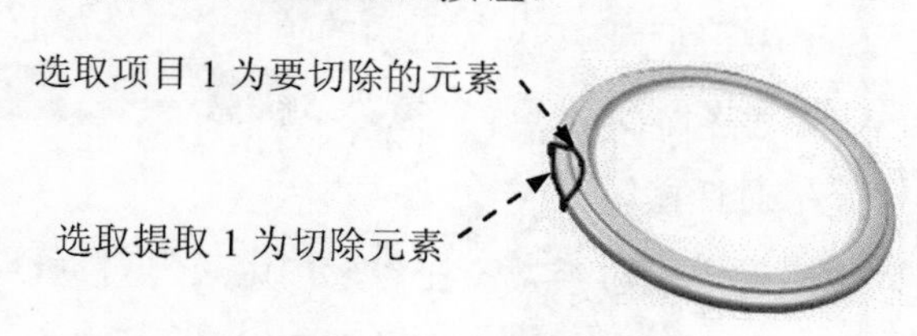

图 20.22　定义分割元素

（3）单击 确定 按钮，完成分割 3 的创建。

Step13. 创建图 20.23 所示的接合 1。

（1）选择命令。选择下拉菜单 插入 → 操作 ▸ → 接合... 命令，系统弹出图 20.24 所示的“接合定义”对话框。

（2）定义接合元素。在特征树中选取分割 3 和提取 1 为要接合的元素。

（3）定义合并距离。在“接合定义”对话框的 合并距离 文本框中输入数值 0.001。

（4）单击 确定 按钮，完成接合 1 的创建。

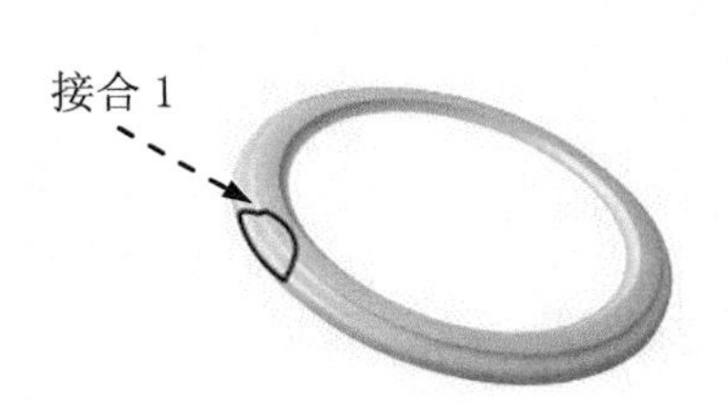

图 20.23　接合 1

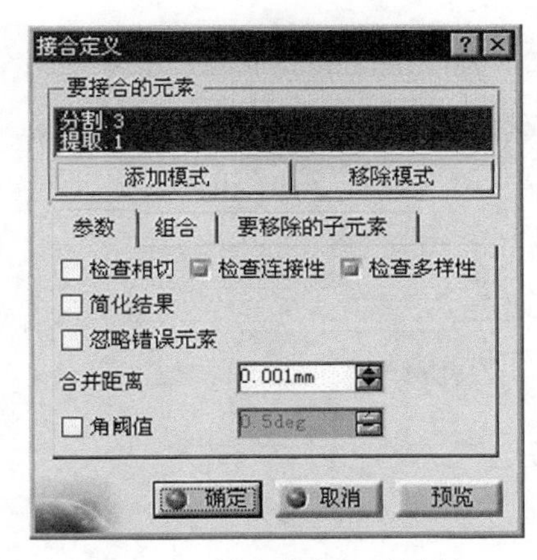

图 20.24　“接合定义”对话框

Step14. 创建图 20.25 所示的圆形阵列 1。

（1）选择命令。选择下拉菜单 插入 → 高级复制工具 ▸ → 圆形阵列... 命令。

（2）定义图样的对象。在特征树中选取接合 1 为要阵列的对象，系统弹出图 20.26 所示的“定义圆形阵列”对话框。

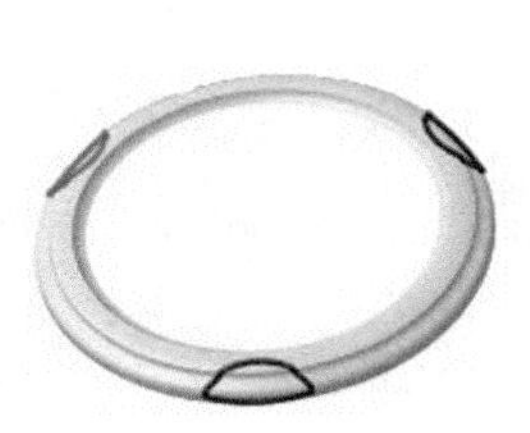

图 20.25　圆形阵列 1

定义圆形阵列
轴向参考
定义径向
参数：完整径向
实例：3
角度间距：120deg
总角度：360deg
参考方向
参考元素：Y 轴
反转
要阵列的对象
对象：接合.1
保留规格
更多>>
确定
取消
预览

图 20.26　“定义圆形阵列”对话框

（3）在“定义圆形阵列”对话框的参数：文本框中选择完整径向选项。

（4）在“定义圆形阵列”对话框的实例：文本框中输入数值 3。

（5）定义参考方向。激活“定义圆形阵列”对话框中的参考元素：文本框，然后右击并在系统弹出的快捷菜单中选取Y 轴作为参考方向。

（6）单击确定按钮，完成圆形阵列 1 的创建。

Step15. 创建图 20.27 所示的分割 4。

（1）选择命令。选择下拉菜单插入 → 操作 → 分割...命令，系统弹出“分割定义”对话框。

（2）定义分割元素。在“分割定义”对话框的要切除的元素：中选取旋转 1 为要切除的元素；在特征树中选取图 20.28 所示的接合 1 为切除元素。

（3）单击确定按钮，完成分割 4 的创建。

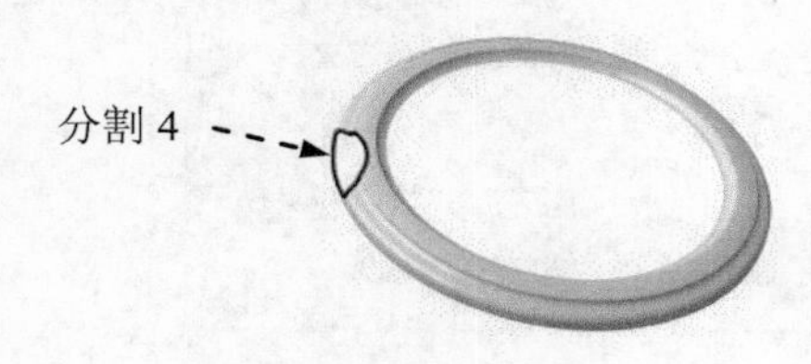

图 20.27　分割 4

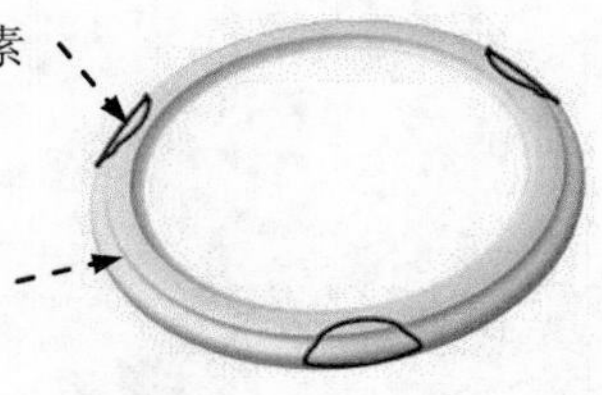

图 20.28　定义分割元素

Step16. 创建图 20.29 所示的分割 5。

（1）选择命令。选择下拉菜单插入 → 操作 → 分割...命令，系统弹出“分割定义”对话框。

（2）定义分割元素。在“分割定义”对话框的要切除的元素：中选取分割 4 为要切除的元素；在特征树中选取图 20.30 所示的圆形阵列 1 为切除元素。

（3）单击确定按钮，完成分割 5 的创建。

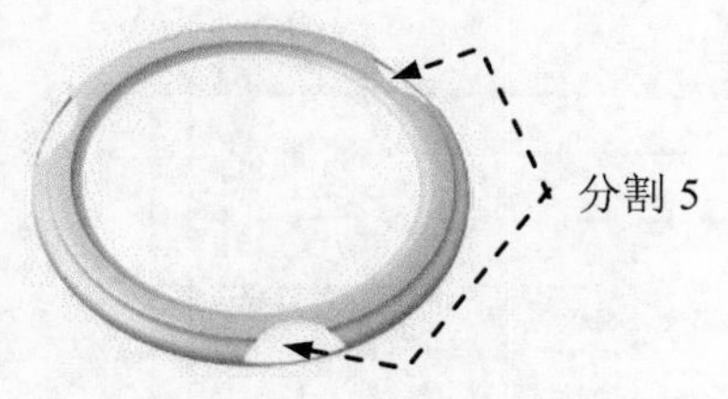

图 20.29　分割 5

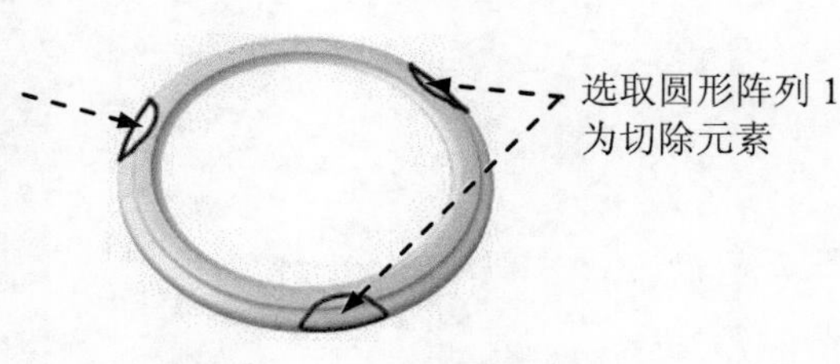

图 20.30　定义分割元素

Step17. 创建图 20.31 所示的填充 1。

（1）选择命令。选择下拉菜单插入 → 曲面 → 填充...命令，此时系统弹出“填充曲面定义”对话框。

（2）定义填充边界。在特征树中选取接合 1 为填充边界。

（3）单击 确定 按钮，完成填充曲面的创建。

Step18. 创建图 20.32 所示的填充 2。

（1）选择命令。选择下拉菜单 插入 → 曲面 ▸ → 填充... 命令，此时系统弹出“填充曲面定义”对话框。

（2）定义填充边界。在特征树中选取圆形阵列 1 为填充边界。

（3）单击 确定 按钮，系统弹出“多重结果管理”对话框，在该对话框中选取 保留所有子元素。单选项，单击 确定 按钮，完成填充 2 的创建。

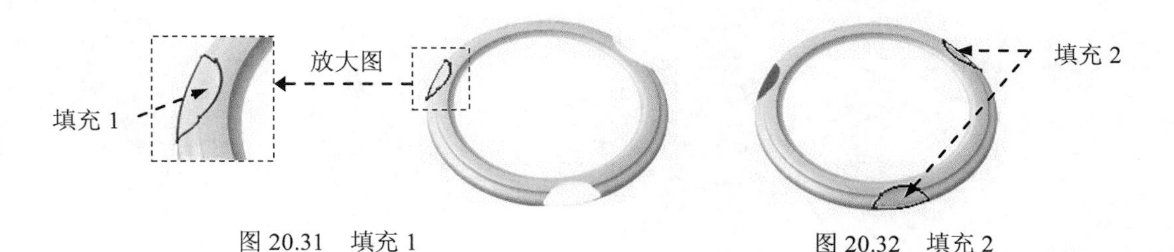

图 20.31 填充 1　　图 20.32 填充 2

Step19. 创建图 20.33 所示的接合 2。

（1）选择命令。选择下拉菜单 插入 → 操作 ▸ → 接合... 命令，系统弹出“接合定义”对话框。

（2）定义接合元素。在特征树中选取分割 5、填充 2 和填充 1 为要接合的元素。

（3）定义合并距离。在“接合定义”对话框的 合并距离 文本框中输入数值 0.001。

（4）单击 确定 按钮，完成接合 2 的操作。

图 20.33 接合 2

Step20. 创建图 20.34b 所示的倒圆角 1。

（1）选择命令。选择下拉菜单 插入 → 操作 ▸ → 倒圆角 命令，此时系统弹出“倒圆角定义”对话框。

（2）定义要倒圆角的对象。选取图 20.34a 所示的曲面边线为圆角边线。

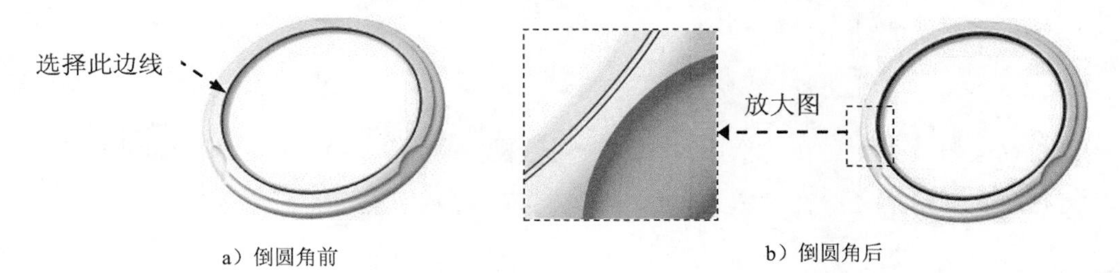

a）倒圆角前　　b）倒圆角后

图 20.34 倒圆角 1

（3）定义拓展类型。在“倒圆角定义”对话框的 传播: 下拉列表中选择 相切 选项。

（4）定义圆角半径。在 半径 文本框中输入数值 2。

（5）单击 确定 按钮，完成倒圆角 1 的创建。

Step21. 创建图 20.35b 所示的倒圆角 2。

（1）选择下拉菜单 插入 ➡ 操作 ➡ 倒圆角 命令，系统弹出“倒圆角定义”对话框。

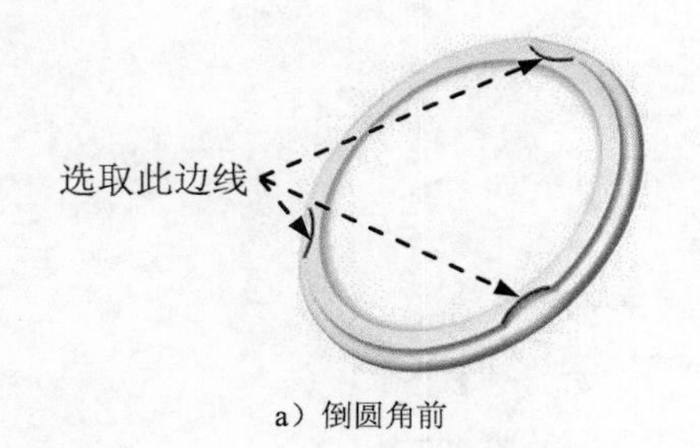

a）倒圆角前

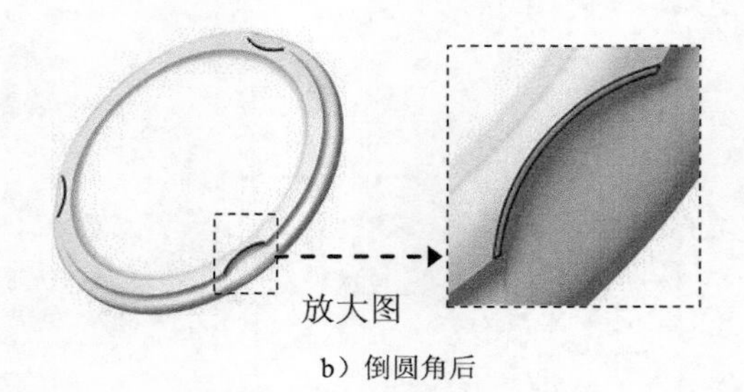

b）倒圆角后

图 20.35 倒圆角 2

（2）定义要圆角化的对象。选取图 20.35a 所示的曲面边线为圆角边线。

说明：在选取曲面边线时可将草图隐藏，以便于选取边线。

（3）定义拓展类型。在“倒圆角定义”对话框的 传播: 下拉列表中选择 相切 选项。

（4）定义圆角半径。在 半径 文本框中输入数值 1。

（5）单击 确定 按钮，完成倒圆角 2 的创建。

Step22. 创建图 20.36b 所示的倒圆角 3。

（1）选择命令。选择下拉菜单 插入 ➡ 操作 ➡ 倒圆角 命令，此时系统弹出“倒圆角定义”对话框。

（2）定义要圆角化的对象。选取图 20.36a 所示的曲面边线为圆角边线。

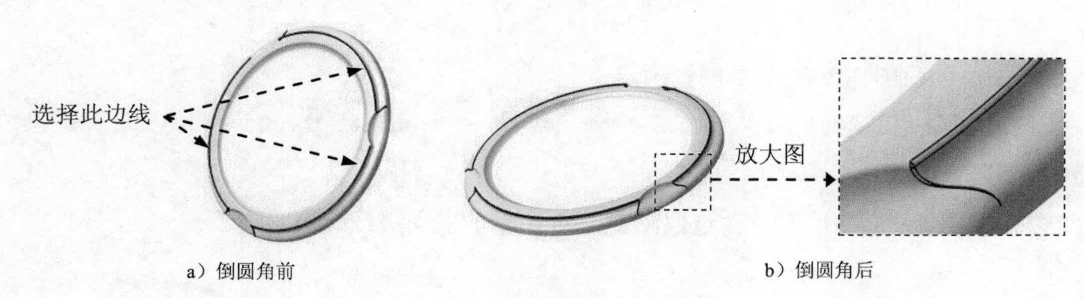

a）倒圆角前　　b）倒圆角后

图 20.36 倒圆角 3

（3）定义拓展类型。在“倒圆角定义”对话框的 传播: 下拉列表中选择 相切 选项。

（4）定义圆角半径。在 半径 文本框中输入数值 1。

（5）单击 确定 按钮，完成倒圆角 3 的创建。

Step23. 创建图 20.37b 所示的加厚曲面 1。

（1）选择命令。选择下拉菜单 插入 → 包络体 ▸ → 厚曲面... 命令，系统弹出“定义厚曲面”对话框。

（2）定义加厚对象。选取倒圆角 3 为加厚对象。

（3）定义加厚值。在该对话框的 第一偏移: 文本框中输入数值 1。

（4）单击 确定 按钮，完成加厚曲面 1 的创建。

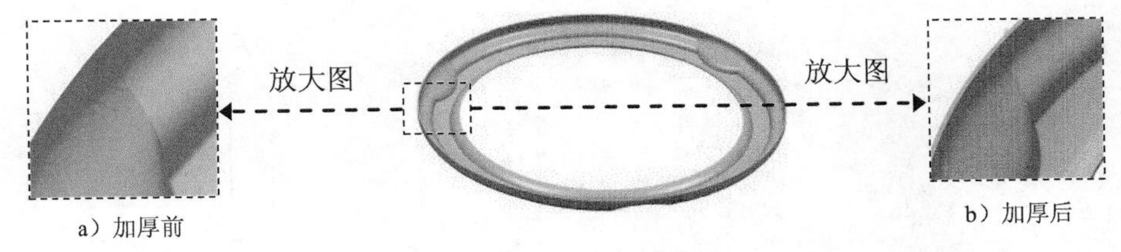

a）加厚前　　b）加厚后

图 20.37　加厚曲面 1

Step24. 保存零件模型。

实例 21 马桶坐垫

实例概述：

本实例介绍了马桶坐垫模型的设计过程。其设计过程是先创建一系列草图，然后利用所创建的草图构建几个独立的曲面，再利用接合等工具将独立的曲面变成一个整体曲面，最后将整体曲面变成实体模型。零件模型及相应的特征树如图 21.1 所示。

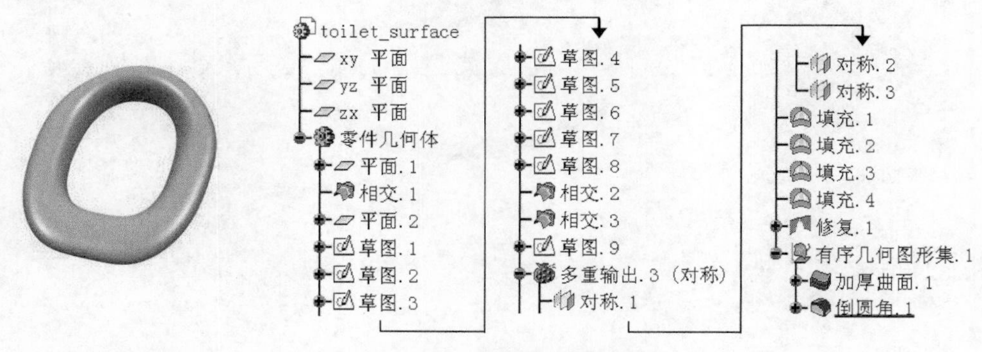

图 21.1 零件模型和特征树

Step1. 新建一个零件的三维模型，将其命名为 toilet_surface。选择下拉菜单 开始 → 形状 → 创成式外形设计 命令，进入“创成式外形设计”工作台。

Step2. 创建图 21.2 所示的平面 1。

（1）选择命令。选择下拉菜单 插入 → 线框 → 平面... 命令（或单击工具栏中的“平面”按钮），系统弹出“平面定义”对话框。

（2）定义平面类型。在“平面定义”对话框的 平面类型 下拉列表中选择 偏移平面 选项。

（3）定义平面参数。

① 定义参考平面。在“平面定义”对话框的 参考： 中选取“zx 平面”为参考平面。

② 定义偏移距离。在“平面定义”对话框的 偏移： 文本框中输入数值 280。

（4）单击 确定 按钮，完成平面 1 的创建。

Step3. 创建图 21.3 所示的相交 1。

（1）选择命令。选择下拉菜单 插入 → 线框 → 相交... 命令，系统弹出“相交定义”对话框。

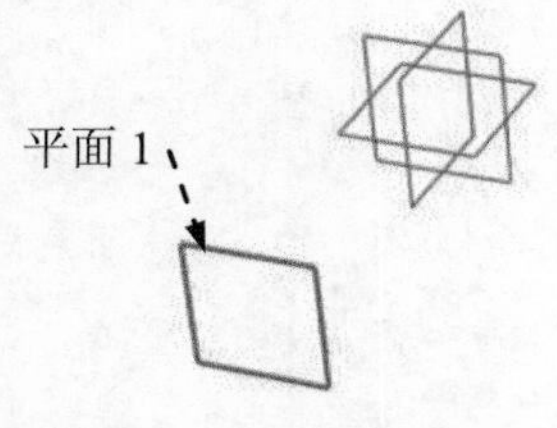

图 21.2 平面 1

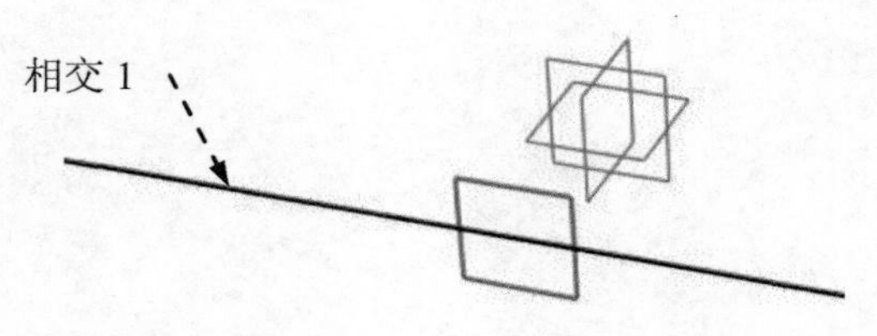

图 21.3 相交 1

（2）定义相交曲面。选取“xy 平面”为第一元素，选取平面 1 为第二元素。

（3）单击 确定 按钮，完成相交 1 的创建。

Step4. 创建图 21.4 所示的平面 2。

（1）选择命令。选择下拉菜单 插入 → 线框 → 平面... 命令（或单击工具栏中的“平面”按钮），系统弹出“平面定义”对话框。

（2）定义平面类型。在“平面定义”对话框的 平面类型 下拉列表中选择 与平面成一定角度或垂直 选项。

（3）定义平面参数。

① 定义旋转轴。单击“平面定义”对话框的 旋转轴： 文本框，选取相交 1 作为旋转轴。

② 定义参考平面。在“平面定义”对话框的 参考： 中选择“xy 平面”为参考平面。

③ 定义旋转角度。在“平面定义”对话框的 角度： 文本框中输入数值 5。

（4）单击 确定 按钮，完成平面 2 的创建。

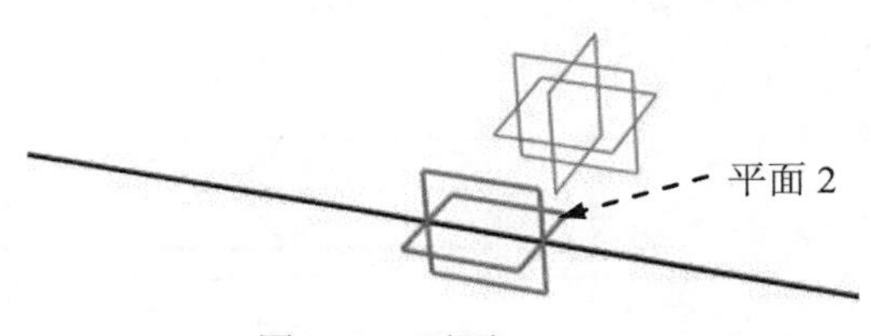

图 21.4 平面 2

Step5. 创建图 21.5 所示的草图 1。

（1）选择命令。选择下拉菜单 插入 → 草图编辑器 → 草图 命令（或单击工具栏中的“草图”按钮）。

（2）定义草图平面。选取“xy 平面”为草图平面，系统自动进入草绘工作台。

（3）绘制草图。绘制图 21.6 所示的草图 1。

（4）单击“工作台”工具栏中的按钮，完成草图 1 的创建。

Step6. 创建图 21.7 所示的草图 2。

（1）选择命令。选择下拉菜单 插入 → 草图编辑器 → 草图 命令（或单击工具栏中的“草图”按钮）。

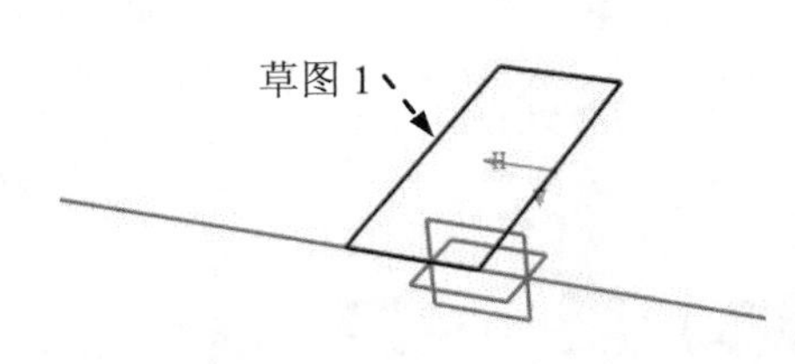

图 21.5 草图 1（建模环境）

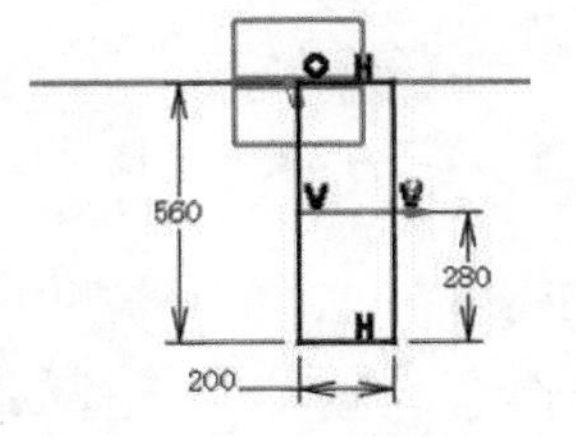

图 21.6 草图 1（草绘环境）

（2）定义草图平面。选取平面 2 为草图平面，系统自动进入草绘工作台。

（3）绘制草图。绘制图 21.8 所示的草图 2。

（4）单击“工作台”工具栏中的按钮，完成草图 2 的创建。

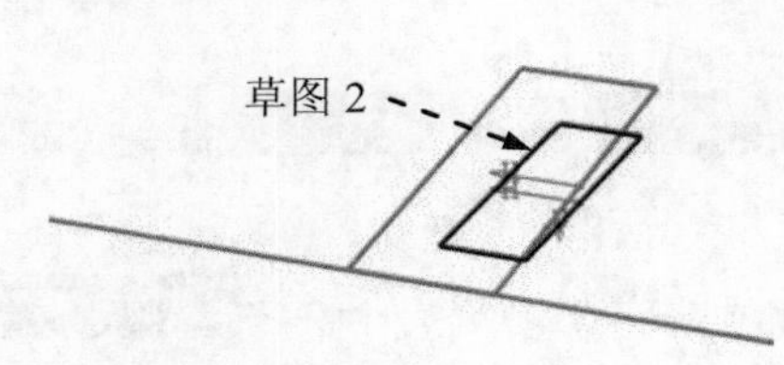

图 21.7　草图 2（建模环境）

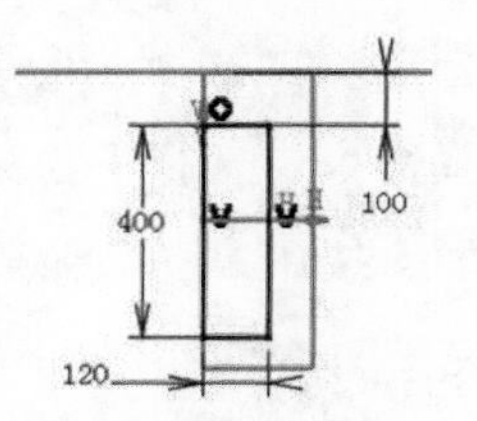

图 21.8　草图 2（草绘环境）

Step7. 创建图 21.9 所示的草图 3。

（1）选择命令。选择下拉菜单 插入 ➔ 草图编辑器 ➔ 草图 命令（或单击工具栏中的“草图”按钮）。

（2）定义草图平面。选取“yz 平面”为草图平面，系统自动进入草绘工作台。

（3）绘制草图。绘制图 21.10 所示的草图 3。

（4）单击“工作台”工具栏中的按钮，完成草图 3 的创建。

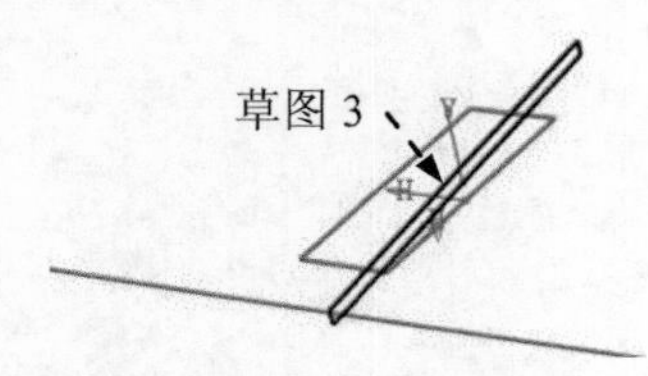

图 21.9　草图 3（建模环境）

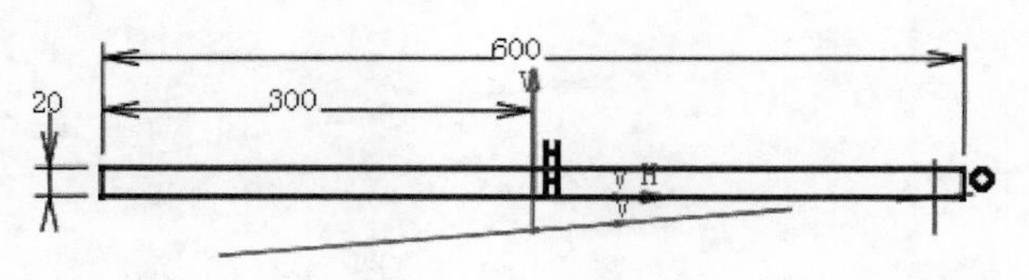

图 21.10　草图 3（草绘环境）

Step8. 创建图 21.11 所示的草图 4。

（1）选择命令。选择下拉菜单 插入 ➔ 草图编辑器 ➔ 草图 命令（或单击工具栏中的“草图”按钮）。

（2）定义草图平面。选取“zx 平面”为草图平面，系统自动进入草绘工作台。

（3）绘制草图。绘制图 21.12 所示的草图 4。

（4）单击“工作台”工具栏中的按钮，完成草图 4 的创建。

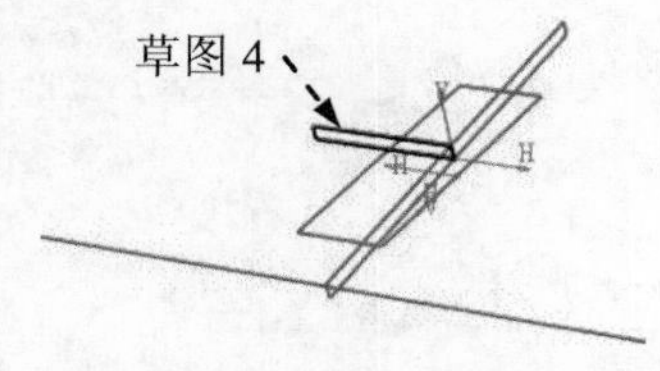

图 21.11　草图 4（建模环境）

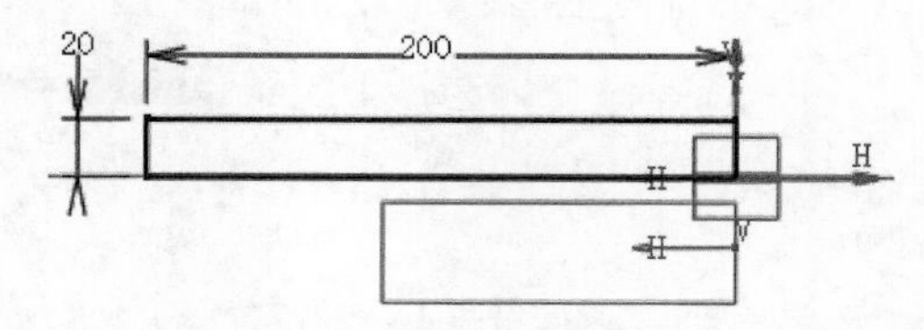

图 21.12　草图 4（草绘环境）

Step9. 创建图 21.13 所示的草图 5。

（1）选择命令。选择下拉菜单 插入 ➔ 草图编辑器 ➔ 草图 命令（或单击工具栏中的“草图”按钮）。

（2）定义草图平面。选取“xy 平面”为草图平面，系统自动进入草绘工作台。

（3）绘制草图。绘制图 21.14 所示的草图 5。

说明：草图 5 是以草图 1 的边界进行定义的。

（4）单击“工作台”工具栏中的按钮，完成草图 5 的创建。

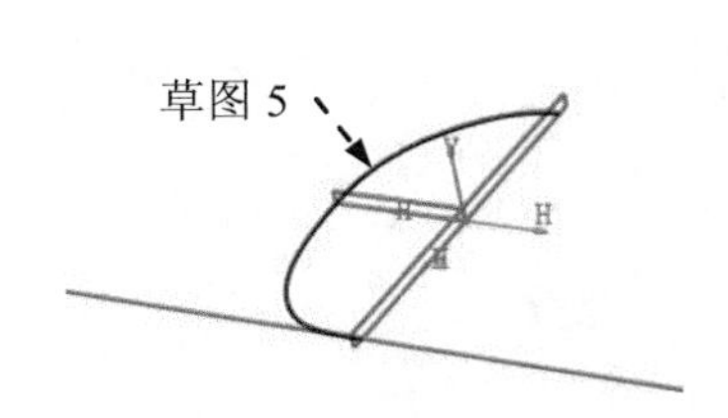

图 21.13　草图 5（建模环境）

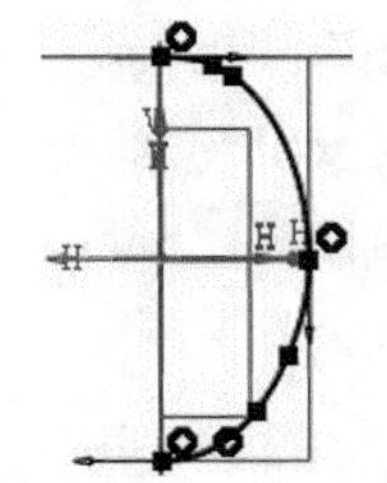

图 21.14　草图 5（草绘环境）

Step10. 创建图 21.15 所示的草图 6。

（1）选择命令。选择下拉菜单 插入 → 草图编辑器 → 草图 命令（或单击工具栏中的“草图”按钮）。

（2）定义草图平面。选取平面 2 为草图平面，系统自动进入草绘工作台。

（3）绘制草图。绘制图 21.16 所示的草图 6。

说明：草图 6 是以草图 2 的边界进行定义的。

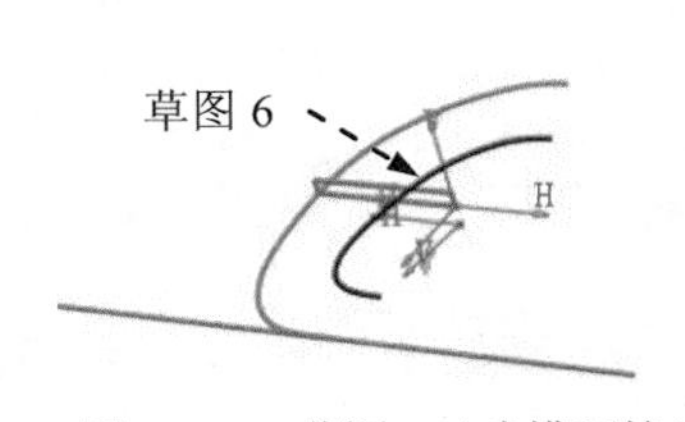

图 21.15　草图 6（建模环境）

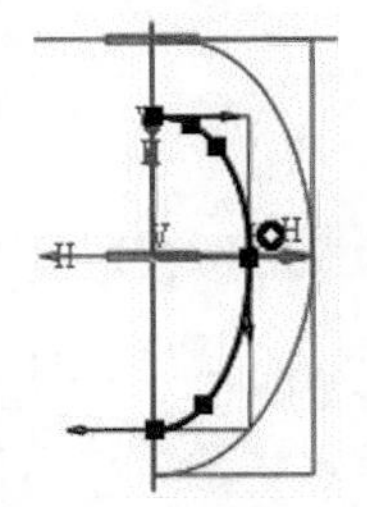

图 21.16　草图 6（草绘环境）

（4）单击“工作台”工具栏中的按钮，完成草图 6 的创建。

Step11. 创建图 21.17 所示的草图 7。

（1）选择命令。选择下拉菜单 插入 → 草图编辑器 → 草图 命令（或单击工具栏中的“草图”按钮）。

（2）定义草图平面。选取“yz 平面”为草图平面，系统自动进入草绘工作台。

（3）绘制草图。绘制图 21.18 所示的草图 7。

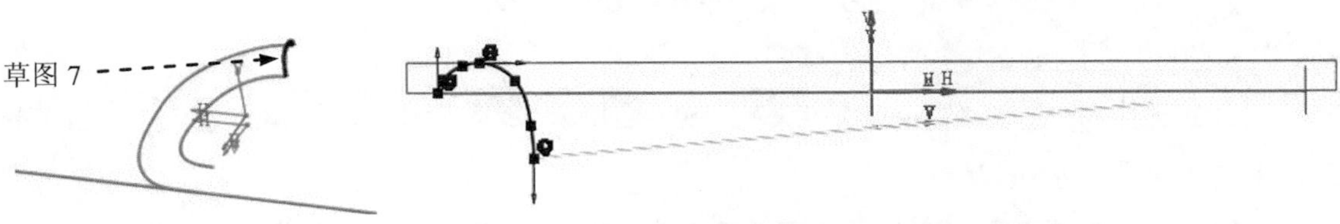

图 21.17　草图 7（建模环境）　　图 21.18　草图 7（草绘环境）

说明：草图 7 是以草图 1、草图 2 和草图 3 的边界进行定义的。

（4）单击“工作台”工具栏中的按钮，完成草图 7 的创建。

Step12. 创建图 21.19 所示的草图 8。

（1）选择命令。选择下拉菜单插入 → 草图编辑器 → 草图命令（或单击工具栏中的“草图”按钮）。

（2）定义草图平面。选取“yz 平面”为草图平面，系统自动进入草绘工作台。

（3）绘制草图。绘制图 21.20 所示的草图 8。

说明：草图 8 是以草图 1、草图 2 和草图 3 的边界进行定义的。

（4）单击“工作台”工具栏中的按钮，完成草图 8 的创建。

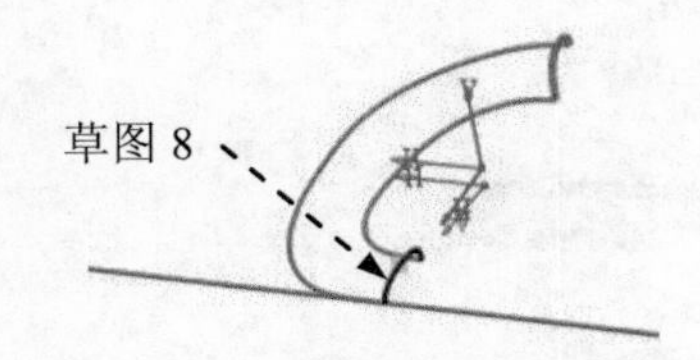

图 21.19　草图 8（建模环境）

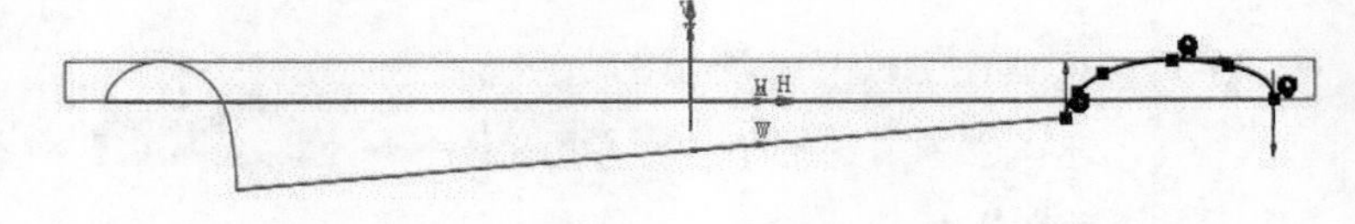
图 21.20　草图 8（草绘环境）

Step13. 创建图 21.21 所示的相交 2。

（1）选择命令。选择下拉菜单插入 → 线框 → 相交...命令，系统弹出“相交定义”对话框。

（2）定义相交曲面。选取草图 6 为第一元素，选取“zx 平面”为第二元素。

（3）单击确定按钮，完成相交 2 的创建。

Step14. 创建图 21.22 所示的相交 3。

（1）选择命令。选择下拉菜单插入 → 线框 → 相交...命令，系统弹出“相交定义”对话框。

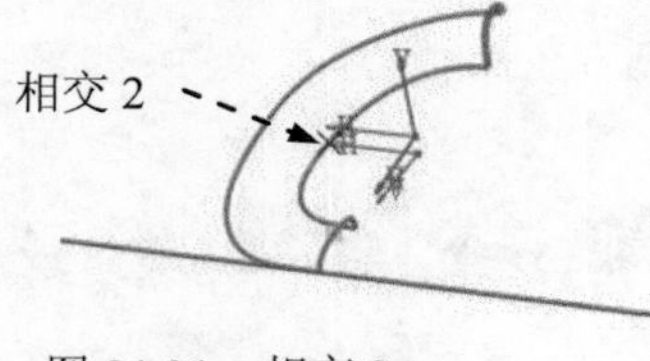

图 21.21　相交 2

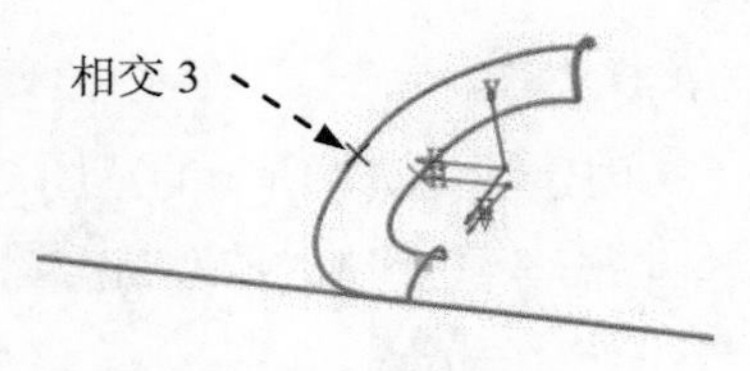

图 21.22　相交 3

（2）定义相交曲面。选取草图 4 为第一元素，选取草图 5 为第二元素。

（3）单击确定按钮，完成相交 3 的创建。

Step15. 创建图 21.23 所示的草图 9。

（1）选择命令。选择下拉菜单插入 → 草图编辑器 → 草图命令（或单击工具栏中的“草图”按钮）。

（2）定义草图平面。选取“zx 平面”为草图平面，系统自动进入草绘工作台。

（3）绘制草图。绘制图 21.24 所示的草图 9。

（4）单击“工作台”工具栏中的按钮，完成草图 9 的创建。

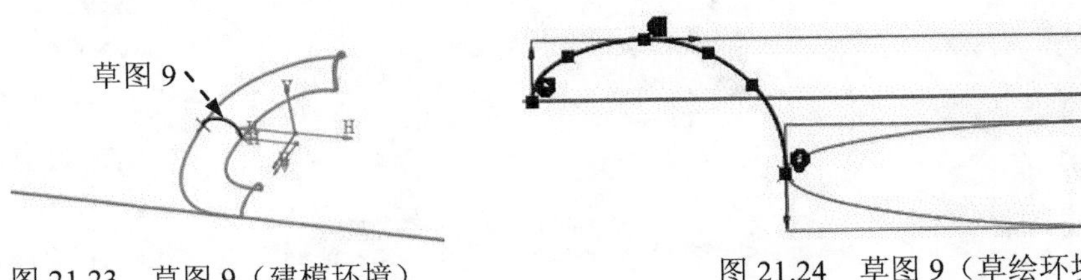

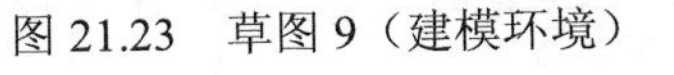
图 21.23 草图 9（建模环境）
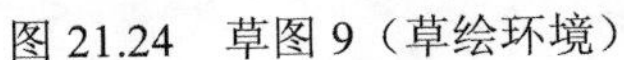
图 21.24 草图 9（草绘环境）

Step16. 创建图 21.25 所示的对称图形。

（1）选择命令。选择下拉菜单插入 → 操作 → 对称...命令（或单击工具栏中的“对称”按钮），系统弹出“对称定义”对话框。

（2）选取对称元素。单击“对称定义”对话框的按钮，系统弹出“元素”对话框，在特征树中选取图 21.26 所示的草图 5、草图 6 和草图 9 为对称元素。

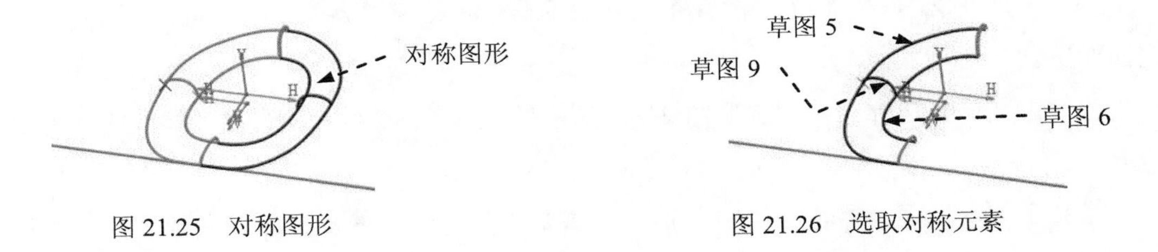

图 21.25 对称图形

图 21.26 选取对称元素

（3）选取参考平面。单击参考文本框，在特征树中选取“yz 平面”为参考平面。

（4）单击确定按钮，完成对称图形的创建。

Step17. 创建图 21.27 所示的填充 1。

（1）选择命令。选择下拉菜单插入 → 曲面 → 填充...命令，此时系统弹出“填充曲面定义”对话框。

（2）定义填充边界。在特征树中依次选取草图 8、草图 5、草图 9 和草图 6 为填充边界。

（3）单击确定按钮，完成填充 1 的创建。

Step18. 创建图 21.28 所示的填充 2。

（1）选择命令。选择下拉菜单插入 → 曲面 → 填充...命令，此时系统弹出“填充曲面定义”对话框。

（2）定义填充边界。在特征树中依次选取草图 6、草图 7、草图 5 和草图 9 为填充边界。

（3）定义支持面。在特征树中选取填充 1 为草图 9 的支持面。

（4）单击确定按钮，完成填充 2 的创建。

Step19. 创建图 21.29 所示的填充 3。

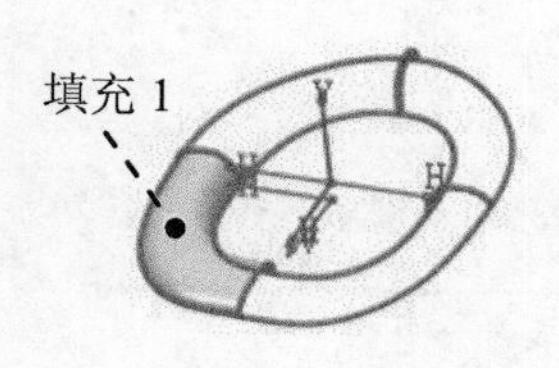

图 21.27　填充 1

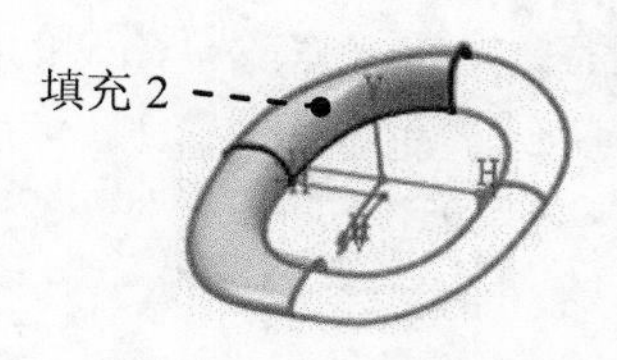

图 21.28　填充 2

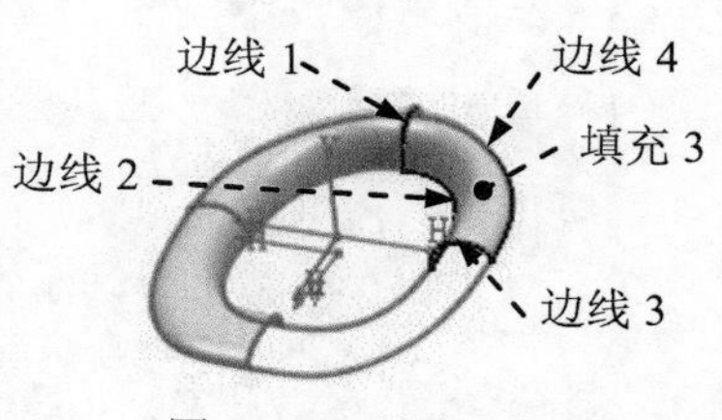

图 21.29　填充 3

（1）选择命令。选择下拉菜单 插入 → 曲面 ▸ → 填充... 命令，此时系统弹出“填充曲面定义”对话框。

（2）定义填充边界。依次选取图 21.29 所示的边线 1、边线 2、边线 3 和边线 4 为填充边界。

（3）定义支持面。在特征树中选取填充 2 为边线 1 的支持面。

（4）单击 确定 按钮，完成填充 3 的创建。

Step20. 创建图 21.30 所示的填充 4。

（1）选择命令。选择下拉菜单 插入 → 曲面 ▸ → 填充... 命令，此时系统弹出“填充曲面定义”对话框。

（2）定义填充边界。依次选取图 21.30 所示的边线 1、边线 2、边线 3 和边线 4 为填充边界。

（3）定义支持面。在特征树中分别选取填充 3 为边线 2 的支持面，选取填充 1 为边线 4 的支持面。

（4）单击 确定 按钮，完成填充 4 的创建。

Step21. 创建图 21.31 所示的修复 1。

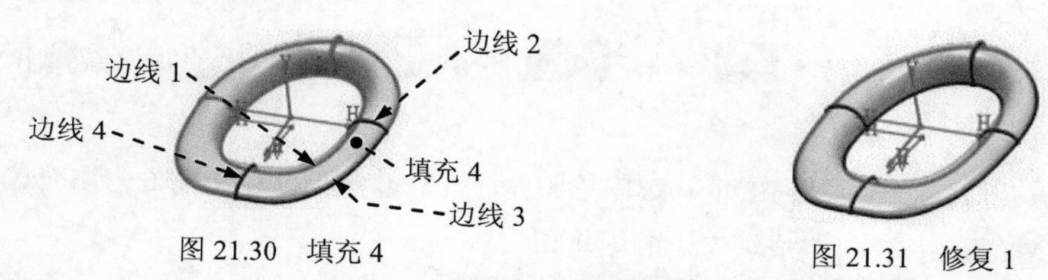

图 21.30　填充 4　　　图 21.31　修复 1

（1）选择命令。选择下拉菜单 插入 → 操作 ▸ → 修复... 命令，系统弹出“修复定义”对话框。

（2）选择要修复的元素。在特征树上依次选取填充 2、填充 3、填充 4 和填充 1 为要修复的元素。

（3）定义修复参数。在 参数 选项卡的 连续： 下拉列表中选择 切线 选项，在 合并距离： 文本框中输入数值 0.001，在 距离目标： 文本框中输入数值 0.001，在 相切角度： 文本框中输入数值 0.5，在 相切目标： 文本框中输入数值 0.5。

（4）单击 确定 按钮，完成曲面的修复操作。

Step22. 创建图 21.32 所示的加厚曲面 1。

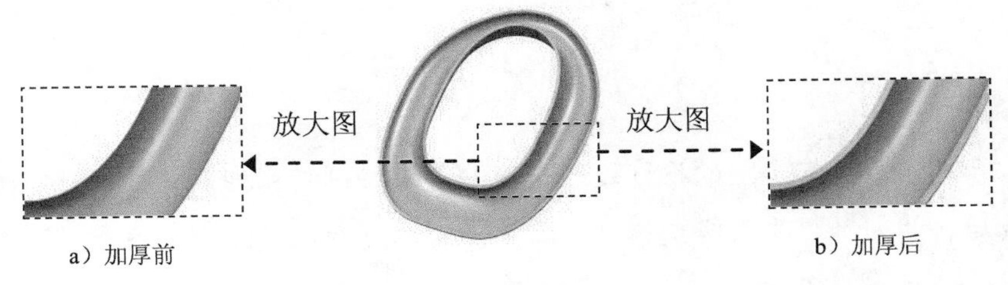

图 21.32 加厚曲面 1

（1）选择命令。选择下拉菜单 插入 → 包络体 ▸ → 厚曲面... 命令，系统弹出“定义厚曲面”对话框。

（2）定义加厚对象。选取修复 1 为加厚对象。

（3）定义加厚值。在“定义厚曲面”对话框的 第一偏移: 文本框中输入数值 7。

（4）单击 确定 按钮，完成加厚操作。

说明：单击“定义厚曲面”对话框中的 反转方向 按钮，可以使曲面加厚的方向相反。

Step23. 创建图 21.33b 所示的倒圆角 1。

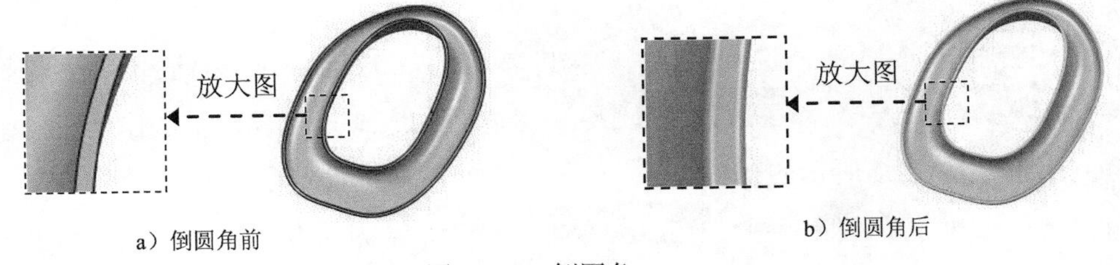

图 21.33 倒圆角 1

（1）选择命令。选择下拉菜单 插入 → 操作 ▸ → 倒圆角 命令，此时系统弹出“倒圆角定义”对话框。

（2）定义要圆角化的对象。选取图 21.33a 所示的边线为圆角边线。

（3）定义拓展类型。在“倒圆角定义”对话框的 传播: 下拉列表中选择 相切 选项。

（4）定义圆角半径。在 半径 文本框中输入数值 2。

（5）单击 确定 按钮，完成倒圆角 1 的创建。

Step24. 保存零件模型。

实例 22 自行车车座

实例概述：

本实例介绍了自行车车座的设计过程，主要是先绘制一系列的曲线，然后通过曲线生成曲面，最后将曲面加厚生成实例模型。需要注意的是曲线的绘制方法和注意事项。零件模型及相应的特征树如图 22.1 所示。

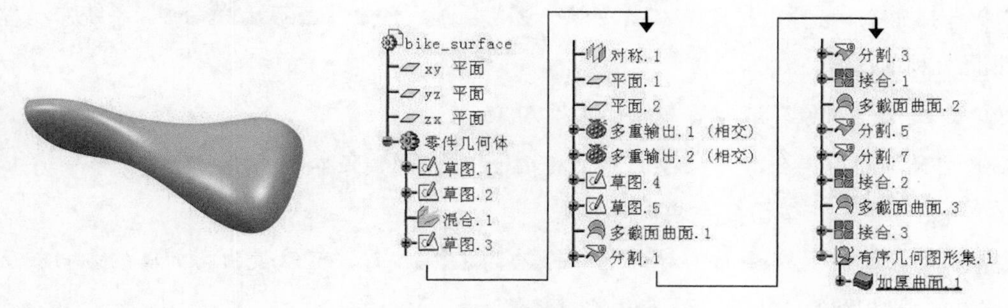

图 22.1 零件模型和特征树

Step1. 新建一个零件的三维模型，将其命名为 bike_surface。选择下拉菜单 开始 → 形状 → 创成式外形设计 命令，进入“创成式外形设计”工作台。

Step2. 创建图 22.2 所示的草图 1。

（1）选择下拉菜单 插入 → 草图编辑器 → 草图 命令（或单击工具栏中的“草图”按钮）。

（2）选取“zx 平面”为草图平面，系统自动进入草绘工作台。

（3）绘制图 22.3 所示的草图 1。

（4）单击“工作台”工具栏中的按钮，完成草图 1 的创建。

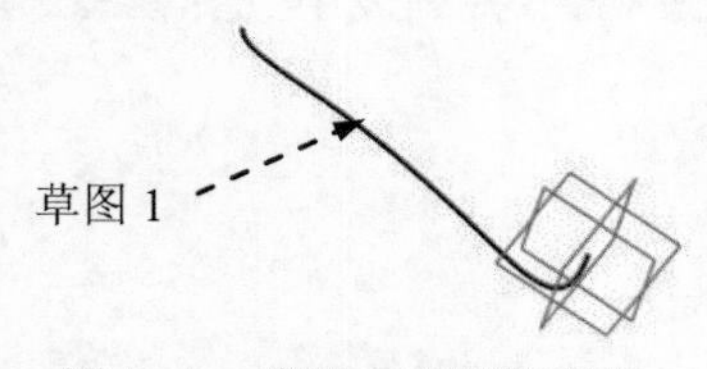

图 22.2 草图 1（建模环境）

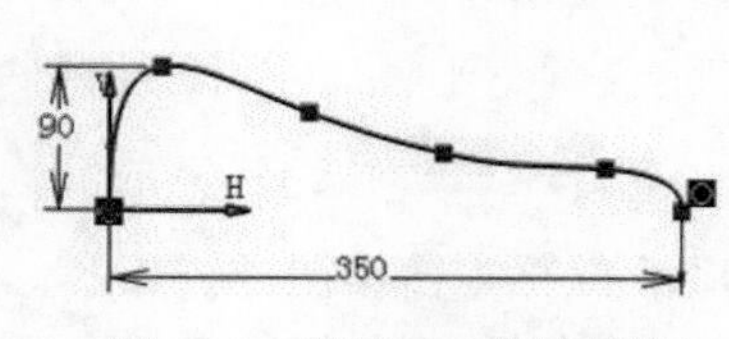

图 22.3 草图 1（草绘环境）

Step3. 创建图 22.4 所示的草图 2。

（1）选择下拉菜单 插入 → 草图编辑器 → 草图 命令（或单击工具栏中的“草图”按钮）。

（2）选取“xy 平面”为草图平面，系统自动进入草绘工作台。

（3）绘制图 22.5 所示的草图 2。

（4）单击“工作台”工具栏中的按钮，完成草图 2 的创建。

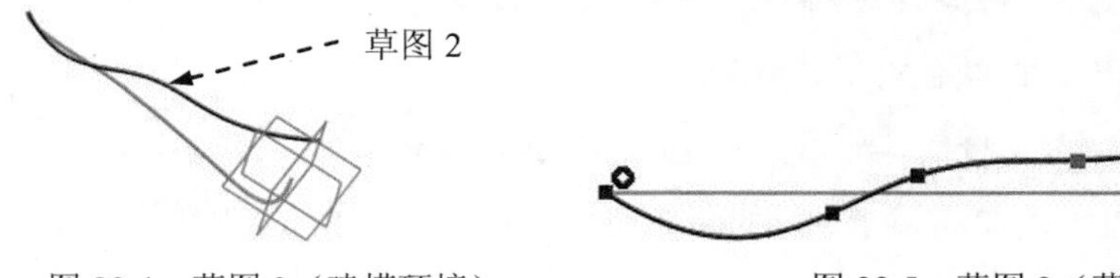

图 22.4 草图 2（建模环境） 图 22.5 草图 2（草绘环境）

Step4. 创建图 22.6 所示的混合 1。

（1）选择下拉菜单 插入 → 线框 → 混合... 命令，系统弹出“混合定义”对话框。

（2）在 混合类型: 下拉列表中选择 法线 选项。

（3）单击以激活 曲线 1: 文本框，选取草图 2 为混合曲线 1。

（4）单击以激活 曲线 2: 文本框，选取草图 1 为混合曲线 2。

（5）单击 确定 按钮，完成混合 1 的创建。

Step5. 创建图 22.7 所示的草图 3。

（1）选择下拉菜单 插入 → 草图编辑器 → 草图 命令（或单击工具栏中的“草图”按钮）。

（2）选取“xy 平面”为草图平面，系统自动进入草图工作台。

（3）绘制图 22.8 所示的草图 3。

（4）单击“工作台”工具栏中的按钮，完成草图 3 的创建。

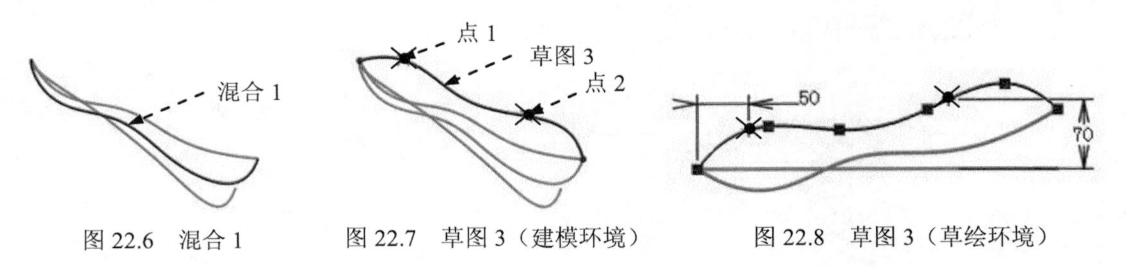

图 22.6 混合 1 图 22.7 草图 3（建模环境） 图 22.8 草图 3（草绘环境）

说明：图 22.7 所示的草图 3 中的点 1 和点 2 是在绘制完样条曲线后再使用“点”命令添加上的点。

Step6. 创建图 22.9 所示的对称 1。

（1）选择下拉菜单 插入 → 操作 → 对称... 命令（或单击工具栏中的“对称”按钮），系统弹出“对称定义”对话框。

（2）激活 元素: 文本框，在特征树中选取混合 1 为对称元素。

（3）激活参考文本框，在特征树中选取“xy 平面”为参考平面。

（4）单击 确定 按钮，完成对称 1 的创建。

Step7. 创建图 22.10 所示的平面 1。

（1）选择下拉菜单 插入 → 线框 → 平面... 命令（或单击工具栏中的“平面”按钮），系统弹出“平面定义”对话框。

（2）在“平面定义”对话框的 平面类型 下拉列表中选择 曲线的法线 选项。

（3）选取图 22.11 所示的曲线为平面通过的曲线，选取图 22.11 所示的草图中的点为平面通过的点。

（4）单击 确定 按钮，完成平面 1 的创建。

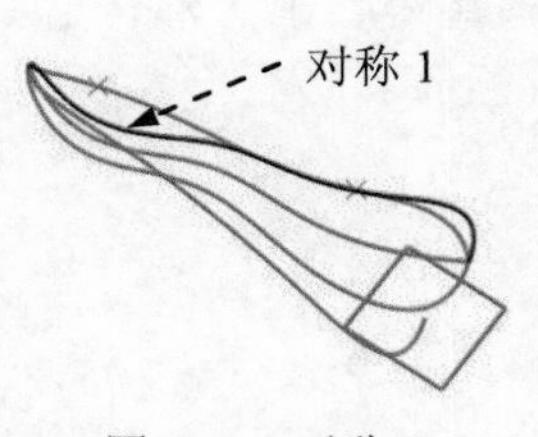

图 22.9 对称 1

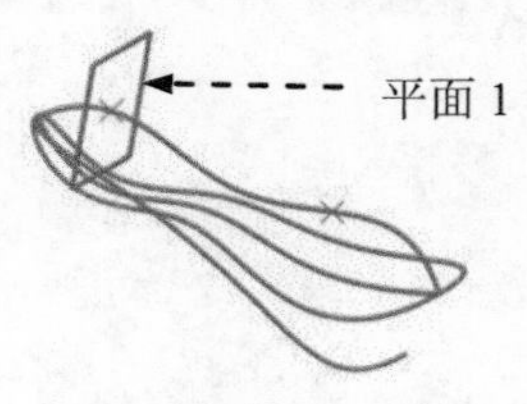

图 22.10 平面 1

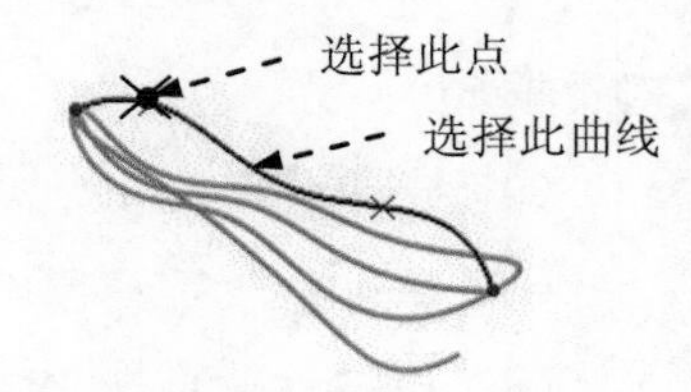

图 22.11 选择平面通过的点

Step8. 创建图 22.12 所示的平面 2。

（1）选择下拉菜单 插入 → 线框 → 平面... 命令（或单击工具栏中的“平面”按钮），系统弹出“平面定义”对话框。

（2）在“平面定义”对话框的 平面类型 下拉列表中选择 曲线的法线 选项。

（3）选取图 22.13 所示的曲线为平面通过的曲线，选取图 22.13 所示的草图中的点为平面通过的点。

（4）单击 确定 按钮，完成平面 2 的创建。

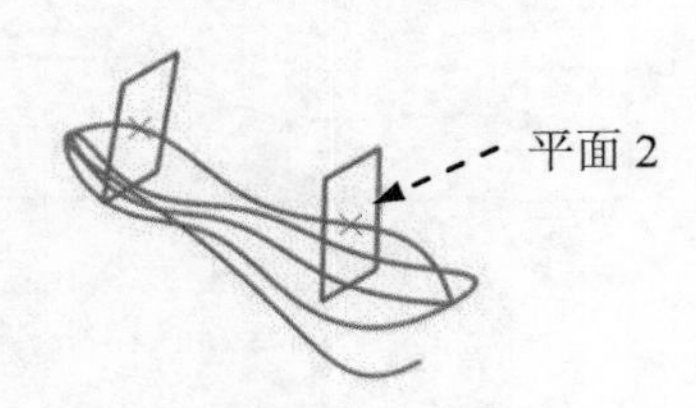

图 22.12 平面 2

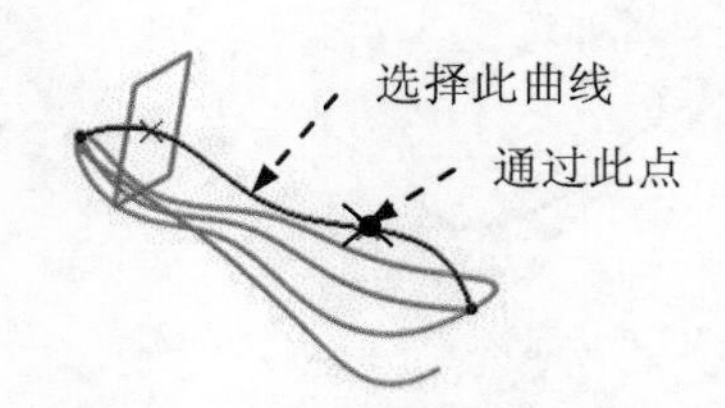

图 22.13 选择平面通过的点

Step9. 创建图 22.14 所示的相交 1。

（1）选择命令。选择下拉菜单 插入 → 线框 → 相交... 命令，系统弹出“相交定义”对话框。

（2）定义相交曲面。选择平面 1 为第一元素，选取混合 1 和对称 1 为第二元素。

（3）单击 确定 按钮，完成相交 1 的创建。

Step10. 创建图 22.15 所示的相交 2。

（1）选择命令。选择下拉菜单 插入 ➡ 线框 ➡ 相交... 命令，系统弹出“相交定义”对话框。

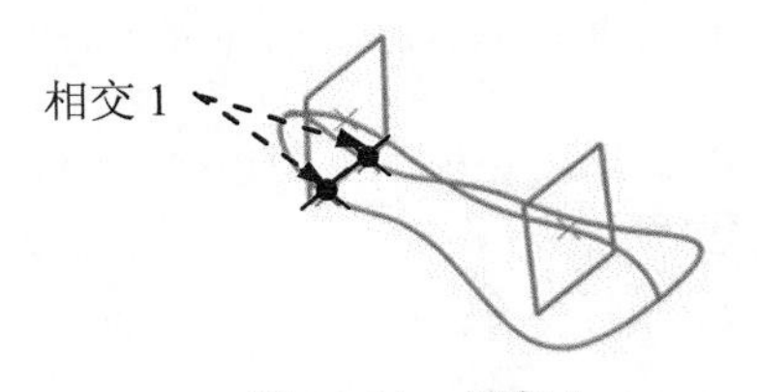

图 22.14 相交 1

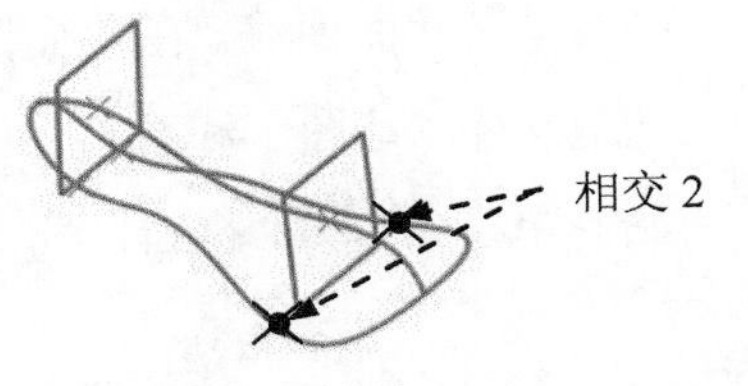

图 22.15 相交 2

（2）定义相交曲面。选取平面 2 为第一元素，选取混合 1 和对称 1 为第二元素。

（3）单击 确定 按钮，完成相交 2 的创建。

Step11. 创建图 22.16 所示的草图 4。

（1）选择下拉菜单 插入 ➡ 草图编辑器 ➡ 草图 命令（或单击工具栏中的“草图”按钮）。

（2）选取平面 1 为草图平面，系统自动进入草绘工作台。

（3）绘制图 22.17 所示的草图 4。

（4）单击“工作台”工具栏中的按钮，完成草图 4 的创建。

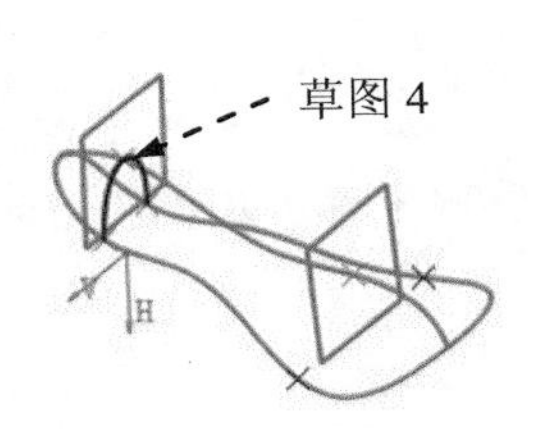

图 22.16 草图 4（建模环境）

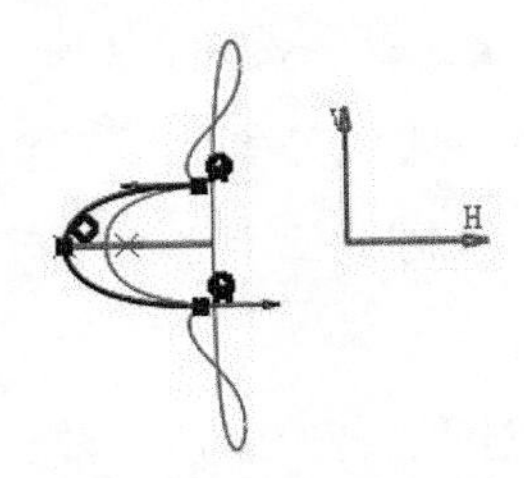

图 22.17 草图 4（草绘环境）

Step12. 创建图 22.18 所示的草图 5。

（1）选择下拉菜单 插入 ➡ 草图编辑器 ➡ 草图 命令（或单击工具栏中的“草图”按钮）。

（2）选取平面 2 为草图平面，系统自动进入草绘工作台。

（3）绘制图 22.19 所示的草图 5。

（4）单击“工作台”工具栏中的按钮，完成草图 5 的创建。

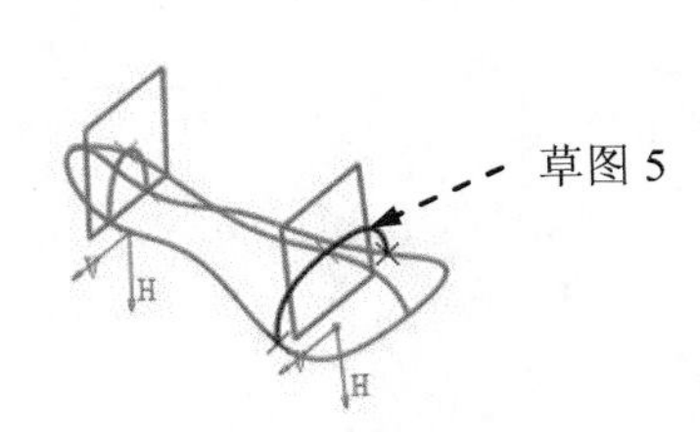

图 22.18 草图 5（建模环境）

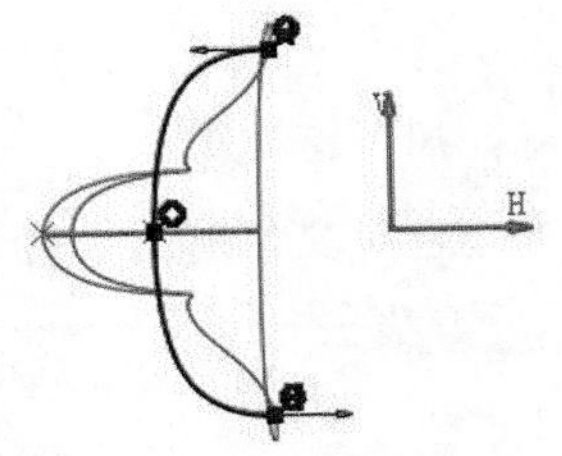

图 22.19 草图 5（草绘环境）

Step13. 创建图 22.20 所示的多截面曲面 1。

（1）选择命令。选择下拉菜单 插入 → 曲面 ▸ → 多截面曲面... 命令，此时系统弹出“多截面曲面定义”对话框。

（2）定义截面曲线。在特征树中依次选取草图 4 和草图 5 作为截面曲线。选取图 22.21 所示的混合 1、草图 3 和对称 1 的边线作为引导线。

（3）单击 确定 按钮，完成多截面曲面 1 的创建。

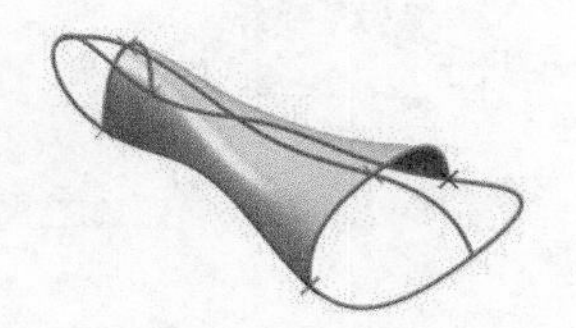

图 22.20 多截面曲面 1

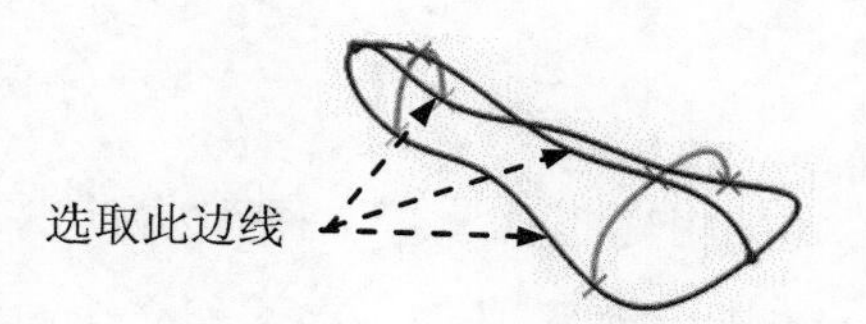

图 22.21 选取引导线

Step14. 创建图 22.22 所示的分割 1。

（1）选择下拉菜单 插入 → 操作 ▸ → 分割... 命令，系统弹出“分割定义”对话框。

（2）在“分割定义”对话框的 要切除的元素： 文本框中选取混合 1 为要切除的元素，选取草图 4 为切除元素，并选中 保留双侧 复选框。

（3）单击 确定 按钮，完成分割 1 的操作。

说明：因为选中了 保留双侧 复选框，系统在创建分割 1 的同时会自动创建出分割 2，且分割 2 在特征树中位于分割 1 节点的里面。下面创建分割 3 时系统也将自动创建出分割 4。

Step15. 创建图 22.23 所示的分割 3。

（1）选择下拉菜单 插入 → 操作 ▸ → 分割... 命令，系统弹出“分割定义”对话框。

（2）在“分割定义”对话框的 要切除的元素： 文本框中选取对称 1 为要切除的元素，选取草图 4 为切除元素，并选中 保留双侧 复选框。

（3）单击 确定 按钮，完成分割 3 的操作。

Step16. 创建图 22.24 所示的接合 1。

（1）选择下拉菜单 插入 → 操作 ▸ → 接合... 命令，系统弹出“接合定义”对话框。

（2）在特征树下选取分割 1 和分割 3 为要接合的元素。

（3）在“接合定义”对话框的 合并距离 文本框中输入数值 0.001。

（4）单击 确定 按钮，完成接合 1 的创建。

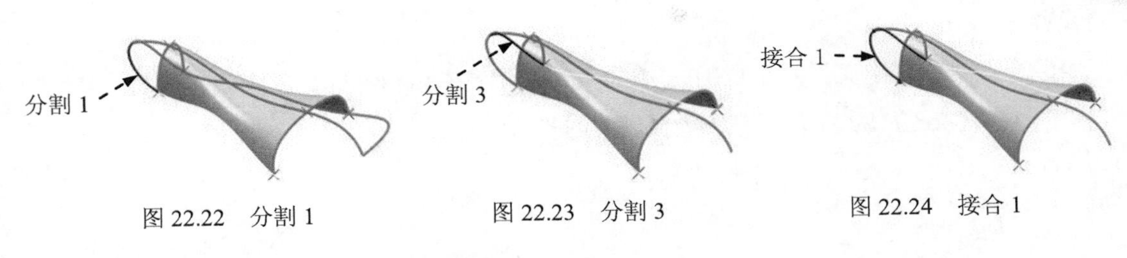

图 22.22 分割 1　　图 22.23 分割 3　　图 22.24 接合 1

Step17. 创建图 22.25 所示的多截面曲面 2。

（1）选择下拉菜单 插入 → 曲面 ▸ → 多截面曲面... 命令，此时系统弹出“多截面曲面定义”对话框。

（2）选取接合 1 和草图 4 作为截面曲线，并使草图 4 与多截面曲面 1 相切；选取草图 3 的边线作为引导线（图 22. 26）。

（3）单击 确定 按钮，完成多截面曲面 2 的创建。

图 22.25 多截面曲面 2　　图 22.26 选取引导线

Step18. 创建图 22.27 所示的分割 5。

（1）选择下拉菜单 插入 → 操作 ▸ → 分割... 命令，系统弹出“分割定义”对话框。

（2）在特征树“分割 1”节点下选取分割 2 为要切除的元素，选取草图 5 为切除元素，并选中 保留双侧 复选框。

（3）单击 确定 按钮，完成分割 5 的操作。

Step19. 创建图 22.28 所示的分割 7。

（1）选择下拉菜单 插入 → 操作 ▸ → 分割... 命令，系统弹出“分割定义”对话框。

（2）在特征树“分割 3”节点下选取分割 4 为要切除的元素，选取草图 5 为切除元素，并选中 保留双侧 复选框。

（3）单击 确定 按钮，完成分割 7 的操作。

Step20. 创建图 22.29 所示的接合 2。

（1）选择下拉菜单 插入 → 操作 ▸ → 接合... 命令，系统弹出“接合定义”对话框。

（2）在特征树“分割 5”节点下选取分割 6 及在“分割 7”节点下选取分割 8 为要接合

的元素。

（3）在“接合定义”对话框的合并距离文本框中输入数值 0.001。

（4）单击确定按钮，完成接合 2 的创建。

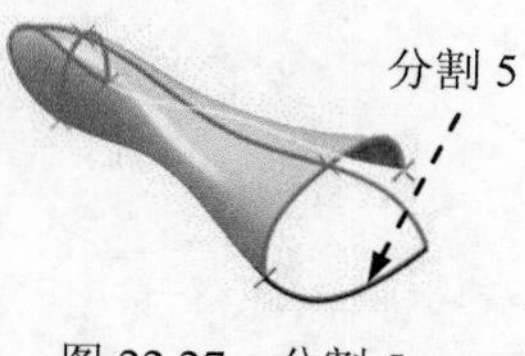

图 22.27　分割 5

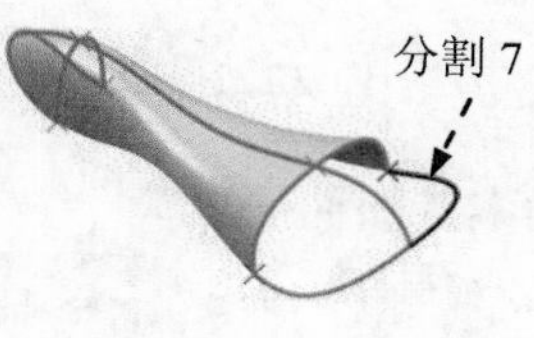

图 22.28　分割 7

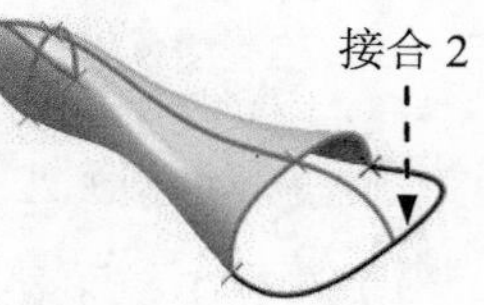

图 22.29　接合 2

Step21. 创建图 22. 30 所示的多截面曲面 3。

（1）选择命令。选择下拉菜单插入 → 曲面 → 多截面曲面...命令，此时系统弹出“多截面曲面定义”对话框。

（2）定义截面曲线。在特征树中依次选取接合 2 和草图 5 作为截面曲线，并使草图 5 和多截面曲面 1 相切，选取图 22. 31 所示的边线作为引导线。

（3）单击确定按钮，完成多截面曲面 3 的创建。

Step22. 创建图 22.32 所示的接合 3。

（1）选择下拉菜单插入 → 操作 → 接合...命令，系统弹出“接合定义”对话框。

（2）选取多截面曲面 3 和多截面曲面 1、多截面曲面 2 为要接合的元素。

（3）在“接合定义”对话框的合并距离文本框中输入数值 0.001。

（4）单击确定按钮，完成接合 3 的创建。

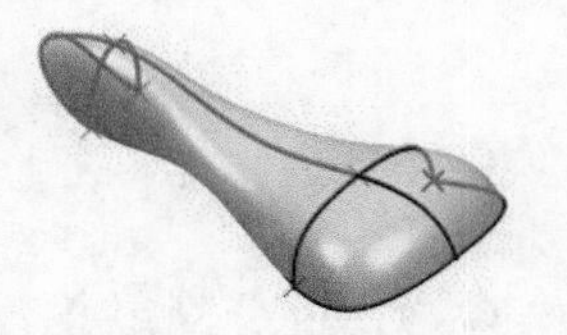
图 22.30　多截面曲面 3

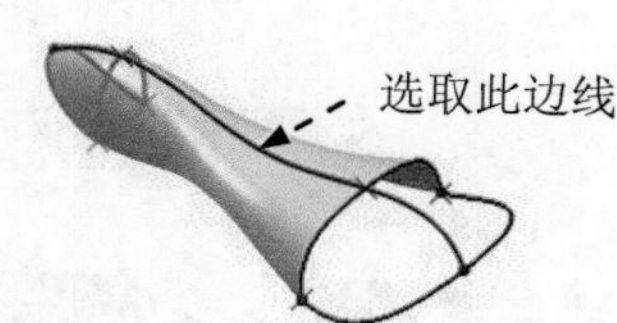

图 22.31　选取引导线

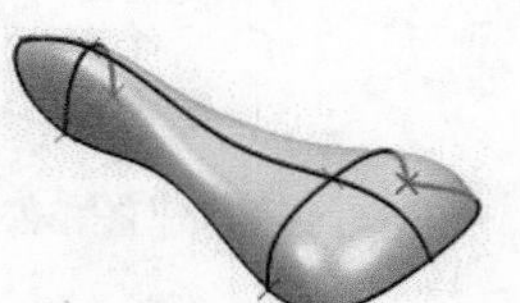
图 22.32　接合 3

Step23. 创建图 22.33 所示的加厚曲面 1。

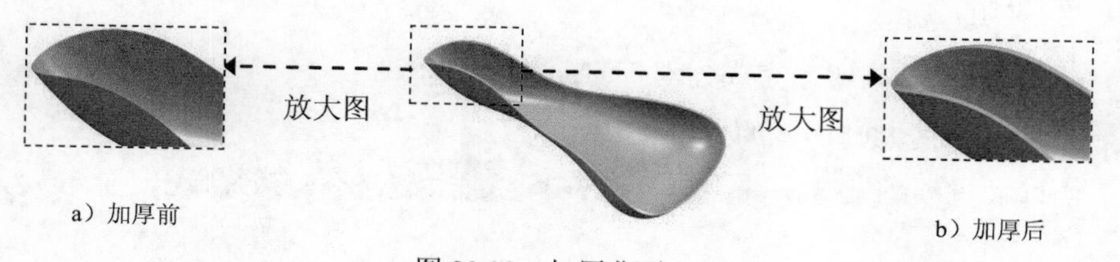

a）加厚前　　b）加厚后

图 22.33　加厚曲面 1

（1）选择下拉菜单插入 → 包络体 ▸ → 厚曲面...命令，系统弹出“定义厚曲面”对话框。

（2）选取接合 3 为加厚对象。

（3）在“定义厚曲面”对话框的第一偏移：文本框中输入数值 3。

（4）单击 确定 按钮，完成加厚操作。

Step24. 保存零件模型。

实例23 鼠 标 盖

实例概述：

本实例介绍了鼠标上盖的设计过程。其设计过程是先创建一系列草图，然后利用所创建的草图构建几个独立的曲面，再利用接合等工具将独立的曲面变成一个整体曲面，最后将整体曲面变成实体模型。鼠标上盖模型及相应的特征树如图 23.1 所示。

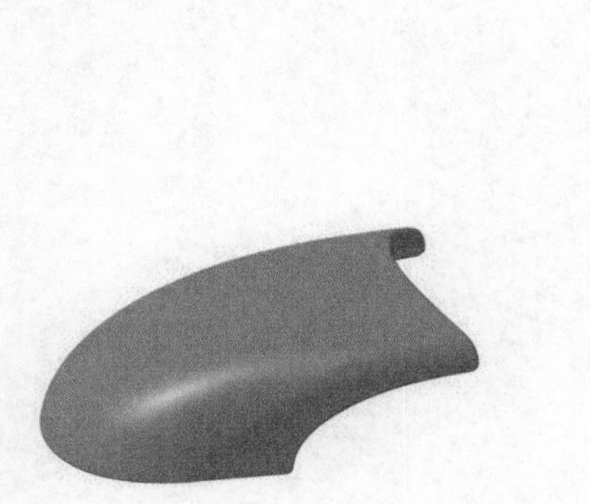

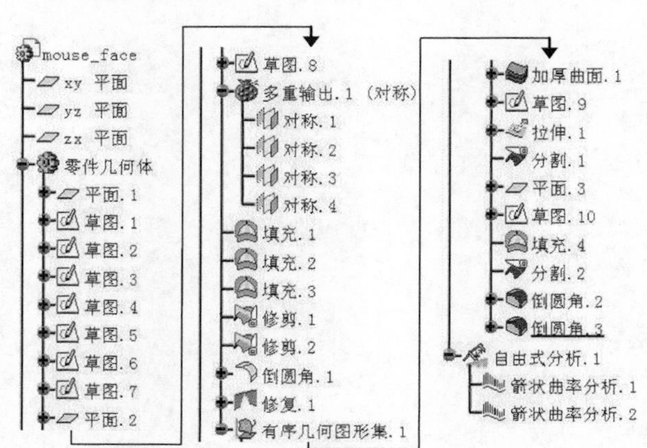

图 23.1 鼠标上盖模型和特征树

Step1. 新建模型文件。选择下拉菜单 文件 → 新建... 命令，系统弹出“新建”对话框，在类型列表中选择 Part 选项，单击 确定 按钮。在系统弹出的“新建零件”对话框中输入零件名称 mouse_face，并选中 启用混合设计 复选框，单击 确定 按钮，进入“零件设计”工作台。

Step2. 选择下拉菜单 开始 → 形状 → 创成式外形设计 命令，进入“创成式外形设计”工作台。

Step3. 创建图 23.2 所示的平面 1。

（1）选择命令。选择下拉菜单 插入 → 线框 → 平面... 命令（或单击工具栏中的“平面”按钮），系统弹出“平面定义”对话框。

（2）定义平面类型。在“平面定义”对话框的 平面类型 下拉列表中选择 偏移平面 选项，选取“xy 平面”为参考平面，在 偏移： 文本框中输入数值 30。

（3）单击 确定 按钮，完成平面 1 的创建。

Step4. 创建图 23.3 所示的草图 1。

（1）选择命令。选择下拉菜单 插入 → 草图编辑器 → 草图 命令（或单击工具

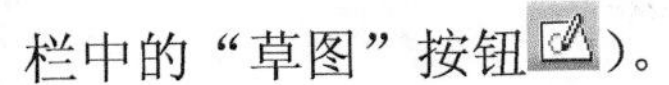

栏中的“草图”按钮）。

（2）定义草绘平面。选取“yz 平面”为草图平面，系统自动进入草绘工作台。

（3）绘制草图。绘制图 23.4 所示的草图 1。

（4）单击“工作台”工具栏中的按钮，完成草图 1 的创建。

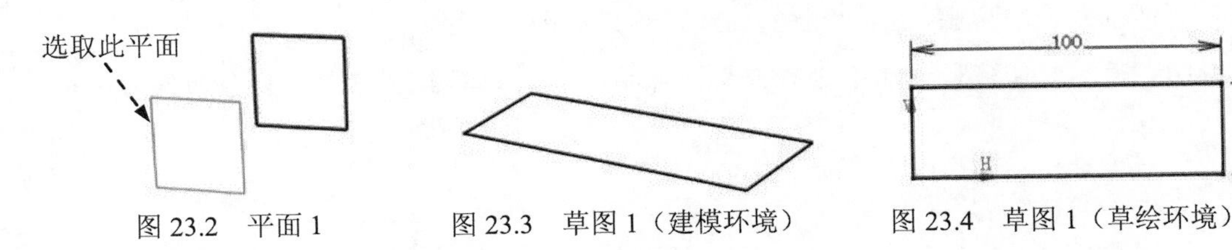

图 23.2　平面 1　　图 23.3　草图 1（建模环境）　　图 23.4　草图 1（草绘环境）

Step5. 创建图 23.5 所示的草图 2。

（1）选择下拉菜单 插入 → 草图编辑器 → 草图 命令（或单击工具栏中的“草图”按钮）。

（2）选取平面 1 为草图平面，并在其上绘制出图 23.6 所示的草图 2。单击“工作台”工具栏中的按钮，完成草图 2 的创建。

Step6. 创建图 23.7 所示的草图 3。

（1）选择下拉菜单 插入 → 草图编辑器 → 草图 命令（或单击工具栏中的“草图”按钮）。

（2）选取“xy 平面”为草图平面，并在其上绘制出图 23.8 所示的草图 3。单击“工作台”工具栏中的按钮，完成草图 3 的创建。

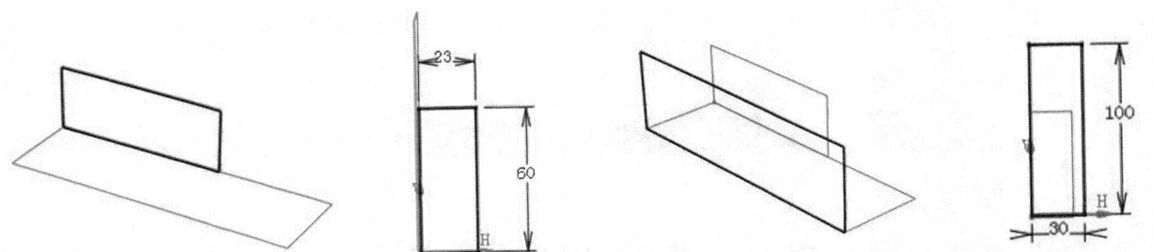

图 23.5　草图 2(建模环境)　图 23.6　草图 2(草绘环境)　图 23.7　草图 3(建模环境)　图 23.8　草图 3(草绘环境)

Step7. 创建图 23.9 所示的草图 4。

（1）选择下拉菜单 插入 → 草图编辑器 → 草图 命令（或单击工具栏中的“草图”按钮）。

（2）选取“zx 平面”为草图平面，并在其上绘制出图 23.10 所示的草图 4。单击按钮，完成草图 4 的创建。

Step8. 创建图 23.11 所示的草图 5。

（1）选择下拉菜单 插入 → 草图编辑器 → 草图 命令（或单击工具栏中的“草

图”按钮）。

（2）选取平面 1 为草图平面，并在其上绘制出图 23.12 所示的草图 5。单击按钮，完成草图 5 的创建。

（3）选择下拉菜单 插入 → 分析 → 箭状曲率分析 命令，系统弹出“箭状曲率”对话框。选取步骤（2）绘制的曲线，结果如图 23.12 所示。

说明：通过对曲线箭状曲率进行分析，可再次返回到草图 5 中，对样条曲线的曲率进行调整。

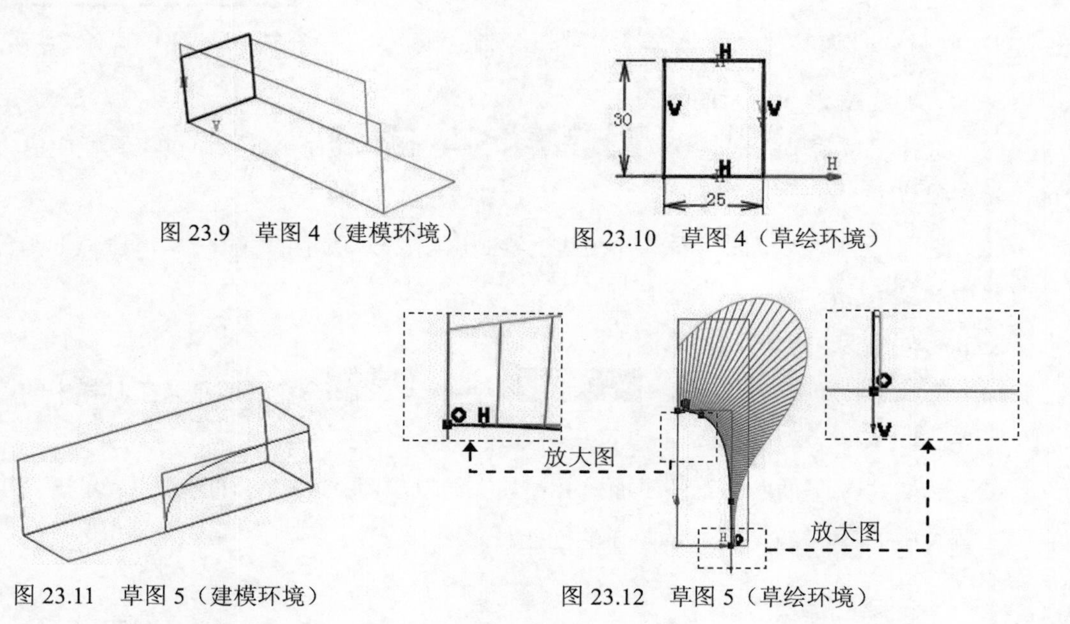

图 23.9　草图 4（建模环境）　　图 23.10　草图 4（草绘环境）

图 23.11　草图 5（建模环境）　　图 23.12　草图 5（草绘环境）

Step9. 创建图 23.13 所示的草图 6。

（1）选择下拉菜单 插入 → 草图编辑器 → 草图 命令（或单击工具栏中的“草图”按钮）。

（2）选取“zx 平面”为草图平面，并在其上绘制出图 23.14 所示的草图 6。单击按钮，完成草图 6 的创建。

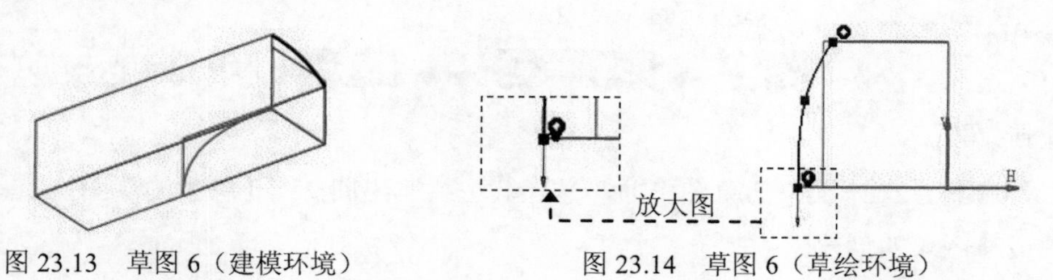

图 23.13　草图 6（建模环境）　　图 23.14　草图 6（草绘环境）

Step10. 创建图 23.15 所示的草图 7。

（1）选择下拉菜单 插入 → 草图编辑器 → 草图 命令（或单击工具栏中的“草图”按钮）。

（2）选取“yz 平面”为草图平面，并在其上绘制出图 23.16 所示的草图 7。单击按钮，完成草图 7 的创建。

（3）选择下拉菜单 插入 → 分析 → 箭状曲率分析 命令，系统弹出“箭状曲率”对话框。选取步骤（2）绘制的曲线，结果如图 23.16 所示。

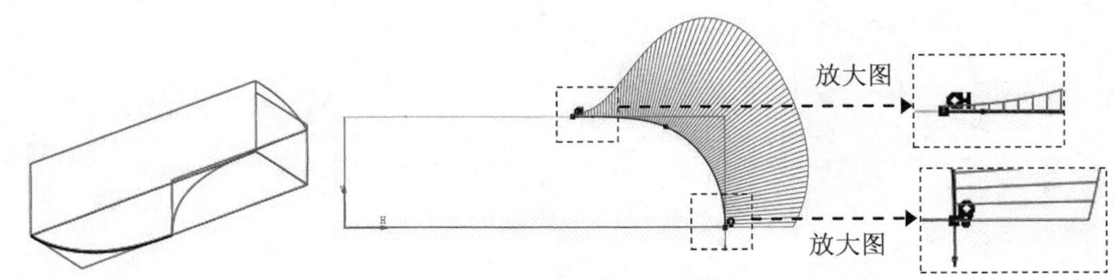

图 23.15 草图 7（建模环境） 图 23.16 草图 7（草绘环境）

Step11. 创建图 23.17 所示的平面 2。

（1）选择下拉菜单 插入 → 线框 → 平面... 命令（或单击工具栏中的“平面”按钮），系统弹出“平面定义”对话框。

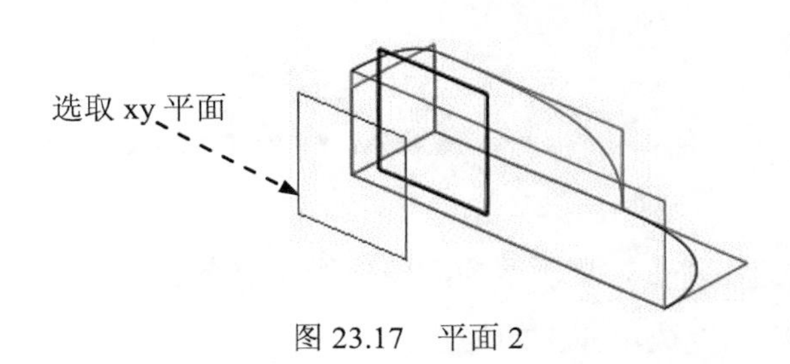

图 23.17 平面 2

（2）在“平面定义”对话框的 平面类型 下拉列表中选择 偏移平面 选项，选取“xy 平面”为参考平面，在 偏移: 文本框中输入数值 29.5，单击 确定 按钮，完成平面 2 的创建。

Step12. 创建图 23.18 所示的草图 8。

（1）选择下拉菜单 插入 → 草图编辑器 → 草图 命令（或单击工具栏中的“草图”按钮）。

（2）选取平面 2 为草图平面，并在其上绘制出图 23.19 所示的草图 8。单击按钮，完成草图 8 的创建。

Step13. 创建图 23.20b 所示的对称图形。

（1）选择命令。选择下拉菜单 插入 → 操作 → 对称... 命令（或单击工具栏中的“对称”按钮），系统弹出“对称定义”对话框。

（2）选择对称元素。依次选取草图 5、草图 6、草图 7 及草图 8 为对称元素。

（3）选取参考平面。选取“xy 平面”为参考平面。

（4）单击 确定 按钮，完成对称图形的创建。

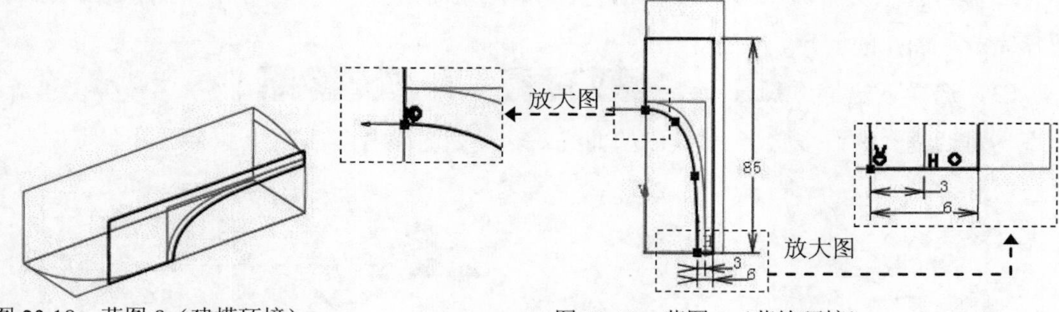

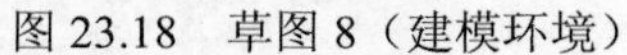

图 23.18　草图 8（建模环境）　　　图 23.19　草图 8（草绘环境）

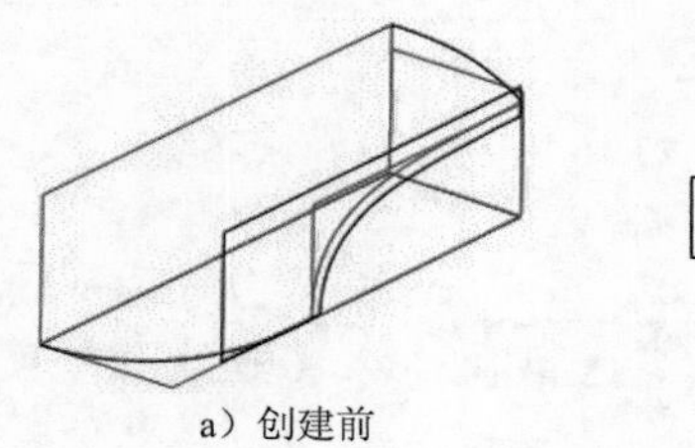

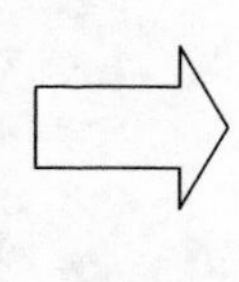

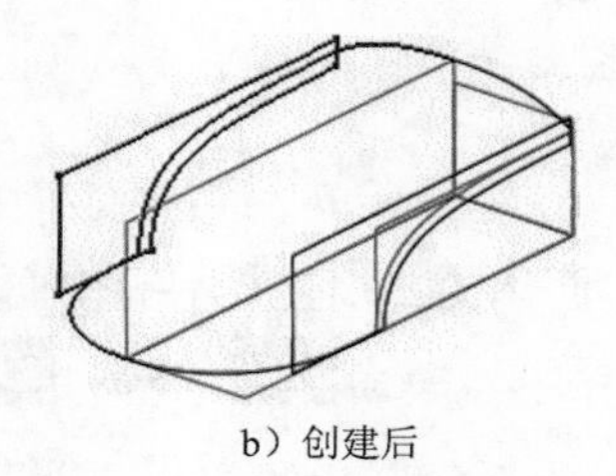

a）创建前　　　b）创建后

图 23.20　对称图形

Step14. 创建图 23.21 所示的填充 1。

（1）选择命令。选择下拉菜单 插入 → 曲面 ▸ → 填充... 命令，系统弹出“填充曲面定义”对话框。

（2）定义填充边界。选取图 23.22 所示的六条曲线为填充边界。

（3）单击 确定 按钮，完成填充 1 的创建。

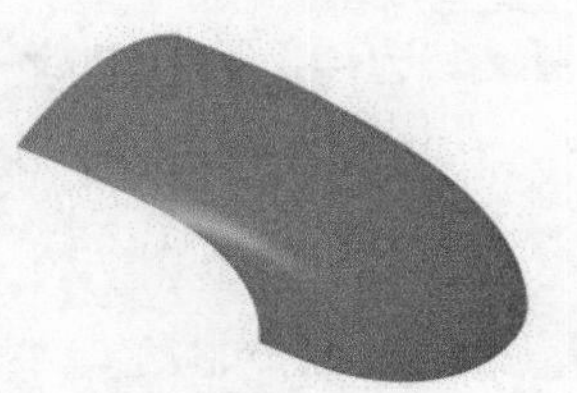

图 23.21　填充 1

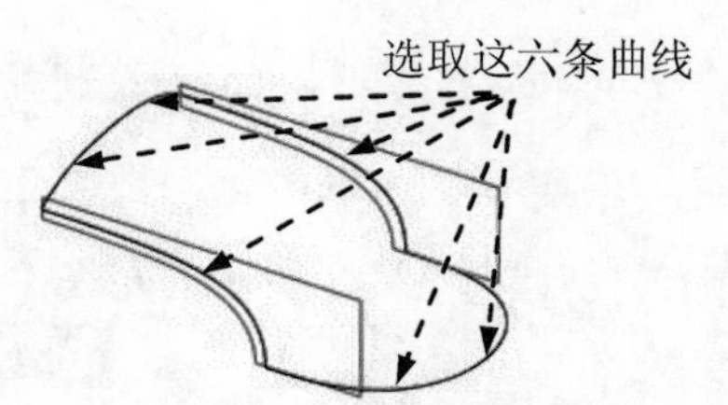

图 23.22　选择填充边界

Step15. 创建图 23.23b 所示的填充 2。该填充 2 以图 23.23a 所示的边线为填充边界。

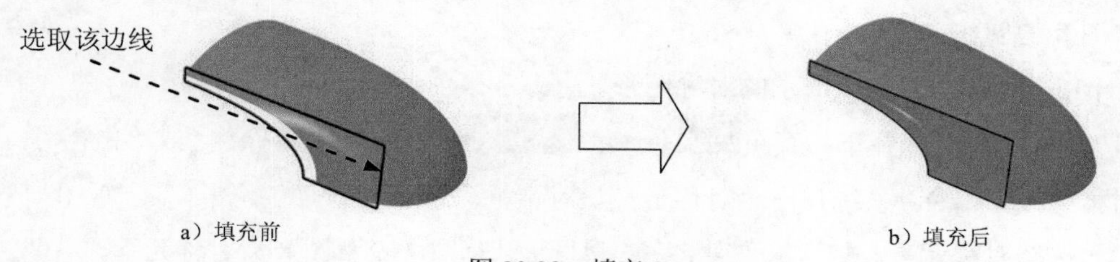

a）填充前　　　b）填充后

图 23.23　填充 2

Step16. 创建图 23.24b 所示的填充 3。该填充 3 以图 23.24a 所示的草图 8 为填充边界。

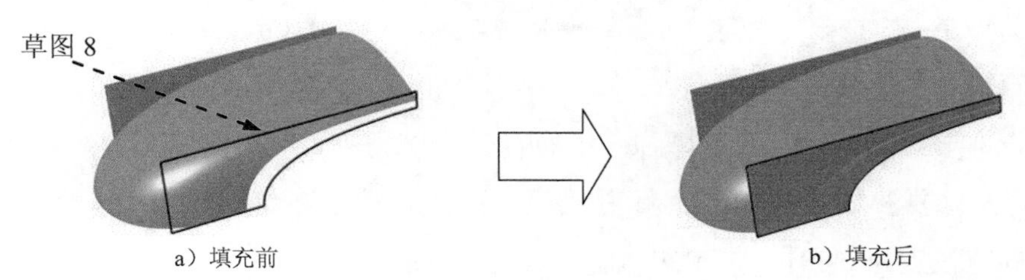

a）填充前 b）填充后

图 23.24 填充 3

Step17. 创建图 23.25 所示的修剪 1。

（1）选择下拉菜单 插入 → 操作 ▸ → 修剪... 命令，系统弹出“修剪定义”对话框。

（2）定义修剪元素。选取填充 1 和填充 3 为修剪元素。

（3）调整保留侧使结果为图 23.25 所示的曲面，单击 确定 按钮，完成曲面的修剪操作。

Step18. 创建图 23.26 所示的修剪 2。在此步骤中选取填充 2 和修剪 1 为修剪元素。

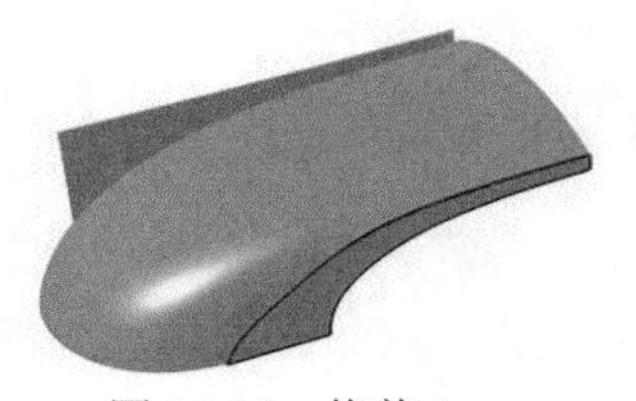

图 23.25 修剪 1

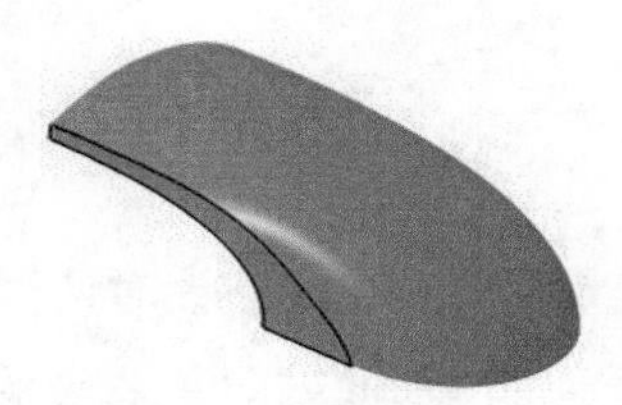

图 23.26 修剪 2

Step19. 创建图 23.27b 所示的倒圆角 1。

（1）选择命令。选择下拉菜单 插入 → 操作 ▸ → 倒圆角 命令，系统弹出“倒圆角定义”对话框。

（2）定义圆角边线。选取图 23.27a 所示的曲面边线为圆角边线。

（3）定义拓展类型。在“倒圆角定义”对话框的 传播: 下拉列表中选择 相切 选项。

（4）定义圆角半径。在 半径 文本框中输入数值 3。

（5）单击 确定 按钮，完成倒圆角 1 的创建。

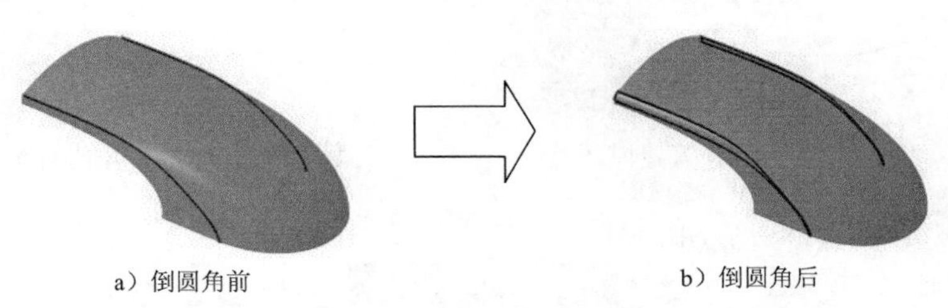

a）倒圆角前 b）倒圆角后

图 23.27 倒圆角 1

Step20. 创建图 23.28 所示的修复 1。

（1）选择命令。选择下拉菜单 插入 → 操作 → 修复... 命令，系统弹出“修复定义”对话框。

（2）选取要修复的元素。选择 Step19 创建的倒圆角 1 为要修复的元素。

（3）定义修复参数。在“连续”下拉列表中选择 切线 选项；将合并距离值设置为 0.001，将距离目标值设置为 0.001，将相切角度值设置为 0.5。

（4）单击 确定 按钮，完成曲面的修复操作。

Step21. 创建图 23.29b 所示的加厚曲面 1。

（1）选择命令。选择下拉菜单 插入 → 包络体 → 厚曲面... 命令，系统弹出“厚曲面定义”对话框。

（2）定义偏移对象。选取图 23.29a 所示的修复 1 为要加厚的对象。

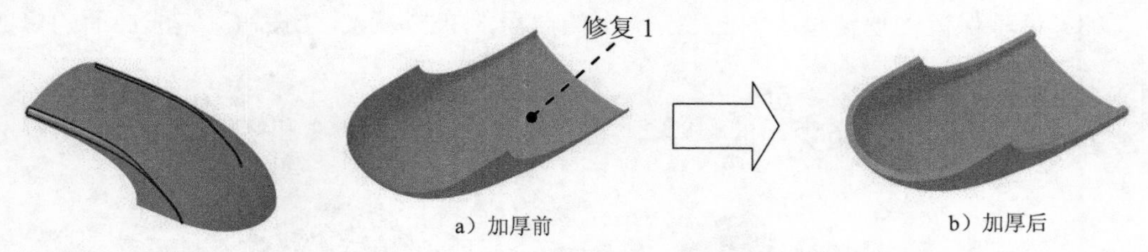

图 23.28 修复 1

图 23.29 加厚曲面 1

（3）确定偏移距离。在该对话框的 第一偏移 文本框中输入数值 3。

（4）确定加厚曲面方向。采取系统默认的加厚方向。

（5）单击 确定 按钮，完成加厚曲面 1 的创建。

Step22. 创建图 23.30 所示的草图 9。

（1）选择下拉菜单 插入 → 草图编辑器 → 草图 命令（或单击工具栏中的“草图”按钮）。

（2）选取“yz 平面”为草图平面，并在其上绘制出图 23.31 所示的截面草图，单击 按钮，完成草图 9 的创建。

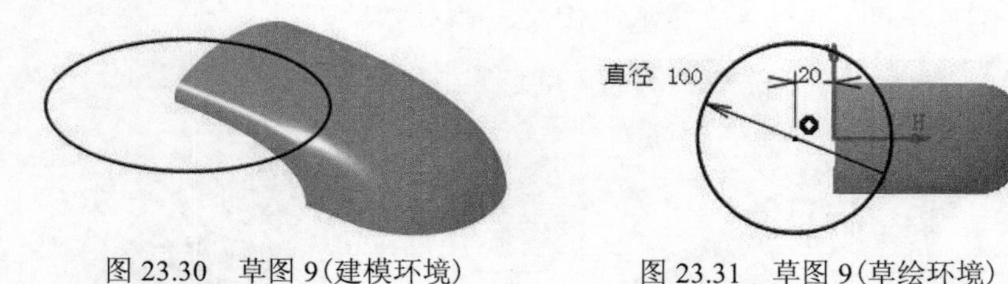

图 23.30 草图 9（建模环境）

图 23.31 草图 9（草绘环境）

Step23. 创建图 23.32 所示的拉伸 1。

（1）选择命令。选择下拉菜单 插入 → 曲面 → 拉伸... 命令，系统弹出“拉

伸曲面定义”对话框。

（2）选择拉伸轮廓。选取草图 9 为要拉伸的对象。

（3）定义拉伸方向。采用系统默认的拉伸方向。

（4）定义拉伸类型。在“拉伸曲面定义”对话框的 限制 1 区域的类型:下拉列表中选择尺寸选项。

（5）确定拉伸高度。在“拉伸曲面定义”对话框的 限制 1 区域的 尺寸: 文本框中输入数值 50。

（6）单击 确定 按钮，完成曲面的拉伸。

Step24. 创建图 23.33 所示的分割 1。

（1）选择命令。选择下拉菜单 插入 → 操作 ▸ → 分割... 命令，系统弹出“分割定义”对话框。

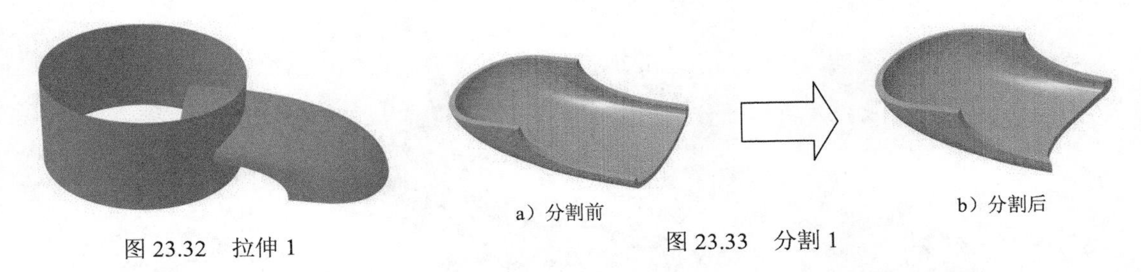

a）分割前　　b）分割后

图 23.32　拉伸 1　　图 23.33　分割 1

（2）定义切除元素。选取加厚曲面 1 为要切除的元素，选取拉伸 1 为切除元素。

（3）单击 确定 按钮，完成曲面的分割。

Step25. 创建图 23.34 所示的平面 3。选取“yz 平面”为参考平面，相对于“yz 平面”的偏移距离值为 0.5。

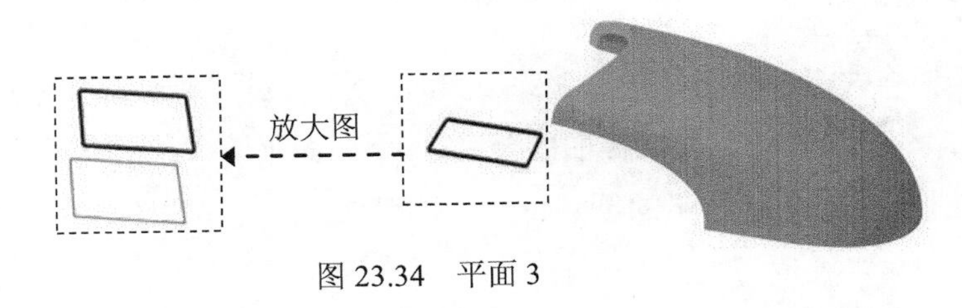

图 23.34　平面 3

Step26. 创建图 23.35 所示的草图 10。

（1）选择下拉菜单 插入 → 草图编辑器 ▸ → 草图 命令（或单击工具栏中的“草图”按钮）。

（2）选取平面 3 为草图平面，并在其上绘制出图 23.36 所示的草图 10，单击按钮，完成草图 10 的创建。

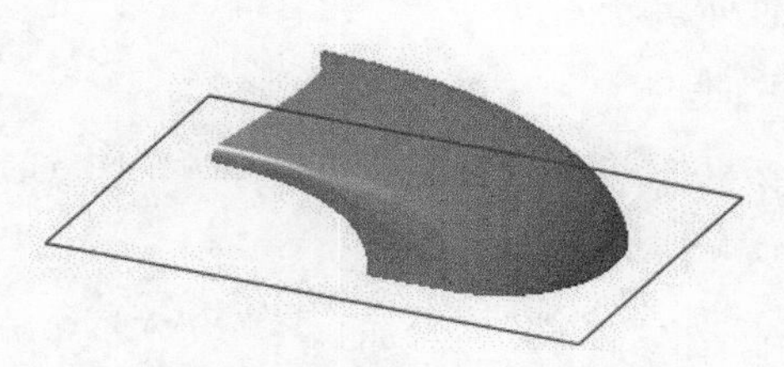

图 23.35　草图 10（建模环境）

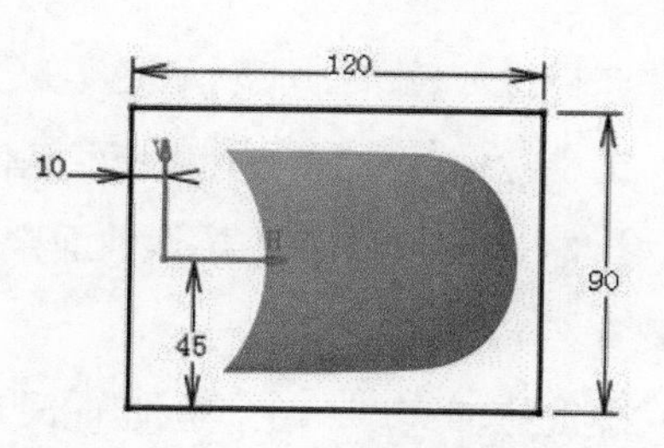

图 23.36　草图 10（草绘环境）

Step27. 创建图 23.37 所示的填充 4。以 Step26 创建的草图 10 为填充边界。

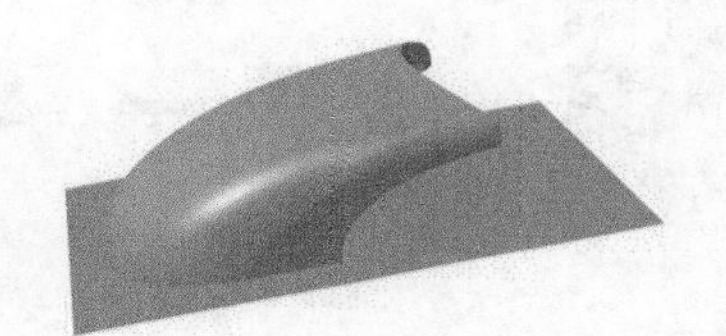

图 23.37　填充 4

Step28. 创建图 23.38 所示的分割 2。

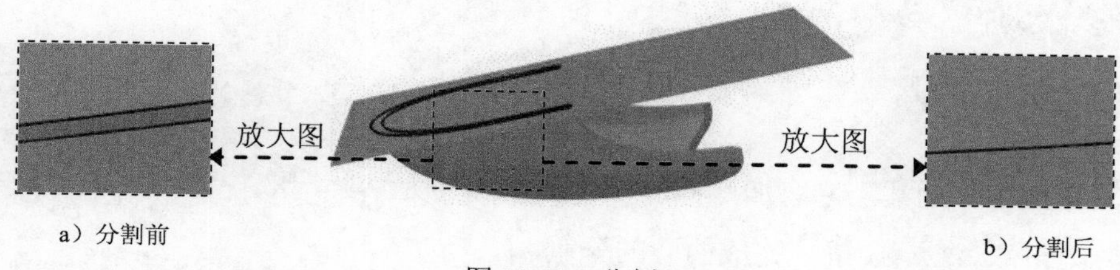

a）分割前　　b）分割后

图 23.38　分割 2

（1）选择命令。选择下拉菜单 插入 → 操作 ▸ → 分割... 命令，系统弹出“分割定义”对话框。

（2）定义切除元素。选取分割 1 为要切除的元素，选取填充 4 为切除元素。

（3）单击 确定 按钮，完成曲面的分割。

Step29. 创建图 23.39b 所示的倒圆角 2。参照 Step19，选取图 23.39a 所示的 4 条边线为圆角边线，圆角半径值为 1.5。

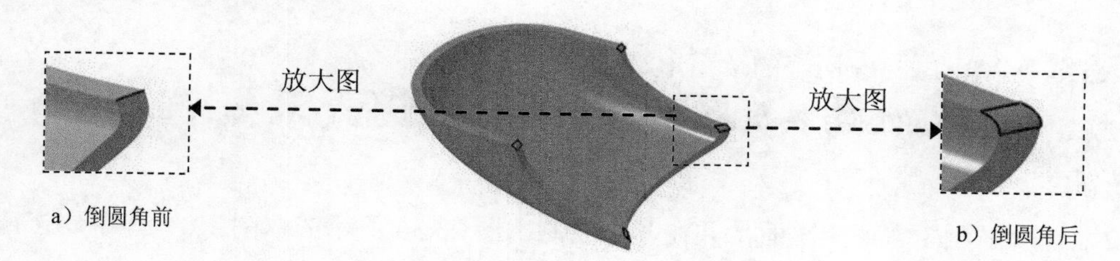

a）倒圆角前　　b）倒圆角后

图 23.39　倒圆角 2

Step30. 创建图 23.40b 所示的倒圆角 3。以图 23.40a 所示的面为圆角对象，圆角半径值为 1.0。

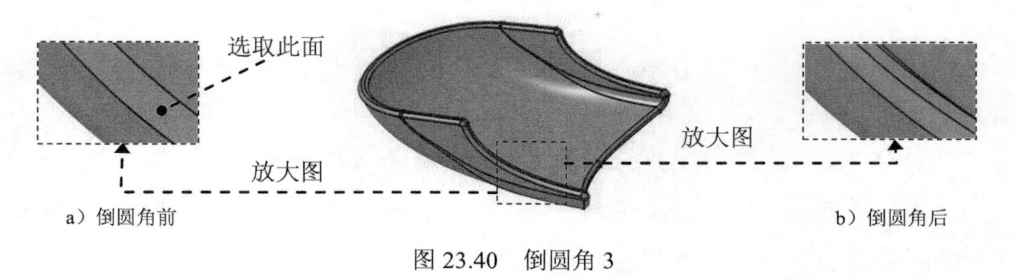

图 23.40 倒圆角 3

Step31. 保存文件。

实例 24 饮水机手柄

实例概述：

本实例介绍了饮水机手柄的设计过程，主要是将曲面与实体结合起来，这是一种很常见的设计方法。模型的上半部分是用两个曲面设计出来的，而模型的下半部分则是使用实体建模的方法设计出来的。零件模型及特征树如图 24.1 所示。

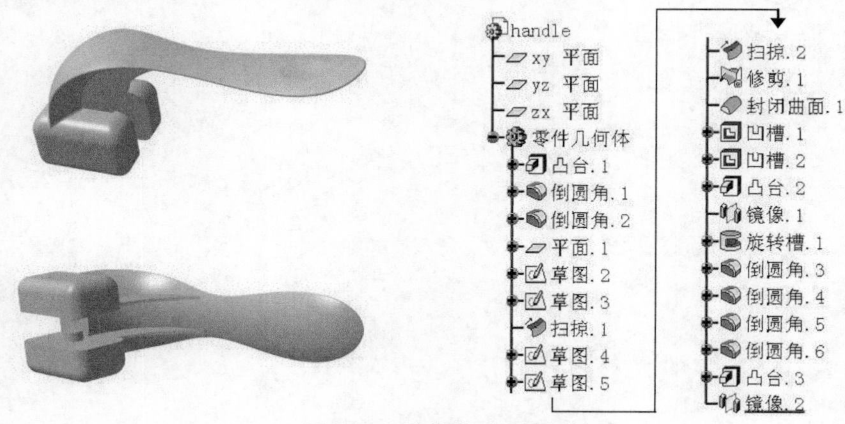

图 24.1 零件模型和特征树

Step1. 新建模型文件。选择下拉菜单 文件(F) → 新建... 命令，系统弹出“新建”对话框，在类型列表中选择 Part，单击 确定 按钮。在系统弹出的“新建零件”对话框中输入零件名称 handle，并选中 启用混合设计 复选框，单击 确定 按钮，进入“零件设计”工作台。

Step2. 创建图 24.2 所示的零件基础特征——凸台 1。

（1）选择命令。选择下拉菜单 插入 → 基于草图的特征 → 凸台... 命令（或单击按钮），系统弹出“定义凸台”对话框。

（2）创建截面草图。

① 定义草图平面。在“定义凸台”对话框中单击按钮，选取“yz 平面”为草图平面。

② 绘制截面草图。在草绘工作台中绘制图 24.3 所示的截面草图（草图 1）。

③ 单击“工作台”工具栏中的按钮，退出草绘工作台。

（3）定义拉伸深度属性。

① 定义深度方向。采用系统默认的深度方向。

② 定义深度类型。在“定义凸台”对话框中单击 更多>> 按钮，然后在 第一限制 与 第二限制

区域的类型：下拉列表中均选择尺寸选项。

③ 定义深度值。在第一限制与第二限制区域的长度：文本框中均输入数值 5。

（4）完成特征的创建。单击确定按钮，完成凸台 1 的创建。

图 24.2　凸台 1

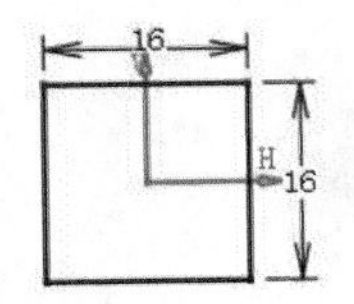

图 24.3　截面草图（草图 1）

Step3. 创建倒圆角 1。

（1）选择命令。选择下拉菜单插入 → 修饰特征 → 倒圆角...命令，系统弹出“倒圆角定义”对话框。

（2）定义要倒圆角的对象。在“倒圆角定义”对话框的传播：下拉列表中选择相切选项，选取图 24.4 所示的四条边线为倒圆角对象。

（3）定义倒圆角半径。在“倒圆角定义”对话框的半径：文本框中输入数值 2。

（4）单击确定按钮，完成倒圆角 1 的创建。

Step4. 创建倒圆角 2。操作步骤参见 Step3，选取图 24.5 所示的边线为倒圆角对象，倒圆角半径值为 3。

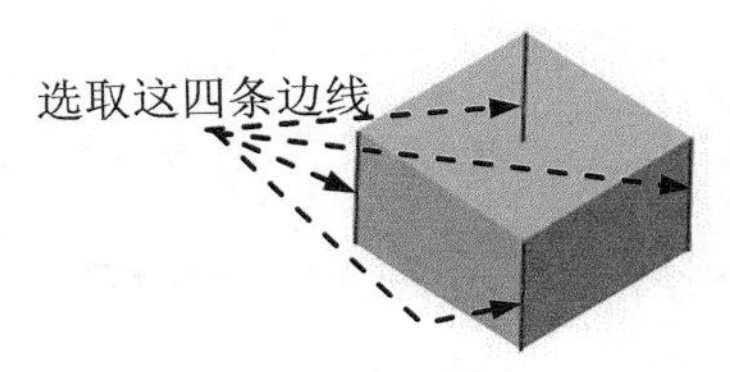

图 24.4　倒圆角 1

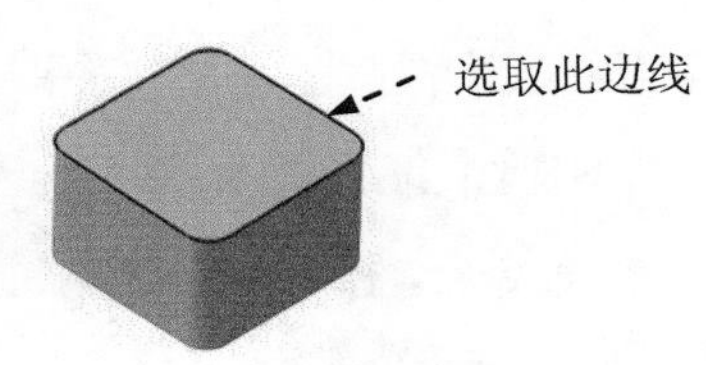

图 24.5　倒圆角 2

Step5. 选择下拉菜单开始 → 形状 → 创成式外形设计命令，进入“创成式外形设计”工作台。

Step6. 创建图 24.6 所示的平面 1。

（1）单击“线框”工具栏中的“平面”按钮，系统弹出“平面定义”对话框。

（2）在“平面定义”对话框的平面类型下拉列表中选择偏移平面选项，选取图 24.6 所示的平面为参考平面，在偏移：文本框中输入数值 2，单击反转方向按钮。

（3）单击确定按钮，完成平面 1 的创建。

Step7. 创建图 24.7 所示的草图 2。

（1）选择命令。选择下拉菜单插入 → 草图编辑器 → 草图命令（或单击工具栏中的“草图”按钮）。

（2）定义草图平面。选取平面 1 为草图平面，系统自动进入草绘工作台。

（3）绘制草图。绘制图 24.8 所示的草图 2。

（4）单击“工作台”工具栏中的按钮，完成草图 2 的创建。

图 24.6　平面 1

图 24.7　草图 2（建模环境）

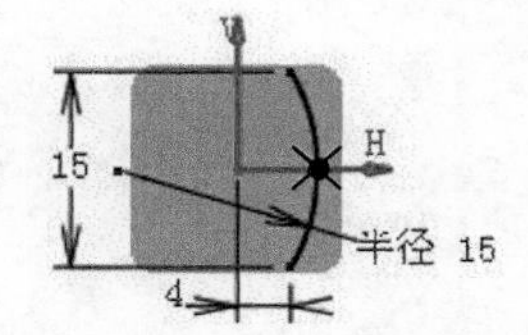

图 24.8　草图 2（草绘环境）

Step8. 创建图 24.9 所示的草图 3。

（1）单击工具栏中的“草图”按钮。

（2）选取“xy 平面”为草图平面，系统自动进入草绘工作台。

（3）绘制图 24.10 所示的草图 3。

（4）单击按钮，完成草图 3 的创建。

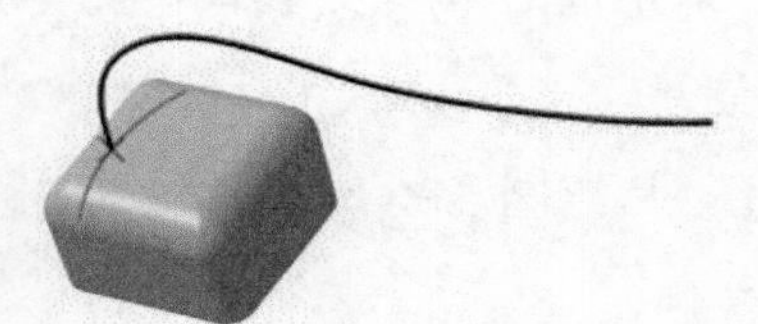

图 24.9　草图 3（建模环境）

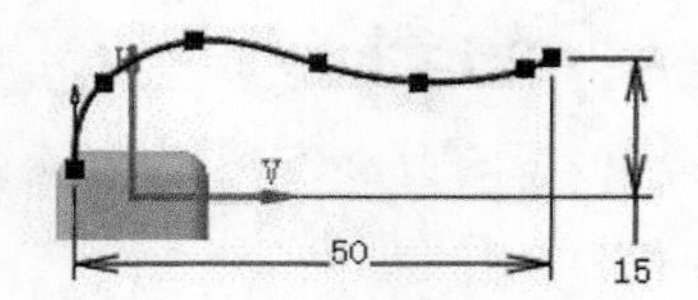

图 24.10　草图 3（草绘环境）

Step9. 创建图 24.11 所示的扫掠 1。

（1）选择命令。选择下拉菜单 插入 → 曲面 → 扫掠... 命令，此时系统弹出“扫掠曲面定义”对话框。

（2）定义扫掠类型。在“扫掠曲面定义”对话框的 轮廓类型： 中单击“显示”按钮，在 子类型： 下拉列表中选择 使用参考曲面 选项。

（3）定义扫掠轮廓和引导曲线。选取图 24.11 所示的曲线 1 为扫掠轮廓，选取图 24.11 所示的曲线 2 为引导曲线。

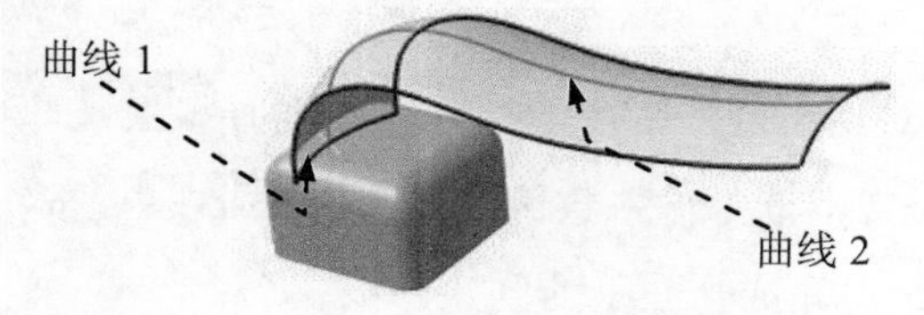

图 24.11　扫掠 1

（4）单击 确定 按钮，完成扫掠 1 的创建。

Step10. 创建图 24.12 所示的草图 4。

（1）选择命令。选择下拉菜单插入 → 草图编辑器 → 草图命令（或单击工具栏中的“草图”按钮）。

（2）定义草图平面。选取平面 1 为草图平面，系统自动进入草绘工作台。

（3）绘制草图。绘制图 24.13 所示的草图 4。

（4）单击“工作台”工具栏中的按钮，完成草图 4 的创建。

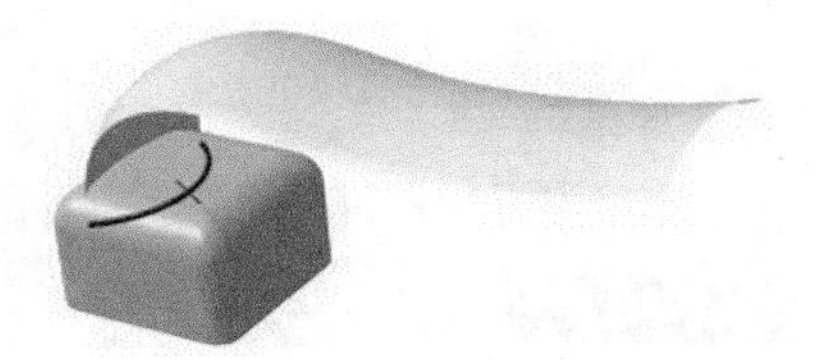

图 24.12　草图 4 （建模环境）

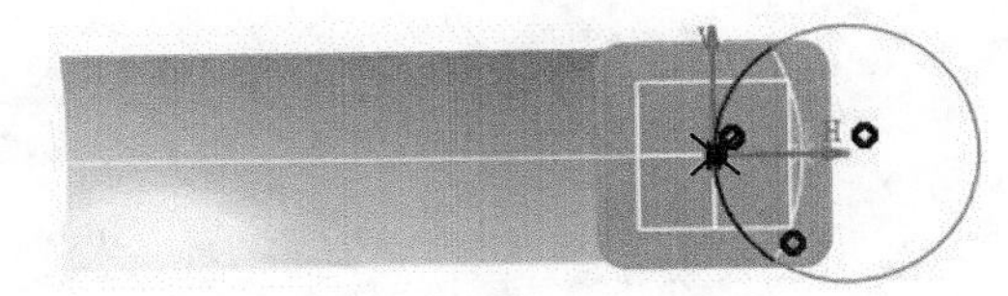

图 24.13　草图 4（草绘环境）

Step11. 创建图 24.14 所示的草图 5。

（1）选择命令。选择下拉菜单插入 → 草图编辑器 → 草图命令（或单击工具栏中的“草图”按钮）。

（2）定义草图平面。选取“xy 平面”为草图平面，系统自动进入草绘工作台。

（3）绘制草图。绘制图 24.15 所示的草图 5。

（4）单击“工作台”工具栏中的按钮，完成草图 5 的创建。

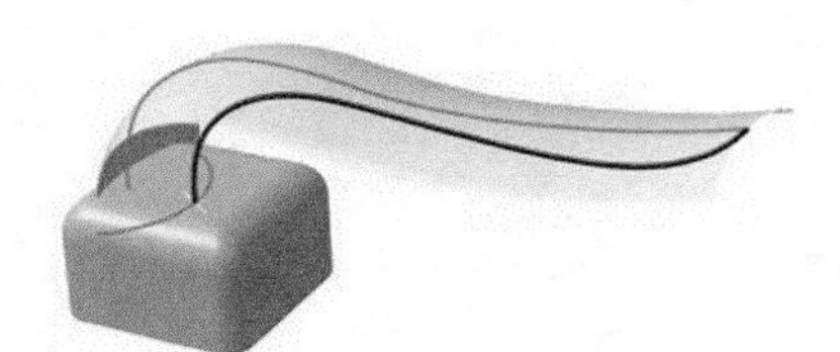

图 24.14　草图 5（建模环境）

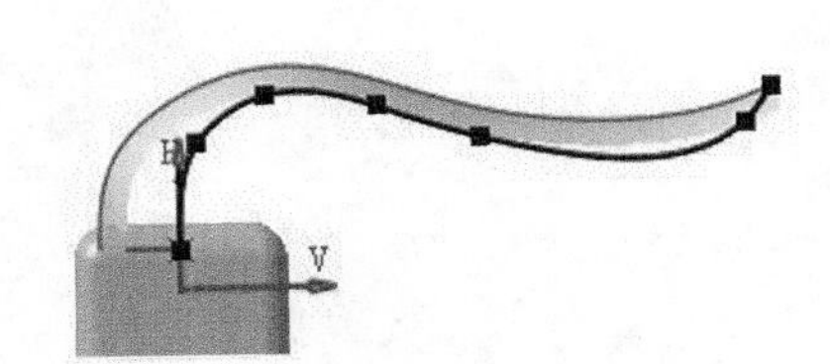

图 24.15　草图 5（草绘环境）

Step12. 创建图 24.16 所示的扫掠 2。

（1）选择下拉菜单插入 → 曲面 → 扫掠...命令，此时系统弹出“扫掠曲面定义”对话框。

（2）在“扫掠曲面定义”对话框的轮廓类型：中单击“显示”按钮，在子类型：下拉列表中选择使用参考曲面选项。

（3）选取图 24.16 所示的曲线 1 为扫掠轮廓，选取图 24.16 所示的曲线 2 为引导曲线。

（4）单击确定按钮，完成扫掠 2 的创建。

Step13. 创建图 24.17 所示的修剪 1。

（1）选择命令。选择下拉菜单插入 → 操作 → 修剪...命令，系统弹出“修剪定义”对话框。

（2）定义修剪类型。在“修剪定义”对话框的模式：下拉列表中选择标准选项。

（3）定义修剪元素。选取扫掠 1 和扫掠 2 为修剪元素。

（4）单击确定按钮，完成曲面的修剪操作。

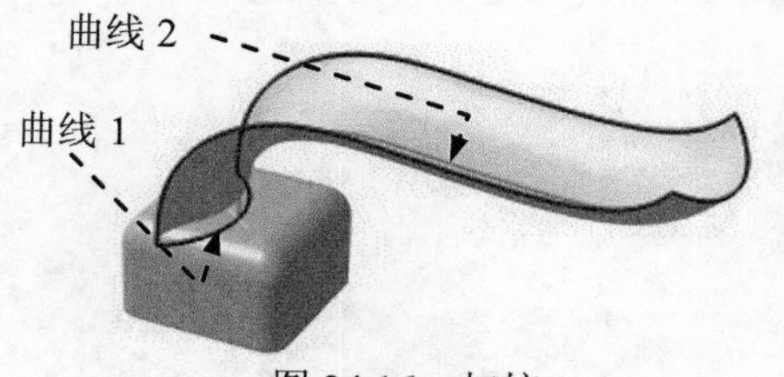

图 24.16　扫掠 2

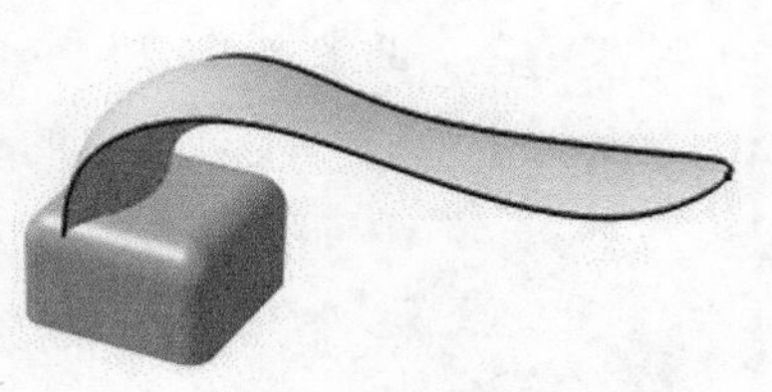

图 24.17　修剪 1

Step14. 切换工作台。选择下拉菜单开始 → 机械设计 → 零件设计命令，进入“零件设计”工作台。

Step15. 创建图 24.18 所示的封闭曲面 1。

（1）选择命令。选择下拉菜单插入 → 基于曲面的特征 → 封闭曲面...命令，此时系统弹出“定义封闭曲面”对话框。

（2）定义封闭曲面。在特征树中选取修剪 1 为要封闭的对象。

（3）单击确定按钮，完成封闭曲面 1 的创建。

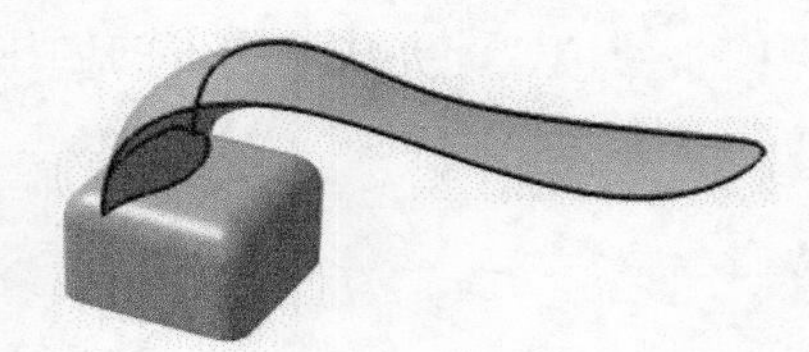

图 24.18　封闭曲面 1

Step16. 创建图 24.19b 所示的零件特征——凹槽 1。

（1）选择命令。选择下拉菜单插入 → 基于草图的特征 → 凹槽...命令（或单击按钮），系统弹出“定义凹槽”对话框。

（2）创建图 24.20 所示的截面草图。单击按钮，选取图 24.19a 所示的模型表面作为草图平面，在草绘工作台中绘制图 24.20 所示的截面草图（草图 6）。单击按钮，退出草绘工作台。

（3）定义深度属性。在“定义凹槽”对话框的类型：下拉列表中选择直到最后选项。

（4）单击确定按钮，完成凹槽 1 的创建。

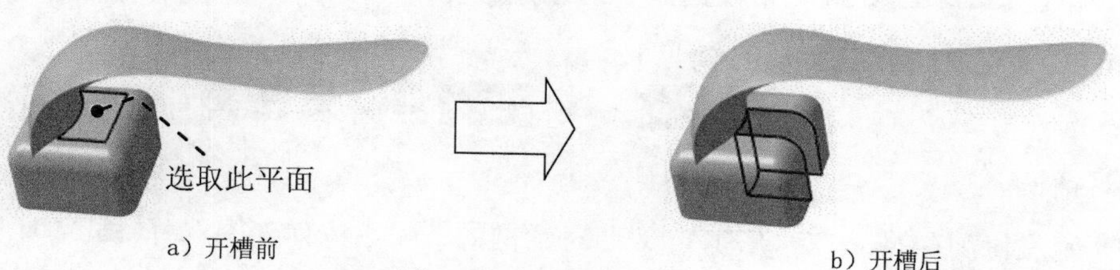

a）开槽前　　b）开槽后

图 24.19　凹槽 1

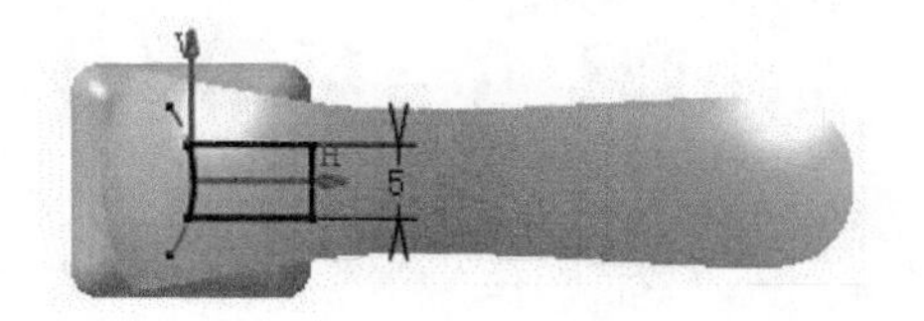

图 24.20 截面草图（草图 6）

Step17. 创建图 24.21 所示的零件特征——凹槽 2。

（1）选择下拉菜单 插入 → 基于草图的特征 → 凹槽... 命令（或单击按钮），系统弹出“定义凹槽”对话框。

（2）单击按钮，选取平面 1 作为草图平面，在草绘工作台中绘制图 24.22 所示的截面草图（草图 7）。单击按钮，退出草绘工作台。

（3）在“定义凹槽”对话框的 类型: 下拉列表中选择 直到最后 选项。

（4）单击 确定 按钮，完成凹槽 2 的创建。

图 24.21 凹槽 2　　图 24.22 截面草图（草图 7）

Step18. 创建图 24.23 所示的零件基础特征——凸台 2。

（1）选择下拉菜单 插入 → 基于草图的特征 → 凸台... 命令（或单击按钮），系统弹出“定义凸台”对话框。

（2）单击按钮，选取图 24.23 所示的平面为草图平面。在草绘工作台中绘制图 24.24 所示的截面草图（草图 8）。单击按钮，退出草绘工作台。

说明：读者可以自己定义该截面草图的尺寸约束，图 24.24 中的尺寸约束只作为参考。

（3）在“定义凸台”对话框中，在 第一限制 区域的 类型: 下拉列表中选择 尺寸 选项。在 第一限制 区域的 长度: 文本框中输入数值 0.5。

（4）单击 确定 按钮，完成凸台 2 的创建。

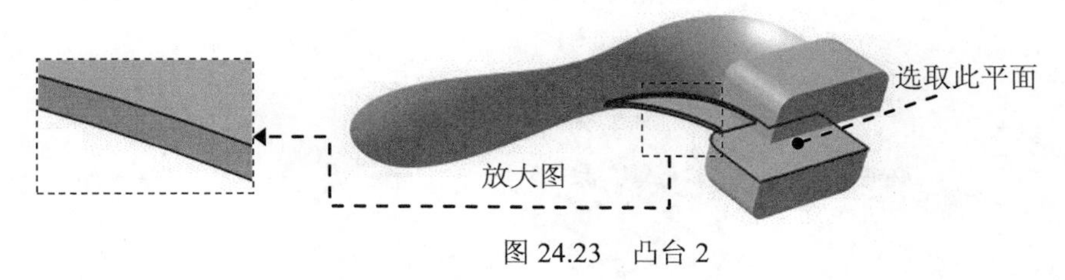

图 24.23 凸台 2

Step19. 创建图 24.25 所示的零件特征——镜像 1。

（1）选取镜像对象。选取凸台 2 作为镜像对象。

（2）选择命令。选择下拉菜单 插入 → 变换特征 → 镜像... 命令，系统弹出“定义镜像”对话框。

（3）定义镜像平面。选取“xy 平面”作为镜像平面，如图 24.25 所示。

（4）单击“定义镜像”对话框中的 确定 按钮，完成镜像 1 的创建。

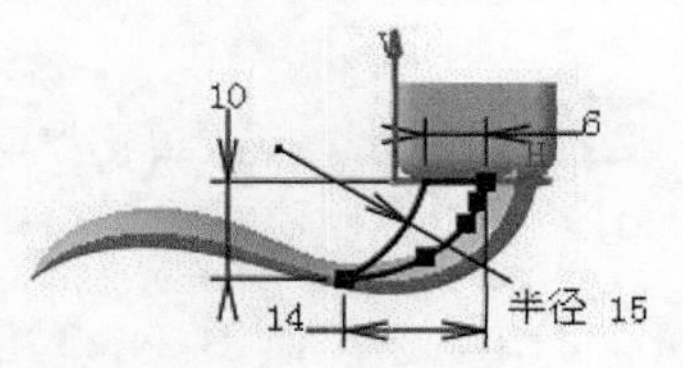

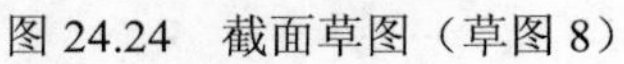
图 24.24　截面草图（草图 8）

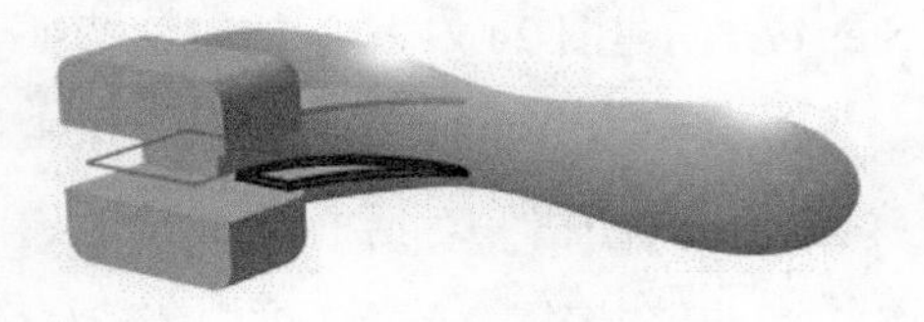

图 24.25　镜像 1

Step20. 创建图 24.26 所示的零件特征——旋转槽 1。

（1）选择命令。选择下拉菜单 插入 → 基于草图的特征 → 旋转槽... 命令，系统弹出“定义旋转槽”对话框。

（2）创建图 24.27 所示的截面草图。在“定义旋转槽”对话框中单击 按钮，选取“xy 平面”作为草图平面；在草绘工作台中绘制图 24.27 所示的截面草图（草图 9）。单击 按钮，退出草绘工作台。

说明： 读者可以自己定义该截面草图的尺寸约束，图 24.27 中的尺寸约束只作为参考。

（3）定义旋转角度。在“定义旋转槽”对话框的 第一角度： 文本框中输入数值 360。

（4）定义旋转轴线。选取草图中绘制的直线为旋转轴线。

（5）单击 确定 按钮，完成旋转槽 1 的创建。

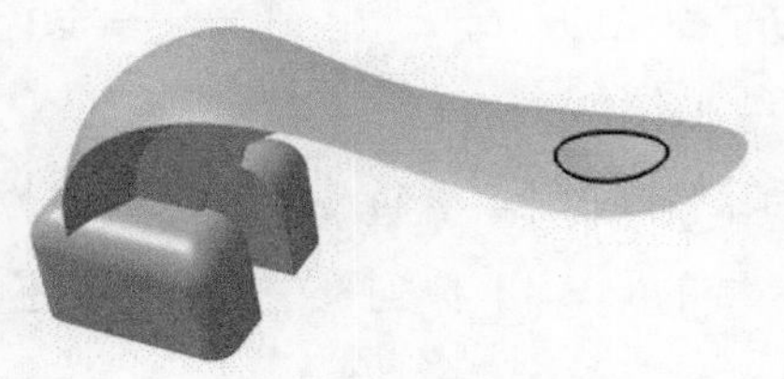

图 24.26　旋转槽 1

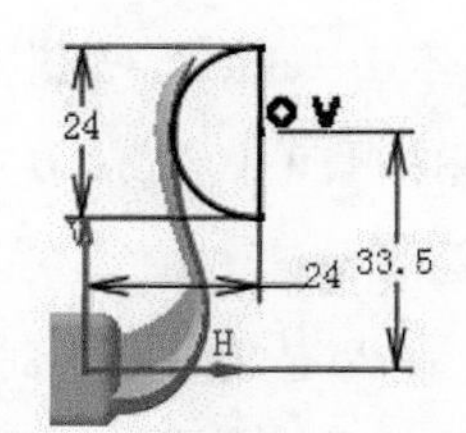

图 24.27　截面草图（草图 9）

Step21. 创建图 24.28b 所示的倒圆角 3。选取图 24.28a 所示的边线为倒圆角对象，倒圆角半径值为 3。

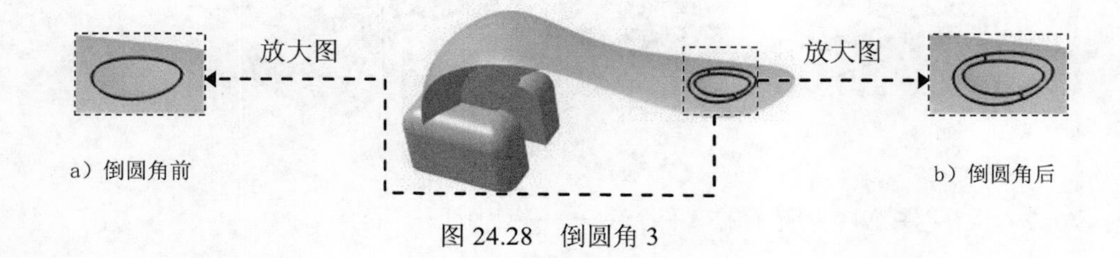

图 24.28　倒圆角 3

Step22. 创建图 24.29b 所示的倒圆角 4。选取图 24.29a 所示的边线为倒圆角对象，倒圆角半径值为 0.2。

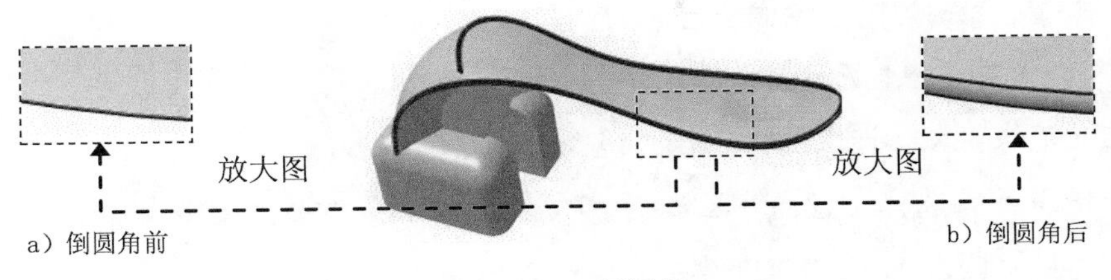

a）倒圆角前　　b）倒圆角后

图 24.29　倒圆角 4

Step23. 创建图 24.30b 所示的倒圆角 5。选取图 24.30a 所示的边线为倒圆角对象，倒圆角半径值为 0.5。

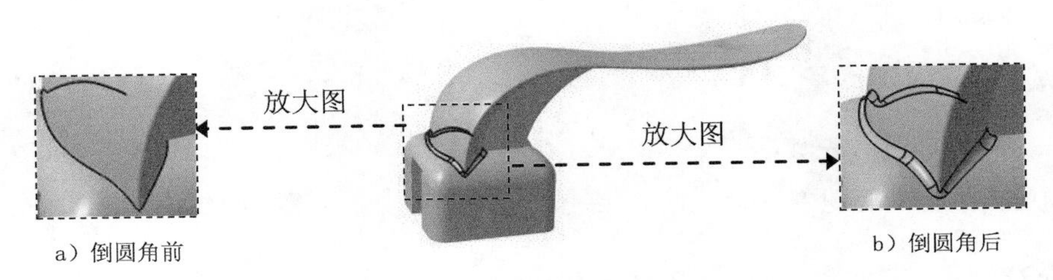

a）倒圆角前　　b）倒圆角后

图 24.30　倒圆角 5

Step24. 创建图 24.31 所示的倒圆角 6，倒圆角半径值为 2。

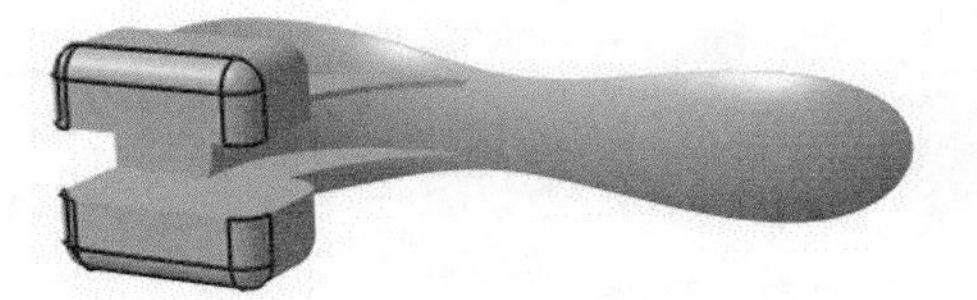

图 24.31　倒圆角 6

Step25. 创建图 24.32b 所示的零件基础特征——凸台 3。

（1）选择下拉菜单 插入 → 基于草图的特征 ▸ → 凸台... 命令（或单击按钮），系统弹出“定义凸台”对话框。

（2）在该对话框中单击按钮，选取图 24.32a 所示的模型表面为草图平面。在草绘工作台中绘制图 24.33 的截面草图（草图 10）。单击按钮，退出草绘工作台。

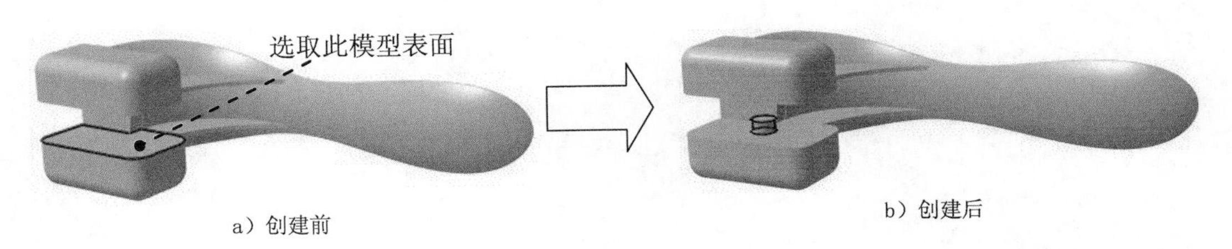

a）创建前　　b）创建后

图 24.32　凸台 3

（3）在第一限制区域的类型：下拉列表中选择尺寸选项，在第一限制区域的长度：文本框中输入数值 1.5。

（4）单击确定按钮，完成凸台 3 的创建。

Step26. 创建图 24.34 所示的零件特征——镜像 2。

（1）选取镜像对象。选取凸台 3 作为镜像对象。

（2）选择命令。选择下拉菜单插入 → 变换特征 → 镜像...命令，系统弹出“定义镜像”对话框。

（3）定义镜像平面。选取“xy 平面”作为镜像平面。

（4）单击“定义镜像”对话框中的确定按钮，完成镜像 2 的创建。

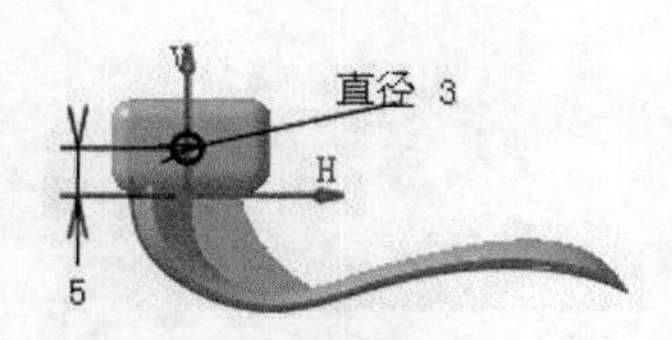

图 24.33　截面草图（草图 10）

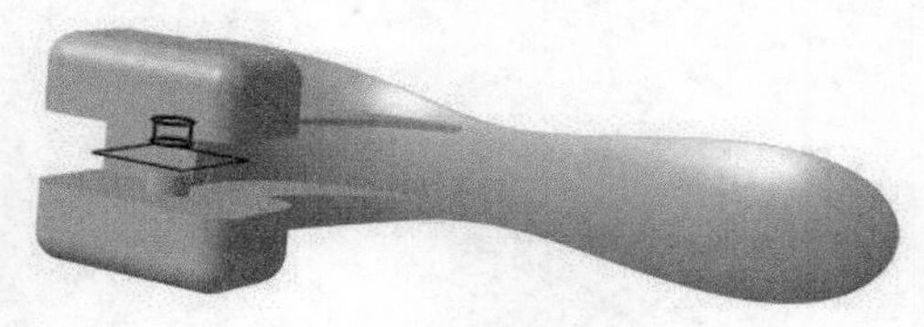

图 24.34　镜像 2

Step27. 保存文件。

实例25 蜗杆（参数化）

实例概述：

本实例介绍了一个由参数、关系控制的蜗杆模型。设计过程是先创建参数及关系，然后利用这些参数创建出蜗杆模型。用户可以通过修改参数值来改变蜗杆的形状。这是一种典型的系列化产品的设计方法，它使产品的更新换代更加快捷、方便。蜗杆模型及特征树如图 25.1 所示。

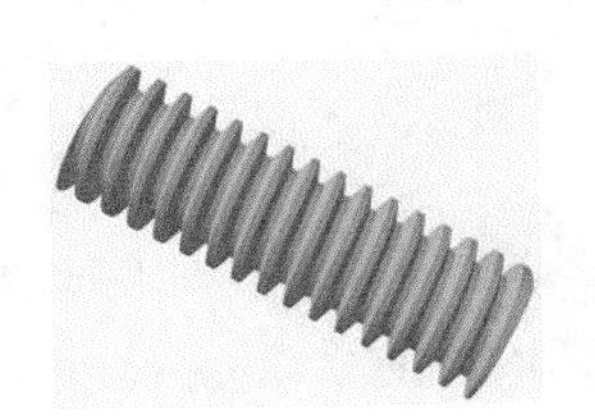

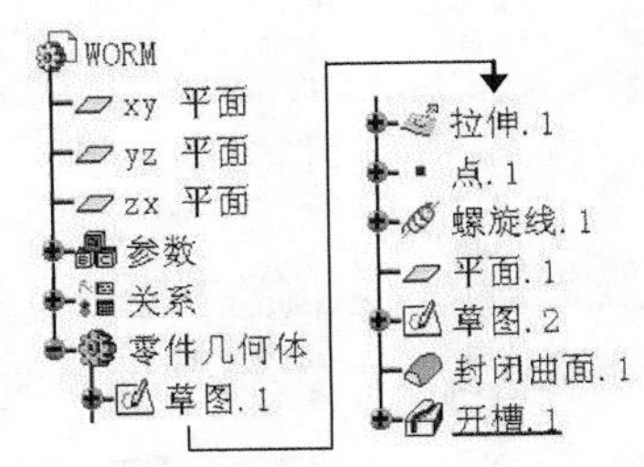

图 25.1 蜗杆模型和特征树

Step1. 新建模型文件。选择下拉菜单 文件 → 新建... 命令，系统弹出“新建”对话框，在类型列表中选择 Part 选项，单击 确定 按钮。在系统弹出的“新建零件”对话框中输入零件名称 WORM，并选中 启用混合设计 复选框，单击 确定 按钮，进入“零件设计”工作台。

Step2. 选择下拉菜单 开始 → 形状 → 创成式外形设计 命令，进入“创成式外形设计”工作台。

Step3. 设置参数。

（1）选择命令。选择下拉菜单 工具 → 公式... 命令，系统弹出图 25.2 所示的“公式：WORM”对话框。

（2）在 新类型参数 按钮右侧的下拉列表中选择 长度 选项，然后单击 新类型参数 按钮；在 编辑当前参数的名称或值 文本框中输入“蜗杆外径”，将值设置为 32。单击 应用 按钮。

（3）单击 新类型参数 按钮，在 编辑当前参数的名称或值 文本框中输入“蜗杆模数”，将值设置为 2 并单击 应用 按钮。

（4）单击 新类型参数 按钮，在 编辑当前参数的名称或值 文本框中输入“蜗杆长度”，将长度值设置为 100 并单击 应用 按钮。

（5）在 新类型参数 按钮右侧的下拉列表中选择 角度 选项，然后单击 新类型参数 按钮。在 编辑当前参数的名称或值 文本框中输入“压力角”，将值设置为 20 并单击 应用 按钮。

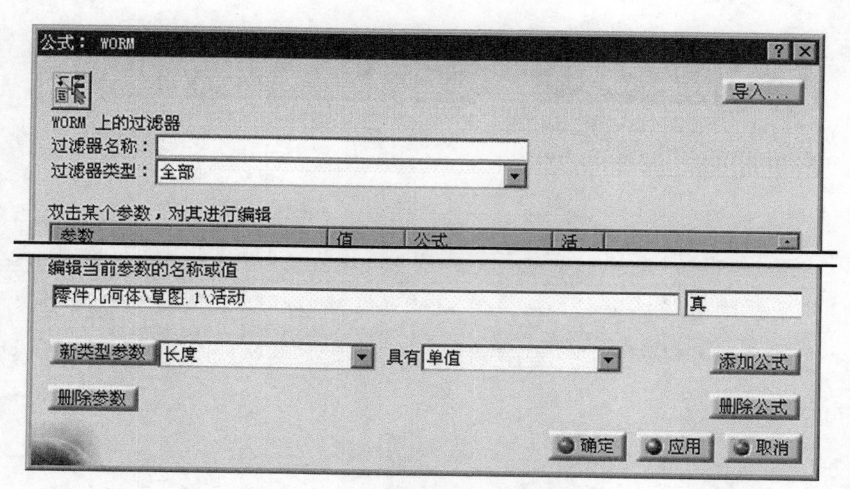

图 25.2 “公式：WORM”对话框

（6）在新类型参数按钮右侧的下拉列表中选择长度选项，然后单击新类型参数按钮；在编辑当前参数的名称或值文本框中输入“分度圆直径”，单击添加公式按钮，在系统弹出的“公式编辑器：分度圆直径”对话框双击全部 成员数下拉列表中的“蜗杆外径”，然后输入“-2*”，再双击“蜗杆模数”。单击确定按钮，回到“公式：WORM”对话框。

（7）单击新类型参数按钮。在编辑当前参数的名称或值文本框中输入“齿根圆直径”，单击添加公式按钮；在系统弹出的“公式编辑器：齿根圆直径”对话框双击全部 成员数下拉列表中的“分度圆直径”，然后输入“-2.2*”，再双击“蜗杆模数”。单击确定按钮，回到“公式： WORM”对话框。

（8）单击确定按钮，完成参数的设置。

Step4. 创建图 25.3 所示的草图 1。

（1）选择命令。选择下拉菜单插入 → 草图编辑器 → 草图命令（或单击工具栏中的“草图”按钮）。

（2）定义草绘平面。选取“xy 平面”为草绘平面，系统自动进入草绘工作台。

（3）绘制草图。绘制图 25.4 所示的草图 1 并标注尺寸。

（4）添加尺寸约束关系。右击标注的尺寸，在系统弹出的快捷菜单中选择半径 1 对象 → 编辑公式命令，系统弹出“公式编辑器”对话框，在全部 成员数下拉列表中双击蜗杆外径选项，再输入“/2”，单击确定按钮。

（5）单击“工作台”工具栏中的按钮，完成草图 1 的创建。

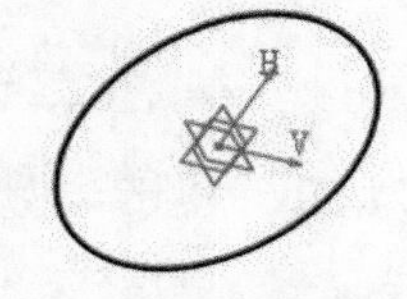

图 25.3 草图 1（建模环境）

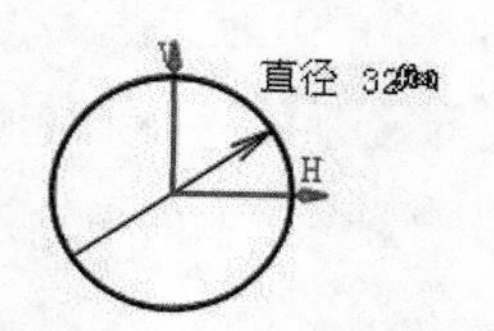

图 25.4 草图 1（草绘环境）

Step5. 创建图 25.5 所示的拉伸 1。

（1）选择命令。选择下拉菜单 插入 → 曲面 ▸ → 拉伸... 命令，系统弹出“拉伸曲面定义”对话框。

（2）选择拉伸轮廓。选取草图 1 为拉伸轮廓。

（3）定义拉伸方向。采用系统默认的拉伸方向。

（4）定义拉伸类型。在“拉伸曲面定义”对话框的 限制 1 区域的 类型: 下拉列表中选择 尺寸 选项。

（5）确定拉伸高度。在“拉伸曲面定义”对话框的 限制 1 区域的 尺寸: 文本框中右击，在系统弹出的快捷菜单中选择 编辑公式 选项，系统弹出“公式编辑器”对话框。在 全部 成员数 下拉列表中双击 蜗杆长度 后，单击 确定 按钮。

（6）单击“拉伸曲面定义”对话框中的 确定 按钮，完成曲面的拉伸。

Step6. 创建图 25.6 所示的点 1。

（1）选择命令。在“线框”工具栏中单击 按钮，系统弹出“点定义”对话框。

（2）定义点类型。在“点定义”对话框的 点类型: 下拉列表中选择 曲线上 选项，选取图 25.6 所示的曲线为放置曲线。

说明：该点作为螺旋线起始点，只需要定义它在图 25.6 所示的曲线上即可。

（3）单击 确定 按钮，完成点 1 的创建。

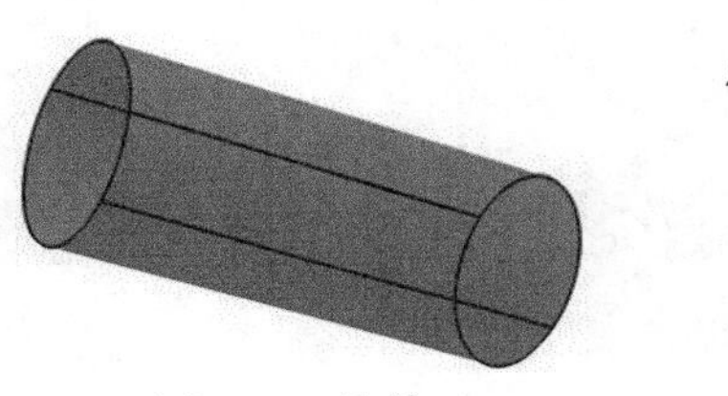

图 25.5 拉伸 1

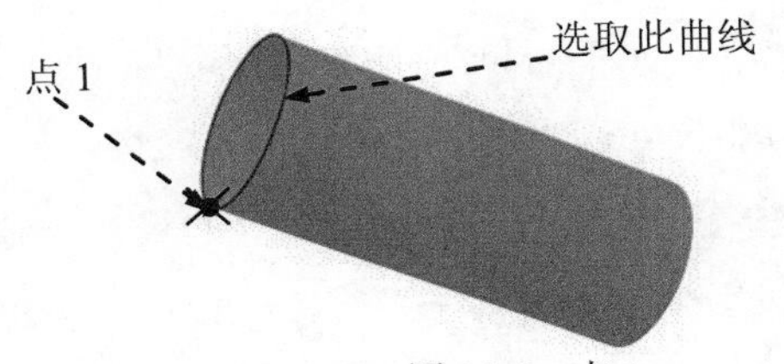

图 25.6 点 1

Step7. 创建图 25.7 所示的螺旋线 1。

（1）选择下拉菜单 插入 → 线框 ▸ → 螺旋线... 命令，系统弹出“螺旋曲线定义”对话框。

（2）在“螺旋曲线定义”对话框 类型 区域的 螺旋类型: 下拉列表中选择 高度和螺距 选项。

（3）在 螺距: 文本框中右击，在系统弹出的快捷菜单中选择 编辑公式 选项，系统弹出“公式编辑器”对话框，输入“PI*”，在 全部 成员数 下拉列表中双击“蜗杆模数”，单击 确定 按钮。在 高度: 文本框中右击，在系统弹出的快捷菜单中选择 编辑公式 选项，系统弹出“公式编辑器”对话框；在 全部 成员数 下拉列表中双击“蜗杆长度”，单击 确定 按钮。

（4）选取图 25.7 所示的点 1 为螺旋线的起点。

（5）在“螺旋曲线定义”对话框的 轴: 文本框中右击，在系统弹出的快捷菜单中选择

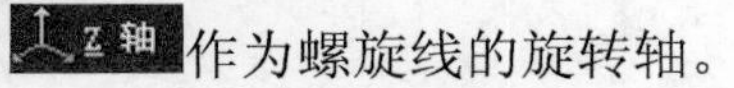
作为螺旋线的旋转轴。

（6）单击“螺旋曲线定义”对话框中的 确定 按钮，完成螺旋线 1 的创建。

Step8. 创建图 25.8 所示的平面 1。

（1）选择下拉菜单 插入 → 线框 → 平面... 命令（或单击“线框”工具栏中的“平面”按钮），系统弹出“平面定义”对话框。

（2）在“平面定义”对话框的 平面类型: 下拉列表中选择 曲线的法线 选项。

（3）选取螺旋线 1 为平面的通过曲线。

（4）选取点 1 为平面通过的点。

（5）单击 确定 按钮，完成平面 1 的创建。

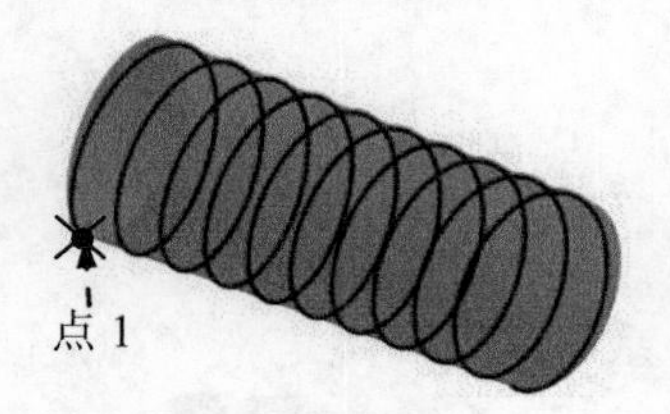

图 25.7　螺旋线 1

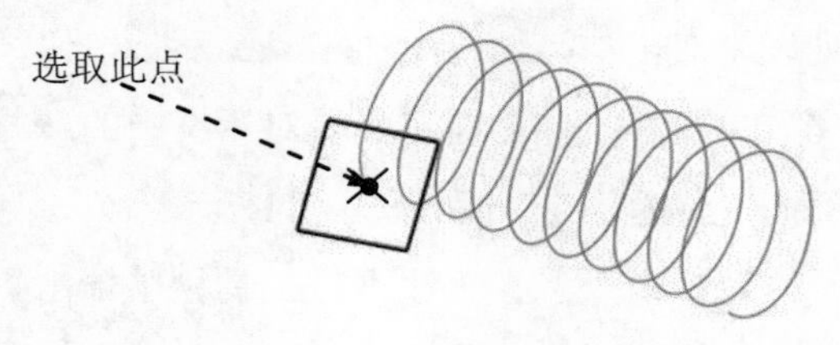

图 25.8　平面 1

Step9. 创建图 25.9 所示的草图 2。

（1）选择下拉菜单 插入 → 草图编辑器 → 草图 命令（或单击工具栏中的“草图”按钮）。

（2）选取平面 1 为草绘平面，在其上绘制图 25.10 所示的草图 2 并标注尺寸。

（3）添加尺寸约束关系。

① 右击图 25.10 所示的“11.8”的尺寸，选择 偏移.9 对象 → 编辑公式 命令，系统弹出公式编辑器，在 全部 成员数 下拉列表中双击“齿根圆直径”，然后输入“/2”，单击 确定 按钮。

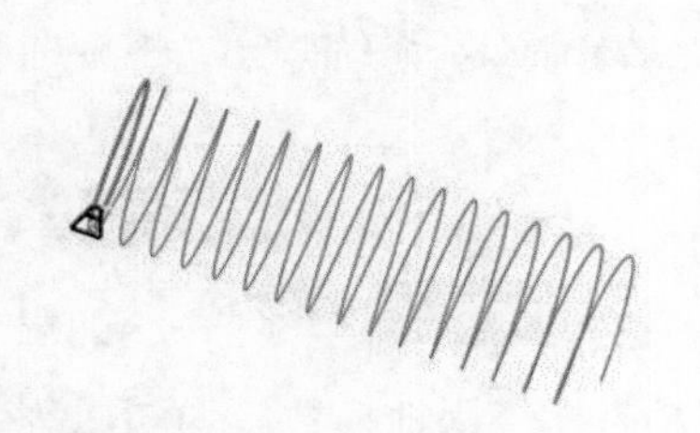

图 25.9　草图 2（建模环境）

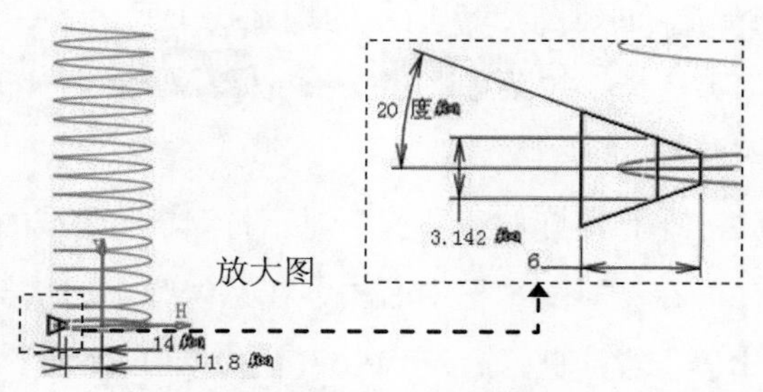

图 25.10　草图 2（草绘环境）

② 类似步骤①，右击图 25.10 所示的“14”的尺寸，系统弹出公式编辑器后，在 全部 成员数 下拉列表中双击“分度圆直径”，然后输入“/2”，单击 确定 按钮。

③ 类似步骤①，右击图 25.10 所示的“3.142”的尺寸，在系统弹出的公式编辑器中输

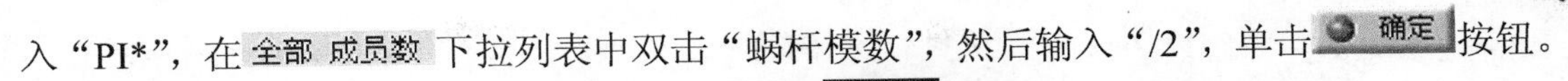
入“PI*”，在全部 成员数下拉列表中双击“蜗杆模数”，然后输入“/2”，单击确定按钮。

④ 为图 25.10 所示的“20 度”的尺寸增添压力角约束关系（方法同步骤①）。

（4）单击“退出工作台”按钮，完成草图 2 的创建。

Step10. 创建图 25.11 所示的草图 3。

（1）选择下拉菜单插入 → 草图编辑器 → 草图命令（或单击工具栏中的“草图”按钮）。

（2）选择平面 1 为草绘平面。

（3）依次选取 Step9 创建的草图 2 的四条边线，然后选择插入 → 操作 → 3D 几何图形 → 投影 3D 元素命令，完成图 25.12 所示的草图 3 的绘制。

（4）单击“工作台”工具栏中的按钮，完成草图 3 的创建。

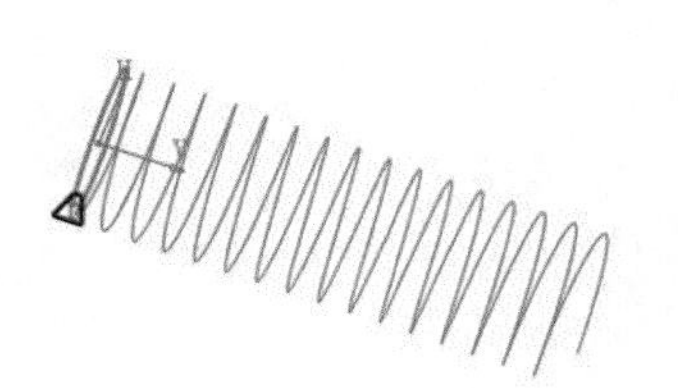
图 25.11 草图 3（建模环境）

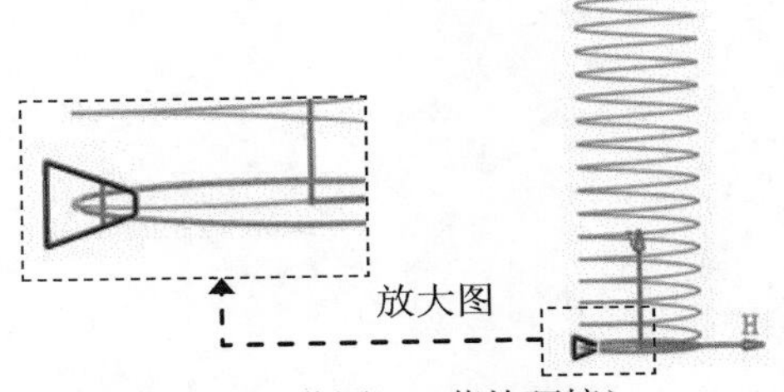

图 25.12 草图 3（草绘环境）

Step11. 切换工作台。选择下拉菜单开始 → 机械设计 → 零件设计命令，进入“零件设计”工作台。

Step12. 创建图 25.13 所示的封闭曲面 1。

（1）选择命令。选择下拉菜单插入 → 基于曲面的特征 → 封闭曲面...命令，此时系统弹出“定义封闭曲面”对话框。

（2）定义封闭曲面。在特征树中选取拉伸 1 为要封闭的对象。

（3）单击确定按钮，完成封闭曲面 1 的创建。

Step13. 创建图 25.14 所示的开槽 1。

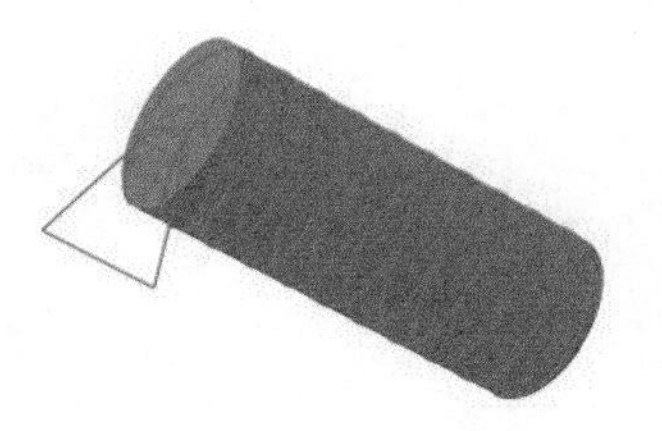
图 25.13 封闭曲面 1

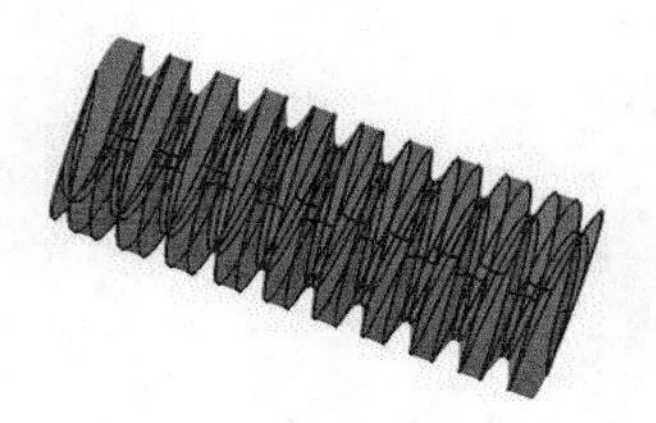
图 25.14 开槽 1

（1）选取命令。选择下拉菜单插入 → 基于草图的特征 → 开槽...命令（或单击“基于草图的特征”工具栏中的按钮），系统弹出“开槽定义”对话框。

（2）定义开槽特征的轮廓。在系统定义轮廓。的提示下，选取草图 3 作为开槽特征的轮廓。

（3）定义开槽特征的中心曲线。在系统定义中心曲线。的提示下，选取螺旋线 1 作为中心曲线。

（4）定义轮廓控制参数。在“开槽定义”对话框的控制轮廓区域的下拉列表中选择拔模方向选项，在选择：后的文本框中右击，在系统弹出的快捷菜单中选择Z 轴选项，选中合并开槽的末端复选框。

（5）单击确定按钮，完成开槽 1 的创建。

说明：此时用户可通过修改蜗杆的参数得到所需要的蜗杆模型。修改方法为：双击特征树中参数下的蜗杆参数，在系统弹出的对话框中输入相应的参数值。

Step14. 保存文件。

实例 26 齿轮（参数化）

实例概述：

本实例介绍了一个由参数、关系控制的齿轮模型。设计过程是先创建参数及关系，然后利用这些参数创建出齿轮模型。用户可以通过修改参数值来改变齿轮的形状。这是一种典型的系列化产品的设计方法，它使产品的更新换代更加快捷、方便。齿轮模型及特征树如图 26.1 所示。

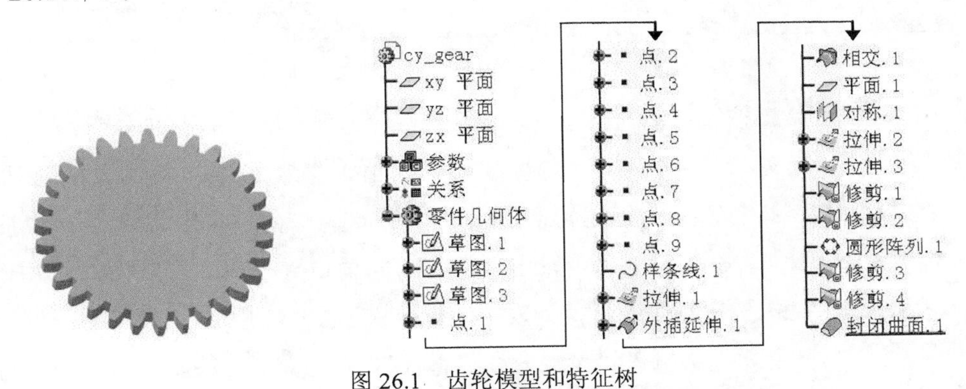

图 26.1 齿轮模型和特征树

Step1. 新建模型文件。选择下拉菜单 文件 → 新建... 命令，系统弹出“新建”对话框，在类型列表中选择 Part 选项，单击 确定 按钮。在系统弹出的“新建零件”对话框中输入零件名称 cy_gear，并选中 启用混合设计 复选框，单击 确定 按钮，进入“零件设计”工作台。

Step2. 选择下拉菜单 开始 → 形状 → 创成式外形设计 命令，进入“创成式外形设计”工作台。

Step3. 定义参数。

（1）选择命令。选择下拉菜单 工具 → 公式... 命令，系统弹出图 26.2 所示的“公式：cy_gear”对话框。

（2）在 新类型参数 按钮右侧的下拉列表中选择 长度 选项，然后单击 新类型参数 按钮；在 编辑当前参数的名称或值 文本框中输入“齿轮模数 m”，将值设置为 4，单击 应用 按钮。

（3）在 新类型参数 按钮右侧的下拉列表中选择 整数 选项，然后单击 新类型参数 按钮。在 编辑当前参数的名称或值 文本框中输入“齿轮齿数 z”，将齿轮齿数值设置为 30，单击 应用 按钮。

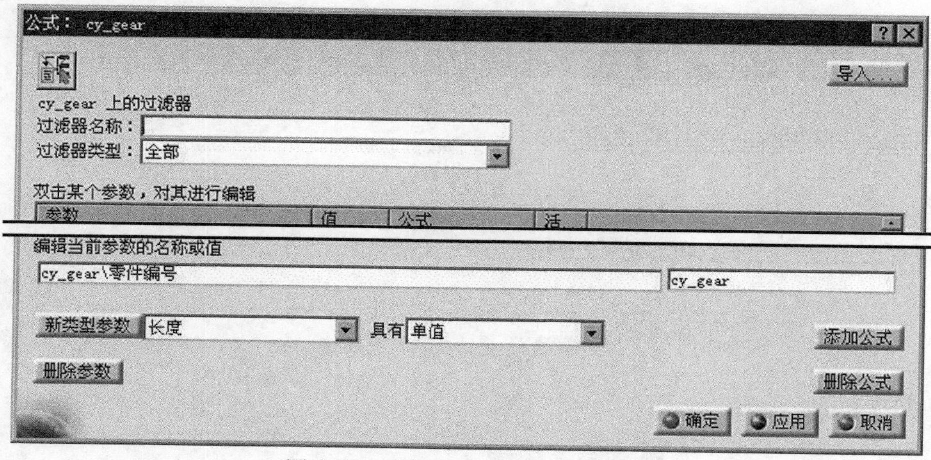

图 26.2 “公式：cy_gear”对话框

（4）在新类型参数按钮右侧的下拉列表中选择长度选项，然后单击新类型参数按钮；在编辑当前参数的名称或值文本框中输入“齿轮厚度 b”，将值设置为 20，单击应用按钮。

（5）在新类型参数按钮右侧的下拉列表中选择角度选项，然后单击新类型参数按钮；在编辑当前参数的名称或值文本框中输入“齿轮压力角 a”，将值设置为 20，单击应用按钮。

（6）在新类型参数按钮右侧的下拉列表中选择长度选项，然后单击新类型参数按钮；在编辑当前参数的名称或值文本框中输入“齿轮分度圆直径”。单击添加公式按钮，在系统弹出的公式编辑器中将 齿轮分度圆直径 = 设定为 `齿轮模数m` *`齿轮齿数z` ，单击确定按钮，完成对齿轮分度圆直径的设置。

（7）单击新类型参数按钮，在编辑当前参数的名称或值文本框中输入“齿根圆直径”，单击添加公式按钮；在系统弹出的公式编辑器中将 齿根圆直径 = 设定为 `齿轮模数m` *`齿轮齿数z` -`齿轮模数m` *2.5，单击确定按钮，完成对齿根圆直径的设置。

（8）单击新类型参数按钮，在编辑当前参数的名称或值文本框中输入“齿顶圆直径”，单击添加公式按钮，在系统弹出的公式编辑器中将 齿顶圆直径 = 设定为 `齿轮模数m` *`齿轮齿数z` +`齿轮模数m` *2，单击确定按钮，完成对齿顶圆直径的设置。

（9）单击新类型参数按钮，在编辑当前参数的名称或值文本框中输入“基圆直径”，单击添加公式按钮，在系统弹出的公式编辑器中将 基圆直径 = 设定为 `齿轮分度圆直径` *cos(`齿轮压力角a`)，单击确定按钮，完成基圆直径的设置。

（10）单击“知识”工具栏中按钮后的，在系统弹出的工具栏中单击fog按钮，系统弹出“法则曲线 编辑器”对话框。在法则曲线 的名称：文本框中输入“齿廓曲线 x”并单击确定按钮，系统弹出图 26.3 所示的“规则编辑器”对话框。在新类型参数按钮右侧的下拉列表中选择实数选项并单击新类型参数按钮，在新类型参数按钮上侧的文本框中输入“t”；在新类型参数按钮右侧的下拉列表中选择长度选项并单击新类型参数按钮，在新类型参数按钮上侧的文本框中输入“x”；在“规则编辑器”左上方的空白区域输入图26.3所示的规则，单击确定按钮，系统弹出“警告”对话框。单击确定按钮，完成规则的创建。

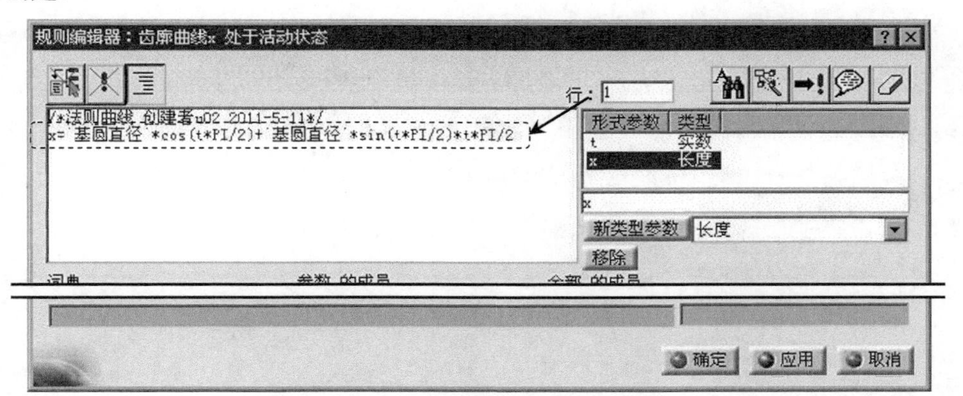

图 26.3 “规则编辑器”对话框

（11）单击“知识”工具栏中按钮后的，在系统弹出的工具栏中单击fog按钮，系统弹出“法则曲线 编辑器”对话框。在法则曲线 的名称：文本框中输入“齿廓曲线y”并单击确定按钮，返回到“规则编辑器”对话框。在新类型参数按钮右侧的下拉列表中选择实数选项并单击新类型参数按钮，在新类型参数按钮上侧的文本框中输入“t”；在新类型参数按钮右侧的下拉列表中选择长度选项并单击新类型参数按钮，在新类型参数按钮上侧的文本框中输入“y”；在“规则编辑器”左上方的空白区域输入y= 基圆直径 *sin(t*PI/2)- 基圆直径 *cos(t*PI/2)*t*PI/2。单击确定按钮，完成规则的创建。

Step4. 创建图26.4所示的草图1。

（1）选择命令。选择下拉菜单插入 ⟶ 草图编辑器 ⟶ 草图命令（或单击工具栏中的“草图”按钮）。

（2）定义草图平面。选取“xy平面”为草图平面，系统自动进入草绘工作台。

（3）绘制草图。绘制图26.5所示的草图1并标注尺寸。

（4）添加尺寸约束关系。右击标注的尺寸，选择半径.1 对象 ⟶ 编辑公式命令，系统弹出“公式编辑器”对话框，将零部件几何体\草图.1\半径.1\半径 =设置为“基圆直径”。单击“公式编辑器”对话框中的确定按钮，完成尺寸的设置。

说明：设置方法为在公式编辑器的全部 成员数下拉列表中双击基圆直径选项。

（5）单击“工作台”工具栏中的按钮，完成草图1的创建。

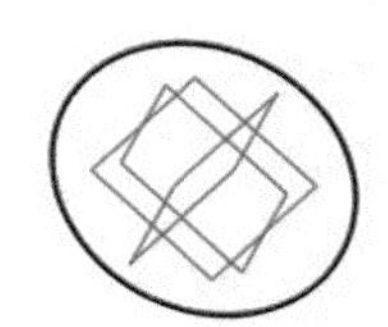

图 26.4 草图1（建模环境）

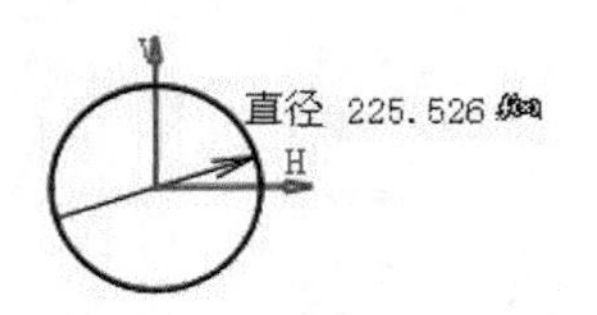

图 26.5 草图1（草绘环境）

Step5. 创建图 26.6 所示的草图 2。

（1）选择下拉菜单 插入 → 草图编辑器 → 草图 命令（或单击工具栏中的“草图”按钮）。

（2）选取“xy 平面”为草图平面，系统自动进入草绘工作台。绘制图 26.7 所示的草图 2 并标注尺寸。右击标注的尺寸，选择 半径.2 对象 → 编辑公式 命令，在系统弹出的“公式编辑器”对话框中将 零部件几何体\草图.2\半径.2\半径 = 设置为“齿顶圆直径”。单击“公式编辑器”对话框中的 确定 按钮，完成尺寸的设置。

（3）单击“工作台”工具栏中的按钮，完成草图 2 的创建。

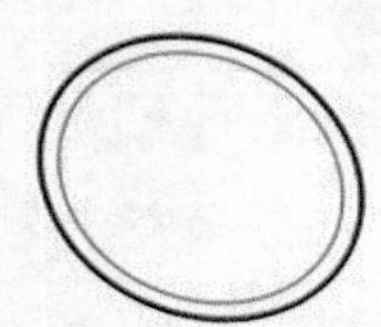

图 26.6　草图 2（建模环境）

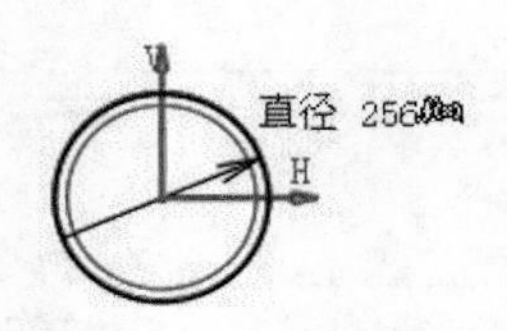

图 26.7　草图 2（草绘环境）

Step6. 创建图 26.8 所示的草图 3。

（1）选择下拉菜单 插入 → 草图编辑器 → 草图 命令（或单击工具栏中的“草图”按钮）。

（2）选取“xy 平面”为草图平面，系统自动进入草绘工作台。绘制图 26.9 所示的草图 3 并标注尺寸。右击内侧的圆的尺寸，选择 半径.3 对象 → 编辑公式 命令，在系统弹出的“公式编辑器”对话框中将 零部件几何体\草图.3\半径.3\半径 = 设置为“齿根圆直径”。单击 确定 按钮，完成尺寸的设置。右击外侧的圆的尺寸，选择 半径.4 对象 → 编辑公式 命令，在系统弹出的“公式编辑器”对话框中将 零部件几何体\草图.3\半径.4\半径 = 设置为“齿轮分度圆直径”。单击 确定 按钮，完成尺寸的设置。

（3）单击“工作台”工具栏中的按钮，完成草图 3 的创建。

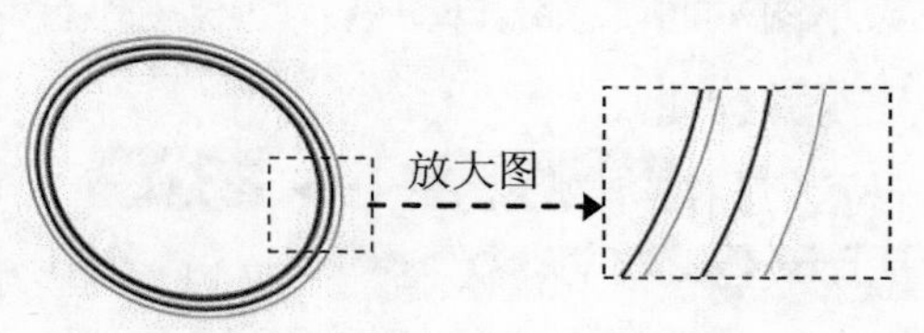

图 26.8　草图 3（建模环境）

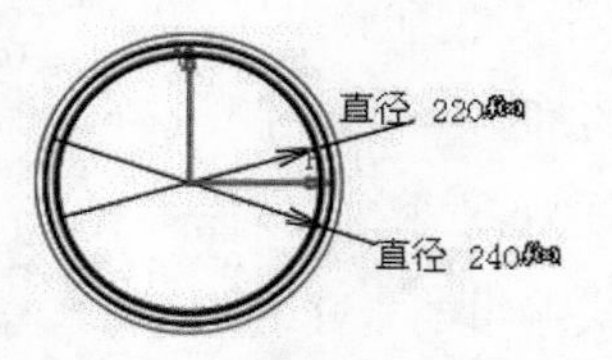

图 26.9　草图 3（草绘环境）

Step7. 创建图 26.10 所示的点 1。

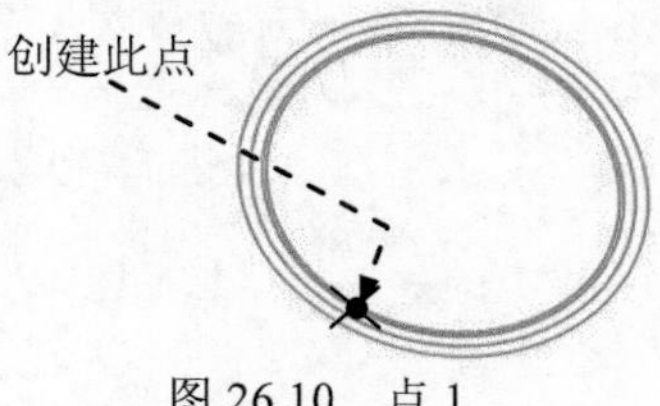

图 26.10　点 1

（1）选择命令。选择下拉菜单 插入 → 线框 → 点... 命令，系统弹出“点定义”对话框。

（2）定义点类型。在“点定义”对话框的 点类型： 下拉列表中选择 平面上 选项。选取“xy平面”为该点的放置平面。

（3）定义点的放置位置。

① 在“点定义”对话框的 H: 文本框中右击，在系统弹出的快捷菜单中选择 编辑公式... 命令，此时系统弹出“公式编辑器”对话框。将“公式编辑器”对话框中的 零部件几何体\点.1\H = 设置为 `关系\齿廓曲线x`->Evaluate(0)，单击 确定 按钮。此时系统弹出图26.11所示的“自动更新?”对话框，单击 是(Y) 按钮。

说明：设置方法为在公式编辑器的 词典 下拉列表中选择 参数 选项，在 参数 的成员 下拉列表中选择 Law 选项，在 Law 的成员 下拉列表中双击 关系\齿廓曲线x 选项；在 字典 下拉列表中选择 法则曲线 选项，在 法则曲线 的成员 下拉列表中双击 Law->Evaluate (实数)：实数 选项；此时 零部件几何体\点.1\H = 文本框中显示的是 `关系\齿廓曲线x`->Evaluate()，然后在括号内输入数值0，设置便可完成。

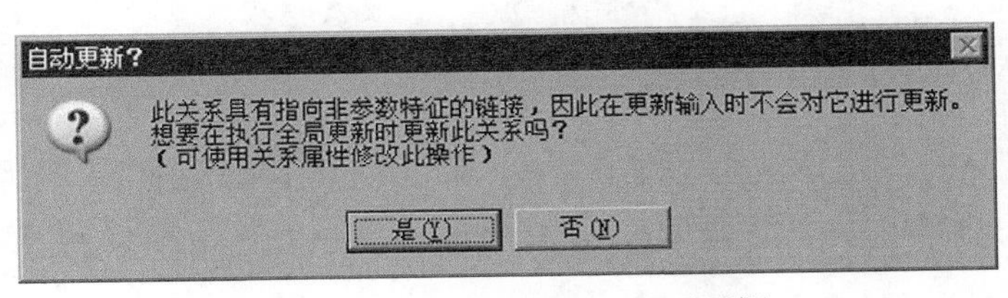

图26.11 “自动更新？”对话框

② 在“点定义”对话框的 V: 文本框中右击选择 编辑公式... 命令。在系统弹出的“公式编辑器”对话框中将 零部件几何体\点.1\V = 设置为 `关系\齿廓曲线y`->Evaluate(0)，单击 确定 按钮。系统弹出“自动更新?”对话框，单击 是(Y) 按钮。

（4）单击“点定义”对话框中的 确定 按钮，完成点1的创建。

Step8. 创建图26.12所示的点2。

（1）选择下拉菜单 插入 → 线框 → 点... 命令，系统弹出“点定义”对话框。

（2）在“点定义”对话框的 点类型： 下拉列表中选择 平面上 选项，选取“xy平面”为该点的放置平面。

（3）定义点的放置位置。

① 在“点定义”对话框的 H: 文本框中右击，选择 编辑公式... 命令。在系统弹出的“公式编辑器”对话框中将 零部件几何体\点.2\H = 设置为

关系\齿廓曲线x ->Evaluate(0.1)，单击确定按钮，系统弹出“自动更新?”对话框，单击是(Y)按钮。

② 在“点定义”对话框的V:文本框中右击，选择编辑公式...命令。在系统弹出的“公式编辑器”对话框中将零部件几何体\点.2\V = 设置为关系\齿廓曲线y ->Evaluate(0.1)，单击确定按钮，系统弹出“自动更新?”对话框，单击是(Y)按钮。

（4）单击“点定义”对话框中的确定按钮，完成点2的创建。

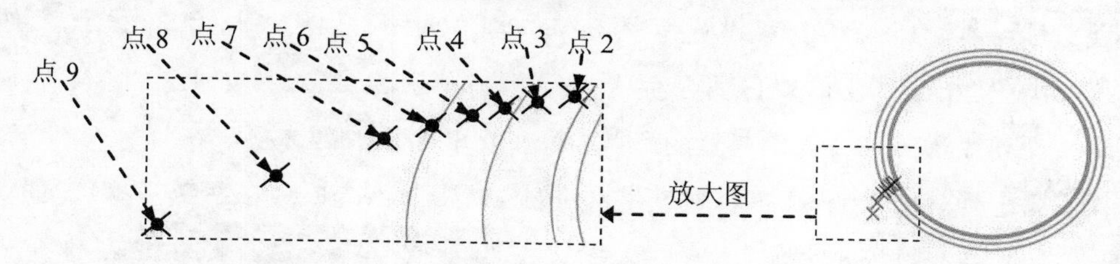

图26.12 点2、点3、点4、点5、点6、点7、点8、点9

Step9. 创建图26.12所示的点3。

（1）选择下拉菜单插入 → 线框 → 点...命令，系统弹出 “点定义”对话框。

（2）在“点定义”对话框的点类型:下拉列表中选择平面上选项，选取“xy平面”为该点的放置平面。

（3）定义点的放置位置。

① 在“点定义”对话框的H:文本框中右击，选择编辑公式...命令。在系统弹出的“公式编辑器”对话框中将零部件几何体\点.3\H = 设置为关系\齿廓曲线x ->Evaluate(0.2)。

② 在“点定义”对话框的V:文本框中右击，选择编辑公式...命令。在系统弹出的“公式编辑器”对话框中将零部件几何体\点.3\V = 设置为关系\齿廓曲线y ->Evaluate(0.2)。

（4）单击“点定义”对话框中的确定按钮，完成点3的创建。

Step10. 创建图26.12所示的点4。

（1）选择下拉菜单插入 → 线框 → 点...命令，系统弹出“点定义”对话框。

（2）在“点定义”对话框的点类型:下拉列表中选择平面上选项，选取“xy平面”为该点的放置平面。

（3）定义点的放置位置。

① 在“点定义”对话框的H:文本框中右击，选择编辑公式...命令。在系统弹出的“公

式编辑器”对话框中将 零部件几何体\点.4\H = 设置为 `关系\齿廓曲线x`->Evaluate(0.25)。

② 在“点定义”对话框的 V: 文本框中右击，选择 编辑公式... 命令。在系统弹出的“公式编辑器”对话框中将 零部件几何体\点.4\V = 设置为 `关系\齿廓曲线y`->Evaluate(0.25)。

（4）单击“点定义”对话框中的 确定 按钮，完成点 4 的创建。

Step11. 创建图 26.12 所示的点 5。

（1）选择下拉菜单 插入 → 线框 → 点... 命令，系统弹出“点定义”对话框。

（2）在“点定义”对话框的 点类型: 下拉列表中选择 平面上 选项，选取“xy 平面”为该点的放置平面。

（3）定义点的放置位置。

① 在“点定义”对话框的 H: 文本框中右击，选择 编辑公式... 命令。在系统弹出的“公式编辑器”对话框中将 零部件几何体\点.5\H = 设置为 `关系\齿廓曲线x`->Evaluate(0.3)。

② 在“点定义”对话框的 V: 文本框中右击，选择 编辑公式... 命令。在系统弹出的“公式编辑器”对话框中将 零部件几何体\点.5\V = 设置为 `关系\齿廓曲线y`->Evaluate(0.3)。

（4）单击“点定义”对话框中的 确定 按钮，完成点 5 的创建。

Step12. 创建图 26.12 所示的点 6。

（1）选择下拉菜单 插入 → 线框 → 点... 命令，系统弹出“点定义”对话框。

（2）在“点定义”对话框的 点类型: 下拉列表中选择 平面上 选项，选取“xy 平面”为该点的放置平面。

（3）定义点的放置位置。

① 在“点定义”对话框的 H: 文本框中右击，选择 编辑公式... 命令。在系统弹出的“公式编辑器”对话框中将 零部件几何体\点.6\H = 设置为 `关系\齿廓曲线x`->Evaluate(0.35)。

② 在“点定义”对话框的 V: 文本框中右击，选择 编辑公式... 命令。在系统弹出的“公式编辑器”对话框中将 零部件几何体\点.6\V = 设置为 `关系\齿廓曲线y`->Evaluate(0.35)。

（4）单击“点定义”对话框中的 确定 按钮，完成点 6 的创建。

Step13. 创建图 26.12 所示的点 7。

（1）选择下拉菜单 插入 → 线框 → 点... 命令，系统弹出“点定义”对话框。

（2）在“点定义”对话框的 点类型： 下拉列表中选择 平面上 选项，选取“xy 平面”为该点的放置平面。

（3）定义点的放置位置。

① 在“点定义”对话框的 H: 文本框中右击，选择 编辑公式... 命令。在系统弹出的“公式编辑器”对话框中将 零部件几何体\点.7\H = 设置为 `关系\齿廓曲线x` ->Evaluate(0.4)。

② 在“点定义”对话框的 V: 文本框中右击，选择 编辑公式... 命令。在系统弹出的“公式编辑器”对话框中将 零部件几何体\点.7\V = 设置为 `关系\齿廓曲线y` ->Evaluate(0.4)。

（4）单击“点定义”对话框中的 确定 按钮，完成点 7 的创建。

Step14. 创建图 26.12 所示的点 8。

（1）选择下拉菜单 插入(I) → 线框 → 点... 命令，系统弹出“点定义”对话框。

（2）在“点定义”对话框的 点类型： 下拉列表中选择 平面上 选项，选取“xy 平面”为该点的放置平面。

（3）定义点的放置位置。

① 在“点定义”对话框的 H: 文本框中右击，选择 编辑公式... 命令。在系统弹出的“公式编辑器”对话框中将 零部件几何体\点.8\H = 设置为 `关系\齿廓曲线x` ->Evaluate(0.5)。

② 在“点定义”对话框的 V: 文本框中右击，选择 编辑公式... 命令。在系统弹出的“公式编辑器”对话框中将 零部件几何体\点.8\V = 设置为 `关系\齿廓曲线y` ->Evaluate(0.5)。

（4）单击“点定义”对话框中的 确定 按钮，完成点 8 的创建。

Step15. 创建图 26.12 所示的点 9。

（1）选择下拉菜单 插入(I) → 线框 → 点... 命令，系统弹出“点定义”对话框。

（2）在“点定义”对话框的 点类型： 下拉列表中选择 平面上 选项，选取“xy 平面”为该点的放置平面。

（3）定义点的放置位置。

① 在“点定义”对话框的 H: 文本框中右击，选择 编辑公式... 命令。在系统弹出的“公式编辑器”对话框中将 零部件几何体\点.9\H = 设置为 `关系\齿廓曲线x` ->Evaluate(0.6)。

② 在“点定义”对话框的 V: 文本框中右击，选择 编辑公式... 命令。在系统弹出的“公式编辑器”对话框中将 零部件几何体\点.9\V = 设置为 `关系\齿廓曲线y` ->Evaluate(0.6)。

（4）单击“点定义”对话框中的 确定 按钮，完成点 9 的创建。

Step16. 创建图 26.13 所示的样条线 1。

（1）选择命令。选择下拉菜单 插入 → 线框 ▸ → 样条线... 命令，系统弹出“样条线定义”对话框。

（2）定义样条线的通过点。依次选取点 1、点 2、点 3、点 4、点 5、点 6、点 7、点 8 和点 9 为样条线的通过点。

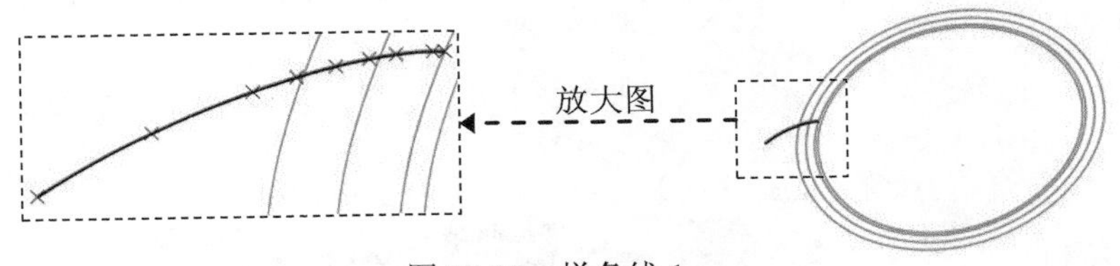

图 26.13　样条线 1

（3）单击 确定 按钮，完成样条线 1 的创建。

Step17. 创建图 26.14 所示的拉伸 1。

（1）选择命令。选择下拉菜单 插入 → 曲面 ▸ → 拉伸... 命令，系统弹出“拉伸曲面定义”对话框。

（2）选择拉伸轮廓。选取 Step16 创建的样条线 1 为拉伸轮廓。

（3）定义拉伸方向。选取“xy 平面”，系统会以“xy 平面”的法线方向作为拉伸方向。

（4）定义拉伸类型。在“拉伸曲面定义”对话框的 限制 1 区域的 类型: 下拉列表中选择 尺寸 选项。

（5）确定拉伸高度。在“拉伸曲面定义”对话框的 限制 1 区域的 尺寸: 文本框中右击，选择 编辑公式 选项，在系统弹出的“公式编辑器”对话框中将 零件几何体\拉伸.1\限制 1 = 设置为 `齿轮厚度b`，单击 确定 按钮。

（6）单击“拉伸曲面定义”对话框中的 确定 按钮，完成曲面的拉伸。

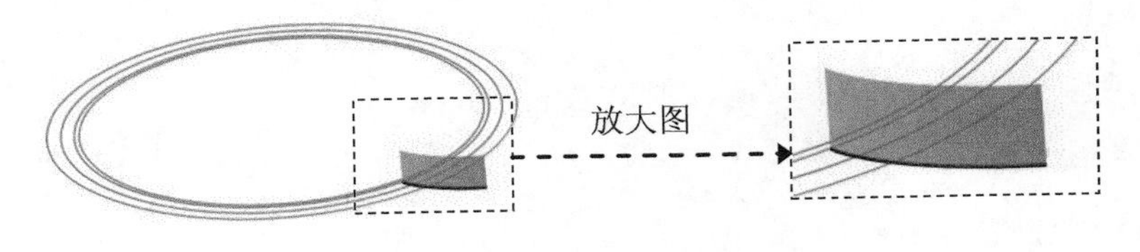

图 26.14　拉伸 1

Step18. 创建图 26.15b 所示的外插 1。

（1）选择命令。选择下拉菜单 插入 → 操作 ▸ → 外插延伸... 命令，系统弹出“外插延伸定义”对话框。

（2）定义外插延伸的边界。选取图 26.15a 所示的曲线为外插延伸的边界。

（3）定义外插延伸的对象。选取图 26.15a 所示的曲面为外插延伸的对象。

（4）定义外插延伸类型。在“外插延伸定义”对话框的 限制 区域的 类型： 下拉列表中选择 长度 选项，将长度值设定为 20。

（5）单击 确定 按钮，完成外插 1 的创建。

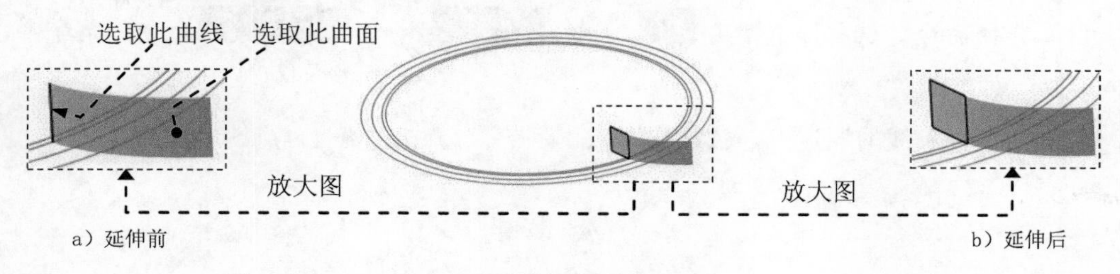

图 26.15 外插 1

Step19. 创建图 26.16 所示的相交 1。

（1）选择命令。选择下拉菜单 插入 → 线框 ▸ → 相交... 命令，系统弹出“相交定义”对话框。

（2）定义相交的第一元素。选取“yz 平面”为相交的第一元素。

（3）定义相交的第二元素。选取“zx 平面”为相交的第二元素。

（4）单击 确定 按钮，完成相交 1 的创建。

Step20. 创建图 26.17 所示的平面 1。

（1）选择命令。选择下拉菜单 插入 → 线框 ▸ → 平面... 命令（或单击“线框”工具栏中的“平面”按钮），系统弹出“平面定义”对话框。

（2）定义平面类型。在“平面定义”对话框的 平面类型： 下拉列表中选择 通过点和直线 选项。

（3）定义通过点。选取图 26.17 所示的点（点 7）为平面的通过点。

（4）定义通过直线。选取图 26.17 所示的直线（相交 1）为平面的通过直线。

（5）单击 确定 按钮，完成平面 1 的创建。

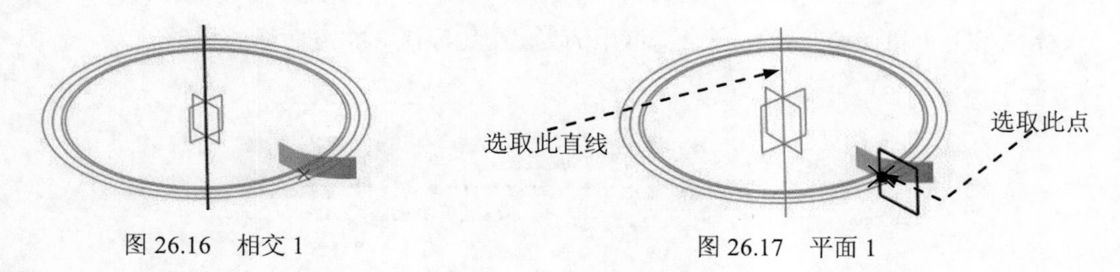

图 26.16 相交 1　　图 26.17 平面 1

Step21. 创建图 26.18 所示的对称 1。

（1）选择命令。选择下拉菜单 插入 → 操作 ▸ → 对称... 命令（或单击工具栏中的“对称”按钮），系统弹出“对称定义”对话框。

（2）选取对称元素。选择图 26.18 所示的曲面为对称元素。

（3）选取参考平面。选取图 26.18 所示的平面 1 为参考平面。

（4）单击 确定 按钮，完成对称 1 的创建。

Step22. 创建图 26.19 所示的拉伸 2。

（1）选择下拉菜单 插入 → 曲面 ▸ → 拉伸... 命令，系统弹出“拉伸曲面定义”对话框。

（2）选取最小的圆为拉伸轮廓。选取图 26.19 所示的直线为拉伸方向，并单击 反转方向 按钮。在“拉伸曲面定义”对话框的 限制 1 区域的 类型: 下拉列表中选择 尺寸 选项。

（3）在 限制 1 区域的 尺寸: 文本框中右击，选择 编辑公式 选项，在系统弹出的“公式编辑器”对话框中将 零件几何体\拉伸.2\限制 1 = 设置为 `齿轮厚度b`。

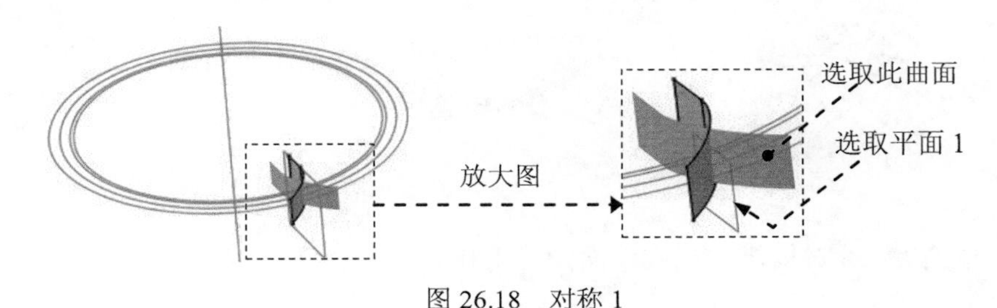

图 26.18 对称 1

（4）单击“拉伸曲面定义”对话框中的 确定 按钮，完成拉伸 2 的创建。

Step23. 创建图 26.20 所示的拉伸 3。

（1）选择下拉菜单 插入 → 曲面 ▸ → 拉伸... 命令，系统弹出“拉伸曲面定义”对话框。

（2）选取草图 2 为拉伸轮廓。采用系统默认的拉伸方向。在“拉伸曲面定义”对话框的 限制 1 区域的 类型: 下拉列表中选择 尺寸 选项。

（3）在 限制 1 区域的 尺寸: 文本框中右击，选择 编辑公式 选项，在系统弹出的“公式编辑器”对话框中将 零件几何体\拉伸.3\限制 1 = 设置为 `齿轮厚度b`。

（4）单击“拉伸曲面定义”对话框中的 确定 按钮，完成拉伸 3 的创建。

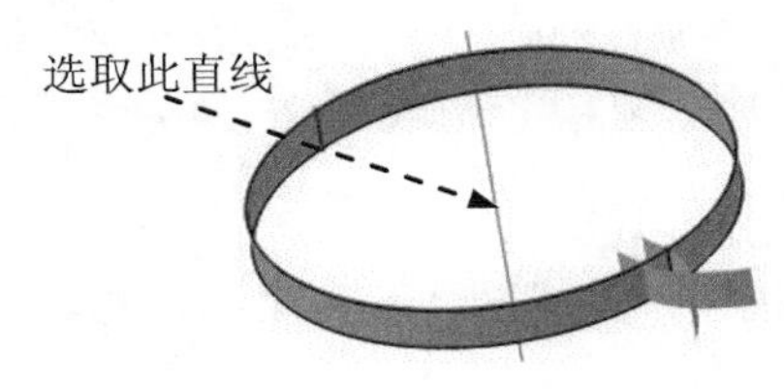

图 26.19 拉伸 2

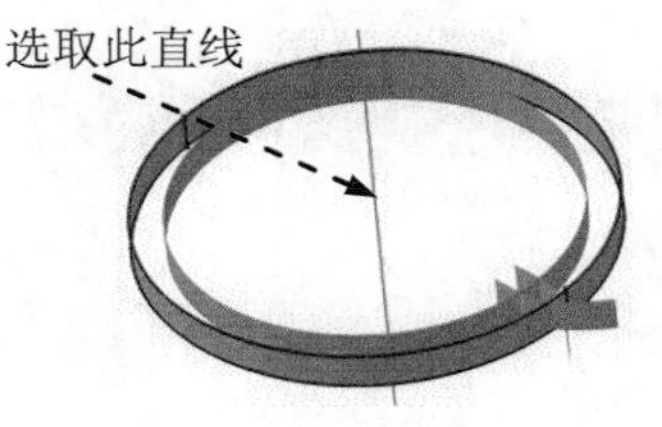

图 26.20 拉伸 3

Step24. 创建图 26.21 所示的修剪 1。

（1）选择命令。选择下拉菜单 插入 → 操作 → 修整... 命令，系统弹出“修剪定义”对话框。

（2）定义修剪类型。在“修剪定义”对话框的 模式: 下拉列表中选择 标准 选项。

（3）定义修剪元素。选取图 26.21a 所示的曲面 1 和曲面 2 为修剪元素。

（4）调整至图 26.21 所示的保留曲面后单击 确定 按钮，完成曲面的修剪操作。

Step25. 创建图 26.22 所示的修剪 2。

（1）选择下拉菜单 插入 → 操作 → 修整... 命令，系统弹出“修剪定义”对话框。

（2）在“修剪定义”对话框的 模式: 下拉列表中选择 标准 选项。选取图 26.22a 所示的曲面 1 和曲面 2 为修剪元素。

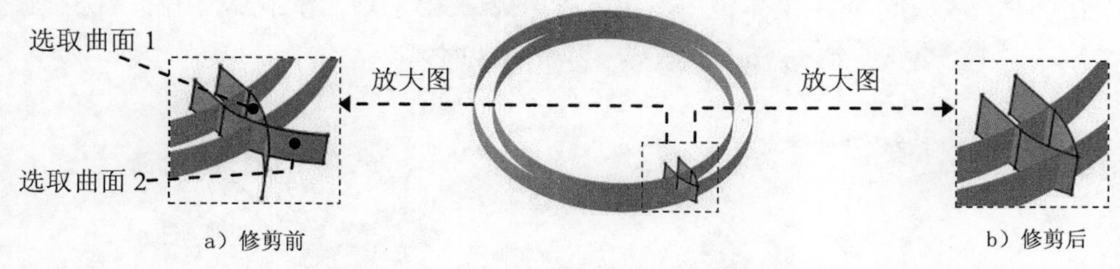

图 26.21　修剪 1

（3）单击 确定 按钮，完成曲面的修剪操作。

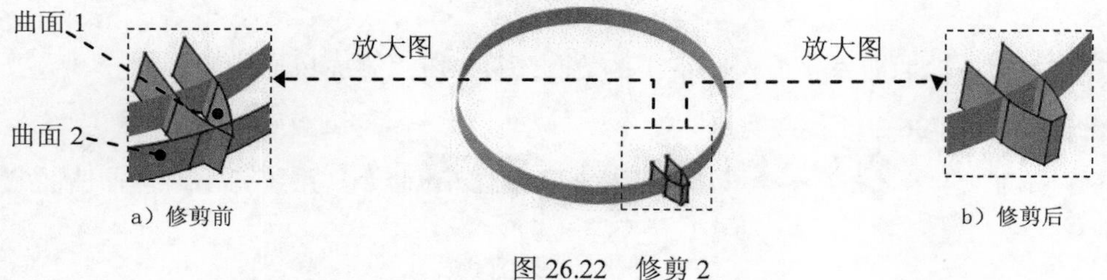

图 26.22　修剪 2

Step26. 创建图 26.23 所示的圆形阵列 1。

（1）选择命令。选择下拉菜单 插入 → 高级复制工具 → 圆形阵列... 命令，然后选取修剪 2，系统弹出“定义圆形阵列”对话框。

（2）定义阵列参数。单击 轴向参考 选项卡，在 参数: 下拉列表中选择 完整径向 选项，在 实例: 文本框中右击，在系统弹出的快捷菜单中选择 编辑公式 选项，此时系统弹出“公式编辑器”对话框；将 零件几何体\圆形阵列.1\角编号 = 设置为 齿轮齿数z 。选取图 26.24 所示的直线为参考元素。

（3）单击“定义圆形阵列”对话框中的 确定 按钮，完成圆形阵列 1 的创建。

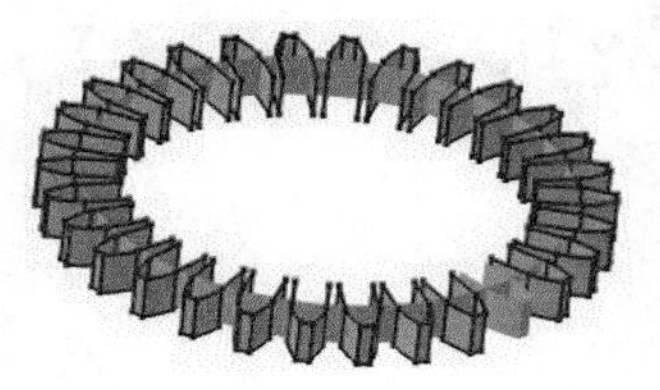

图 26.23 圆形阵列 1

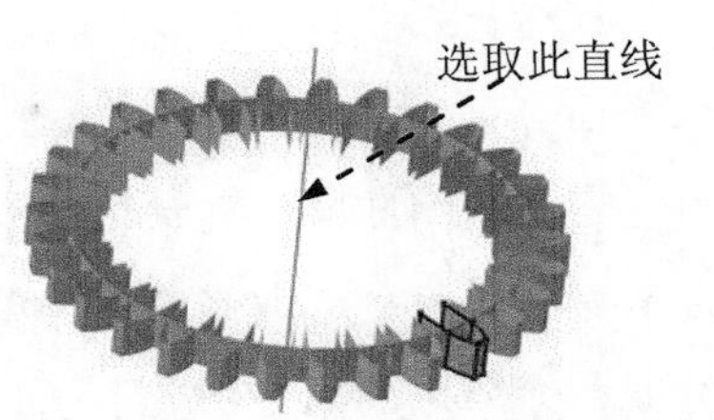

图 26.24 选取阵列对象和参考元素

Step27. 创建图 26.25 所示的修剪 3。

（1）选择下拉菜单 插入 → 操作 ▸ → 修剪... 命令，系统弹出“修剪定义”对话框。

（2）在“修剪定义”对话框的 模式: 下拉列表中选择 标准 选项。选取圆形阵列 1 和拉伸 2 为修剪元素。

（3）单击 确定 按钮，完成曲面的修剪操作。

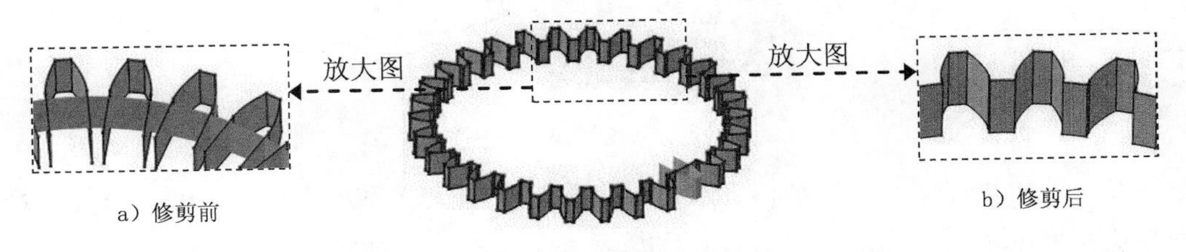

图 26.25 修剪 3

Step28. 创建图 26.26 所示的修剪 4。

（1）选择下拉菜单 插入 → 操作 ▸ → 修剪... 命令，系统弹出“修剪定义”对话框。

（2）在“修剪定义”对话框的 模式: 下拉列表中选择 标准 选项。选取修剪 2 和修剪 3 为修剪元素。

（3）单击 确定 按钮，完成曲面的修剪操作。

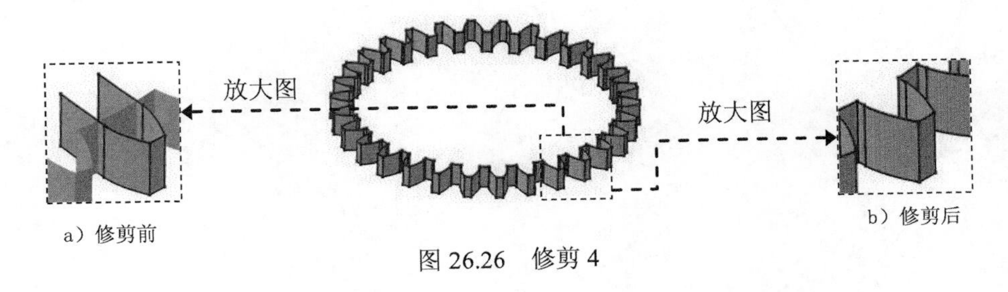

图 26.26 修剪 4

Step29. 创建图 26.27 所示的封闭曲面 1。

（1）切换工作台。选择下拉菜单 开始 → 机械设计 → 零件设计 命令，此时系统进入“零件设计”工作台。

（2）选择命令。选择下拉菜单 插入 → 基于曲面的特征 → 封闭曲面... 命令，此时系统弹出“定义封闭曲面”对话框。

（3）定义封闭对象。选取修剪 4 为要封闭的对象。

（4）单击 确定 按钮，完成封闭曲面 1 的创建。

Step30. 检验零件模型是否完全参数化。

（1）更改齿轮模数。在特征树中双击“齿轮模数 m”，系统弹出“编辑参数”对话框，将齿轮模数更改为 3.5，然后单击 确定 按钮，观察模型是否发生变化。

（2）更改齿轮齿数。在特征树中双击“齿轮齿数 z”，系统弹出“编辑参数”对话框，将齿轮齿数更改为 20，然后单击 确定 按钮，观察模型是否发生变化。

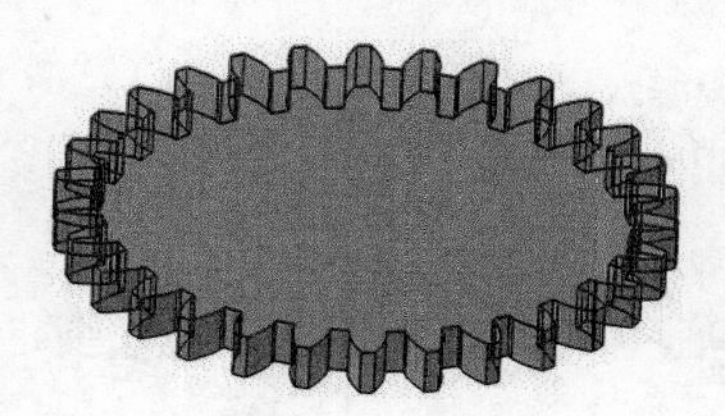

图 26.27　封闭曲面 1

（3）更改齿轮厚度。在特征树中双击“齿轮厚度 b”，在系统弹出的“编辑参数”对话框中将齿轮厚度更改为 50，然后单击 确定 按钮，观察模型是否发生变化。

Step31. 保存文件。

实例 27 球 轴 承

实例概述：

本实例详细介绍了球轴承的创建和装配过程。首先是创建轴承的内环、保持架及滚子，将它们分别保存为模型文件，然后装配模型，并在装配过程中创建零件模型。其中，在创建外环时用到了“在装配过程中创建零件模型”的方法。球轴承模型如图 27.1 所示。

图 27.1 球轴承模型

Stage1. 创建图 27.2 所示的零件模型——轴承内环

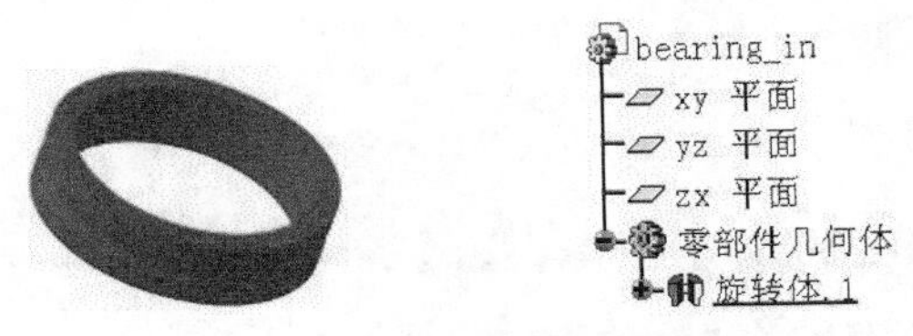

图 27.2 轴承内环模型和特征树

Step1. 新建模型文件。选择下拉菜单 文件 → 新建... 命令（或在“标准”工具栏中单击按钮），在系统弹出的“新建”对话框的类型列表：中选择文件类型为 Part，单击对话框中的 确定 按钮。在“新建零件”对话框中输入零件名称 bearing_in，并选中 启用混合设计 复选框，单击 确定 按钮，进入“零件设计”工作台。

Step2. 创建图 27.3 所示的旋转体 1。

（1）选择下拉菜单 插入 → 基于草图的特征 → 旋转体... 命令（或单击按钮），系统弹出“定义旋转体”对话框。

（2）在“定义旋转体”对话框中单击按钮，选取“xy 平面”作为草图平面；在草绘工作台中绘制图 27.4 所示的截面草图；单击按钮，退出草绘工作台。

图 27.3 旋转体 1

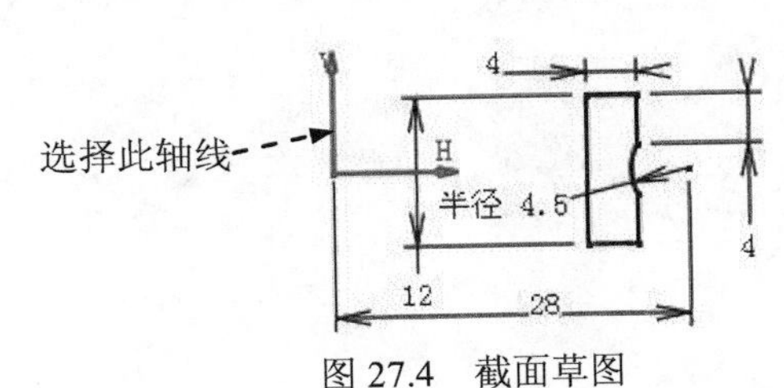

图 27.4 截面草图

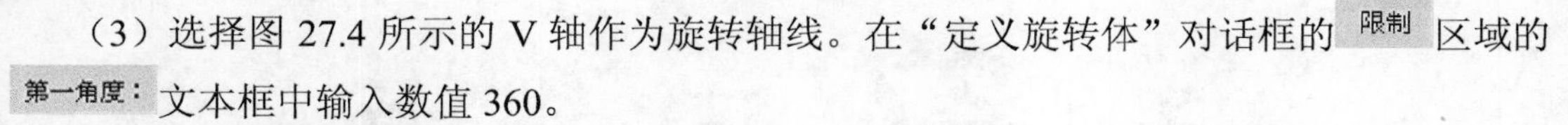

（3）选择图 27.4 所示的 V 轴作为旋转轴线。在“定义旋转体”对话框的限制区域的第一角度：文本框中输入数值 360。

（4）单击确定按钮，完成旋转体 1 的创建。

Step3. 更改模型颜色。

（1）在特征树中右击零件几何体，在系统弹出的快捷菜单中选择属性 Alt+Enter命令，系统弹出“属性”对话框。

（2）在图形选项卡的颜色下拉列表中选择粉红色作为更改的颜色。

（3）单击“属性”对话框中的确定按钮，完成零件模型颜色的更改。

Step4. 保存零件模型。

Stage2. 创建图 27.5 所示的零件模型——轴承保持架

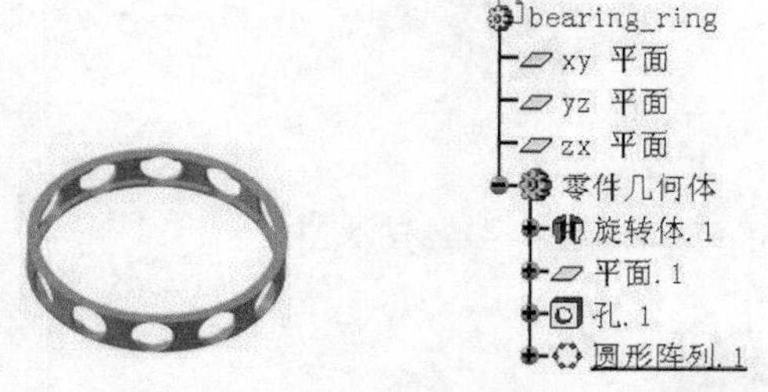

图 27.5　轴承保持架模型和特征树

Step1. 新建模型文件。选择下拉菜单文件 → 新建...命令（或在“标准”工具栏中单击按钮），在系统弹出的“新建”对话框的类型列表：中选择文件类型为Part，单击对话框中的确定按钮。在“新建零件”对话框中输入零件名称 bearing_ring，并选中启用混合设计复选框，单击确定按钮，进入“零件设计”工作台。

Step2. 创建图 27.6 所示的旋转体 1。

（1）选择下拉菜单插入 → 基于草图的特征 → 旋转体...命令（或单击按钮），系统弹出“定义旋转体”对话框。

（2）单击“定义旋转体”对话框中的按钮，选取“xy 平面”为草图平面；在草绘工作台中绘制图 27.7 所示的截面草图；单击“工作台”工具栏中的按钮，退出草绘工作台。

图 27.6　旋转体 1

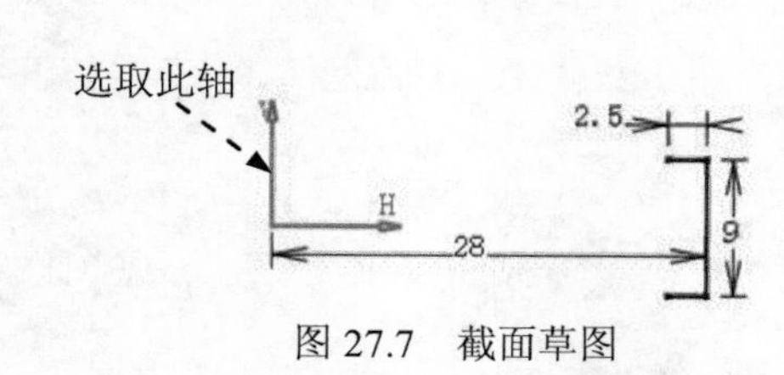

图 27.7　截面草图

（3）在“定义旋转体”对话框中选中 厚轮廓 复选框；在厚度 1 文本框中输入数值 0，在 厚度 2: 文本框中输入数值 1，在 限制 选项区域的 第一角度: 文本框中输入数值 360；单击 轴线 选项区域的 选择: 文本框以激活该选项，选取图 27.7 所示的 V 轴作为旋转轴。

（4）单击 确定 按钮，完成旋转体 1 的创建。

Step3. 创建图 27.8 所示的平面 1。

（1）单击“参考元素（扩展）”工具栏中的按钮，系统弹出“平面定义”对话框。

（2）在“平面定义”对话框的 平面类型 下拉列表中选择 偏移平面 选项，选取“xy 平面”为参考平面，接受系统默认的偏移方向，在该对话框的 偏移: 文本框中输入数值 28。

说明：该平面将作为与滚子装配时的相合平面。

（3）单击 确定 按钮，完成平面 1 的创建。

Step4. 创建图 27.9 所示的孔 1。

（1）选择下拉菜单 插入 → 基于草图的特征 → 孔... 命令（或单击“基于草图的特征”工具栏中的按钮）。

（2）选取图 27.8 所示的平面 1 为孔的放置面，此时系统弹出“定义孔”对话框。

（3）单击“定义孔”对话框的 扩展 选项卡中的按钮，系统进入草绘工作台。在草绘工作台中约束孔的中心线处于原点位置，如图 27.9 所示；单击按钮，退出草绘工作台。

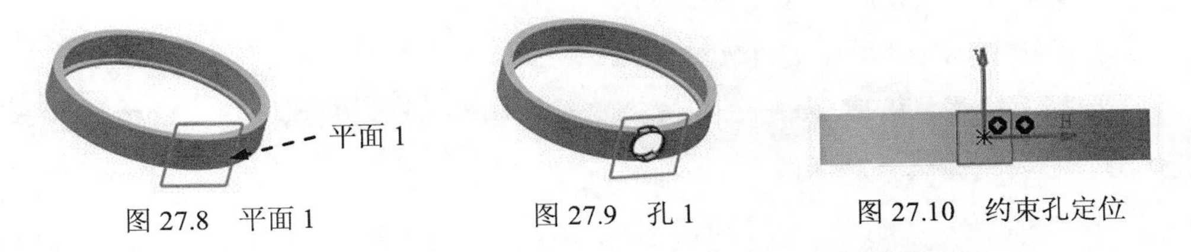

图 27.8　平面 1　　图 27.9　孔 1　　图 27.10　约束孔定位

（4）在“定义孔”对话框的 扩展 选项卡的下拉列表中选择 直到下一个 选项，在 直径: 文本框中输入数值 9。

（5）单击 确定 按钮，完成孔 1 的创建。

Step5. 创建图 27.11 所示的圆形阵列 1。

（1）选择下拉菜单 插入 → 变换特征 → 圆形阵列... 命令（或单击“变换特征”工具栏中的按钮），系统弹出“定义圆形阵列”对话框。

图 27.11　圆形阵列 1

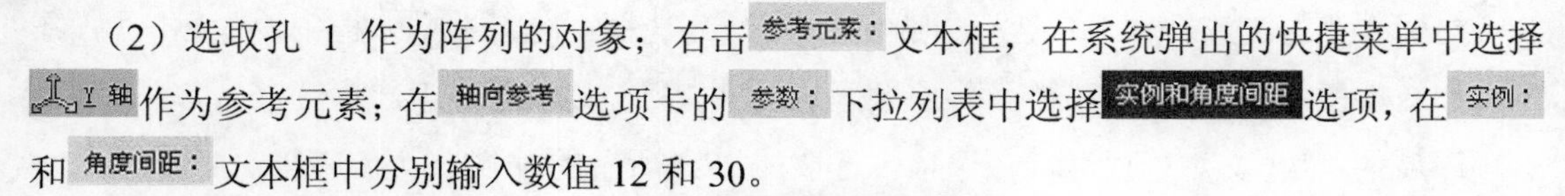

（2）选取孔 1 作为阵列的对象；右击参考元素:文本框，在系统弹出的快捷菜单中选择Y 轴作为参考元素；在轴向参考选项卡的参数:下拉列表中选择实例和角度间距选项，在实例:和角度间距:文本框中分别输入数值 12 和 30。

（3）单击“定义圆形阵列”对话框中的确定按钮，完成圆形阵列 1 的创建。

Step6. 更改模型颜色。将创建的模型的颜色更改为浅绿色。

Step7. 保存零件模型。

Stage3. 创建图 27.12 所示的零件模型——轴承滚子

图 27.12 轴承滚子模型和特征树

Step1. 新建模型文件。选择下拉菜单文件 → 新建...命令（或在“标准”工具栏中单击按钮），在系统弹出的“新建”对话框的类型列表:中选择文件类型为Part，单击对话框中的确定按钮。在“新建零件”对话框中输入零件名称 ball，并选中启用混合设计复选框，单击确定按钮，进入“零件设计”工作台。

Step2. 创建图 27.13 所示的旋转体 1。

（1）选择下拉菜单插入 → 基于草图的特征 → 旋转体...命令（或单击按钮），系统弹出“定义旋转体”对话框。

（2）单击按钮，选取“xy 平面”作为草图平面；在草绘工作台中绘制图 27.14 所示的截面草图；单击按钮，退出草绘工作台。

图 27.13 旋转体 1

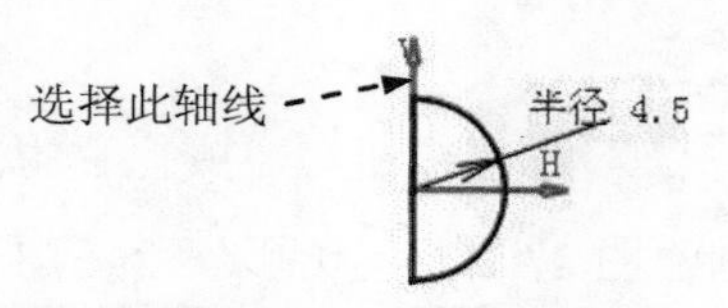

图 27.14 截面草图

（3）在“定义旋转体”对话框的限制区域的第一角度:文本框中输入数值 360。选取图 27.14 所示的 V 轴作为旋转轴。

（4）单击确定按钮，完成旋转体 1 的创建。

Step3. 更改模型颜色。将创建的模型的颜色更改为红色。

Step4. 保存零件模型。

Stage4. 装配并在装配体中创建零件

Step1. 新建模型文件。

（1）选择下拉菜单 文件 → 新建... 命令，系统弹出“新建”对话框。

（2）在“新建”对话框的 类型列表: 中选择 Product 选项，单击 确定 按钮。

（3）右击特征树的 Product1，在系统弹出的快捷菜单中选择 属性 命令，系统弹出“属性”对话框。

（4）在“属性”对话框中选择 产品 选项卡。在 零件编号 后面的文本框中将 Product1 改为 bearing_asm，单击 确定 按钮。

Step2. 添加图 27.15 所示的轴承内环并固定。

（1）双击特征树中的 bearing_asm，使其处于激活状态。

（2）选择下拉菜单 插入 → 现有部件... 命令（或单击“产品结构工具”工具栏中的 按钮），系统将弹出“选择文件”对话框，选择路径 D:\cat2014.5\work\ch27，选取轴承内环零件模型文件 bearing_in.CATPart，单击 打开(O) 按钮。

（3）选择下拉菜单 插入 → 固定 命令，在系统 选择要固定的部件 的提示下，选取图 27.15 所示的模型，此时模型上会显示出“固定”约束符号 ，说明轴承内环零件模型已经完全被固定在当前位置。

图 27.15 添加轴承内环并固定

Step3. 添加图 27.16 所示的轴承保持架并定位。

（1）在确认 bearing_asm 处于激活状态后，选择下拉菜单 插入 → 现有部件... 命令，在系统弹出的“选择文件”对话框中选取轴承保持架文件 bearing_ring.CATPart，然后单击 打开(O) 按钮。

（2）选择下拉菜单 编辑 → 移动 ▸ → 操作... 命令，把轴承保持架部件移动到图 27.17 所示的位置。

（3）设置平面相合约束。

① 选择下拉菜单 插入 → 相合... 命令，分别选取图 27.17 所示的两个零件的“yz 平面”为相合面，在系统弹出的“约束属性”对话框的 方向 下拉列表中选择 相同 选项。单击 确定 按钮，完成平面相合约束的设置。

② 用同样的方法使图 27.17 所示的两个零件的“zx 平面”相合。

（4）选择下拉菜单 编辑 → 更新... 命令，得到图 27.16 所示的结果。

图 27.16　添加轴承保持架并定位

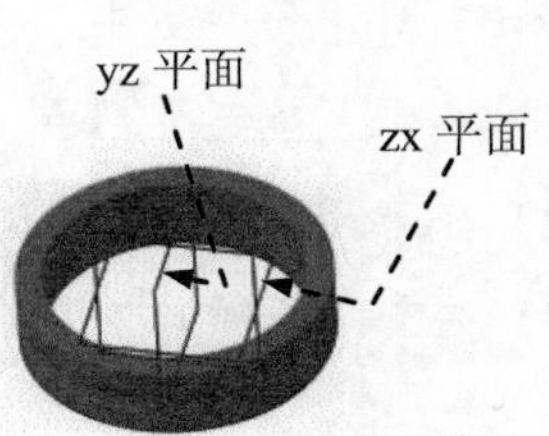

图 27.17　设置平面相合约束

Step4. 添加图 27.18 所示的轴承滚子。

（1）在确认 bearing_asm 处于激活状态后，选择下拉菜单 插入 → 现有部件... 命令，在系统弹出的“文件选择”对话框中选取轴承滚子文件 ball.CATPart，然后单击 打开(O) 按钮。

（2）把轴承滚子部件移动到图 27.19 所示的位置。

（3）设置平面相合约束。

① 选择下拉菜单 插入 → 相合... 命令，使图 27.19 所示的轴承滚子部件的“xy 平面”与轴承保持架部件的平面 1 相合。

② 用同样的方法使图 27.19 所示的轴承滚子部件的“zx 平面”与轴承保持架部件的“zx 平面”相合。

图 27.18　添加轴承滚子

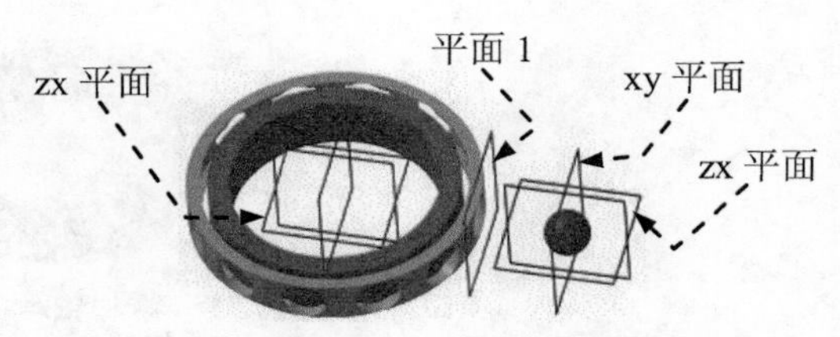

图 27.19　设置平面相合约束

（4）选择下拉菜单 编辑 → 更新... 命令，得到图 27.18 所示的结果。

Step5. 创建图 27.20 所示的轴承滚子的阵列特征。

（1）选择下拉菜单 插入 → 重复使用阵列... 命令，系统弹出“在阵列上实例化”对话框。

（2）选取阵列复制参考。将 bearing_ring 的特征树展开，选取 圆形阵列.1 为阵列复制的参考，选取 boll (boll.1) 为阵列的源部件。

注意：若此时系统弹出“警告”对话框，单击 确定 按钮将其关闭即可。

（3）单击 确定 按钮，创建出图 27.20 所示的阵列特征。

Step6.创建图 27.21 所示的轴承外环。

图 27.20　轴承滚子的阵列特征

图 27.21　轴承外环

（1）在确认 bearing_asm 处于激活状态后，选择下拉菜单 插入 → 新建零件 命令，系统弹出“新零件：原点”对话框，单击 是(Y) 按钮，在特征树中自动创建一个名为 Part1 的部件。

（2）右击特征树中的 Part (Part.1)，在系统弹出的快捷菜单中选择 属性 命令，系统弹出“属性”对话框；单击 产品 选项卡，在实例名称后面的文本框中将 Part1.1 改为 bearing_out.1，在零件编号后面的文本框中将 Part.1 改为 bearing_out，单击“属性”对话框中的 确定 按钮。

（3）在特征树中右击 bearing_out，在系统弹出的快捷菜单中选择 bearing_out 对象 → 编辑 命令。

（4）创建图 27.22 所示的旋转体 1。

① 选择下拉菜单 插入 → 基于草图的特征 → 旋转体... 命令，系统弹出“定义旋转体”对话框。

② 在“定义旋转体”对话框中单击 按钮，选取“xy 平面”为草图平面；在草绘工作台中绘制图 27.23 所示的截面草图。单击 按钮，退出草绘工作台；在 第一角度： 文本框中输入数值 360；单击 确定 按钮，完成旋转体 1 的创建。

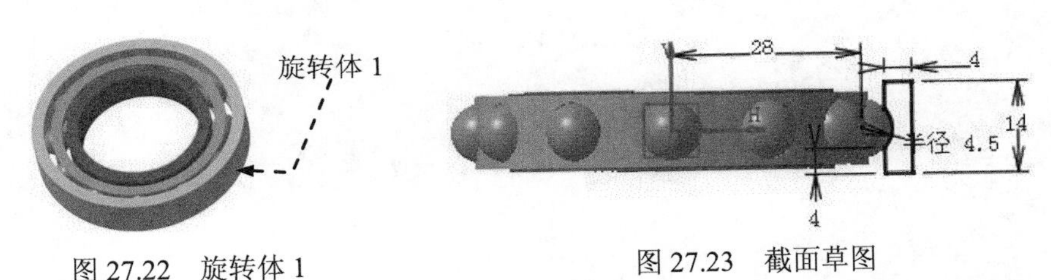

图 27.22 旋转体 1　　　　图 27.23 截面草图

Step7. 更改零件模型的颜色。

（1）在特征树中右击 bearing_out 节点下的 零件几何体，在系统弹出的快捷菜单中选择 属性 Alt+Enter 命令，系统弹出“属性”对话框。

（2）单击 图形 选项卡，在 颜色 下拉列表中选择要更改的颜色。

（3）单击 确定 按钮，完成零件模型颜色的更改。

Step8. 保存文件。

实例 28 减 振 器

28.1 实 例 概 述

本实例详细讲解了减振器的整个设计过程，该过程是先将连接轴、减振弹簧、驱动轴、限位轴、下挡环和上挡环设计完成后，在装配环境中将它们组装起来。减振器模型如图 28.1.1 所示。

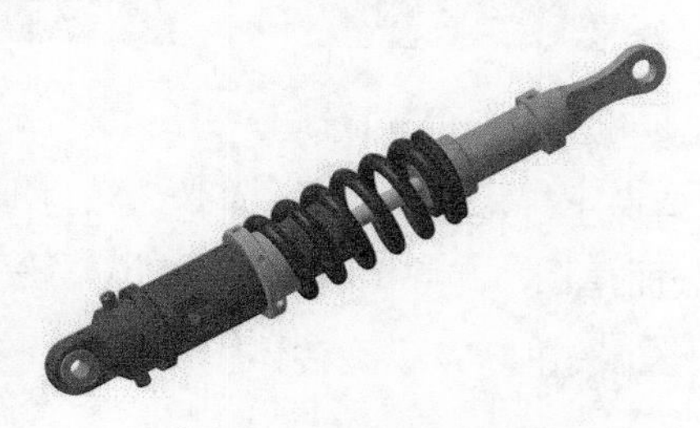

图 28.1.1 减振器模型

28.2 驱 动 轴

驱动轴为减振器的一个驱动零件，主要运用了凹槽、倒圆角、旋转体、凸台以及镜像等特征。驱动轴模型及特征树如图 28.2.1 所示。

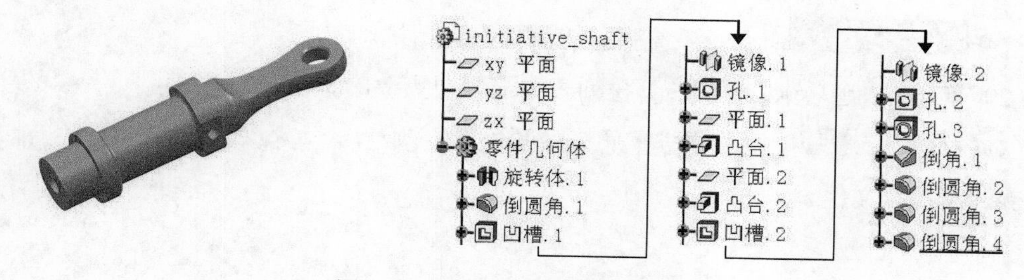

图 28.2.1 驱动轴模型和特征树

Step1. 新建模型文件。选择下拉菜单 文件 → 新建... 命令（或在“标准”工具栏中单击 按钮），在系统弹出的“新建”对话框的 类型列表: 中选择文件类型为 Part，单击对话框中的 确定 按钮。在“新建零件”对话框中输入零件名称 initiative_shaft，并选中

启用混合设计复选框，单击确定按钮，进入“零件设计”工作台。

Step2. 创建图 28.2.2 所示的零件特征——旋转体 1。

（1）选择命令。选择下拉菜单插入 → 基于草图的特征 → 旋转体...命令（或单击按钮），系统弹出“定义旋转体”对话框。

（2）创建图 28.2.3 所示的截面草图。

① 定义草图平面。在“定义旋转体”对话框中单击按钮，选取“yz 平面”作为草图平面。

② 绘制截面草图。在草绘工作台中绘制图 28.2.3 所示的截面草图。

③ 单击“工作台”工具栏中的按钮，退出草绘工作台。

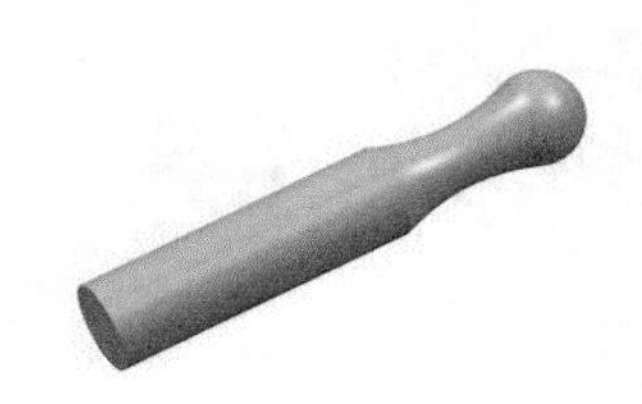

图 28.2.2 旋转体 1

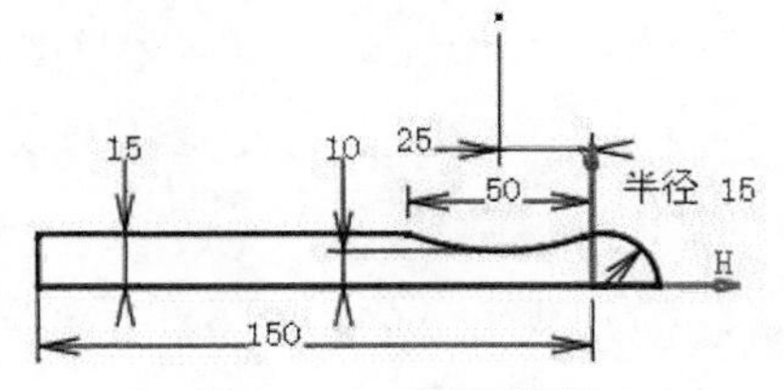

图 28.2.3 截面草图

（3）定义旋转轴线。在“定义旋转体”对话框的轴线区域中右击选择：文本框，在系统弹出的快捷菜单中选择Y 轴作为旋转轴线。

（4）定义旋转角度。在“定义旋转体”对话框的限制区域的第一角度：文本框中输入数值 360。

（5）单击确定按钮，完成旋转体 1 的创建。

Step3. 创建图 28.2.4b 所示的倒圆角 1。

（1）选择命令。选择下拉菜单插入 → 修饰特征 → 倒圆角...命令，系统弹出“倒圆角定义”对话框。

（2）定义要倒圆角的对象。选取图 28.2.4a 所示的边线为倒圆角的对象。

（3）定义倒圆角半径。在该对话框的半径：文本框中输入数值 2。

（4）单击“倒圆角定义”对话框中的确定按钮，完成倒圆角 1 的创建。

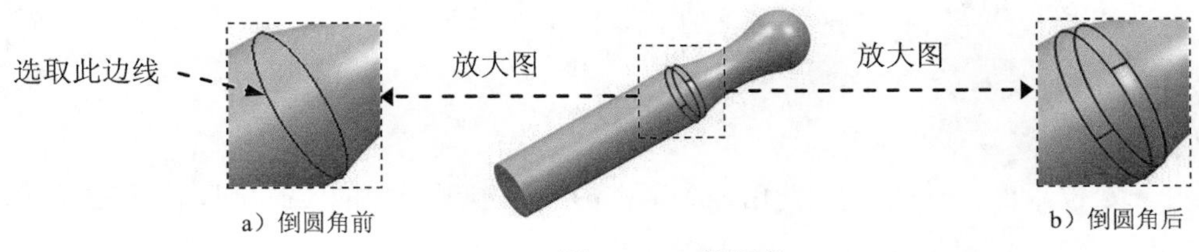

a）倒圆角前　b）倒圆角后

图 28.2.4 倒圆角 1

Step4. 创建图 28.2.5 所示的零件特征——凹槽 1。

（1）选择命令。选择下拉菜单 插入 → 基于草图的特征 ▸ → 凹槽... 命令（或单击按钮），系统弹出“定义凹槽”对话框。

（2）创建图 28.2.6 所示的截面草图。

① 定义草图平面。在“定义凹槽”对话框中单击按钮，选取“yz 平面”为草图平面。

② 绘制截面草图。在草绘工作台中绘制图 28.2.6 所示的截面草图。

③ 单击“工作台”工具栏中的按钮，退出草绘工作台。

（3）定义深度属性。

① 定义深度方向。采用系统默认的深度方向。

② 定义深度类型。单击“定义凹槽”对话框中的 更多>> 按钮，展开对话框的隐藏部分，在该对话框 第一限制 区域与 第二限制 区域的 类型: 下拉列表中均选择 直到最后 选项。

（4）单击 确定 按钮，完成凹槽 1 的创建。

Step5. 创建图 28.2.7 所示的镜像 1。

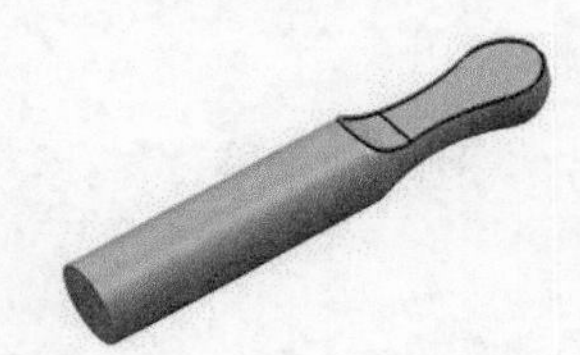

图 28.2.5 凹槽 1

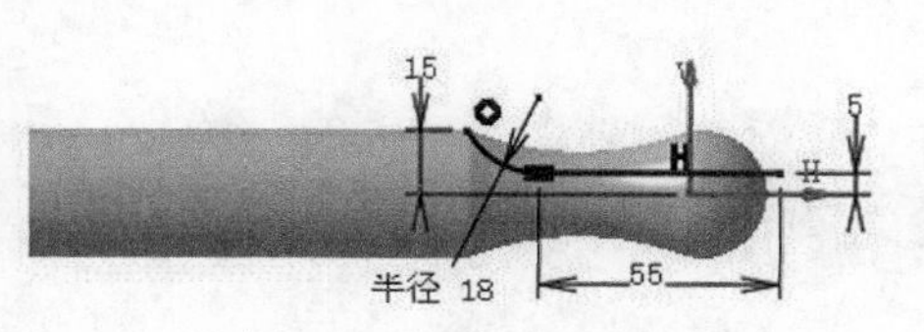

图 28.2.6 截面草图

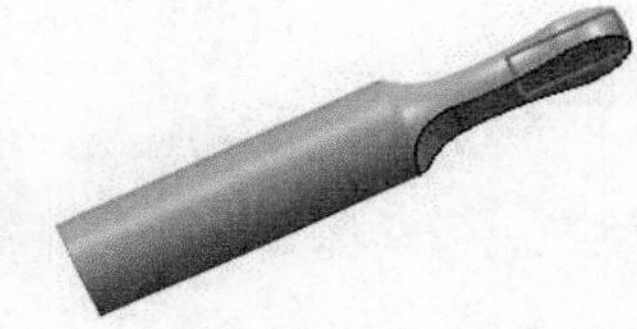

图 28.2.7 镜像 1

（1）定义镜像对象。在特征树上选取凹槽 1 为镜像对象。

（2）选择命令。选择下拉菜单 插入 → 变换特征 ▸ → 镜像... 命令，系统弹出“定义镜像”对话框。

（3）定义镜像平面。选取“xy 平面”为镜像平面。

（4）单击 确定 按钮，完成镜像 1 的创建。

Step6. 创建图 28.2.8 所示的零件特征——孔 1。

（1）选择命令。选择下拉菜单 插入 → 基于草图的特征 ▸ → 孔... 命令（或单击“基于草图的特征”工具栏中的按钮）。

（2）定义孔的放置面。选取图 28.2.9 所示的模型表面为孔的放置面，此时系统弹出“定义孔”对话框。

（3）定义孔的位置。

① 进入定位草图。单击“定义孔”对话框的 扩展 选项卡中的按钮，系统进入草绘工作台。

② 定义几何约束。如图 28.2.10 所示，在草绘工作台中约束孔的中心线与圆同心。

③ 完成几何约束后，单击按钮，退出草绘工作台。

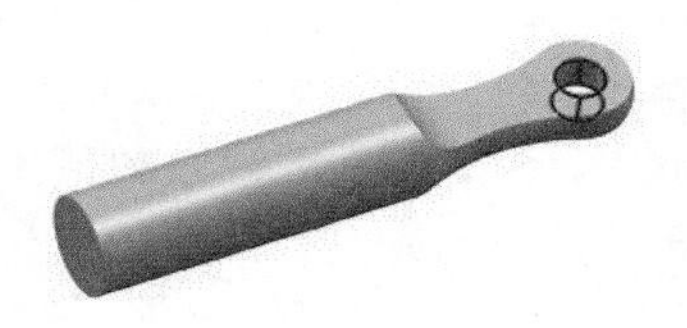

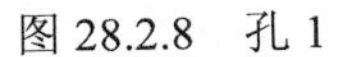

图 28.2.8 孔 1

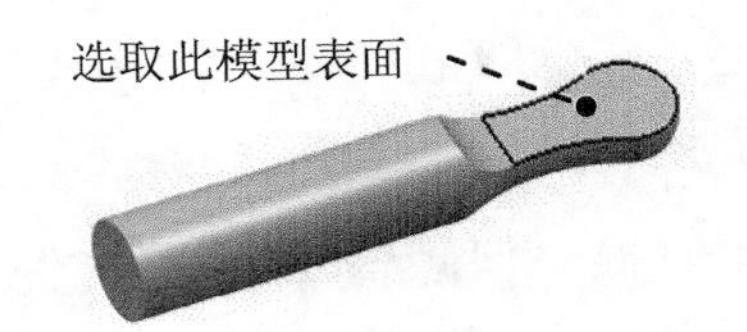

图 28.2.9 选取孔的放置面

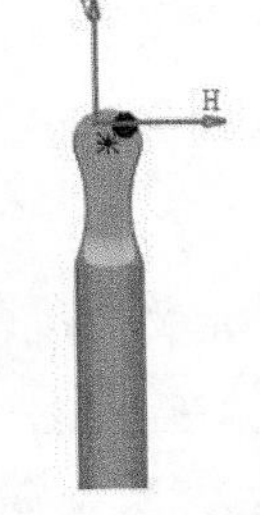

图 28.2.10 约束孔的定位

（4）定义孔的扩展参数。

① 在“定义孔”对话框的扩展选项卡的下拉列表中选择直到最后选项。

② 在“定义孔”对话框的扩展选项卡的直径：文本框中输入数值 14。

（5）单击“定义孔”对话框中的确定按钮，完成孔 1 的创建。

Step7. 创建图 28.2.11 所示的平面 1。

（1）选择命令。单击“参考元素（扩展）”工具栏中的“平面”按钮，系统弹出“平面定义”对话框。

（2）定义平面类型。在“平面定义”对话框的平面类型下拉列表中选择偏移平面选项。

（3）定义平面参数。

① 定义参考平面。选取“zx 平面”为参考平面。

② 定义偏移距离和偏移方向。在“平面定义”对话框的偏移：文本框中输入数值 60，单击反转方向按钮，反转偏移方向。

（4）单击确定按钮，完成平面 1 的创建。

Step8. 创建图 28.2.12 所示的零件基础特征——凸台 1。

（1）选择命令。选择下拉菜单插入 → 基于草图的特征 → 凸台...命令（或单击按钮），系统弹出“定义凸台”对话框。

（2）创建截面草图。

① 定义草图平面。在“定义凸台”对话框中单击按钮，选取平面 1 作为草图平面。

② 绘制截面草图。在草绘工作台中绘制图 28.2.13 所示的截面草图。

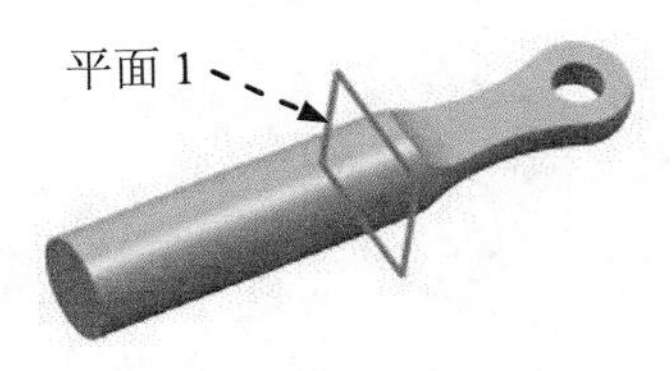

图 28.2.11 平面 1

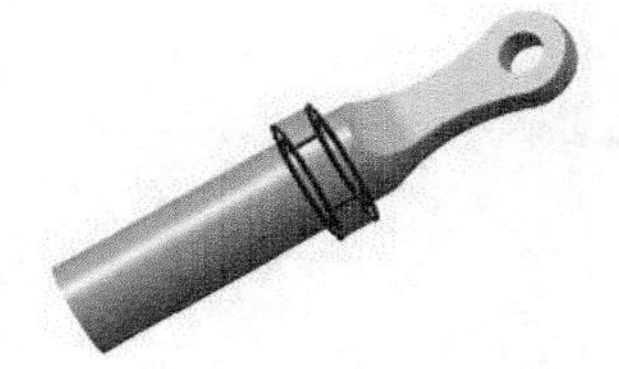

图 28.2.12 凸台 1

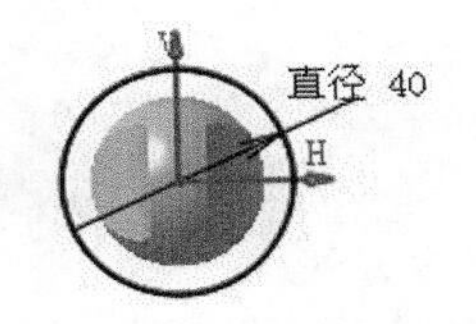

图 28.2.13 截面草图

③ 单击“工作台”工具栏中的按钮，退出草绘工作台。

（3）定义深度属性。

① 定义深度方向。单击 反转方向 按钮，反转拉伸方向。

② 定义深度类型。在“定义凸台”对话框的 第一限制 区域的 类型： 下拉列表中选择 尺寸 选项。

③ 定义深度值。在“定义凸台”对话框的 第一限制 区域的 长度： 文本框中输入数值 12。

（4）单击“定义凸台”对话框中的 确定 按钮，完成凸台 1 的创建。

Step9. 创建图 28.2.14 所示的平面 2。

（1）选择命令。单击“参考元素（扩展）”工具栏中的“平面”按钮，系统弹出“平面定义”对话框。

（2）定义平面类型。在“平面定义”对话框的 平面类型 下拉列表中选择 偏移平面 选项。

（3）定义平面参数。

① 定义参考平面。选取图 28.2.15 所示的平面为参考平面。

② 定义偏移距离和偏移方向。在“平面定义”对话框的 偏移： 文本框中输入数值 20，单击 反转方向 按钮，反转偏移方向。

（4）单击 确定 按钮，完成平面 2 的创建。

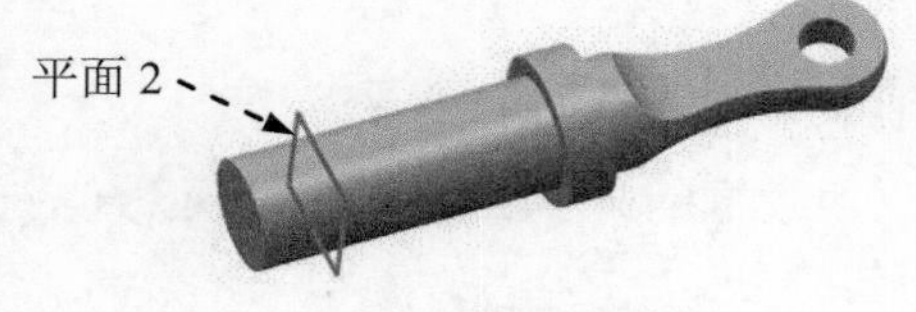

图 28.2.14　平面 2

图 28.2.15　选取参考平面

Step10. 创建图 28.2.16 所示的零件基础特征——凸台 2。

（1）选择命令。选择下拉菜单 插入 → 基于草图的特征 → 凸台... 命令（或单击按钮），系统弹出“定义凸台”对话框。

（2）创建截面草图。

① 定义草图平面。在“定义凸台”对话框中单击按钮，选取平面 2 作为草图平面。

② 绘制截面草图。在草绘工作台中绘制图 28.2.17 所示的截面草图。

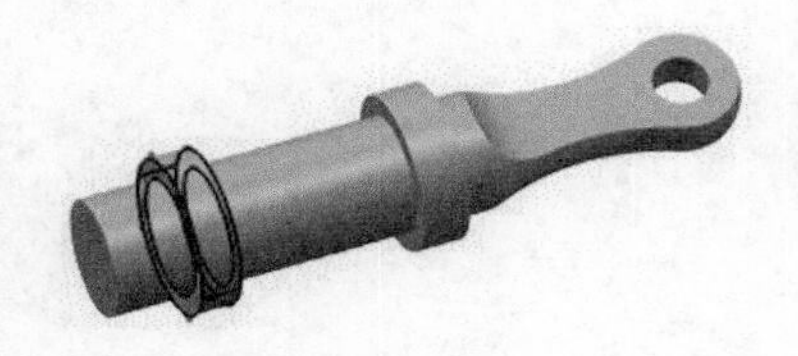

图 28.2.16　凸台 2

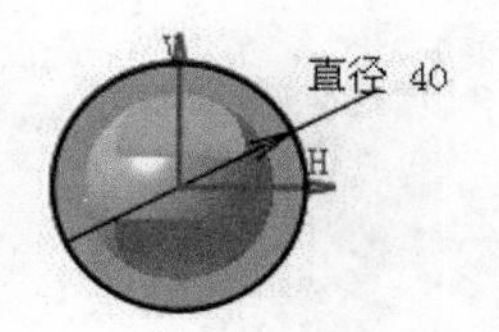

图 28.2.17　截面草图

③ 单击“工作台”工具栏中的按钮，退出草绘工作台。

（3）定义深度属性。

① 定义深度方向。采用系统默认的方向。

② 定义深度类型。在“定义凸台”对话框的 第一限制 区域的 类型: 下拉列表中选择 尺寸 选项。

③ 定义深度值。在“定义凸台”对话框的 第一限制 区域的 长度: 文本框中输入数值 10。

（4）单击“定义凸台”对话框中的 确定 按钮，完成凸台 2 的创建。

Step11. 创建图 28.2.18 所示的零件特征——凹槽 2。

（1）选择命令。选择下拉菜单 插入 → 基于草图的特征 → 凹槽... 命令（或单击 按钮），系统弹出“定义凹槽”对话框。

（2）创建图 28.2.19 所示的截面草图。

① 定义草图平面。在“定义凹槽”对话框中单击 按钮，选取“zx 平面”为草图平面。

② 绘制截面草图。在草绘工作台中绘制图 28.2.19 所示的截面草图。

③ 单击“工作台”工具栏中的 按钮，退出草绘工作台。

（3）定义深度属性。

① 定义深度方向。采用系统默认的深度方向。

② 定义深度类型。在“定义凹槽”对话框的 第一限制 区域的 类型: 下拉列表中选择 直到下一个 选项。

（4）单击 确定 按钮，完成凹槽 2 的创建。

Step12. 创建图 28.2.20 所示的镜像 2。

图 28.2.18 凹槽 2

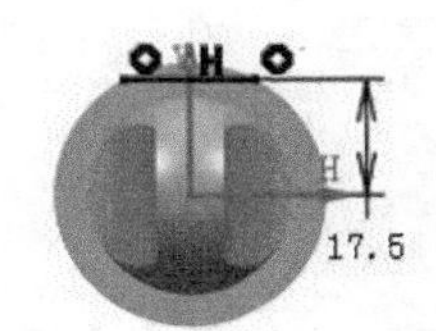

图 28.2.19 截面草图

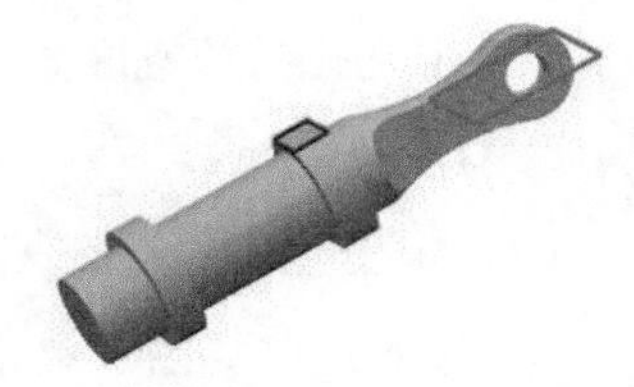

图 28.2.20 镜像 2

（1）定义镜像对象。在特征树上选取凹槽 2 为镜像对象。

（2）选择命令。选择下拉菜单 插入 → 变换特征 → 镜像... 命令，系统弹出“定义镜像”对话框。

（3）定义镜像平面。选取“yz 平面”为镜像平面。

（4）单击 确定 按钮，完成镜像 2 的创建。

Step13. 创建图 28.2.21 所示的零件特征——孔 2。

（1）选择命令。选择下拉菜单 插入 → 基于草图的特征 → 孔... 命令（或单击

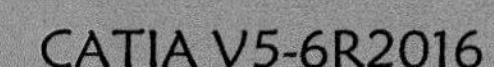
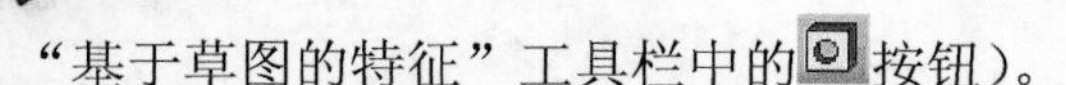

“基于草图的特征”工具栏中的按钮）。

（2）定义孔的放置面。选取图 28.2.22 所示的模型表面为孔的放置面，此时系统弹出“定义孔”对话框。

（3）定义孔的位置。

① 进入定位草图。单击“定义孔”对话框中的按钮，系统进入草绘工作台。

② 定义几何约束。如图 28.2.23 所示，在草绘工作台中约束孔的中心线与“xy 平面”重合并添加尺寸约束。

③ 完成几何约束后，单击按钮，退出草绘工作台。

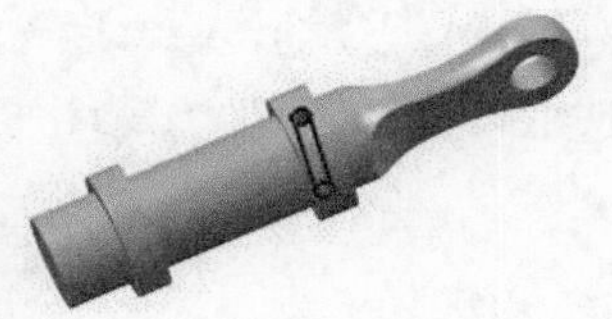

图 28.2.21　孔 2

图 28.2.22　定义孔的放置面

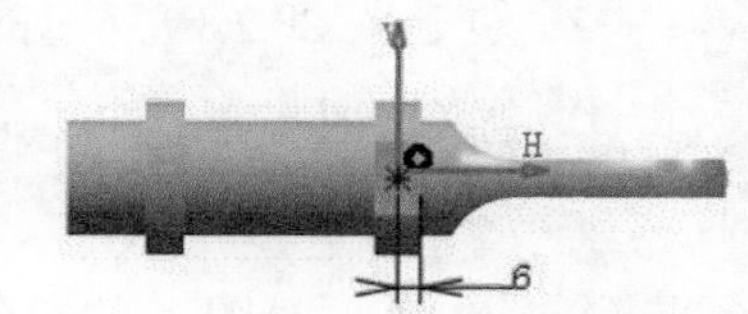

图 28.2.23　约束孔的定位

（4）定义孔的扩展参数。

① 在“定义孔”对话框的扩展选项卡的下拉列表中选择直到最后选项。

② 在“定义孔”对话框的扩展选项卡的直径：文本框中输入数值 6。

（5）单击“定义孔”对话框中的确定按钮，完成孔 2 的创建。

Step14. 创建图 28.2.24 所示的零件特征——孔 3。

（1）选择命令。选择下拉菜单插入 → 基于草图的特征 → 孔...命令（或单击“基于草图的特征”工具栏中的按钮）。

（2）定义孔的放置面。选取图 28.2.25 所示的模型表面为孔的放置面，此时系统弹出“定义孔”对话框。

（3）定义孔的位置。

① 进入定位草图。单击“定义孔”对话框中的按钮，系统进入草绘工作台。

② 定义几何约束。如图 28.2.26 所示，在草绘工作台中约束孔的中心线与圆同心。

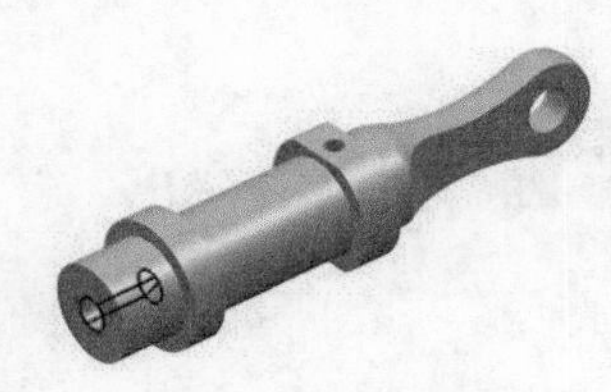

图 28.2.24　孔 3

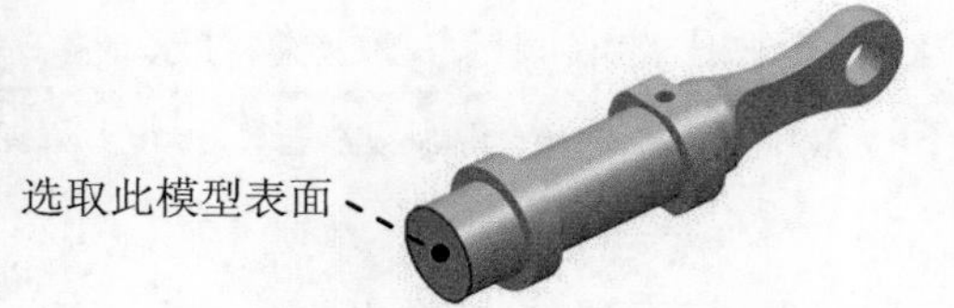

图 28.2.25　定义孔的放置面

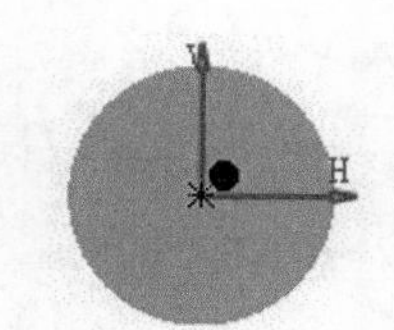

图 28.2.26　约束孔的定位

③ 完成几何约束后，单击按钮，退出草绘工作台。

（4）定义孔的扩展参数。

① 在“定义孔”对话框的扩展选项卡的下拉列表中选择盲孔选项。

② 在“定义孔”对话框的扩展选项卡的深度：文本框中输入数值 20。

（5）定义孔的螺纹。单击该对话框中的定义螺纹选项卡，选中螺纹孔复选框。

① 选取螺纹类型。在定义螺纹区域的类型：下拉列表中选择公制细牙螺纹选项。

② 定义螺纹描述。在螺纹描述：下拉列表中选择M12x1.25选项。

③ 定义螺纹参数。在螺纹深度：和孔深度：文本框中分别输入数值 20 和 20。

（6）单击“定义孔”对话框中的确定按钮，完成孔 3 的创建。

Step15. 创建图 28.2.27b 所示的倒角 1。

（1）选择命令。选择下拉菜单插入 → 修饰特征 → 倒角...命令（或单击“修饰特征”工具栏中的按钮），系统弹出“定义倒角”对话框。

（2）选取要倒角的对象。在“定义倒角”对话框的拓展：下拉列表中选择相切选项，选取图 28.2.27a 所示的边线为要倒角的对象。

图 28.2.27 倒角 1

（3）定义倒角参数。

① 定义倒角模式。在“定义倒角”对话框的模式：下拉菜单中选择长度 1/长度 2选项。

② 定义倒角尺寸。在长度 1：和长度 2：文本框中均输入数值 1。

（4）单击“定义倒角”对话框中的确定按钮，完成倒角 1 的创建。

Step16. 创建图 28.2.28b 所示的倒圆角 2。

（1）选择命令。选择下拉菜单插入 → 修饰特征 → 倒圆角...命令，系统弹出“倒圆角定义”对话框。

（2）定义要倒圆角的对象。选取图 28.2.28a 所示的边线为要倒圆角的对象。

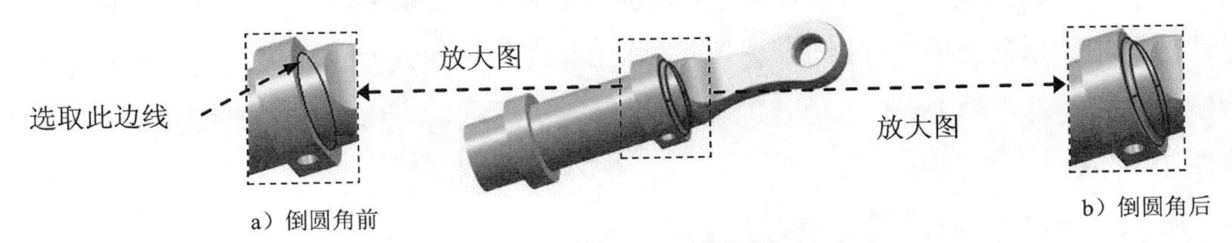

图 28.2.28 倒圆角 2

（3）定义倒圆角半径。在“倒圆角定义”对话框的半径：文本框中输入数值 2。

（4）单击“倒圆角定义”对话框中的确定按钮，完成倒圆角 2 的创建。

Step17. 添加倒圆角 3。倒圆角的对象为图 28.2.29 所示的边线，倒圆角半径值为 2。

Step18. 添加倒圆角 4。倒圆角的对象为图 28.2.30 所示的边线，倒圆角半径值为 2。

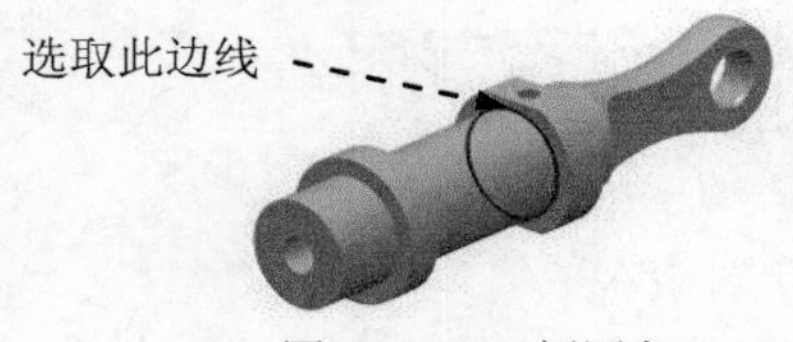

图 28.2.29　倒圆角 3

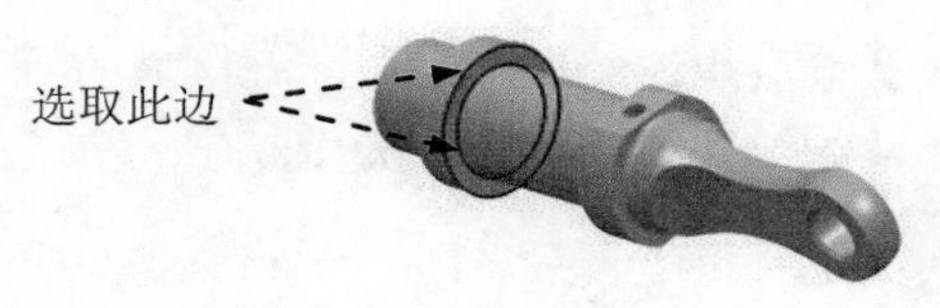

图 28.2.30　倒圆角 4

Step19. 更改零件模型的颜色。

（1）在特征树中右击零件几何体，在系统弹出的快捷菜单中选择属性 Alt+Enter命令，系统弹出“属性”对话框。

（2）单击图形选项卡，在颜色下拉列表中选择棕色作为更改的颜色。

（3）单击确定按钮，完成零件模型颜色的更改。

Step20. 保存零件模型。

28.3 限 位 轴

此零件是减振器的一个轴类限位零件，主要运用了凸台、螺纹和倒角等特征。限位轴模型及特征树如图 28.3.1 所示。

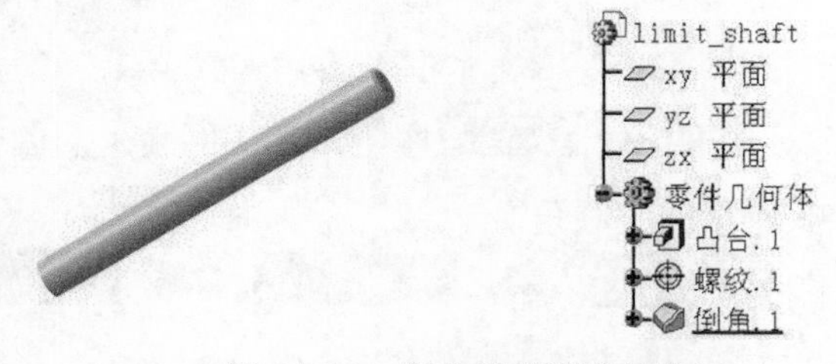

图 28.3.1　限位轴模型和特征树

Step1. 新建模型文件。选择下拉菜单文件(F) → 新建...命令，系统弹出“新建”对话框，在类型列表中选择Part选项，单击确定按钮。在系统弹出的“新建零件”对话框中输入零件名称 limit_shaft，并选中启用混合设计复选框，单击确定按钮，进入“零件设计”工作台。

Step2. 创建图 28.3.2 所示的凸台 1。

（1）选择下拉菜单插入 → 基于草图的特征 → 凸台...命令（或单击按钮），系统弹出“定义凸台”对话框。

（2）单击“定义凸台”对话框中的按钮，选取“xy 平面”为草图平面，在草绘工作台中绘制图 28.3.3 所示的截面草图。单击按钮，退出草绘工作台。

（3）定义拉伸深度属性。在 第一限制 区域的 类型：下拉列表中选择尺寸选项，在 长度：文本框中输入数值 120。

（4）单击 确定 按钮，完成凸台 1 的创建。

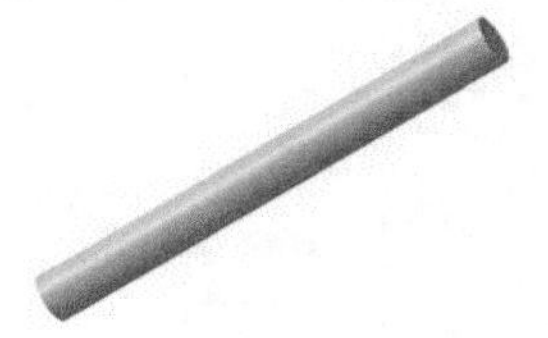
图 28.3.2 凸台 1

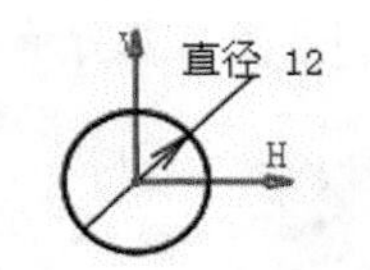

图 28.3.3 截面草图

Step3. 创建图 28.3.4 所示的螺纹 1。

（1）选择下拉菜单 插入 → 修饰特征 ▸ → 内螺纹/外螺纹... 命令，系统弹出“定义螺纹/丝锥”对话框。

（2）在 几何图形定义 区域中选择 外螺纹 单选项，在 底部类型 区域的 类型：下拉列表中选择 直到平面 选项，激活 底部限制：文本框，选取图 28.3.4 所示的表面 2 的背面为螺纹的终止面；在 数值定义 区域的 类型：下拉列表中选择 公制粗牙螺纹 选项，在 螺纹描述：下拉列表中选择 M12；选取图 28.3.4 所示的模型表面 1 作为侧面，选取模型表面 2 作为限制面。

（3）单击 确定 按钮，完成螺纹 1 的创建。

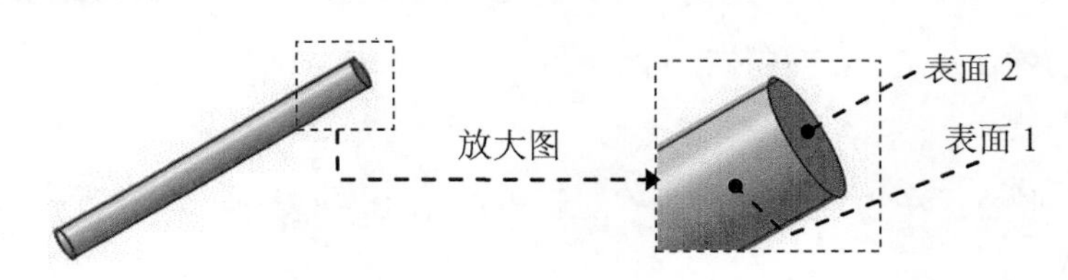

图 28.3.4 螺纹 1

Step4. 创建图 28.3.5b 所示的倒角 1。

（1）选择下拉菜单 插入(I) → 修饰特征 ▸ → 倒角... 命令（或单击“修饰特征”工具栏中的按钮），系统弹出“定义倒角”对话框。

（2）在“定义倒角”对话框的 拓展：下拉列表中选择 相切 选项，选取图 28.3.5a 所示的边线为要倒角的对象。在“定义倒角”对话框的 模式：下拉菜单中选择 长度 1/长度 2 选项，在 长度 1：和 长度 2：文本框中均输入数值 1。

（3）单击“定义倒角”对话框中的 确定 按钮，完成倒角 1 的创建。

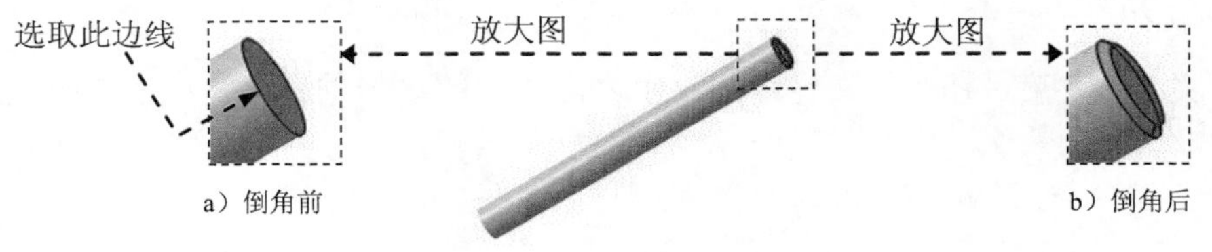

图 28.3.5 倒角 1

Step5. 保存文件。

28.4 下 挡 环

此零件是减振器的一个挡环零件，运用旋转、孔、圆弧阵列和倒角特征即可完成创建。下挡环模型及特征树如图 28.4.1 所示。

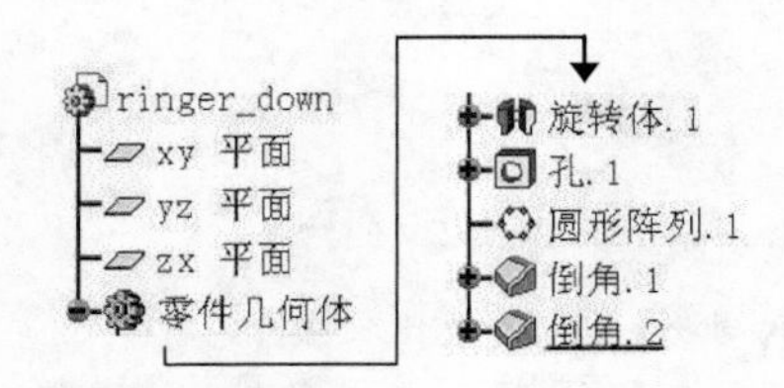

图 28.4.1 下挡环模型和特征树

Step1. 新建模型文件。选择下拉菜单 文件 → 新建... 命令（或在“标准”工具栏中单击按钮），在系统弹出的“新建”对话框的 类型列表: 中选择文件类型为 Part，单击对话框中的 确定 按钮。在系统弹出的“新建零件”对话框中输入零件名称 ringer_down，并选中 启用混合设计 复选框，单击 确定 按钮，进入“零件设计”工作台。

Step2. 创建图 28.4.2 所示的零件特征——旋转体 1。

（1）选择命令。选择下拉菜单 插入 → 基于草图的特征 → 旋转体... 命令（或单击按钮），系统弹出“定义旋转体”对话框。

（2）创建图 28.4.3 所示的截面草图。

① 定义草图平面。在“定义旋转体”对话框中单击按钮，选取“yz 平面”作为草图平面。

② 绘制截面草图。在草绘工作台中绘制图 28.4.3 所示的截面草图。

③ 单击“工作台”工具栏中的按钮，退出草绘工作台。

（3）定义旋转轴线。在“定义旋转体”对话框的 轴线 区域中右击 选择: 文本框，在系统弹出的快捷菜单中选择 Y 轴 作为旋转轴线。

图 28.4.2 旋转体 1

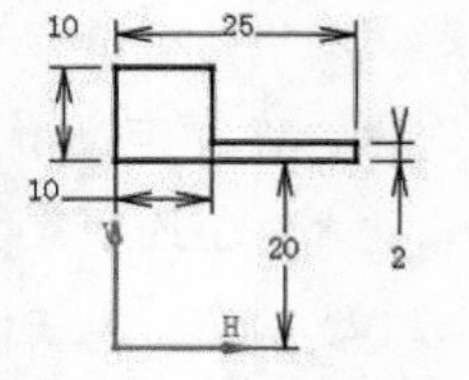

图 28.4.3 截面草图

（4）定义旋转角度。在“定义旋转体”对话框的 限制 区域的 第一角度: 文本框中输入数值 360。

（5）单击确定按钮，完成旋转体 1 的创建。

Step3. 创建图 28.4.4 所示的零件特征——孔 1。

（1）选择命令。选择下拉菜单插入 → 基于草图的特征 → 孔...命令（或单击“基于草图的特征”工具栏中的按钮）。

（2）定义孔的放置面。选取图 28.4.5 所示的面为孔的放置面，此时系统弹出“定义孔”对话框。

（3）定义孔的位置。

① 进入定位草图。单击“定义孔”对话框的扩展选项卡中的按钮，进入草绘工作台。

② 定义几何约束。如图 28.4.6 所示，在草绘工作台中约束孔的中心线与 yz 平面相合并添加尺寸约束。

③ 完成几何约束后，单击按钮，退出草绘工作台。

（4）定义孔的扩展参数。

① 在“定义孔”对话框的扩展选项卡的下拉列表中选择盲孔选项。

② 在“定义孔”对话框的扩展选项卡的直径：文本框中输入数值 6；在深度：文本框中输入数值 6。

③ 在“定义孔”对话框的扩展选项卡的底部下拉列表中选择V 形底选项。

（5）单击该对话框中的确定按钮，完成孔 1 的创建。

图 28.4.4 孔 1

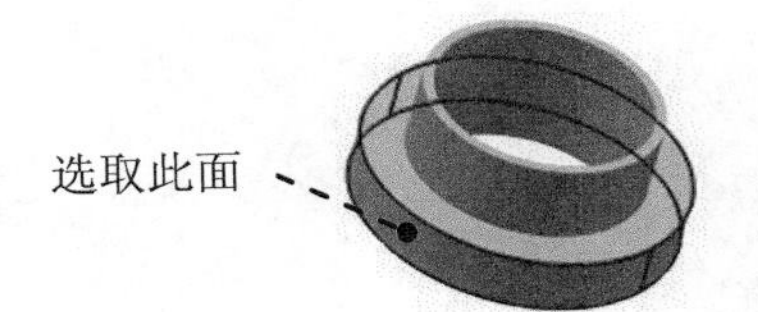

图 28.4.5 选取孔的放置面

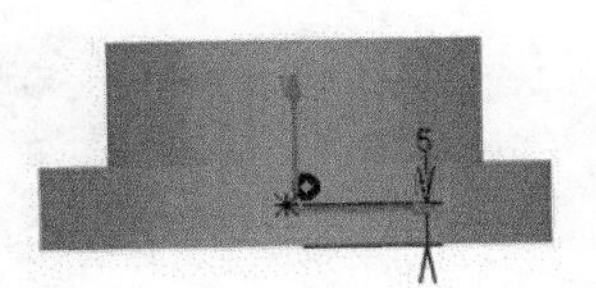

图 28.4.6 约束孔的定位

Step4. 创建图 28.4.7 所示的圆形阵列 1。

（1）选择命令。选择下拉菜单插入 → 变换特征 → 圆形阵列...命令，系统弹出“定义圆形阵列”对话框。

（2）在“定义圆形阵列”对话框的参数下拉列表中选择完整径向选项。

（3）在“定义圆形阵列”对话框的实例：文本框中输入数值 6。

（4）定义参考方向。激活“定义圆形阵列”对话框中的参考元素：文本框，选择旋转体 1 作为参考元素。

（5）激活“定义圆形阵列”对话框中的对象：文本框，在特征树中选取孔 1 为要圆形阵列的对象。

（6）单击 确定 按钮，完成圆形阵列 1 的创建。

Step5. 创建图 28.4.8b 所示的倒角 1。

（1）选择命令。选择下拉菜单 插入 → 修饰特征 ▸ → 倒角... 命令（或单击“修饰特征”工具栏中的按钮），系统弹出“定义倒角”对话框。

（2）选取要倒角的对象。选取图 28.4.8a 所示的边线为要倒角的对象。

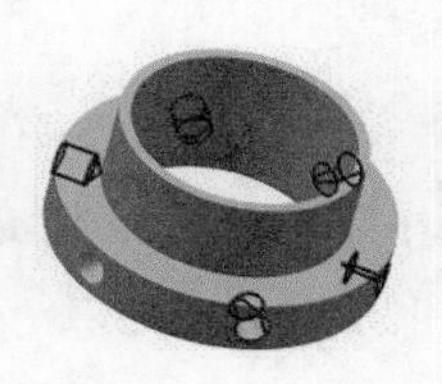

图 28.4.7　圆形阵列 1

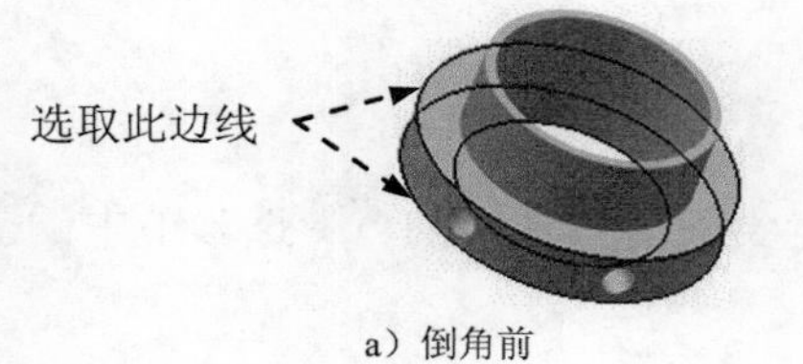

a）倒角前

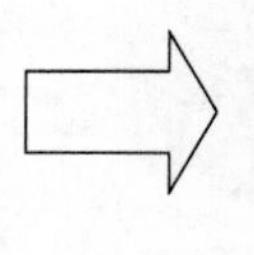

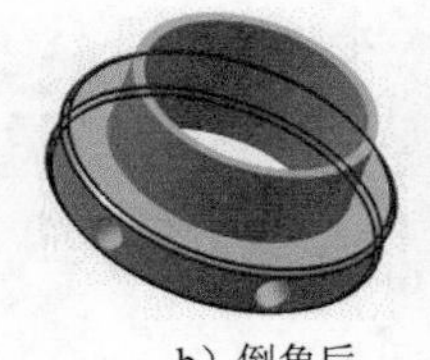

b）倒角后

图 28.4.8　倒角 1

（3）定义倒角参数。

① 定义倒角模式。在“定义倒角”对话框的 模式： 下拉列表中选择 长度 1/长度 2 选项。

② 定义倒角尺寸。在 长度 1： 和 长度 2： 文本框中均输入数值 1。

（4）单击“定义倒角”对话框中的 确定 按钮，完成倒角 1 的创建。

Step6. 创建图 28.4.9b 所示的倒角 2。

（1）选择命令。选择下拉菜单 插入 → 修饰特征 ▸ → 倒角... 命令（或单击“修饰特征”工具栏中的按钮），系统弹出“定义倒角”对话框。

（2）选取要倒角的对象。选取图 28.4.9a 所示的边线为要倒角的对象。

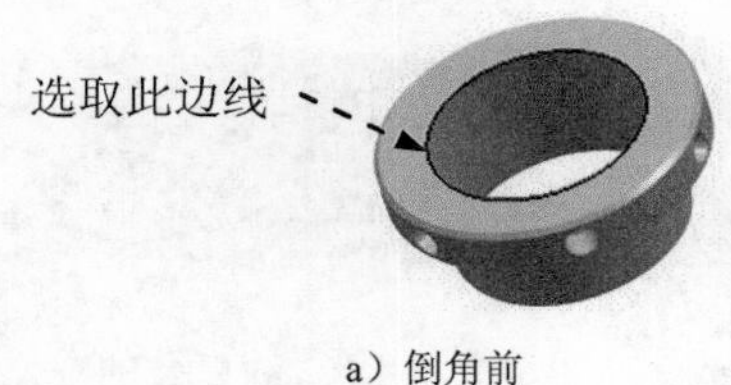

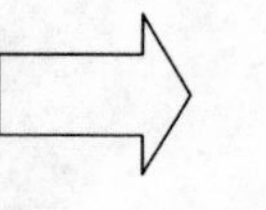

a）倒角前

b）倒角后

图 28.4.9　倒角 2

（3）定义倒角参数。

① 定义倒角模式。在“定义倒角”对话框的 模式： 下拉列表中选择 长度 1/长度 2 选项。

② 定义倒角尺寸。在 长度 1： 和 长度 2： 文本框中均输入数值 2。

（4）单击“定义倒角”对话框中的 确定 按钮，完成倒角 2 的创建。

Step7. 更改零件模型的颜色。

（1）在特征树中右击 零件几何体，在系统弹出的快捷菜单中选择 属性 Alt+Enter 命令，系统弹出“属性”对话框。

（2）单击 图形 选项卡，在 颜色 下拉列表中选择黄色作为更改的颜色。

（3）单击 确定 按钮，完成零件模型颜色的更改。

Step8. 保存零件模型。

28.5 减 振 弹 簧

此零件为减振器的一个减振弹簧，主要运用螺旋线、肋及凹槽等特征，结构比较简单。减振弹簧模型及特征树如图 28.5.1 所示。

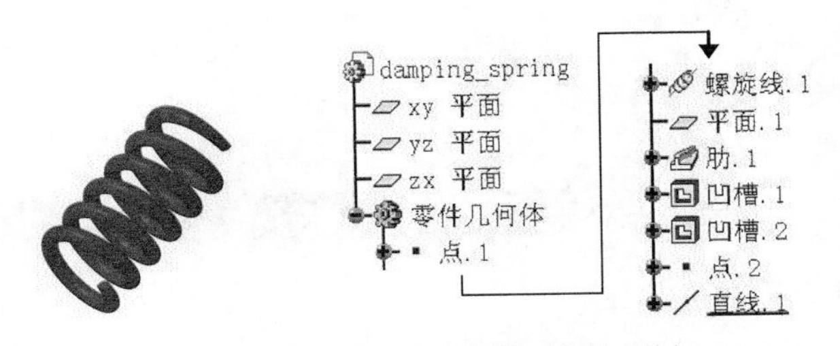

图 28.5.1 减振弹簧模型和特征树

Step1. 新建模型文件。选择下拉菜单 文件(F) → 新建... 命令，系统弹出“新建”对话框，在类型列表中选择 Part 选项，单击 确定 按钮。在系统弹出的“新建零件”对话框中输入零件名称 damping_spring，并选中 启用混合设计 复选框，单击 确定 按钮，进入“零件设计”工作台。

Step2. 选择下拉菜单 开始 → 形状 → 创成式外形设计 命令，进入“创成式外形设计”工作台。

Step3. 创建图 28.5.2 所示的点 1。

（1）单击“线框”工具栏中的“点”按钮，系统弹出“点定义”对话框。

（2）在 点类型： 下拉列表中选择 坐标 选项，在 X = 文本框中输入数值 26。

（3）单击 确定 按钮，完成点 1 的创建。

Step4. 创建图 28.5.2 所示的螺旋线 1。

（1）选择下拉菜单 插入 → 线框 → 螺旋线... 命令，系统弹出“螺旋曲线定义”对话框。

（2）在“螺旋曲线定义”对话框的 类型 区域的 螺旋类型： 下拉列表中选择 高度和螺距 选项。

（3）在 螺距： 文本框中输入数值 20，在 高度： 文本框中输入数值 120；选取图 28.5.2 所示的点 1 为螺旋线的起点；在 轴： 文本框中右击，从系统弹出的快捷菜单中选择 Z 轴 作为螺旋线的轴线，其他选项均采用系统默认设置。

（4）单击 确定 按钮，完成螺旋线 1 的创建。

Step5. 创建图 28.5.3 所示的平面 1。

（1）选择下拉菜单 插入 → 线框 → 平面... 命令（或单击“线框”工具栏

中的“平面”按钮），系统弹出“平面定义”对话框。

（2）在“平面定义”对话框的平面类型：下拉列表中选择曲线的法线选项，选取图 28.5.3 所示的螺旋线 1 为平面的通过曲线，选取图 28.5.3 所示的点 1 为平面的通过点。

（3）单击确定按钮，完成平面 1 的创建。

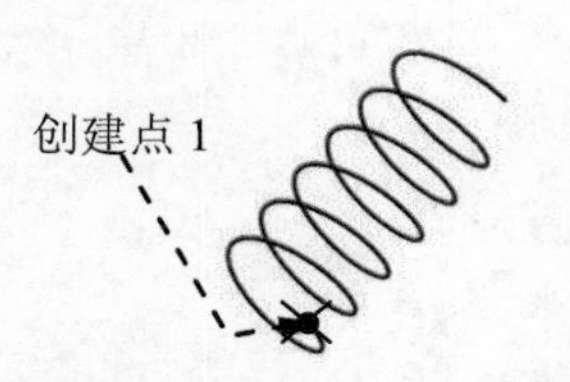

图 28.5.2　点 1 和螺旋线 1

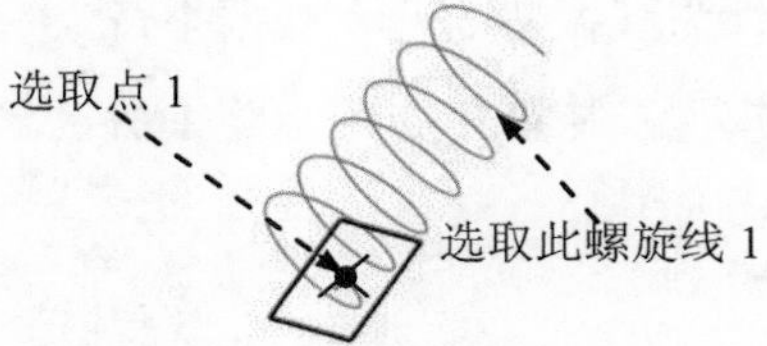

图 28.5.3　平面 1

Step6. 切换工作台。选择下拉菜单开始 → 机械设计 → 零件设计命令，进入“零件设计”工作台。

Step7. 创建图 28.5.4 所示的肋 1。

（1）选择下拉菜单插入 → 基于草图的特征 → 肋...命令，系统弹出“肋定义”对话框。

（2）单击轮廓右侧的按钮，选取平面 1 为草图平面；在草绘工作台中绘制图 28.5.5 所示的截面草图；单击按钮，退出草绘工作台；选取 Step4 创建的螺旋线 1 为中心曲线；在轮廓控制区域的下拉列表中选择保持角度选项。

（3）单击确定按钮，完成肋 1 的创建。

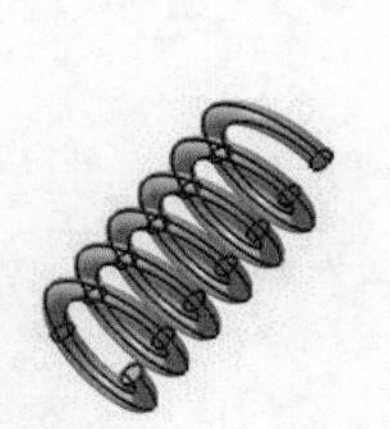

图 28.5.4　肋 1

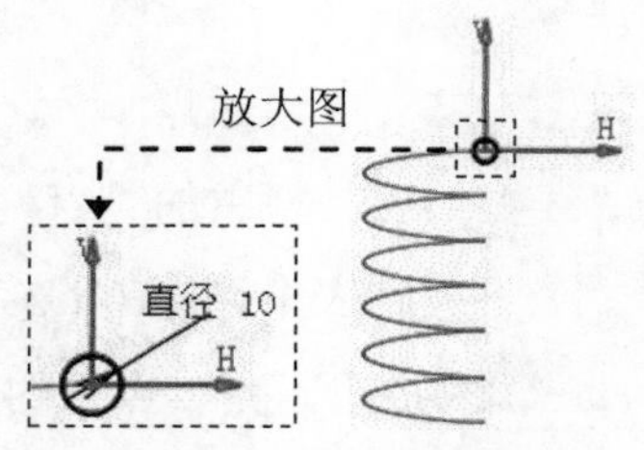

图 28.5.5　截面草图

Step8. 创建图 28.5.6 所示的凹槽 1。

（1）选择下拉菜单插入 → 基于草图的特征 → 凹槽...命令（或单击按钮），系统弹出“定义凹槽”对话框。

（2）单击按钮，选取“yz 平面”为草图平面；在草绘工作台中绘制图 28.5.7 所示的截面草图；单击按钮，退出草绘工作台。在第一限制区域的类型：下拉列表中选择直到最后选项；单击反转方向按钮，反转深度方向。

（3）单击确定按钮，完成凹槽 1 的创建。

Step9. 创建图 28.5.8 所示的凹槽 2。

（1）选择下拉菜单 插入 → 基于草图的特征 ▸ → 凹槽... 命令（或单击 按钮），系统弹出“定义凹槽”对话框。

（2）单击 按钮，选取“yz 平面”为草图平面；在草绘工作台中绘制图 28.5.9 所示的截面草图；单击 按钮，退出草绘工作台。在 第一限制 区域的 类型： 下拉列表中选择 直到最后 选项；单击 反转方向 按钮，反转深度方向。

（3）单击 确定 按钮，完成凹槽 2 的创建。

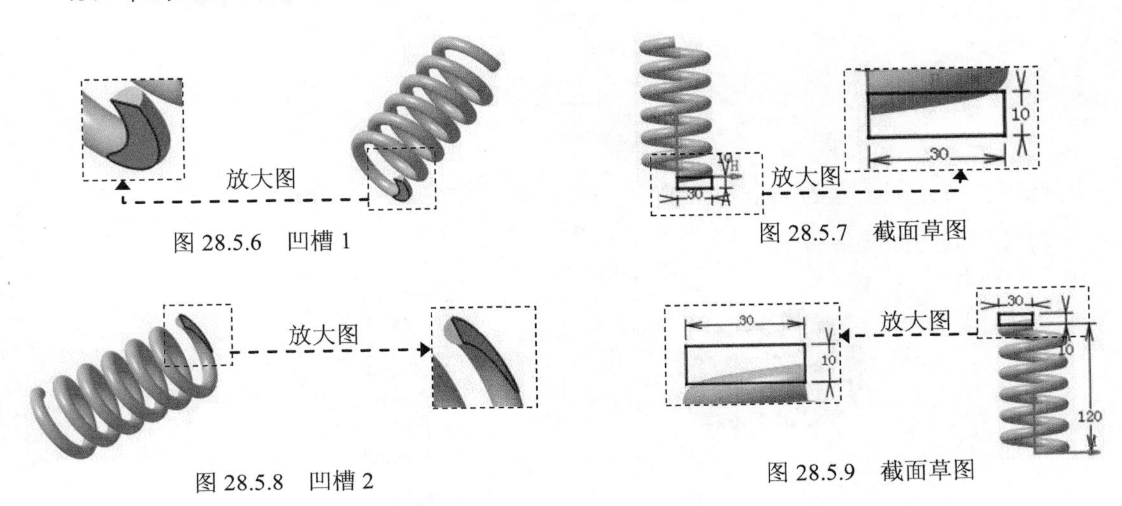

图 28.5.6　凹槽 1

图 28.5.7　截面草图

图 28.5.8　凹槽 2

图 28.5.9　截面草图

Step10. 创建图 28.5.10 所示的点 2。

（1）单击“参考元素（扩展）”工具栏中的“点”按钮 ，系统弹出“点定义”对话框。

（2）在 点类型： 下拉列表中选择 坐标 选项，在 X = 文本框中输入数值 0，其他参数均采用系统默认设置值。

（3）单击 确定 按钮，完成点 2 的创建。

Step11. 创建图 28.5.11 所示的直线 1。

（1）单击“参考元素（扩展）”工具栏中的“直线”按钮 ，系统弹出“直线定义”对话框。

（2）在“直线定义”对话框的 线型 下拉列表中选择 点-方向 选项，选取点 2 为直线的通过点，选取“xy 平面”为直线的方向，在 终点： 文本框中输入数值 120。

（3）单击 确定 按钮，完成直线 1 的创建。

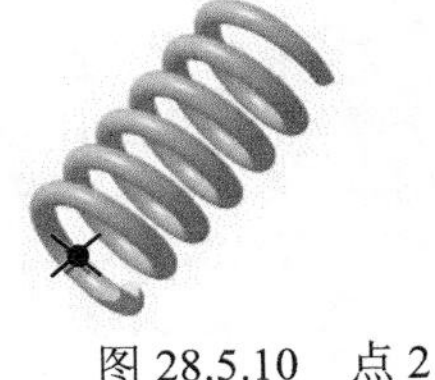

图 28.5.10　点 2

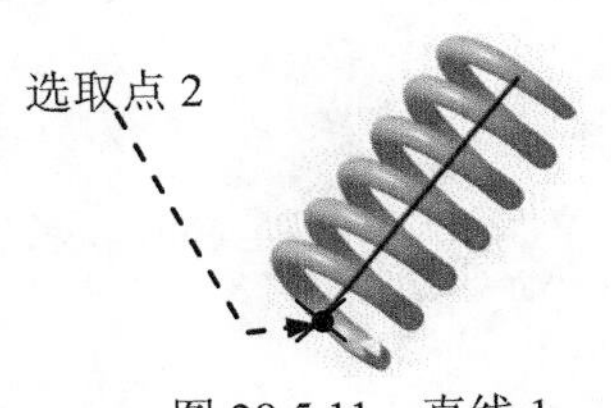

图 28.5.11　直线 1

Step12. 更改零件模型的颜色。

（1）在特征树中右击零件几何体，在系统弹出的快捷菜单中选择属性 Alt+Enter命令，系统弹出“属性”对话框。

（2）单击图形选项卡，在颜色下拉列表中选择红色作为更改的颜色。

（3）单击确定按钮，完成零件模型颜色的更改。

Step13. 保存文件。

28.6 上 挡 环

此零件也是减振器的一个挡环零件，运用旋转体和倒角特征便可完成创建。上挡环模型及特征树如图 28.6.1 所示。

ring_top
xy 平面
yz 平面
zx 平面
零件几何体
旋转体.1
倒角.1

图 28.6.1 上挡环模型和特征树

Step1. 新建模型文件。选择下拉菜单文件 → 新建...命令（或在“标准”工具栏中单击按钮），在系统弹出的“新建”对话框的类型列表：中选择文件类型为Part，单击对话框中的确定按钮。在“新建零件”对话框中输入零件名称 ring_top，并选中启用混合设计复选框，单击确定按钮，进入“零件设计”工作台。

Step2. 创建图 28.6.2 所示的零件特征——旋转体 1。

（1）选择命令。选择下拉菜单插入 → 基于草图的特征 → 旋转体...命令（或单击按钮），系统弹出“定义旋转体”对话框。

（2）创建图 28.6.3 所示的截面草图。

① 定义草图平面。在“定义旋转体”对话框中单击按钮，选取“yz 平面”作为草图平面。

② 绘制截面草图。在草绘工作台中绘制图 28.6.3 所示的截面草图。

③ 单击“工作台”工具栏中的按钮，退出草绘工作台。

图 28.6.2 旋转体 1

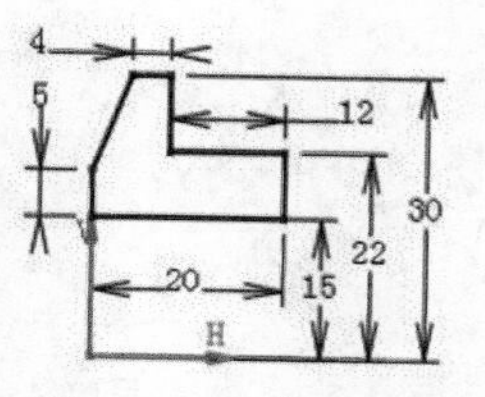

图 28.6.3 截面草图

（3）定义旋转轴线。在“定义旋转体”对话框的 轴线 区域中右击 选择： 文本框，在系统弹出的快捷菜单中选择 Y 轴 作为旋转轴线。

（4）定义旋转角度。在“定义旋转体”对话框的 限制 区域的 第一角度： 文本框中输入数值 360。

（5）单击 确定 按钮，完成旋转体 1 的创建。

Step3. 创建图 28.6.4b 所示的倒角 1。

（1）选择命令。选择下拉菜单 插入 → 修饰特征 → 倒角... 命令（或单击“修饰特征”工具栏中的 按钮），系统弹出“定义倒角”对话框。

（2）选取要倒角的对象。选取图 28.6.4a 所示的边线为要倒角的对象。

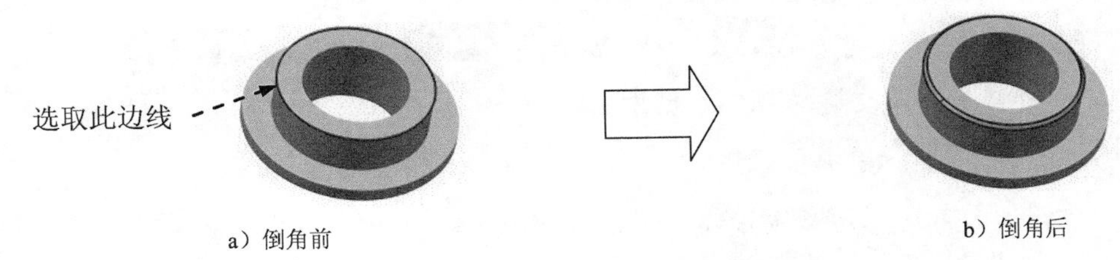

a）倒角前　　b）倒角后

图 28.6.4　倒角 1

（3）定义倒角参数。

① 定义倒角模式。在“定义倒角”对话框的 模式： 下拉列表中选择 长度 1/长度 2 选项。

② 定义倒角尺寸。在 长度 1： 和 长度 2： 文本框中均输入数值 1。

（4）单击“定义倒角”对话框中的 确定 按钮，完成倒角 1 的创建。

Step4. 更改零件模型的颜色。

（1）在特征树中右击 零件几何体，在系统弹出的快捷菜单中选择 属性 Alt+Enter 命令，系统弹出“属性”对话框。

（2）单击 图形 选项卡，在 颜色 下拉列表中选择深红色作为更改的颜色。

（3）单击 确定 按钮，完成零件模型颜色的更改。

Step5. 保存零件模型。

28.7　连　接　轴

此零件为减振器的一个轴类连接零件，主要运用旋转体、凹槽、镜像、凸台、孔和倒角等特征命令。连接轴模型及特征树如图 28.7.1 所示。

Step1. 新建模型文件。选择下拉菜单 文件 → 新建... 命令（或在“标准”工具栏中单击 按钮），在系统弹出的“新建”对话框的 类型列表： 中选择文件类型为 Part，单击对话框中的 确定 按钮。在“新建零件”对话框中输入零件名称 connect_shaft，并选中

启用混合设计 复选框，单击 确定 按钮，进入“零件设计”工作台。

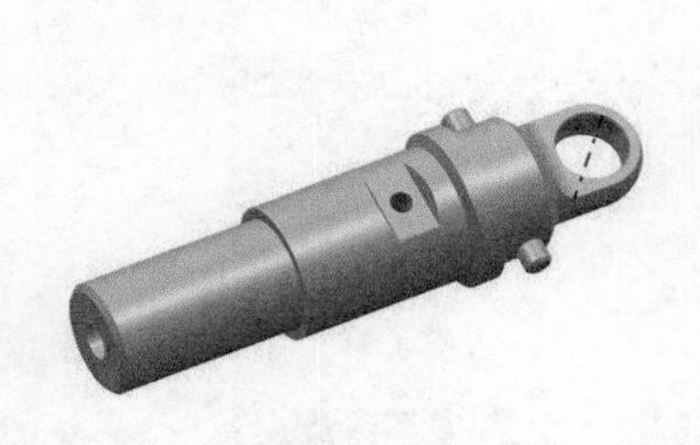

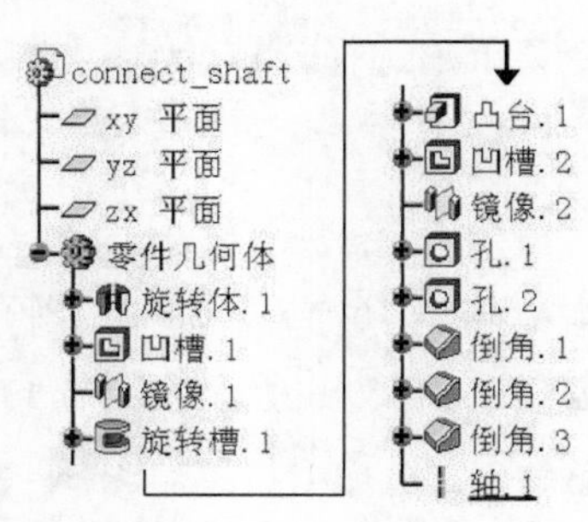

图 28.7.1　连接轴模型和特征树

Step2. 创建图 28.7.2 所示的零件特征——旋转体 1。

（1）选择命令。选择下拉菜单 插入 → 基于草图的特征 → 旋转体... 命令（或单击 按钮），系统弹出“定义旋转体”对话框。

（2）创建图 28.7.3 所示的截面草图。

① 定义草图平面。在“定义旋转体”对话框中单击 按钮，选取“yz 平面”作为草图平面。

② 绘制截面草图。在草绘工作台中绘制图 28.7.3 所示的截面草图。

③ 单击“工作台”工具栏中的 按钮，退出草绘工作台。

（3）定义旋转轴线。在“定义旋转体”对话框的 轴线 区域中右击 选择： 文本框，在系统弹出的快捷菜单中选择 Z 轴 作为旋转轴线。

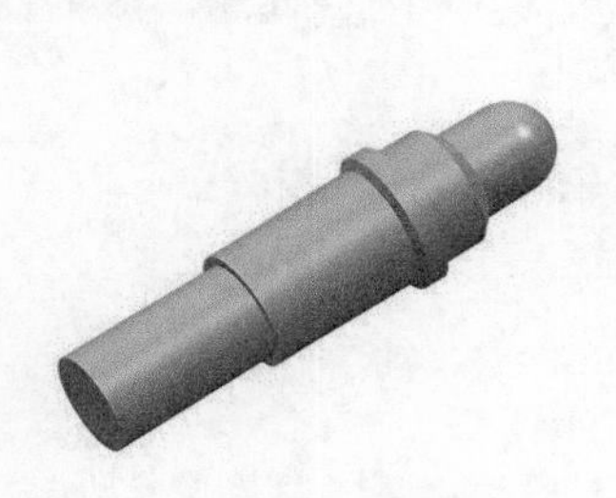

图 28.7.2　旋转体 1

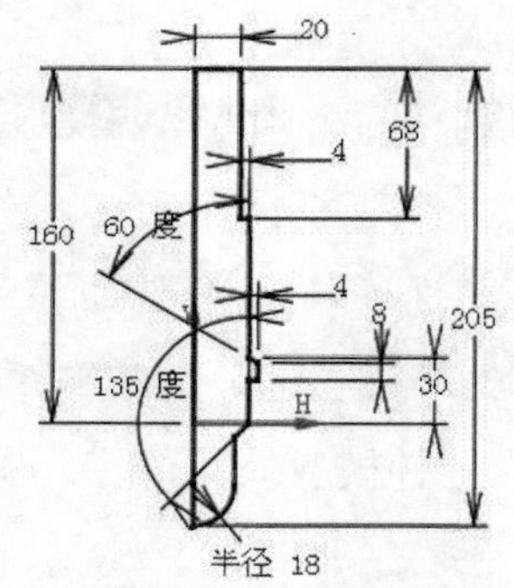

图 28.7.3　截面草图

（4）定义旋转角度。在“定义旋转体”对话框的 限制 区域的 第一角度： 文本框中输入数值 360。

（5）单击 确定 按钮，完成旋转体 1 的创建。

Step3. 创建图 28.7.4 所示的零件特征——凹槽 1。

（1）选择命令。选择下拉菜单 插入 → 基于草图的特征 → 凹槽... 命令（或单击 按钮），系统弹出“定义凹槽”对话框。

（2）创建图 28.7.5 所示的截面草图。

① 定义草图平面。在“定义凹槽”对话框中单击按钮，选取“yz 平面”为草图平面。

② 绘制截面草图。在草绘工作台中绘制图 28.7.5 所示的截面草图。

③ 单击“工作台”工具栏中的按钮，退出草绘工作台。

（3）定义深度属性。

① 定义深度方向。采用系统默认的深度方向。

② 定义深度类型。单击“定义凹槽”对话框中的 更多>> 按钮，展开对话框的隐藏部分，在该对话框 第一限制 区域与 第二限制 区域的 类型: 下拉列表中均选择 直到最后 选项。

（4）单击 确定 按钮，完成凹槽 1 的创建。

Step4. 创建图 28.7.6 所示的镜像 1。

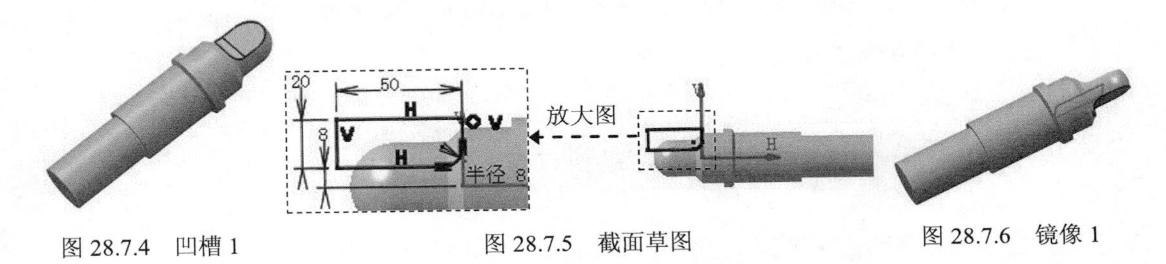

图 28.7.4 凹槽 1　　图 28.7.5 截面草图　　图 28.7.6 镜像 1

（1）定义镜像对象。在特征树上选取凹槽 1 为镜像对象。

（2）选择命令。选择下拉菜单 插入 → 变换特征 → 镜像... 命令，系统弹出“定义镜像”对话框。

（3）定义镜像平面。选取“zx 平面”为镜像平面。

（4）单击 确定 按钮，完成镜像 1 的创建。

Step5. 创建图 28.7.7 所示的零件特征——旋转槽 1。

（1）选择命令。选择下拉菜单 插入 → 基于草图的特征 → 旋转槽... 命令（或单击按钮），系统弹出“定义旋转槽”对话框。

（2）创建截面草图。

① 定义草图平面。在 “定义旋转槽”对话框中单击按钮，选取“yz 平面”为草图平面。

② 绘制截面草图。在草绘工作台中绘制图 28.7.8 所示的截面草图。

③ 单击“工作台”工具栏中的按钮，退出草绘工作台。

（3）定义旋转轴线。系统自动选择草图中绘制的轴线作为旋转轴线。

（4）定义旋转角度。在“定义旋转槽”对话框的 限制 区域的 第一角度： 文本框中输入数值 360。

（5）单击 确定 按钮，完成旋转槽 1 的创建。

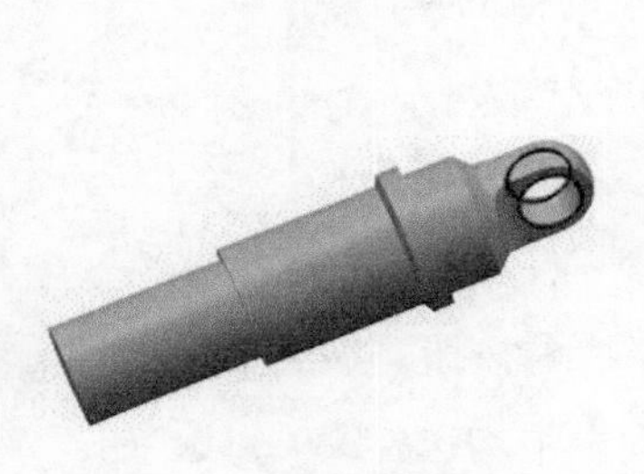
图 28.7.7　旋转槽 1

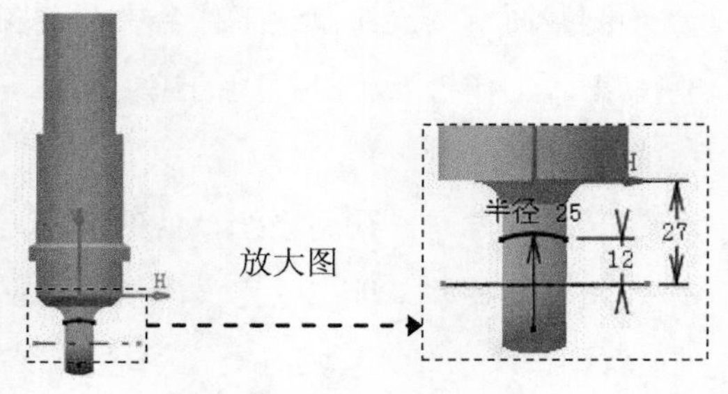

图 28.7.8　截面草图

Step6. 创建图 28.7.9 所示的零件基础特征——凸台 1。

（1）选择命令。选择下拉菜单 插入 ➡ 基于草图的特征 ➡ 凸台... 命令（或单击 按钮），系统弹出“定义凸台”对话框。

（2）创建截面草图。

① 定义草图平面。在“定义凸台”对话框中单击 按钮，选取“yz 平面”作为草图平面。

② 绘制截面草图。在草绘工作台中绘制图 28.7.10 所示的截面草图。

③ 单击“工作台”工具栏中的 按钮，退出草绘工作台。

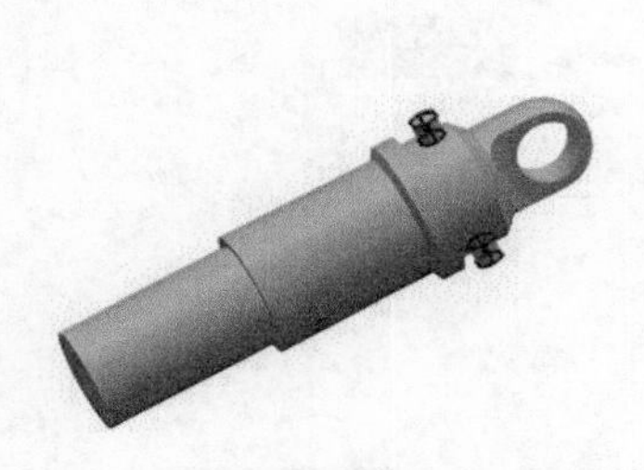
图 28.7.9　凸台 1

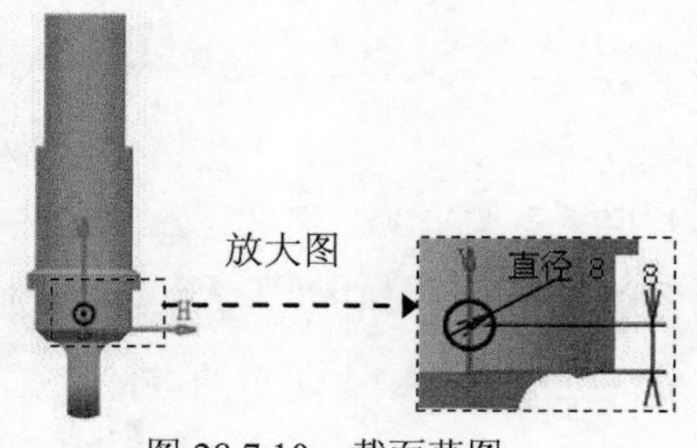

图 28.7.10　截面草图

（3）定义深度属性。

① 定义深度方向。采用系统默认的深度方向。

② 定义深度类型。单击“定义凸台”对话框中的 更多>> 按钮，展开对话框的隐藏部分，在该对话框 第一限制 区域和 第二限制 区域的 类型： 下拉列表中均选择 尺寸 选项。

③ 定义深度值。在“定义凸台”对话框的 第一限制 区域的 长度： 文本框中输入数值 32，在 第二限制 区域的 长度： 文本框中输入数值 32。

（4）单击“定义凸台”对话框中的 确定 按钮，完成凸台 1 的创建。

Step7. 创建图 28.7.11 所示的零件特征——凹槽 2。

（1）选择命令。选择下拉菜单 插入 → 基于草图的特征 ▸ → 凹槽... 命令（或单击按钮），系统弹出“定义凹槽”对话框。

（2）创建图 28.7.12 所示的截面草图。

① 定义草图平面。在“定义凹槽”对话框中单击按钮，选取“yz 平面”为草图平面。

② 绘制截面草图。在草绘工作台中绘制图 28.7.12 所示的截面草图。

③ 单击“工作台”工具栏中的按钮，退出草绘工作台。

（3）定义深度属性。

① 定义深度方向。采用系统默认的深度方向。

② 定义深度类型。单击“定义凹槽”对话框中的 更多>> 按钮，展开对话框的隐藏部分，在该对话框 第一限制 区域与 第二限制 区域的 类型： 下拉列表中均选择 直到最后 选项。

（4）单击 确定 按钮，完成凹槽 2 的创建。

Step8. 创建图 28.7.13 所示的镜像 2。

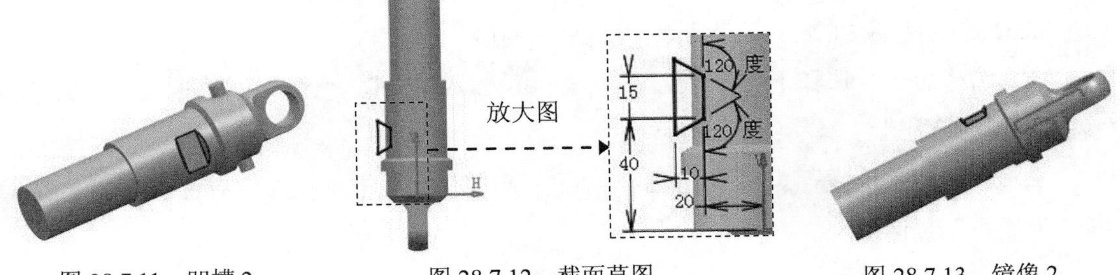

图 28.7.11 凹槽 2　　图 28.7.12 截面草图　　图 28.7.13 镜像 2

（1）定义镜像对象。在特征树上选取凹槽 2 为镜像对象。

（2）选择命令。选择下拉菜单 插入 → 变换特征 ▸ → 镜像... 命令，系统弹出“定义镜像”对话框。

（3）定义镜像平面。选取“zx 平面”为镜像平面。

（4）单击 确定 按钮，完成镜像 2 的创建。

Step9. 创建图 28.7.14 所示的零件特征——孔 1。

（1）选择命令。选择下拉菜单 插入 → 基于草图的特征 ▸ → 孔... 命令（或单击“基于草图的特征”工具栏中的按钮）。

（2）定义孔的放置面。选取图 28.7.15 所示的模型表面为孔的放置面，此时系统弹出“定义孔”对话框。

（3）定义孔的位置。

① 进入定位草图。单击“定义孔”对话框的 扩展 选项卡中的按钮，进入草绘工作台。

② 定义几何约束。如图 28.7.16 所示，在草绘工作台中约束孔的中心线与“yz 平面”重合并添加尺寸约束。

③ 完成几何约束后，单击按钮，退出草绘工作台。

（4）定义孔的扩展参数。

① 在“定义孔”对话框的扩展选项卡的下拉列表中选择直到最后选项。

② 在“定义孔”对话框的扩展选项卡的直径：文本框中输入数值 8。

（5）单击该对话框中的确定按钮，完成孔 1 的创建。

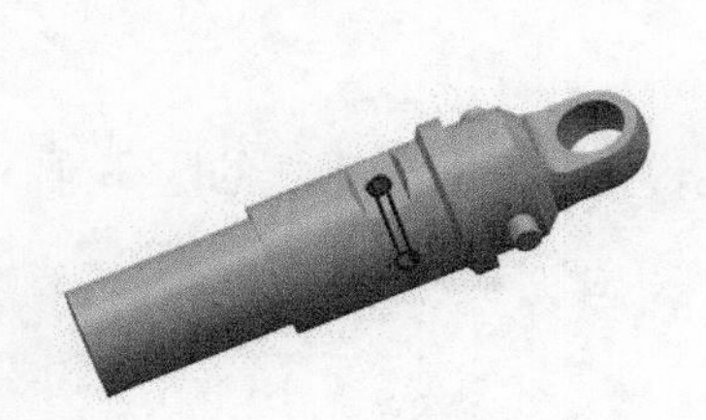

图 28.7.14 孔 1

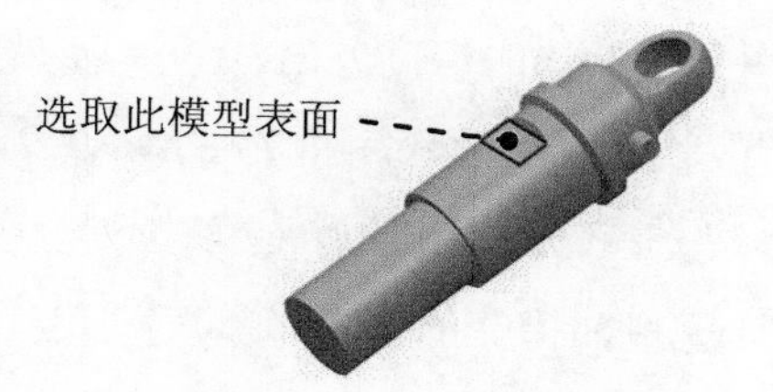

图 28.7.15 选取孔的放置面

图 28.7.16 约束孔的定位

Step10. 创建图 28.7.17 所示的零件特征——孔 2。

（1）选择命令。选择下拉菜单插入 → 基于草图的特征 ▸ → 孔... 命令（或单击“基于草图的特征”工具栏中的按钮）。

（2）定义孔的放置面。选取图 28.7.18 所示的模型表面为孔的放置面，此时系统弹出“定义孔”对话框。

（3）定义孔的位置。

① 进入定位草图。单击“定义孔”对话框的扩展选项卡中的按钮，进入草绘工作台。

② 定义几何约束。如图 28.7.19 所示，在草绘工作台中约束孔的中心线与圆同心。

③ 完成几何约束后，单击按钮，退出草绘工作台。

（4）定义孔的扩展参数。

① 在“定义孔”对话框的扩展选项卡的下拉列表中选择盲孔选项。

② 在该对话框的扩展选项卡的直径：文本框中输入数值 13；在深度：文本框中输入数值 100。

（5）单击该对话框中的确定按钮，完成孔 2 的创建。

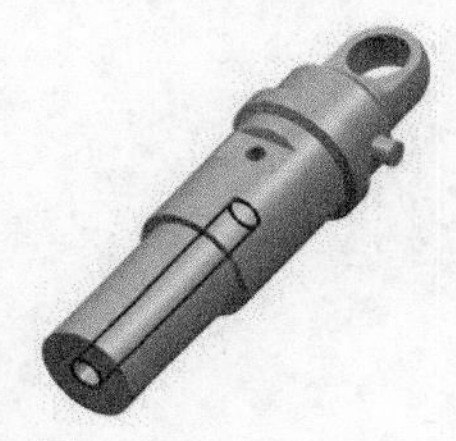

图 28.7.17 孔 2

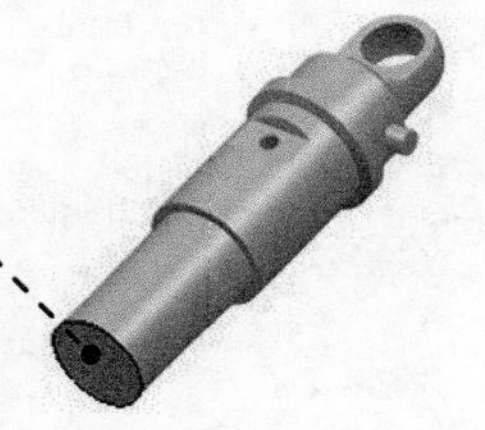

图 28.7.18 选取孔的放置面

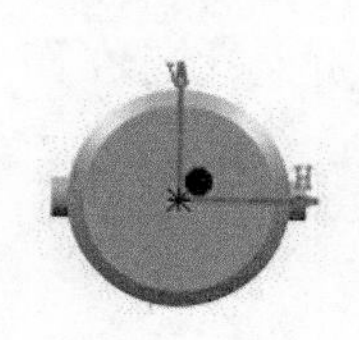

图 28.7.19 约束孔的定位

Step11. 创建图 28.7.20b 所示的倒角 1。

（1）选择命令。选择下拉菜单 插入 → 修饰特征 ▸ → 倒角... 命令（或单击“修饰特征”工具栏中的按钮），系统弹出“定义倒角”对话框。

（2）选取要倒角的对象。选取图 28.7.20a 所示的边线为要倒角的对象。

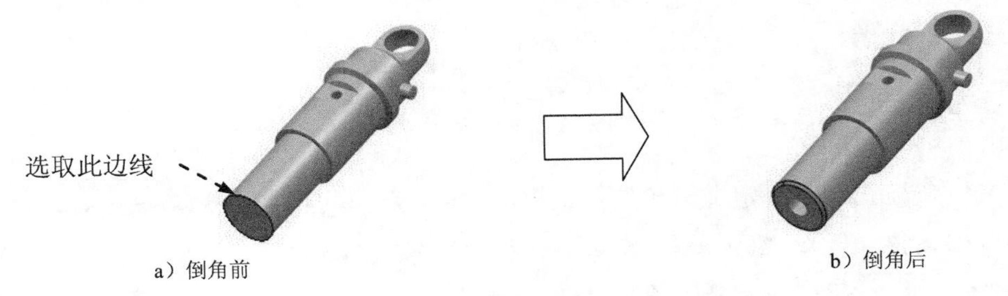

图 28.7.20 倒角 1

（3）定义倒角参数。

① 定义倒角模式。在“定义倒角”对话框的 模式： 下拉列表中选择 长度 1/长度 2 选项。

② 定义倒角尺寸。在 长度 1： 和 长度 2： 文本框中均输入数值 2。

（4）单击该对话框中的 确定 按钮，完成倒角 1 的创建。

Step12. 创建图 28.7.21b 所示的倒角 2。

（1）选择命令。选择下拉菜单 插入 → 修饰特征 ▸ → 倒角... 命令（或单击“修饰特征”工具栏中的按钮），系统弹出“定义倒角”对话框。

（2）选取要倒角的对象。选取图 28.7.21a 所示的边线为要倒角的对象。

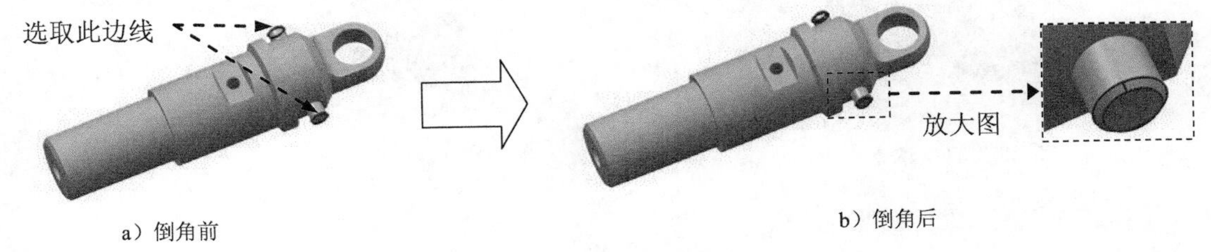

图 28.7.21 倒角 2

（3）定义倒角参数。

① 定义倒角模式。在“定义倒角”对话框的 模式： 下拉列表中选择 长度 1/长度 2 选项。

② 定义倒角尺寸。在 长度 1： 和 长度 2： 文本框中均输入数值 1。

（4）单击该对话框中的 确定 按钮，完成倒角 2 的创建。

Step13. 创建图 28.7.22b 所示的倒角 3。

（1）选择命令。选择下拉菜单 插入 → 修饰特征 ▸ → 倒角... 命令（或单击“修饰特征”工具栏中的按钮），系统弹出“定义倒角”对话框。

（2）选取要倒角的对象。选取图 28.7.22a 所示的边线为要倒角的对象。

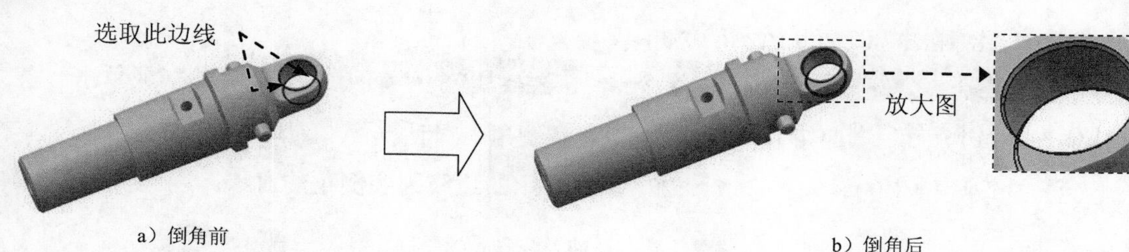

图 28.7.22　倒角 3

（3）定义倒角参数。

① 定义倒角模式。在“定义倒角”对话框的 模式： 下拉列表中选择 长度 1/长度 2 选项。

② 定义倒角尺寸。在 长度 1： 和 长度 2： 文本框中均输入数值 1。

（4）单击对话框中的 确定 按钮，完成倒角 3 的创建。

Step14. 创建图 28.7.23 所示的轴 1。

（1）切换工作台。选择下拉菜单 开始 → 机械设计 → 线框和曲面设计 命令，进入“线框和曲面设计”工作台。

（2）选择命令。选择下拉菜单 插入 → 线框 → 轴线... 命令，系统弹出“轴线定义”对话框。

（3）选取图 28.7.24 所示的曲面为轴线穿过的元素。

（4）单击“轴线定义”对话框中的 确定 按钮，完成轴 1 的创建。

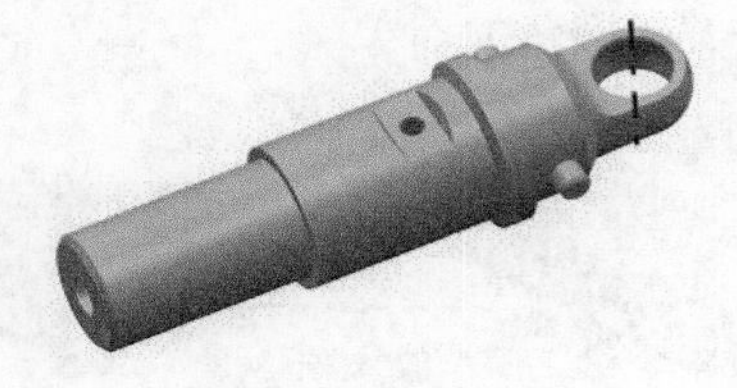

图 28.7.23　轴 1

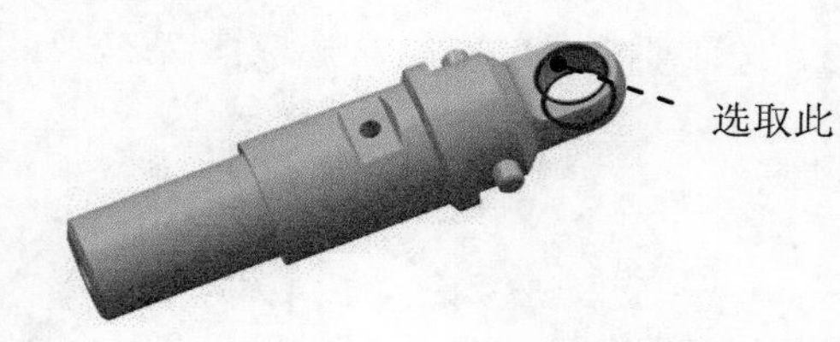

图 28.7.24　选取元素

Step15. 更改零件模型的颜色。

（1）在特征树中右击 零件几何体，在系统弹出的快捷菜单中选择 属性 Alt+Enter 命令，系统弹出“属性”对话框。

（2）单击 图形 选项卡，在 颜色 下拉列表中选择蓝色作为更改的颜色。

（3）单击 确定 按钮，完成零件模型颜色的更改。

Step16. 保存零件模型。

28.8　减振器的装配过程

Stage1. 驱动轴和限位轴的子装配（图 28.8.1）

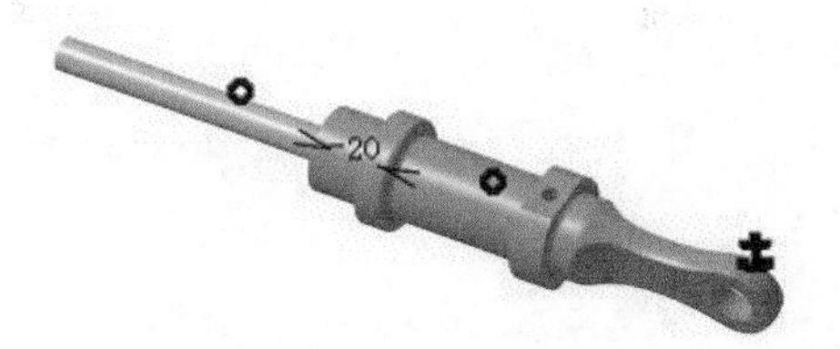

图 28.8.1　驱动轴和限位轴的子装配

注意：在装配前需将已创建好的零件复制至 D:\cat20.1\work\ch28.08 目录下，以方便装配。

Step1. 新建模型文件。

（1）选择下拉菜单 文件 → 新建... 命令，系统弹出“新建”对话框。

（2）在“新建”对话框的 类型列表: 中选择 Product 选项，单击 确定 按钮。

（3）右击特征树中的 Product1，在系统弹出的快捷菜单中选择 属性 命令，系统弹出“属性”对话框。

（4）在“属性”对话框中选择 产品 选项卡。在 零件编号 后面的文本框中将 Product1 改为 sub_asm_01，单击 确定 按钮。

Step2. 添加图 28.8.2 所示的驱动轴零件模型并固定。

（1）双击特征树中的 sub_asm_01，使其处于激活状态。

（2）选择下拉菜单 插入 → 现有部件... 命令（或单击“产品结构工具”工具栏中的 按钮），系统弹出“选择文件”对话框，选择路径 D:\cat20.1\work\ch28.08，选取轴零件模型文件 initiative_shaft.CATPart，单击 打开(O) 按钮。

（3）选择下拉菜单 插入 → 固定 命令，在系统 选择要固定的部件 的提示下，选取图 28.8.2 所示的驱动轴模型，此时模型上会显示出“固定”约束符号，说明第一个零件已经完全被固定在当前位置。

Step3. 添加图 28.8.3 所示的限位轴并定位。

图 28.8.2　添加驱动轴模型并固定

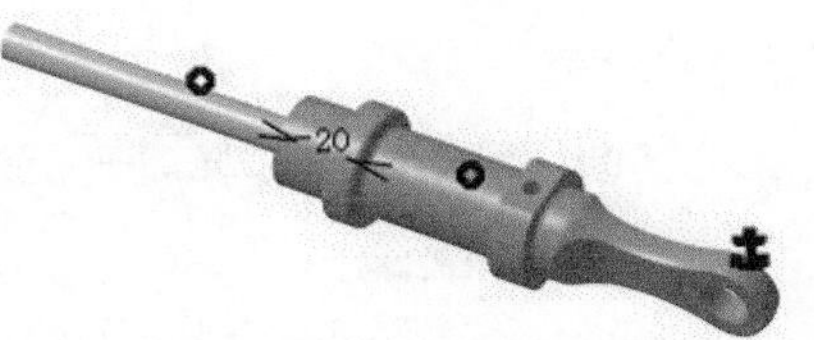

图 28.8.3　添加限位轴并定位

（1）在确认 sub_asm_01 处于激活状态后，选择下拉菜单 插入 → 现有部件... 命令，在系统弹出的“选择文件”对话框中选取限位轴文件 limit_ shaft.CATPart，然后单击 打开(O) 按钮。

（2）选择下拉菜单 插入 → 相合... 命令，选取驱动轴的中轴线和限位轴的中轴线作为相合线，单击 确定 按钮，完成轴线相合约束的设置。

说明：选择 相合... 命令后，将鼠标移动到部件的轴面之后，系统将自动出现一条轴线，此时只需单击即可选中轴线。

（3）选择下拉菜单 插入 → 偏移... 命令，选取图 28.8.4 所示的面 1、面 2 作为相互偏移的平面。在系统弹出的“约束属性”对话框的 方向 下拉列表中选择 相反 选项。在 偏移 文本框中输入数值-20。单击 确定 按钮，完成平面偏移约束的设置。

（4）更新操作。选择下拉菜单 编辑 → 更新... 命令，得到图 28.8.3 所示的结果。

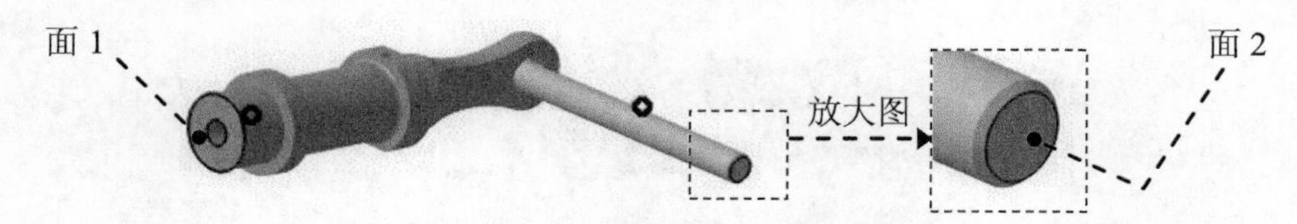

图 28.8.4　选取相互偏移平面

Step4. 保存装配模型。

Stage2. 连接轴和下挡环的子装配（图 28.8.5）

图 28.8.5　连接轴和下挡环的子装配

Step1. 新建模型文件。

（1）选择下拉菜单 文件 → 新建... 命令，系统弹出“新建”对话框。

（2）在“新建”对话框的 类型列表： 中选择 Product 选项，单击 确定 按钮。

（3）右击特征树中的 Product1，在系统弹出的快捷菜单中选择 属性 命令，系统弹出“属性”对话框。

（4）在“属性”对话框中选择 产品 选项卡。在 零件编号 后面的文本框中将 Product1 改为 sub_asm_02，单击 确定 按钮。

Step2. 添加图 28.8.6 所示的连接轴零件模型并固定。

（1）双击特征树中的 sub_asm_02，使其处于激活状态。

（2）选择下拉菜单 插入 → 现有部件... 命令（或单击“产品结构工具”工具栏中的 按钮），系统弹出“选择文件”对话框，选择路径 D:\cat2014.5\work\ch28.08，选取轴零件模型文件 connect_shaft.CATPart，单击 打开(O) 按钮。

（3）选择下拉菜单 插入 → 固定 命令，在系统 选择要固定的部件 的提示下，选取图

28.8.6 所示的模型，此时模型上会显示出“固定”约束符号，说明第一个零件已经完全被固定在当前位置。

Step3. 添加图 28.8.7 所示的下挡环并定位。

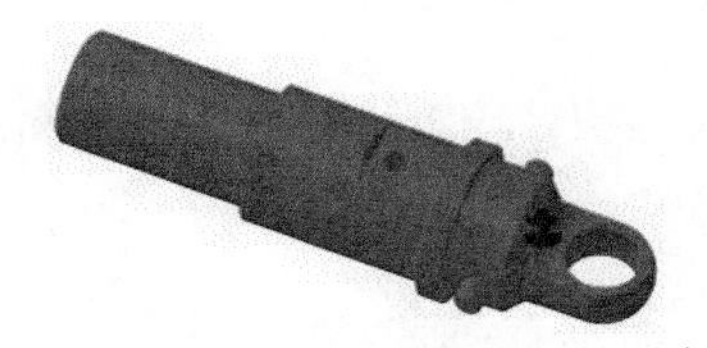

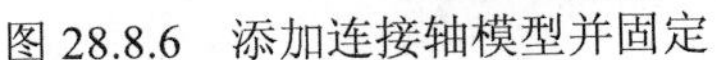

图 28.8.6 添加连接轴模型并固定

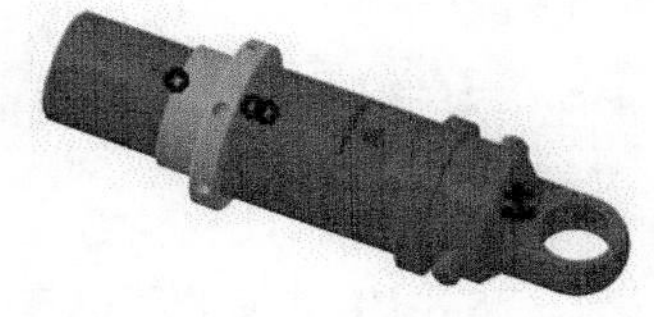

图 28.8.7 添加下挡环并定位

（1）在确认 sub_asm_02 处于激活状态后，选择下拉菜单 插入 → 现有部件... 命令，在系统弹出的“选择文件”对话框中选取下挡环文件 ringer_down.CATPart，然后单击 打开(O) 按钮。

（2）选择下拉菜单 插入 → 相合... 命令。选取连接轴的中轴线和下挡环的中轴线作为相合线，单击 确定 按钮，完成轴线相合约束的设置。

说明：选择 相合... 命令后，将鼠标移动到部件的表面之后，系统将自动出现一条轴线，此时只需单击即可选中轴线。

（3）选择下拉菜单 插入 → 相合... 命令，选取图 28.8.8 所示的面 1、面 2 作为相合平面。在系统弹出的“约束属性”对话框的 方向 下拉列表中选择 相反 选项。单击 确定 按钮，完成平面相合约束的设置。

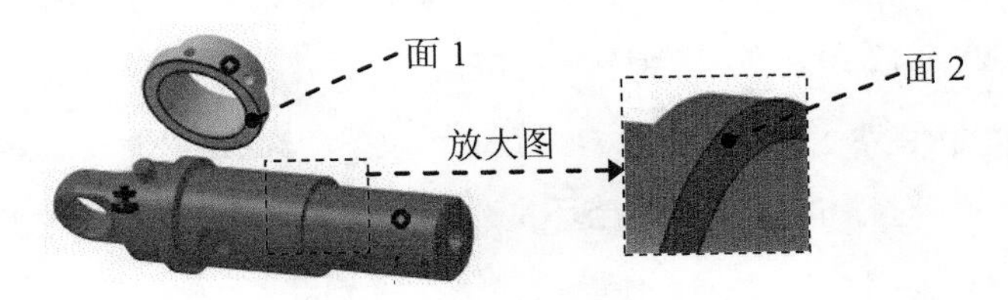

图 28.8.8 选取相合平面

（4）更新操作。选择下拉菜单 编辑 → 更新... 命令，得到图 28.8.7 所示的结果。

Step4. 保存装配模型。

Stage3. 减振机构的总装配（图 28.8.9）

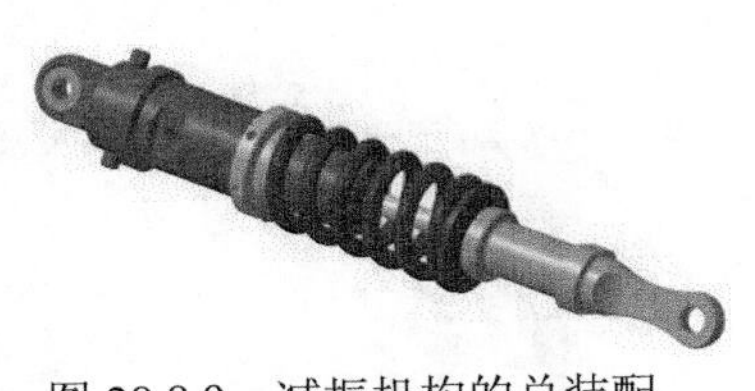

图 28.8.9 减振机构的总装配

Step1. 新建模型文件。

（1）选择下拉菜单 文件 → 新建... 命令，系统弹出“新建”对话框。

（2）在“新建”对话框的 类型列表: 中选择 Product 选项，单击 确定 按钮。

（3）右击特征树中的 Product1，在系统弹出的快捷菜单中选择 属性 命令，系统弹出“属性”对话框。

（4）在“属性”对话框中选择 产品 选项卡。在 零件编号 后面的文本框中将 Product1 改为 damper，单击 确定 按钮。

Step2. 添加图 28.8.10 所示的子装配模型 1 并固定。

（1）双击特征树中的 damper，使其处于激活状态。

（2）选择下拉菜单 插入 → 现有部件... 命令（或单击“产品结构工具”工具栏中的按钮），系统弹出“选择文件”对话框，选择路径 D:\cat2014.5\work\ch28.08，选取子装配模型 1 文件 sub_asm_01.CATProduct，单击 打开(O) 按钮。

（3）选择下拉菜单 插入 → 固定 命令，在系统 选择要固定的部件 的提示下，选取图 28.8.11 所示的上挡环模型，此时模型上会显示出“固定”约束符号，说明子装配模型 1 已经完全被固定在当前位置。

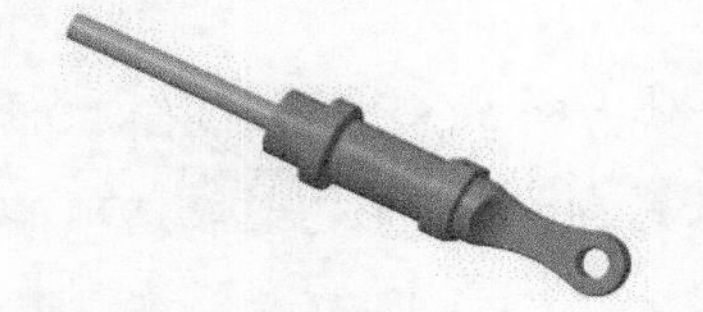

图 28.8.10　添加子装配模型 1 并固定

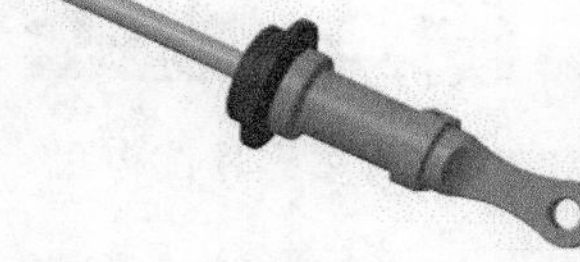

图 28.8.11　添加上挡环模型并定位

Step3. 添加图 28.8.12 所示的上挡环并定位。

（1）在确认 damper 处于激活状态后，选择下拉菜单 插入 → 现有部件... 命令，在系统弹出的“选择文件”对话框中选取上挡环文件 ringer_top.CATPart，然后单击 打开(O) 按钮。

（2）选择下拉菜单 插入 → 相合... 命令。选取子装配 1 的中轴线和上挡环的中轴线作为相合线，单击 确定 按钮，完成轴线相合约束的设置。

（3）选择下拉菜单 插入 → 相合... 命令，选取图 28.8.12 所示的面 1、面 2 作为相合平面。在系统弹出的“约束属性”对话框的 方向 下拉列表中选择 相反 选项。单击 确定 按钮，完成平面相合约束的设置。

（4）更新操作。选择下拉菜单 编辑 → 更新... 命令，结果如图 28.8.11 所示。

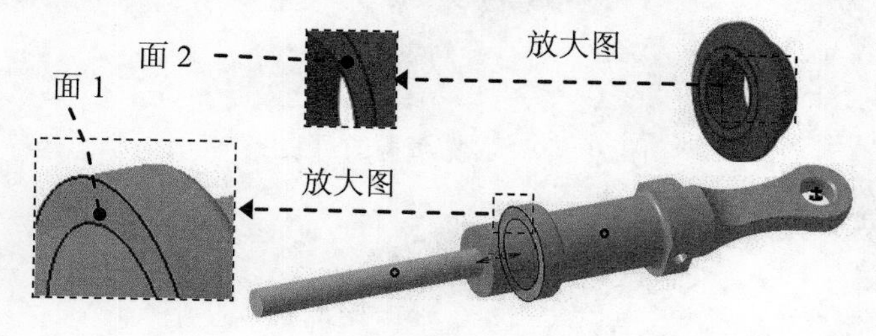

图 28.8.12　选取相合平面

Step4. 添加图 28.8.13 所示的减振弹簧并使其定位。

（1）在确认 damper 处于激活状态后，选择下拉菜单 插入 → 现有部件... 命令，在系统弹出的“选择文件”对话框中选取减振弹簧文件 damping_spring.CATPart，然后单击 打开(O) 按钮。

（2）选择下拉菜单 插入 → 相合... 命令。选取子装配模型 1 的中轴线和减振弹簧中的直线 1 作为相合线，单击 确定 按钮，完成轴线相合约束的设置。

（3）选择下拉菜单 插入 → 相合... 命令，选取图 28.8.14 所示的面 1、面 2 作为相合平面。在系统弹出的“约束属性”对话框的 方向 下拉列表中选择 相反 选项。单击 确定 按钮，完成平面相合约束的设置。

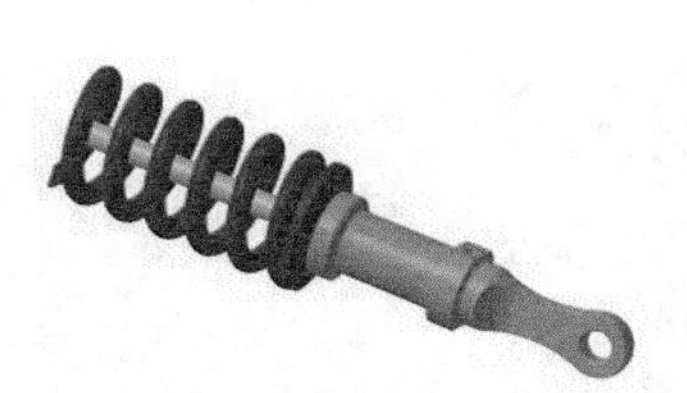

图 28.8.13　添加减振弹簧并定位

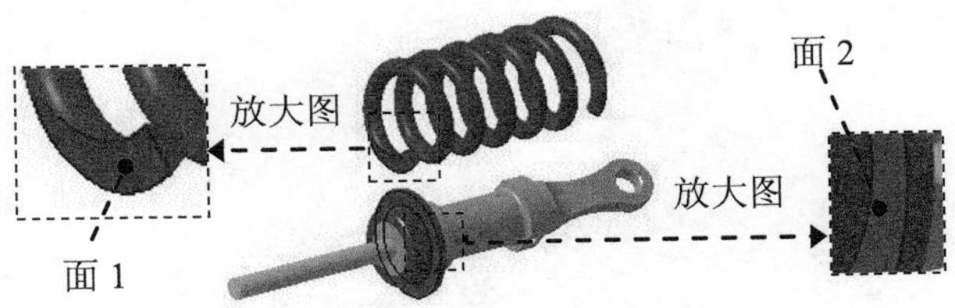

图 28.8.14　选取相合平面

（4）更新操作。选择下拉菜单 编辑 → 更新... 命令，得到图 28.8.13 所示的结果。

Step5. 添加图 28.8.15 所示的子装配模型 2 并使其定位。

（1）在确认 damper 处于激活状态后，选择下拉菜单 插入 → 现有部件... 命令，在系统弹出的“选择文件”对话框中选取子装配模型 2 文件 sub_asm_02.CATProduct，然后单击 打开(O) 按钮。

（2）选择下拉菜单 插入 → 相合... 命令。选取子装配模型 2 的中轴线和 Step4 创建的装配模型的中轴线为相合线，单击 确定 按钮，完成轴线相合约束的设置。

（3）选择下拉菜单 插入 → 偏移... 命令，选取图 28.8.16 所示的面 1、面 2 作为相互偏移的平面。在系统弹出的“约束属性”对话框的 方向 下拉列表中选择 相反 选项，在 偏移 文本框输入数值 50。单击 确定 按钮，完成平面偏移约束的设置。

（4）选择下拉菜单 编辑 → 更新... 命令，得到图 28.8.15 所示的结果。

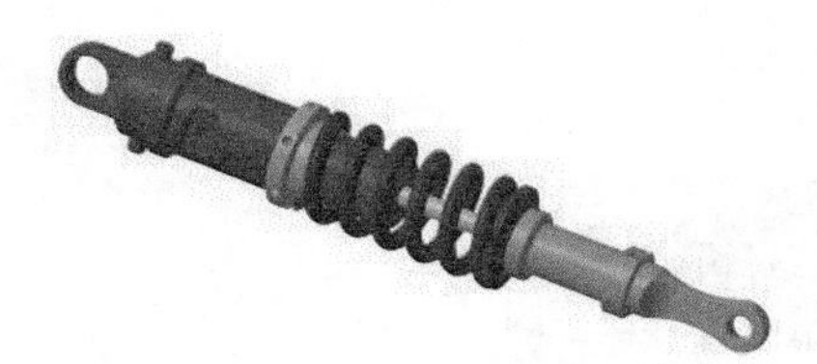

图 28.8.15　添加子装配模型 2 并定位

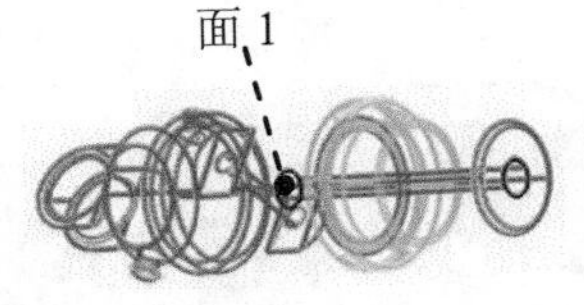

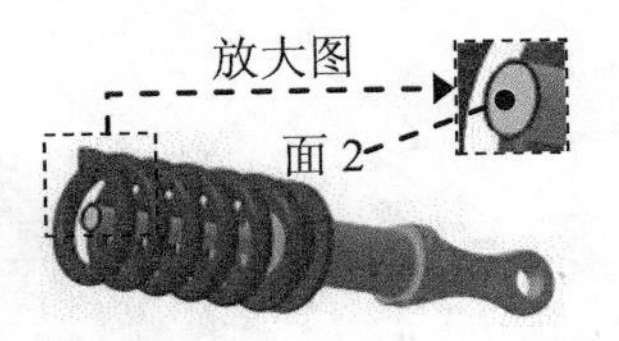

图 28.8.16　选取相互偏移的平面

Step6. 创建图 28.8.17 所示的转动环。

（1）在确认 damper 处于激活状态后，选择下拉菜单 插入 → 新建零件 命令，在特征树中单击 damper，系统弹出图 28.8.18 所示的“新零件：原点”对话框，单击 是(Y) 按钮。

（2）右击特征树中的 Part1 (Part1.1)，在系统弹出的快捷菜单中选择 属性 命令，系统弹出“属性”对话框；在“属性”对话框中选择 产品 选项卡。在 实例名称 后面的文本框中将 Part1.1 改为 rotate_ringer.1，在 零件编号 后面的文本框中将 Part1 改为 rotate_ringer，单击 确定 按钮。

（3）右击特征树中的 rotate_ringer，在系统弹出的快捷菜单中选择 rotate_ringer 对象 → 编辑 命令。

（4）切换工作台。选择下拉菜单 开始 → 机械设计 → 零件设计 命令，将零件切换至“零件设计”工作台。

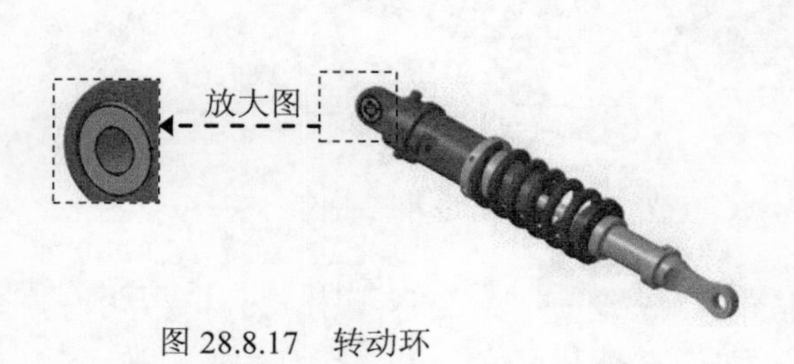

图 28.8.17　转动环

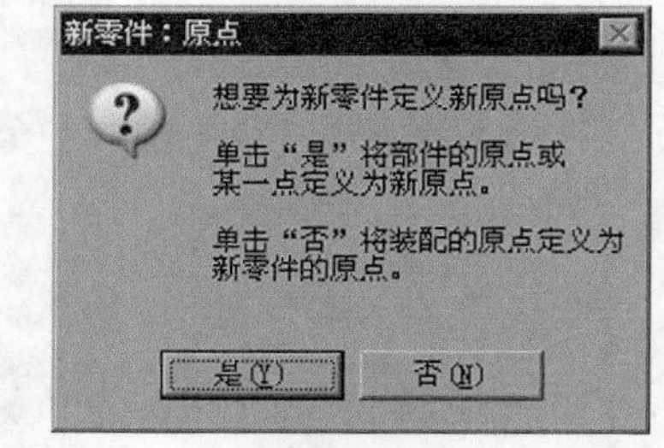

图 28.8.18　“新零件：原点”对话框

（5）创建图 28.8.19 所示的零件特征——旋转体 1。

① 选择下拉菜单 插入 → 基于草图的特征 → 旋转体... 命令，系统弹出“定义旋转体”对话框。

② 在“定义旋转体”对话框中单击 按钮，选取“yz 平面”为草图平面；在草绘工作台中绘制图 28.8.20 所示的截面草图，单击 按钮，退出草绘工作台；在 第一角度： 文本框中输入数值 360。单击 确定 按钮，完成旋转体 1 的创建。

放大图

图 28.8.19　旋转体 1

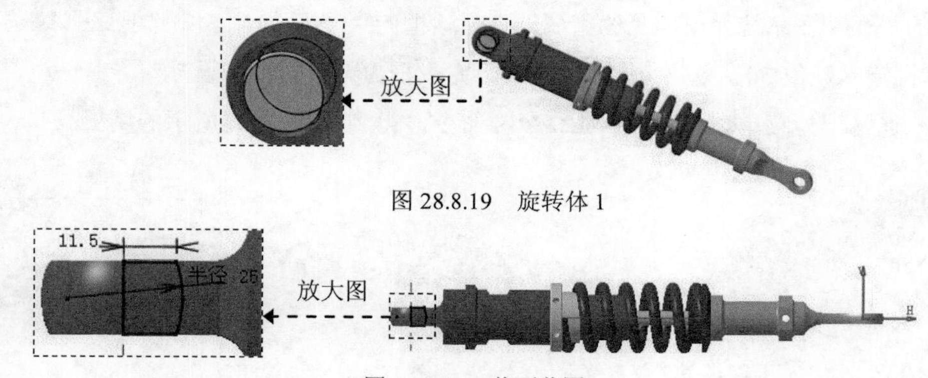

图 28.8.20　截面草图

（6）创建图 28.8.21b 所示的零件特征——孔 1。

① 选择下拉菜单 插入 → 基于草图的特征 → 孔... 命令。

② 选取图 28.8.21a 所示的模型表面为孔的放置面，在“定义孔”对话框中单击按钮，系统弹出“定义孔”对话框。

③ 在草绘工作台中约束孔的中心线与圆同心，如图 28.8.22 所示。单击按钮，退出草绘工作台。在扩展选项卡中选择直到最后选项，在直径：文本框中输入数值 10。

④ 单击确定按钮，完成孔 1 的创建。

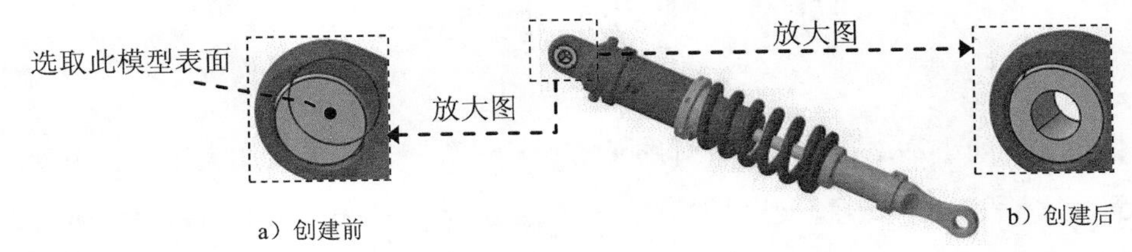

图 28.8.21 孔 1

图 28.8.22 约束孔的中心线与圆同心

Step7. 更改零件模型的颜色。

（1）在特征树中右击rotate_ringer节点下的零件几何体，在系统弹出的快捷菜单中选择属性 Alt+Enter命令，系统弹出“属性”对话框。

（2）单击图形选项卡，在颜色下拉列表中选择粉红色作为更改的颜色。

（3）单击确定按钮，完成零件模型颜色的更改。

Step8. 保存文件。

实例29 台 灯

29.1 实 例 概 述

本实例详细讲解了图 29.1.1 所示的台灯的整个设计过程，其中包括加重块、支撑管、灯头和按钮等九个零件的设计过程及台灯的最后装配。在零件设计过程中，建议将所有零件保存在同一目录下，并注意零件的尺寸及每个特征的位置，为后面的装配提供方便。台灯的最终模型如图 29.1.1 所示。

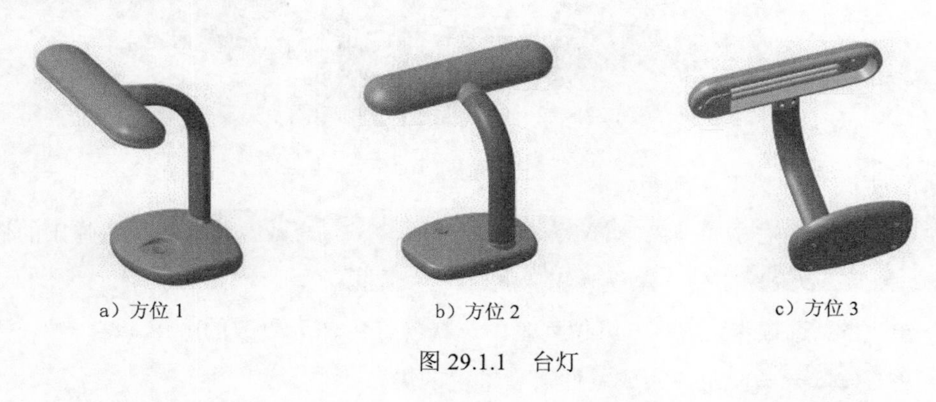
a）方位 1　　b）方位 2　　c）方位 3

图 29.1.1　台灯

29.2 加 重 块

加重块模型及特征树如图 29.2.1 所示。

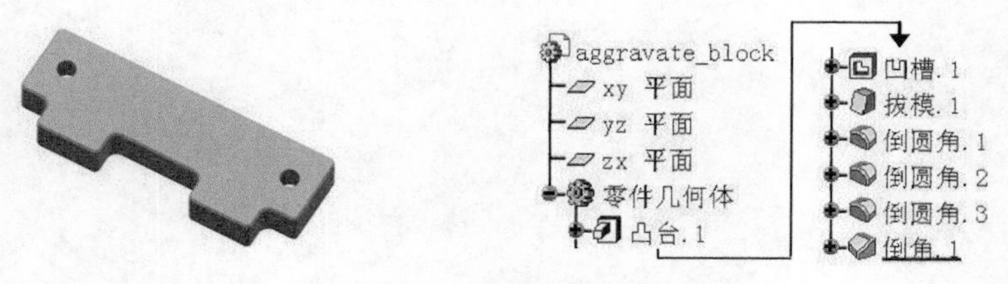

图 29.2.1　加重块模型和特征树

Step1. 新建模型文件。选择下拉菜单 文件 → 新建... 命令（或在“标准”工具栏中单击 按钮），在系统弹出的“新建”对话框的 类型列表： 中选择文件类型为 Part，单击对话框中的 确定 按钮。在“新建零件”对话框中输入零件名称 aggravate_block，并选中

启用混合设计复选框，单击确定按钮，进入“零件设计”工作台。

Step2. 创建图 29.2.2 所示的零件基础特征——凸台 1。

（1）选择命令。选择下拉菜单插入 → 基于草图的特征 → 凸台...命令（或单击按钮），系统弹出“定义凸台”对话框。

（2）创建截面草图。

① 定义草图平面。在“定义凸台”对话框中单击按钮，选取“xy 平面”作为草图平面。

② 绘制截面草图。在草绘工作台中绘制图 29.2.3 所示的截面草图。

③ 单击“工作台”工具栏中的按钮，退出草绘工作台。

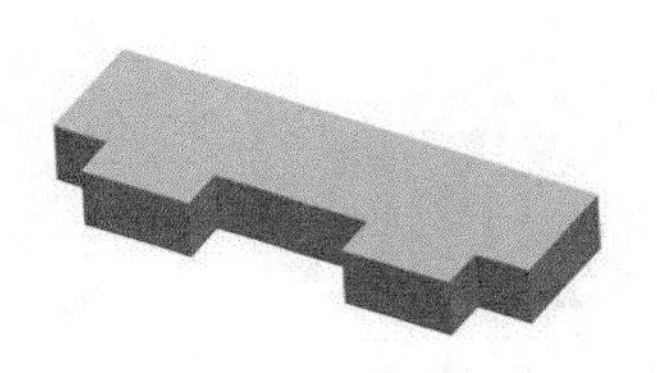

图 29.2.2 凸台 1

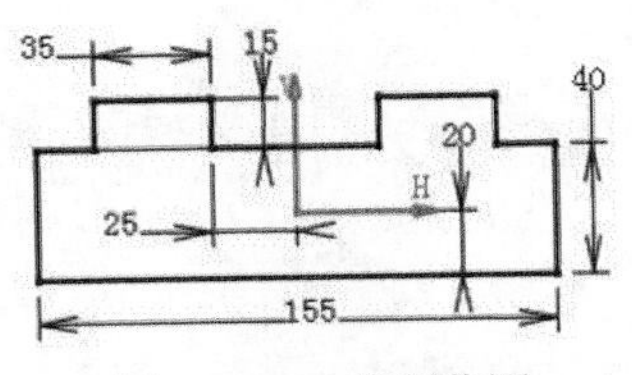

图 29.2.3 截面草图

（3）定义深度属性。

① 定义深度方向。采用系统默认的方向。

② 定义深度类型。在“定义凸台”对话框的第一限制区域的类型：下拉列表中选择尺寸选项。

③ 定义深度值。在“定义凸台”对话框的第一限制区域的长度：文本框中输入数值 20。

（4）单击“定义凸台”对话框中的确定按钮，完成凸台 1 的创建。

Step3. 创建图 29.2.4 所示的零件特征——凹槽 1。

（1）选择命令。选择下拉菜单插入 → 基于草图的特征 → 凹槽...命令（或单击按钮），系统弹出“定义凹槽”对话框。

（2）创建图 29.2.5 所示的截面草图。

① 定义草图平面。在“定义凹槽”对话框中单击按钮，选取“xy 平面”为草图平面。

② 绘制截面草图。在草绘工作台中绘制图 29.2.5 所示的截面草图。

③ 单击“工作台”工具栏中的按钮，退出草绘工作台。

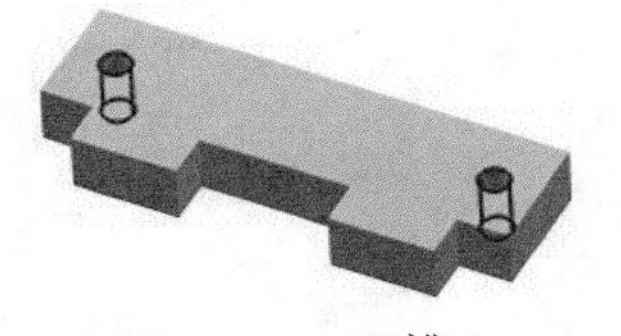

图 29.2.4 凹槽 1

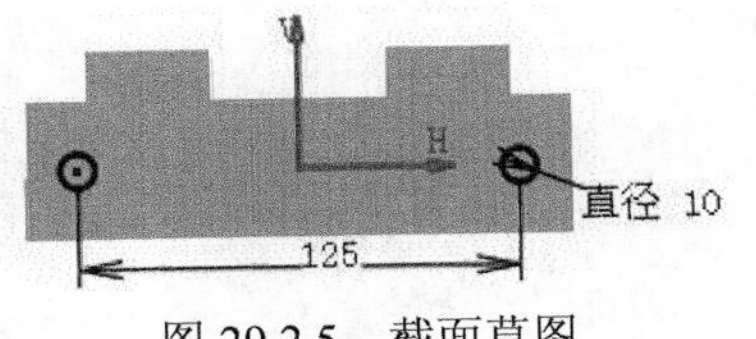

图 29.2.5 截面草图

（3）定义深度属性。

① 定义深度方向。单击“定义凹槽”对话框中的 反转方向 按钮，反转拉伸方向。

② 定义深度类型。在“定义凹槽”对话框的 第一限制 区域的 类型： 下拉列表选择 直到最后 选项。

（4）单击 确定 按钮，完成凹槽 1 的创建。

Step4. 创建图 29.2.6 所示的零件特征——拔模 1。

（1）选择命令。选择下拉菜单 插入 → 修饰特征 → 拔模... 命令（或单击“修饰特征”工具栏中的按钮），系统弹出“定义拔模”对话框。

（2）定义要拔模的面。在系统 选择要拔模的面 的提示下，选取凹槽 1 的两圆柱面为要拔模的面。

（3）定义拔模的中性元素。单击以激活 中性元素 区域的 选择： 文本框，选取图 29.2.7 所示的面为中性元素。

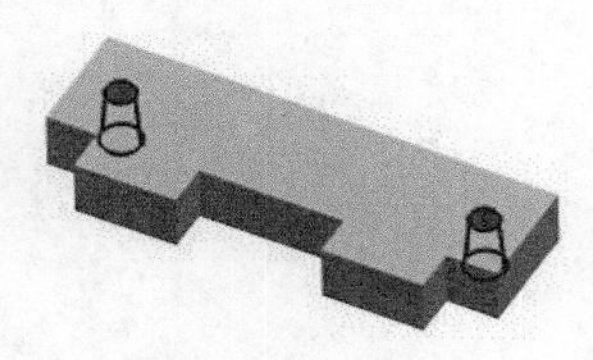

图 29.2.6　拔模 1

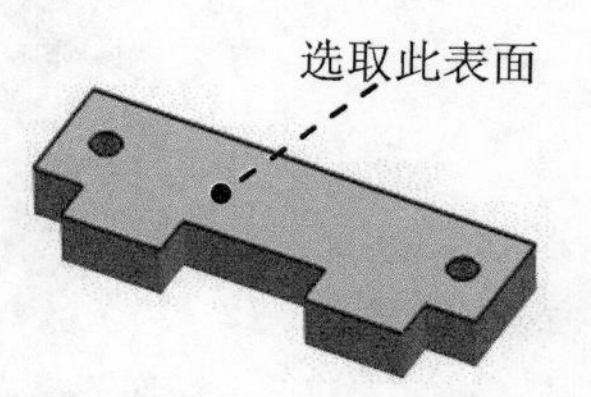

图 29.2.7　选择中性面

（4）定义拔模属性。

① 定义拔模方向。激活 拔模方向 区域的 选择： 文本框，选取默认的平面为拔模方向面，并单击拔模方向箭头，使其反向。

说明：在系统弹出“定义拔模”对话框的同时，模型表面将出现一个指示箭头，箭头表明的是拔模方向（即所选拔模方向面的法向）。

② 输入角度值。在“定义拔模”对话框的 角度： 文本框中输入数值 5。

（5）单击“定义拔模”对话框中的 确定 按钮，完成拔模 1 的创建。

Step5. 创建图 29.2.8b 所示的倒圆角 1。

（1）选择命令。选择下拉菜单 插入 → 修饰特征 → 倒圆角... 命令，系统弹出“倒圆角定义”对话框。

（2）定义要倒圆角的对象。选取图 29.2.8a 所示的边线为要倒圆角的对象。

说明：图 29.2.8 所示的要倒圆角的边线为 Step4 中拔模中心面背面的边线。

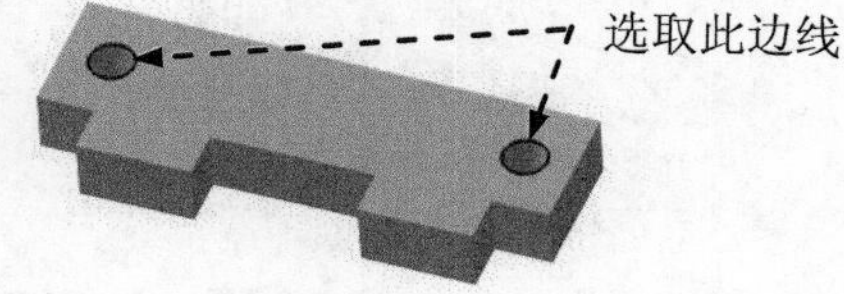

a）倒圆角前

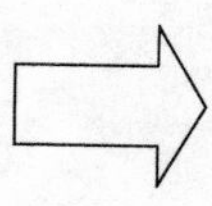
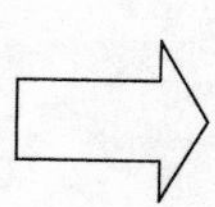

b）倒圆角后

图 29.2.8　倒圆角 1

（3）定义倒圆角半径。在“倒圆角定义”对话框的半径：文本框中输入数值3。

（4）单击“倒圆角定义”对话框中的 确定 按钮，完成倒圆角1的创建。

Step6. 创建倒圆角2。倒圆角的对象为图29.2.9所示的四条边线，倒圆角半径值为3。

Step7. 创建倒圆角3。倒圆角的对象为图29.2.10所示的八条边线，倒圆角半径值为2。

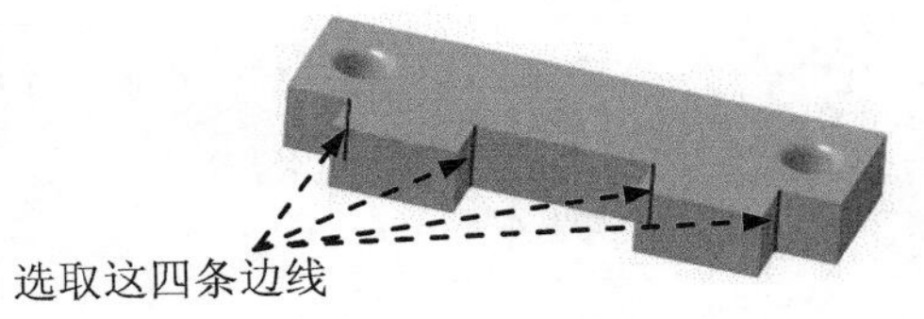

图29.2.9 倒圆角2

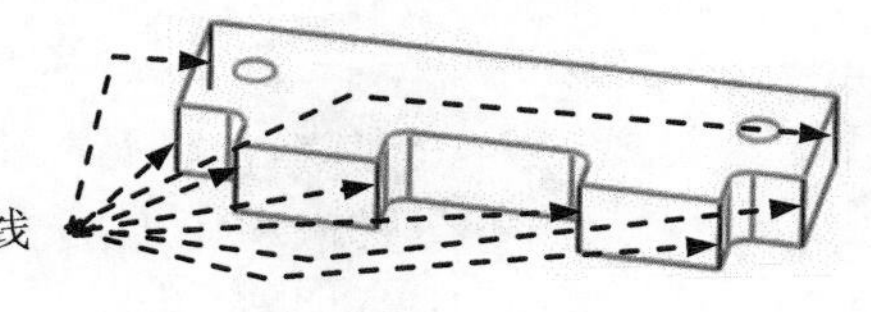

图29.2.10 倒圆角3

Step8. 创建图29.2.11b所示的倒角1。

（1）选择命令。选择下拉菜单 插入 → 修饰特征 → 倒角... 命令（或单击“修饰特征”工具栏中的按钮），系统弹出“定义倒角”对话框。

（2）选取要倒角的对象。在“定义倒角”对话框的 拓展：下拉列表中选择 相切 选项，选取图29.2.11a所示的边线为要倒角的对象。

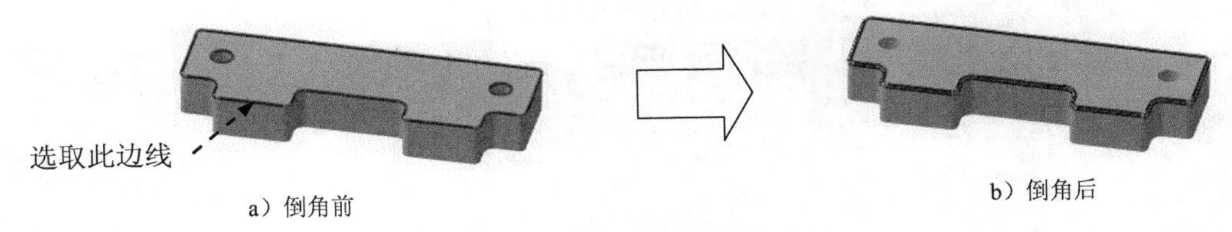

a）倒角前 b）倒角后

图29.2.11 倒角1

（3）定义倒角参数。

① 定义倒角模式。在“定义倒角”对话框的 模式：下拉菜单中选择 长度 1/角度 选项。

② 定义倒角尺寸。在 长度 1：和 角度：文本框中分别输入数值1和45。

（4）单击“定义倒角”对话框中的 确定 按钮，完成倒角1的创建。

Step9. 更改零件模型的颜色。

（1）在特征树中右击 零件几何体，在系统弹出的快捷菜单中选择 属性 Alt+Enter 命令，系统弹出“属性”对话框。

（2）单击 图形 选项卡，在 颜色 下拉列表中选择灰色作为更改的颜色。

（3）单击 确定 按钮，完成零件模型颜色的更改。

Step10. 保存零件模型。

29.3 按　钮

本实例主要运用了凸台、凹槽、倒圆角、孔和镜像等命令。按钮模型和特征树如图 29.3.1 所示。

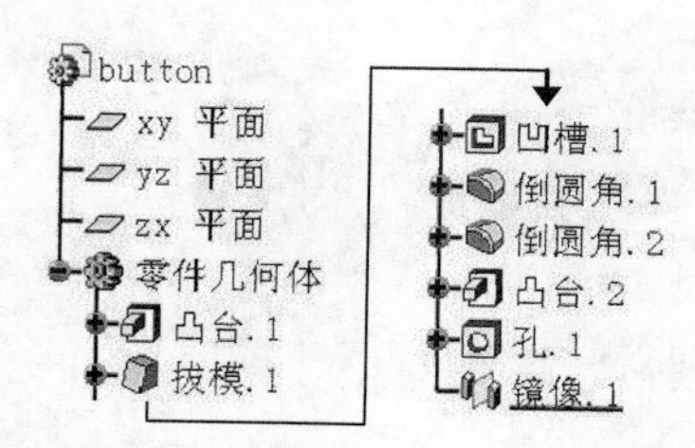

图 29.3.1　按钮模型和特征树

Step1. 新建模型文件。选择下拉菜单 文件 → 新建... 命令（或在“标准”工具栏中单击按钮），在系统弹出的“新建”对话框的 类型列表: 中选择文件类型为 Part，单击对话框中的 确定 按钮。在“新建零件”对话框中输入零件名称 button，并选中 启用混合设计 复选框，单击 确定 按钮，进入“零件设计”工作台。

Step2. 创建图 29.3.2 所示的零件基础特征——凸台 1。

（1）选择下拉菜单 插入 → 基于草图的特征 → 凸台... 命令（或单击按钮），系统弹出“定义凸台”对话框。

（2）创建截面草图。

① 在“定义凸台”对话框中单击按钮，选取“xy 平面”作为草图平面。

② 在草绘工作台中绘制图 29.3.3 所示的截面草图。

③ 单击“工作台”工具栏中的按钮，退出草绘工作台。

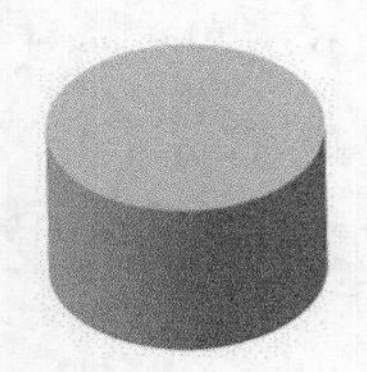

图 29.3.2　凸台 1

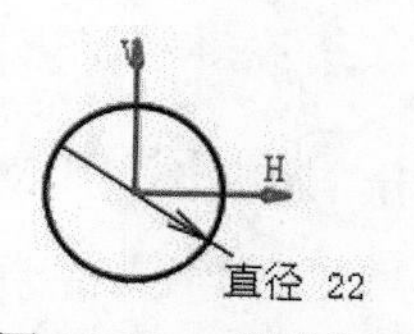

图 29.3.3　截面草图

（3）定义深度属性。

① 采用系统默认的方向。

② 在“定义凸台”对话框的 第一限制 区域的 类型: 下拉列表中选择 尺寸 选项。

③ 在“定义凸台”对话框的 第一限制 区域的 长度: 文本框中输入数值 14。

（4）单击“定义凸台”对话框中的 确定 按钮，完成凸台 1 的创建。

Step3. 创建图 29.3.4 所示的零件特征——拔模 1。

（1）选择下拉菜单 插入 → 修饰特征 ▸ → 拔模... 命令（或单击“修饰特征”工具栏中的按钮），系统弹出“定义拔模”对话框。

（2）在系统 选择要拔模的面 的提示下，选取凸台 1 的圆柱面为要拔模的面。

（3）单击以激活 中性元素 区域的 选择： 文本框，选取图 29.3.5 所示的面(与“xy 平面”重合)为中性元素。

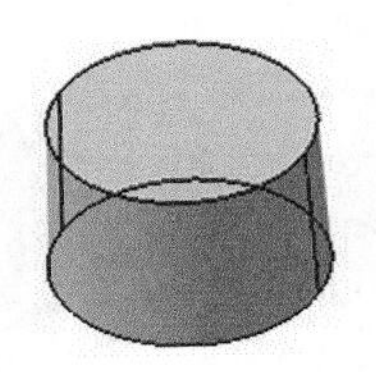

图 29.3.4 拔模 1

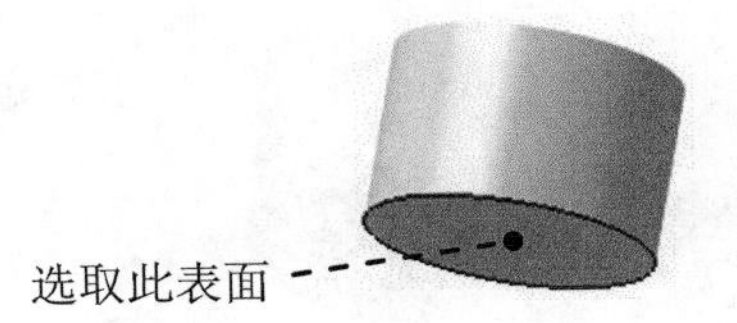

图 29.3.5 选择中性元素

（4）定义拔模属性。

① 采用系统默认的方向。

② 在“定义拔模”对话框的 角度： 文本框中输入数值-2。

（5）单击“定义拔模”对话框中的 确定 按钮，完成拔模 1 的创建。

Step4. 创建图 29.3.6 所示的零件特征——凹槽 1。

（1）选择下拉菜单 插入 → 基于草图的特征 ▸ → 凹槽... 命令（或单击按钮），系统弹出“定义凹槽”对话框。

（2）创建图 29.3.7 所示的截面草图。

① 单击按钮，选取“yz 平面”为草图平面。

② 在草绘工作台中绘制图 29.3.7 所示的截面草图。

③ 单击“工作台”工具栏中的按钮，退出草绘工作台。

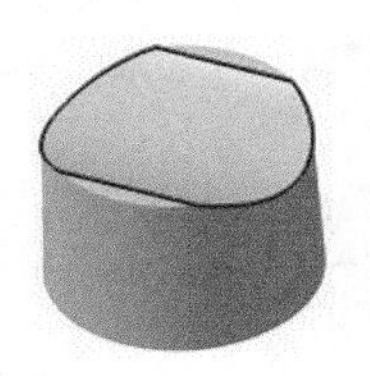

图 29.3.6 凹槽 1

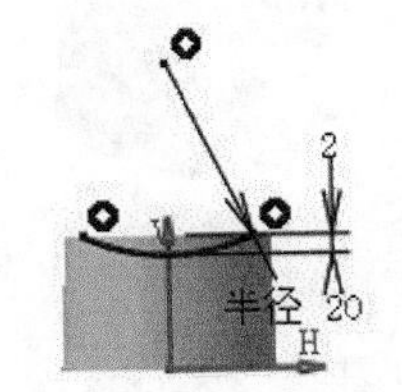

图 29.3.7 截面草图

（3）定义深度属性。

① 采用系统默认的深度方向。

② 单击“定义凹槽”对话框中的 更多>> 按钮，展开对话框的隐藏部分，在该对话框的 第一限制 区域与 第二限制 区域的 类型： 下拉列表中均选择 直到最后 选项。

（4）单击确定按钮，完成凹槽 1 的创建。

Step5. 创建图 29.3.8b 所示的倒圆角 1。

（1）选择下拉菜单插入 → 修饰特征 → 倒圆角...命令，系统弹出“倒圆角定义”对话框。

（2）在“倒圆角定义”对话框的传播：下拉列表中选择最小选项，选取图 29.3.8a 所示的边线为要倒圆角的对象。

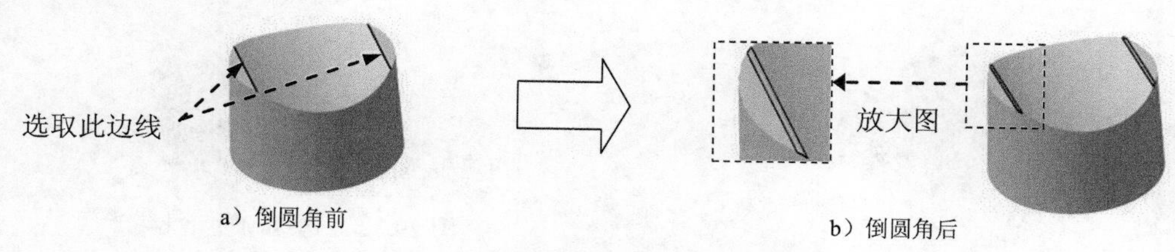

图 29.3.8　倒圆角 1

（3）在“倒圆角定义”对话框的半径：文本框中输入数值 1。

（4）单击“倒圆角定义”对话框中的确定按钮，完成倒圆角 1 的创建。

说明：如果此时系统弹出“警告”对话框，单击闭合按钮将其关闭即可。

Step6. 创建倒圆角 2。要倒圆角的对象为图 29.3.9 所示的边线，倒圆角半径值为 0.5。

Step7. 创建图 29.3.10 所示的零件基础特征——凸台 2。选择下拉菜单插入 → 基于草图的特征 → 凸台...命令（或单击按钮），选取“xy 平面”作为草图平面；在草绘工作台中绘制图 29.3.11 所示的截面草图；在对话框的第一限制区域的类型：下拉列表中选择尺寸选项，在长度：文本框中输入数值 5 并单击反转方向按钮，单击“定义凸台”对话框中的确定按钮，完成凸台 2 的创建。

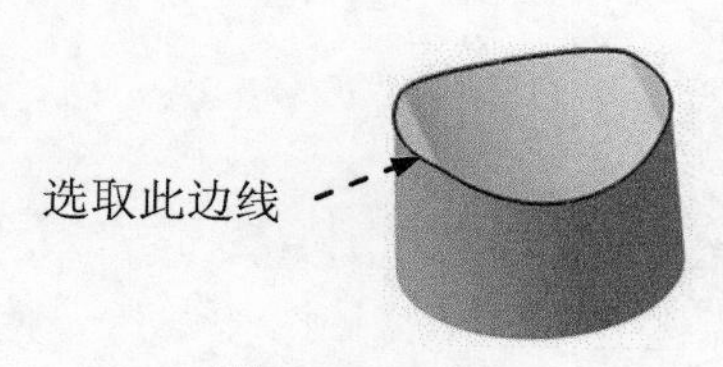

图 29.3.9　倒圆角 2

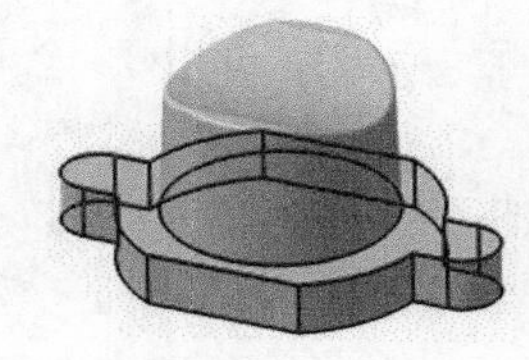

图 29.3.10　凸台 2

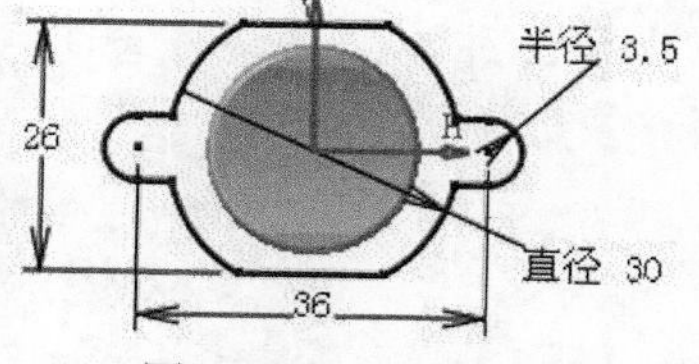

图 29.3.11　截面草图

Step8. 创建图 29.3.12 所示的零件特征——孔 1。

（1）选择下拉菜单插入 → 基于草图的特征 → 孔...命令（或单击“基于草图的特征”工具栏中的按钮）。

（2）选取图 29.3.13 所示的模型表面为孔的放置面，此时系统弹出“定义孔”对话框。

（3）定义孔的位置。

① 单击“定义孔”对话框的扩展选项卡中的按钮，系统进入草绘工作台。

② 如图 29.3.14 所示，在草绘工作台中约束孔的中心线与圆同心。

③ 完成几何约束后，单击按钮，退出草绘工作台。

图 29.3.12 孔 1

图 29.3.13 选取孔的放置面

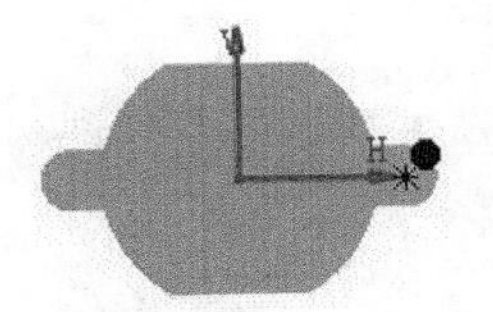
图 29.3.14 约束孔的定位

（4）定义孔的扩展参数。

① 在“定义孔”对话框的扩展选项卡的下拉列表中选择直到最后选项。

② 在“定义孔”对话框的扩展选项卡的直径：文本框中输入数值 3。

（5）定义孔的类型。

① 单击“定义孔”对话框中的类型选项卡，在下拉列表中选择沉头孔选项。

② 在参数区域的直径：和深度：文本框中分别输入数值 5 和 2。

③ 在定位点区域中选择末端单选项。

（6）单击“定义孔”对话框中的确定按钮，完成孔 1 的创建。

Step9. 创建图 29.3.15 所示的镜像 1。

图 29.3.15 镜像 1

（1）定义镜像对象。在特征树上选取孔 1 为镜像对象。

（2）选择命令。选择下拉菜单插入 → 变换特征 → 镜像...命令，系统弹出“定义镜像”对话框。

（3）定义镜像平面。选取“yz 平面”为镜像平面。

（4）单击确定按钮，完成镜像 1 的创建。

Step10. 更改零件模型的颜色。

（1）在特征树中右击零件几何体，在系统弹出的快捷菜单中选择属性 Alt+Enter命令，系统弹出“属性”对话框。

（2）单击图形选项卡，在颜色下拉列表中选择粉红色作为更改的颜色。

（3）单击确定按钮，完成零件模型颜色的更改。

Step11. 保存零件模型。

29.4 底 座 下 盖

底座下盖模型及特征树如图 29.4.1 所示。

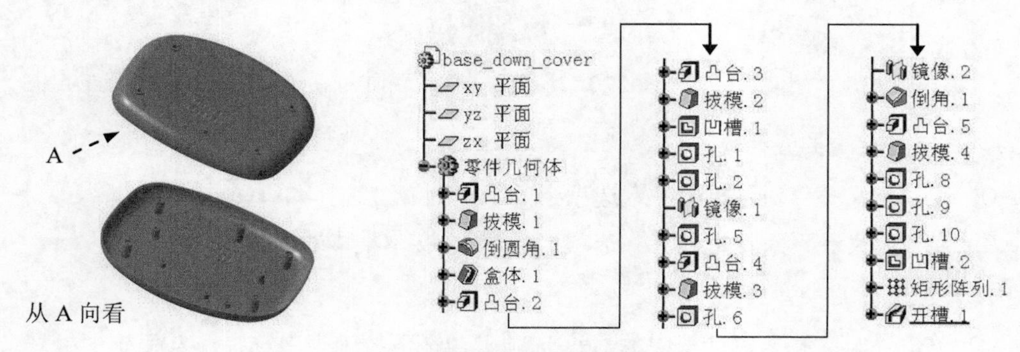

图 29.4.1 底座下盖模型和特征树

Step1. 新建模型文件。选择下拉菜单 文件 → 新建... 命令（或在“标准”工具栏中单击按钮），在系统弹出的“新建”对话框的 类型列表： 中选择文件类型为 Part，单击该对话框中的 确定 按钮。在“新建零件”对话框中输入零件名称 base_down_cover，并选中 启用混合设计 复选框，单击 确定 按钮，进入“零件设计”工作台。

Step2. 创建图 29.4.2 所示的零件基础特征——凸台 1。

（1）选择命令。选择下拉菜单 插入 → 基于草图的特征 ▸ → 凸台... 命令（或单击按钮），系统弹出“定义凸台”对话框。

（2）创建截面草图。

① 定义草图平面。在“定义凸台”对话框中单击按钮，选取“xy 平面”作为草图平面。

② 绘制截面草图。在草绘工作台中绘制图 29.4.3 所示的截面草图（草图 1）。

③ 单击“工作台”工具栏中的按钮，退出草绘工作台。

图 29.4.2 凸台 1

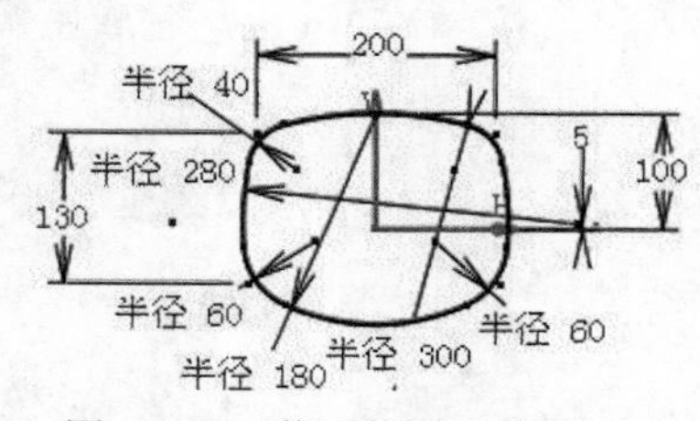

图 29.4.3 截面草图（草图 1）

（3）定义深度属性。

① 定义深度方向。采用系统默认的方向。

② 定义深度类型。在"定义凸台"对话框的 第一限制 区域的 类型： 下拉列表中选择 尺寸 选项。

③ 定义深度值。在"定义凸台"对话框的 第一限制 区域的 长度： 文本框中输入数值 20。

（4）单击"定义凸台"对话框中的 确定 按钮，完成凸台 1 的创建。

Step3. 创建图 29.4.4 所示的零件特征——拔模 1。

（1）选择命令。选择下拉菜单 插入 → 修饰特征 → 拔模... 命令（或单击"修饰特征"工具栏中的按钮），系统弹出"定义拔模"对话框。

（2）定义要拔模的面。在系统 选择要拔模的面 的提示下，选取凸台 1 的侧面（圆弧面）为要拔模的面。

（3）定义拔模的中性元素。单击以激活 中性元素 区域的 选择： 文本框，选取图 29.4.5 所示的面为中性元素（中性元素在"xy 平面"上）。

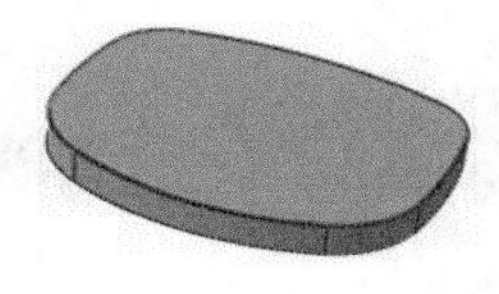

图 29.4.4 拔模 1

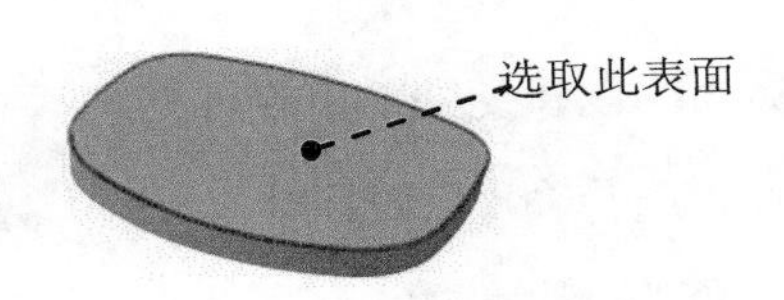

图 29.4.5 选择中性元素

（4）定义拔模属性。

① 定义拔模方向。采用系统默认的方向。

② 输入角度值。在"定义拔模"对话框的 角度： 文本框中输入数值 5。

（5）单击"定义拔模"对话框中的 确定 按钮，完成拔模 1 的创建。

Step4. 创建图 29.4.6b 所示的倒圆角 1。

（1）选择命令。选择下拉菜单 插入 → 修饰特征 → 倒圆角... 命令，系统弹出"倒圆角定义"对话框。

（2）定义要倒圆角的对象。选取图 29.4.6a 所示的边线为要倒圆角的对象（圆角对象在"xy 平面"所在表面的背面上）。

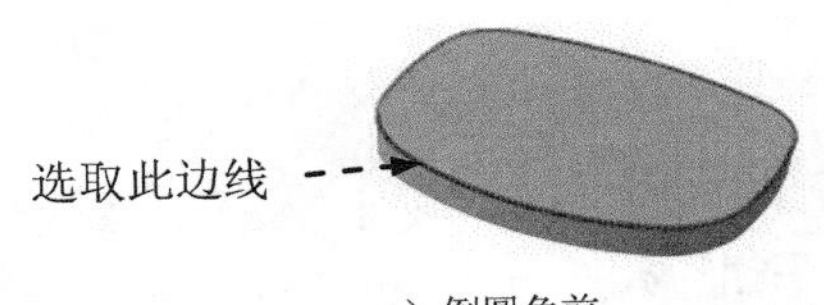

a）倒圆角前

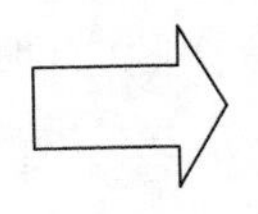

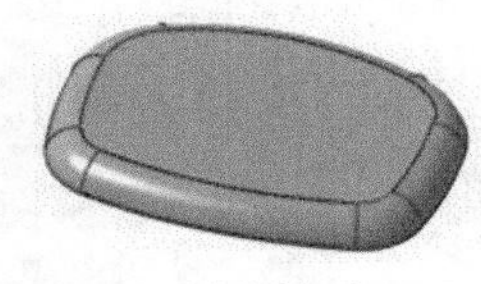

b）倒圆角后

图 29.4.6 倒圆角 1

（3）定义倒圆角半径。在“倒圆角定义”对话框的半径：文本框中输入数值 18。

（4）单击“倒圆角定义”对话框中的 确定 按钮，完成倒圆角 1 的创建。

Step5. 创建图 29.4.7 所示的抽壳 1。

（1）选择命令。选择下拉菜单 插入 → 修饰特征 → 抽壳... 命令（或单击“修饰特征”工具栏中的按钮），系统弹出“定义盒体”对话框。

（2）选取要移除的面。在系统选择要移除的面。的提示下，选取图 29.4.8 所示的模型表面为要移除的面。

（3）定义抽壳厚度。在“定义盒体”对话框的默认内侧厚度：文本框中输入数值 2.0。

（4）单击“定义盒体”对话框中的 确定 按钮，完成抽壳 1 的创建。

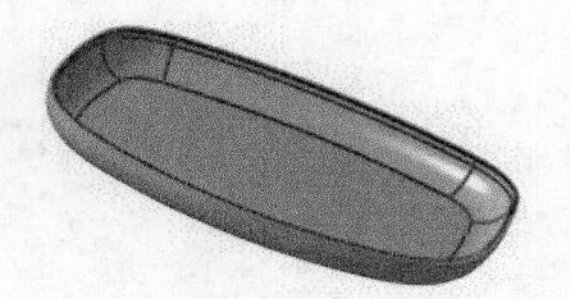
图 29.4.7 抽壳 1

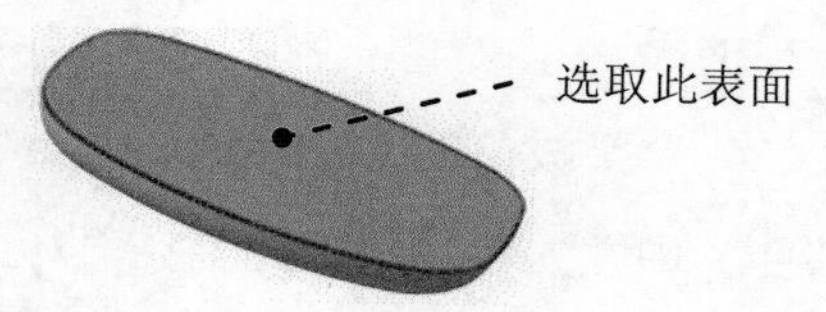

图 29.4.8 选取要移除的面

Step6. 创建图 29.4.9 所示的零件基础特征——凸台 2。

（1）选择命令。选择下拉菜单 插入 → 基于草图的特征 → 凸台... 命令（或单击按钮），系统弹出“定义凸台”对话框。

（2）创建截面草图。

① 定义草图平面。在“定义凸台”对话框中单击按钮，选取图 29.4.9 所示的模型表面作为草图平面。

② 绘制截面草图。在草绘工作台中绘制图 29.4.10 所示的截面草图（草图 2）。

③ 单击“工作台”工具栏中的按钮，退出草绘工作台。

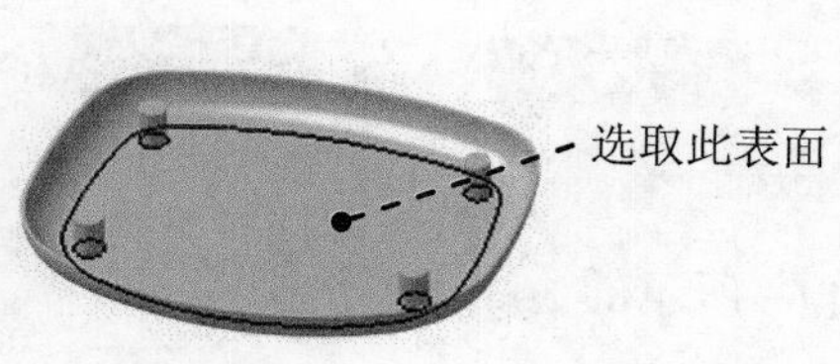

图 29.4.9 凸台 2

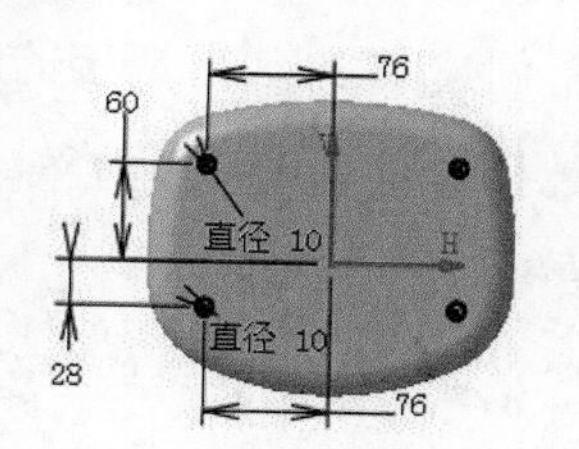

图 29.4.10 截面草图（草图 2）

（3）定义深度属性。

① 定义深度方向。采用系统默认的方向。

② 定义深度类型。单击“定义凸台”对话框中的 更多>> 按钮，展开对话框的隐藏部分，在该对话框的 第一限制 区域的 类型：下拉列表中选择 尺寸 选项，在 第二限制 区域的 类型：下拉列表中选择 直到平面 选项。

③ 定义深度值。在“定义凸台”对话框的 第一限制 区域的 长度: 文本框中输入数值 4，单击 反转方向 按钮，在 第二限制 区域的 限制: 文本框中选取“xy 平面”。

（4）单击“定义凸台”对话框中的 确定 按钮，完成凸台 2 的创建。

Step7. 创建图 29.4.11 所示的零件基础特征——凸台 3。

（1）选择命令。选择下拉菜单 插入 → 基于草图的特征 → 凸台... 命令（或单击 按钮），系统弹出“定义凸台”对话框。

（2）创建截面草图。

① 定义草图平面。在“定义凸台”对话框中单击 按钮，选取图 29.4.11 所示的模型表面作为草图平面。

② 绘制截面草图。在草绘工作台中绘制图 29.4.12 所示的截面草图（草图 3）。

③ 单击“工作台”工具栏中的 按钮，退出草绘工作台。

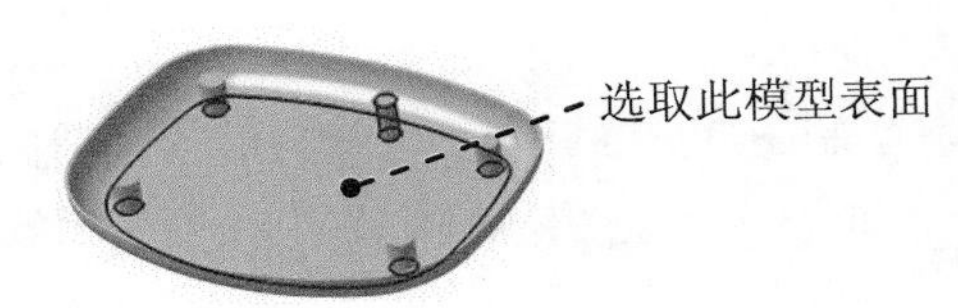

图 29.4.11 凸台 3

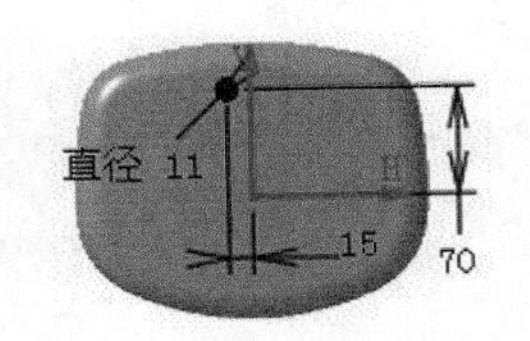

图 29.4.12 截面草图（草图 3）

（3）定义深度属性。

① 定义深度方向。采用系统默认的方向。

② 定义深度类型。在“定义凸台”对话框的 第一限制 区域的 类型: 下拉列表中选择 尺寸 选项。

③ 定义深度值。在“定义凸台”对话框的 第一限制 区域的 长度: 文本框中输入数值 21。

（4）单击“定义凸台”对话框中的 确定 按钮，完成凸台 3 的创建。

Step8. 创建图 29.4.13 所示的零件特征——拔模 2。

（1）选择命令。选择下拉菜单 插入 → 修饰特征 → 拔模... 命令（或单击“修饰特征”工具栏中的 按钮），系统弹出“定义拔模”对话框。

（2）定义要拔模的面。在系统 选择要拔模的面 的提示下，选取凸台 2 和凸台 3 的圆柱面为要拔模的面。

（3）定义拔模的中性元素。单击以激活 中性元素 区域的 选择: 文本框，选取图 29.4.14 所示的面为中性元素。

（4）定义拔模属性。

① 定义拔模方向。采用系统默认的方向。

② 输入角度值。在“定义拔模”对话框的 角度： 文本框中输入数值 1。

（5）单击“定义拔模”对话框中的 确定 按钮，完成拔模 2 的创建。

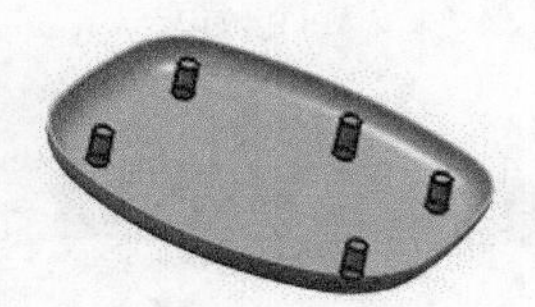

图 29.4.13　拔模 2

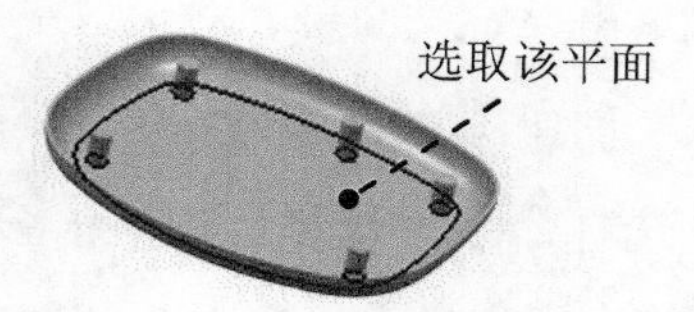

图 29.4.14　选择中性元素

Step9. 创建图 29.4.15 所示的零件特征——凹槽 1。

（1）选择命令。选择下拉菜单 插入 → 基于草图的特征 → 凹槽... 命令（或单击按钮），系统弹出“定义凹槽”对话框。

（2）创建图 29.4.16 所示的截面草图。

① 定义草图平面。在“定义凹槽”对话框中单击按钮，选取“xy 平面”为草图平面。

② 绘制截面草图。在草绘工作台中绘制图 29.4.16 所示的截面草图（草图 4）。

③ 单击“工作台”工具栏中的按钮，退出草绘工作台。

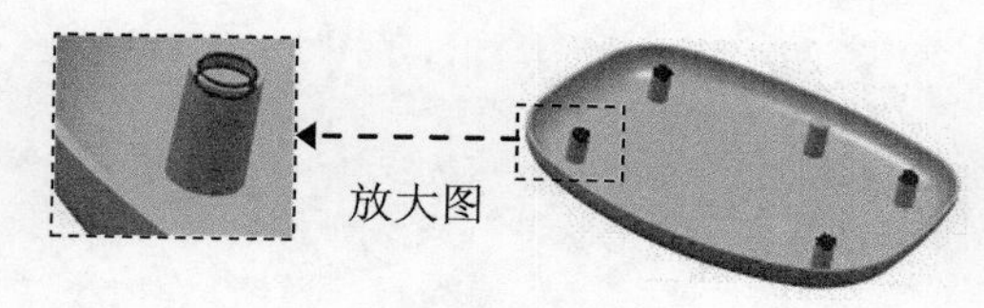

图 29.4.15　凹槽 1

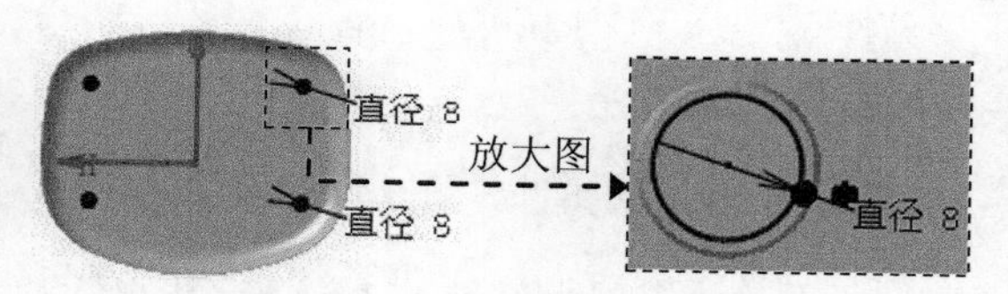

图 29.4.16　截面草图（草图 4）

（3）定义深度属性。

① 定义深度方向。单击“定义凹槽”对话框中的 反转方向 按钮，反转拉伸方向。

② 定义深度类型。在“定义凹槽”对话框的 第一限制 区域的 类型： 下拉列表中选择 尺寸 选项。

③ 在 深度： 文本框中输入数值 2。

（4）单击 确定 按钮，完成凹槽 1 的创建。

Step10. 创建图 29.4.17 所示的零件特征——孔 1。

（1）选择命令。选择下拉菜单 插入 → 基于草图的特征 → 孔... 命令（或单击“基于草图的特征”工具栏中的按钮）。

（2）选取图 29.4.18 所示的模型表面（凸台 2 的表面）为孔的放置面，此时系统弹出“定义孔”对话框。

（3）单击“定义孔”对话框的 扩展 选项卡中的按钮，系统进入草绘工作台。在草绘工作台约束孔的中心线与凸台 2 的边线同心，如图 29.4.19 所示。完成几何约束后，单击按钮，退出草绘工作台。

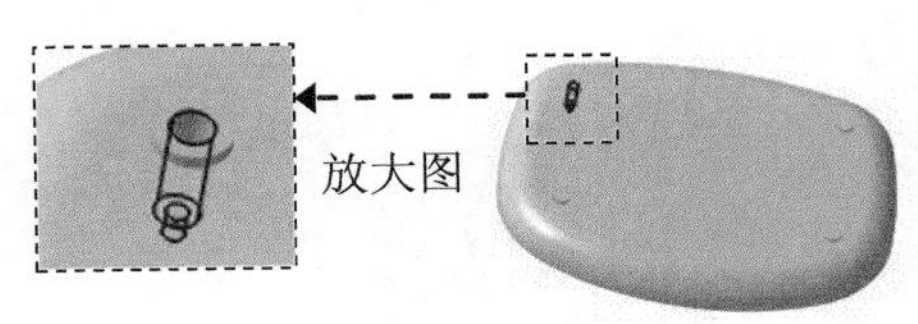

图 29.4.17 孔 1

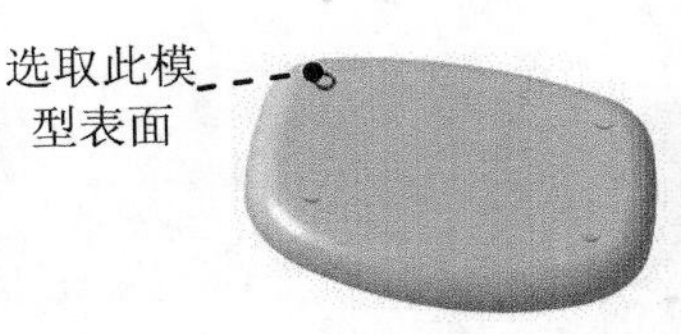

图 29.4.18 选取孔的放置面

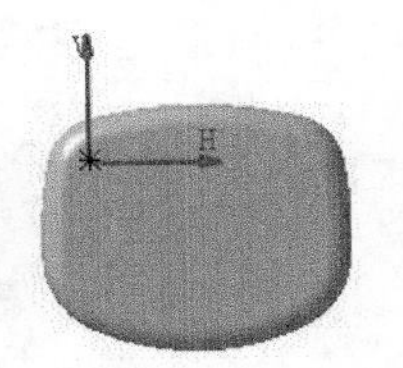

图 29.4.19 约束孔的定位

（4）定义孔的扩展参数。

① 在“定义孔”对话框的扩展选项卡的下拉列表中选择直到最后选项。

② 在该对话框的扩展选项卡的直径：文本框中输入数值 3。

（5）定义孔的类型。

① 选取孔的类型。单击“定义孔”对话框中的类型选项卡，在下拉列表中选择沉头孔选项。

② 输入类型参数。在参数区域的直径：和深度：文本框中分别输入数值 6 和 16。

③ 确定定位点。在定位点区域选择末端单选项。

（6）单击“定义孔”对话框中的确定按钮，完成孔 1 的创建。

Step11. 创建图 29.4.20 所示的零件特征——孔 2。

（1）选择命令。选择下拉菜单插入 → 基于草图的特征 → 孔...命令（或单击“基于草图的特征”工具栏中的按钮）。

（2）定义孔的放置面。选取图 29.4.21 所示的模型表面（凸台 2 的表面）为孔的放置面，此时系统弹出“定义孔”对话框。

（3）定义孔的位置。

① 进入定位草图。单击“定义孔”对话框的扩展选项卡中的按钮，系统进入草绘工作台。

② 定义几何约束。如图 29.4.22 所示，在草绘工作台中约束孔的中心线与凸台 2 的边线同心。

③ 完成几何约束后，单击按钮，退出草绘工作台。

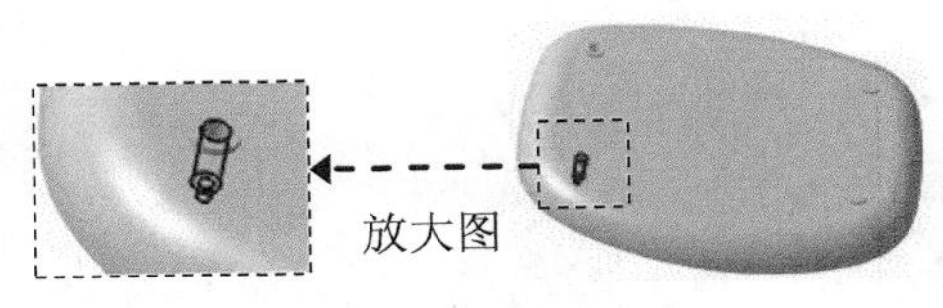

图 29.4.20 孔 2

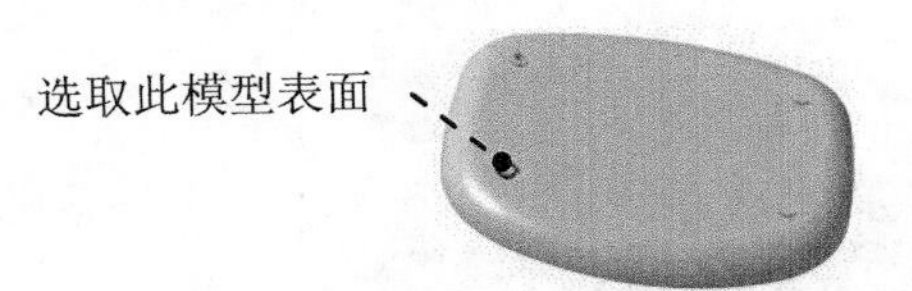

图 29.4.21 选取孔的放置面

（4）定义孔的参数。设置与孔 1 相同的参数。

（5）单击“定义孔”对话框中的 确定 按钮，完成孔 2 的创建。

Step12. 创建图 29.4.23 所示的镜像 1。

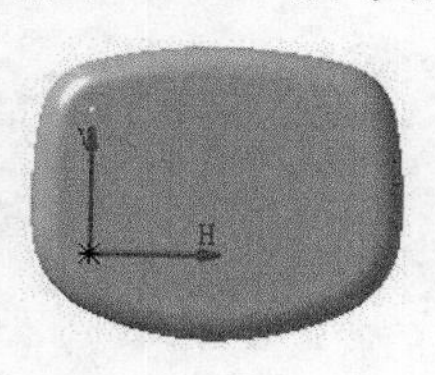

图 29.4.22　约束孔的定位

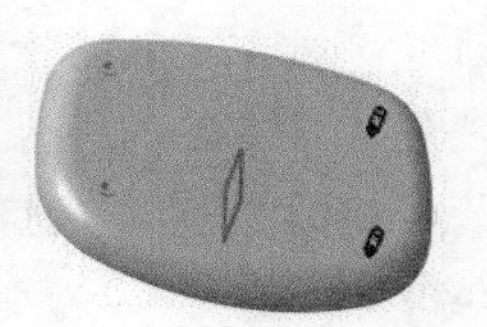

图 29.4.23　镜像 1

（1）定义镜像对象。按住 Ctrl 键，在特征树上选取孔 1 和孔 2 为镜像对象。

（2）选择命令。选择下拉菜单 插入 → 变换特征 → 镜像... 命令，系统弹出“定义镜像”对话框。

（3）定义镜像平面。选取“yz 平面”为镜像平面。

（4）单击 确定 按钮，完成镜像 1 的创建。

Step13. 创建图 29.4.24 所示的零件特征——孔 5。选择下拉菜单 插入 → 基于草图的特征 → 孔... 命令。选取图 29.4.25 所示的模型表面为孔的放置面，单击对话框的 扩展 选项卡中的按钮，在草绘工作台中约束孔的中心线与凸台 3 的边线同心，如图 29.4.26 所示。在“定义孔”对话框的 扩展 选项卡的下拉列表中选择 直到最后 选项，在“定义孔”对话框的 扩展 选项卡的 直径： 文本框中输入数值 3。单击该对话框中的 类型 选项卡，在下拉列表中选择 沉头孔 选项，在 参数 区域的 直径： 和 深度： 文本框中分别输入数值 6 和 20。单击“定义孔”对话框中的 确定 按钮，完成孔 5 的创建。

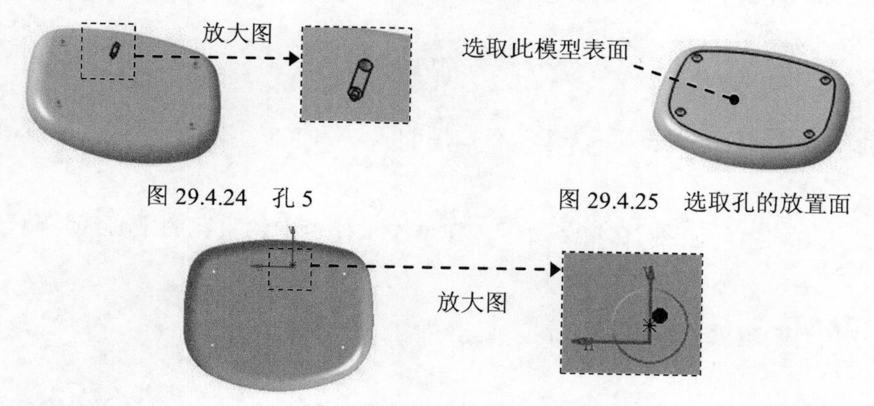

图 29.4.24　孔 5

图 29.4.25　选取孔的放置面

图 29.4.26　约束孔的定位

Step14. 创建图 29.4.27 所示的零件基础特征——凸台 4。选择下拉菜单 插入 → 基于草图的特征 → 凸台... 命令（或单击按钮）；单击按钮，选取图 29.4. 27 所示的模型表面作为草图平面，在草绘工作台中绘制图 29.4.28 所示的截面草图（草图 5）；在该对话框的第一限制区域的类型：下拉列表中选择尺寸选项，在第一限制区域的长度：文本框中输入数值 12。单击“定义凸台”对话框中的确定按钮，完成凸台 4 的创建。

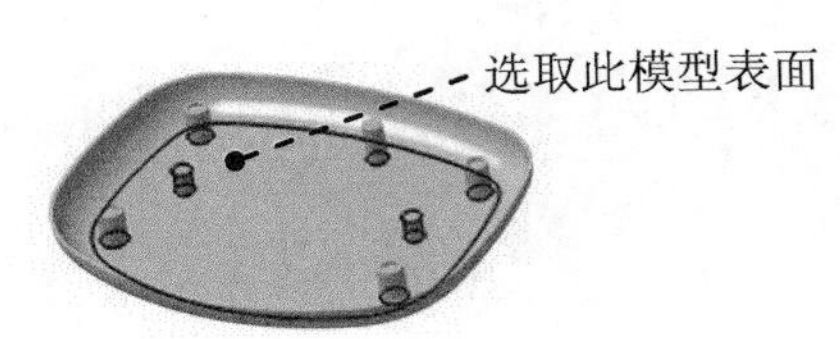

图 29.4.27 凸台 4

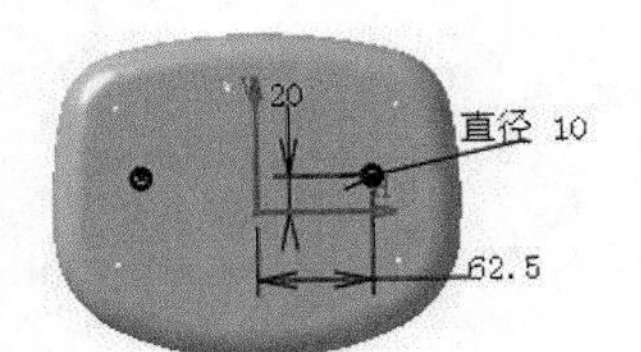

图 29.4.28 截面草图（草图 5）

Step15. 创建图 29.4.29 所示的零件特征——拔模 3。选择下拉菜单插入 → 修饰特征 → 拔模...命令，选取凸台 4 的两圆柱面为要拔模的面。在中性元素区域激活选择：文本框，选取图 29.4.30 所示的面为中性元素。在角度：文本框中输入数值 2。单击确定按钮，完成拔模 3 的创建。

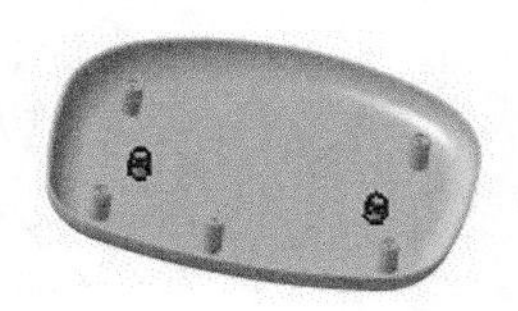

图 29.4.29 拔模 3

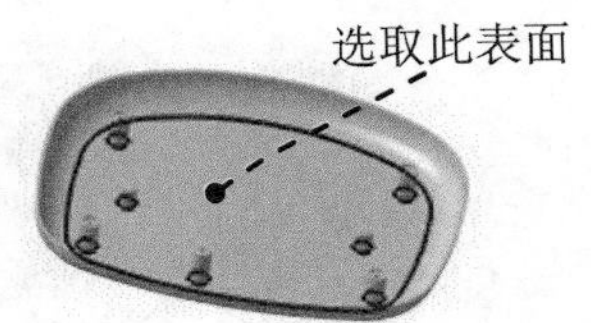

图 29.4.30 选取中性元素

Step16. 创建图 29.4.31 所示的零件特征——孔 6。选择下拉菜单插入 → 基于草图的特征 → 孔...命令。选取图 29.4.32 所示的模型表面为孔的放置面，单击对话框的扩展选项卡中的按钮，在草绘工作台中约束孔的中心线与凸台 4 的边线同心（图 29.4.33）。在“定义孔”对话框的扩展选项卡的下拉列表中选择盲孔选项，在直径：文本框中输入数值 3，在深度：文本框中输入数值 10；单击“定义孔”对话框中的类型选项卡，在下拉列表中选择简单选项。单击确定按钮，完成孔 6 的创建。

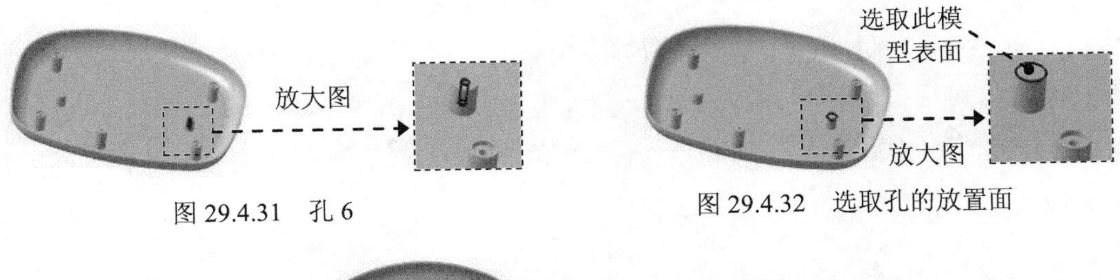

图 29.4.31 孔 6　　图 29.4.32 选取孔的放置面

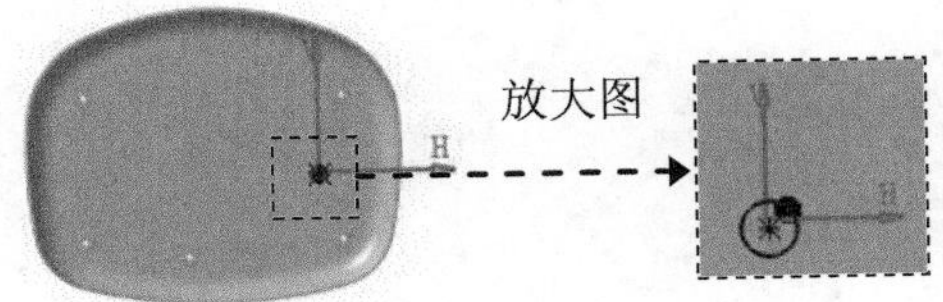

图 29.4.33 约束孔的定位

Step17. 创建图 29.4.34 所示的镜像 2。在特征树上选取孔 6 为镜像对象，选择下拉菜

单 插入 → 变换特征 → 镜像... 命令，选取“yz 平面”为镜像平面。单击 确定 按钮，完成镜像 2 的创建。

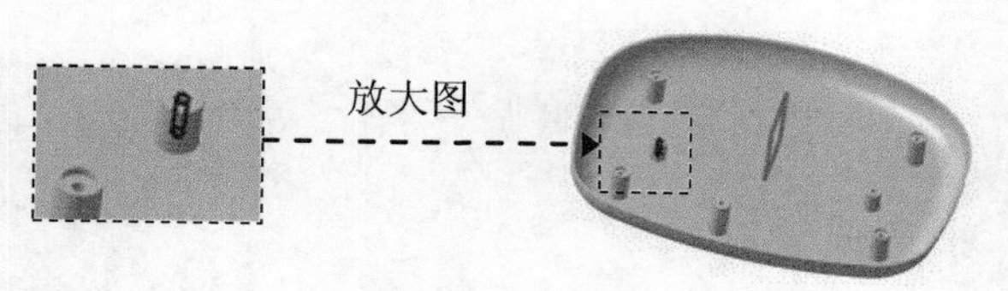

图 29.4.34 镜像 2

Step18. 创建图 29.4.35b 所示的倒角 1。

（1）选择命令。选择下拉菜单 插入 → 修饰特征 → 倒角... 命令（或单击“修饰特征”工具栏中的按钮），系统弹出“定义倒角”对话框。

（2）选取要倒角的对象。选取图 29.4.35a 所示的两条边线为要倒角的对象。

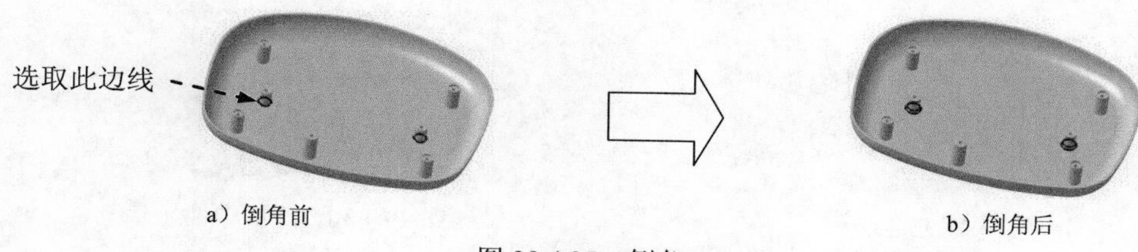

a）倒角前　　b）倒角后

图 29.4.35 倒角 1

（3）定义倒角参数。

① 定义倒角模式。在“定义倒角”对话框的 模式： 下拉列表中选择 长度 1/角度 选项。

② 定义倒角尺寸。在 长度 1： 和 角度： 文本框中分别输入数值 2 和 30。

（4）单击“定义倒角”对话框中的 确定 按钮，完成倒角 1 的创建。

Step19. 创建图 29.4.36 所示的零件特征——凸台 5。选择下拉菜单 插入 → 基于草图的特征 → 凸台... 命令（或单击按钮），单击按钮，选取图 29.4.36 所示的模型表面作为草图平面，在草绘工作台中绘制图 29.4.37 所示的截面草图（草图 6）；在“定义凸台”对话框的 第一限制 区域的 类型： 下拉列表中选择 尺寸 选项，在“定义凸台”对话框的 第一限制 区域的 长度： 文本框中输入数值 6。单击 确定 按钮，完成凸台 5 的创建。

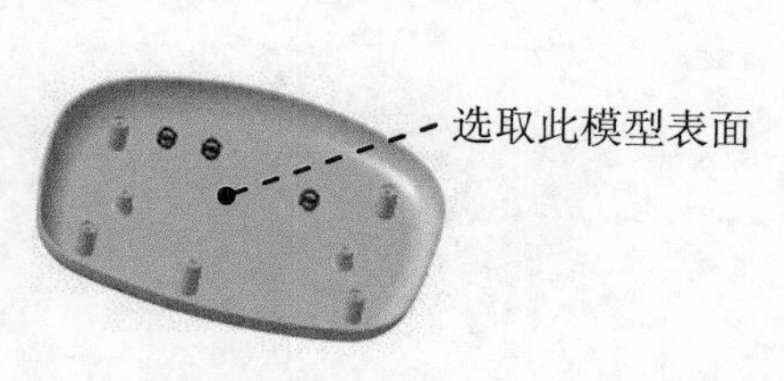

图 29.4.36 凸台 5

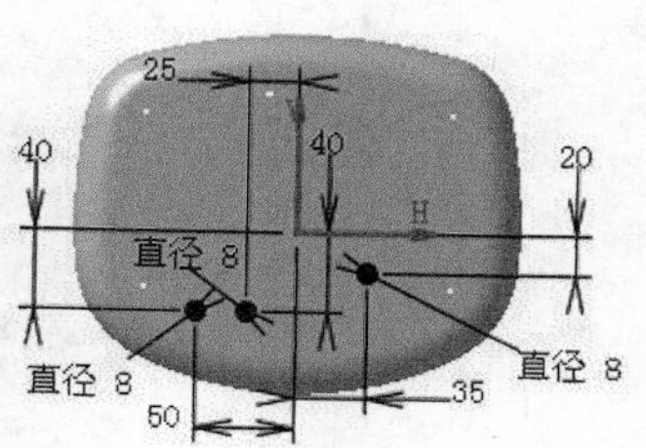

图 29.4.37 截面草图（草图 6）

Step20. 创建图 29.4.38 所示的零件特征——拔模 4。选择下拉菜单 插入 →

修饰特征 → 拔模... 命令，选取凸台 5 的圆柱面为要拔模的面。在 中性元素 区域激活 选择： 文本框，选取图 29.4.39 所示的面为中性元素。在“定义拔模”对话框的 角度： 文本框中输入数值 1。单击 确定 按钮，完成拔模 4 的创建。

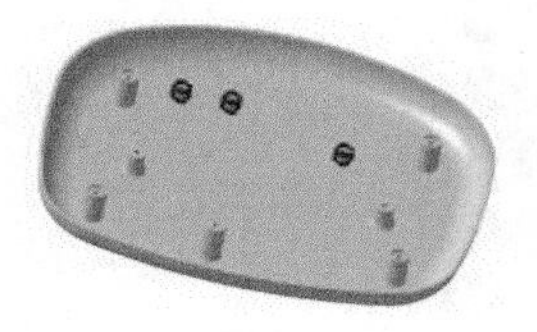
图 29.4.38 拔模 4

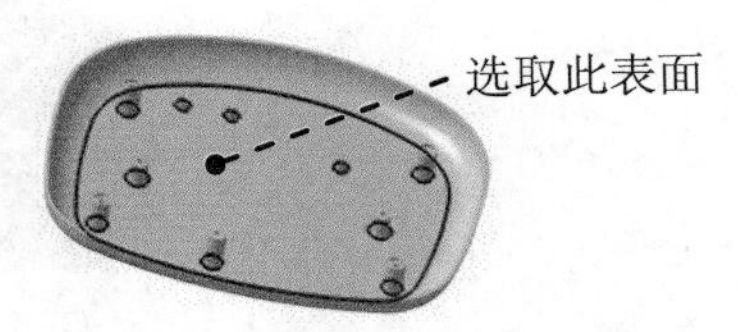

图 29.4.39 选取中性面

Step21. 创建图 29.4.40 所示的零件特征——孔 8。选择下拉菜单 插入 → 基于草图的特征 → 孔... 命令；选取图 29.4.41 所示的模型表面为孔的放置面，单击对话框的 延伸 选项卡中的按钮，在草绘工作台中约束孔的中心线与凸台 5 的边线同心（图 29.4.42）。在“定义孔”对话框的 扩展 选项卡的下拉列表中选择 盲孔 选项，在 直径： 文本框中输入数值 3，在 深度： 文本框中输入数值 5。单击 确定 按钮，完成孔 8 的创建。

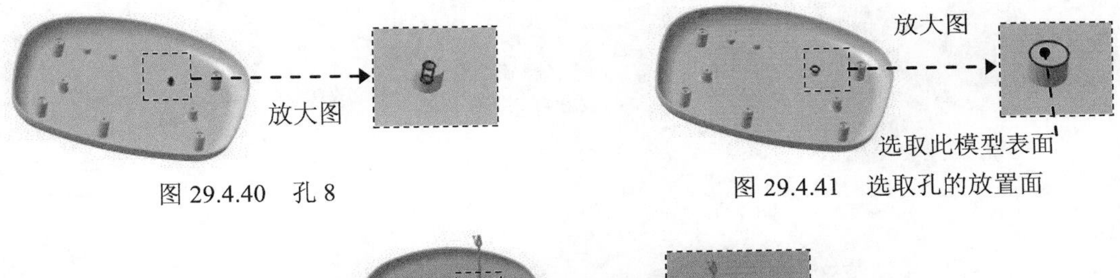

图 29.4.40 孔 8　　图 29.4.41 选取孔的放置面

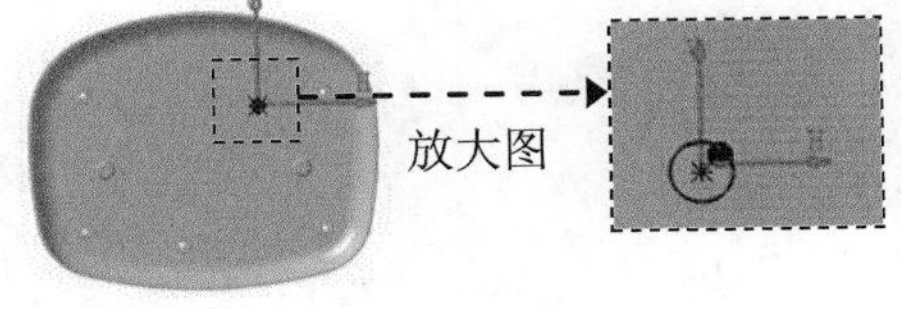

图 29.4.42 约束孔的定位

Step22. 创建图 29.4.43 所示的零件特征——孔 9。

（1）选择下拉菜单 插入 → 基于草图的特征 → 孔... 命令；选取图 29.4.44 所示的模型表面为孔的放置面，单击“定义孔”对话框的 扩展 选项卡中的按钮，在草绘工作台中约束孔的中心线与凸台 5 的边线同心（图 29.4.45）。

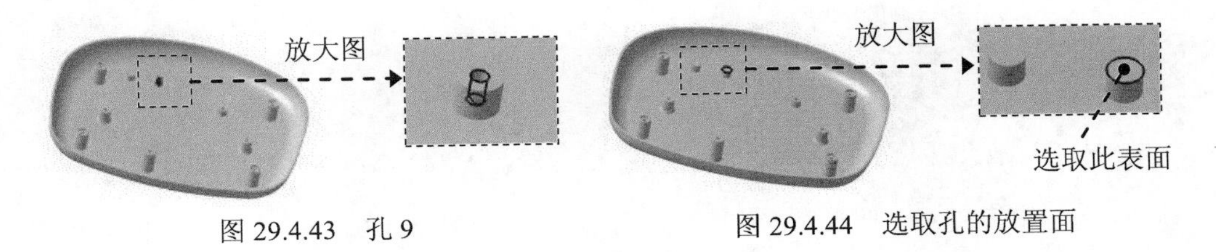

图 29.4.43 孔 9　　图 29.4.44 选取孔的放置面

（2）设置与孔 8 相同的参数，完成后单击“定义孔”对话框中的 确定 按钮，完成孔 9 的创建。

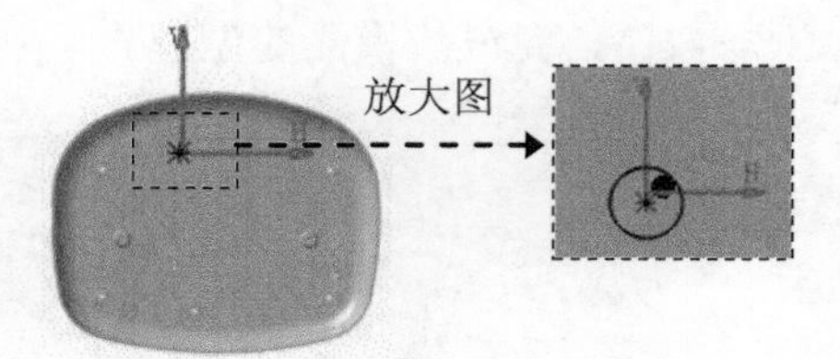

图 29.4.45　约束孔的定位

Step23. 创建图 29.4.46 所示的零件特征——孔 10。选择下拉菜单 插入 → 基于草图的特征 → 孔... 命令；选取图 29.4.47 所示的模型表面为孔的放置面，单击“定义孔”对话框的 延伸 选项卡中的 按钮，在草绘工作台中约束孔的中心线与凸台 5 的边线同心（图 29.4.48）；设置与孔 8 相同的参数，完成后单击“定义孔”对话框中的 确定 按钮，完成孔 10 的创建。

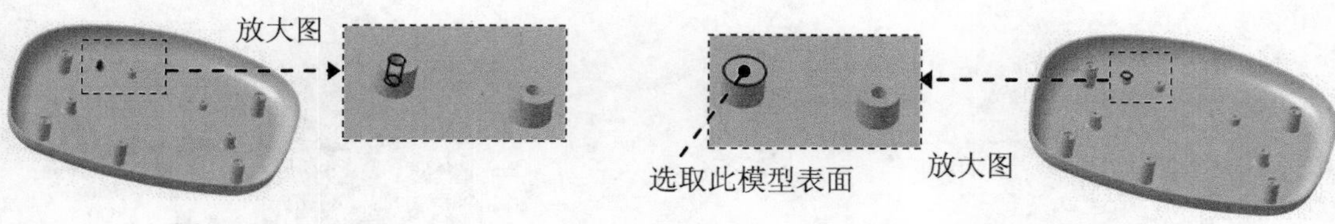

图 29.4.46　孔 10

图 29.4.47　选取孔的放置面

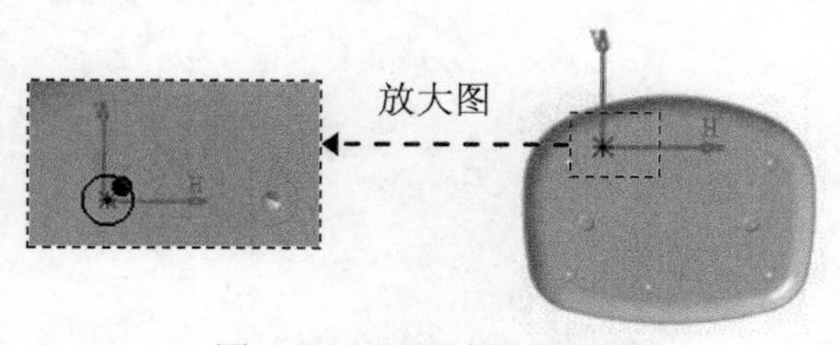

图 29.4.48　约束孔的定位

Step24. 创建图 29.4.49 所示的零件特征——凹槽 2。选择下拉菜单 插入 → 基于草图的特征 → 凹槽... 命令（或单击 按钮），选取“xy 平面”为草图平面。在草绘工作台中绘制图 29.4.50 所示的截面草图（草图 7）；在“定义凹槽”对话框的 第一限制 区域的 类型： 下拉列表中选择 直到最后 选项。单击 确定 按钮，完成凹槽 2 的创建。

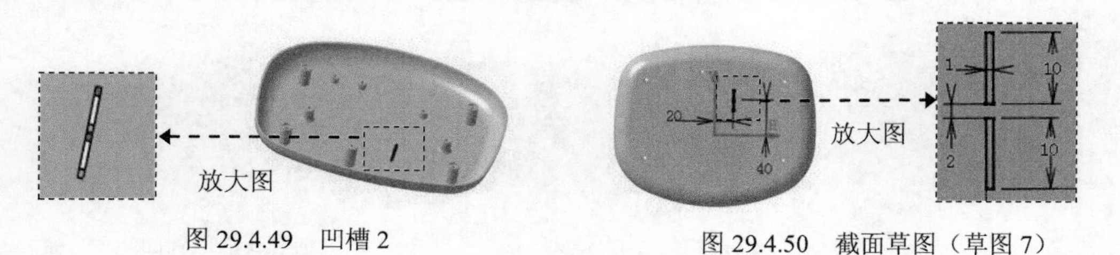

图 29.4.49　凹槽 2

图 29.4.50　截面草图（草图 7）

Step25. 创建图 29.4.51 所示的矩形阵列 1。

（1）选择命令。选择下拉菜单插入 → 变换特征 → 矩形阵列...命令，系统弹出“定义矩形阵列”对话框。

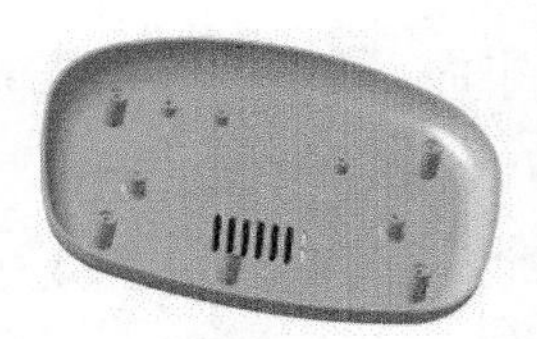

图 29.4.51 矩形阵列 1

（2）定义阵列对象。单击以激活“定义矩形阵列”对话框的第一方向选项卡中的对象：文本框，选取特征树上的凹槽 2 作为阵列对象。

（3）定义参考元素。单击以激活第一方向选项卡中的参考元素：文本框，单击右键，在系统弹出的快捷菜单中选择X 轴作为参考元素，然后单击反转按钮，反转阵列方向。

（4）定义阵列参数。

① 定义参数类型。在“定义矩形阵列”对话框的第一方向选项卡的参数：下拉列表中选择实例和间距选项。

② 定义参数值。在“定义矩形阵列”对话框的第一方向选项卡的实例：文本框中输入数值 7，在间距：文本框中输入数值 7。

（5）单击“定义矩形阵列”对话框中的确定按钮，完成矩形阵列 1 的创建。

Step26. 创建图 29.4.52 所示的草图 8。

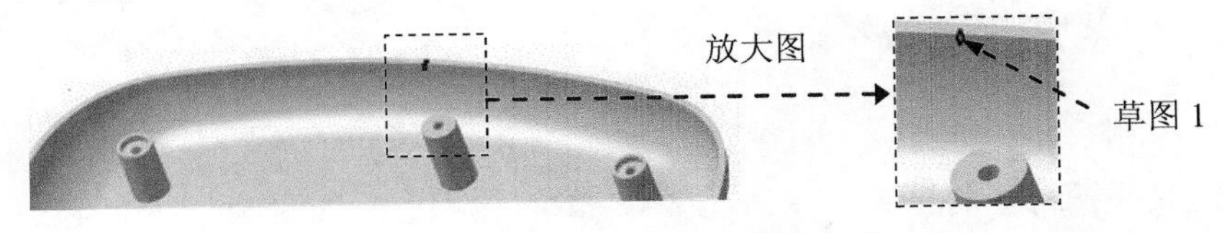

图 29.4.52 草图 8（建模环境）

（1）选择命令。选择下拉菜单插入 → 草图编辑器 → 草图命令（或单击工具栏中的“草图”按钮）。

（2）定义草图平面。选取“yz 平面”为草图平面，系统自动进入草绘工作台。

（3）绘制草图。绘制图 29.4.53 所示的截面草图。

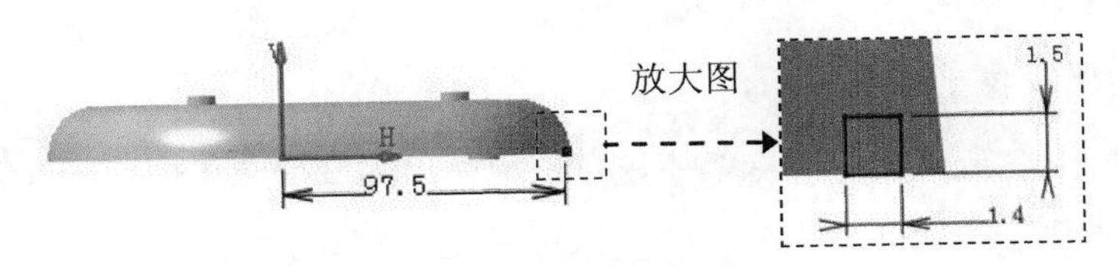

图 29.4.53 草图 8（草绘环境）

（4）单击“工作台”工具栏中的按钮，完成草图 8 的创建。

Step27. 创建图 29.4.54 所示的草图 9。

（1）选择命令。选择下拉菜单 插入 → 草图编辑器 ▸ → 草图 命令（或单击工具栏中的“草图”按钮）。

（2）定义草图平面。选取“xy 平面”为草图平面，系统自动进入草绘工作台。

（3）绘制草图。绘制图 29.4.55 所示的草图 9。

注意：绘制草图时，按住 Ctrl 键，首先选取图 29.4.55 所示的边线，然后选择下拉菜单 插入 → 操作 ▸ → 3D 几何图形 ▸ → 投影 3D 元素 命令，完成该草图的绘制。

（4）单击“工作台”工具栏中的按钮，完成草图 9 的创建。

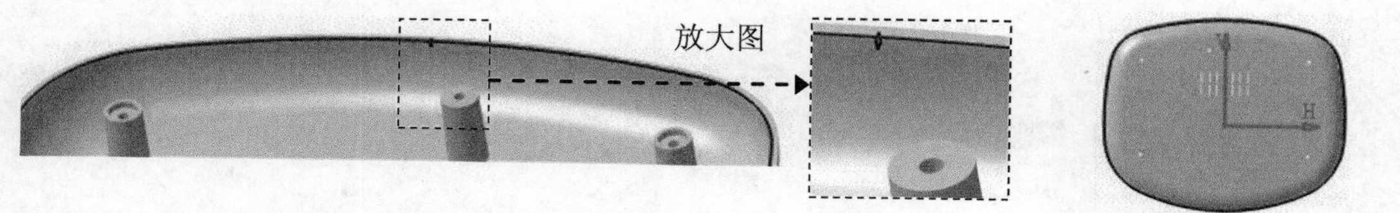

图 29.4.54　草图 9（建模环境）　　图 29.4.55　草图 9（草绘环境）

Step28. 创建图 29.4.56 所示的开槽 1。

（1）选取特征命令。选择下拉菜单 插入 → 基于草图的特征 ▸ → 开槽... 命令（或单击“基于草图的特征”工具栏中的按钮），系统弹出“定义开槽”对话框。

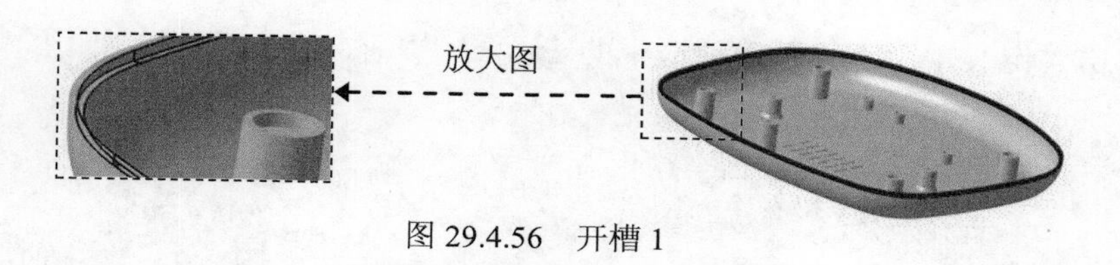

图 29.4.56　开槽 1

（2）定义开槽特征的轮廓。在系统 定义轮廓。 的提示下，选取 Step26 创建的草图 8 作为开槽特征的轮廓。

说明：一般情况下，用户可以定义开槽特征的轮廓控制方式，默认在“定义开槽”对话框 轮廓控制 区域的下拉列表中选中的是 保持角度 选项。

（3）定义开槽特征的中心曲线。在系统 定义中心曲线。 的提示下，选取 Step27 创建的草图 9 作为中心曲线。

（4）单击“定义开槽”对话框中的 确定 按钮，完成开槽 1 的创建。

Step29. 更改零件模型的颜色。

（1）在特征树中右击 零件几何体，在系统弹出的快捷菜单中选择 属性 Alt+Enter 命令，系统弹出“属性”对话框。

（2）单击 图形 选项卡，在 颜色 下拉列表中选择浅蓝色作为更改的颜色。

（3）单击 确定 按钮，完成零件模型颜色的更改。

Step30. 保存零件模型。

29.5 底座上盖

底座上盖模型和特征树如图 29.5.1 所示。

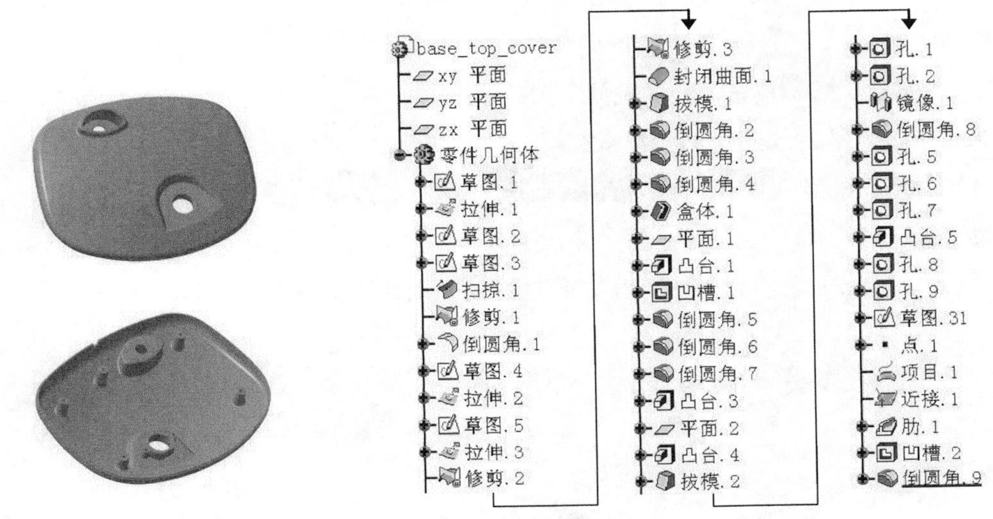

图 29.5.1 底座上盖模型和特征树

Step1. 新建模型文件。选择下拉菜单 文件 → 新建... 命令，系统弹出“新建”对话框，在类型列表中选择 Part 选项，单击 确定 按钮。在系统弹出的“新建零件”对话框中输入零件名称 base_top_cover，并选中 启用混合设计 复选框，单击 确定 按钮，进入“零件设计”工作台。

Step2. 选择下拉菜单 开始 → 形状 → 创成式外形设计 命令，进入“创成式外形设计”工作台。

Step3. 创建图 29.5.2 所示的草图 1。

（1）选择下拉菜单 插入 → 草图编辑器 → 草图 命令（或单击工具栏中的“草图”按钮）。

（2）选取“xy 平面”为草图平面，系统自动进入草绘工作台，绘制图 29.5.3 所示的草图 1。

（3）单击 确定 按钮，完成草图 1 的创建。

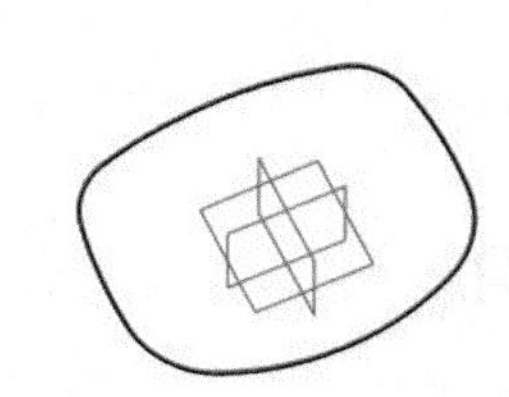

图 29.5.2 草图 1（建模环境）

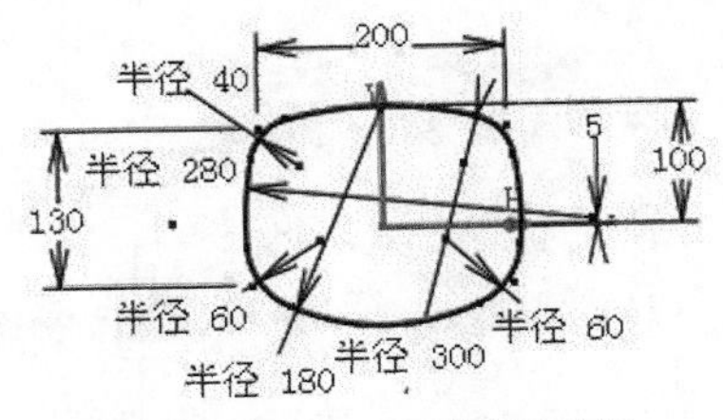

图 29.5.3 草图 1（草绘环境）

Step4. 创建图 29.5.4 所示的拉伸 1。

（1）选择下拉菜单 插入 → 曲面 ▸ → 拉伸... 命令，系统弹出“拉伸曲面定义”对话框。

（2）选取 Step3 创建的曲线为拉伸轮廓。采用系统默认的拉伸方向；在“拉伸曲面定义”对话框的 限制 1 区域的 类型: 下拉列表中选择 尺寸 选项，在 限制 1 区域的 尺寸: 文本框中输入数值 20。

（3）单击 确定 按钮，完成拉伸 1 的创建。

Step5. 创建图 29.5.5 所示的草图 2。

（1）选择下拉菜单 插入 → 草图编辑器 ▸ → 草图 命令（或单击工具栏中的“草图”按钮）。

（2）选取“zx 平面”为草图平面，系统自动进入草绘工作台；绘制图 29.5.6 所示的草图 2。

（3）单击 确定 按钮，完成草图 2 的创建。

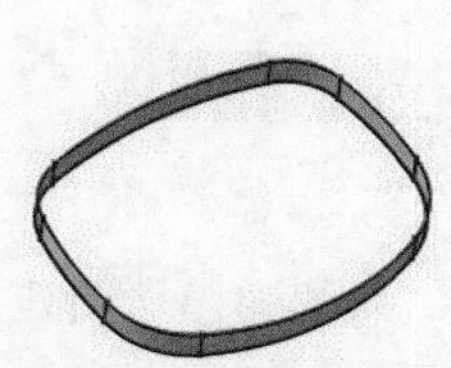

图 29.5.4 拉伸 1

图 29.5.5 草图 2（建模环境）

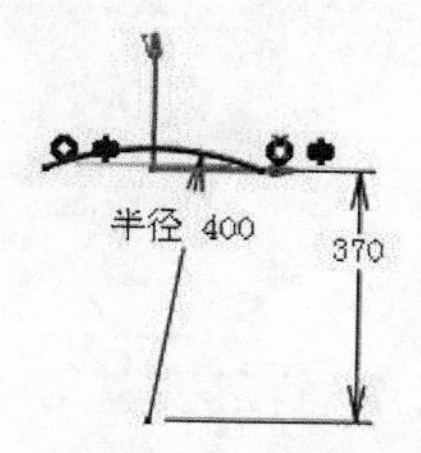

图 29.5.6 草图 2（草绘环境）

Step6. 创建图 29.5.7 所示的草图 3。

（1）选择下拉菜单 插入 → 草图编辑器 ▸ → 草图 命令（或单击工具栏中的“草图”按钮）。

（2）选取“yz 平面”为草图平面，系统自动进入草绘工作台；绘制图 29.5.8 所示的草图 3。

说明： 圆弧与草图 2 的最高点相合，可以通过与 3D 元素相交命令来完成。

（3）单击 确定 按钮，完成草图 3 的创建。

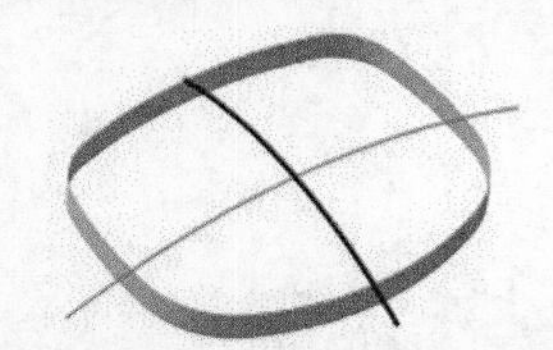

图 29.5.7 草图 3（建模环境）

图 29.5.8 草图 3（草绘环境）

Step7. 创建图 29.5.9 所示的扫掠 1。

（1）选择下拉菜单 插入 → 曲面 ▸ → 扫掠... 命令，系统弹出“扫掠曲面定义”

对话框。

（2）在“扫掠曲面定义”对话框的轮廓类型：中单击“显示”按钮，在子类型：下拉列表中选择使用参考曲面选项。选取图 29.5.9 所示的草图 2 为扫掠轮廓，选取图 29.5.9 所示的草图 3 为引导曲线。

（3）单击确定按钮，完成扫掠 1 的创建。

Step8. 创建图 29.5.10 所示的曲面的修剪 1。

（1）选择下拉菜单插入 → 操作 → 修剪...命令，系统弹出“修剪定义”对话框。

（2）在“修剪定义”对话框的模式：下拉列表中选择标准选项，选取图 29.5.10 所示的曲面 1 和曲面 2 为修剪元素。

（3）单击确定按钮，完成曲面的修剪操作。

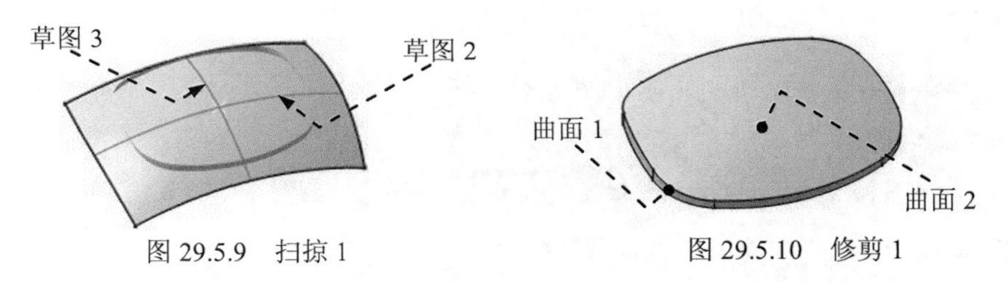

图 29.5.9 扫掠 1　　　　图 29.5.10 修剪 1

Step9. 创建图 29.5.11b 所示的倒圆角 1。

（1）选择下拉菜单插入 → 操作 → 倒圆角命令，此时系统弹出“倒圆角定义”对话框。

（2）选择图 29.5.11a 所示的边线为圆角边线，在传播：下拉列表中选择相切选项，在半径文本框中输入数值 8。

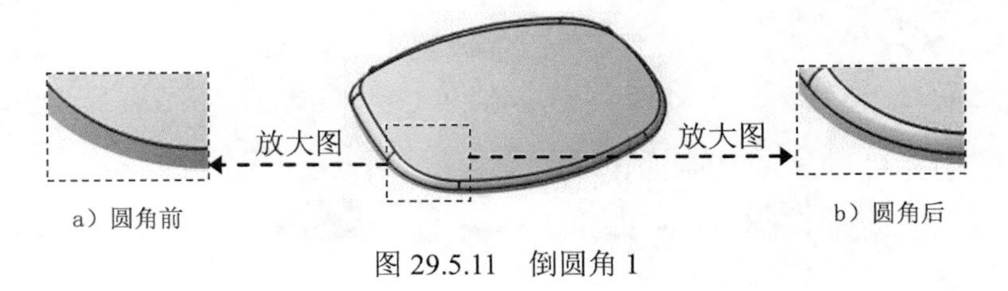

a）圆角前　　b）圆角后

图 29.5.11 倒圆角 1

（3）单击确定按钮，完成倒圆角 1 的创建。

Step10. 创建图 29.5.12 所示的草图 4。

（1）选择下拉菜单插入 → 草图编辑器 → 草图命令（或单击工具栏中的“草图”按钮）。

（2）选取“zx 平面”为草图平面，系统自动进入草绘工作台；绘制图 29.5.13 所示的草图 4。

（3）单击 确定 按钮，完成草图 4 的创建。

图 29.5.12　草图 4（建模环境）

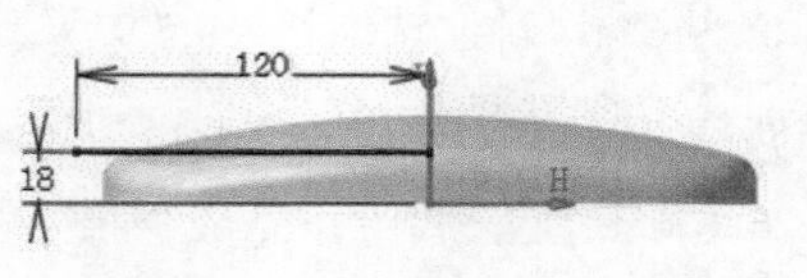

图 29.5.13　草图 4（草绘环境）

Step11．创建图 29.5.14 所示的拉伸 2。

（1）选择下拉菜单 插入 → 曲面 → 拉伸... 命令，系统弹出“拉伸曲面定义”对话框。

（2）选取草图 4 为拉伸轮廓。单击 反转方向 按钮，反转拉伸方向；在“拉伸曲面定义”对话框的 限制 1 区域的 类型： 下拉列表中选择 尺寸 选项，在 限制 1 区域的 尺寸： 文本框中输入数值 100。

（3）单击 确定 按钮，完成拉伸 2 的创建。

Step12．创建图 29.5.15 所示的草图 5。

（1）选择下拉菜单 插入 → 草图编辑器 → 草图 命令（或单击工具栏中的“草图”按钮）。

（2）选取 Step11 创建的拉伸面为草图平面，进入草绘工作台；绘制图 29.5.16 所示的草图 5。

（3）单击 确定 按钮，完成草图 5 的创建。

图 29.5.14　拉伸 2

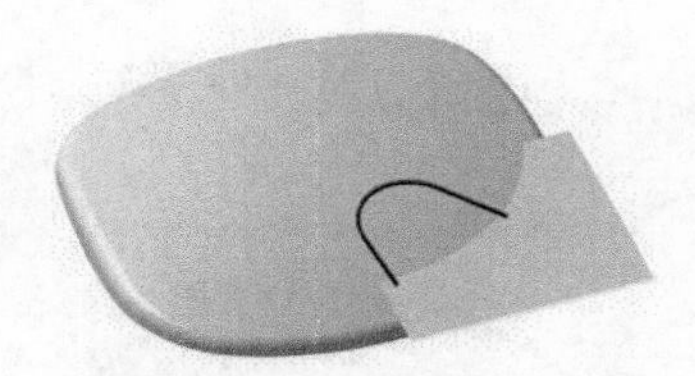
图 29.5.15　草图 5（建模环境）

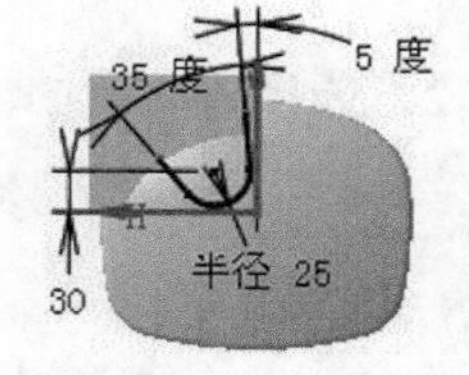

图 29.5.16　草图 5（草绘环境）

Step13．创建图 29.5.17 所示的拉伸 3。

（1）选择下拉菜单 插入 → 曲面 → 拉伸... 命令，系统弹出“拉伸曲面定义”对话框。

（2）选取 Step12 创建的曲线为拉伸轮廓。单击 反转方向 按钮，反转拉伸方向；在“拉伸曲面定义”对话框的 限制 1 区域的 类型： 下拉列表中选择 尺寸 选项，在 限制 1 区域的 尺寸： 文本框中输入数值 50。

（3）单击 确定 按钮，完成拉伸 3 的创建。

Step14．创建图 29.5.18 所示的曲面的修剪 2。

（1）选择下拉菜单 插入 → 操作 → 修剪... 命令，系统弹出“修剪定义”对

话框。

（2）在“修剪定义”对话框的模式：下拉列表中选择标准选项，选取图 29.5.18 所示的曲面 1 和曲面 2 为修剪元素。

（3）单击确定按钮，完成曲面的修剪操作。

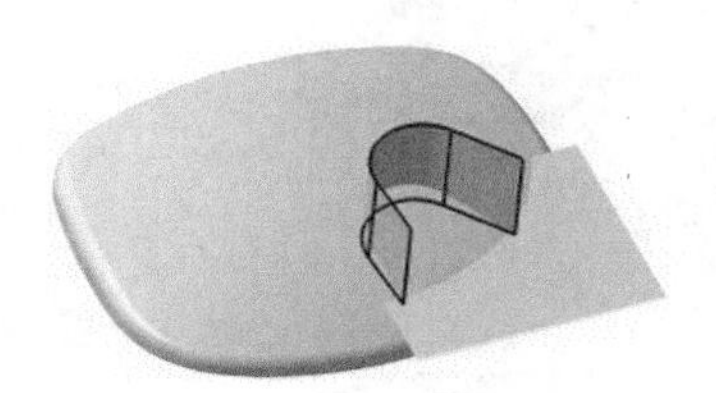

图 29.5.17 拉伸 3

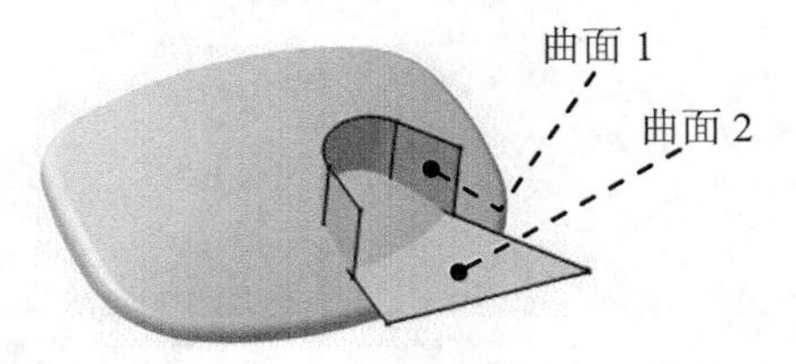

图 29.5.18 修剪 2

Step15. 创建图 29.5.19 所示的曲面的修剪 3。

（1）选择下拉菜单插入 → 操作 → 修剪...命令，系统弹出“修剪定义”对话框。

（2）在“修剪定义”对话框的模式：下拉列表中选择标准选项；选取修剪 2 和倒圆角 1 为修剪元素。

（3）单击确定按钮，完成曲面的修剪操作。

Step16. 切换工作台。选择下拉菜单开始 → 机械设计 → 零件设计命令，进入“零件设计”工作台。

Step17. 创建图 29.5.20 所示的封闭曲面 1。

（1）选择下拉菜单插入 → 基于曲面的特征 → 封闭曲面...命令，系统弹出“定义封闭曲面”对话框。

（2）选取修剪 3 为要封闭的对象。

（3）单击确定按钮，完成封闭曲面 1 的创建。

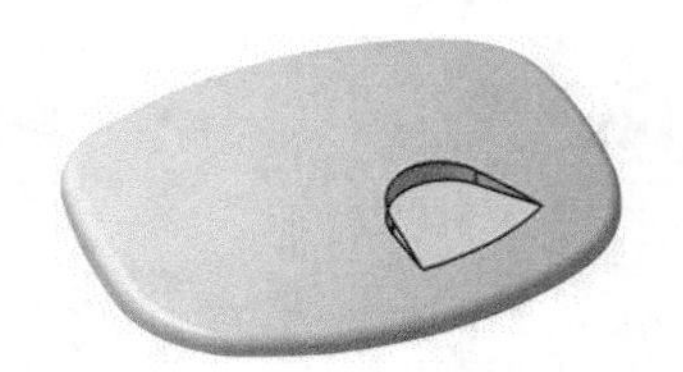

图 29.5.19 修剪 3

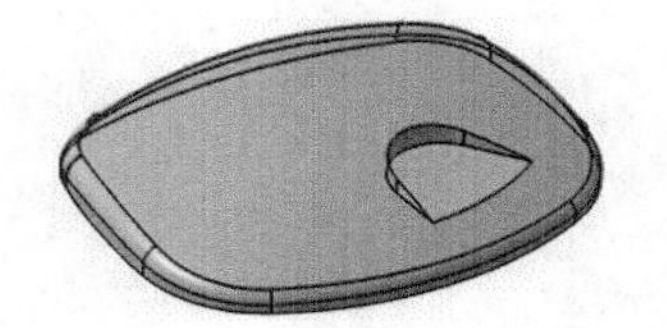

图 29.5.20 封闭曲面 1

Step18. 创建图 29.5.21 所示的拔模 1（将曲面隐藏）。

（1）选择下拉菜单插入 → 修饰特征 → 拔模...命令（或单击“修饰特征”工具栏中的按钮），系统弹出“定义拔模”对话框。

（2）在系统选择要拔模的面的提示下，选取图 29.5.21 所示的模型表面 1 为要拔模的面；单击以激活中性元素区域中的选择：文本框，选取模型表面 2 为中性元素，在“定义拔模”对

话框的 角度： 文本框中输入数值 20。

（3）单击“定义拔模”对话框中的 确定 按钮，完成拔模 1 的创建。

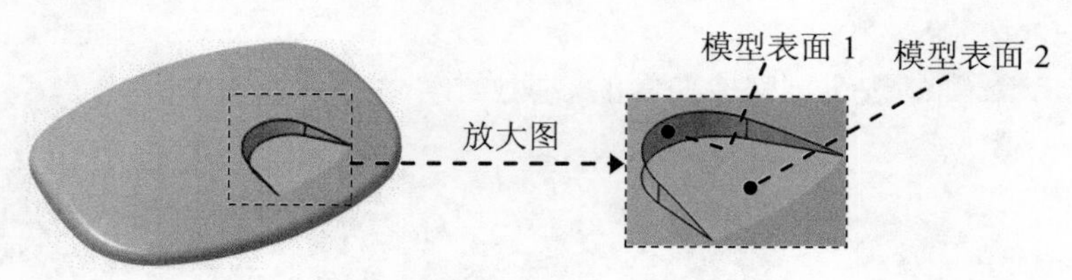

图 29.5.21　拔模 1

Step19. 创建图 29.5.22 所示的倒圆角 2。

（1）选择下拉菜单 插入 → 修饰特征 → 倒圆角... 命令，系统弹出“倒圆角定义”对话框。

（2）选取图 29.5.22 所示的边线为圆角边线，在 传播： 下拉列表中选择 相切 选项，在 半径 文本框中输入数值 4。

（3）单击 确定 按钮，完成倒圆角 2 的创建。

Step20. 创建图 29.5.23 所示的倒圆角 3。倒圆角 3 以图 29.5.23 所示的边线为倒圆角对象，倒圆角半径值为 2。

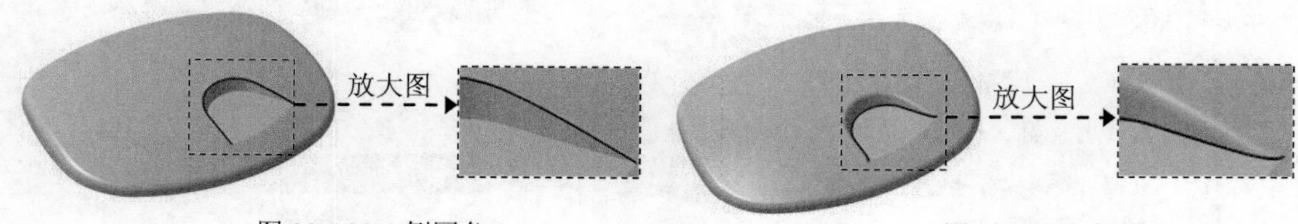

图 29.5.22　倒圆角 2　　　　图 29.5.23　倒圆角 3

Step21. 创建图 29.5.24 所示的倒圆角 4。倒圆角 4 以图 29.5.24 所示的边线为倒圆角对象，倒圆角半径值为 2。

Step22. 创建图 29.5.25b 所示的抽壳 1。

（1）选择下拉菜单 插入 → 修饰特征 → 抽壳... 命令（或单击“修饰特征”工具栏中的 按钮），系统弹出“定义盒体”对话框。

（2）在系统 选择要移除的面。 的提示下，选取图 29.5.25a 所示的模型表面为要移除的面。在对话框的 默认内侧厚度： 文本框中输入数值 2。

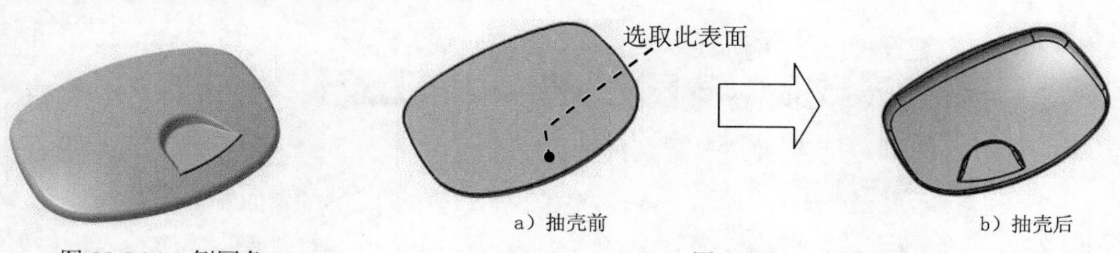

a）抽壳前　　b）抽壳后

图 29.5.24　倒圆角 4　　　　图 29.5.25　抽壳 1

（3）单击“定义盒体”对话框中的 确定 按钮，完成抽壳 1 的创建。

Step23. 创建图 29.5.26 所示的平面 1。

（1）单击“参考元素（扩展）”工具栏中的按钮，系统弹出“平面定义”对话框。

（2）在“平面定义”对话框的 平面类型： 下拉列表中选择 偏移平面 选项；选取“xy 平面”为参考平面，在“平面定义”对话框的 偏移： 文本框中输入数值 5。

（3）单击 确定 按钮，完成平面 1 的创建。

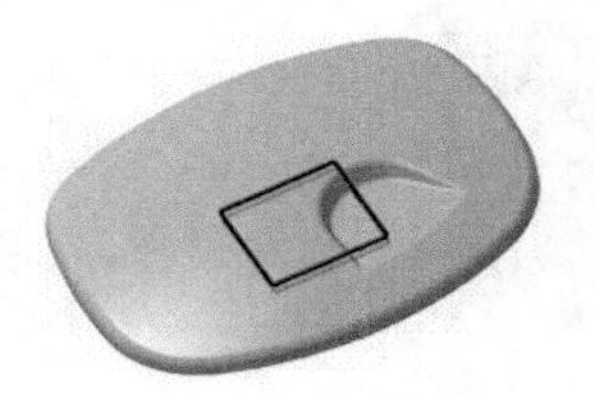

图 29.5.26 平面 1

Step24. 创建图 29.5.27 所示的凸台 1。

（1）选择下拉菜单 插入 → 基于草图的特征 → 凸台... 命令（或单击按钮），系统弹出“定义凸台”对话框。

（2）在“定义凸台”对话框中单击按钮，选取平面 1 为草图平面；绘制出图 29.5.28 所示的截面草图（草图 6），单击按钮，退出草绘工作台；在 第一限制 区域的 类型： 下拉列表中选择 尺寸 选项，在 长度： 文本框中输入数值 27。

（3）单击 确定 按钮，完成凸台 1 的创建。

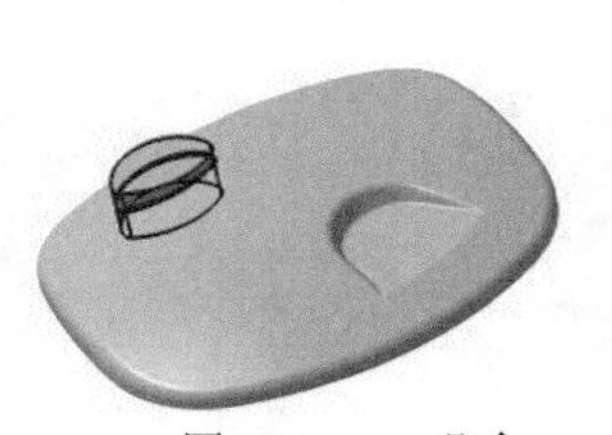

图 29.5.27 凸台 1

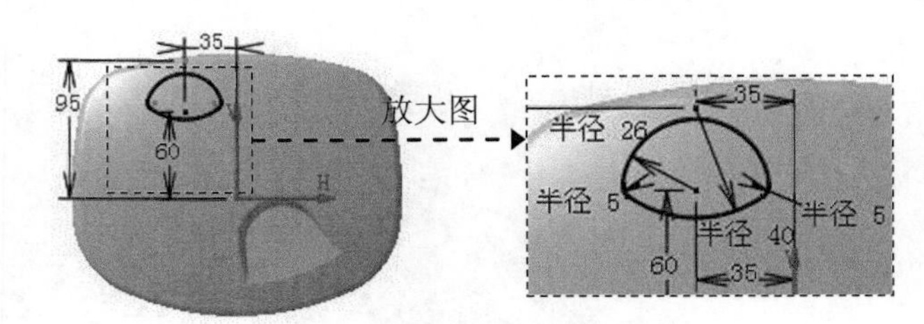

图 29.5.28 截面草图（草图 6）

Step25. 创建图 29.5.29b 所示的凹槽 1。

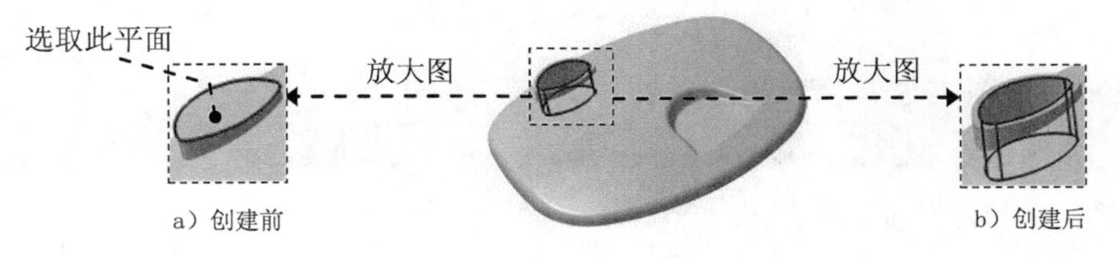

图 29.5.29 凹槽 1

（1）选择下拉菜单 插入 → 基于草图的特征 → 凹槽... 命令（或单击按钮），系统弹出“定义凹槽”对话框。

（2）在“定义凹槽”对话框中单击按钮，选取图 29.5.29a 所示的平面为草图平面；

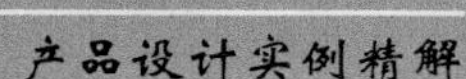

在草绘工作台中绘制图 29.5.30 所示的截面草图（草图 7）；单击按钮，退出草绘工作台；在 第一限制 区域的 类型：下拉列表中选择尺寸选项，在深度：文本框中输入数值 25。

（3）单击 确定 按钮，完成凹槽 1 的创建。

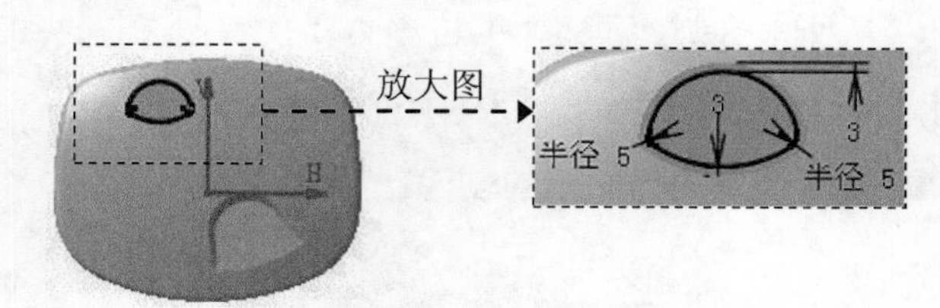

图 29.5.30　截面草图（草图 7）

Step26. 创建倒圆角 5。倒圆角 5 以图 29.5.31 所示的边线为倒圆角对象，倒圆角半径值为 3。

Step27. 创建倒圆角 6。倒圆角 6 以图 29.5.32 所示的边线为倒圆角对象，倒圆角半径值为 2。

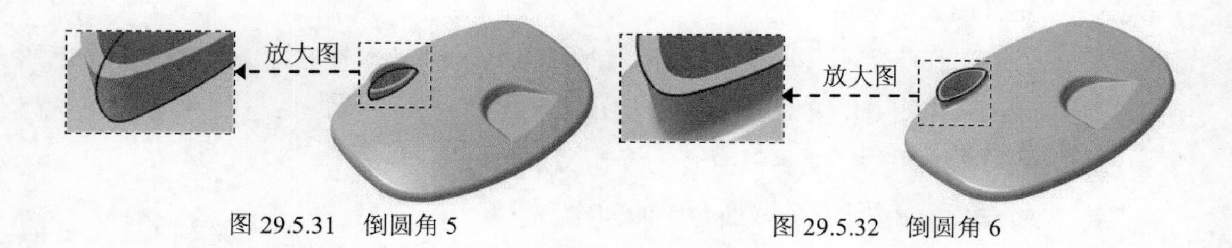

图 29.5.31　倒圆角 5　　　图 29.5.32　倒圆角 6

Step28. 创建倒圆角 7。倒圆角 7 以图 29.5.33 所示的边线为倒圆角对象，倒圆角半径值为 2。

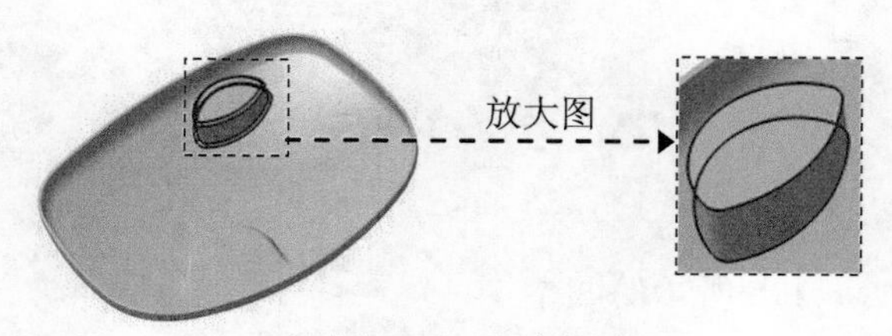

图 29.5.33　倒圆角 7

Step29. 创建图 29.5.34 所示的凸台 2。

（1）选择下拉菜单 插入 → 基于草图的特征 → 凸台... 命令（或单击按钮），系统弹出“定义凸台”对话框。

（2）在“定义凸台”对话框中单击按钮，选取“xy 平面”为草图平面；绘制图 29.5.35 所示的截面草图（草图 8）。单击按钮，退出草绘工作台；在 第一限制 区域的 类型：下拉列表中选择直到曲面选项，选取模型内表面作为拉伸终止面。

（3）单击 确定 按钮，完成凸台 2 的创建。

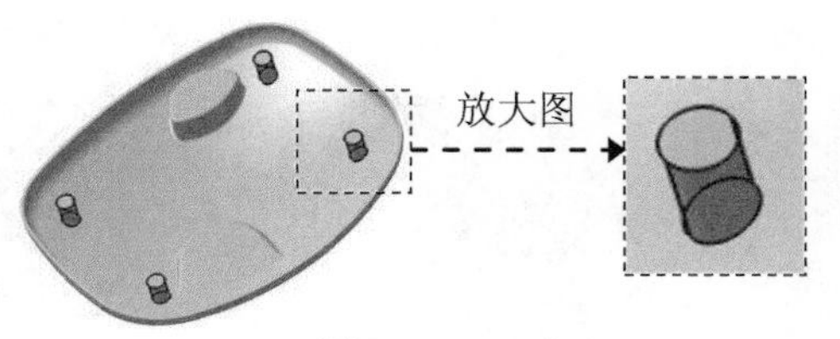

图 29.5.34 凸台 2

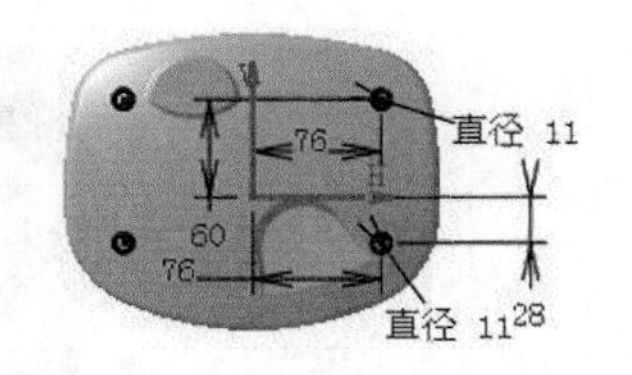

图 29.5.35 截面草图（草图 8）

Step30. 创建图 29.5.36 所示的平面 2。将“xy 平面”偏移，偏移距离值为 3。

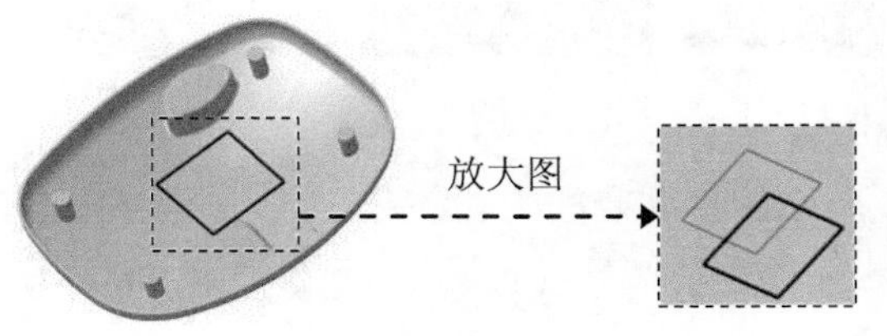

图 29.5.36 平面 2

Step31. 创建图 29.5.37 所示的凸台 3。

（1）选择下拉菜单插入 ⟶ 基于草图的特征 ⟶ 凸台...命令（或单击按钮），系统弹出“定义凸台”对话框。

（2）在“定义凸台”对话框中单击按钮，选取平面 2 为草图平面；绘制图 29.5.38 所示的截面草图（草图 9）。单击按钮，退出草绘工作台；在第一限制区域的类型：下拉列表中选择直到曲面选项，选取模型内表面作为拉伸终止面。

（3）单击确定按钮，完成凸台 3 的创建。

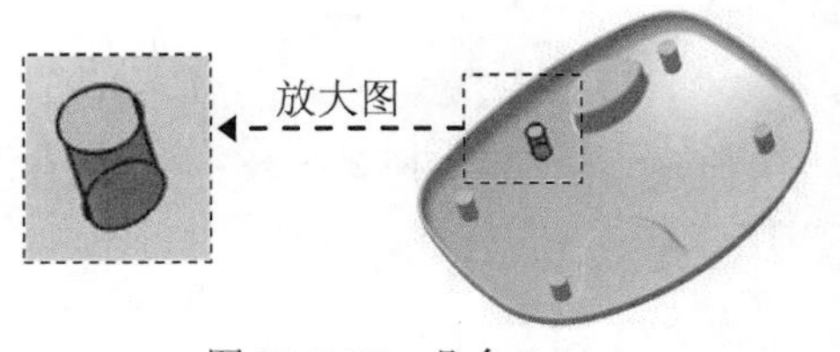

图 29.5.37 凸台 3

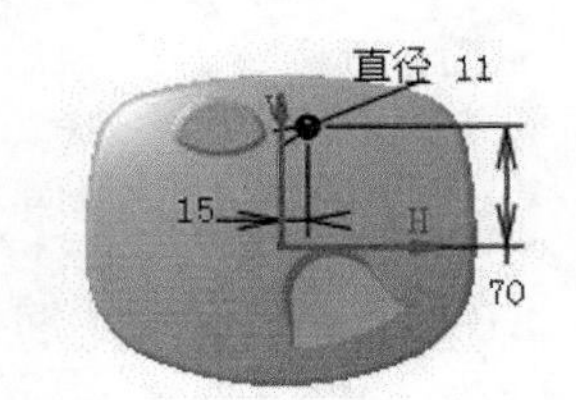

图 29.5.38 截面草图（草图 9）

Step32. 创建图 29.5.39 所示的拔模 2。

（1）选择下拉菜单插入 ⟶ 修饰特征 ⟶ 拔模...命令（或单击“修饰特征”工具栏中的按钮），系统弹出“定义拔模”对话框。

（2）在系统选择要拔模的面的提示下，选取图 29.5.39 所示的圆柱面为要拔模的面；单击以激活中性元素区域的选择：文本框，选择模型内表面为中性元素，在该对话框的角度：文本框中输入数值-1。

（3）单击该对话框中的确定按钮，完成拔模 2 的创建。

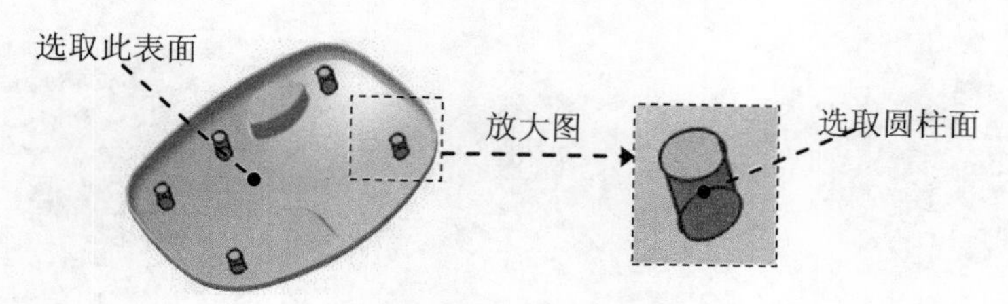

图 29.5.39　拔模 2

Step33. 创建图 29.5.40 所示的孔 1。

（1）选择下拉菜单 插入 → 基于草图的特征 → 孔... 命令（或单击“基于草图的特征”工具栏中的按钮）。

（2）选取图 29.5.40 所示的模型表面为孔的放置面，此时系统弹出“定义孔”对话框。

（3）单击“定义孔”对话框的 扩展 选项卡中的按钮，系统进入草绘工作台；约束孔的中心线与圆轮廓线相合，如图 29.5.41 所示。单击按钮退出草绘工作台；在“定义孔”对话框的 扩展 选项卡的下拉列表中选择 盲孔 选项，在 直径： 文本框中输入数值 3，在 深度： 文本框中输入数值 10。

（4）单击“定义孔”对话框中的 确定 按钮，完成孔 1 的创建。

Step34. 创建图 29.5.40 所示的孔 2。参照 Step33 创建图 29.5.40 所示的孔 2，孔 2 的参数设置与孔 1 相同。

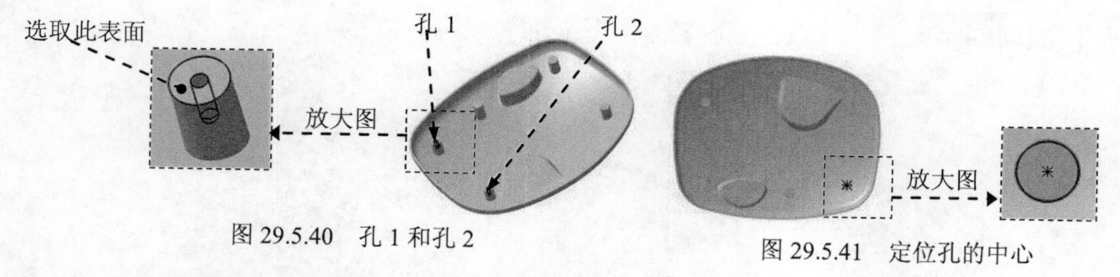

图 29.5.40　孔 1 和孔 2

图 29.5.41　定位孔的中心

Step35. 创建图 29.5.42 所示的镜像 1。

（1）按住 Ctrl 键，在特征树中选取孔 1 和孔 2 为镜像对象。

（2）选择下拉菜单 插入 → 变换特征 → 镜像... 命令，系统弹出“定义镜像”对话框。

（3）选取“yz 平面”作为镜像平面。

（4）单击 确定 按钮，完成镜像 1 的创建。

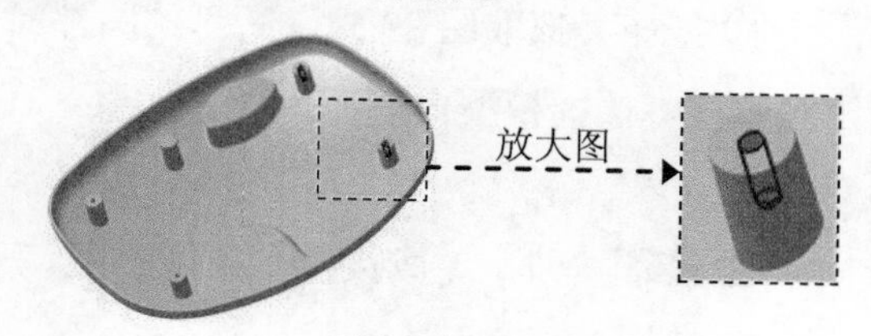

图 29.5.42　镜像 1

Step36. 创建倒圆角 8。倒圆角 8 以图 29.5.43 所示的五条边线为倒圆角对象，倒圆角半径值为 2。

Step37. 创建图 29.5.44 所示的孔 5。选取图 29.5.44 所示的模型表面为孔的放置面，孔 5 的参数设置及中心线约束与孔 1 相同。

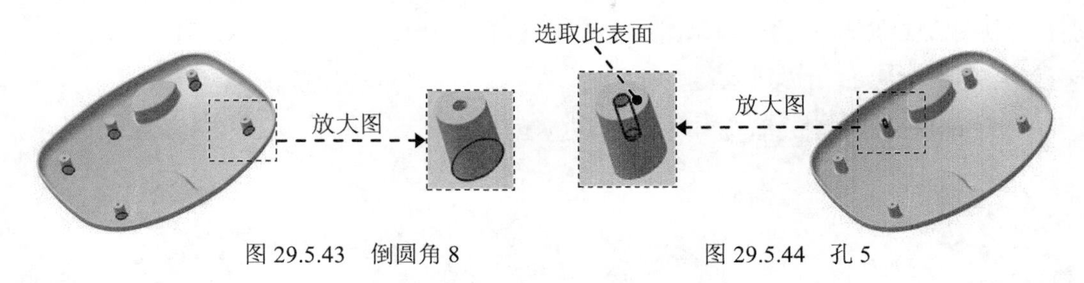

图 29.5.43 倒圆角 8　　图 29.5.44 孔 5

Step38. 创建图 29.5.45 所示的孔 6。

（1）选择下拉菜单 插入 → 基于草图的特征 → 孔... 命令（或单击“基于草图的特征”工具栏中的按钮）。

（2）选取图 29.5.45 所示的模型表面为孔的放置面，此时系统弹出“定义孔”对话框。

（3）单击“定义孔”对话框的 扩展 选项卡中的按钮，系统进入草绘工作台；定位孔的中心，如图 29.5.46 所示；单击按钮，退出草绘工作台；在“定义孔”对话框的 扩展 选项卡的下拉列表中选择 直到下一个 选项，在 直径： 文本框中输入数值 12。

（4）单击“定义孔”对话框中的 确定 按钮，完成孔 6 的创建。

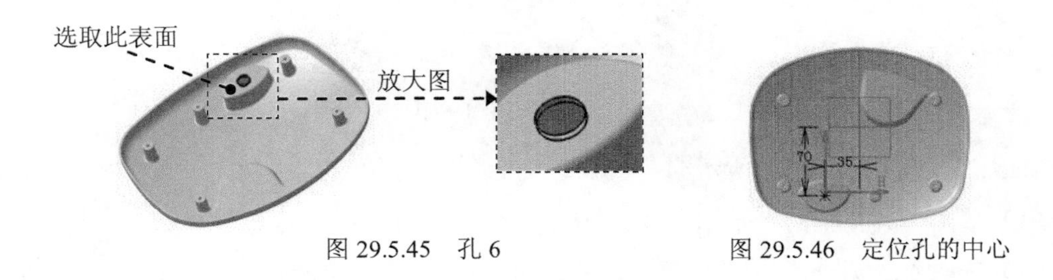

图 29.5.45 孔 6　　图 29.5.46 定位孔的中心

Step39. 创建图 29.5.47 所示的孔 7。参照 Step38 创建图 29.5.47 所示的孔 7。选取图 29.5.47 所示的模型表面为孔的放置面，约束孔的中心与图 29.5.48 所示的圆弧同心，孔的直径值为 22。

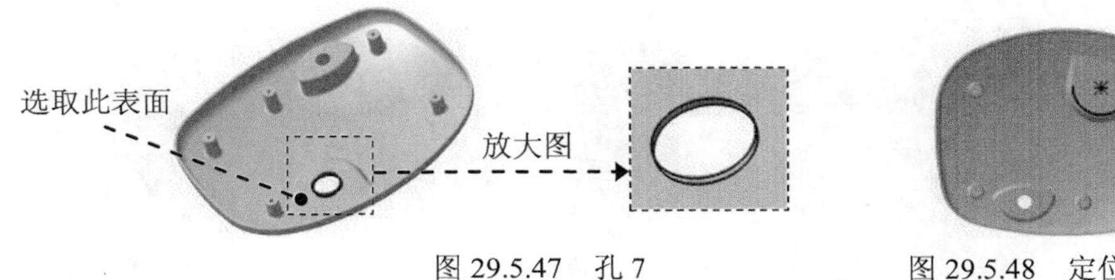

图 29.5.47 孔 7　　图 29.5.48 定位孔的中心

Step40. 创建图 29.5.49 所示的凸台 4。

（1）选择下拉菜单 插入 → 基于草图的特征 ▸ → 凸台... 命令（或单击按钮），系统弹出“定义凸台”对话框。

（2）在“定义凸台”对话框中单击按钮，选取图 29.5.49 所示的模型表面为草图平面；绘制图 29.5.50 所示的截面草图（草图 10）。单击按钮，退出草绘工作台；在 第一限制 区域的 类型： 下拉列表中选择 尺寸 选项，在 长度： 文本框中输入数值 10。

（3）单击 确定 按钮，完成凸台 4 的创建。

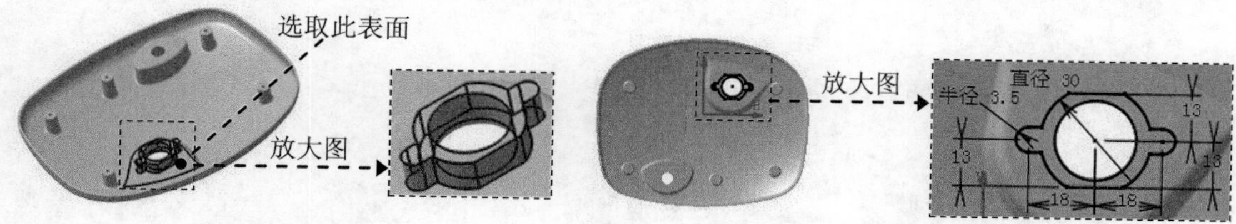

图 29.5.49 凸台 4

图 29.5.50 截面草图（草图 10）

Step41. 创建图 29.5.51 所示的孔 8 和孔 9。以图 29.5.44 所示的模型表面为孔 8 和孔 9 的放置面，孔 8 和孔 9 的扩展类型均为 盲孔；约束孔的中心线分别与凸台 4 的圆弧边线同心，孔直径值为 3，孔深值为 10。

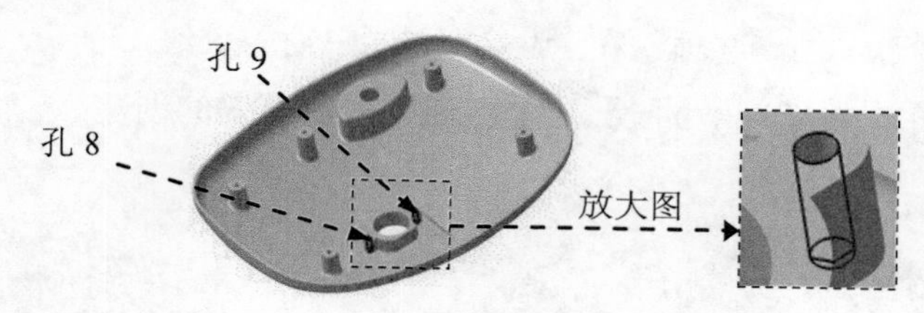

图 29.5.51 孔 8 和孔 9

Step42. 创建图 29.5.52 所示的草图 11。

（1）单击工具栏中的“草图”按钮。

（2）选取“xy 平面”为草图平面，系统自动进入草绘工作台，绘制图 29.5.53 所示的草图 11。

（3）单击 确定 按钮，完成草图 11 的创建。

说明：草图 11 与模型的内边缘重合。

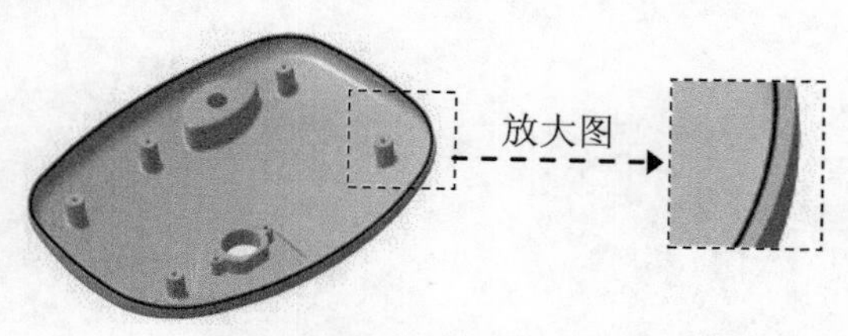

图 29.5.52 草图 11（建模环境）

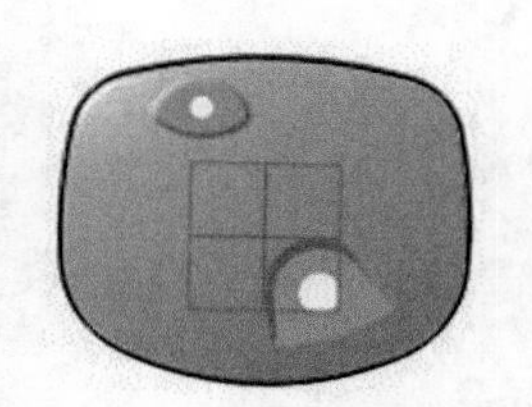

图 29.5.53 草图 11（草绘环境）

Step43. 创建图 29.5.54 所示的点 1。点 1 的 X 坐标、Y 坐标和 Z 坐标值均为 0。

Step44. 创建图 29.5.55 所示的投影 1。

（1）选择下拉菜单 开始 → 形状 → 创成式外形设计 命令，进入“创成式外形设计”工作台。

（2）选择下拉菜单 插入 → 线框 → 投影... 命令，系统弹出“投影定义”对话框。

（3）在“投影定义”对话框的 投影类型: 下拉列表中选择 沿某一方向 选项。选取图 29.5.55 所示的点为投影对象，选取 Step42 创建的草图为投影支持面，取消选中 □近接解法 复选框。选取“zx 平面”的法线方向为投影方向。

（4）单击“投影定义”对话框中的 确定 按钮，系统弹出“多重结果管理”对话框，选中 使用近接，仅保留一个子元素， 单选项。

（5）单击“多重结果管理”对话框中的 确定 按钮，系统弹出“接近定义”对话框。选取图 29.5.55 所示的点为要提取的元素。单击 确定 按钮，完成投影 1 的创建。

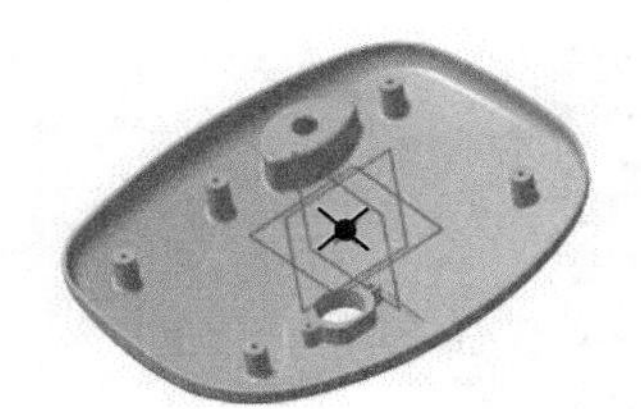
图 29.5.54 点 1

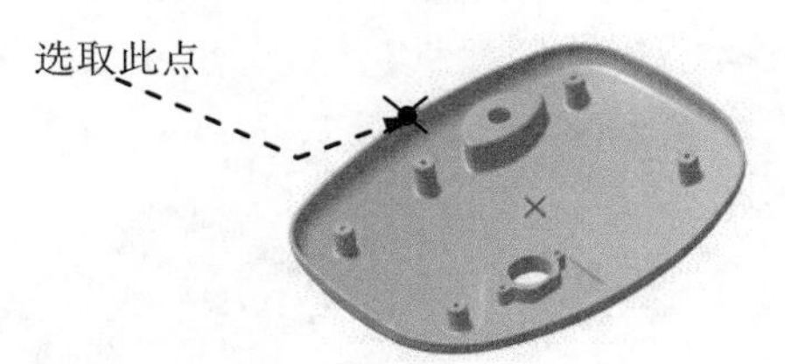

图 29.5.55 投影 1

Step45. 创建图 29.5.56 所示的肋 1。

（1）切换工作台。选择下拉菜单 开始 → 机械设计 → 零件设计 命令，进入“零件设计”工作台。

（2）选择下拉菜单 插入 → 基于草图的特征 → 肋... 命令，系统弹出“定义肋”对话框。

（3）在“定义肋”对话框中单击 轮廓 右侧的 按钮，选取“yz 平面”为草图平面；在草绘工作台中绘制图 29.5.57 所示的截面草图（草图 12），单击 按钮，退出草绘工作台；选取 Step42 创建的草图为中心曲线；在 轮廓控制 区域的下拉列表中选择 保持角度 选项。

说明：图 29.5.57 所示的草图中的矩形左上侧的点与 Step44 中创建的点相合。

（4）单击 确定 按钮，完成肋 1 的创建。

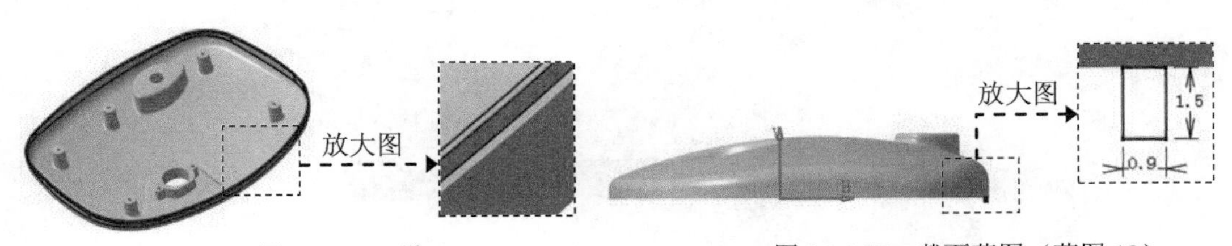

图 29.5.56 肋 1

图 29.5.57 截面草图（草图 12）

Step46. 创建图 29.5.58 所示的凹槽 2。

（1）选择下拉菜单 插入 → 基于草图的特征 → 凹槽... 命令（或单击按钮），系统弹出“定义凹槽”对话框。

（2）在“定义凹槽”对话框中单击按钮，选取“zx 平面”为草图平面；在草绘工作台中绘制图 29.5.59 所示的截面草图（草图 13）；单击按钮，退出草绘工作台；单击 反转方向 按钮，反转拉伸方向；在 第一限制 区域的 类型： 下拉列表中选择 直到最后 选项。

（3）单击 确定 按钮，完成凹槽 2 的创建。

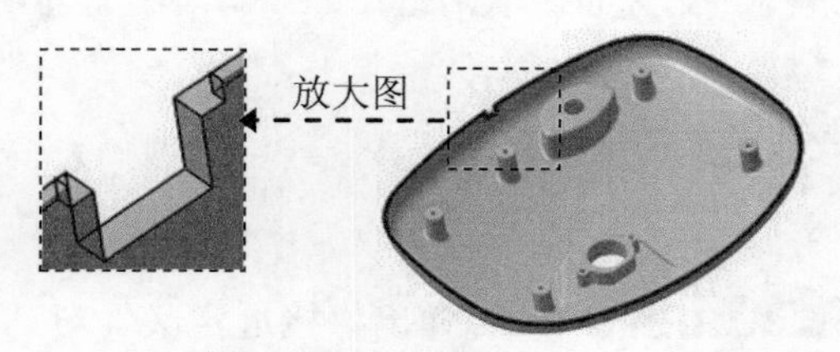

图 29.5.58　凹槽 2

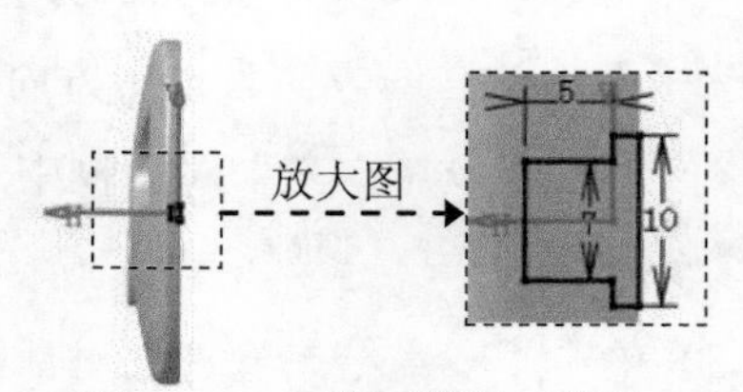

图 29.5.59　截面草图（草图 13）

Step47. 创建倒圆角 9。倒圆角 9 以图 29.5.60 所示的边线为倒圆角对象，倒圆角半径值为 1。

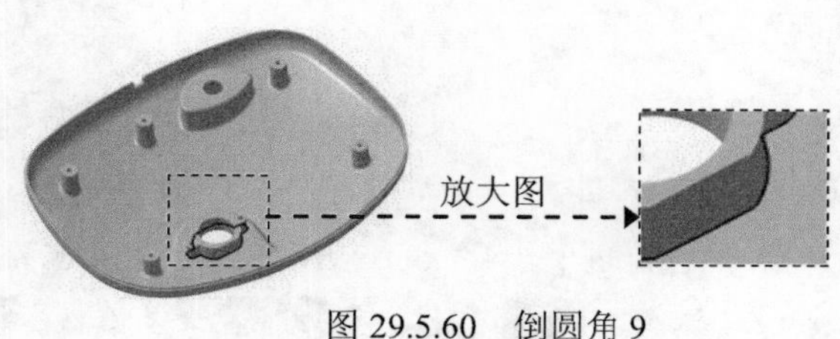

图 29.5.60　倒圆角 9

Step48. 保存文件。

29.6　支　撑　管

支撑管模型及特征树如图 29.6.1 所示。

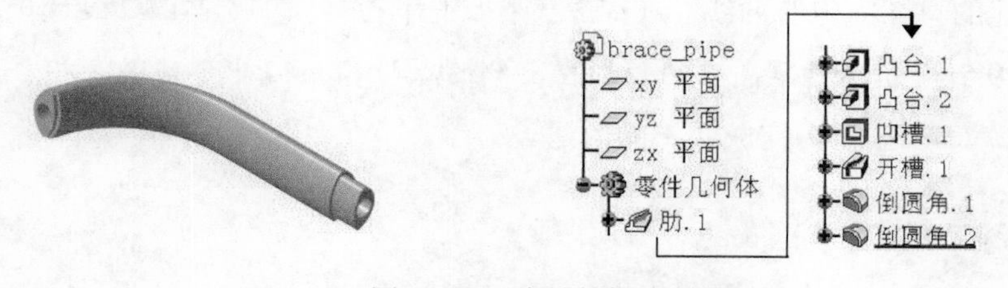

图 29.6.1　支撑管模型和特征树

Step1. 新建模型文件。选择下拉菜单 文件(F) → 新建... 命令，系统弹出“新建”

对话框，在“类型列表”中选择Part选项，单击确定按钮。在系统弹出的“新建零件”对话框中输入零件名称 brace_pipe，并选中启用混合设计复选框，单击确定按钮，进入“零件设计”工作台。

Step2. 创建图 29.6.2 所示的肋 1。

（1）选取“xy 平面”为草图平面，在草绘工作台中绘制图 29.6.3 所示的草图 1。

（2）选取“zx 平面”为草图平面，在草绘工作台中绘制图 29.6.4 所示的草图 2。

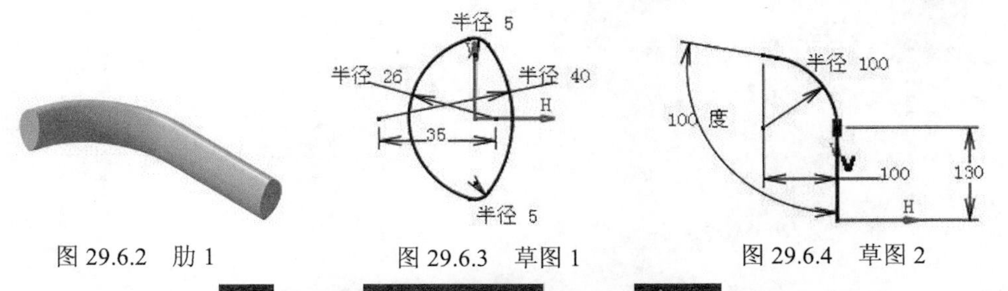

图 29.6.2 肋 1　　图 29.6.3 草图 1　　图 29.6.4 草图 2

（3）选择下拉菜单插入 → 基于草图的特征 → 肋...命令，系统弹出“定义肋”对话框。

（4）选取草图 1 为轮廓，选取草图 2 为中心曲线，在轮廓控制区域的下拉列表中选择保持角度选项。

（5）单击确定按钮，完成肋 1 的创建。

Step3. 创建图 29.6.5 所示的凸台 1。

（1）选择下拉菜单插入 → 基于草图的特征 → 凸台...命令（或单击按钮），系统弹出“定义凸台”对话框。

（2）在“定义凸台”对话框中单击按钮，选取“xy 平面”为草图平面，绘制图 29.6.6 所示的截面草图（草图 3）。单击按钮，退出草绘工作台；在第一限制区域的类型：下拉列表中选择尺寸选项，在第一限制区域的长度：文本框中输入数值 25，单击反转方向按钮，反转拉伸方向。

（3）单击确定按钮，完成凸台 1 的创建。

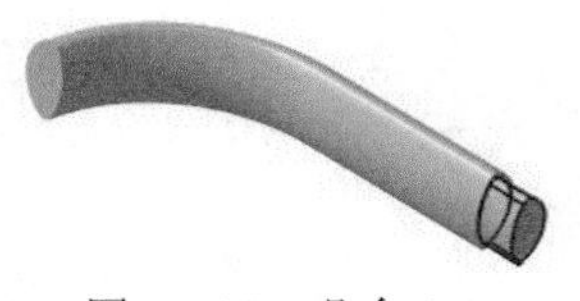

图 29.6.5 凸台 1

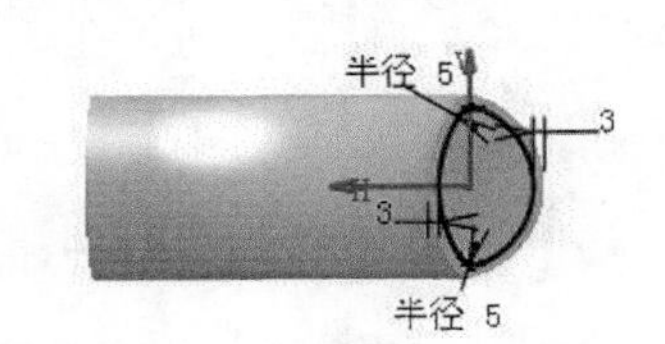

图 29.6.6 截面草图（草图 3）

Step4. 创建图 29.6.7 所示的凸台 2。

（1）选择下拉菜单插入 → 基于草图的特征 → 凸台...命令（或单击按钮），系统弹出“定义凸台”对话框。

（2）在“定义凸台”对话框中单击按钮，选取图 29.6.8 所示的模型表面为草图平面，绘制图 29.6.9 所示的截面草图（草图 4）。单击按钮，退出草绘工作台；在第一限制区域的类型:下拉列表中选择尺寸选项，在第一限制区域的长度:文本框中输入数值 5。

（3）单击确定按钮，完成凸台 2 的创建。

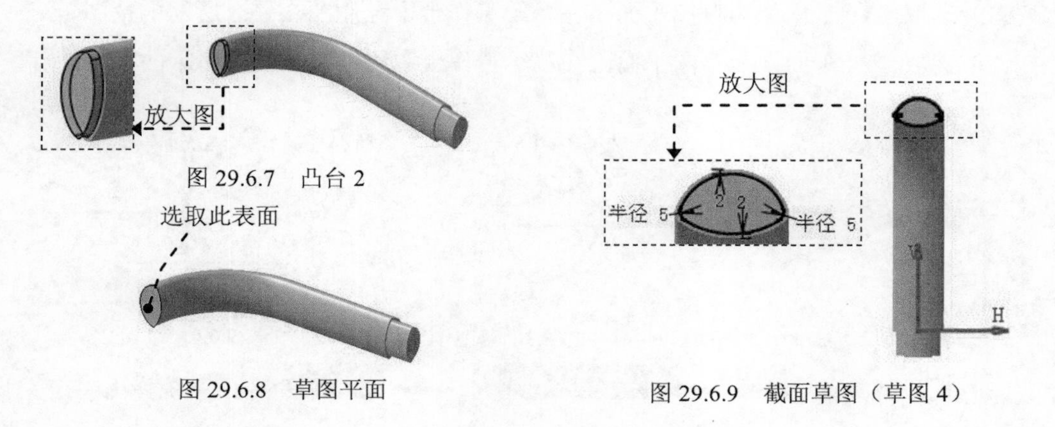

图 29.6.7　凸台 2

图 29.6.8　草图平面

图 29.6.9　截面草图（草图 4）

Step5. 创建图 29.6.10b 所示的凹槽 1。

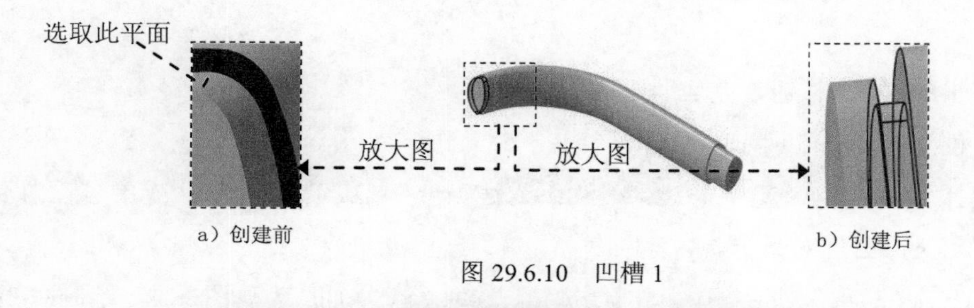

a）创建前

b）创建后

图 29.6.10　凹槽 1

（1）选择下拉菜单插入 → 基于草图的特征 → 凹槽...命令（或单击按钮），系统弹出“定义凹槽”对话框。

（2）在“定义凹槽”对话框中单击按钮，选取图 29.6.10a 所示的平面为草图平面；在草绘工作台中绘制图 29.6.11 所示的截面草图；单击按钮，退出草绘工作台；单击反转边按钮和反转方向按钮，在第一限制区域的类型:下拉列表中选择尺寸选项，在深度:文本框中输入数值 2。

（3）单击确定按钮，完成凹槽 1 的创建。

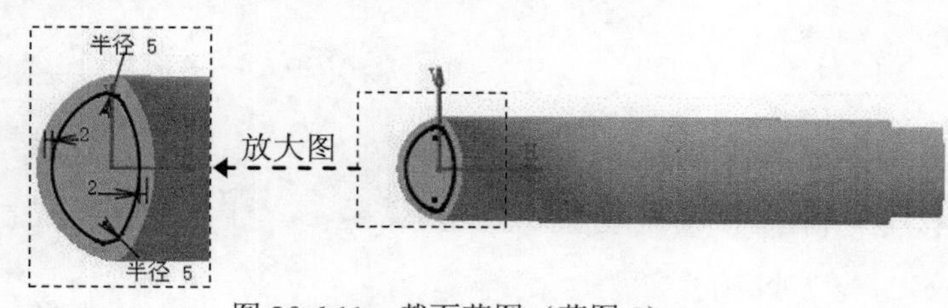

图 29.6.11　截面草图（草图 5）

Step6. 创建图 29.6.12 所示的开槽 1。

（1）选取“xy 平面”为草图平面，绘制图 29.6.13 所示的草图 6。

（2）选取“zx 平面”为草图平面，绘制图 29.6.14 所示的草图 7。

说明： 图 29.6.14 所示的草图 7 为投影草图 2 加以延长得到的。

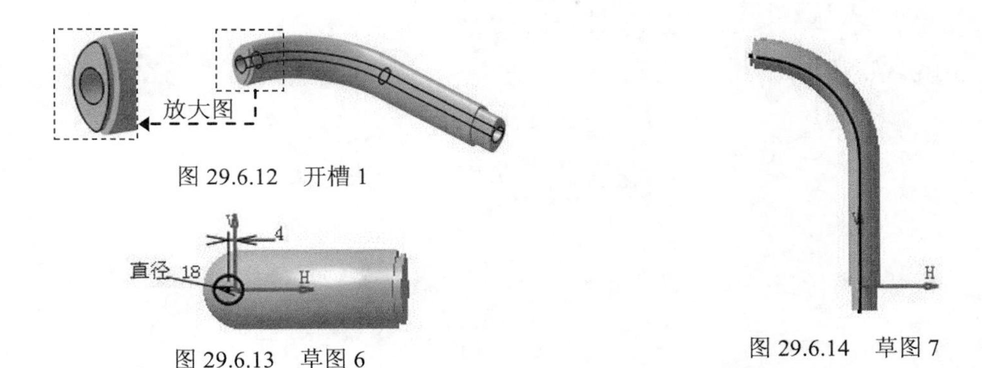

图 29.6.12 开槽 1

图 29.6.13 草图 6

图 29.6.14 草图 7

（3）选择下拉菜单 插入 → 基于草图的特征 → 开槽... 命令（或单击“基于草图的特征”工具栏中的按钮），系统弹出“定义开槽”对话框。

（4）选取草图 6 为开槽轮廓，选取草图 7 为中心曲线。

（5）单击 确定 按钮，完成开槽 1 的创建。

Step7. 创建图 29.6.15b 所示倒圆角 1。

（1）选择下拉菜单 插入 → 修饰特征 → 倒圆角... 命令，系统弹出“倒圆角定义”对话框。

（2）在“倒圆角定义”对话框的 传播: 下拉列表中选择 相切 选项，选取图 29.6.15a 所示的边线为倒圆角的对象；在对话框的 半径: 文本框中输入数值 1。

（3）单击 确定 按钮，完成倒圆角 1 的创建。

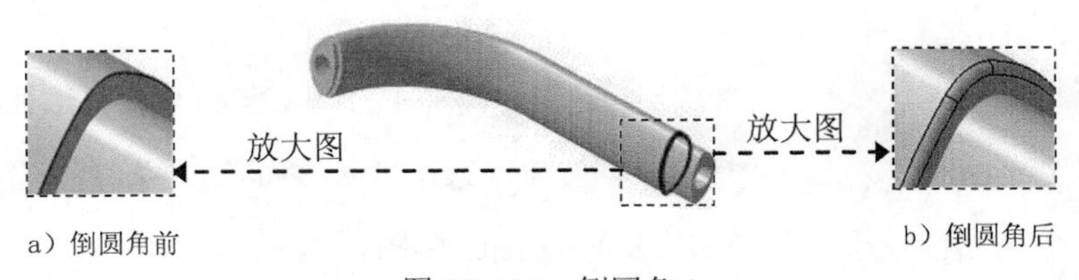

a）倒圆角前　　b）倒圆角后

图 29.6.15 倒圆角 1

Step8. 创建倒圆角 2。选取图 29.6.16 所示的边线为倒圆角对象，倒圆角半径值为 1。

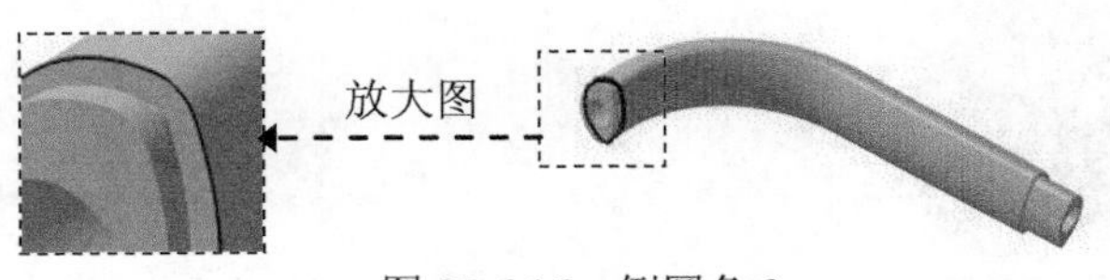

图 29.6.16 倒圆角 2

Step9. 更改零件模型的颜色。

（1）在特征树中右击零件几何体，在系统弹出的快捷菜单中选择属性 Alt+Enter命令，系统弹出“属性”对话框。

（2）单击图形选项卡，在颜色下拉列表中选择绿色作为更改的颜色。

（3）单击确定按钮，完成零件模型颜色的更改。

Step10. 保存文件。

29.7 灯　　头

灯头模型和特征树如图 29.7.1 所示。

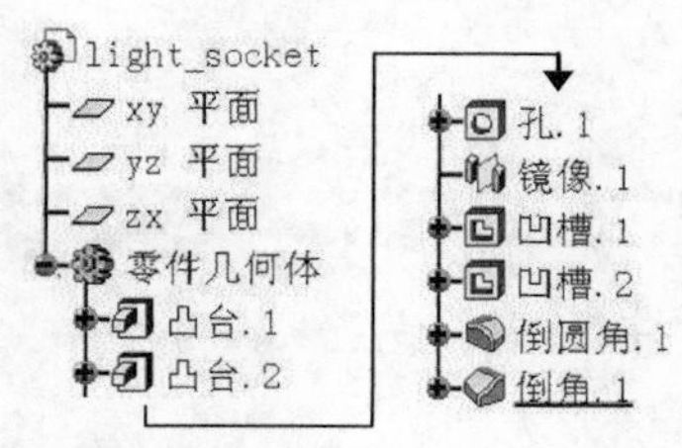

图 29.7.1　灯头模型和特征树

Step1. 新建模型文件。选择下拉菜单文件 → 新建...命令（或在“标准”工具栏中单击按钮），在系统弹出的“新建”对话框的类型列表：中选择文件类型Part，单击对话框中的确定按钮。在“新建零件”对话框中输入零件名称 light_socket，并选中启用混合设计复选框，单击确定按钮，进入“零件设计”工作台。

Step2. 创建图 29.7.2 所示的零件基础特征——凸台 1。

（1）选择下拉菜单插入 → 基于草图的特征 → 凸台...命令（或单击按钮），系统弹出“定义凸台”对话框。

（2）创建截面草图。

① 在“定义凸台”对话框中单击按钮，选取“yz 平面”作为草图平面。

② 在草绘工作台中绘制图 29.7.3 所示的截面草图。

③ 单击“工作台”工具栏中的按钮，退出草绘工作台。

图 29.7.2　凸台 1

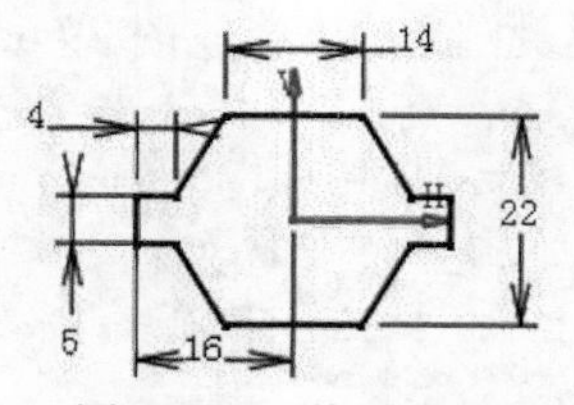

图 29.7.3　截面草图

（3）定义深度属性。

① 采用系统默认的方向。

② 在“定义凸台”对话框的 第一限制 区域的 类型： 下拉列表中选择 尺寸 选项。

③ 在“定义凸台”对话框的 第一限制 区域的 长度： 文本框中输入数值 22。

（4）单击 确定 按钮，完成凸台 1 的创建。

Step3. 创建图 29.7.4 所示的零件基础特征——凸台 2。

（1）选择下拉菜单 插入 ➡ 基于草图的特征 ➡ 凸台... 命令（或单击按钮）。

（2）单击按钮，选取图 29.7.5 所示的模型表面作为草图平面；在草绘工作台中绘制图 29.7.6 所示的截面草图；在该对话框的 第一限制 区域的 类型： 下拉列表中选择 直到平面 选项，选取图 29.7.5 所示的平面的背面为凸台 2 的限制平面。

（3）单击 确定 按钮，完成凸台 2 的创建。

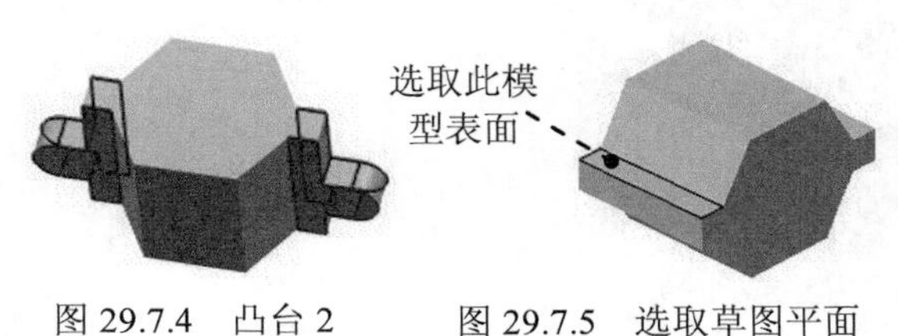

图 29.7.4 凸台 2　　图 29.7.5 选取草图平面

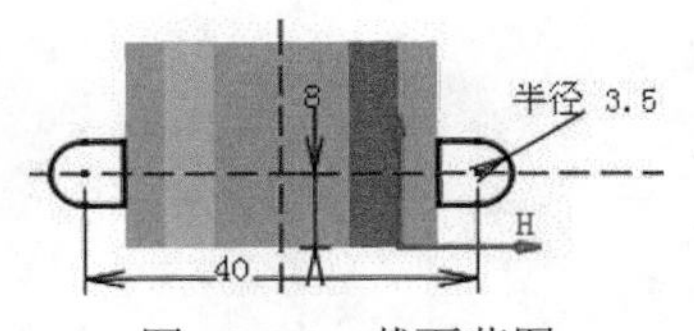

图 29.7.6 截面草图

Step4. 创建图 29.7.7 所示的零件特征——孔 1。

（1）选择下拉菜单 插入 ➡ 基于草图的特征 ➡ 孔... 命令（或单击“基于草图的特征”工具栏中的按钮）。

（2）选取图 29.7.8 所示的模型表面为孔的放置面，此时系统弹出“定义孔”对话框。

（3）定义孔的位置。

① 单击“定义孔”对话框的 扩展 选项卡中的按钮，系统进入草绘工作台。

② 如图 29.7.9 所示，在草绘工作台中约束孔的中心线与凸台 2 的圆弧边同心。

③ 完成几何约束后，单击按钮，退出草绘工作台。

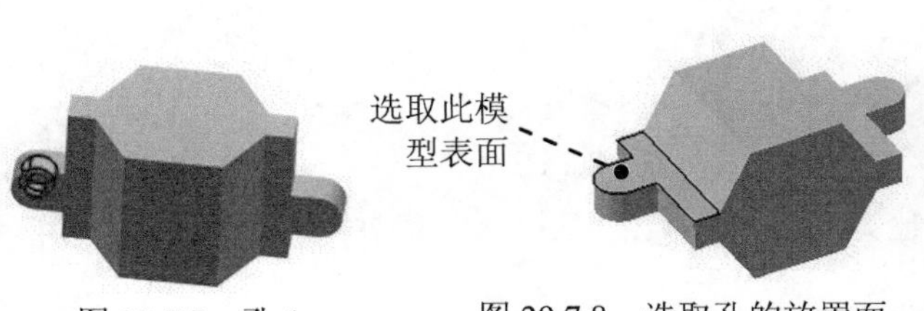

图 29.7.7 孔 1　　图 29.7.8 选取孔的放置面

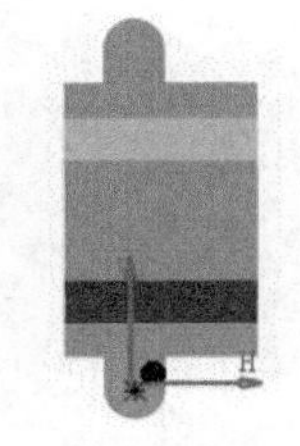

图 29.7.9 约束孔的定位

（4）定义孔的扩展参数。

① 在“定义孔”对话框的 扩展 选项卡的下拉列表中选择 直到最后 选项。

② 在“定义孔”对话框的扩展选项卡的直径：文本框中输入数值 3。

（5）定义孔的类型。

① 单击“定义孔”对话框中的类型选项卡，在下拉列表中选择沉头孔单选项。

② 在参数区域的直径：和深度：文本框中分别输入数值 5 和 3。

③ 在定位点区域选择末端单选项。

（6）单击“定义孔”对话框中的确定按钮，完成孔 1 的创建。

Step5. 创建图 29.7.10 所示的镜像 1。

（1）定义镜像对象。在特征树上选取孔 1 为镜像对象。

（2）选择命令。选择下拉菜单插入 → 变换特征 → 镜像...命令，系统弹出“定义镜像”对话框。

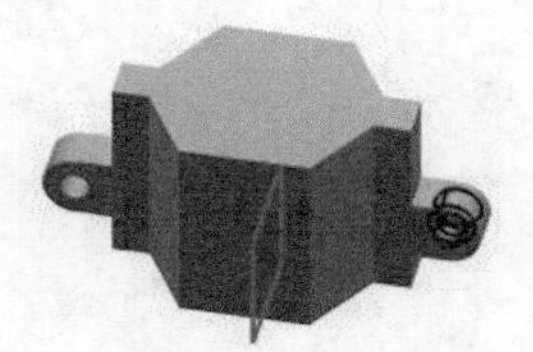

图 29.7.10　镜像 1

（3）定义镜像平面。选取“zx 平面”为镜像平面。

（4）单击确定按钮，完成镜像 1 的创建。

Step6. 创建图 29.7.11 所示的零件特征——凹槽 1。

（1）选择下拉菜单插入 → 基于草图的特征 → 凹槽...命令（或单击按钮），系统弹出“定义凹槽”对话框。

（2）创建图 29.7.12 所示的截面草图。

① 在“定义凹槽”对话框中单击按钮，选取图 29.7.13 所示的平面为草图平面。

② 在草绘工作台中绘制图 29.7.12 所示的截面草图。

③ 单击“工作台”工具栏中的按钮，退出草绘工作台。

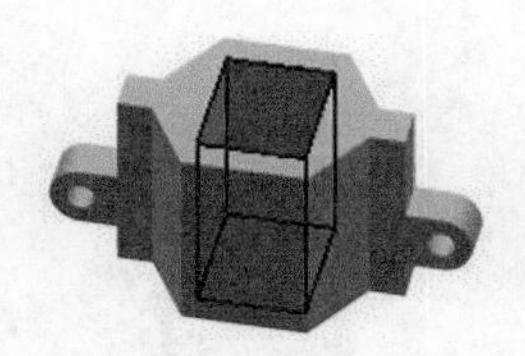

图 29.7.11　凹槽 1

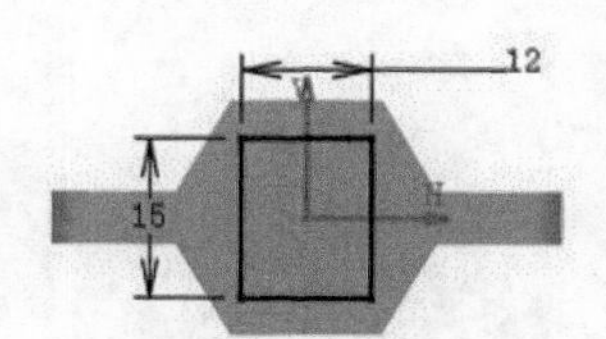

图 29.7.12　截面草图

图 29.7.13　选取草图平面

（3）定义深度属性。

① 采用系统默认的深度方向。

② 在“定义凹槽”对话框的第一限制区域的类型：下拉列表中选择直到最后选项。

（4）单击 确定 按钮，完成凹槽 1 的创建。

Step7. 创建图 29.7.14 所示的零件特征——凹槽 2。

（1）选择下拉菜单 插入 → 基于草图的特征 ▸ → 凹槽... 命令（或单击 按钮），选取图 29.7.15 所示的平面为草图平面。在草绘工作台中绘制图 29.7.16 所示的截面草图。

（2）在“定义凹槽”对话框的 第一限制 区域的 类型： 下拉列表中选择 尺寸 选项，在 深度： 文本框中输入数值 15。

（3）单击 确定 按钮，完成凹槽 2 的创建。

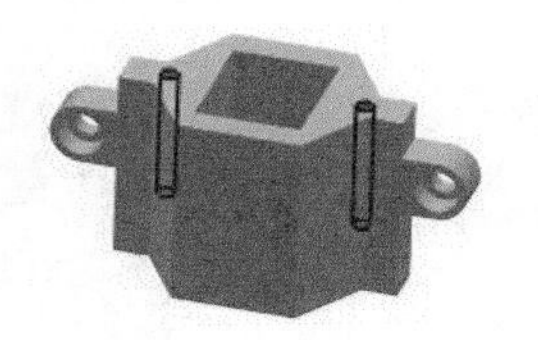

图 29.7.14 凹槽 2

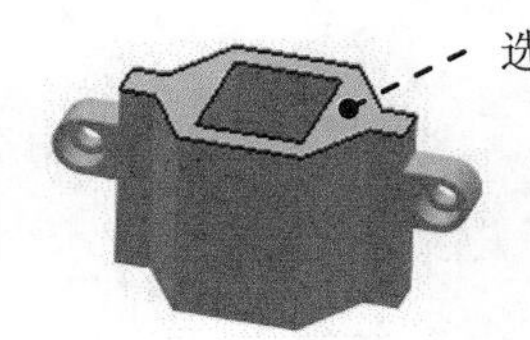

图 29.7.15 选取草图平面

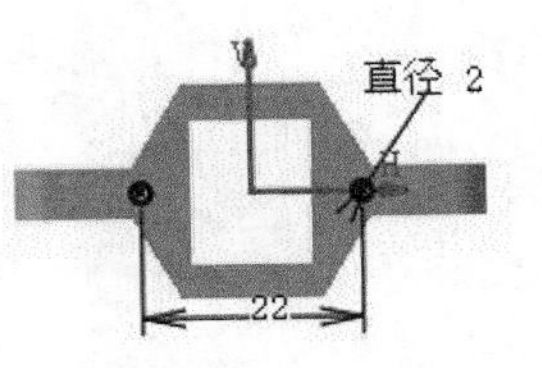

图 29.7.16 截面草图

Step8. 创建图 29.7.17b 所示的倒圆角 1。

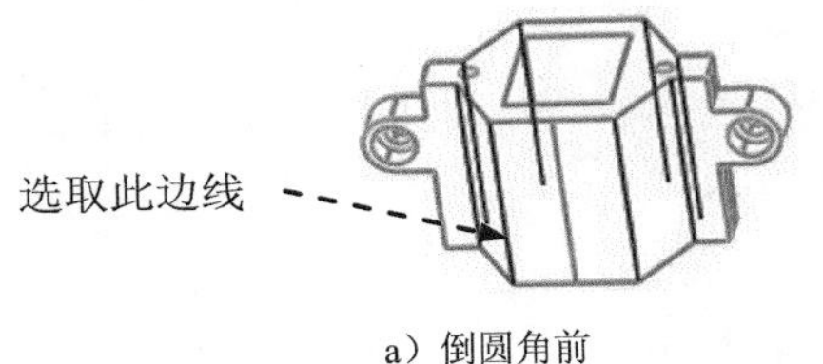

a）倒圆角前

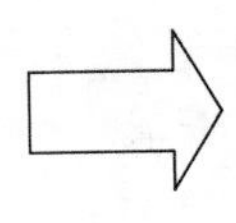

b）倒圆角后

图 29.7.17 倒圆角 1

（1）选择下拉菜单 插入 → 修饰特征 ▸ → 倒圆角... 命令，系统弹出“倒圆角定义”对话框。

（2）在“倒圆角定义”对话框的 传播： 下拉列表中选择 相切 选项，选取图 29.7.17a 所示的八条边线为要倒圆角的对象。

（3）在对话框的 半径： 文本框中输入数值 2。

（4）单击“倒圆角定义”对话框中的 确定 按钮，完成倒圆角 1 的创建。

Step9. 创建图 29.7.18b 所示的倒角 1。

（1）选择命令。选择下拉菜单 插入 → 修饰特征 ▸ → 倒角... 命令（或单击“修饰特征”工具栏中的 按钮），系统弹出“定义倒角”对话框。

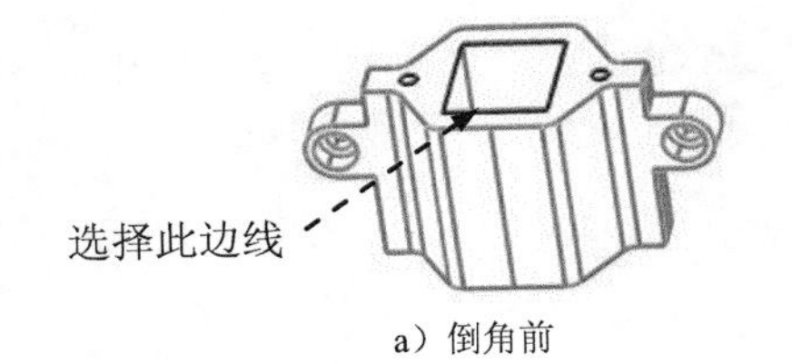

a）倒角前

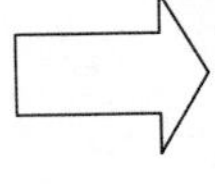

b）倒角后

图 29.7.18 倒角 1

（2）选择要倒角的对象。选取图 29.7.18a 所示的六条边线为要倒角的对象。

（3）定义倒角参数。

① 定义倒角模式。在“定义倒角”对话框的 模式： 下拉列表中选择 长度 1/角度 选项。

② 定义倒角尺寸。在 长度 1： 和 角度： 文本框中分别输入数值 0.5 和 45。

（4）单击“定义倒角”对话框中的 确定 按钮，完成倒角 1 的创建。

Step10. 更改零件模型的颜色。

（1）在特征树中右击 零件几何体，在系统弹出的快捷菜单中选择 属性 Alt+Enter 命令，系统弹出“属性”对话框。

（2）单击 图形 选项卡，在 颜色 下拉列表中选择浅绿色作为更改的颜色。

（3）单击 确定 按钮，完成零件模型颜色的更改。

Step11. 保存零件模型。

29.8 灯　　管

灯管模型及特征树如图 29.8.1 所示。

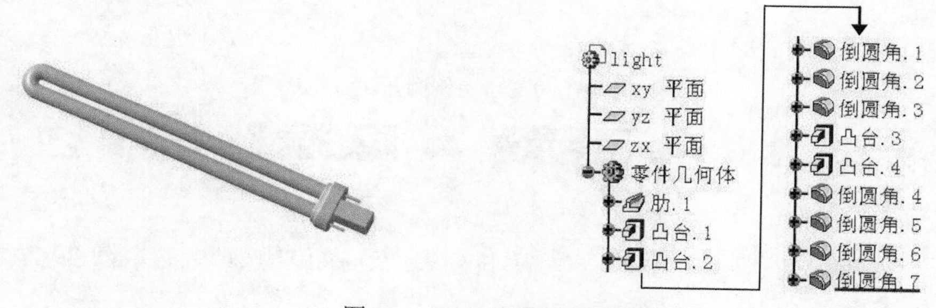

图 29.8.1　灯管模型和特征树

Step1. 新建模型文件。选择下拉菜单 文件 → 新建... 命令（或在“标准”工具栏中单击 按钮），在系统弹出的“新建”对话框的 类型列表： 中选择文件类型为 Part，单击对话框中的 确定 按钮。在“新建零件”对话框中输入零件名称 light，并选中 启用混合设计 复选框，单击 确定 按钮，进入“零件设计”工作台。

Step2. 创建图 29.8.2 所示的草图 1。

（1）选择下拉菜单 插入 → 草图编辑器 → 草图 命令（或单击工具栏中的“草图”按钮 ）。

（2）选取“xy 平面”为草图平面，系统自动进入草绘工作台。

（3）绘制图 29.8.3 所示的截面草图。

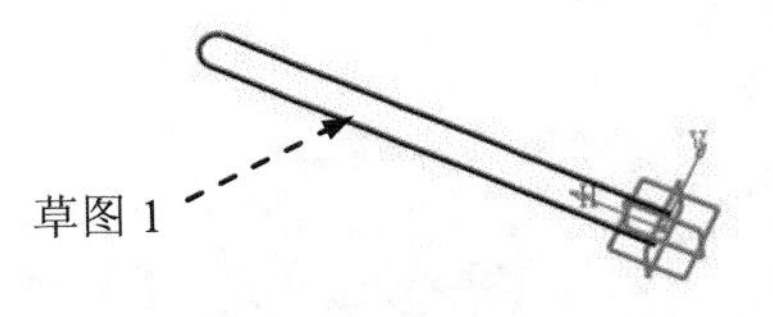

图 29.8.2 草图 1（建模环境）

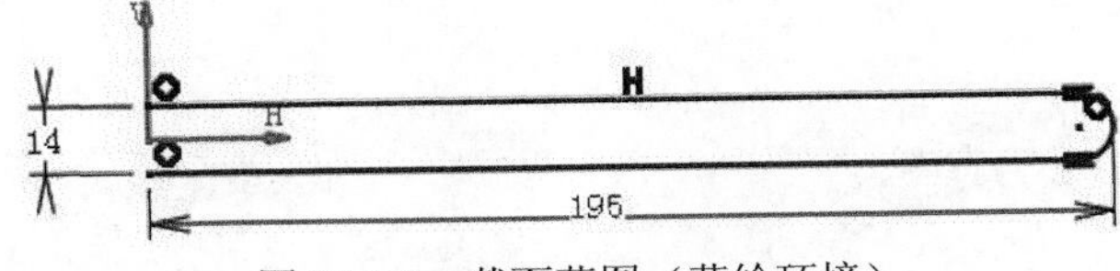

图 29.8.3 截面草图（草绘环境）

（4）单击“工作台”工具栏中的按钮，完成草图 1 的创建。

Step3. 创建图 29.8.4 所示的肋 1。

（1）创建图 29.8.5 所示的截面草图（草图 2）。

① 选取“yz 平面”为草图平面，系统自动进入草绘工作台。

② 绘制图 29.8.5 所示的截面草图。

③ 单击“工作台”工具栏中的按钮，完成草图 2 的创建。

说明：圆心在草图 1 的端点上。

（2）选择下拉菜单 插入 → 基于草图的特征 → 肋... 命令（或单击“基于草图的特征”工具栏中的按钮），系统弹出“定义肋”对话框。

（3）选取草图 2 作为肋特征的轮廓。

（4）选取草图 1 作为肋特征的中心曲线。

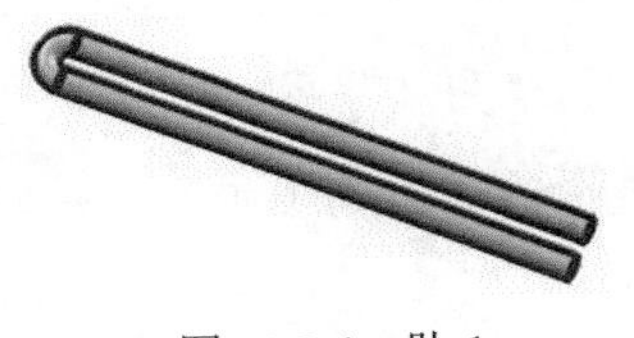
图 29.8.4 肋 1

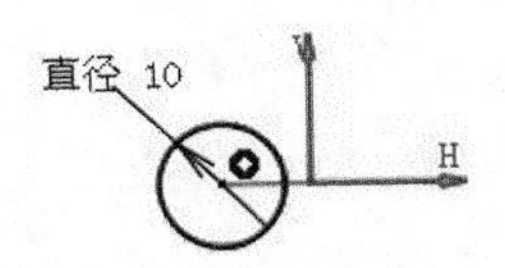

图 29.8.5 草图 2

（5）在“定义肋”对话框的 轮廓控制 区域的下拉列表中选择 保持角度 选项。

（6）在“定义肋”对话框中选中 厚轮廓 复选框，在 薄肋 区域的 厚度 1: 文本框中输入数值 1。

（7）单击“定义肋”对话框中的 确定 按钮，完成肋 1 的创建。

Step4. 创建图 29.8.6 所示的零件基础特征——凸台 1。

（1）选择命令。选择下拉菜单 插入 → 基于草图的特征 → 凸台... 命令（或单击按钮），系统弹出“定义凸台”对话框。

（2）创建截面草图。

① 定义草图平面。在“定义凸台”对话框中单击按钮，选取“yz 平面”作为草图平面。

② 绘制截面草图。在草绘工作台中绘制图 29.8.7 所示的截面草图（草图 3）。

③ 单击“工作台”工具栏中的按钮，退出草绘工作台。

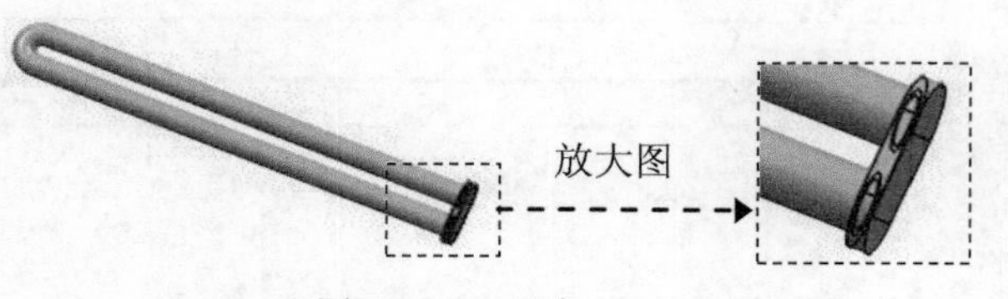

图 29.8.6 凸台 1　　图 29.8.7 截面草图（草图 3）

（3）定义深度属性。

① 定义深度方向。采用系统默认的方向。

② 定义深度类型。在“定义凸台”对话框的 第一限制 区域的 类型: 下拉列表中选择 尺寸 选项。

③ 定义深度值。在“定义凸台”对话框的 第一限制 区域的 长度: 文本框中输入数值 3，单击 反转方向 按钮，反转拉伸方向。

（4）单击“定义凸台”对话框中的 确定 按钮，完成凸台 1 的创建。

Step5. 创建图 29.8.8 所示的零件基础特征——凸台 2。

（1）选择下拉菜单 插入 → 基于草图的特征 → 凸台... 命令（或单击按钮）；系统弹出“定义凸台”对话框；在该对话框中单击按钮，选取图 29.8.9 所示的平面作为草图平面，在草绘工作台中绘制图 29.8.10 所示的截面草图（草图 4）。

（2）在“定义凸台”对话框的 第一限制 区域的 类型: 下拉列表中选择 尺寸 选项，在 第一限制 区域的 长度: 文本框中输入数值 10。

（3）单击“定义凸台”对话框中的 确定 按钮，完成凸台 2 的创建。

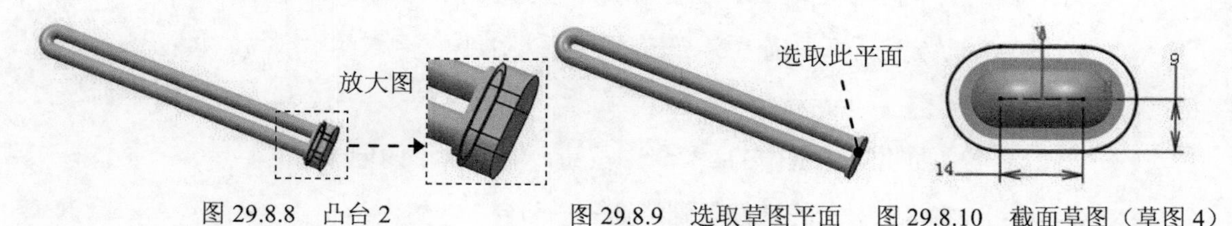

图 29.8.8 凸台 2　　图 29.8.9 选取草图平面　　图 29.8.10 截面草图（草图 4）

Step6. 创建图 29.8.11b 所示的倒圆角 1。

（1）选择命令。选择下拉菜单 插入 → 修饰特征 → 倒圆角... 命令，系统弹出“倒圆角定义”对话框。

（2）定义要倒圆角的对象。在“倒圆角定义”对话框的 传播: 下拉列表中选择 相切 选项，选取图 29.8.11a 所示的边线为要倒圆角的对象。

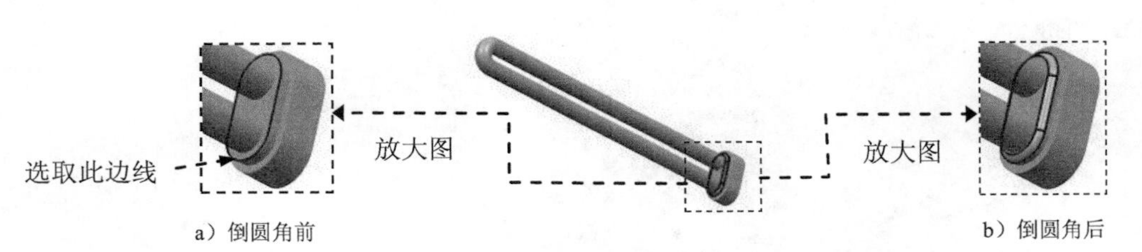

a）倒圆角前　　b）倒圆角后

图 29.8.11　倒圆角 1

（3）定义倒圆角半径。在“倒圆角定义”对话框的半径：文本框中输入数值 1.5。

（4）单击“倒圆角定义”对话框中的确定按钮，完成倒圆角 1 的创建。

Step7. 创建倒圆角 2。要倒圆角的边线如图 29.8.12 所示，倒圆角半径值为 1。

Step8. 创建倒圆角 3。要倒圆角的边线如图 29.8.13 所示，倒圆角半径值为 2。

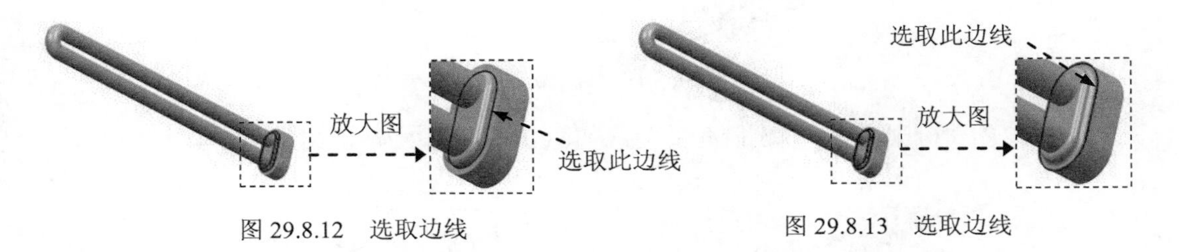

图 29.8.12　选取边线　　图 29.8.13　选取边线

Step9. 创建图 29.8.14 所示的零件特征——凸台 3。选择下拉菜单插入 → 基于草图的特征 → 凸台...命令（或单击按钮），系统弹出“定义凸台”对话框；在该对话框中单击按钮，选取图 29.8.15 所示的模型表面作为草图平面，在草绘工作台中绘制图 29.8.16 所示的截面草图；在“定义凸台”对话框的第一限制区域的类型：下拉列表中选择尺寸选项，在第一限制区域的长度：文本框中输入数值 22。单击“定义凸台”对话框中的确定按钮，完成凸台 3 的创建。

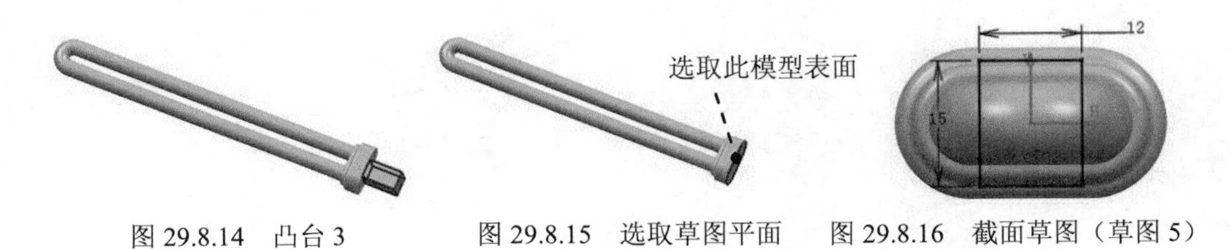

图 29.8.14　凸台 3　　图 29.8.15　选取草图平面　　图 29.8.16　截面草图（草图 5）

Step10. 创建图 29.8.17 所示的零件基础特征——凸台 4。选择下拉菜单插入 → 基于草图的特征 → 凸台...命令（或单击按钮），系统弹出“定义凸台”对话框。在该对话框中单击按钮，选取图 29.8.17 所示的模型表面作为草图平面，在草绘工作台中绘制图 29.8.18 所示的截面草图；在“定义凸台”对话框的第一限制区域的类型：下拉列表中选择尺寸选项，在第一限制区域的长度：文本框中输入数值 10。单击确定按钮，完成

凸台 4 的创建。

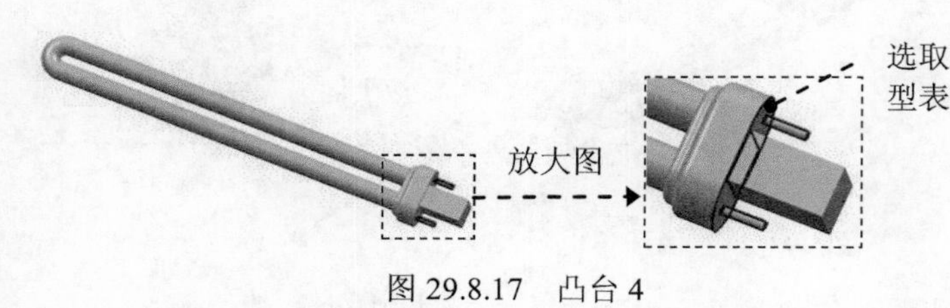

图 29.8.17 凸台 4

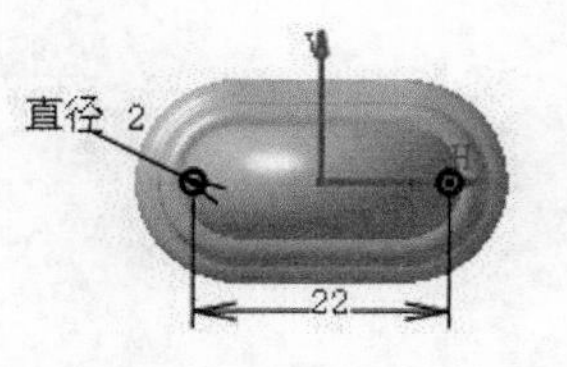

图 29.8.18 截面草图（草图 6）

Step11. 创建倒圆角 4。要倒圆角的边线如图 29.8.19 所示，倒圆角半径值为 0.8。

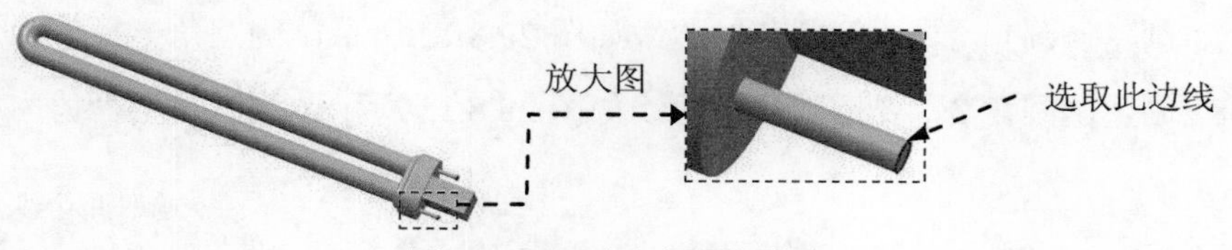

图 29.8.19 选取倒圆角边线

Step12. 创建倒圆角 5。要倒圆角的边线如图 29.8.20 所示，倒圆角半径值为 1。

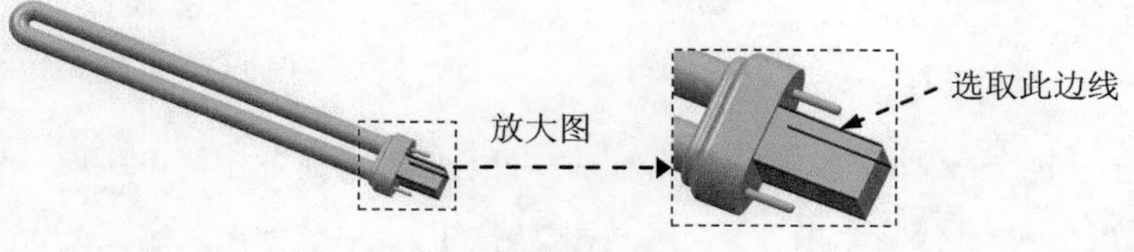

图 29.8.20 选取倒圆角边线

Step13. 创建倒圆角 6。要倒圆角的边线如图 29.8.21 所示，倒圆角半径值为 1。

Step14. 创建倒圆角 7。要倒圆角的边线如图 29.8.22 所示，倒圆角半径值为 1。

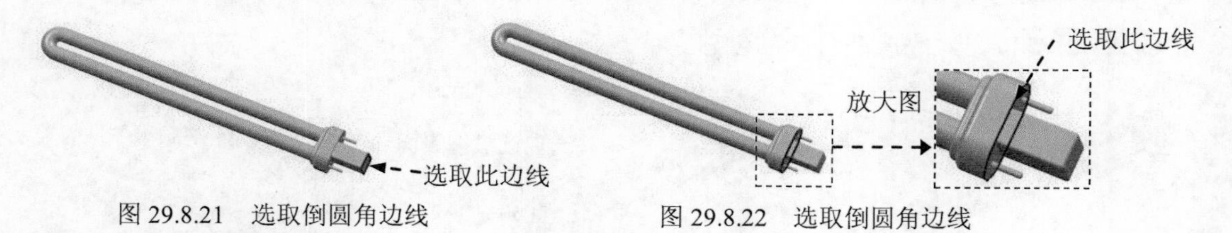

图 29.8.21 选取倒圆角边线　　图 29.8.22 选取倒圆角边线

Step15. 更改零件模型的颜色。

（1）在特征树中右击零件几何体，在系统弹出的快捷菜单中选择属性 Alt+Enter命令，系统弹出“属性”对话框。

（2）单击图形选项卡，在颜色下拉列表中选择浅白色作为更改的颜色。

（3）单击确定按钮，完成零件模型颜色的更改。

Step16. 保存零件模型。

29.9 灯罩上盖

灯罩上盖模型和特征树如图 29.9.1 所示。

Step1. 新建模型文件。选择下拉菜单 文件 → 新建... 命令（或在“标准”工具栏中单击 按钮），在系统弹出的“新建”对话框的 类型列表: 中选择文件类型为 Part，单击该对话框中的 确定 按钮。在“新建零件”对话框中输入零件名称 chimney_top_cover，并选中 启用混合设计 复选框，单击 确定 按钮，进入“零件设计”工作台。

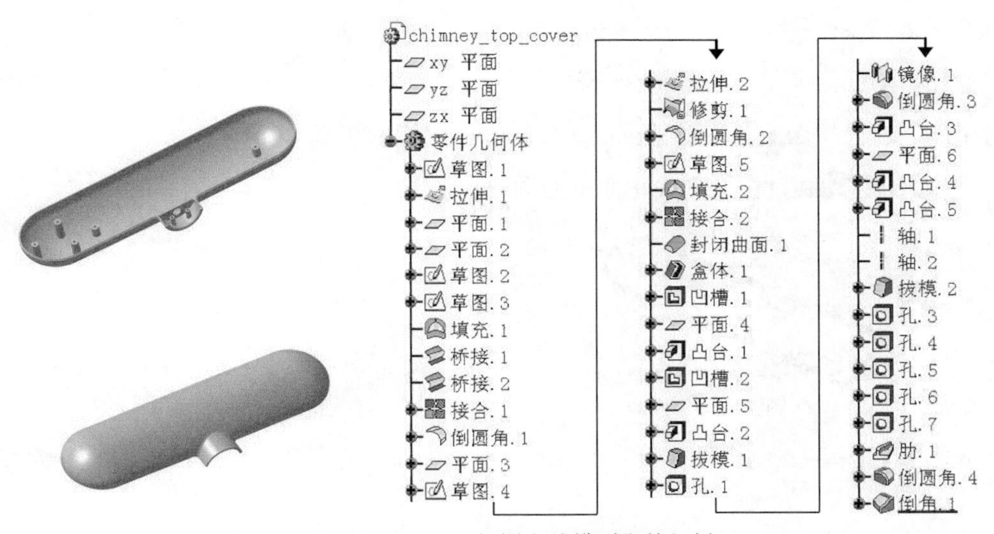

图 29.9.1 灯罩上盖模型和特征树

Step2. 选择下拉菜单 开始 → 形状 → 创成式外形设计 命令，进入“创成式外形设计”工作台。

Step3. 创建图 29.9.2 所示的草图 1。

（1）选择下拉菜单 插入 → 草图编辑器 → 草图 命令（或单击工具栏中的“草图”按钮 ）。

（2）选取“xy 平面”为草图平面，系统自动进入草绘工作台，绘制图 29.9.3 所示的草图并标注尺寸。

（3）单击 确定 按钮，完成草图 1 的创建。

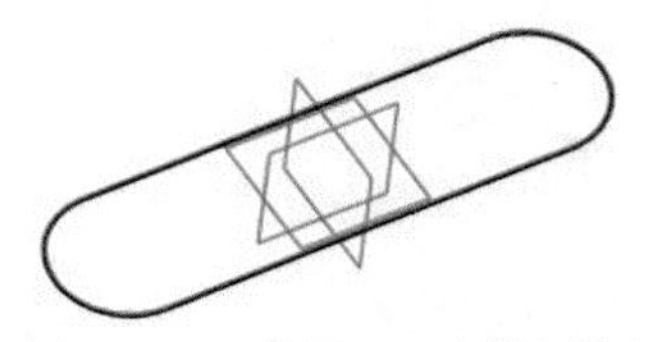

图 29.9.2 草图 1（建模环境）

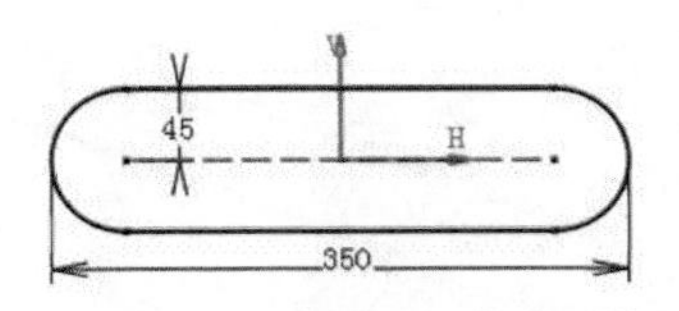

图 29.9.3 草图 1（草绘环境）

Step4. 创建图 29.9.4 所示的拉伸 1。

（1）选择下拉菜单 插入 → 曲面 ▸ → 拉伸... 命令，系统弹出“拉伸曲面定义”对话框。

（2）选取 Step3 创建的曲线为拉伸轮廓。采用系统默认的拉伸方向；在“拉伸曲面定义”对话框的 限制 1 区域的 类型: 下拉列表中选择 尺寸 选项；在 限制 1 区域的 尺寸: 文本框中输入数值 10。

（3）单击 确定 按钮，完成拉伸 1 的创建。

Step5. 创建图 29.9.5 所示的平面 1。

（1）单击“线框”工具栏中的 按钮，系统弹出“平面定义”对话框。

（2）在“平面定义”对话框的 平面类型: 下拉列表中选择 偏移平面 选项，选取“yz 平面”为参考平面，在“平面定义”对话框的 偏移: 文本框中输入数值 130。

（3）单击 确定 按钮，完成平面 1 的创建。

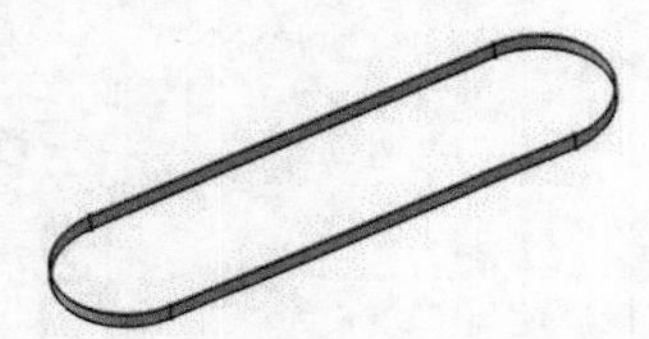

图 29.9.4　拉伸 1

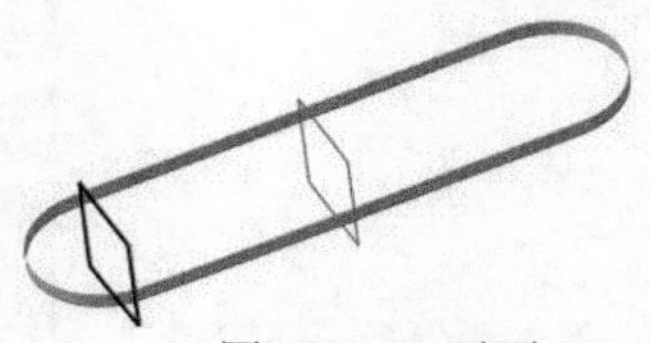

图 29.9.5　平面 1

Step6. 创建图 29.9.6 所示的平面 2。选取“yz 平面”为参考平面，反向偏移，偏移距离值为 130。

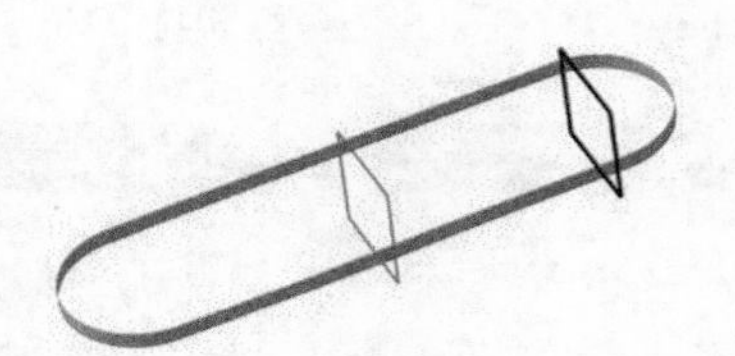

图 29.9.6　平面 2

Step7. 创建图 29.9.7 所示的草图 2。

（1）选择下拉菜单 插入 → 草图编辑器 ▸ → 草图 命令（或单击工具栏中的“草图”按钮）。

（2）选取平面 2 为草图平面，系统自动进入草绘工作台；绘制图 29.9.8 所示的草图。

（3）单击 确定 按钮，完成草图 2 的创建。

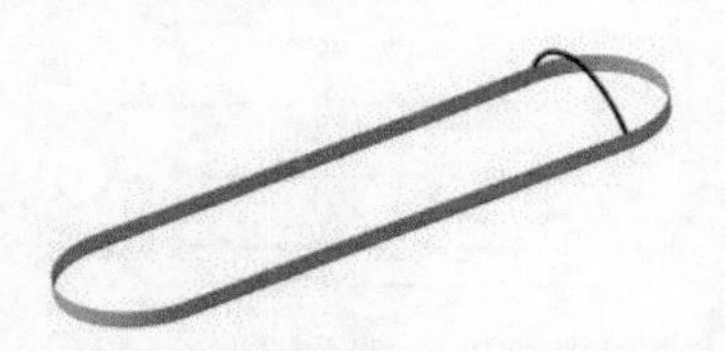

图 29.9.7　草图 2（建模环境）

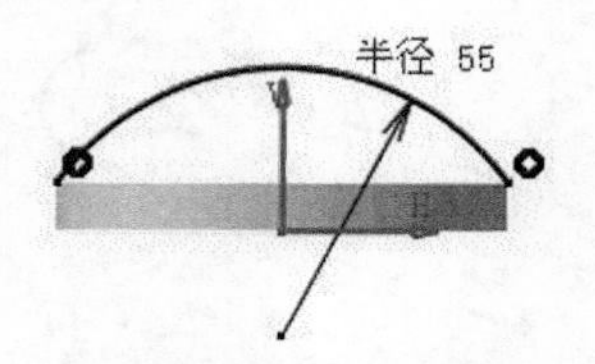

图 29.9.8　草图 2（草绘环境）

Step8. 创建图 29.9.9 所示的草图 3。

（1）选择下拉菜单 插入 → 草图编辑器 ▸ → 草图 命令（或单击工具栏中的“草图”按钮）。

（2）选取平面 1 为草图平面，系统自动进入草绘工作台；绘制图 29.9.10 所示的草图 3 并标注尺寸。

（3）单击 确定 按钮，完成草图 3 的创建。

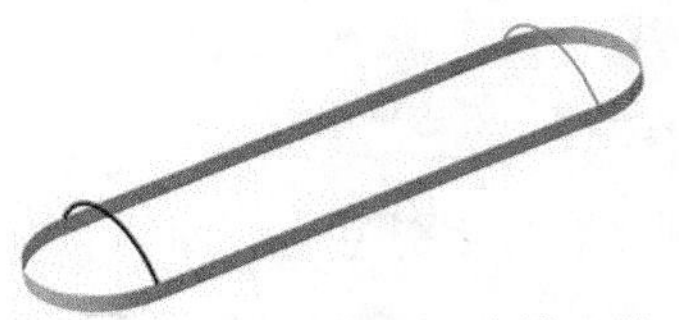

图 29.9.9 草图 3（建模环境）

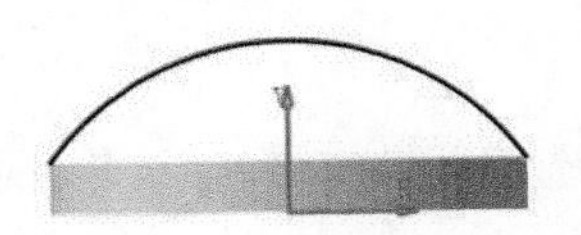

图 29.9.10 草图 3（草绘环境）

说明：草图 3 中的圆弧是投影草图 2 所创建的。

Step9. 创建图 29.9.11 所示的填充 1。

（1）选择下拉菜单 插入 → 曲面 ▸ → 填充... 命令，系统弹出“填充曲面定义”对话框。

（2）选取图 29.9.11 所示的曲线 1、曲线 2、曲线 3 和曲线 4 为填充边界。

（3）单击 确定 按钮，完成填充 1 的创建。

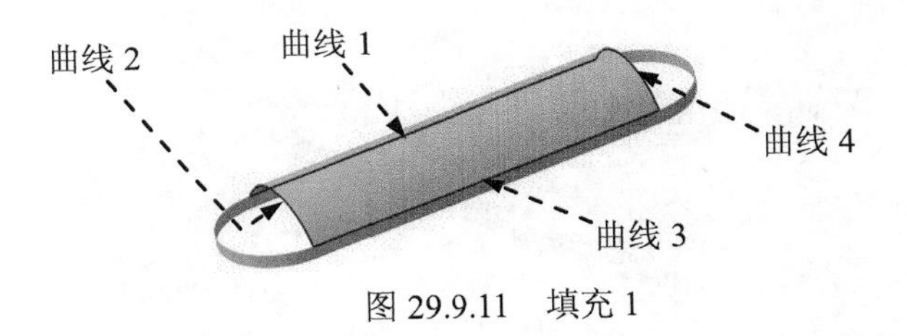

图 29.9.11 填充 1

Step10. 创建图 29.9.12 所示的桥接曲面 1。

（1）选择下拉菜单 插入 → 曲面 ▸ → 桥接曲面... 命令，系统弹出“桥接曲面定义”对话框。

（2）依次选取图 29.9.12 所示的曲线 1 和曲线 2 分别为第一曲线和第二曲线，选取图 29.9.12 所示的曲面为第一支持面。

（3）单击“桥接曲面定义”对话框中的 基本 选项卡，在 第一连续： 下拉列表中选择 相切 选项。

（4）单击 确定 按钮，完成桥接曲面 1 的创建。

Step11. 创建图 29.9.12 所示的桥接曲面 2。

（1）选择下拉菜单 插入 → 曲面 ▸ → 桥接曲面... 命令，系统弹出“桥接曲面定义”对话框。

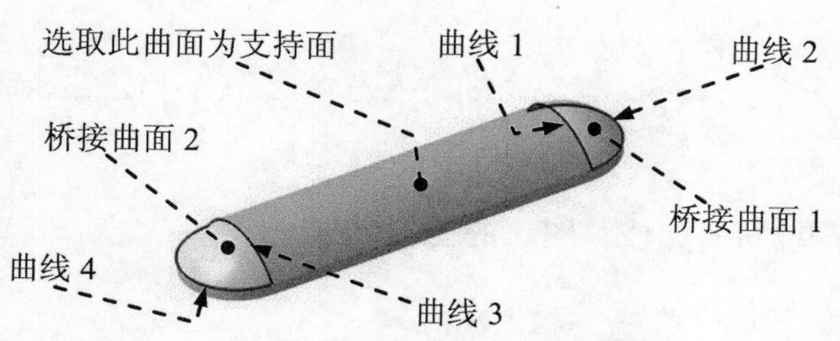

图 29.9.12　桥接曲面 1 和桥接曲面 2

（2）依次选取图 29.9.12 所示的曲线 3 和曲线 4 分别为第一曲线和第二曲线，选取图 29.9.12 所示的曲面为第一支持面；单击“桥接曲面定义”对话框中的基本选项卡，在第一连续：下拉列表中选择相切选项。

（3）单击确定按钮，完成桥接曲面 2 的创建。

Step12. 创建图 29.9.13 所示的接合 1。

（1）选择下拉菜单插入 → 操作 → 接合... 命令，系统弹出“接合定义”对话框。

（2）选取图 29.9.13 所示的曲面 1、曲面 2、曲面 3 和曲面 4 为要接合的元素。

（3）单击确定按钮，完成接合 1 的创建。

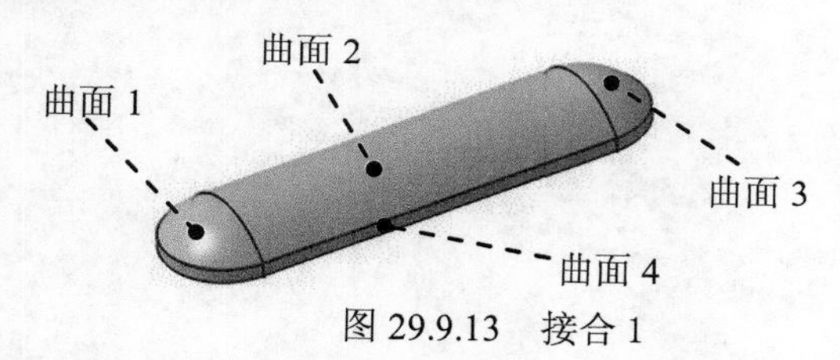

图 29.9.13　接合 1

Step13. 创建图 29.9.14 所示的倒圆角 1。

（1）选择下拉菜单插入 → 操作 → 倒圆角命令，此时系统弹出“倒圆角定义”对话框。

（2）选取图 29.9.14 所示的边线为圆角边线，在传播：下拉列表中选择相切选项。在半径文本框中输入数值 15。

（3）单击确定按钮，完成倒圆角 1 的创建。

Step14. 创建图 29.9.15 所示的平面 3。

（1）选择下拉菜单插入 → 线框 → 平面...命令（或单击“参考元素”工具栏中的按钮），系统弹出“平面定义”对话框。

（2）在“平面定义”对话框的平面类型:下拉列表中选择偏移平面选项，选取“zx 平面”为参考平面，在“平面定义”对话框的偏移:文本框中输入数值 65。

（3）单击确定按钮，完成平面 3 的创建。

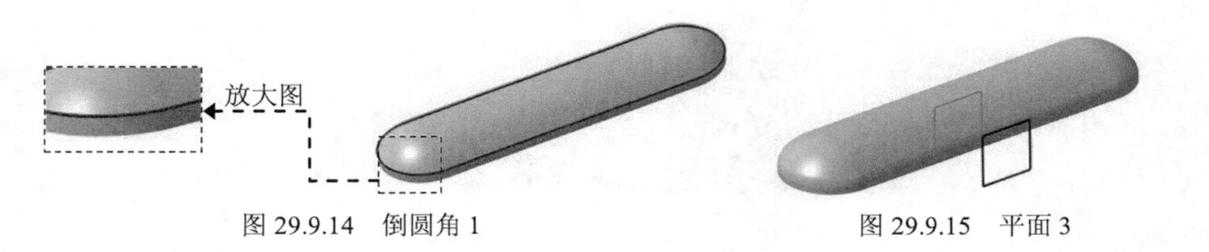

图 29.9.14 倒圆角 1

图 29.9.15 平面 3

Step15. 创建图 29.9.16 所示的草图 4。

（1）选择下拉菜单插入 ➡ 草图编辑器 ➡ 草图命令（或单击工具栏中的“草图”按钮）。

（2）选取平面 3 为草图平面，系统自动进入草绘工作台；绘制图 29.9.17 所示的草图 4。

（3）单击确定按钮，完成草图 4 的创建。

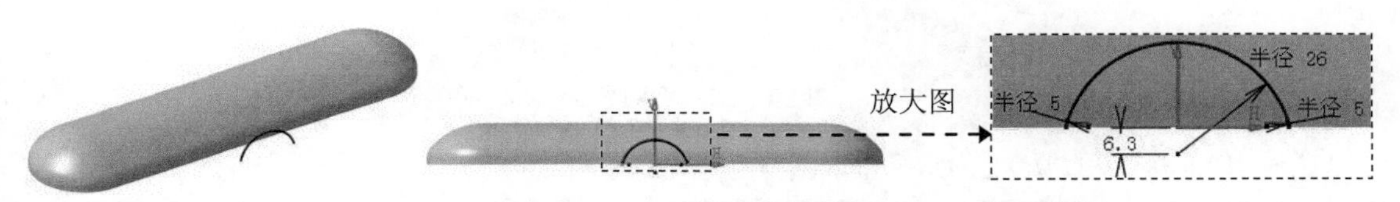

图 29.9.16 草图 4（建模环境）

图 29.9.17 草图 4（草绘环境）

Step16. 创建图 29.9.18 所示的拉伸 2。

（1）选择下拉菜单插入 ➡ 曲面 ➡ 拉伸...命令，系统弹出“拉伸曲面定义”对话框。

（2）选取图 29.9.18 所示的曲线为拉伸轮廓；在“拉伸曲面定义”对话框的限制 1区域的类型:下拉列表中选择尺寸选项；在限制 1区域的尺寸:文本框中输入数值 50，单击反转方向按钮，反转拉伸方向。

（3）单击确定按钮，完成拉伸 2 的创建。

Step17. 创建图 29.9.19 所示的修剪 1。

图 29.9.18 拉伸 2

图 29.9.19 修剪 1

（1）选择下拉菜单 插入 → 操作 → 修剪... 命令（单击工具栏中的“修剪”按钮），此时系统弹出“修剪角定义”对话框。

（2）在“修剪角定义”对话框的 模式 下拉列表中选择 标准 选项，选择曲面 1 和曲面 2 为修剪元素。

（3）单击 确定 按钮，完成曲面修剪 1 的操作。

Step18. 创建图 29.9.20 所示的倒圆角 2。

（1）选择下拉菜单 插入 → 操作 → 倒圆角 命令，此时系统弹出“倒圆角定义”对话框。

（2）选取图 29.9.20 所示的曲面边线为圆角边线，在 传播: 下拉列表中选择 相切 选项，在 半径 文本框中输入数值 5。

（3）单击 确定 按钮，完成倒圆角 2 的创建。

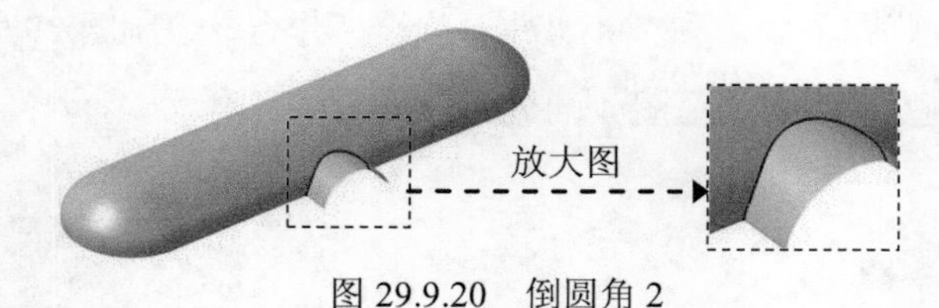

图 29.9.20　倒圆角 2

Step19. 创建图 29.9.21 所示的草图 5。

（1）选择下拉菜单 插入 → 草图编辑器 → 草图 命令（或单击工具栏中的“草图”按钮）。

（2）选取平面 3 为草图平面，系统自动进入草绘工作台；绘制图 29.9.22 所示的草图 5。

（3）单击 确定 按钮，完成草图 5 的创建。

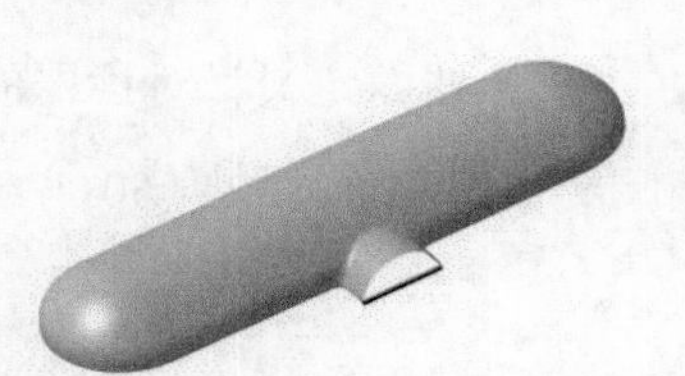

图 29.9.21　草图 5（建模环境）

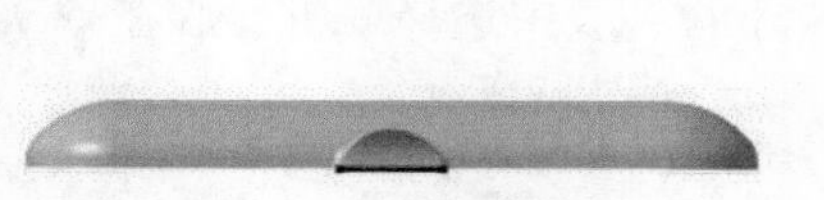

图 29.9.22　草图 5（草绘环境）

Step20. 创建图 29.9.23 所示的填充 2。

（1）选择下拉菜单 插入 → 曲面 → 填充... 命令，系统弹出“填充曲面定义”对话框。

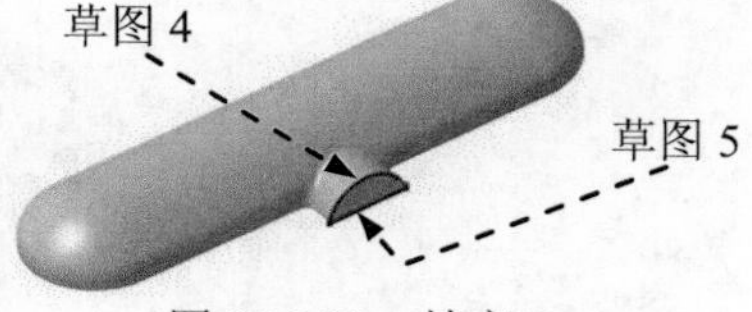

图 29.9.23　填充 2

（2）选取图 29.9.23 所示的草图 4 和草图 5 为填充边界。

（3）单击 确定 按钮，完成填充 2 的创建。

Step21. 创建图 29.9.24 所示的接合 2。

（1）选择下拉菜单 插入 → 操作 → 接合... 命令，系统弹出“接合定义”对话框。

（2）选取图 29.9.24 所示的曲面 1 和曲面 2 为要接合的元素。

（3）单击 确定 按钮，完成接合 2 的创建。

Step22. 切换工作台。选择下拉菜单 开始 → 机械设计 → 零件设计 命令，进入“零件设计”工作台。

Step23. 创建图 29.9.25 所示的封闭曲面 1。

（1）选择下拉菜单 插入 → 基于曲面的特征 → 封闭曲面... 命令，系统弹出“定义封闭曲面”对话框。

（2）选取 Step21 创建的接合 2 为要封闭的对象。

（3）单击 确定 按钮，完成封闭曲面 1 的创建。

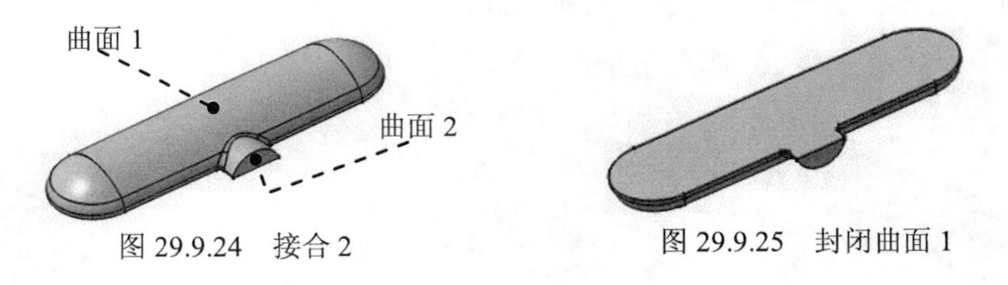

图 29.9.24 接合 2　　图 29.9.25 封闭曲面 1

Step24. 创建图 29.9.26b 所示的抽壳 1。

（1）选择下拉菜单 插入 → 修饰特征 → 抽壳... 命令（或单击“修饰特征”工具栏中的 按钮），系统弹出“定义盒体”对话框。

（2）在系统 选择要移除的面。 的提示下，选取图 29.9.26a 所示的模型表面为要移除的面。在该对话框的 默认内侧厚度： 文本框中输入数值 2。

（3）单击“定义盒体”对话框中的 确定 按钮，完成抽壳 1 的创建。

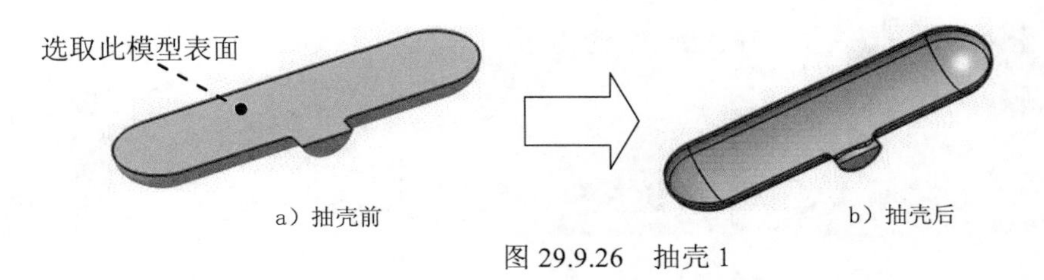

a）抽壳前　　b）抽壳后

图 29.9.26 抽壳 1

Step25. 创建图 29.9.27 所示的凹槽 1。

（1）选择下拉菜单 插入 → 基于草图的特征 → 凹槽... 命令（或单击按钮），系统弹出“定义凹槽”对话框。

（2）单击按钮，选取平面 3 为草图平面；在草绘工作台中绘制图 29.9.28 所示的截面草图（草图 6）；单击按钮，退出草绘工作台；在 第一限制 区域的 类型： 下拉列表中选择 直到下一个 选项。

（3）单击 确定 按钮，完成凹槽 1 的创建。

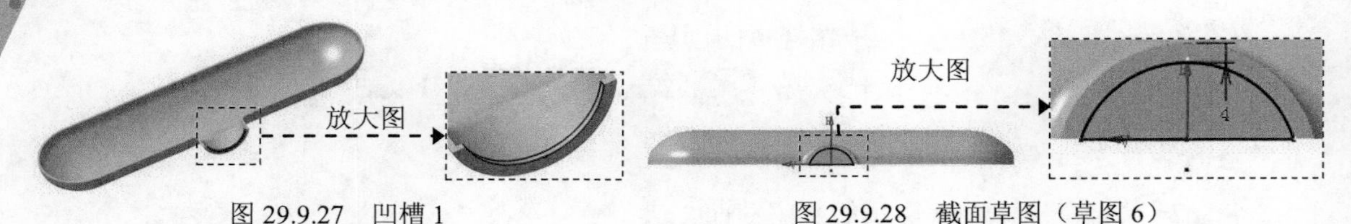

图 29.9.27　凹槽 1　　　　图 29.9.28　截面草图（草图 6）

Step26. 创建图 29.9.29 所示的平面 4。

（1）单击“参考元素（扩展）”工具栏中的按钮，系统弹出“平面定义”对话框。

（2）在“平面定义”对话框的 平面类型： 下拉列表中选择 偏移平面 选项，选取“zx 平面”为参考平面，在“平面定义”对话框的 偏移： 文本框中输入数值 45。

（3）单击 确定 按钮，完成平面 4 的创建。

Step27. 创建图 29.9.30 所示的凸台 1。

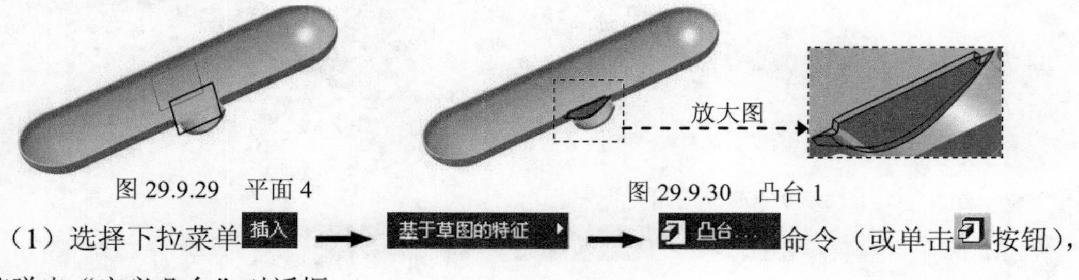

图 29.9.29　平面 4　　　　图 29.9.30　凸台 1

（1）选择下拉菜单 插入 → 基于草图的特征 → 凸台... 命令（或单击按钮），系统弹出“定义凸台”对话框。

（2）在“定义凸台”对话框中单击按钮，选取平面 4 为草图平面；绘制图 29.9.31 所示的截面草图（草图 7）。单击按钮，退出草绘工作台；在 第一限制 区域的 类型： 下拉列表中选择 尺寸 选项，在 第一限制 区域的 长度： 文本框中输入数值 2，单击 反转方向 按钮，反转拉伸方向。

（3）单击 确定 按钮，完成凸台 1 的创建。

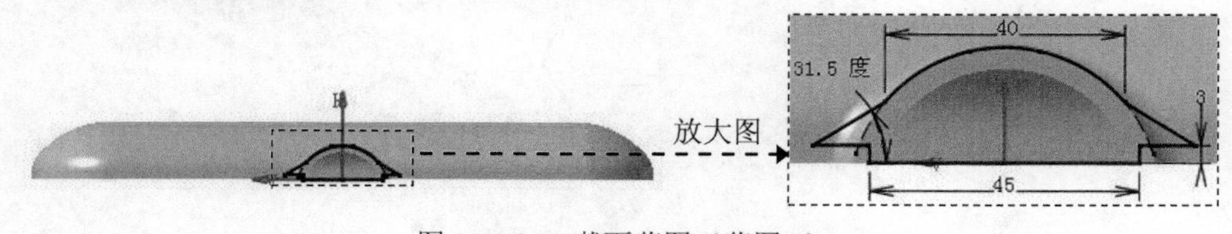

图 29.9.31　截面草图（草图 7）

Step28. 创建图 29.9.32 所示的凹槽 2。

（1）选择下拉菜单 插入 → 基于草图的特征 → 凹槽... 命令（或单击按钮），系统弹出“定义凹槽”对话框。

（2）在“定义凹槽”对话框中单击按钮，选取平面 4 为草图平面；在草绘工作台中绘制图 29.9.33 所示的截面草图（草图 8）；单击按钮，退出草绘工作台；在 第一限制 区域的 类型： 下拉列表中选择 直到下一个 选项。

（3）单击 确定 按钮，完成凹槽 2 的创建。

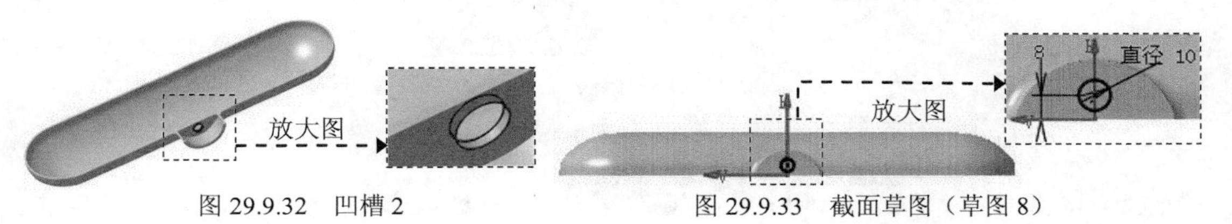

图 29.9.32 凹槽 2 图 29.9.33 截面草图（草图 8）

Step29. 创建图 29.9.34 所示的平面 5。偏移“xy 平面”，偏移距离值为 4。

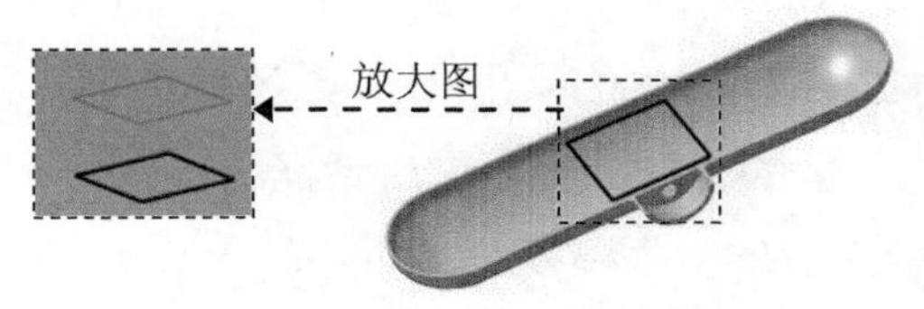

图 29.9.34 平面 5

Step30. 创建图 29.9.35 所示的凸台 2。

（1）选择下拉菜单 插入 → 基于草图的特征 → 凸台... 命令（或单击按钮），系统弹出“定义凸台”对话框。

（2）在“定义凸台”对话框中单击按钮，选取平面 5 为草图平面；绘制图 29.9.36 所示的截面草图（草图 9）。单击按钮，退出草绘工作台；在 第一限制 区域的 类型： 下拉列表中选择 直到下一个 选项。

（3）单击 确定 按钮，完成凸台 2 的创建。

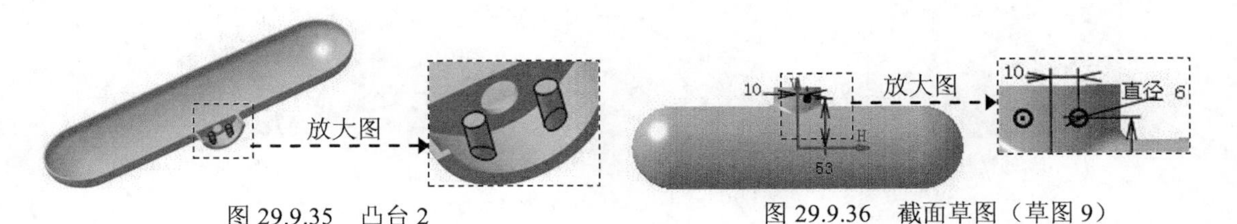

图 29.9.35 凸台 2 图 29.9.36 截面草图（草图 9）

Step31. 创建图 29.9.37 所示的拔模 1。

（1）选择下拉菜单 插入 → 修饰特征 → 拔模... 命令（或单击“修饰特征”工具栏中的按钮），系统弹出“定义拔模”对话框。

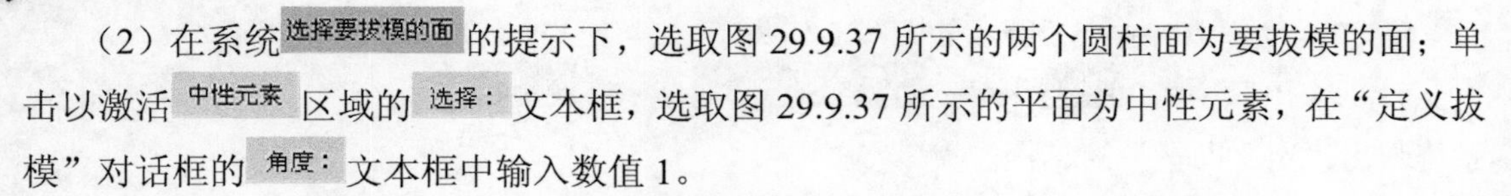

（2）在系统选择要拔模的面的提示下，选取图 29.9.37 所示的两个圆柱面为要拔模的面；单击以激活中性元素区域的选择：文本框，选取图 29.9.37 所示的平面为中性元素，在“定义拔模”对话框的角度：文本框中输入数值 1。

（3）单击“定义拔模”对话框中的确定按钮，完成拔模 1 的创建。

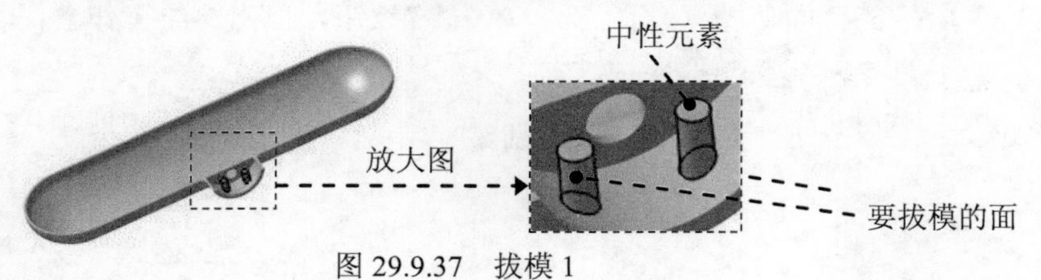

图 29.9.37　拔模 1

Step32. 创建图 29.9.38b 所示的孔 1。

（1）选择下拉菜单插入 → 基于草图的特征 → 孔...命令（或单击“基于草图的特征”工具栏中的按钮）。

（2）选取图 29.9.38a 所示的模型表面为孔的放置面，此时系统弹出“定义孔”对话框。

（3）单击该对话框的扩展选项卡中的按钮，系统进入草绘工作台；约束孔的中心线与轮廓圆同心；单击按钮退出草绘工作台；在对话框的扩展选项卡的下拉列表中选择盲孔选项；在直径：文本框中输入数值 3，在深度：文本框中输入数值 10。

（4）单击“定义孔”对话框中的确定按钮，完成孔 1 的创建。

Step33. 创建图 29.9.38b 所示的镜像 1。

（1）选择下拉菜单插入 → 变换特征 → 镜像...命令，系统弹出“定义镜像”对话框。

（2）选取 Step32 创建的孔 1 为镜像对象，选取“yz 平面”作为镜像平面。

（3）单击确定按钮。完成镜像 1 的创建。

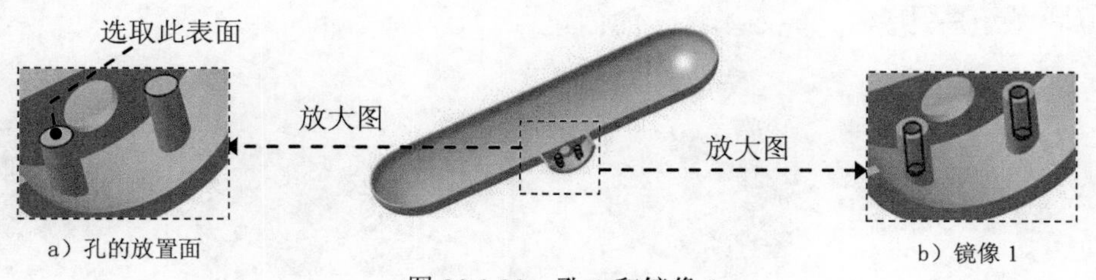

a）孔的放置面　　b）镜像 1

图 29.9.38　孔 1 和镜像 1

Step34. 创建倒圆角 3。

（1）选择下拉菜单插入 → 修饰特征 → 倒圆角...命令，系统弹出“倒圆角定义”对话框。

（2）选取图 29.9.39 所示的两条边线为圆角边线；在传播：下拉列表中选择相切选项，

在半径文本框中输入数值 0.8。

（3）单击确定按钮，完成倒圆角 3 的创建。

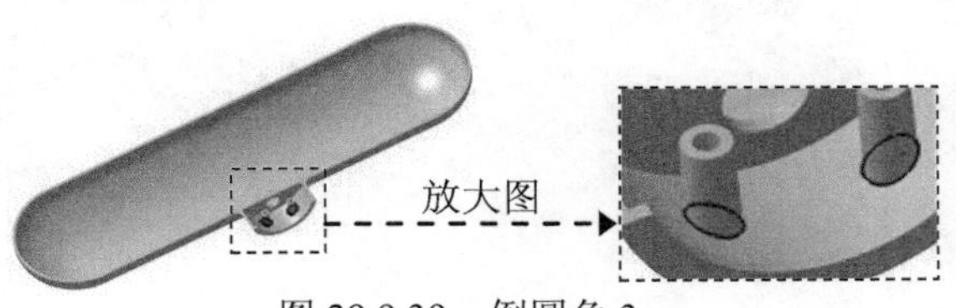

图 29.9.39 倒圆角 3

Step35. 创建图 29.9.40 所示的凸台 3。

（1）选择下拉菜单插入 → 基于草图的特征 → 凸台...命令（或单击按钮），系统弹出“定义凸台”对话框。

（2）在“定义凸台”对话框中单击按钮，选取“xy 平面”为草图平面；绘制图 29.9.41 所示的截面草图（草图 10）。单击按钮，退出草绘工作台；在第一限制区域的类型：下拉列表中选择直到曲面选项，选取图 29.9.40 所示的曲面 1 为限制面。

（3）单击确定按钮，完成凸台 3 的创建。

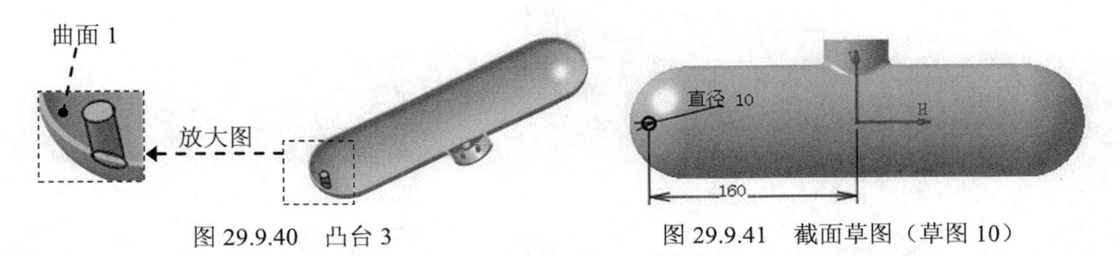

图 29.9.40 凸台 3　　图 29.9.41 截面草图（草图 10）

Step36. 创建图 29.9.42 所示的平面 6。偏移“xy 平面”，偏移距离值为 18。

图 29.9.42 平面 6

Step37. 创建图 29.9.43 所示的凸台 4。

（1）选择下拉菜单插入 → 基于草图的特征 → 凸台...命令（或单击按钮），系统弹出“定义凸台”对话框。

（2）在“定义凸台”对话框中单击按钮，选取平面 6 为草图平面；绘制图 29.9.44 所示的截面草图（草图 11）。单击按钮退出草绘工作台；在第一限制区域的类型：下拉列表中选择直到曲面选项。选取图 29.9.43 所示的曲面 1 为限制面。

（3）单击确定按钮，完成凸台 4 的创建。

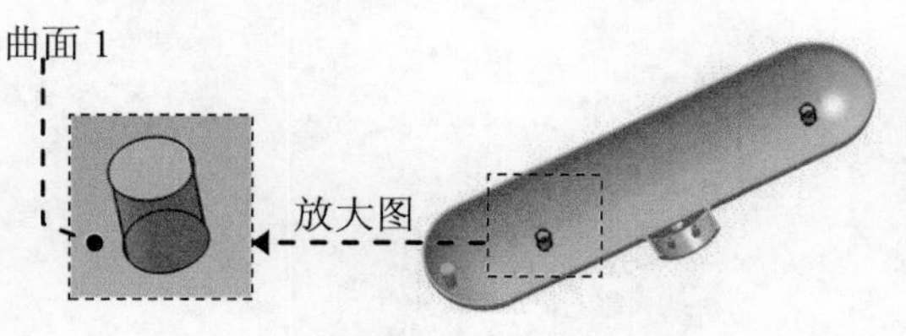

图 29.9.43　凸台 4

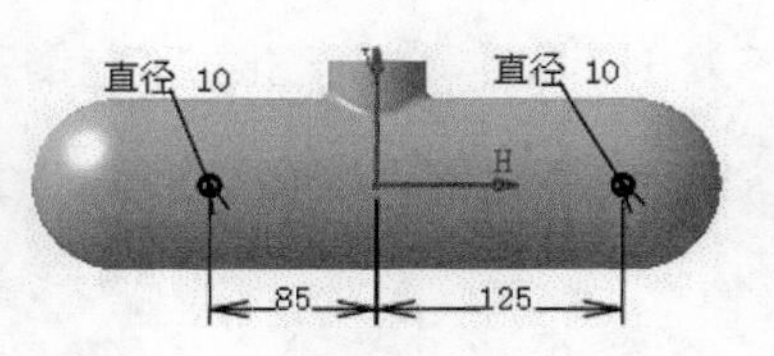

图 29.9.44　截面草图（草图 11）

Step38. 创建图 29.9.45 所示的凸台 5。

（1）选择下拉菜单插入 → 基于草图的特征 → 凸台...命令（或单击按钮），系统弹出“定义凸台”对话框。

（2）在“定义凸台”对话框中单击按钮，选取平面 6 为草图平面；绘制图 29.9.46 所示的截面草图（草图 12）。单击按钮退出草绘工作台；在第一限制区域的类型：下拉列表中选择直到曲面选项，选取图 29.9.43 所示的曲面 1 为限制面，在第二限制区域的类型：下拉列表中选择尺寸选项，在长度：文本框中输入数值 14。

（3）单击确定按钮，完成凸台 5 的创建。

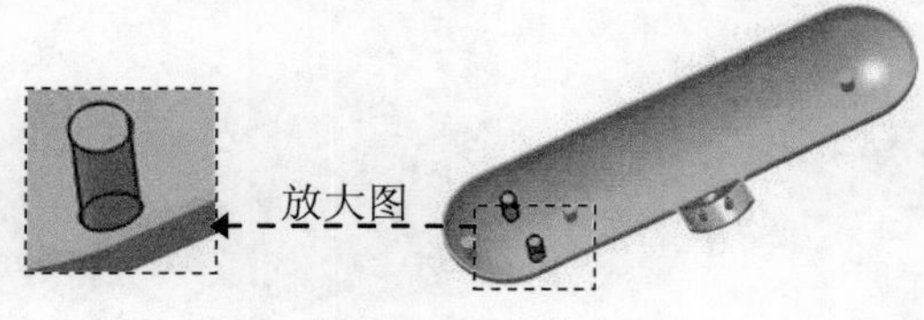

图 29.9.45　凸台 5

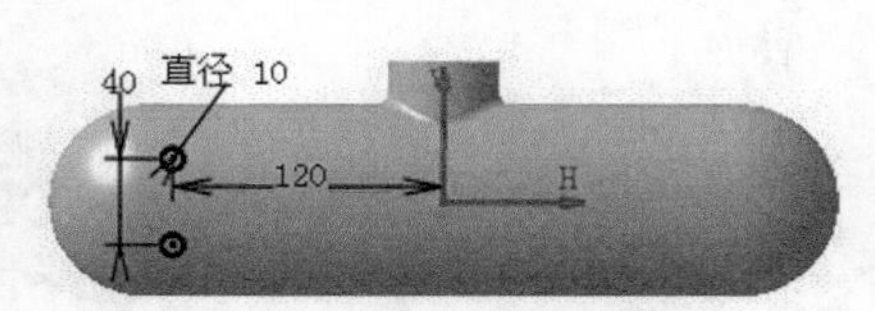

图 29.9.46　截面草图（草图 12）

Step39. 选择下拉菜单开始 → 形状 → 创成式外形设计命令，进入“创成式外形设计”工作台。

Step40. 创建图 29.9.47 所示的轴 1。

（1）选择下拉菜单插入 → 线框 → 轴线...命令，系统弹出“轴线定义”对话框。

（2）选取图 29.9.47 所示的凸台，系统会自动在凸台的中心线处生成轴线。

（3）单击确定按钮，完成轴 1 的创建。

Step41. 创建图 29.9.47 所示的轴 2。参照 Step40，选取图 29.9.47 所示的凸台，系统会自动在凸台的中心线处生成轴线。

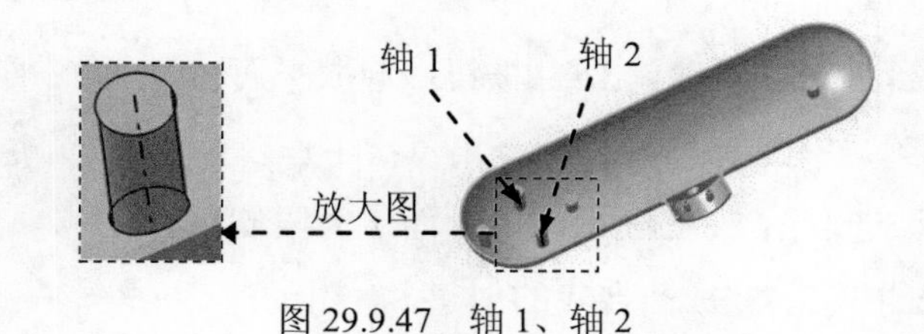

图 29.9.47　轴 1、轴 2

Step42. 切换工作台。选择下拉菜单 开始 → 机械设计 ▸ → 零件设计 命令，进入“零件设计”工作台。

Step43. 创建图 29.9.48 所示的拔模 2。

（1）选择下拉菜单 插入 → 修饰特征 ▸ → 拔模... 命令（或单击“修饰特征”工具栏中的按钮），系统弹出“定义拔模”对话框。

（2）在系统 选择要拔模的面 的提示下，选取图 29.9.48 所示的表面为要拔模的面；单击以激活 中性元素 区域的 选择： 文本框，选取表面 2 为中性元素，然后在“定义拔模”对话框的 角度： 文本框中输入数值 1。

（3）单击“定义拔模”对话框中的 确定 按钮，完成拔模 2 的创建。

说明：此步骤中有五个凸台需要拔模，在此仅介绍了一个，其余的四个拔模方法与第一个相同。

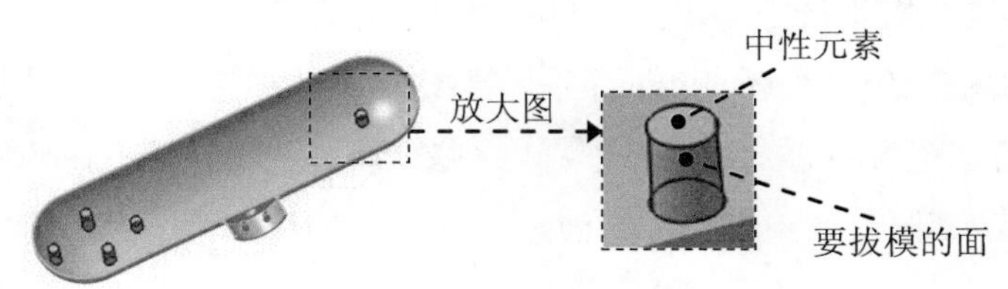

图 29.9.48 拔模 2

Step44. 创建图 29.9.49 所示的孔 2。

（1）选择下拉菜单 插入 → 基于草图的特征 ▸ → 孔... 命令（或单击“基于草图的特征”工具栏中的按钮）。

（2）选取图 29.9.49 所示的表面为孔的放置面，此时系统弹出“定义孔”对话框。

（3）单击“定义孔”对话框的 扩展 选项卡中的按钮，系统进入草绘工作台；约束孔的中心线与圆轮廓线同心；单击按钮退出草绘工作台；在“定义孔”对话框的 扩展 选项卡的下拉列表中选择 盲孔 选项；在 直径： 文本框中输入数值 3，在 深度： 文本框中输入数值 10。

（4）单击“定义孔”对话框中的 确定 按钮，完成孔 2 的创建。

Step45. 参照孔 2 的创建方法，创建图 29.9.49 所示的孔 3、孔 4、孔 5 和孔 6。

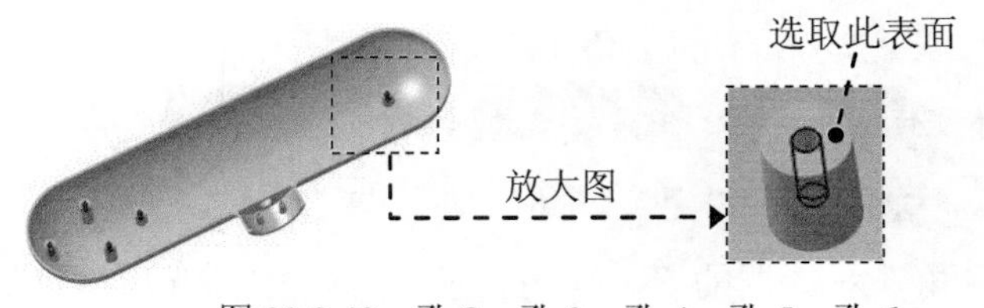

图 29.9.49 孔 2、孔 3、孔 4、孔 5、孔 6

Step46. 创建图 29.9.50 所示的草图 13。

（1）选择下拉菜单 插入 → 草图编辑器 ▸ → 草图 命令。

（2）选取“xy 平面”为草图平面，在草绘工作台中绘制图 29.9.50 所示的草图 13。

（3）单击按钮，退出草绘工作台。

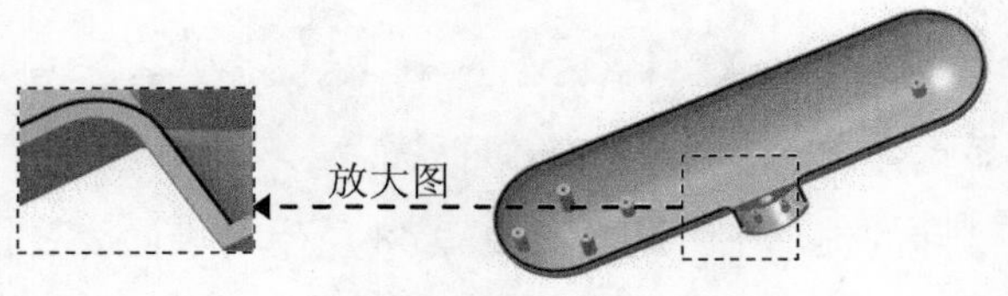

图 29.9.50 草图 13

Step47. 创建图 29.9.51 所示的肋 1。

（1）选择下拉菜单 插入 → 基于草图的特征 → 肋... 命令，系统弹出“定义肋”对话框。

（2）在“定义肋”对话框中单击 轮廓 右侧的按钮，选取“yz 平面”为草图平面；在草绘工作台中绘制图 29.9.52 所示的截面草图（草图 14），然后单击按钮退出草绘工作台；选取 Step46 创建的草图为中心曲线；在 轮廓控制 区域的下拉列表中选择 保持角度 选项。

（3）单击 确定 按钮，完成肋 1 的创建。

图 29.9.51 肋 1　　图 29.9.52 截面草图（草图 14）

Step48. 创建图 29.9.53 所示的倒圆角 4。选取图 29.9.53 所示的边线为倒圆角对象，倒圆角半径值为 1。

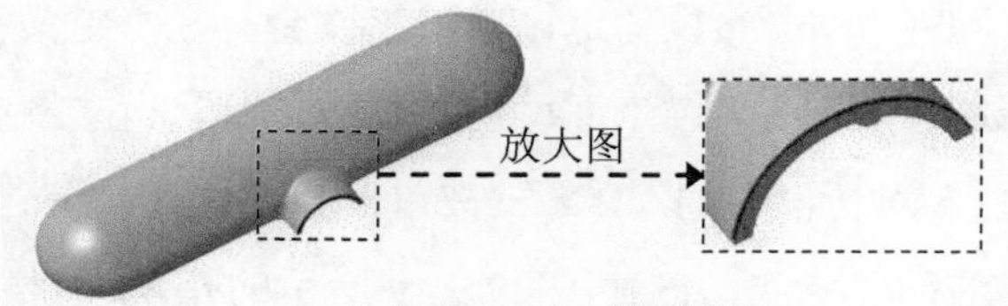

图 29.9.53 倒圆角 4

Step49. 创建图 29.9.54b 所示的倒角 1。

（1）选择下拉菜单 插入 → 修饰特征 → 倒角... 命令（或单击“修饰特征”工具栏中的按钮），系统弹出“定义倒角”对话框。

（2）在“定义倒角”对话框的 传播: 下拉列表中选择 相切 选项，然后选取图 29.9.54a 所示的边线为要倒角的对象。在“定义倒角”对话框的 模式: 下拉列表中选择 长度 1/角度 选项；在 长度 1: 文本框中输入数值 1；在 角度: 文本框中输入数值 45。

（3）单击“定义倒角”对话框中的 确定 按钮，完成倒角 1 的创建。

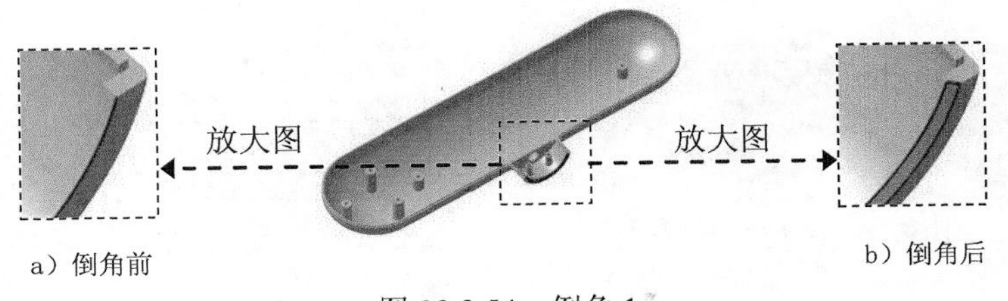

图 29.9.54 倒角 1

Step50. 保存文件。

29.10 灯罩下盖

灯罩下盖模型及特征树如图 29.10.1 所示。

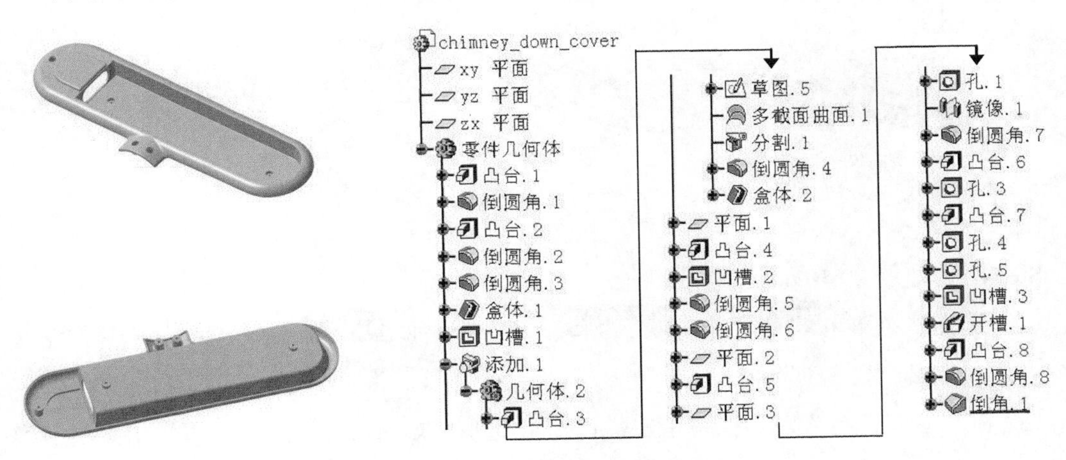

图 29.10.1 灯罩下盖模型和特征树

Step1. 新建模型文件。选择下拉菜单 文件 → 新建... 命令，系统弹出“新建”对话框，在“类型列表”中选择 Part 选项，单击 确定 按钮。在系统弹出的“新建零件”对话框中输入零件名称 chimney_down_cover，并选中 启用混合设计 复选框，然后单击 确定 按钮，进入“零件设计”工作台。

Step2. 创建图 29.10.2 所示的凸台 1。

（1）选择下拉菜单 插入 → 基于草图的特征 → 凸台... 命令（或单击按钮），系统弹出“定义凸台”对话框。

（2）在“定义凸台”对话框中单击按钮，选取“xy 平面”为草图平面；在草绘工作台中绘制图 29.10.3 所示的截面草图（草图 1）。单击按钮，退出草绘工作台；在 第一限制 区域的 类型： 下拉列表中选择 尺寸 选项，在 第一限制 区域的 长度： 文本框中输入数值 12。

（3）单击 确定 按钮，完成凸台 1 的创建。

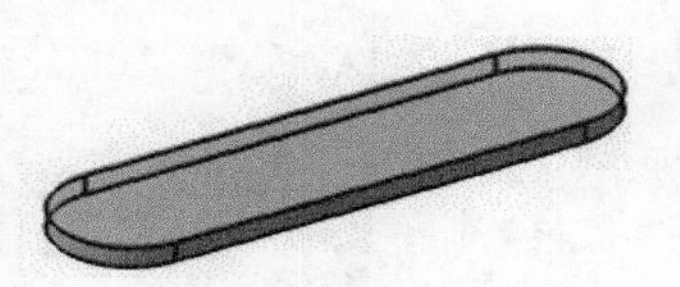

图 29.10.2　凸台 1

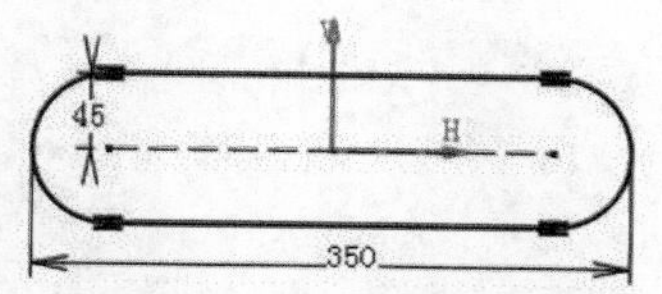

图 29.10.3　截面草图（草图 1）

Step3. 创建图 29.10.4b 所示的倒圆角 1。

（1）选择下拉菜单 插入 → 修饰特征 → 倒圆角... 命令，系统弹出“倒圆角定义”对话框。

（2）在对话框的 传播: 下拉列表中选择 相切 选项，选取图 29.10.4a 所示的边线（“xy 平面”上的边线）作为倒圆角的对象；在“倒圆角定义”对话框的 半径: 文本框中输入数值 10。

（3）单击 确定 按钮，完成倒圆角 1 的创建。

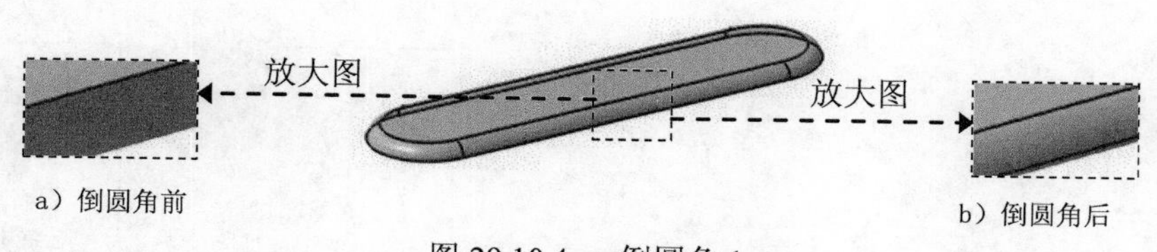

图 29.10.4　倒圆角 1

Step4. 创建图 29.10.5 所示的凸台 2。

（1）选择下拉菜单 插入 → 基于草图的特征 → 凸台... 命令（或单击 按钮），系统弹出“定义凸台”对话框。

（2）在“定义凸台”对话框中单击 按钮，选取“xy 平面”为草图平面；在草绘工作台中绘制图 29.10.6 所示的截面草图（草图 2）。单击 按钮，退出草绘工作台；在 第一限制 区域的 类型: 下拉列表中选择 尺寸 选项，在 第一限制 区域的 长度: 文本框中输入数值 3，单击 反转方向 按钮，反转拉伸方向。

（3）单击 确定 按钮，完成凸台 2 的创建。

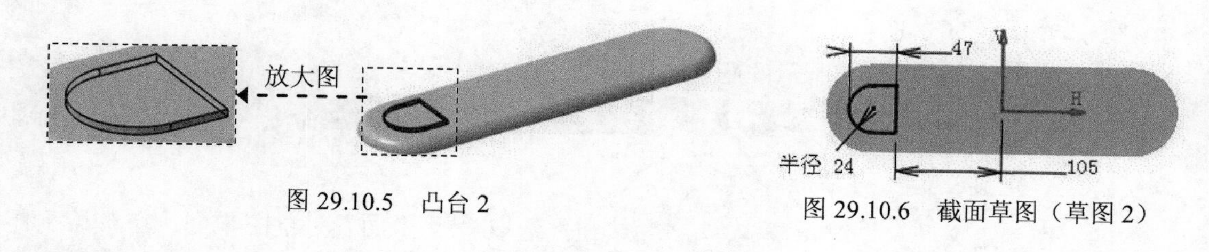

图 29.10.5　凸台 2

图 29.10.6　截面草图（草图 2）

Step5. 创建图 29.10.7b 所示的倒圆角 2。操作步骤参见 Step3，选取图 29.10.7a 所示的边线为倒圆角对象，倒圆角半径值为 2。

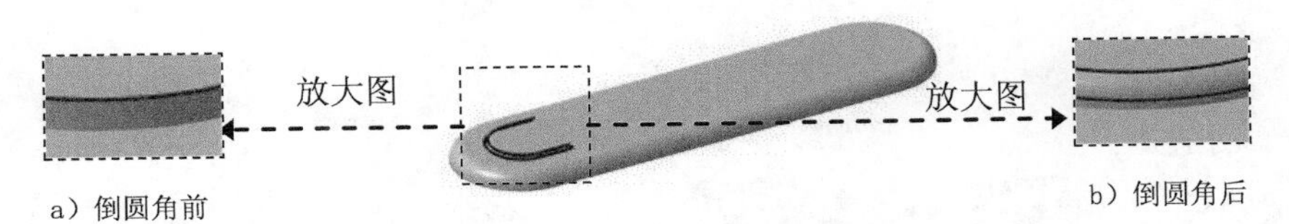

a）倒圆角前　　b）倒圆角后

图 29.10.7　倒圆角 2

Step6. 创建图 29.10.8b 所示的倒圆角 3。选取图 29.10.8a 所示的边线为倒圆角对象，倒圆角半径值为 2。

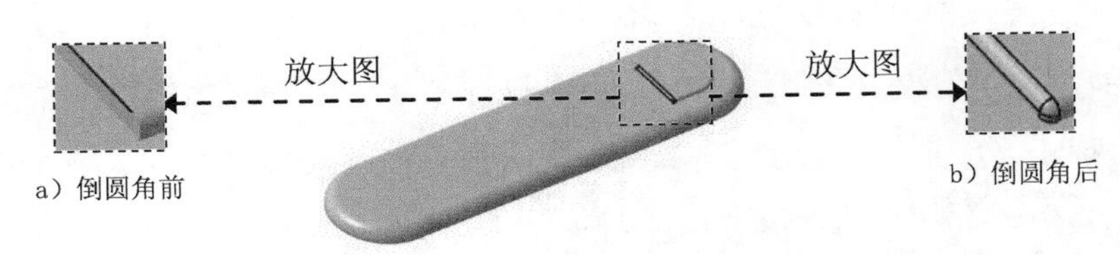

a）倒圆角前　　b）倒圆角后

图 29.10.8　倒圆角 3

Step7. 创建图 29.10.9b 所示的抽壳 1。

（1）选择下拉菜单 插入 → 修饰特征 → 抽壳... 命令，系统弹出“定义盒体”对话框。

（2）选取图 29.10.9a 所示的面为要移除的面。

（3）在“定义盒体”对话框的 默认内侧厚度： 文本框中输入数值 2。

（4）单击“定义盒体”对话框中的 确定 按钮，完成抽壳 1 的创建。

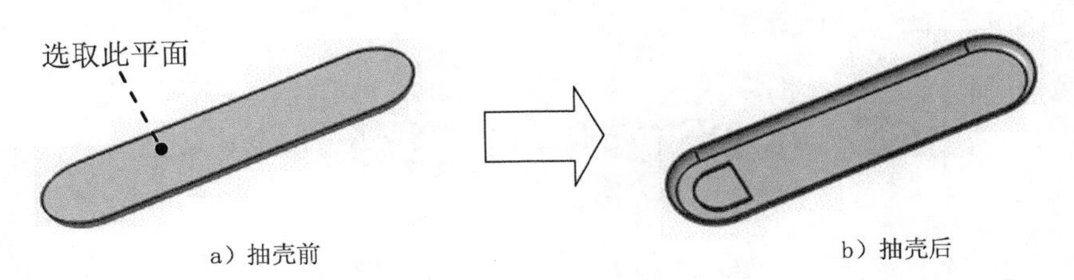

a）抽壳前　　b）抽壳后

图 29.10.9　抽壳 1

Step8. 创建图 29.10.10 所示的凹槽 1。

（1）选择下拉菜单 插入 → 基于草图的特征 → 凹槽... 命令（或单击 按钮），系统弹出“定义凹槽”对话框。

（2）在“定义凹槽”对话框中单击 按钮，选取图 29.10.10 所示的平面为草图平面；在草绘工作台中绘制图 29.10.11 所示的截面草图（草图 3）；单击 按钮，退出草绘工作台。

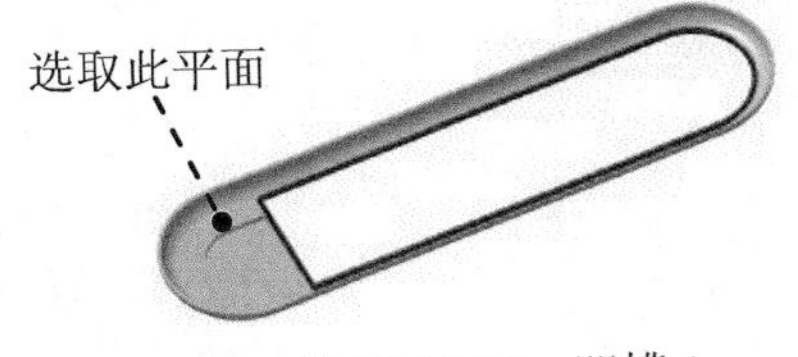

图 29.10.10　凹槽 1

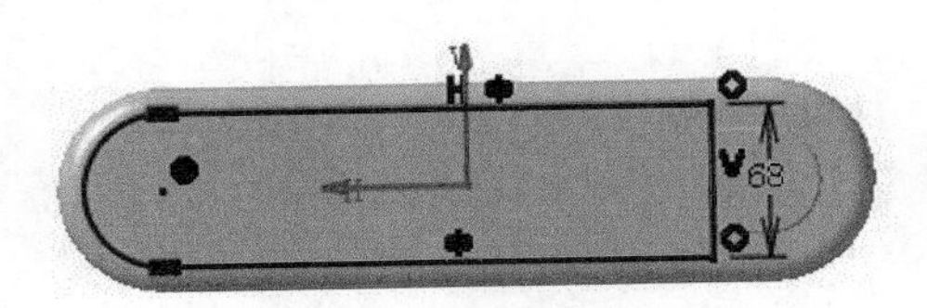

图 29.10.11　截面草图（草图 3）

（3）在第一限制区域的类型：下拉列表中选择直到下一个选项。

（4）单击确定按钮，完成凹槽 1 的创建。

Step9. 创建几何体 2。

（1）选择下拉菜单插入 → 几何体命令，在特征树中会出现几何体.2。

（2）创建图 29.10.12 所示的凸台 3。

① 选择下拉菜单插入 → 基于草图的特征 → 凸台...命令（或单击按钮），系统弹出“定义凸台”对话框。

② 在“定义凸台”对话框中单击按钮，选取图 29.10.13 所示的平面为草图平面；在草绘工作台中绘制图 29.10.14 所示的截面草图（草图 4）。单击按钮，退出草绘工作台；在第一限制区域的类型：下拉列表中选择尺寸选项，在第一限制区域的长度：文本框中输入数值 25，然后单击反转方向按钮，反转拉伸方向。

③ 单击确定按钮，完成凸台 3 的创建。

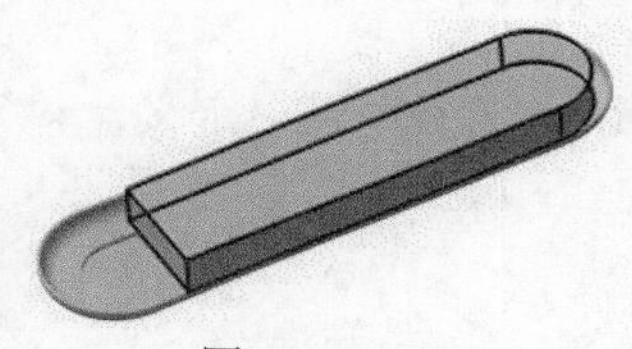

图 29.10.12 凸台 3

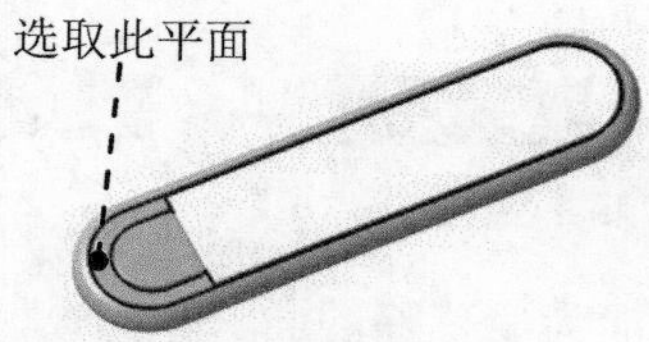

图 29.10.13 选取草图平面

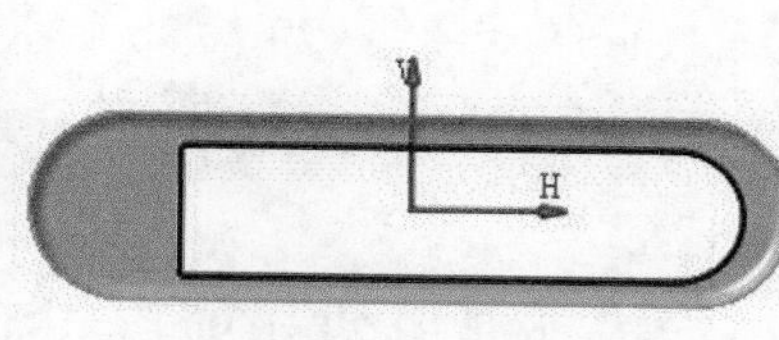

图 29.10.14 截面草图（草图 4）

（3）切换工作台。选择下拉菜单开始 → 机械设计 → 线框和曲面设计命令，进入“线框和曲面设计”工作台。

（4）创建图 29.10.15 所示的草图 5。

① 选择下拉菜单插入 → 草图编辑器 → 草图命令（或单击工具栏中的“草图”按钮）。

② 选取图 29.10.15 所示的平面为草图平面，系统自动进入草绘工作台。绘制图 29.10.16 所示的草图 5。

③ 选择“工作台”工具栏中的按钮，完成草图 5 的创建。

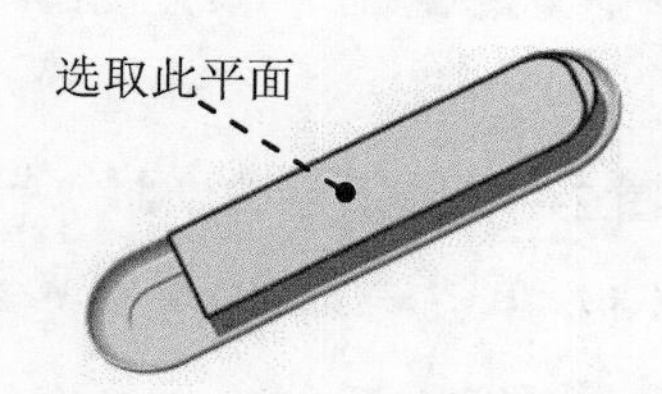

图 29.10.15 草图 5（建模环境）

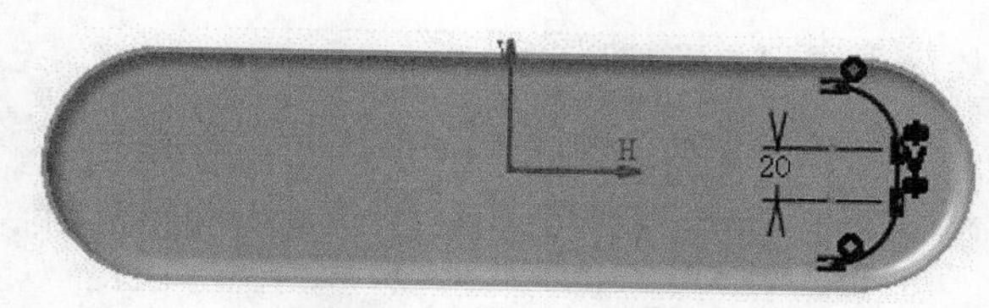

图 29.10.16 草图 5（草绘环境）

（5）创建图 29.10.17b 所示的多截面曲面 1。

① 选择下拉菜单 插入 → 曲面 ▸ → 多截面曲面... 命令，此时系统弹出“多截面曲面定义”对话框。

② 分别选取图 29.10.17a 所示的两条曲线为截面曲线。

③ 单击 确定 按钮，完成多截面曲面 1 的创建。

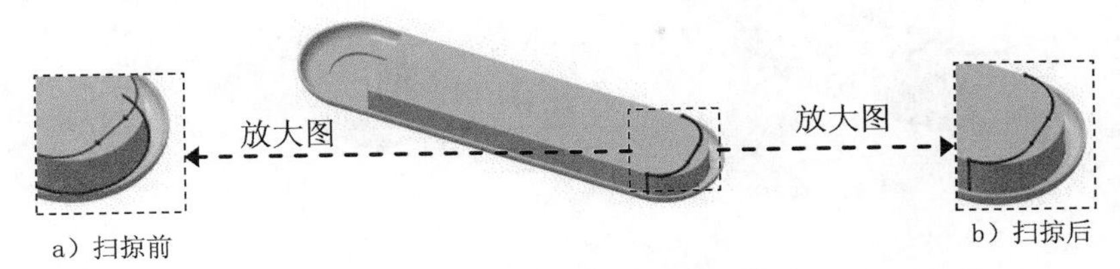

图 29.10.17 多截面曲面 1

（6）切换工作台。选择下拉菜单 开始 → 机械设计 ▸ → 零件设计 命令，进入“零件设计”工作台。

（7）创建图 29.10.18 所示的分割 1。

① 选择下拉菜单 插入 → 基于曲面的特征 ▸ → 分割... 命令，系统弹出“定义分割”对话框。

② 定义分割元素。选取多截面曲面 1 为分割元素。

③ 单击 确定 按钮，完成曲面的分割。

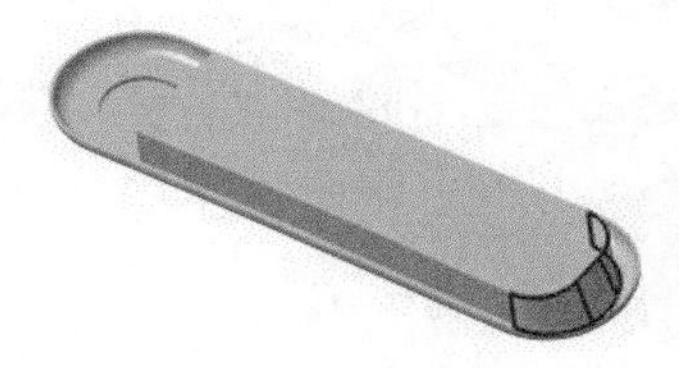

图 29.10.18 分割 1

（8）创建图 29.10.19b 所示的倒圆角 4。选取图 29.10.19a 所示的边线为倒圆角对象，倒圆角半径值为 2。

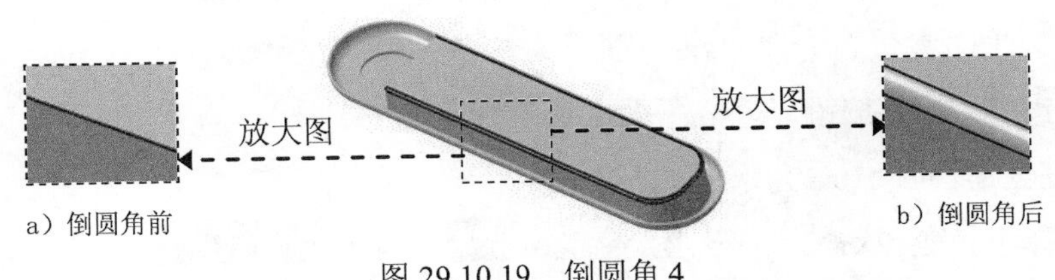

图 29.10.19 倒圆角 4

（9）创建图 29.10.20b 所示的抽壳 2。

① 选择下拉菜单 插入 → 修饰特征 ▸ → 抽壳... 命令，系统弹出“定义盒体”对话框。

② 选取图 29.10.20a 所示的面为要移除的面。在“定义盒体”对话框的 默认内侧厚度: 和 默认外侧厚度: 文本框中均输入数值 1。

③ 单击“定义盒体”对话框中的 确定 按钮，完成抽壳 2 的创建。

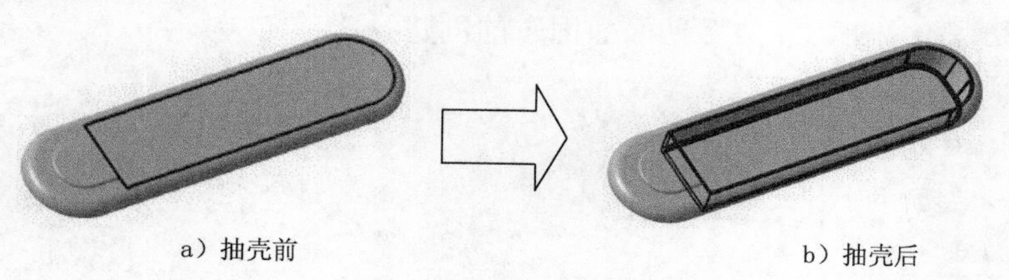

a）抽壳前　　b）抽壳后

图 29.10.20　抽壳 2

Step10. 进行布尔求和。

（1）选择下拉菜单 插入 → 布尔操作 → 添加... 命令，系统弹出“添加”对话框。

（2）单击 添加 文本框，选取 几何体.2 为要添加的对象。

（3）单击 确定 按钮，完成布尔求和的创建。

Step11. 创建图 29.10.21b 所示倒圆角 5。选取图 29.10.21a 所示的边线为倒圆角对象，倒圆角半径值为 1。

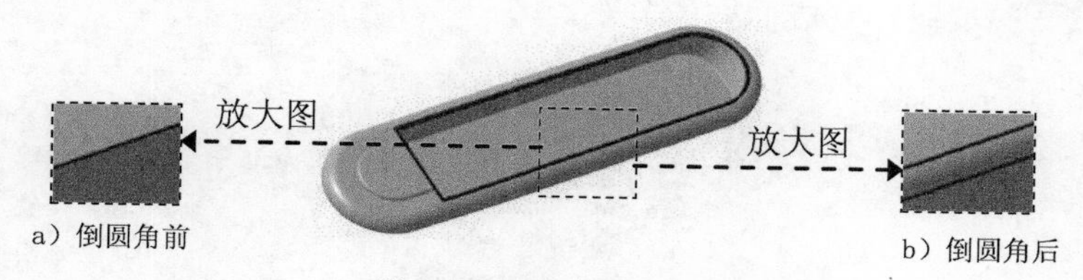

a）倒圆角前　　b）倒圆角后

图 29.10.21　倒圆角 5

Step12. 创建图 29.10.22 所示的平面 1。

（1）单击“参考元素(扩展)”工具栏中的“平面”按钮，系统弹出“平面定义”对话框。

（2）在“平面定义”对话框的 平面类型 下拉列表中选择 偏移平面 选项。

（3）定义平面参数。选取“zx 平面”为参考平面，在 偏移: 文本框中输入数值 65。

（4）单击 确定 按钮，完成平面 1 的创建。

Step13. 创建图 29.10.23 所示的凸台 4。

（1）选择下拉菜单 插入 → 基于草图的特征 → 凸台... 命令（或单击按钮），系统弹出“定义凸台”对话框。

（2）在“定义凸台”对话框中单击按钮，选取平面 1 为草图平面；在草绘工作台中绘制图 29.10.24 所示的截面草图（草图 6），单击按钮，退出草绘工作台。

（3）在第一限制区域的类型：下拉列表中选择直到下一个选项，选中厚复选框，在第二限制区域的类型：下拉列表中选择尺寸选项，在厚度 1文本框中输入数值 2，单击反转方向按钮，反转拉伸方向。

（4）单击确定按钮，完成凸台 4 的创建。

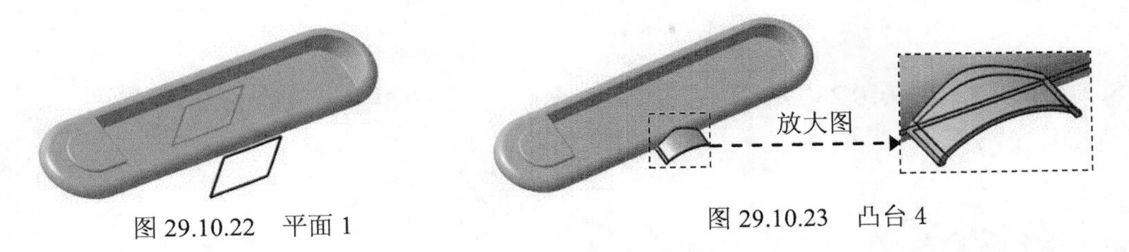

图 29.10.22 平面 1　　图 29.10.23 凸台 4

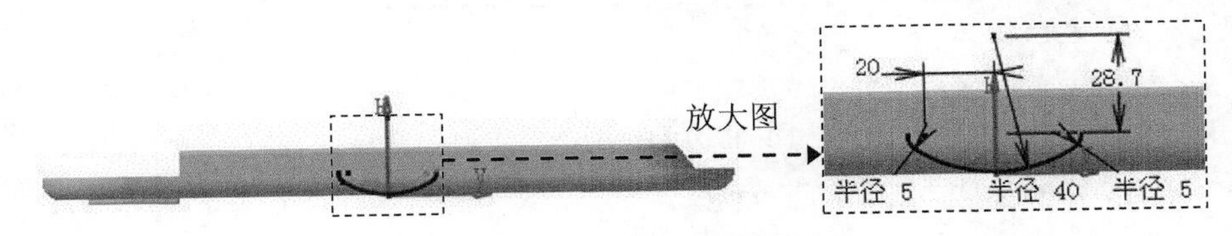

图 29.10.24 截面草图（草图 6）

Step14. 创建图 29.10.25b 所示的凹槽 2。

（1）选择下拉菜单插入 → 基于草图的特征 → 凹槽...命令（或单击按钮），系统弹出“定义凹槽”对话框。

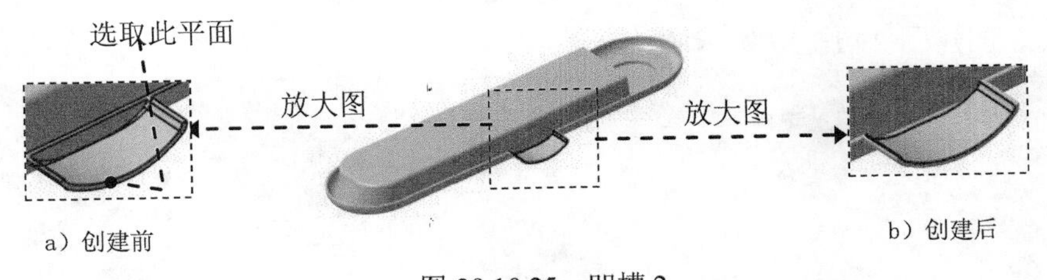

a）创建前　　b）创建后

图 29.10.25 凹槽 2

（2）在“定义凹槽”对话框中单击按钮，选取图 29.10.25a 所示的平面为草图平面；在草绘工作台中绘制图 29.10.26 所示的截面草图（草图 7）；单击按钮，退出草绘工作台。在第一限制区域的类型：下拉列表中选择直到下一个选项。

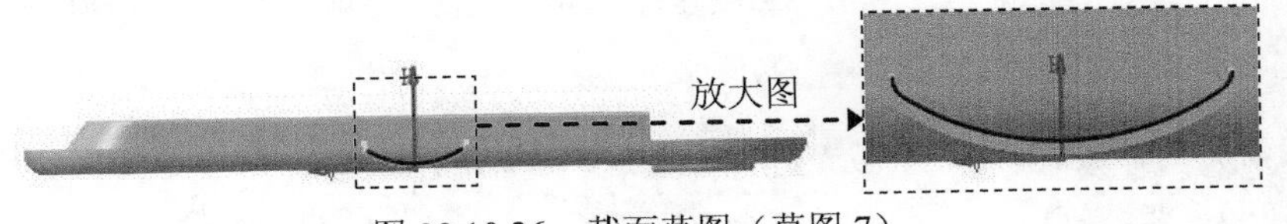

图 29.10.26 截面草图（草图 7）

（3）单击确定按钮，完成凹槽 2 的创建。

Step15. 创建图 29.10.27b 所示的倒圆角 6。选取图 29.10.27a 所示的边线为倒圆角对象，倒圆角半径值为 5。

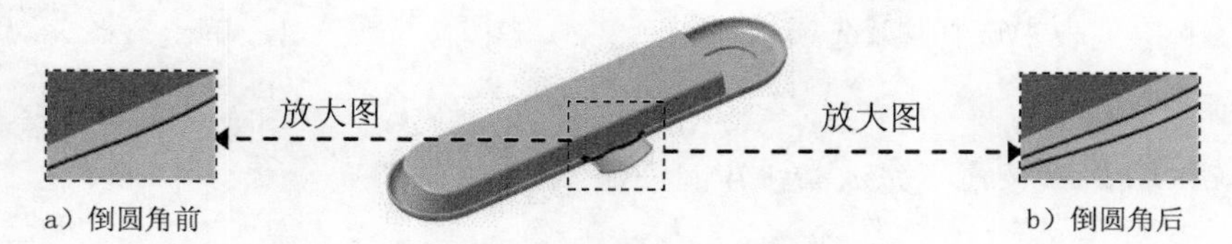

图 29.10.27 倒圆角 6

Step16. 创建图 29.10.28b 所示的倒圆角 7。选取图 29.10.28a 所示的边线为倒圆角对象，倒圆角半径值为 5。

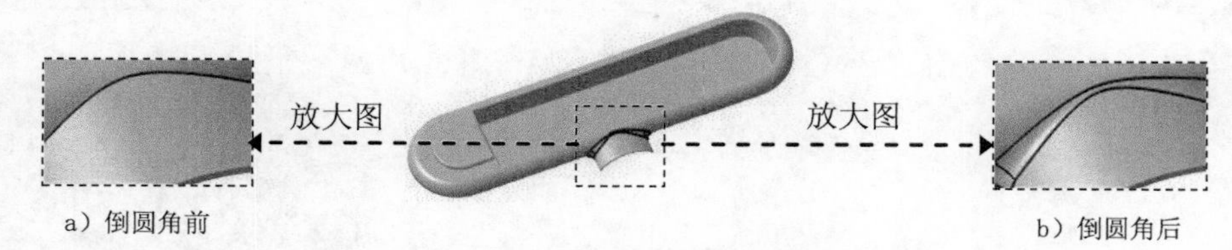

图 29.10.28 倒圆角 7

Step17. 创建图 29.10.29 所示的平面 2。

（1）单击“参考元素(扩展)”工具栏中的“平面”按钮，系统弹出“平面定义”对话框。

（2）在“平面定义”对话框的平面类型下拉列表中选择偏移平面选项。

（3）选取“xy 平面”为参考平面，在偏移：文本框中输入数值 14。

（4）单击确定按钮，完成平面 2 的创建。

Step18. 创建图 29.10.30 所示的凸台 5。

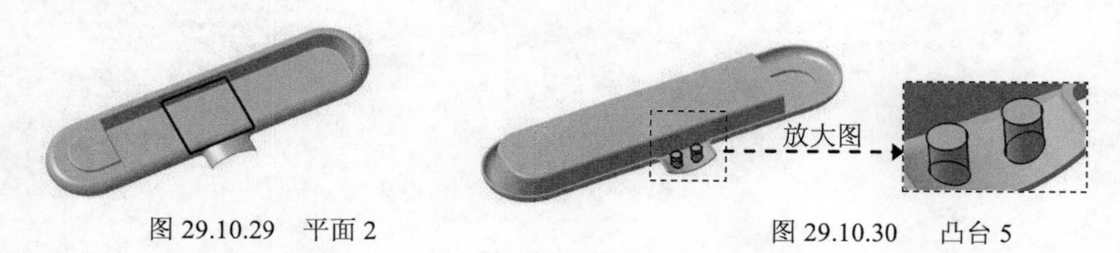

图 29.10.29 平面 2　　图 29.10.30 凸台 5

（1）选择下拉菜单插入 → 基于草图的特征 ▸ → 凸台...命令（或单击按钮），系统弹出“定义凸台”对话框。

（2）在“定义凸台”对话框中单击按钮，选取平面 2 为草图平面；在草绘工作台中绘制图 29.10.31 所示的截面草图（草图 8）。单击按钮，退出草绘工作台。

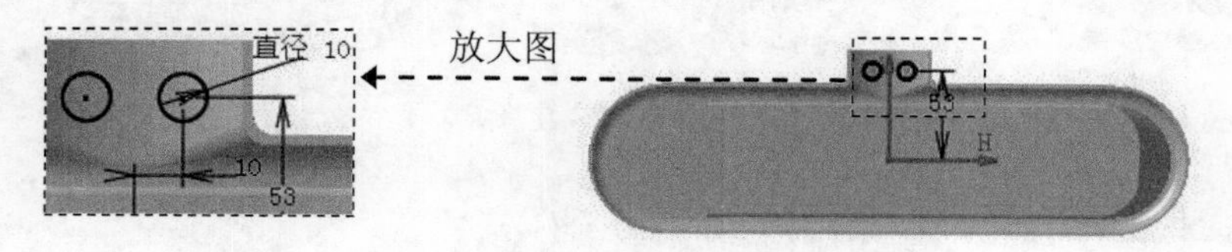

图 29.10.31 截面草图（草图 8）

（3）在第一限制区域的类型：下拉列表中选择直到下一个选项，单击反转方向按钮，反转拉伸方向。

（4）单击确定按钮，完成凸台5的创建。

Step19. 创建图29.10.32所示的平面3。

（1）单击"参考元素(扩展)"工具栏中的"平面"按钮，系统弹出"平面定义"对话框。

（2）在"平面定义"对话框的平面类型下拉列表中选择曲面的切线选项。

（3）选取图29.10.32所示的曲面为相切曲面，选取图29.10.32所示的中点为平面的通过点。

（4）单击确定按钮，完成平面3的创建。

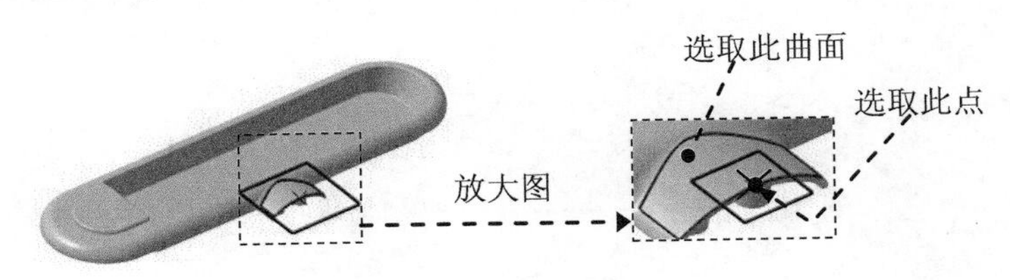

图29.10.32 平面3

Step20. 创建图29.10.33所示的孔1。

（1）选择下拉菜单插入 → 基于草图的特征 → 孔...命令（或单击按钮）。

（2）选取平面3为孔的放置面，系统弹出"定义孔"对话框。

（3）单击"定义孔"对话框的扩展选项卡中的按钮，系统进入草绘工作台。在草绘工作台中约束孔的中心线与边线同心，如图29.10.34所示。单击"工作台"工具栏中的按钮，退出草绘工作台。

（4）在"定义孔"对话框的扩展选项卡的下拉列表中选择直到最后选项，在直径：文本框中输入数值3，单击反转按钮。

（5）单击类型选项卡，在类型选项卡的下拉列表中选择沉头孔选项，在直径：文本框中输入数值6，在深度：文本框中输入数值10。

（6）单击确定按钮，完成孔1的创建。

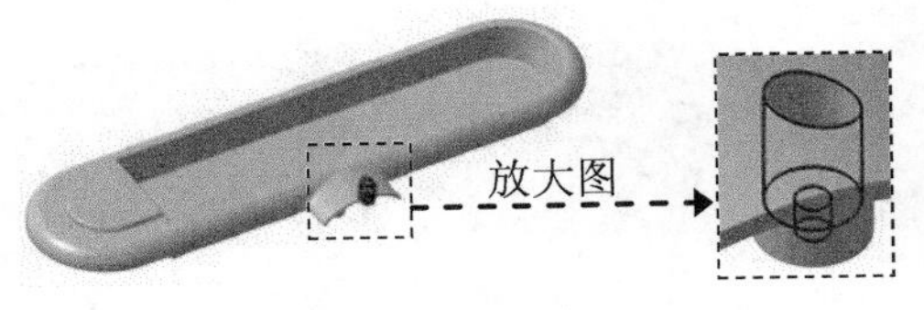

图29.10.33 孔1

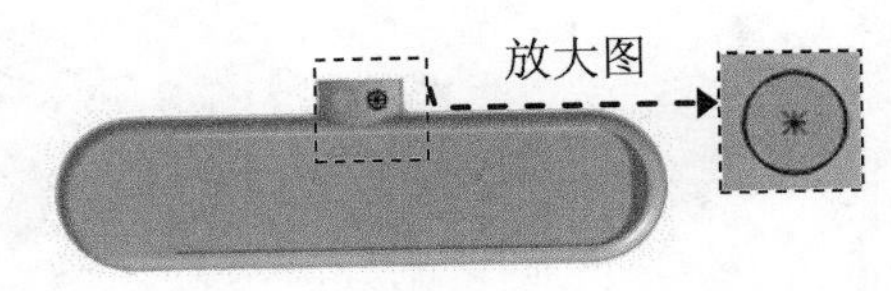

图29.10.34 定位孔的中心

Step21. 创建图29.10.35所示的镜像1。

（1）选择下拉菜单插入 → 变换特征 → 镜像...命令，系统弹出"定义镜像"

对话框。

（2）选取 Step20 创建的孔 1 为镜像对象。

（3）选取“yz 平面”作为镜像平面。

（4）单击 确定 按钮，完成镜像 1 的创建。

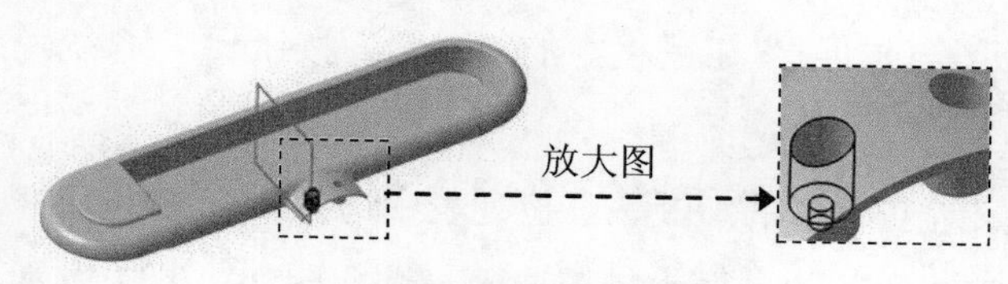

图 29.10.35　镜像 1

Step22. 创建图 29.10.36 所示的倒圆角 8。选取图 29.10.36 所示的边线为倒圆角对象，倒圆角半径值为 2。

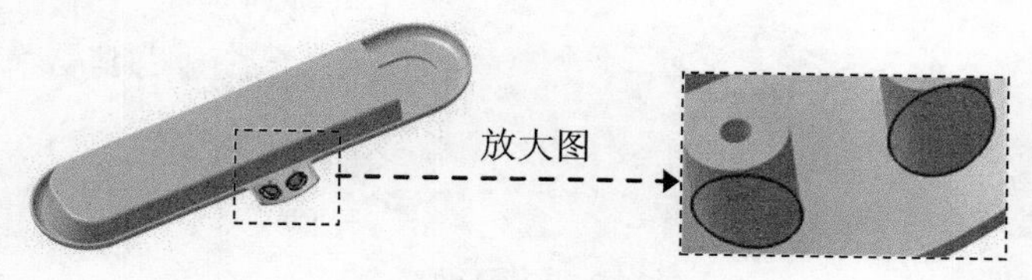

图 29.10.36　倒圆角 8

Step23. 创建图 29.10.37 所示的凸台 6。

（1）选择下拉菜单 插入 → 基于草图的特征 → 凸台... 命令（或单击按钮），系统弹出“定义凸台”对话框。

（2）在“定义凸台”对话框中单击按钮，选取图 29.10.37 所示的模型表面为草图平面；在草绘工作台中绘制图 29.10.38 所示的截面草图（草图 9）。单击按钮，退出草绘工作台。

（3）在 第一限制 区域的 类型: 下拉列表中选择 直到下一个 选项，单击 反转方向 按钮，反转拉伸方向。

（4）单击 确定 按钮，完成凸台 6 的创建。

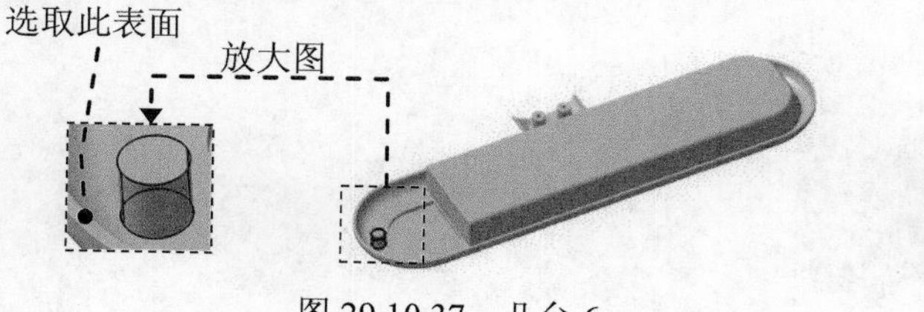

图 29.10.37　凸台 6

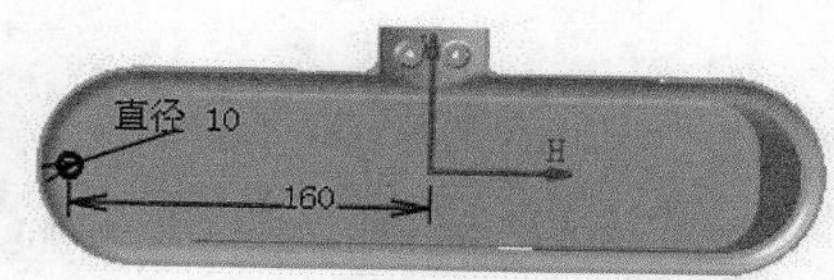

图 29.10.38　截面草图（草图 9）

Step24. 创建图 29.10.39b 所示的孔 3。

（1）选择下拉菜单 插入 → 基于草图的特征 → 孔... 命令（或单击按钮）。

（2）选取图 29.10.39a 所示的模型表面为孔的放置面，系统弹出“定义孔”对话框。

（3）单击“定义孔”对话框的扩展选项卡中的按钮，系统进入草绘工作台。在草绘工作台中约束孔的中心线与凸台6的边线同心，如图29.10.40所示。单击“工作台”工具栏中的按钮，退出草绘工作台。

（4）在“定义孔”对话框的扩展选项卡的下拉列表中选择直到最后选项，在直径：文本框中输入数值3，其他参数采用系统默认设置值。

（5）单击确定按钮，完成孔3的创建。

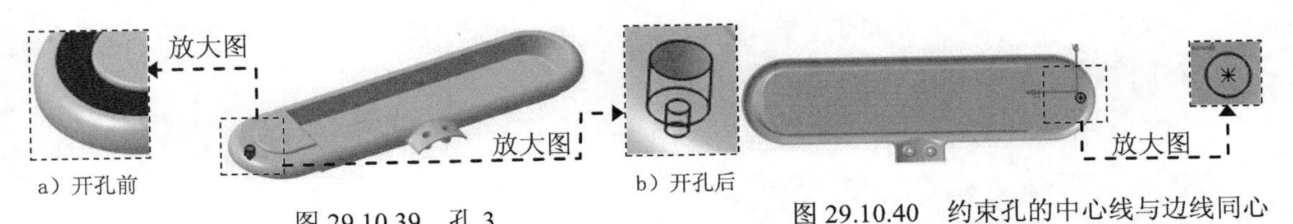

图29.10.39 孔3

图29.10.40 约束孔的中心线与边线同心

Step25. 创建图29.10.41所示的凸台7。

（1）选择下拉菜单插入 → 基于草图的特征 → 凸台...命令（或单击按钮），系统弹出“定义凸台”对话框。

（2）在“定义凸台”对话框中单击按钮，选取图29.10.41所示的模型表面为草图平面；在草绘工作台中绘制图29.10.42所示的截面草图（草图10）。单击按钮，退出草绘工作台；在第一限制区域的类型：下拉列表中选择尺寸选项，在第一限制区域的长度：文本框中输入数值4。

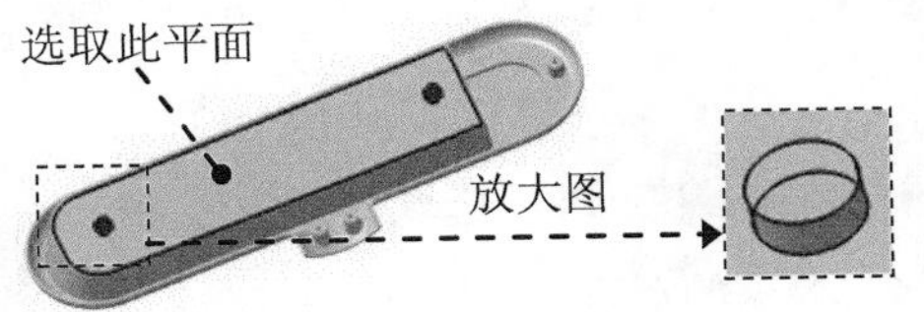

图29.10.41 凸台7

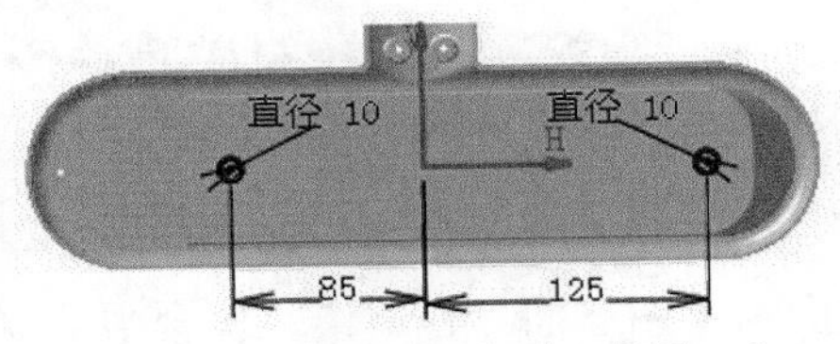

图29.10.42 截面草图（草图10）

（3）单击确定按钮，完成凸台7的创建。

Step26. 创建图29.10.43a所示的孔4。

（1）选择下拉菜单插入 → 基于草图的特征 → 孔...命令（或单击按钮）。

（2）选取图29.10.43所示的模型表面为孔的放置面，系统弹出“定义孔”对话框。

（3）单击“定义孔”对话框的扩展选项卡中的按钮，系统进入草绘工作台。在草绘工作台中约束孔的中心线与凸台边线同心；单击“工作台”工具栏中的按钮，退出草绘工作台。

（4）在“定义孔”对话框的扩展选项卡的下拉列表中选择直到最后选项。单击“定义孔”对话框的扩展选项卡，在直径：文本框中输入数值3。

（5）单击类型选项卡，在类型选项卡的下拉列表中选择沉头孔选项，在直径：文本框中输入数值6，在深度：文本框中输入数值4。

（6）单击 确定 按钮，完成孔 4 的创建。

Step27. 创建图 29.10.43b 所示的孔 5。

（1）选择下拉菜单 插入 ➡ 基于草图的特征 ▸ ➡ 孔... 命令（或单击按钮）。

（2）选取图 29.10.43 所示的模型表面为孔的放置面，系统弹出“定义孔”对话框。

（3）单击“定义孔”对话框的 扩展 选项卡中的按钮，系统进入草绘工作台。在草绘工作台中约束孔的中心线与边线同心；单击“工作台”工具栏中的按钮，退出草绘工作台。

（4）在“定义孔”对话框的 扩展 选项卡的下拉列表中选择 直到最后 选项。单击“定义孔”对话框的 扩展 选项卡，在 直径: 文本框中输入数值 3。

（5）单击 类型 选项卡，在 类型 选项卡的下拉列表中选择 沉头孔 选项，在 直径: 文本框中输入数值 6，在 深度: 文本框中输入数值 4。

（6）单击 确定 按钮，完成孔 5 的创建。

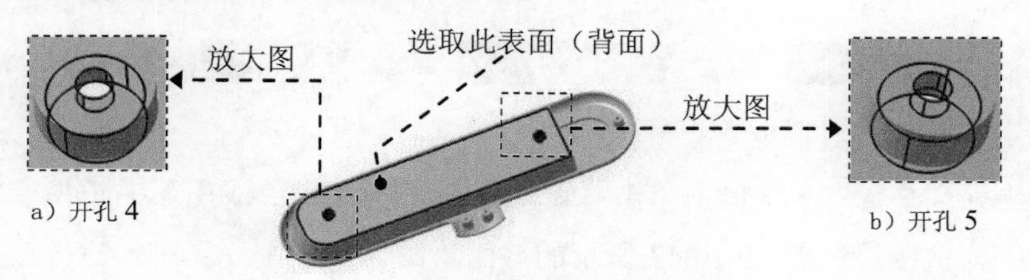

a）开孔 4　　b）开孔 5

图 29.10.43　孔 4、孔 5

Step28. 创建图 29.10.44b 所示的凹槽 3。

（1）选择下拉菜单 插入 ➡ 基于草图的特征 ▸ ➡ 凹槽... 命令（或单击按钮），系统弹出“定义凹槽”对话框。

（2）创建截面草图。在“定义凹槽”对话框中单击按钮，选取图 29.10.44a 所示的平面为草图平面；在草绘工作台中绘制图 29.10.45 所示的截面草图（草图 11）；单击按钮，退出草绘工作台。

（3）定义凹槽类型。在 第一限制 区域的 类型: 下拉列表中选择 直到下一个 选项。

（4）单击 确定 按钮，完成凹槽 3 的创建。

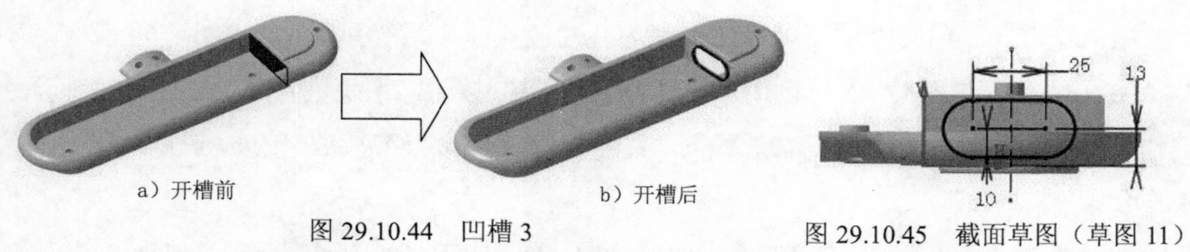

a）开槽前　　b）开槽后

图 29.10.44　凹槽 3　　图 29.10.45　截面草图（草图 11）

Step29. 创建图 29.10.46 所示的草图 12。

（1）选择下拉菜单 插入 ➡ 草图编辑器 ▸ ➡ 草图 命令（或单击工具栏中的“草图”按钮）。

（2）选取图 29.10.46 所示的平面为草图平面，系统自动进入草绘工作台。绘制图 29.10.46 所示的草图 12。

说明：所绘制的草图与模型的边线重合。

（3）单击“工作台”工具栏中的按钮，完成草图 12 的创建。

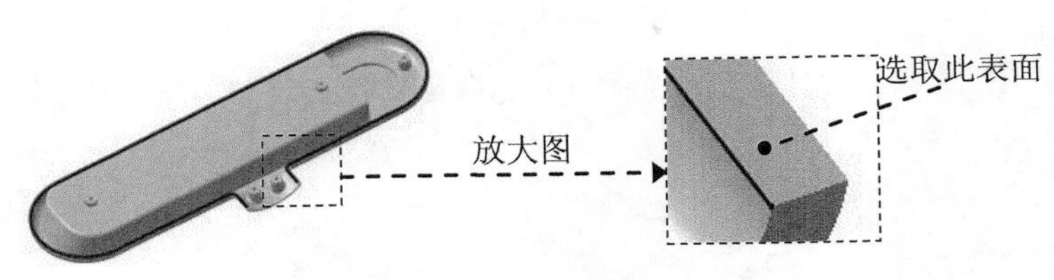

图 29.10.46 草图 12

Step30. 创建图 29.10.47 所示的开槽 1。

（1）选择下拉菜单 插入 → 基于草图的特征 → 开槽... 命令（或单击“基于草图的特征”工具栏中的按钮），系统弹出“定义开槽”对话框。

（2）在系统 定义轮廓。 的提示下，单击按钮，选取“yz 平面”为草图平面；在草绘工作台中绘制图 29.10.48 所示的截面草图（草图 13）；单击按钮退出草绘工作台。

（3）在系统 定义中心曲线。 的提示下，选取 Step29 创建的草图 12 为中心曲线。

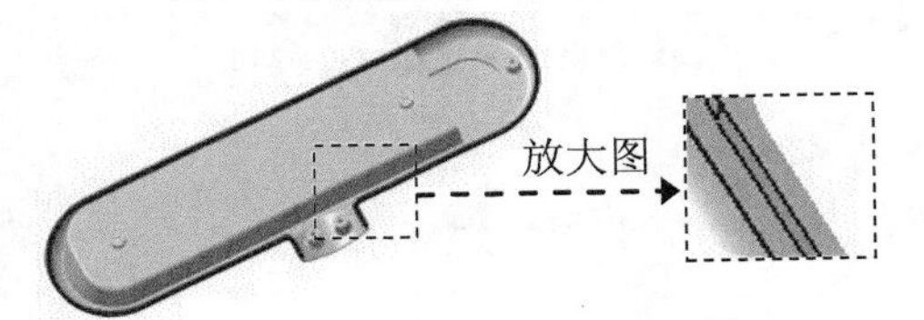

图 29.10.47 开槽 1

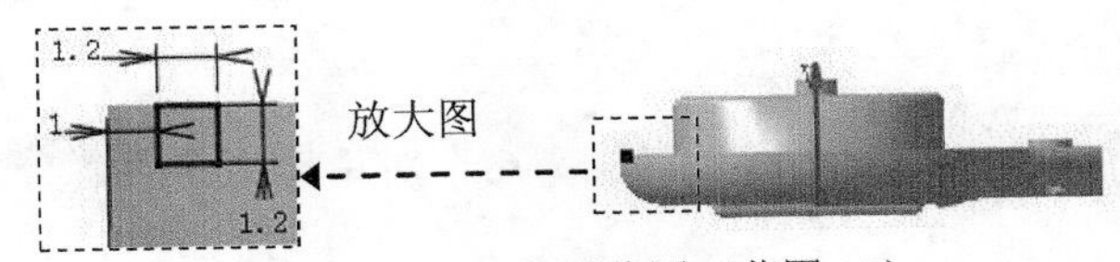

图 29.10.48 截面草图（草图 13）

（4）单击 确定 按钮，完成开槽 1 的创建。

Step31. 创建图 29.10.49b 所示的凸台 8。

（1）选择下拉菜单 插入 → 基于草图的特征 → 凸台... 命令（或单击按钮），系统弹出“定义凸台”对话框。

（2）在“定义凸台”对话框中单击按钮，选取平面 1 为草图平面；在草绘工作台中绘制图 29.10.50 所示的截面草图（草图 14）。单击按钮，退出草绘工作台；在 第一限制 区域的 类型： 下拉列表中选择 尺寸 选项，在 第一限制 区域的 长度： 文本框中输入数值 2，单击 反转方向 按钮，反转拉伸方向。

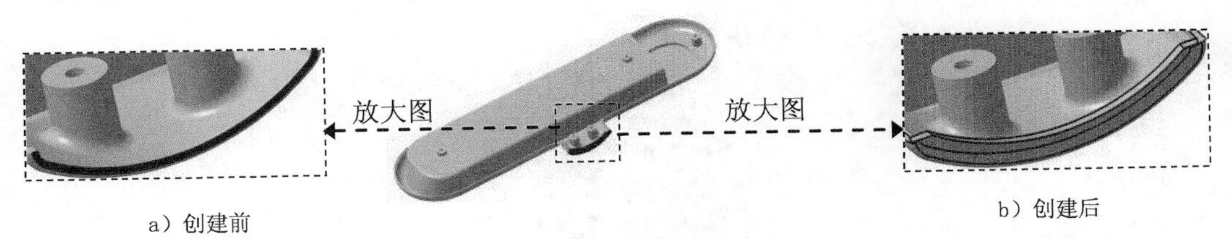

a）创建前　　b）创建后

图 29.10.49 凸台 8

（3）单击 确定 按钮，完成凸台 8 的创建。

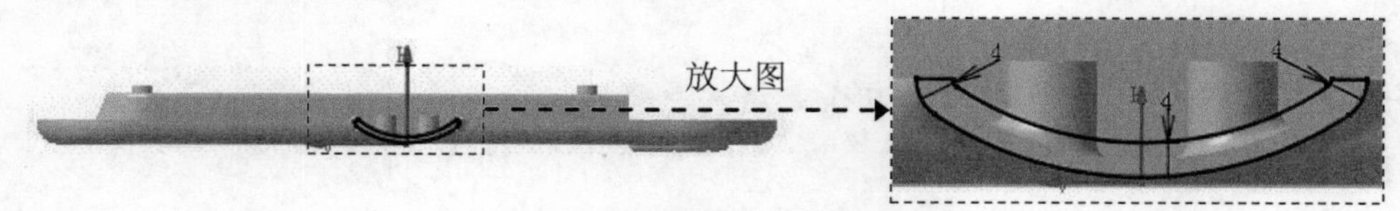

图 29.10.50　截面草图（草图 14）

Step32. 创建图 29.10.51 所示的倒圆角 9。选取图 29.10.51 所示的边线为倒圆角对象，倒圆角半径值为 1。

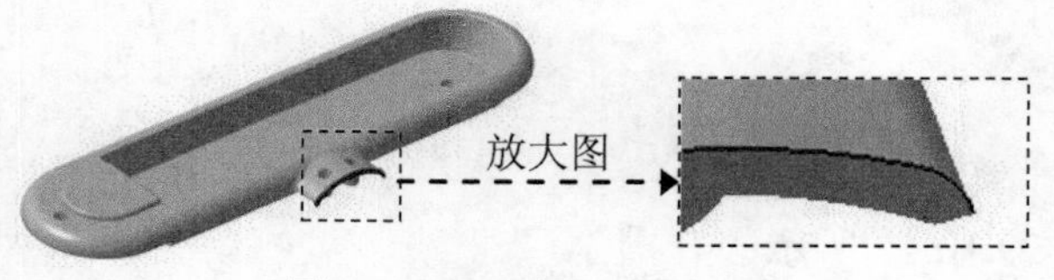

图 29.10.51　倒圆角 9

Step33. 创建图 29.10.52 所示的倒角 1。

（1）选择下拉菜单 插入 → 修饰特征 → 倒角... 命令（或单击“修饰特征”工具栏中的按钮），系统弹出“定义倒角”对话框。

（2）在“定义倒角”对话框的 传播： 下拉列表中选择 相切 选项，选取图 29.10.52 所示的边线为要倒角的对象。在“定义倒角”对话框的 模式： 下拉菜单中选择 长度 1/角度 选项；在 长度 1： 文本框中输入数值 1；在 角度： 文本框中输入角度值 45。

（3）单击“定义倒角”对话框中的 确定 按钮，完成倒角 1 的创建。

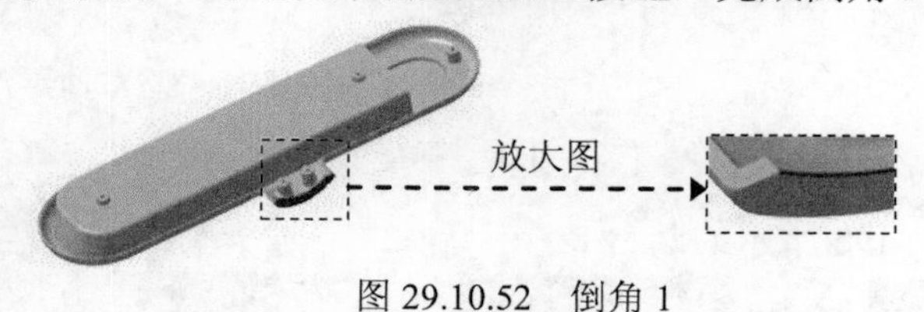

图 29.10.52　倒角 1

Step34. 保存文件。

29.11　台灯装配

Stage1. 底座子装配

底座子装配模型如图 29.11.1 所示。

图 29.11.1　底座子装配模型

Step1. 新建模型文件。

（1）选择下拉菜单 文件 → 新建... 命令，系统弹出“新建”对话框。

（2）在“新建”对话框的 类型列表：中选择 Product 选项，单击 确定 按钮。

（3）右击特征树中的 Product1，在系统弹出的快捷菜单中选择 属性 命令，系统弹出“属性”对话框。

（4）在“属性”对话框中选择 产品 选项卡。在 零件编号 后面的文本框中将 Product1 改为 base_asm，单击 确定 按钮。

Step2. 添加图 29.11.2 所示的底座下盖并固定。

（1）双击特征树中的 base_asm，使其处于激活状态。

（2）选择下拉菜单 插入 → 现有部件... 命令或单击“产品结构工具”工具栏中的按钮，系统弹出“选择文件”对话框，选择路径 D:\cat2014.5\work\ch29.11，选取底座下盖模型文件 base_down_cover.CATPart，单击 打开(O) 按钮。

（3）选择下拉菜单 插入 → 固定 命令，在系统 选择要固定的部件 的提示下，选取图 29.11.2 所示的模型，此时模型上会显示出“固定”约束符号，说明底座下盖零件已经完全被固定在当前位置。

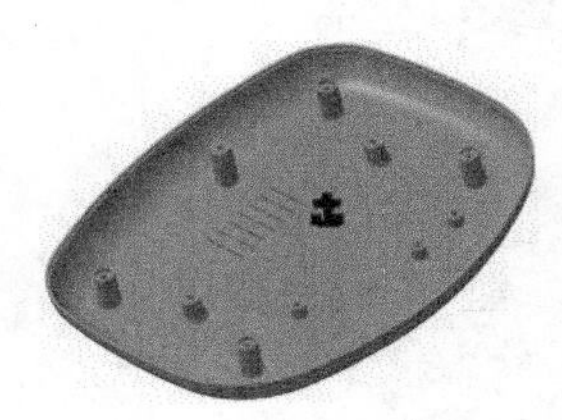

图 29.11.2　底座下盖

Step3. 添加图 29.11.3 所示的加重块并定位。

（1）在确认 base_asm 处于激活状态后，选择下拉菜单 插入 → 现有部件... 命令，在弹出的“选择文件”对话框中，选取加重块模型文件 aggravate_block.CATPart，然后单击 打开(O) 按钮。

（2）选择下拉菜单 编辑 → 移动 → 操作... 命令，把加重块部件移动到图 29.11.4 所示的位置。

图 29.11.3　添加加重块并定位

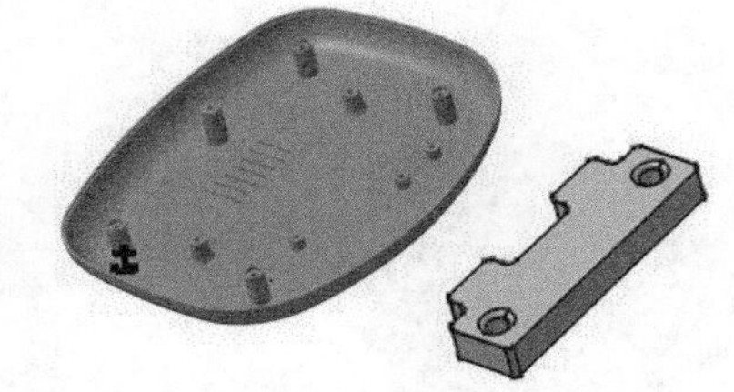

图 29.11.4　移动加重块部件

（3）设置轴线相合约束。

① 选择下拉菜单 插入 → 组合... 命令。选取图 29.11.5 所示的凸台 1、凹槽 1 的中轴线为相合线，单击 确定 按钮，完成轴线相合约束的设置。

② 用同样的方法设置凸台 2、凹槽 2 的中轴线相合。

说明：选择 组合... 命令后，将鼠标移动到部件的圆柱面之后，系统将自动出现一条轴线，此时只需单击即可选中轴线。

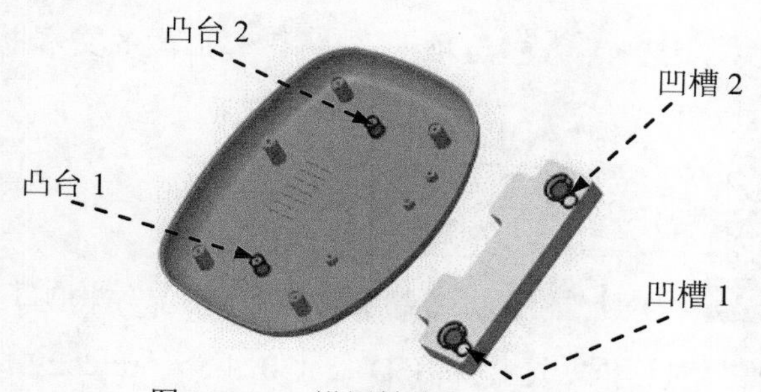

图 29.11.5 设置轴线相合约束

（4）设置平面相合约束。选择下拉菜单 插入 → 组合... 命令。选取图 29.11.6 所示的面 1 和面 2 作为相合平面。在系统弹出的“约束属性”对话框的 方向 下拉列表中选择 相反 选项。单击 确定 按钮，完成平面相合约束的设置。

（5）选择下拉菜单 编辑 → 更新... 命令，得到图 29.11.3 所示的结果。

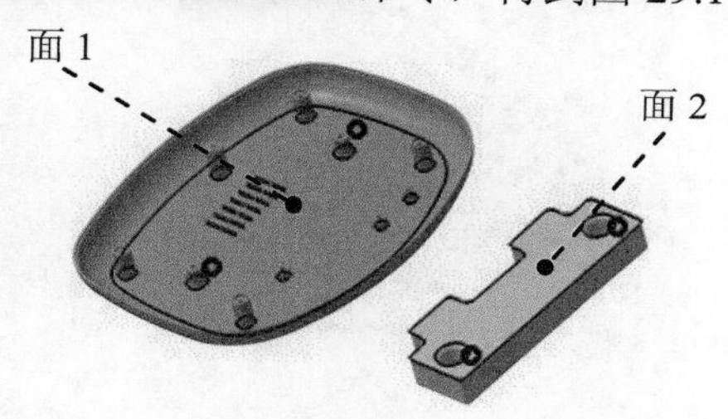

图 29.11.6 设置平面相合约束

Step4. 添加图 29.11.7 所示的底座上盖并定位。

（1）在确认 base_asm 处于激活状态后，选择下拉菜单 插入 → 现有部件... 命令，在弹出的“选择文件”对话框中，选取底座上盖文件 base_top_cover.CATPart，然后单击 打开(O) 按钮。

（2）选择下拉菜单 编辑 → 移动 → 操作... 命令，把底座上盖部件移动到图 29.11.8 所示的位置。

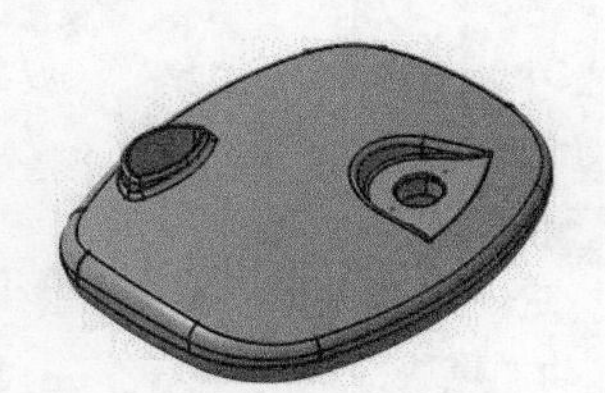

图 29.11.7 添加底座上盖并定位

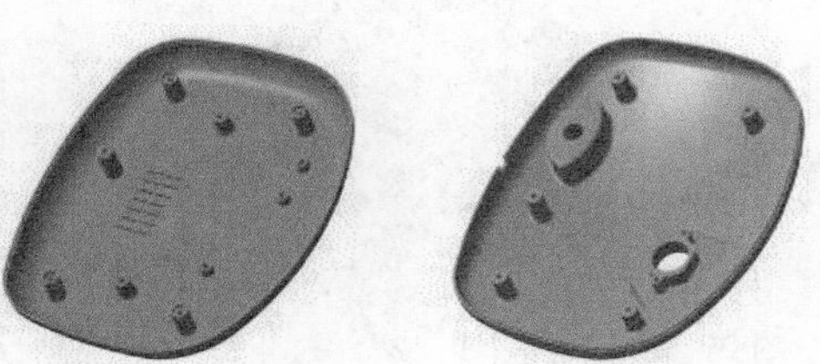

图 29.11.8 移动底座上盖部件

说明：为了方便查看视图，在此步骤中将上一步添加的加重块隐藏了。

（3）设置平面相合约束。选择下拉菜单 插入 → 相合... 命令，选取图 29.11.9 所示的两个零件的“xy 平面”为相合平面。在系统弹出的“约束属性”对话框的 方向 下拉列表中选择 相反 选项。单击 确定 按钮，完成平面相合约束的设置。

（4）用同样的方法，设置图 29.11.10 所示的两个零件的“yz 平面”为相合平面。在系统弹出的“约束属性”对话框的 方向 下拉列表中选择 相反 选项。

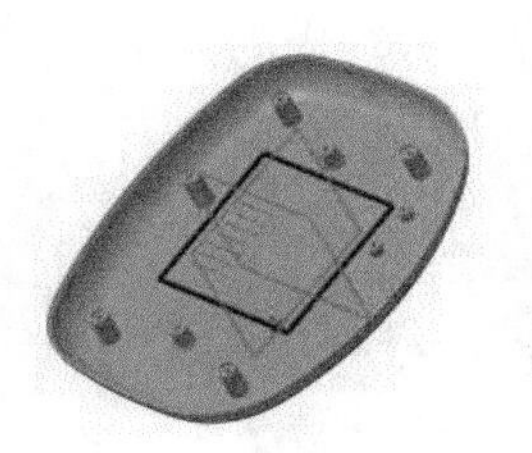

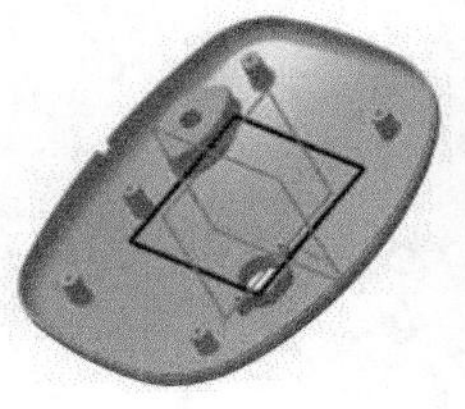

图 29.11.9 设置平面相合约束

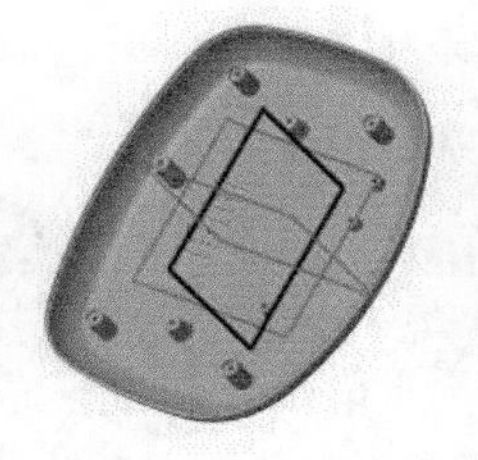

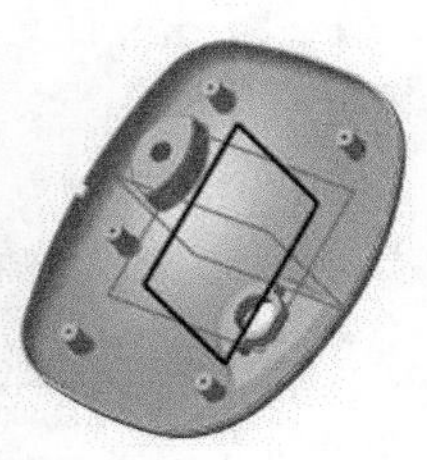

图 29.11.10 设置平面相合约束

（5）用同样的方法，设置“zx 平面”为相合平面。在系统弹出的“约束属性”对话框的 方向 下拉列表中选择 相同 选项。

（6）选择下拉菜单 编辑 → 更新... 命令，得到图 29.11.7 所示的结果。

Step5. 添加图 29.11.11 所示的按钮并定位。

（1）在确认 base_asm 处于激活状态后，选择下拉菜单 插入 → 现有部件... 命令，在弹出的“选择文件”对话框中，选取按钮文件 button.CATPart，然后单击 打开(O) 按钮。

（2）选择下拉菜单 编辑 → 移动 ▸ → 操作... 命令，把按钮模型移动到图 29.11.12 所示的位置。

说明：为了查看视图方便，在此步骤中将添加的底座下盖隐藏了。

图 29.11.11 添加按钮并定位

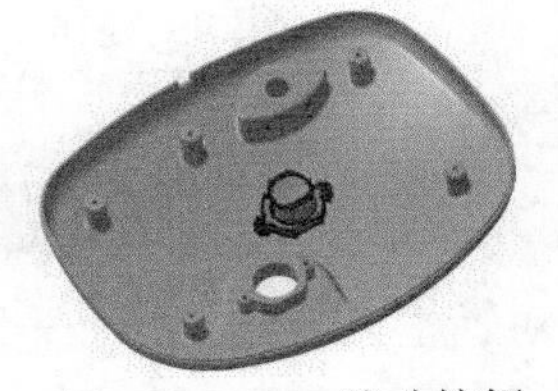

图 29.11.12 移动按钮

（3）设置平面相合约束。选择下拉菜单 插入 → 相合... 命令。选取图 29.11.13 所示的平面 1 和平面 2 为相合平面。在系统弹出的“约束属性”对话框的 方向 下拉列表中选择 相反 选项。单击 确定 按钮，完成平面相合约束的设置。

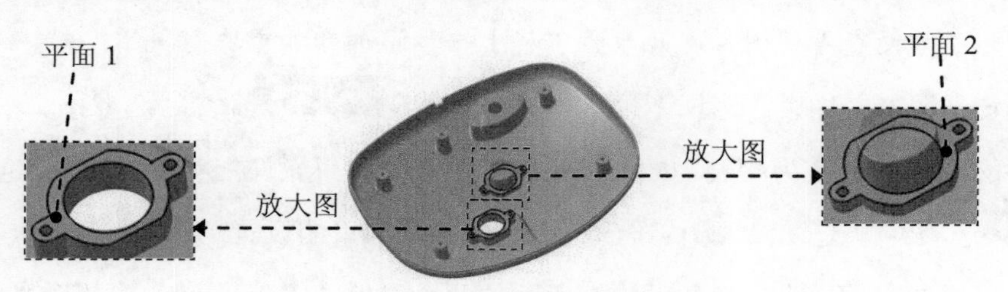

图 29.11.13　设置平面相合约束

（4）设置轴线相合约束。选择下拉菜单 插入 → 相合... 命令。选取图 29.11.14 所示的孔 1、孔 2 的中轴线为相合线，单击 确定 按钮，完成轴线相合约束的设置。

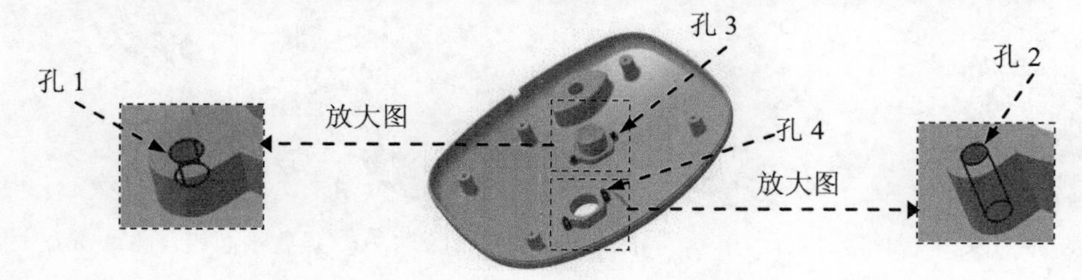

图 29.11.14　设置轴线相合约束

用同样的方法，设置另一侧孔 3、孔 4 的中轴线的相合。

（5）选择下拉菜单 编辑 → 更新... 命令，得到图 29.11.11 所示的结果。

Step6. 保存文件。

Stage2. 灯罩子装配

灯罩子装配模型如图 29.11.15 所示。

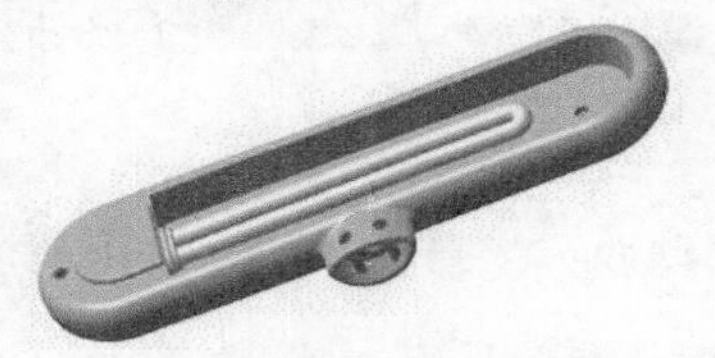

图 29.11.15　灯罩子装配模型

Step1. 新建模型文件。

（1）选择下拉菜单 文件 → 新建... 命令，系统弹出“新建”对话框。

（2）在“新建”对话框的 类型列表： 中选择 Product 选项，单击 确定 按钮。

（3）右击特征树中的 Product1，在系统弹出的快捷菜单中选择 属性 命令，系统弹出“属性”对话框。

（4）在“属性”对话框中选择 产品 选项卡。在 零件编号 后面的文本框中将 Product1 改为 lamp_chimney_asm，单击 确定 按钮。

Step2. 添加图 29.11.16 所示的灯罩上盖并固定。

（1）双击特征树中的 lamp_chimney_asm，使其处于激活状态。

（2）选择下拉菜单 插入 → 现有部件... 命令（或单击“产品结构工具”工具栏中的按钮），系统弹出“选择文件”对话框，选择路径 D:\cat2014.5\work\ch29.11，选取灯罩上盖文件 chimney_top_cover.CATPart，单击 打开(O) 按钮。

图 29.11.16 添加灯罩上盖并固定

（3）选择下拉菜单 插入 → 固定 命令，在系统 选择要固定的部件 的提示下，选取图 29.11.16 所示的模型，此时模型上会显示出“固定”约束符号，说明灯罩上盖零件已经完全被固定在当前位置。

Step3. 添加图 29.11.17 所示的灯头部件并定位。

（1）在确认 lamp_chimney_asm 处于激活状态后，选择下拉菜单 插入 → 现有部件... 命令，在系统弹出的“选择文件”对话框中，选取灯头文件 light_socket.CATPart，然后单击 打开(O) 按钮。

（2）选择下拉菜单 编辑 → 移动 ▸ → 操作... 命令，把灯头部件移动到图 29.11.18 所示的位置。

图 29.11.17 添加灯头部件并定位

图 29.11.18 移动灯头部件

（3）设置平面相合约束。选择下拉菜单 插入 → 相合... 命令。选取图 29.11.19 所示的平面 1 和平面 2 为相合平面。在系统弹出的“约束属性”对话框的 方向 下拉列表中选择 相反 选项。单击 确定 按钮，完成平面相合约束的设置。

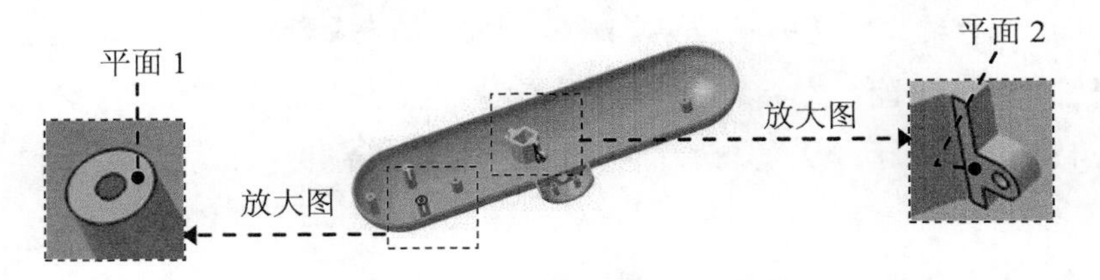

图 29.11.19 设置平面相合约束

（4）设置轴线相合约束。选择下拉菜单 插入 → 相合... 命令。选取图 29.11.20 所示的轴线 1 和轴线 2 为相合线，完成轴线相合约束的设置。

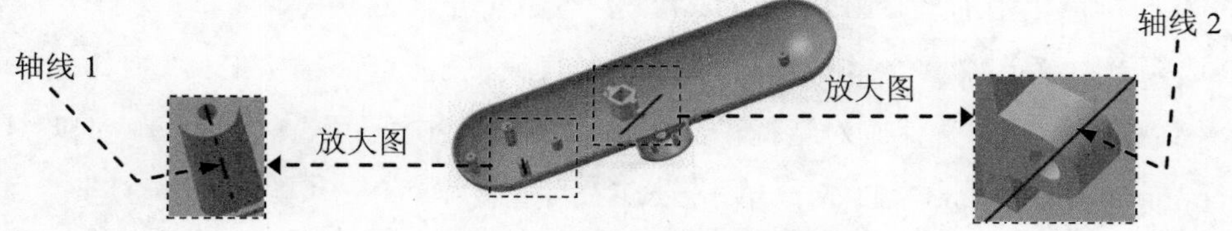

图 29.11.20　设置轴线相合约束

注意：这里的轴线 1 和轴线 2 是零件中所创建的轴线。

（5）用同样的方法设置图 29.11.21 所示的轴线 3 和轴线 4 相合。

（6）选择下拉菜单 编辑 → 更新... 命令，得到图 29.11.17 所示的结果。

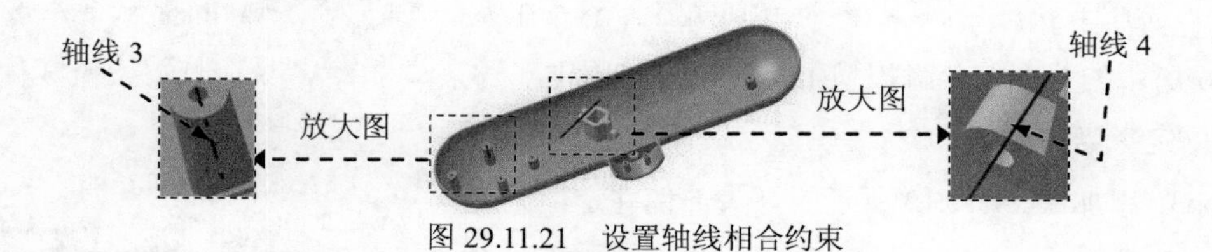

图 29.11.21　设置轴线相合约束

Step4. 添加图 29.11.22 所示的灯罩下盖并定位。

（1）在确认 lamp_chimney_asm 处于激活状态后，选择下拉菜单 插入 → 现有部件... 命令，在弹出的“选择文件”对话框中，选取灯罩下盖文件 chimney_down_cover.CATPart，然后单击 打开(O) 按钮。

（2）选择下拉菜单 编辑 → 移动 → 操作... 命令，把灯罩下盖部件移动到图 29.11.23 所示的位置。

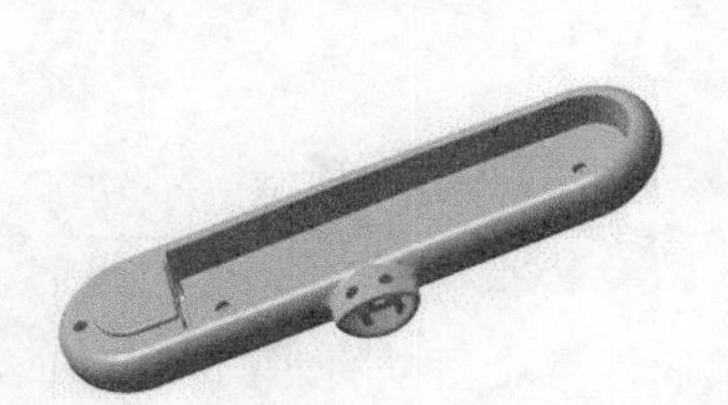

图 29.11.22　添加灯罩下盖并定位

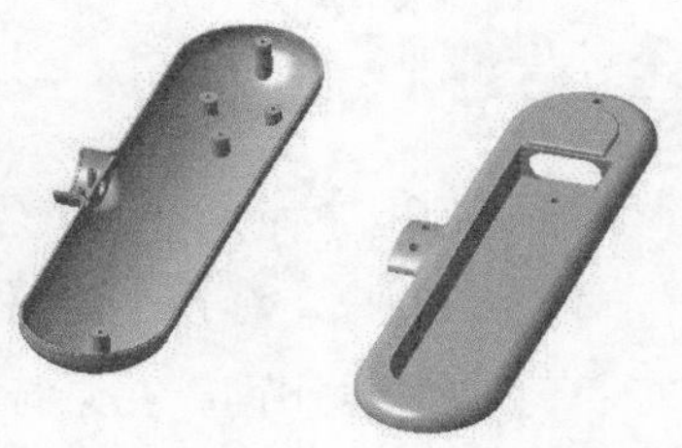

图 29.11.23　移动灯罩下盖

（3）设置平面偏移约束。选择下拉菜单 插入 → 偏移... 命令。选取图 29.11.24 所示的“xy 平面”为相合平面；在系统弹出的“约束属性”对话框的 方向 下拉列表中选择 相同 选项，在 偏移 文本框中输入偏移数值-12；单击 确定 按钮，完成平面相合约束的设置。

（4）用同样的方法，设置图 29.11.25 所示的“yz 平面”为相合面；在系统弹出的“约束属性”对话框的 方向 下拉列表中选择 相同 选项。

（5）用同样的方法，设置“zx 平面”相合；在系统弹出的“约束属性”对话框的 方向

下拉列表中选择 相同 选项。

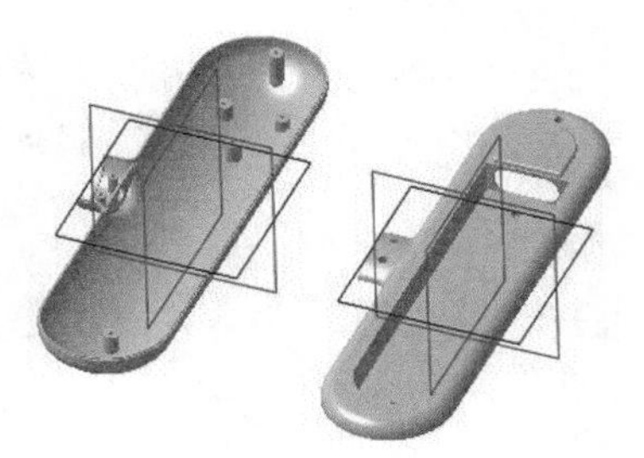

图 29.11.24 设置平面相合约束

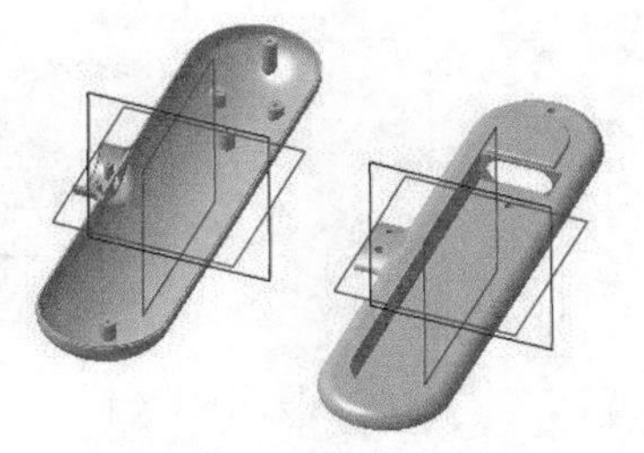

图 29.11.25 设置平面相合约束

（6）选择下拉菜单 编辑 → 更新... 命令，得到图 29.11.22 所示的结果。

Step5. 添加图 29.11.26 所示的灯模型并定位。

（1）在确认 lamp_chimney_asm 处于激活状态后，选择下拉菜单 插入 → 现有部件... 命令，在系统弹出的“选择文件”对话框中，选取灯文件 light.CATPart，然后单击 打开(O) 按钮。

（2）选择下拉菜单 编辑 → 移动 → 操作... 命令，把灯部件移动到图 29.11.27 所示的位置。

说明：为了方便查看视图，在此步骤中将添加的灯罩下盖和灯罩上盖隐藏了。

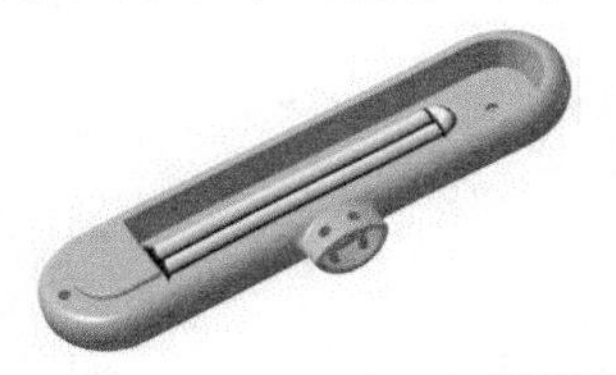

图 29.11.26 添加灯模型并定位

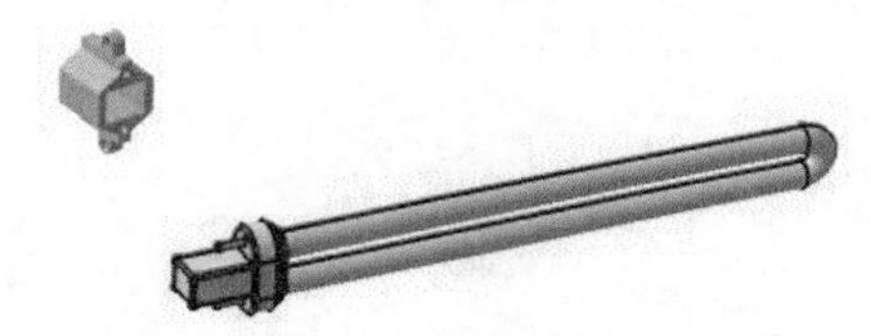

图 29.11.27 移动灯部件

（3）设置平面相合约束。选择下拉菜单 插入 → 相合... 命令。选取图 29.11.28 所示的平面 1 和平面 2 为相合平面；在系统弹出的“约束属性”对话框的 方向 下拉列表中选择 相反 选项；单击 确定 按钮，完成平面相合约束的设置。

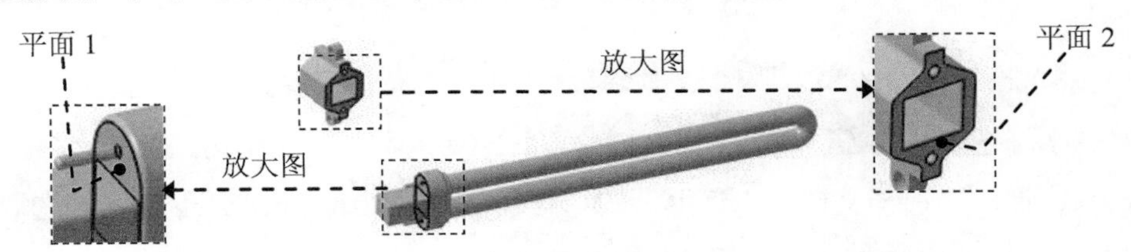

图 29.11.28 设置平面相合约束

（4）设置平面相合约束。设置图 29.11.29 所示的凸台 1 和孔 1 的轴线相合；用同样的方法设置凸台 2 和孔 2 的轴线相合。

（5）选择下拉菜单 编辑 → 更新... 命令，得到图 29.11.26 所示的结果。

Step6. 保存文件。

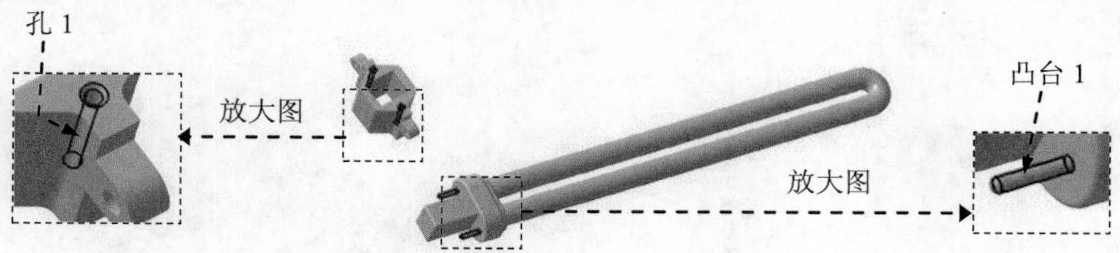

图 29.11.29　设置平面相合约束

Stage3. 台灯的整体装配

台灯模型如图 29.11.30 所示。

Step1. 新建模型文件。

(1) 选择下拉菜单 文件 → 新建... 命令，系统弹出“新建”对话框。

(2) 在“新建”对话框的 类型列表: 中选择 Product 选项，单击 确定 按钮。

(3) 右击特征树中的 Product1，在系统弹出的快捷菜单中选择 属性 命令，系统弹出“属性”对话框。

(4) 在“属性”对话框中选择 产品 选项卡。在 零件编号 后面的文本框中将 Product1 改为 reading_lamp，单击 确定 按钮。

Step2. 添加图 29.11.31 所示的底座子装配并固定。

图 29.11.30　台灯

图 29.11.31　添加底座子装配

(1) 双击特征树中的 reading_lamp，使其处于激活状态。

(2) 选择下拉菜单 插入 → 现有部件... 命令（或单击“产品结构工具”工具栏中的 按钮），系统弹出“选择文件”对话框，选择路径 D:\cat2014.5\work\ch29.11，选取底座子装配文件 base_asm.CATProduct，单击 打开(O) 按钮。

(3) 选择下拉菜单 插入 → 固定 命令，在系统 选择要固定的部件 的提示下，选取图 29.11.31 所示的模型，此时模型上会显示出“固定”约束符号，说明底座子装配已经完全被固定在当前位置。

Step3. 添加图 29.11.32 所示的支撑管并定位。

（1）在确认 reading_lamp 处于激活状态后，选择下拉菜单插入 → 现有部件...命令，在系统弹出的“选择文件”对话框中，选取支撑管文件 brace_pipe.CATPart，然后单击打开(O)按钮。

（2）选择下拉菜单编辑 → 移动 → 操作...命令，把支撑管部件移动到图 29.11.33 所示的位置。

图 29.11.32 添加支撑管并定位

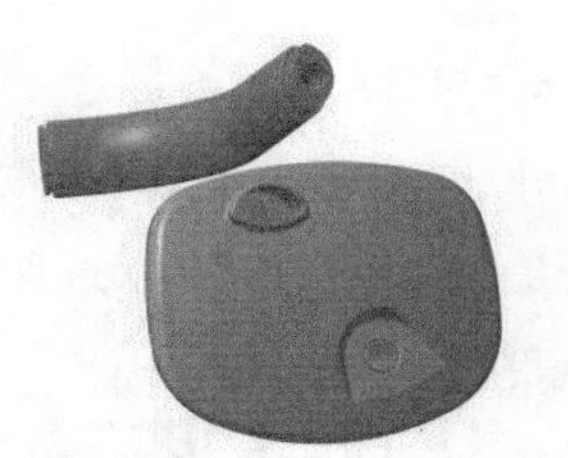

图 29.11.33 移动支撑管

（3）设置平面相合约束。选择下拉菜单插入 → 相合...命令。选取图 29.11.34 所示的平面 1 和平面 2 为相合平面；在系统弹出的“约束属性”对话框的方向下拉列表中选择相反选项；单击确定按钮，完成平面相合约束的设置。

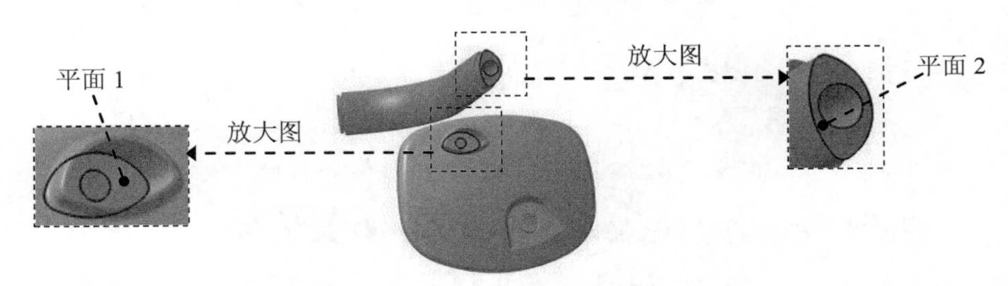

图 29.11.34 设置平面相合约束

（4）设置面接触约束。

① 选择下拉菜单插入 → 接触...命令（或单击“约束”工具栏中的“接触”按钮 ）。选取图 29.11.35 所示的平面 3 和平面 4 为接触面，此时会出现一条连接这两个面的直线，并出现面接触的约束符号 。

② 用同样的方法设置图 29.11.36 所示的平面 5 和平面 6 接触。

（5）选择下拉菜单编辑 → 更新...命令，得到图 29.11.32 所示的结果。

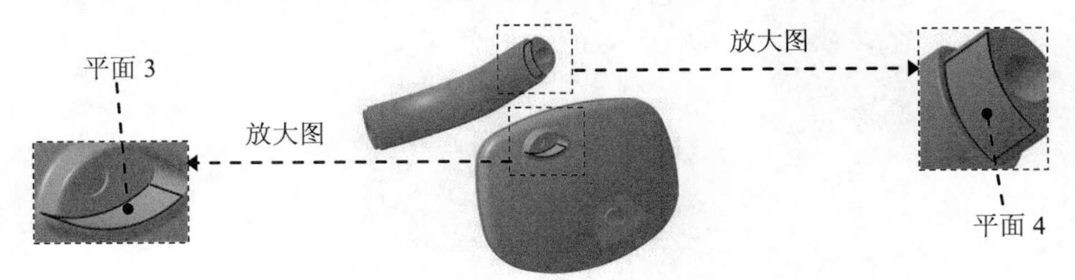

图 29.11.35 设置面接触约束

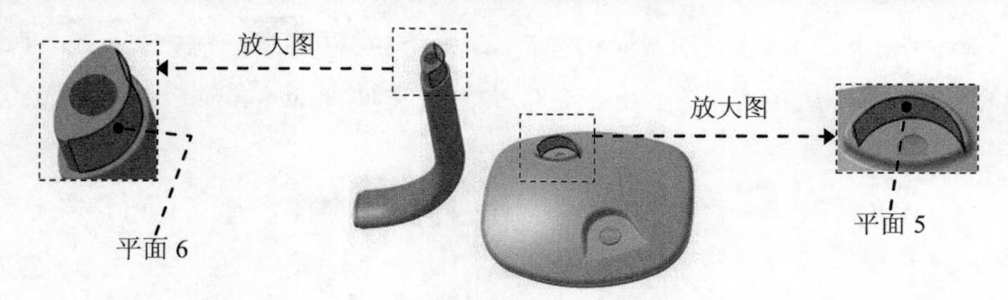

图 29.11.36　设置面接触约束

Step4. 添加图 29.11.37 所示的灯罩子装配并定位。

（1）在确认 reading_lamp 处于激活状态后，选择下拉菜单 插入 → 现有部件... 命令，在系统弹出的“选择文件”对话框中，选取灯罩子装配文件 lamp_chimney_asm.CATProduct，然后单击 打开(O) 按钮。

（2）选择下拉菜单 编辑 → 移动 → 操作... 命令，把灯罩子装配部件移动到图 29.11.38 所示的位置。

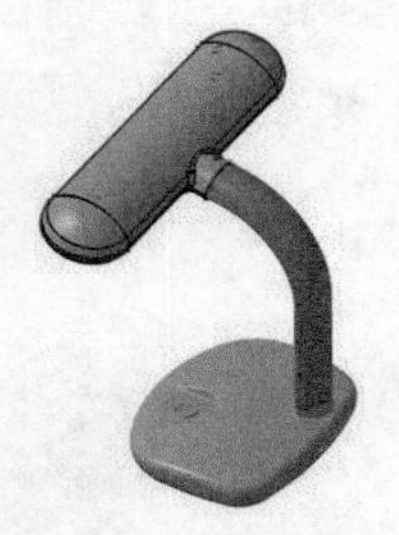

图 29.11.37　添加灯罩子装配并定位

图 29.11.38　移动灯罩子装配

（3）设置平面相合约束。选择下拉菜单 插入 → 相合... 命令。选取图 29.11.39 所示的平面 1 和平面 2 为相合平面；在系统弹出的“约束属性”对话框的 方向 下拉列表中选择 相反 选项；单击 确定 按钮，完成平面相合约束的设置。

（4）设置面接触约束。

① 选择下拉菜单 插入 → 接触... 命令（或单击“约束”工具栏中的“接触”按钮）。选取图 29.11.40 所示的平面 3 和平面 4 为接触面，此时会出现一条连接这两个面的直线，并出现面接触的约束符号 。

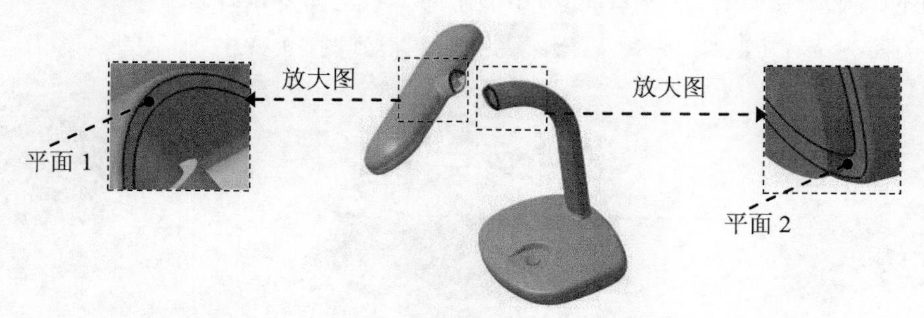

图 29.11.39　设置平面相合约束

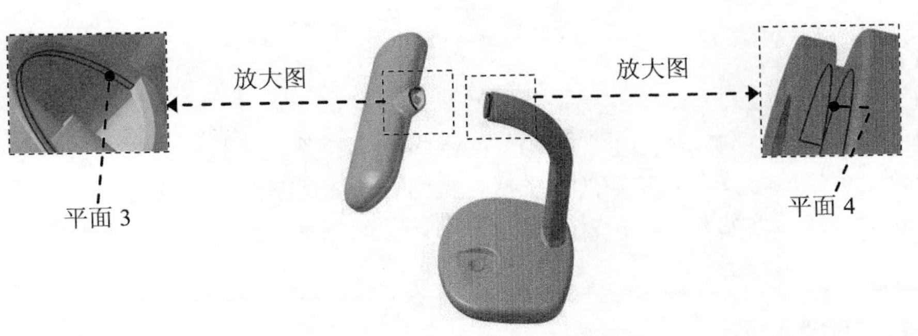

图 29.11.40 设置面接触约束

② 用同样的方法设置图 29.11.41 所示的平面 5、平面 6 接触。

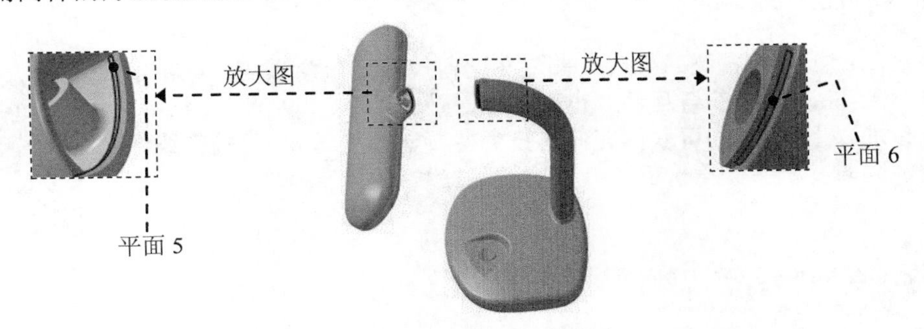

图 29.11.41 设置面接触约束

（5）选择下拉菜单 编辑 → 更新 命令，得到图 29.11.37 所示的结果。

Step5. 保存文件。

读者意见反馈卡

尊敬的读者：

感谢您购买机械工业出版社出版的图书！

我们一直致力于CAD、CAPP、PDM、CAM和CAE等相关技术的跟踪，希望能将更多优秀作者的宝贵经验与技巧介绍给您。当然，我们的工作离不开您的支持。如果您在看完本书之后，有什么好的意见和建议，或是有一些感兴趣的技术话题，都可以直接与我联系。

策划编辑：丁锋

读者购书回馈活动：

活动一：本书“随书光盘”中含有该“读者意见反馈卡”的电子文档，请认真填写本反馈卡，并发E-mail给我们。E-mail：兆迪科技 zhanygjames@163.com，丁锋 fengfener@qq.com。

活动二：扫一扫右侧二维码，关注兆迪科技官方公众微信（或搜索公众号 zhaodikeji），参与互动，也可进行答疑。

凡参加以上活动，即可获得兆迪科技免费奉送的价值48元的在线课程一门，同时有机会获得价值780元的精品在线课程。

书名：CATIA V5-6R2016产品设计实例精解

1. 读者个人资料：

姓名：________性别：___年龄：____职业：_______职务：________学历：______

专业：_______单位名称：____________________电话：____________手机：_________

邮寄地址：__________________________邮编：__________E-mail：__________

2. 影响您购买本书的因素（可以选择多项）：

□内容　　□作者　　□价格

□朋友推荐　　□出版社品牌　　□书评广告

□工作单位（就读学校）指定　　□内容提要、前言或目录　　□封面封底

□购买了本书所属丛书中的其他图书　　□其他__________

3. 您对本书的总体感觉：

□很好　　□一般　　□不好

4. 您认为本书的语言文字水平：

□很好　　□一般　　□不好

5. 您认为本书的版式编排：

□很好　　□一般　　□不好

6. 您认为CATIA其他哪些方面的内容是您所迫切需要的？

____

7. 其他哪些CAD/CAM/CAE方面的图书是您所需要的？

____

8. 您认为我们的图书在叙述方式、内容选择等方面还有哪些需要改进？

____